甘蔗
农机农艺融合

张华 罗俊◎著

中国农业出版社
北 京

前 言

食糖是关系国计民生的战略物资和重要基础产业，在国民经济发展中处于基础性、战略性的地位。《国务院关于建立粮食生产功能区和重要农产品生产保护区的指导意见》（国发〔2017〕24 号）将糖料蔗生产保护区列入重要农产品生产保护区之一，充分表明我国甘蔗产业健康稳定发展关系国计民生。我国主要制糖原料为甘蔗和甜菜，其中甘蔗糖占食糖总产量的 88%。2019/2020 生产期，我国食糖总产量 1 041.51 万吨，其中甘蔗糖 902.23 万吨。

甘蔗生产机械化是蔗糖产业提质增效的重点和难点。近年来随着"双高"糖料蔗基地、糖料蔗生产保护区建设的推进，土地流转、规模化经营、农田基础设施建设、农田宜机化改造等为甘蔗生产全程机械化，尤其是为甘蔗全面实现机收奠定了基础，引导发展了一批种植大户和专业化服务组织，现阶段中国特色的甘蔗机械化模式和技术路线逐渐清晰。通过农艺服从农机作业规范、农机为甘蔗高产提供装备技术支撑，同时注重机具作业的土壤结构改善和地力提升，实现高水平全程机械化条件下甘蔗生产力与土地生产力的协同提升成为业界共识。本书是多年开展农机农艺配套研究的系统总结，通过试验示范、专题调研、文献研究等方式，探索了农机农艺融合技术新模式，总结了推动建立机械化、标准化、集约化甘蔗生产技术体系的成果，对当前甘蔗生产、科研和教学具有重要指导意义。

本书适合农业科学、生命科学和环境科学等领域高校教师、科研人员及研究生，蔗、糖生产管理及推广部门，蔗、糖生产企业，农机制造企业，农机专业合作社等农业新型主体参考。本书第一、二、四章由张华撰写，第三、五章由罗俊撰写，第六章由张华、罗俊撰写。罗俊负责全书统稿。

本书的出版得到了福建农林大学科技创新专项基金项目（CXZX2020081A）、财政部和农业农村部国家现代农业（糖料）产业技术体系（CARS-17）建设专项资金资助。本书的撰写，得到林兆里、张才芳、阙友雄等同志的协助，书中引用了同行业者的有关资料，在此深表谢忱。

由于水平所限，疏漏和不妥之处在所难免，恳请各位读者不吝指正。

著　者

2021 年 4 月于福州

目 录

第一章
国内外甘蔗生产机械化发展概况

第一节　甘蔗生产机械化对世界主产蔗国家蔗糖产业的积极影响

机械化已成为现代农业生产水平发展的必然趋势和必备条件，一个产业的生产机械化水平也是其国际竞争力的重要影响指标和直接反映。从世界范围来看，生产机械化水平的提高，对甘蔗生产规模和生产水平以及对相关产业的辐射带动效应都会产生显著的，甚至是跨越式的提升和推进。

一、巴西

巴西作为世界上最大的蔗糖生产国和出口国，其年种植甘蔗面积超过 1 亿亩①，年收获原料蔗超过 6 亿吨。根据国际汇率市场和食糖市场的变动，巴西已连续多年用其超过 50％的原料蔗制造乙醇，近年年均甘蔗产糖量在 3 500 万吨左右，其庞大的甘蔗生产规模和生产能力在全球独一无二。2016 年巴西食糖出口贸易量达 2 366 万吨，2017 年达 2 780 万吨。2019 年巴西生产食糖 2 935 万吨，其食糖出口量占全球食糖出口贸易总量的 60％以上，超过全球其他食糖出口国家出口贸易量的总和，在国际食糖市场中占有绝对的垄断地位，牢牢掌控着国际食糖市场的定价权。

根据联合国粮农组织的统计资料，可以清晰地发现，2007 年是巴西农业生产机械化率进入迅速提升阶段的一个拐点，此前的 10 年间，巴西的农业生产机械化率从 6％缓慢增长至 21％，而在此后的短短 5 年内，巴西的农业生产机械化率从 21％迅猛提升到 75％。与此同时，1998—2007 年，巴西的甘蔗平均单产从 68 吨/公顷增至 73 吨/公顷，2007 年后又上一个新台阶，提升至 79 吨/公顷以上的水平，同期（2007—2011 年）巴西的原料蔗生产成本（吨蔗生产者价格）在全球性普遍上涨的情势下，增幅约为 63.2％，略高于澳大利亚的 42.1％和泰国的 50％，远远低于中国 108.4％的增幅水平。机械化水平的提高对于巴西甘蔗生产规模的扩大、生产力水平的提高、生产成本的控制和国际竞争力的提升和巩固之贡献显而易见。

从甘蔗生产机械化的最重要环节——收获的装备情况上看，1997 年，巴西的甘蔗收割机保有量不到 100 台，至 2006 年即达到 478 台，到 2010 年已近 4 000 台，此后每年新

---

① 亩为非法定计量单位，1 亩＝1/15 公顷。——编者注

增1 000台左右，目前巴西的甘蔗机收率约达到85％。甘蔗生产全程机械化的市场需求也带动了巴西农业机械装备制造业的发展，世界前三位的农机制造业巨头约翰迪尔、凯斯纽荷兰和爱科均在巴西建立了甘蔗收割机全球制造基地，其中约翰迪尔公司1999年即在巴西Catalao Goias设厂，凯斯纽荷兰公司则选址于Piracicaba，世界第三大农机制造商爱科公司则于2012年并购了巴西本土的甘蔗收割机制造商Santal公司。

二、澳大利亚

澳大利亚长期是世界第三大食糖出口国，也是业界公认的甘蔗生产技术水平、制糖加工效率、糖业生产成本管控最具优势的国家。澳大利亚和美国同是甘蔗机械化装备及配套技术研究与应用最早、系统管理最先进的国家。澳大利亚继1944年开始研发应用整秆式甘蔗收割机之后，于1956年研制成功世界第一台切段式甘蔗联合收割机MF515型，此后仅用了10年时间，至20世纪60年代后期，澳大利亚的甘蔗机械化收获率即达到85％，至1979年，澳大利亚的甘蔗机械化收获率达到100％。生产全程机械化及配套的地力提升、品种改良、营养管理等技术的系统研究和应用使得澳大利亚在稳居甘蔗平均单产世界第一的地位的同时，原料蔗生产成本的控制水平也领先全球，实现了投入少、产出高的目标。在2007—2011年的原料蔗生产成本全球性普涨周期中，澳大利亚的原料蔗生产成本增幅最低，为42.1％，相比之下，同期中国的原料蔗生产成本增幅却是其2.6倍，高达108.4％。生产全程机械化使得澳大利亚蔗糖业持续保持增长势头，目前年产糖量已接近500万吨，其产糖量的78％（约400万吨）用于出口创汇。

纵观世界发达产糖国家和地区，澳大利亚实行生产全程机械化最为彻底、先进，在收获方式上全部采用切段式收获。澳大利亚历经过100多年的努力，于1979年全部实现了甘蔗收获机械化。其发展历程可以分为人工砍切收获阶段、机械收割发展初始阶段、切段式与整秆式收割机竞争阶段、切段式收割机一统天下阶段等。

第二次世界大战使澳大利亚在20世纪40～50年代遭遇严重的劳动力短缺危机，再加上越来越多的男士不愿再从事辛苦的砍蔗工作，导致澳大利亚的甘蔗收获劳动力短缺。而甘蔗收获劳动力短缺问题使澳大利亚糖业面临垮掉的危险，这刺激了更多人投入机械化收获技术的研发。甘蔗收割机的复杂性和投入的高成本使得目前世界上仅有三个品牌的机型成功研制应用，分别为原澳大利亚的Austoft、美国的Cameco及巴西的Santal，这三个品牌已先后为世界三大农机制造商凯斯纽荷兰、约翰迪尔和爱科公司收购，其中凯斯纽荷兰、约翰迪尔占绝对市场优势，爱科仅在巴西占不到10％的市场份额。澳大利亚为了提高收获系统的作业效率和效益，将铁路铺到了甘蔗田，田间运输车将甘蔗集中在列车车厢后由铁路运输至糖厂。高效的运输系统提高了收获系统的作业效率、降低了运输成本，使机械化收获技术得到迅速推广。

三、印度与泰国

印度是世界第一大食糖消费国和第二大食糖生产国，受干旱灾害影响，2016/2017生产期产糖量约降至 2 100 万吨；2019/2020 生产期产糖量恢复至 2 930 万吨，稳居世界第二。泰国近年来跃升为世界第二大食糖出口国，年产糖量在 900 万吨以上，2019/2020 生产期产糖量达到 1 354 万吨，其中约 700 万吨用于出口创汇。印度、泰国与中国基本属同类型蔗区，气候、生态、地貌、土壤条件相近，工业制造基础较薄弱，农村区域广阔，城镇化进程缓慢，前期农村人口数量充裕，故甘蔗机械化发展起步均较晚。随着经济全球化、工业化、城镇化和糖业投资的发展，这些国家的甘蔗机械化需求愈加迫切。机械化不仅影响到这些国家糖业的发展与进步，更深远地关系到这些国家民族糖业的生死存亡。印度、中国、泰国三个国家中，以泰国的甘蔗机械化水平提升最快，因此在 2007—2011 年的原料蔗生产成本全球性普涨周期中，泰国的原料蔗生产成本增幅也属于较低水平，为50%，甚至优于巴西的原料蔗生产成本控制水平，与此同时泰国的甘蔗平均单产已基本稳定在 74.0 吨/公顷以上，高于中国甘蔗 68.0 吨/公顷的平均单产水平。而中国、印度的甘蔗机械化水平相比上述主产蔗国家尚处于较落后的地位。

第二节　我国甘蔗生产机械化的迫切需求分析

甘蔗生产机械化的市场需求直接源于蔗区生产规模及其所需的劳动力供给水平，包括有效劳动力数量和劳动能力的适配性。笔者曾于 2011 年开展的一项关于我国甘蔗生产全程机械化迫切性需求分析的研究，当时的分析观点和预测结果均在此后得以确证，在此与读者分享讨论。针对世界甘蔗主产国在进入最近一轮原料蔗生产成本普涨周期之前，各国糖业技术经济指标走势基本稳定并趋近的 2000—2007 年，研究了我国最大的甘蔗产区广西在 2000/2001—2007/2008 生产期的蔗农数量、植蔗总面积、甘蔗总产量、甘蔗生产总成本及人工成本。结果显示，从蔗区劳动力的数量与结构方面看（图 1-1），2001/2002—2007/2008 生产期，广西有蔗农 810 万~1 100 万人，其中有 4 年在 900 万人以下，2007/2008 生产期首次突破 1 000 万人，达 1 018 万人，蔗农数量年均增长 3.82%，年际波幅为 2.97%~13.35%。蔗农数量的变化与甘蔗产业变化一样表现出阶段波动性，经过

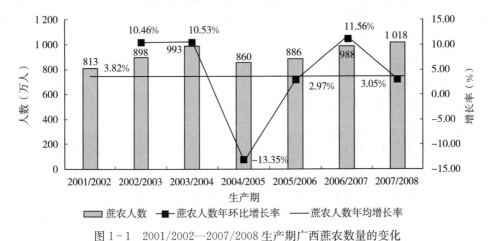

图 1-1　2001/2002—2007/2008 生产期广西蔗农数量的变化

2001/2002 生产期和 2004/2005 生产期的产业低迷之后，蔗农数量均呈现出 2 年的恢复性增长，伴随 1 年滞涨甚至下滑的特征。与此同时，更令人担忧的是，当时蔗区从业人员中所占比重最大的劳动力群体为 51 岁以上人员，达 30%，50% 以上的劳动力年龄达到 41 岁以上。因此，笔者当时分析推测蔗区劳动力的数量和素质在今后的一段时期内可能呈现不稳定和下降的趋势。

笔者对广西蔗区劳动力生产负荷的研究分析表明（图 1-2），2001/2002—2007/2008 生产期，广西蔗区人均植蔗面积年均增长 6.07%，比蔗农数量的平均增幅高 2.25 个百分点，至 2007/2008 生产期达 0.1 公顷/人，年际波幅为 0.31%～17.50%。同时，由于对劳动力缺乏科学的引导，蔗农数量的增减不合理，与其生产负荷不成比例，产业形势趋好时，从业人数急剧增加，产业形势不利时，从业人数锐减。从业人数及其负荷的不合理，也间接影响人工成本的非理性上涨。随着土地开发、流转制度的加快实施，可以预见，人均植蔗规模将持续增长，这一方面为实行规模化经营创造了有利条件，另一方面，人均生产负荷、劳动强度迅速提高，使得机械化生产成为产业发展的迫切需求。

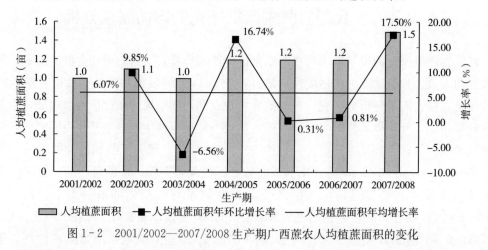

图 1-2　2001/2002—2007/2008 生产期广西蔗农人均植蔗面积的变化

研究还显示（图 1-3），2001/2002—2007/2008 生产期，广西蔗区人均生产负荷（产蔗量）年均增长 9.50%，比蔗农数量的平均增幅高 5.68 个百分点，比人均植蔗面积的平均增幅高 3.43 个百分点，年际波幅为 0.03%～38.97%，至 2007/2008 生产期达 7.4 吨/人。技术进步对提高甘蔗产量的贡献由此可见一斑，但人均负荷如此的宽幅振荡令劳动力负担及其成本支出已不堪重负。

笔者对甘蔗生产人工成本的研究分析结果显示（图 1-4、图 1-5），2000/2001—2007/2008 生产期，广西甘蔗生产人工成本年均增长 5.29%，自 2003/2004 生产期以后，人工成本只增不减，年均增长 16.8%，远高于 8 个生产期的平均水平，至 2007/2008 生产期达 86.16 元/吨。与此同时，人工成本占生产总成本的百分比年均增长 3.86%，2000/2001—2006/2007 生产期，占比为 33%～42%，逐年增加约 1 个百分点，至 2007/2008 生产期，占比比上一生产期激增 15.68%，一跃达到 47.39%，人工成本几乎占生产总成本的一半，人工成本对甘蔗生产发展的制约作用凸显。

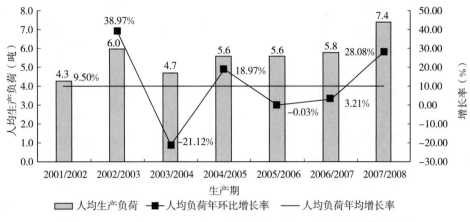

图 1-3　2001/2002—2007/2008 生产期广西蔗区人均生产负荷的变化

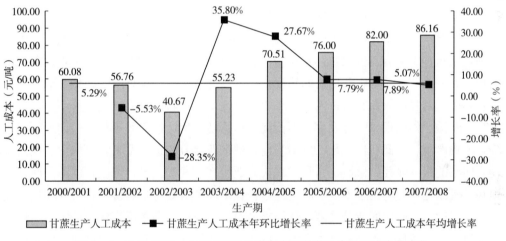

图 1-4　2000/2001—2007/2008 生产期广西甘蔗生产人工成本的变化

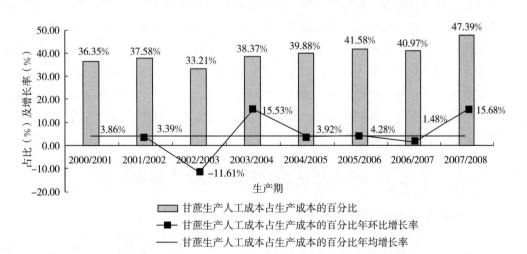

图 1-5　2000/2001—2007/2008 生产期广西甘蔗生产人工成本占生产总成本百分比的变化

基于上述各项指标及经济增长的预期，笔者于2011年即预测指出，后续生产吨蔗的人工成本翻番，甚至3倍于当时的水平并非没有可能。而从现在来看，不幸言中成为现实。因此，要保证甘蔗产量及蔗农植蔗收入的同步稳定提高，除了原料蔗收购定价政策层面的保障以外，实行集约化、机械化生产是维持甘蔗产业持续健康发展的必由之路。

近年来，劳动力成本的快速提高成为影响我国甘蔗产业竞争力的一个重要因素，许多人将此简单归因于农村劳动力数量的减少，而笔者通过研究发现仅此则过于笼统。甘蔗产业是国际公认的波动性特征显著的一个产业，因此也必然造成劳动力聚集水平的波动。但我国蔗区由于缺乏科学引导，农业服务业欠发达，劳动力数量的变动与其生产负荷失衡，甚至反应滞后，导致劳动力成本未能真实反映其本质特征，这种扭曲的价格关系不仅影响了产业的持续发展，还将严重制约蔗农的稳步增收。综上所述，推进甘蔗生产全程机械化是当前解决我国蔗区劳动力数量锐减、年龄结构趋于老龄化和人工成本快速攀升等问题的首要途径。

受劳动力因素的制约而伴生的甘蔗田间管理农时延误和管理质量下降，如甘蔗培土适逢季节性高温，人畜工作能力下降；甘蔗窄行距种植造成中耕培土机具操作困难；田间郁闭度高，肥药毒害时有发生以及其他作物的农事竞争等，都使甘蔗单产水平难以提高，甚至出现大面积减产。甘蔗收获期时间跨度长，气候变化复杂，雨雪天气、传统节日以及其他作物春播都对甘蔗收获有所影响。人工收获进度慢，原料蔗砍收质量良莠不齐，造成糖厂吊榨、断槽、停机现象时有发生，不能满负荷运转，生产期无效延长，后期产糖率明显下降，浪费严重。因此，机械化已成为当前甘蔗产业提升的迫切要求，机械化不仅是解决劳动力问题的根本途径，恰恰也是集成现代农业生产方式和技术，突破甘蔗单产瓶颈的重要途径。机械化作业有助于不误农时，通过作业掌握的时效性来趋避不良气候和生态环境的影响；有助于减轻田间劳动强度，从而提高作业质量；有助于规模化的蔗园应用配套设施装备改善生产条件，提高生产力和增强抗灾、抗风险能力；有助于通过规模化生产经营引领专业化、社会化服务，保障种、肥、药等农用物资的质量和使用效果，进一步节本降耗。生产全程机械化还可带动改善和提升土地资源条件和利用效率，并有助于持续培育和造就一批现代农业生产者和管理经营者。因此，以机械化为甘蔗生产方式转变的突破性抓手，关联形成品种更新、地力改良、宿根改善、营养高效的新型生产系统，才能根本地降成本、提效率、增产量，提升我国甘蔗产业的国际竞争力。就糖业系统而言，生产全程机械化还是引领土地流转，推动种植业、加工业、服务业联动系统性改革的关键性纽带，从而整体推进我国蔗糖产业的转型升级发展。

第三节　我国甘蔗生产机械化技术应用现状

一、我国甘蔗生产主要环节的机具应用概况

甘蔗生产全程机械化的主要环节包括耕整地、开沟、种植、中耕除草、施肥培土、植保、灌溉、收获、装载、运输、宿根破垄、蔗叶粉碎还田等。总体上，目前我国甘蔗生产

机械化水平在世界主要产蔗国家中尚处于中下水平。

纵观我国现阶段甘蔗机械化生产的主要环节，耕整地机械装备及技术已成熟，应用普及程度最高，以减少作业次数为目标的轻简化耕整一体机联合作业的需求逐渐增加。甘蔗种植机械的自主研发和应用近年来发展较快，技术改进的针对性、适应性水平逐渐提高，拖拉机悬挂人工喂入式整秆种植机作为主流产品已为蔗区所接受并推广应用，国产切段式甘蔗联合种植机尚在研制试验中。

甘蔗中耕管理（包括宿根管理）机械类型、品牌繁多，功率段较全，可选择性丰富，但机具产品质量和作业质量参差不齐，在创建良好耕层土壤结构、保持土壤团粒结构和实施耕深技术方面尚未达到令人满意的效果。

在甘蔗收获机械方面，国内自主研制开发的切段式甘蔗联合收割机日益熟化，产业化推进加速，实现了大批量生产和国内外市场销售，自主品牌已经进入与国际品牌的分羹和竞争阶段。

二、我国甘蔗生产机械化技术应用的现状和存在问题

农业机械化的功能与目的可以体现在减轻劳动强度、减少人工耗费、提高劳动效率和实现系统收益四个方面，这同时也反映出机械化从低级阶段向高级阶段发展的不同特征和要求。甘蔗生产全程机械化是一项系统工程，从总体上看，由于受土地资源、技术、装备、组织和管理因素的影响，我国甘蔗生产全程机械化在经济上尚未能充分体现出系统的收益目标，在技术上也还未达到农机农艺融合的理想产量要求，我国的甘蔗生产全程机械化还处于发展的早期阶段。

（一）机械化耕整地技术应用现状和存在问题

我国新植蔗地的耕整地作业已普遍实现了机械化。大型国有农场、专业大户及条件允许的大部分种植户都采用了机械作业，主要采用三铧犁、四铧犁、旋耕机、深松器等耕作机具配套大中型拖拉机进行翻耕、深松、碎土、耙平等耕整作业。中、大规模的缓坡地，条件较好的丘陵地多采用拖拉机牵引犁、耙、旋耕机等农具进行；地块较小的丘陵、坡耕地也采用手扶拖拉机头装配相应农具进行。虽然已基本实现了上述四个层面的机械化目标，但从高产的农艺技术要求角度，深松质量已成为关键性瓶颈，其主要原因是深松机具功率消耗大。除少数大型国有农场外，机械化深松多数未能进行或达不到技术要求。深松对于打破犁底层、熟化土壤，改善土壤持水量、温度和紧实度，增加土壤微团聚体含量和微生物区系都有明显的效果，对于寒、旱频发，土壤病原菌累积加剧的广大蔗区突破产量瓶颈具有重大的现实意义。深松作业亟须通过标准化来引导和规范机具的配置，保证作业质量。

（二）机械化种植技术应用现状和存在问题

近年来机械化联合种植机的研发得到了迅速发展，我国现有主推的甘蔗种植机是人工喂入式整秆种植机。这类种植机可实现开沟、下种、施肥、覆土、盖膜、镇压等环节联合作业，存在的主要问题包括：①下种环节工作强度大。为配合拖拉机行走的速度，不仅要

求下种人员要有默契地衔接轮替，还要求下种者身体素质较好、责任心较强，如稍有疲乏懈怠，漏播、下种不均便时有发生。②由于基肥、农药、种苗供应、预混、装卸等环节配套尚不完善，导致辅助人员偏多，种植效率提升不显著。有试验显示，一台联合种植机作业需配套各类人工数达15人，一天完成工作量1.3～2公顷，整体工效与成本耗费并未比单纯人工作业有明显改善。可见，完善机械化种植系统的配套性尚有很大的发展空间。从技术角度看，匀量下种是种植机械技术进一步完善应考虑的主要内容，统繁统供规格化优质种茎是甘蔗联合种植机配套农艺技术的未来发展方向。

（三）机械化中耕管理技术应用现状和存在问题

中耕管理是形成高产群体结构、促进蔗茎快速伸长、持续生长的关键。中耕管理机械化程度仅次于耕整地环节。我国目前的中耕管理机具配置与耕整地类似，在中、大规模的缓坡地，条件较好的丘陵地多采用拖拉机悬挂铧式犁，少数也使用圆盘犁进行；而在地块较小的丘陵、坡耕地以及散户蔗农多采用微耕机进行。前者易与联合收割机所要求的大行距（1.3米以上）种植模式相匹配，可实现中耕、除草、施肥、用药、培土联合作业，且具有深耕功能，对缓解甘蔗分蘖初期常遇的旱情、促进分蘖、减少肥料挥发散失、延长肥效持续期、保证培土质量和抗倒伏均有很好的效果。工效可高达1公顷/时，是节本增产最重要的管理措施，同时也是甘蔗农机农艺融合的技术难点。涉及墒情、苗情及肥效的协调管理，特别是大培土作业，由于目前缺乏高地隙大功率拖拉机及合适的大培土农具，因此在了解甘蔗品种种性的前提下，应优先选择甘蔗株高适宜的时间作业，采用促蘖与攻茎并重的营养管理策略，以大功率深施肥机突破传统的宜耕土壤条件限制，在灌溉设施条件配套较好的中、大型农场可变被动式管理为主动式管理，实现高产的目标。

以微耕机进行中耕培土是散户蔗农或地块较小的丘陵及坡耕地蔗区目前应用较广、短期内仍难以替代的作业方式，仅适合1.0～1.2米的种植行距，与大功率联合收获作业无法匹配。机手劳动强度仍较大，工效提高有限，其培土的作用主要是覆盖所施肥、药。由于不具潜耕深松功能，长期使用这种方式易造成犁底层以下土壤板结，耕层变浅。由于表土过于疏松，保墒保肥性差，如遇旱季，甘蔗生长受旱情影响更加严重；如遇强降水，由于土壤容水量小，雨水不能及时向下渗透，在土壤表面形成径流，造成土肥流失，尤其是坡耕地，土肥流失更为严重。犁底层以下土壤板结，肥料施入浅，也不利于甘蔗根系下扎，对抗倒伏及宿根蔗均有明显不良影响。故在此种类型蔗区应采用保护性耕作方式，大力提倡应用覆盖技术，增施有机肥和生物肥。

（四）机械化收获技术应用现状和存在问题

我国甘蔗机械化收获先后经历了分段式收获与联合收获作业两个阶段。分段式收获包括砍收、剥叶、集堆、装载、运输等独立作业环节。分段式收获尽管在各单一环节都能较有效地减轻劳动强度、减少人工耗费、提高工作效率，但收获系统整体运行效率仍无法达到现代化大生产的要求，仅能作为特殊地形、小规模、分散经营条件下的一种补充模式，现在蔗区已基本不再采用这种收获模式。

联合收获作业模式又可分为切段式和整秆式两种收获方式。切段式是目前国际主流的联合收获方式，可实现砍收、脱叶、装载、运输同步作业。已在生产中应用的国外品牌机型有约翰迪尔、凯斯纽荷兰、日本文明农机、松原等机型，也有国内自主研发并已进入产业化和大批量生产销售的，如柳工农机、中联重科、洛阳辰汉等，自主研发收割机产品尚待进入产业化推广阶段的还包括广西农业机械研究院、华南农业大学等研制的机型。

从总体上看，我国甘蔗收获机械化的发展相对于其他生产环节推进较为缓慢，应用模式、配套条件、制度政策保障等众说不一，尚处于各界沟通联动、逐步达成共识的机械化发展前期阶段，这是由于收获是甘蔗生产全程机械化中对系统配套性要求最高的环节，涉及土地条件及规划、农艺技术配套、收获机械与运输车辆配套、机械与辅助人工配套、运输与加工衔接等诸多因素，实际上是创建了一种全新的生产模式和利益平衡机制。在现行体制机制和经济发展水平下，要真正实现甘蔗机械化生产全程种植业、加工业与相关服务业一体化，树立甘蔗糖业竞争力的系统收益观，不拘于单一部门、个别环节的暂时得失，才能协同推进收获机械化。因此，对于甘蔗收获机械化的复杂性和艰巨性，还应有充分的思想准备和全面、客观、长远的认识，积极地坚持开展大规模全程机械化试验示范，找准技术节点，做好相关技术与组织管理模式的储备，鼓励先行先试，以点带面实现突破。

第四节 推进甘蔗生产机械化的实证研究——以广西为例

2019年，笔者受中国农业机械化协会委托，根据《广西甘蔗生产机械化推进行动实施情况评估工作方案》，作为评估调研二组组长，负责对广西柳城县及兴宾区的甘蔗"双高"基地建设及生产机械化推进行动实施情况进行调研。调研组与县（区）分管领导及相关部门负责同志一起，实地考察了柳城县寨隆镇、柳城县冲脉镇、兴宾区凤凰镇甘蔗"双高"基地及凤糖生化有限公司凤山糖厂、东糖凤凰有限公司原料蔗卸料入榨工段改造情况，走访了柳城县甜蜜蜜农机服务公司、天地宽农业公司，兴宾区造福甘蔗种植农民专业合作社等专业化服务组织，并召开了辖区政府主管部门、基层乡镇、制糖企业、种植大户、农机服务组织等多方参加的调研座谈会。笔者执笔完成了该份调研报告，作为本书中的一项实证研究内容，供读者参考。

通过此次调研活动，笔者总体上认为：

土地集中整治是农村社会及土地生产制度变革的一项重要基础性工作，涉及面广、工作繁杂、难度大。两地"双高"基地的集中整治建设充分体现了领导重视、项目扶持、基层得力所发挥的积极作用，集中整治数量指标可望提前完成，并已发挥出稳定保障原料蔗及制糖产能规模的良好成效。

与土地集中整治进度相比，"双高"基地的规模化经营、生产机械化，尤其是机械化收获的推进相对滞后。缺乏足量的宜机收作业面，使得农机专业化服务，特别是机收服务的经营主体及市场培育十分脆弱，反过来又制约了规模化经营的发展；针对不同地形地力、经营规模、农艺特点的机械化技术、模式的系统性探索较为薄弱；可持续、可复制的成功案例无论从数量上还是系统性方面均难以满足全局的需要；总体上原料蔗种植、制糖加工、农机服务各环节运行仍欠协调，观念欠统一，利益欠协同。

一、广西甘蔗生产机械化推进行动实施情况

广西蔗区除生产期多雨的气候条件影响外，当前制约甘蔗生产机械化推进的主要因素有以下几个方面：

（一）"双高"基地规模化经营比例偏低，导致宜机化作业面不足

囿于传统观念及自身劳动能力、家庭条件，仍有相当比例的蔗农更愿意保有耕地自种。笔者在凤凰镇黄安村了解到，每户土地面积在 10 亩以下的蔗农土地流转意愿明显强于每户土地面积 15 亩以上的蔗农。蔗农土地流转意愿的差异使得已完成集中整治的土地再次被按户分割。尽管"双高"基地总体上的地块数量、单位地块面积、植蔗户数均较土地集中整治前有明显改善，但与全程机械化推进的单位地块规模、连片连续作业条件、种植规格的统一性、作业质量标准化、糖厂机收蔗砍运计划安排等要求仍相去甚远，高效机收作业难以实施。

土地流转成本居高不下（在 2 吨原料蔗价格以上），加之糖市低迷，甘蔗生产机械化转型过程各环节利益协调、技术系统尚需熟化、不利气象条件等影响，植蔗风险难测，使大户规模化经营意愿不高。调研中了解到兴宾区桥巩镇承租 1 800 亩的植蔗大户和凤凰镇承租 280 亩农机农艺融合示范的专业合作社，在地租 800～1 000 元/亩的压力下，通过选择宜机化良田、选用良种、自营农机、不误农时，甘蔗亩产达到 7～8 吨，部分超过 8 吨。该植蔗大户每亩纯收入增加 800 元，该合作社每亩盈利达到 1 200 元。针对高企的地租，他们的态度是"守株待兔"，做好自身技术储备，等待劳动力、技术、市场各要素达到机械化水到渠成的时机，目前暂不盲目扩大规模，该植蔗大户表示他的植蔗规模控制目标为 3 000 亩。

在两地调研中鲜见土地入股、托管、土地收益后结算、土地收益与生产收益联动等减轻土地资源成本压力的规模化经营模式的探索，甘蔗生产经营带头人与团队的技术、能力、德望及其建设、管理、监督、扶持、担保体系的配套可望为下阶段"双高"基地推进机械化规模经营开辟一条新的路径。

（二）制糖企业在甘蔗生产机械化转型过程中的主体责任意识、主动创新积极性仍显不足，导致机收这一机械化重点环节运行不畅

长期以来，部分制糖企业对甘蔗机械化的认识始终未见实质性提高，对机械化，尤其是机收之于产业的迫切程度并不像蔗农那样有切身感受。糖市低迷、企业效益下滑之危时，仍不思工农利益协同，死抱工农利益博弈的落后观念，与农争利，不公平、不公开、不规范扣杂时有发生；无视国际主流，未行科学实践，臆断、夸大机收蔗对制糖工艺、设备、成本、产品质量的不利影响，不思自我求变创新，成为限制机械化收获推进的瓶颈环节。

调研中，注意到观念和行动都先行于业界的优秀企业，如凤糖生化股份有限公司。该公司 2017/2018 生产期机收甘蔗 9 851.171 吨，实现了该公司历史上机收蔗入榨零的突

破。随即在 2018/2019 生产期开始前和生产期间，出台了加快推进糖料蔗收获机械化、全程机械化建设试点扶持方案等有关文件，明确了购机预付款扶持、租机补贴、地租补贴、农机具购置补贴、作业补贴、机收蔗价格补贴等全面扶持政策，有利于促进专业化服务组织开展规模化经营。在糖市低迷形势下，企业对种植户的无偿补贴、赊销生产资料占用财务成本、农机具购置款预付贴息、制糖设备改造升级等支出亦给企业造成较重负担。建议对此类具有社会责任担当、勇于求变创新的企业加大力度给予重点扶持和关注。

（三）人才、技术的培训与储备亟待加强

农机手和农场主素质、水平参差不齐，导致甘蔗机械化生产的产量、作业质量、效率和效益多未能达到应有水平，机械化生产的先进性未能充分体现。甘蔗联合收割机操作、维保技术，规模化经营者的现代管理理念及农机农艺融合技术水平影响甘蔗机械化生产水平、宿根蔗稳产能力、机收田间损失以及机收蔗夹杂物的含量，而当前对上述人员及相关内容的培训明显不足，技术与人才储备难以满足全程机械化推进的需求。

（四）财政补贴执行落实率有待进一步提高

调研中合作社普遍反映财政补贴落实进度缓慢；部分作业环节因监测系统适用性、操作性及售后服务等问题而无法获取补贴依据资料，进而影响了作业补贴核算认定及发放；合作社在自营生产基地实施农机作业不能享受作业补贴等。甘蔗生产机械化尚处于探索示范和市场培育阶段，财政补贴对于保障从业者积极性影响较大，有必要从制度设计及执行创新方面进一步改进工作、提高财政资金使用效能。

二、政策建议

应当清醒地认识到广西蔗区地形地力条件、气候条件、农村社会及经济发展水平、农村劳动力演变特点、甘蔗产业特征都决定了甘蔗机械化生产方式转型是一个发展目标、适宜规模、适宜机型、生产效率和效益呈阶梯式上行特点的过程，甚至在某一阶段可能长期蓄势待机。特别是机械化重点环节——机收涉及工农二者联动的系统性变革。从机械化发展现状看，甘蔗生产全程机械化仍处于一个探索示范、培育市场的阶段，因此当前仍应坚持进一步加大各级财政扶持力度，研发应用成熟的、适应区域地形地貌和生产特点的农机具，熟化农机农艺融合模式，孵化培育农机专业化服务，尤其是机械化收获的市场主体和良好的市场环境。

下阶段应继续依托领导重视、基层得力、项目扶持，重点发挥市场驱动、糖厂中枢、群众智慧作用，以甘蔗生产全程机械化为技术引领，激发创新型制糖企业主体意识与责任，构建适应甘蔗生产全程机械化新型生产模式、新型生产关系的原料蔗生产、蔗糖加工、综合利用及产业链延伸技术体系，形成工农一体的高产、高效、减损、节能、减排的循环增值业态，构建种植、加工、服务等各环节利益协同机制，夯实基础，逐步提升产业竞争力、影响力及话语权，构建不为市场波动所左右，具备内生动力，自我稳定持续发展的中国甘蔗糖业。

积极培育创新型技术研发、成果孵化、技术培训、专业化服务市场主体，加强产学研

协作，进一步提高产业技术成果的产出与转化效率，重点培育甘蔗现代种业、专业化生产、服务领域的创新型市场主体及相关技术、管理人才，促进甘蔗糖业可持续发展。

第五节　我国甘蔗生产机械化发展的战略思考

一、我国蔗糖业面临的宏观挑战

食糖长期以来都是以价格波动性最大而著称的国际贸易大宗农产品，其国际贸易量在大宗农产品中位列第五，而交易价格高居第二。食糖出口大国兼具产能、市场垄断性及成本优势，仅巴西、印度、泰国食糖出口量便超过世界贸易总量的80%。食糖的上述特点使其市场波动性特征仍将长期存在。

我国是人口大国，食糖作为日常生活消费品及基础工业原料，需求持续增长。但自2009年后，我国蔗糖生产成本快速上涨，并加剧偏离世界各主产国平均走势。巨大的利益驱动而非客观的消费需求使我国已成为世界第一大食糖进口国。当前，生产成本居高不下、贸易保护乏力、宏观失调使得我国蔗糖业国际竞争力加剧弱化，行业不堪重负，国家食糖战略安全威胁加剧。

我国传统的原料蔗生产方式与发达产蔗国家以全程机械化为引领的现代生产方式的巨大差距，是造成我国蔗糖生产成本、糖业发展观念、技术创新支撑能力、政策保障能力落后的根本原因。长期以来，甘蔗种植与加工环节利益不平等博弈而非利益协同，是阻碍甘蔗生产全程机械化推进及传统制糖业转型升级的根本性市场要素障碍。主产区，尤其是广西蔗区生产期多雨是制约全程机械化发展，尤其是对重点生产环节——机收装备的开发应用，保证作业量，提高作业质量与效益，持续培育壮大农机专业化服务能力最突出的自然限制因素。此外，农业、工业技术层面上对全程机械化引领的蔗糖业转型升级仍缺乏科学、客观、系统、全面的认知与相关技术、人才储备，技术成果孵化应用的效率偏低。

二、蔗糖业转型升级发展的指导思想

鉴于上述蔗糖业发展存在的深层次问题涉及面广泛、系统性复杂、联动性敏感，国内外实践均表明，唯有以实现加工价值、具备产业链各环节利益协调功能的制糖企业为中枢，激发其积极有为的市场主体和创新主体功能，方可顺利推进产业的转型升级。因此，蔗糖业转型升级发展的指导思想可以概括为：

以甘蔗生产全程机械化为技术引领，坚持市场导向，激发创新型制糖企业主体意识与责任，构建适应甘蔗生产全程机械化新型生产模式、新型生产关系的原料蔗生产、蔗糖加工、综合利用及产业链延伸技术体系，形成工农一体的高产、高效、减损、节能、减排的循环增值业态，构建种植、加工、服务等各环节利益协同机制替代原有的利益博弈观念，攻坚克难、夯实基础，逐步提升产业竞争力、影响力及话语权，构建不为市场波动所左右，自我稳定持续发展的中国甘蔗糖业。从战略思想层面，应高度重视以下几个方面：

（一）深刻反省我国糖业时陷困境的深层次原因，维护糖业稳定、健康发展的制度环境

从国际糖业形势看，我国长期位居世界第三大产糖国，近两年居巴西、印度、泰国之后位列第四。由于产不足需，加之宏观调控不力，我国自 2011 年进口食糖 291.9 万吨，成为世界第一大食糖进口国之后，此后几年进口量快速攀升，几乎占到国产糖总量的50%。受国际糖价低迷与国内蔗糖生产成本激增两极分化影响，我国制糖企业效益出现严重下滑，大范围亏损，国家食糖安全、蔗农增收和糖业的持续发展面临严峻形势。

笔者分析造成这一严峻形势有几方面主要原因：一是对 2008/2009 生产期以来连续三年减产后的反转形势和国际大势，未审时度势地进行清醒的分析判断，盲目巨量进口，不加管控，国内食糖期末结转库存一度超过 1 000 万吨，库存消费比高达 70% 以上，远远超过同期国际水平（18%～30%），市场风险积聚严重。

二是我国食糖定价机制不合理，错失了 2008/2009—2010/2011 生产期 3 个生产期调整糖市步调与国际接轨的良机，企业短视逐利，政府监管缺位，疯狂抬高的国内糖价迅速偏离了世界各主产糖国家的食糖价格走势，甚至偏离了国内消费者价格指数（CPI）走势，为后续的巨量进口糖冲击提供了市场与利润空间。

三是逐利狂热自生产向贸易流通领域转移蔓延，进口本身作为满足消费和调节供需平衡的功能尽失，国家负担进一步加重，调控乏力，制糖企业也为前三年的"糖高宗"付诸惨痛的代价，三年的短线价格疯炒制造了严重的泡沫化，在国内经济周期与国际糖业形势（低成本、低价格）下，民族糖业的康复尚需时日和攻坚克难。

四是盲目扩大原糖加工能力，目前国内原糖年加工能力已超过自产糖生产能力。食糖收储制度调控收效甚微，收储制度强市无力平抑，弱市不足维稳，反倒刺激进口，挤占国内市场。

五是原料蔗生产水平无显著改善，生产成本畸高，缺乏成熟机械化配套的规模化经营，"赚吃喝赔钱"，社会诚信受损。

（二）充分了解国际食糖生产和大宗农产品贸易特点，提高糖业风险防范意识

从国际市场看，世界食糖贸易量仅次于小麦、玉米、大豆和豆粕，位居第五；交易价格仅次于棕榈油，位列第二，故食糖一直以来都是以波动性大而著称的大宗农产品。食糖出口大国具有产能和市场的垄断性，如巴西、印度和泰国三国的产糖量占全球的50%，出口量占世界贸易总量的近 80%，而三国的制糖成本仅为我国的 46.1%～52.5%；与此同时，我国食糖国际贸易保护水平低下，配额内关税仅 15%，配额外关税 50%，均远低于世界主流水平（发达国家平均 122%，欠发达国家平均 167%），近年来进口原糖加工为成品糖的销售利润远远高于国内制糖企业亏损总额。国际食糖生产低成本、低价格、高保护，国内食糖生产高成本、低保护、管控不力，内外矛盾尖锐，并还将在今后较长的一段时期内对国内制糖业造成冲击。

国内食糖价格受到国际市场的剧烈冲击，产业竞争力疲软的现象不独蔗糖产业，而是我国所有国际贸易大宗农产品都面临的共性难题。因此，如何配套宏观政策和机制的改革与创新，实现生产方式的转变和生产力可持续提升是业界人士的共同责任。

（三）直面困境，树立信心，践行科学的蔗糖产业发展观

我国甘蔗产糖量占食糖总产量的 90% 以上，基于其举足轻重的重要地位，甘蔗糖业界须更新观念，牢固树立并形成科学前瞻、实事求是的糖业发展观共识——蔗区不仅是国家的商品糖供给基地，从中长期看，更是全球范围内有限且宝贵的商业性和战略性资源。有此共识才能得到多方共同重视，形成合力，才不会出现产业可有可无、可多可少、可上可下的"伪市场化"争议。与此同时，面对国际糖市垄断性、波动性的常态，我国糖业面临的是高企的生产成本、中短期内难以缩短的内外价差、相对较恶劣的生态条件、落后并缺乏系统性配套的生产方式，以致偌大的世界第三大产糖国越发严重地被国际市场所掣肘，疲于被动应对，在波动中急剧下挫。事实上，在国际制糖成本缓步上调的一段时期内，国内却因短期逐利而丧失了理性调整的机会，时至今日，中国糖业毫无疑问并更加迫切地需要纳入高补贴农业范畴，充分挖掘 WTO "绿箱"和"黄箱"政策手段，以最快、最大的力度扶持以生产全程机械化为导向的技术生产力进步和糖业体制机制改革，再创一个具有自主发展能力、自我保护机制的中国糖业。

（四）以推进甘蔗生产全程机械化为突破口，统一认识、实事求是、攻坚克难，勇于承担产业振兴的历史责任

基于多年实践，笔者认为，当前推进甘蔗生产全程机械化的关键已不再是技术和装备问题，更迫切、突出的问题是在此产业转型升级的困难转折期，糖业生产、管理各环节、各部门对糖业形势的认知，对甘蔗生产全程机械化的技术路径是否形成共识，并协同推进。

从我国甘蔗产业自身分析，在产业技术转型升级的关键时期，体制机制的制约影响往往愈加凸显。以机械化为引领的现代生产方式受制于固有的农村土地制度和传统生产方式，规模化、集约化经营推进缓慢；当前的土地流转成本占原料蔗生产价格的比重超出合理的经济阈值，令规模化经营业者不堪重负，难以为继。由于我国甘蔗主产区的气候条件和土地资源条件远不及世界发达产糖国，根据作物生长的科学规律，综观世界甘蔗生产发展的历史和客观现实，我国甘蔗单产平均水平可力争达到并保持在 75~85 吨/公顷，但与此同时，我国现处的经济与社会发展阶段决定了甘蔗同国内其他农产品一样，在今后一段时期内的生产成本仍可能继续维持在发达产糖国的 1.9~2.5 倍，甚至更高。因此，蔗糖产业的技术进步还需辅以贸易保护、进口与加工能力管控、农业补贴、信贷和金融支持等联动配套性改革与扶持，才能保障民族糖业不为国际市场波动所左右，持续稳定地发展。

多年来的实践证明，高效的甘蔗规模化生产经营有三个技术特征必须齐备、缺一不可，即生产全程均须机械化、主要环节关键装备须依循国际主流技术路线及农机农艺须融合，否则多难免经营惨淡、最终被淘汰出局，这样的教训并不鲜见。而当前较普遍存在的问题恰是共识尚不统一，蔗糖生产和管理各方、各环节或多或少在某些技术特征要求上仍束缚于现有条件和传统习惯，锐意创新与跨越式突破不足。生产机械化率及配套技术水

平、甘蔗单产水平、产糖效率效益的协同提升是世界蔗糖产业发展进步的客观规律，中国并不因自身的国情与特色而例外，但也应承认受农村土地制度、固有的管理体制机制制约和全球化背景下我国农产品国际竞争力脆弱的现状，我国蔗糖业转型升级的进程将会面临比发达国家更多的困难，也必要付出更高昂的投入和代价。

加快推进我国的甘蔗生产全程机械化，第一，应当明确单位土地面积收益、单位土地面积产糖量和农机作业单位收益是蔗农、糖厂和农机服务组织三方共同的利益关注，也应是政府主管部门、科研单位管理和技术水平评估的落脚点。第二，在政府决策和扶持方面，应做到积极而不冒进，目标应明确定位于甘蔗节本、增产和稳产，土地规划整理和装备配置应当科学而不盲目，技术途径应轻简高效。当前我国甘蔗全程机械化尚处于试验示范阶段，系统配套尚不健全，土地资源成本、大型装备成本和种植、加工、农机服务不同环节的协调成本巨大，而国家扶持政策、项目和资金尚未能充分发挥其效益，有些真抓实干、技术成效显著的机械化规模经营业者缺乏国家的扶持，上述原本主要应由政府公共财政支持的建设实施内容被转嫁于企业经营成本，造成沉重负担。在当前甘蔗全程机械化试验示范的关键时期，建议国家扶持政策、项目和资金采取前期考察选点与补助，中期评估、补助与整改，后期总结、补贴与持续支持的积极审慎的新型投资方式，厘清政府管理职能与市场手段，加强资金监管，以充分发挥国家投资效益，加快推进我国甘蔗机械化进程。第三，在产业技术方面，高产、优质、营养高效利用和强宿根性的良种以及土壤有机质和结构的改良、良好生态环境的恢复仍然是甘蔗产业可持续发展的关键技术。

同时，根据我国农业发展特点，有条件的机械化规模经营业者可系统谋划实施甘蔗种植业、畜禽养殖业结合，甘蔗与特色粮经作物结合，蔗地耕休结合、用养结合的循环农业模式，提高单位产出率，实现土地流转从单一的规模化目标向产业多元化联动增值、离地农民多层次就业的高层次转变，建设提升农田、机库、农业职业技能培训及其他配套社会化服务设施条件和水平，探索以制糖业及其他农产品加工业带动现代农业、农村服务业发展的新型城镇化道路，树立蔗区现代农业发展的新型典范。而这一规划的实施将更多有赖于政府创新的政策引导、系统的配套扶持和高效能的措施落实。

三、我国甘蔗生产机械化发展形势特征分析

（一）提升土地宜机化水平成为推进机械化发展的重要基础性共识

国家对糖料蔗生产条件建设高度重视，持续投入实施糖料蔗生产保护区、"双高"基地（广西）、核心基地（云南）建设。但从目前情况看，基地建设数量规模可望达到预期目标，而建设质量同现代甘蔗生产的发展要求却尚有明显差距；同产业对机械化的迫切需求以及实施机械化的技术要求相比，基地建设的规划设计和实施水平明显滞后。田边"居高临下"的水泥道路、宽渠深沟光鲜亮丽，但已然成为机械难以逾越的障碍；而田间的线杆、顽石等障碍清理，土地降坡、平整、均质化，地力提升改良，机具作业辅助空间，高效的物料运输、装卸条件等却罕见完备。国家财政投资效益尚有很大的提升空间。

（二）生产组织方式的创新是降低集约化生产成本、催生现代甘蔗生产领头人的关键要素

我国蔗区生产组织方式仍以分散、小户种植为主，这种生产方式在蔗农离地意愿并不强烈的情况下还将在一段时期内占较大比重。而已实施或具备规模化生产潜力的生产基地目前在生产组织方式上的重要差别就在于基地内的土地是否能够实现低成本统一经营。对于自主统一经营的甘蔗生产基地承包者，往往要求其具备较雄厚的资金、装备、技术和管理实力，以及配套强有力的糖厂支持，才可望实现持续发展，如东亚糖业集团支持农民专业合作社实施的现代农场模式，农村能人牵头、村民土地入股、土地统一经营的"渠芦模式"。尽管土地连片集中整治后又交由原属蔗农进行甘蔗种植本不应是影响机械化推进的直接原因，但事实情况恰是由于基地内生产责任者数量或散户蔗农较多，客观存在着机械化观念、技术水平参差不齐，导致基地内土地规划、种植规划、品种规划、砍运计划等机械化作业面一致性较差，单位作业地块规模、净作业时间和综合作业效率、效益受限，机械化推进滞缓。

（三）农机服务组织的健康持续发展是培育和熟化农机作业服务市场的重要内容

近年来，甘蔗农机专业化服务组织发展迅速，典型表现在机械化的关键、难点环节——收割装备市场保有量迅猛增长。这得益于政府的高度重视和大力宣传、农田基础条件的改善、财政补贴、制糖企业扶持和农机企业的营销服务，以及社会资本对农机服务市场的向好预期。尽管农机，尤其甘蔗收割机投资成本偏高，且近期机收作业量、作业收益多差强人意，但值得注意的是，以往那种机收服务组织寿命不过 1～2 个生产期，收割机高转手率的现象越来越少，服务组织通过甘蔗生产全程各环节机械化服务平衡损益，理性面对市场，愈加注重机手培训、机具维保等核心竞争能力的培养。农机服务组织整体水平稳定提升、趋向成熟。

（四）甘蔗收割机制造业发展跃升至新水平，国产装备制造业服务糖业的良好后效可望持续放大

近年来，以原柳州汉森（现柳工农机）甘蔗联合收割机批量出口古巴，洛阳辰汉收割机在广东湛江开展大规模服务为新的起点，我国现已形成包括广西柳工农机、洛阳辰汉、中联重科为代表的甘蔗机械化重大装备——联合收割机产业化制造骨干企业。这批骨干企业以技术为基础，以营销为抓手，经营实力明显提升，国产收割机产业化技术和市场资源配置趋于集中，企业抗风险能力也明显增强，这批骨干企业已经脱离此前众多中小企业乱战式、赌博式、短命式的收割机研制宿命，与凯斯纽荷兰、约翰迪尔等国际品牌分羹中国市场。但从目前的应用情况看，国产品牌收割机的收割效率、收割质量、适应性与稳定性等方面与国际品牌相比仍有差距，产品性能还需进一步改进提升。

（五）农机农艺融合是下一步保障甘蔗产量和蔗农机收意愿，保持机收服务市场稳定发展的技术关键

甘蔗生产全程机械化是一个通过高效率机械作业替代高成本人工作业来实现投资收益最大化的生产系统。与传统生产方式相比，其田间生态条件，因机具自身条件及气象条件

所限对农机作业窗口期和作物生育期特征的匹配要求，机具粗放作业方式和甘蔗收获产量、蔗糖产量及宿根蔗生长质量的客观矛盾等都要求在品种的选择观念、选择标准和技术，作物生产力与土地生产力的协同提升，甘蔗生产目标及其评价方法、技术等方面需进一步更新甘蔗生产全程机械化的配套农艺技术体系，以保障机械化生产模式下甘蔗的高产、稳产及种植收益，从而保障农机服务充足的作业量和收益。这方面工作尚需业界投入更多的人、财、物力，进行充分的技术储备，以备大规模全程机械化未来迅猛发展所需。

（六）制糖加工企业应成为下一步推进生产机械化转型和糖业升级发展的攻坚主力

糖业发展涉及面广泛、系统性复杂、联动性敏感。国内外实践均表明，唯有以实现加工价值、具备产业链各环节利益协调功能的制糖企业为中枢，激发其积极有为的市场主体和创新主体功能，方可顺利推进产业的转型升级。从当前形势看，制糖企业在机械化推进过程中的核心地位和主观能动性亟待发挥，包括其对机械化，尤其是机收的积极观念、科学理念、制糖利益的工农协同、再平衡机制，以及制糖工艺的创新改进等，而非拘于政令，千篇一律被动地改造局部环节设备。

四、推进我国甘蔗生产机械化的建议

（1）客观认识我国甘蔗生产机械化发展所处阶段，持续加大政策扶持力度。在甘蔗生产机械化发展取得一定进步，又较充分地暴露出技术短板与机制障碍之时，应当清醒地认识到我国蔗区地形地力条件、气候条件、农村社会及经济发展水平、农村劳动力衍变特点、甘蔗产业特征都决定了甘蔗机械化生产方式转型是一个发展目标、适宜规模、适宜机型、生产效率和效益呈阶梯式上行特点的过程，甚至在某一阶段可能长期蓄势待机。特别是机械化重点环节——机收涉及工农二者联动的系统性变革。因此从机械化发展现状看，我国仍处于一个探索示范、培育市场的阶段，因此当前仍应坚持进一步加大各级财政扶持力度，研发应用成熟的、适应区域地形地貌和生产特点的农机具，熟化农机农艺融合模式，孵化培育农机专业化服务，尤其是机械化收获的市场主体和良好的市场环境。

（2）对甘蔗全程机械化生产模式实施精准分类，引导政策方向，指导相关技术、模式的研发、示范及推广。

（3）充分发挥制糖企业在推进甘蔗生产机械化过程中的核心与纽带作用。应当继续依托领导重视、基层得力、项目扶持优势，重点发挥市场驱动、糖厂中枢、群众智慧作用，以甘蔗生产全程机械化为技术引领，激发创新型制糖企业主体意识与责任，构建适应甘蔗生产全程机械化新型生产模式、新型生产关系的原料蔗生产、蔗糖加工、综合利用及产业链延伸技术体系，形成工农一体的高产、高效、减损、节能、减排的循环增值业态，构建种植、加工、服务等各环节利益协同机制，夯实基础，逐步提升产业竞争力、影响力及话语权，构建不为市场波动所左右，具备内生动力，自我稳定持续发展的中国甘蔗糖业。

（4）加大技术创新及人才培养力度，探索建立和完善技术产权有偿使用机制，尤其是促进良种同农机装备协同，发挥"双擎"作用，服务甘蔗生产机械化转型和糖业升级发展。应当积极培育创新型技术研发、成果孵化、技术培训、专业化服务市场主体，加强产学研协作，进一步提高产业技术成果的产出与转化效率，重点培育甘蔗现代种业、专业化生产、服务领域的创新型市场主体及相关技术、管理人才，促进甘蔗糖业可持续发展。

长期以来，我国未能建立甘蔗这一无性繁殖作物品种权的有效保护和育种者权益的合理补偿机制，社会资本介入意愿淡薄，仅依赖于屈指可数的数家公益型科研机构，囿于单位绩效评估体系、育种者经验、技术水平等参差不齐，便出现品种成果多、实际应用有限，品种推出快、淘汰也快的现象，良种产出效率、财政投入效益不佳，良种对新一轮产业转型发展的核心作用尚未充分发挥。要从根本上扭转这一局面，必须通过市场化的甘蔗种业创新来充分激发品种创新的积极性与创造性，而关键就在于建立甘蔗品种权的有效保护和育种者权益的合理补偿机制。此举将极大激发社会资本参与甘蔗品种创新的积极性和创造性，有助于扩大甘蔗品种区域试验和示范推广规模，有效延伸、贴近产业应用，更加科学、客观、可靠地加快提高我国甘蔗良种产出效率，助推我国甘蔗产业的转型升级和持续健康发展。

第二章
甘蔗生产机械化的技术理念与生产模式

第一节 甘蔗生产机械化的技术理念

长期的研究和实践表明，甘蔗生产机械化的技术理念是以机械化收获为目标导向，以机收的方式决定种植的方式、规格以及机械化中耕管理的方式，反映出不同类型的机械化生产模式和特点，也决定了相应的机械装备选型和使用效果，体现出不同的农艺技术策略、要点和效益目标。甘蔗机械化生产应遵循三项技术原则：机具作业无障碍化的土地整理、作业效率优先的生产规划和作业质量的农艺标准评价。农业部于2011年7月发布的《甘蔗生产机械化技术指导意见》，针对缓坡地、丘陵地、坡耕地类型及不同生产规模，确立了大规模全程机械化、中等规模全程机械化、小规模部分机械化及微小型半机械化四种技术模式，是我国甘蔗生产机械化科学发展、分类指导的重要指导性文件之一。

一、中、大规模缓坡和丘陵地机械化生产的技术理念

该模式是以"装备成套化、机具大型化、作业标准化"为特征的现代化大生产模式，也是可望实现我国未来最高蔗茎产量、最节本、最长宿根年限的一种应用模式。全程机械化对品种选择的要求较高，除传统的优良种性外，应首要关注分蘖成茎在产量构成中的主导作用。要求品种分蘖性强，成茎率高，在生长特性上最好选择前期生长快速，先促蘖、后伸长，主茎、分蘖整齐均匀的品种，避免使用主茎伸长较早、分蘖出生较晚的品种，以保证中耕培土的作业适期和作业质量。田间管理的重点在于植前深松、中期浅耕和宿根破垄，其目的都在于不打乱土层的前提下改善土壤结构，创造适合甘蔗和有益微生物生长的水、肥、气条件。植前深松辅以蔗叶还田，种植配合增施有机质、地膜覆盖都是我国蔗区现有土壤肥力和气候条件下必要的增产措施。灌溉系统不仅应发挥抗旱的功能，还要成为调节土壤宜耕性、水肥药一体化管理，特别是保证甘蔗进入伸长期后管理的必要辅助手段。因此，在有条件的生产单位，大田自走式灌溉机械将会有更大的应用前景。

二、小规模丘陵地和坡耕地机械化生产的技术理念

小规模部分机械化及微小型半机械化模式是适应我国甘蔗生产地块面积偏小、地形复杂的条件下，以减轻劳动强度、提高劳动效率为主要目标，以蔗农互助和小型服务组织为主要形式的一种生产方式，在区域种植结构、地方蔗糖经济短期内难以调整的情况下还具

有相当的普遍性。保护性耕作技术和培肥地力是这类模式下实现高产、稳产的关键。由于抵御自然灾害和肥水调控能力相对薄弱，品种的抗旱、抗寒性尤显重要，选种时应予优先考虑。为适应分段式收获作业，产量构成应在考虑单位面积有效茎数的同时重点兼顾单茎重因子，选用直立抗倒、中大茎、早发快长、封行早的品种，以及早形成高产苗架，控制杂草，减少水分蒸腾散失。要充分发挥人工作业环节"选"的作用，确保种苗质量和有效下种量；利用好传统的农村废弃物田边堆沤池、田头水窖等，在生产全程注意增加有机质、生物肥施用比重，逐年改善耕层结构，保障甘蔗稳产。

第二节　甘蔗全程机械化生产模式

2019年，农业农村部农业机械化管理司、农业机械化技术开发推广总站组织主要农作物生产全程机械化推进行动专家指导组甘蔗组专家，由华南农业大学区颖刚教授牵头编制了《甘蔗全程机械化生产模式》，并予以发布。2011年农业部发布的《甘蔗生产机械化技术指导意见》侧重于蔗区地形和机具的匹配，而此次发布的《甘蔗全程机械化生产模式》则是在近年蔗区机械化发展形势下，将生产经营的组织化、农艺技术要点、目标策略和配套条件明确提出，更具综合性、操作性，是下阶段推进我国甘蔗生产全程机械化的重要指导性文件。作为参与编制者，笔者将该技术文件完整引用到该书内容中，供读者参考交流。

一、中型甘蔗全程机械化生产模式

（一）模式概述

本模式主要针对与以80～130千瓦级甘蔗收割机为核心的机械装备系统作业能力相适应的生产基地。该模式产区的总体特征是，区内地形条件复杂，土地大规模宜机化整治成本偏高，生产单位或蔗农较多，机械化观念、技术水平参差不齐，导致土地、种植和品种各项规划、砍运计划等机械化作业面一致性要素有待改善提升，机械装备系统的单位作业地块规模、净作业时间和综合作业效率受限，采用80～130千瓦级甘蔗收割机及配套的机具系统是现阶段该模式条件下较经济、合理的选择。该模式目前主要适用于以下三类生产方式：一是甘蔗宜机化生产技术标准尚未能严格统一实施的农村集体经营、分户管理的生产组织方式；二是甘蔗农机社会化、市场化服务水平发展快于甘蔗宜机化生产技术水平的地区；三是处于甘蔗生产全程机械化试验探索阶段的地区。该模式的技术路线与大型全程机械化生产模式的基本相同。应特别强调模式区内各生产单位、生产农户扩大连续作业面积，便于原料蔗装卸运输，科学布局新植、宿根及各类熟期品种，统一种植标准，合理安排甘蔗种收计划。

（二）区域特征

该模式产区在我国具备全程机械化条件和潜力的蔗区中所占比重最大。从地形条件上多为坡度10°～15°的地块，即便进行了土地连片集中整治，单位地块面积有所扩大，但整治后仍多数归返小农户自主生产管理，种植标准各异，机械化作业面一致性尚无法满足大型全程机械化的实施要求，是目前80～130千瓦级甘蔗收割机厂商之间主要的竞争市场。统一进行品种布局、标准化种植、统一安排种收计划应是该模式产区进一步推进全程机械化的工作重点。

该模式产区的气候条件与大型全程机械化生产模式产区无异。桂中南蔗区地处亚热带季风气候区，总体上光照充足，雨量充沛，雨热同季，年平均气温22.3℃，最高与最低的月平均温差达16℃，年降水量1 350～1 680毫米，但近年来生产期雨水偏多对机收有所影响，年光照时数1 850～1 950小时，基本无霜，旱坡地资源丰富。

滇西南蔗区属热带和亚热带气候，气候类型多样，地理条件复杂，年平均气温18～24℃，大于10℃的积温6 000～8 500℃，热量、光照充足，生产期干旱、昼夜温差大，属甘蔗高糖区。

粤西、琼北蔗区地处热带—南亚热带，属海洋性季风气候区，光热资源丰富，雨量较充沛，地势平缓，生产期干旱，机械化尤其是机收条件总体优于其他蔗区，但台风对甘蔗生长影响较突出。

（三）技术路线

新植蔗：机械耕整地→机械种植→机械化田间管理（节水灌溉或水肥一体化、除草、中耕培土施肥、飞防……）→机械化收割→公路运输入厂。

宿根蔗：蔗叶粉碎还田→机械化田间管理（平茬破垄松蔸、节水灌溉或水肥一体化、除草、中耕培土施肥、飞防……）→机械化收割→公路运输入厂。

耕整地：犁地　　　　　　　　深松　　　　　　　　种植

田间管理：中耕施肥　　　　　植保飞防　　　　　收获和田间集蔗

（四）技术规范及机具配备

一台120千瓦级的切段式甘蔗收割机在我国目前的生产能力一般为65吨/天。按甘蔗亩产5吨计，则一天可收13亩。一个生产期平均收获工作时间按80天计，则一台收割机一个生产期的生产能力约1 000亩。即1 000亩应是可实施中型全程机械化生产模式的合理较小规模。此外，单块地块长度达到 100～200 米及以上，单位地块大小 30 亩以上为宜。

1. 技术规范要点

（1）品种选择。选用早生快发，分蘖旺盛，封行迅速，成茎率高，直立抗倒，易脱叶，易砍不易裂，对土壤压实不敏感的早熟高糖、强宿根、高产多抗的适应机械化生产的良种健康种茎。

（2）耕整地和深松。拖拉机牵引四铧犁翻耕，耕深 30 厘米左右，采用中型旋耕机或轻耙碎土平整，碎土深度不低于 25 厘米，使土壤细碎疏松。重新翻种的宿根蔗地，先用拖拉机配套旋耕机打碎蔗蔸，再进行翻耕和碎土。

以较好地力条件下一新三宿的甘蔗生产制度为例，一般在翻种时结合耕整地进行深松（即 4 年深松一次），根据需要也可以在宿根季结合破垄松蔸或中耕培土时进行行间深松。深松作业适宜的土壤含水率 15%～25%，深度 30～40 厘米。

耕整后的苗床要求地头整齐、土壤松碎、地表平整。

（3）种植。采用等行距实时切种式联合种植机进行开沟、施肥、播种、施药、覆土、盖膜联合作业。等行距种植行距 1.2 米以上，开沟深度 30～35 厘米，施基肥后覆薄土下种，下种深度 20～25 厘米。配备熟练的机手和下种工人，机械行进匀速稳定，蔗种喂入及时、均匀，不断垄。

（4）田间管理。采用拖拉机配套中耕、植保等机具进行田间管理作业。田间最后一次中耕作业（施肥、用药及中耕培土联合作业）以拖拉机底盘及中耕机机架不伤蔗梢为原则，在甘蔗分蘖盛期至拔节初期，甘蔗株高（最高可见肥厚带处）一般在 50～60 厘米或以下，采用拖拉机配套犁铲式或旋耕式中耕施肥培土机进行。耕层深厚松碎或沙质土也可采用圆盘犁式中耕施肥培土机进行。作业深度在 15～20 厘米，培土高度 15～25 厘米。

（5）机械化收割。以 80～130 千瓦级切段式甘蔗收割机为主进行收割。根据道路条件、原料蔗贮放点设置、作业地块大小、收割效率、农户间协调情况和公路运输距离等，合理选择配备田间运输拖卡、铲斗车、料袋装卸车和公路运输车等，保证收获甘蔗能在 24 小时内进厂压榨。

选取成熟度一致、产量水平相当、品种特征（如脱叶性、抗倒伏性、蔗茎组织松脆度）相近的连片地块集中作业；田间转弯调头空间不足的应先行收割田头甘蔗以留出转弯调头空间，收割后整平垄沟，便于机具行走。

收割宜在蔗地干爽条件下进行，田间转装车辆须由田头出入，沿沟内行驶，不得横跨垄沟碾压蔗蔸。

（6）宿根蔗管理。拖拉机配套相关机具进行宿根蔗平茬、破垄松蔸、施肥有利于促进蔗蔸地下芽萌发，促进出苗、齐苗和壮苗。甘蔗砍收后在"冷尾暖头"、晴好气象条件下宜早进行。宿根出苗期温度低、较干旱的蔗区可结合覆膜增温保墒。

2. 机具配套方案

（1）耕整地机具。采用 60～70 千瓦拖拉机，配套深耕犁、深松器、旋耕机等进行作业。

（2）种植机具。目前应用较多的为双行实时切种式甘蔗联合种植机，以80千瓦以上拖拉机为配套动力。

（3）田间管理机具。中耕施肥培土一般采用36～47千瓦中型轮式拖拉机为配套动力的中耕施肥培土机。应根据甘蔗长势确定作业窗口期和高地隙机型，避免作业时折损蔗梢。

植保多采用机载式喷杆喷雾机和背负式机动喷雾机，甘蔗拔节后可采用无人机进行植保飞防。

（4）收获及相关设备。以80～130千瓦中型切段式甘蔗联合收割机为主，配套田间转运车数量以保证收割机作业、公路运输车装载不空等为原则。

如不设田间转运环节，集蔗车辆直接运蔗入厂或运至集中贮放点，除保证收割机连续作业外，还应全面考虑避免碾压蔗蔸、运输距离、车辆载重、装载效率和综合收益来进行车型选择和数量匹配。

例如：某糖厂提供适合行距行走、装载量为12～16吨的甘蔗运输车，平均运输距离50千米，同时考虑糖厂称重、抽检、卸料等环节和该功率段收割机的实际功效，该模式条件下一台收割机一般需配套3～4台该类型集蔗运输车辆。

此外，还有田间料袋收集、吊装、运输等其他类型机具系统，无论采用哪种方式，都应确保原料蔗24小时内新鲜入榨。

二、大型甘蔗全程机械化生产模式

（一）模式概述

本模式以实现大功率机械装备（以250千瓦级切段式甘蔗联合收割机为核心装备）高效率作业为主要特征，总体要求生产基地地势平缓（坡度≤10°），土地宜机化整治水平、生产规模化、组织化程度高，农机农艺高度融合，机械化作业面一致性好，机械化系统，尤其是机收系统运行协调性强。经营体制方面，具备实施该生产模式的条件和潜力的单位，包括制糖企业主导和扶持下的大型合作社标准化生产基地、国有大型农场以及具有充分的装备及技术储备的合作社、专业大户、家庭农场和农业龙头企业。该模式的技术路线包括高标准机械化整地，适合机械化的良种优质种苗，保苗机械化播种，改善田间生态环境、协调水肥供给的机械化田间管理，高质量减损机收以及碎叶处理技术等环节。该模式通过农艺服从农机作业规范、农机为甘蔗高产提供装备技术支撑，同时注重大型机具作业的土壤结构和地力维护，实现高水平全程机械化条件下作物生产力与土地生产力的协同提升。

（二）区域特征

该模式产区主要分布于桂中南蔗区经土地整治进行规模化集约经营的"双高"基地、滇西南蔗区规模化经营的"坝子"地以及粤西蔗区大部。该模式生产基地多地势平缓（坡度≤10°），生产经营者素质、管理能力、经济条件相对较好，机械化整体水平相对较高，如机耕率在90%左右，桂中南、粤西有些生产单位的机收率达100%。

从气候条件看，桂中南蔗区地处亚热带季风气候区，总体上光照充足，雨量充沛，雨热同季，年平均气温 22.3℃，最高与最低月平均温差达 16℃，年降水量 1 350～1 680 毫米，但近年来生产期雨水偏多对机收有所影响，年光照时数 1 850～1 950 小时，基本无霜，旱坡地资源丰富。

滇西南蔗区属热带和亚热带气候，气候类型多样，地理条件复杂，年平均气温 18～24℃，大于 10℃的积温 6 000～8 500℃，热量、光照充足，生产期干旱、昼夜温差大，属甘蔗高糖区。

粤西蔗区地处热带—南亚热带，属海洋性季风气候区，光热资源丰富，雨量较充沛，地势平缓，生产期干旱，机械化尤其是机收条件总体优于其他蔗区，但台风对甘蔗生长影响较突出。

（三）技术路线

新植蔗：机械耕整地→机械种植→机械化田间管理（节水灌溉或水肥一体化、除草、中耕培土施肥、飞防……）→机械化收割→公路运输入厂。

宿根蔗：蔗叶粉碎还田→机械化田间管理（平茬破垄松蔸、节水灌溉或水肥一体化、除草、中耕培土施肥、飞防……）→机械化收割→公路运输入厂。

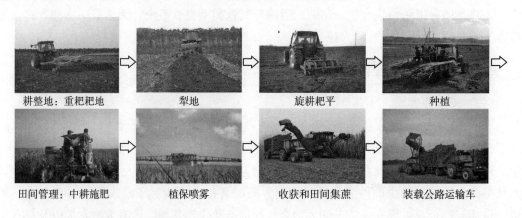

| 耕整地：重耙耙地 | 犁地 | 旋耕耙平 | 种植 |

| 田间管理：中耕施肥 | 植保喷雾 | 收获和田间集蔗 | 装载公路运输车 |

（四）技术规范及机具配备

一台 250 千瓦级的切段式甘蔗联合收割机在我国目前的生产能力一般为 200 吨/天。按甘蔗亩产 5 吨计，则一天可收割 40 亩。一个生产期平均收获工作时间按 80 天计，则一台大型收割机一个生产期的生产能力约 3 000 亩。同一地区最好有能满足两套大型机器系统工作的连片土地，即 6 000 亩应是可实施大型全程机械化生产模式的合理规模。此外，单块地块长度达到 300～500 米及以上，大小 100 亩以上为宜。要求土壤有机质含量在中上水平，并注重地力的持续养蓄和提升，以缓解大型机械对土壤的压实和满足甘蔗多年宿根稳产的需要。

1. 技术规范要点

（1）品种选择。选用早生快发，分蘖旺盛，封行迅速，成茎率高，直立抗倒，易脱叶，易砍不易裂，对土壤压实不敏感的早熟高糖、强宿根、高产多抗的适应机械化生产的良种健康种茎。

（2）耕整地和深松。采用大功率拖拉机牵引重耙耙地，犁地（耕深30厘米左右），然后用拖拉机配套大型旋耕机或宽幅轻耙进行碎土平整，碎土深度不低于25厘米，使土壤细碎疏松。重新翻种的宿根蔗地，应先用拖拉机配套旋耕机破碎蔗蔸，再进行翻耕和碎土。

以较好地力条件下一新三宿的甘蔗生产制度为例，一般在翻种时结合耕整地进行深松（即4年深松一次），根据需要也可以在宿根季结合破垄松蔸或中耕培土时进行行间深松。深松作业适宜的土壤含水率15％～25％，深度30～40厘米。

耕整后的苗床要求地头整齐、土壤松碎、地表平整。

（3）种植。采用宽窄行双行实时切种式联合种植机或预切段式联合种植机进行开沟、施肥、播种、施药、覆土、盖膜联合作业。根据甘蔗生产全程机具顺畅作业的要求，一般宽窄行种植的行距规格为1.4米＋0.4米，等行距种植的行距规格为1.4～1.5米。开沟深度30～35厘米，施基肥后覆薄土下种，下种深度20～25厘米，覆土厚度3～5厘米，并适度压实，若甘蔗萌芽期低温、干旱较严重，可进行保墒增温覆膜。配备熟练的机手和下种工人（针对实时切种式种植机），机械行进匀速稳定，蔗种喂入及时、均匀，不断垄。

（4）田间管理。大型全程机械化生产模式由于行距宽、土表裸露空间相对增多，田间封行时间有所延迟，杂草危害加剧，对甘蔗苗期生长、分蘖群体建成及后续产量均可产生显著不利影响，应做好芽前封闭除草，苗后化学除草、机械除草相结合的杂草综合防除措施。

田间最后一次中耕作业（施肥、用药及中耕培土联合作业）以拖拉机底盘及中耕机机架不伤蔗梢为原则，在甘蔗分蘖盛期至拔节初期，甘蔗株高（最高可见肥厚带处）一般在50～60厘米或以下，采用拖拉机配套犁铲式或旋耕式中耕施肥培土机进行。耕层深厚松碎或沙质土也可采用圆盘犁式中耕施肥培土机进行。作业深度在20厘米左右。

（5）机械化收割。用大型切段式甘蔗联合收割机收获。按实际收割效率、田间装载量和公路运输距离，合理配备田间转运车和公路运输车，保证收获作业顺畅，原料蔗能在24小时内进厂压榨。

选取成熟度一致、产量水平相当、品种特征（如脱叶性、抗倒伏性、蔗茎组织松脆度）相近的连片地块集中作业；田间转弯调头空间不足的应先行收割田头甘蔗以留出转弯调头空间，收割后整平垄沟，便于机具行走。

收割宜在蔗地干爽条件下进行，田间转装车辆须由田头出入，沿沟内行驶，不得横跨垄沟碾压蔗蔸。

（6）宿根蔗管理。采用拖拉机配套相关机具进行宿根蔗平茬、破垄松蔸、施肥有利于促进蔗蔸地下芽萌发，促进出苗、齐苗和壮苗。甘蔗砍收后在"冷尾暖头"、晴好气象条件下宜早进行宿根管理。宿根出苗期温度低、较干旱的蔗区可结合覆膜增温保墒。

2. 机具配套方案

（1）耕整地。采用进口液压重耙或国产超重耙耙地，配套103千瓦以上四驱拖拉机。

型地采用 73 千瓦以上拖拉机带悬挂犁。旋耕采用大型旱地旋耕机作业。

（2）种植。目前我国蔗区多采用国产实时切种式种植机，采用 88 千瓦以上拖拉机牵引，大地块工作效率可达 30～40 亩/天。

（3）田间管理。中耕施肥培土一般采用 88 千瓦以上拖拉机，配套中耕施肥培土农具作业。根据甘蔗长势确定作业窗口期和高地隙机型，避免作业时折损蔗梢。

大型高地隙喷药机目前主要为进口机型，甘蔗拔节后现多采用无人机进行植保飞防。

（4）机械化收割。采用 250 千瓦级大型切段式甘蔗联合收割机收获，配套田间转运车数量以保证收割机作业、公路运输车装载不空等为原则。

（5）公路运输入厂。根据实际情况，公路运输车可选择接驳田间转运车、原料蔗集中贮放点或甩挂车厢等形式，但均须遵循 24 小时内原料蔗新鲜入榨的要求。

第三章
甘蔗生产全程机械化转型升级发展

第一节　甘蔗农机服务组织简介

一、扶绥县渠黎镇雷达现代农业合作社联合社

扶绥县渠黎镇雷达现代农业合作社联合社成立于 2017 年，注册地点为广西壮族自治区扶绥县渠黎镇，注册资金 48 万元，办公区域面积 500 米^2，机库棚面积 1 000 米^2，维修场地面积 200 米^2。设有扶绥县渠黎镇百甲甘蔗专业合作社、扶绥县渠黎镇隆田甘蔗专业合作社、扶绥县渠黎镇广诚农机专业合作社等共六个甘蔗种植合作社和一个农机专业合作社。规模已发展到 15 000 亩，在耕、种、管、收、运全程各个环节上都实现了机械化。合作社跨 5 个县、10 个乡、25 个村开展作业服务。下属隆田合作社 1 000 亩土地被自治区选定为全程机械化示范基地。下属广诚农诚农机专业合作社拥有农机 100 多台，其中拖拉机 9 台，总动力 1 150 千瓦，拖拉机牵引或悬挂的田间作业农具 27 部，播种机械 15 台，水泵 10 台，机动植保机 5 台，甘蔗收割机 40 台，甘蔗收割机总动力 7 880 千瓦。引进澳大利亚甘蔗种植模式，围绕本区推进甘蔗支柱产业发展为契机，通过在示范基地内开展北斗导航自动驾驶、深耕深松、甘蔗种植深耕浅种、标准培土等技术，引进一批土地平整、深耕深松、机械种植、田间管理、机械收获等机械设备，实现甘蔗生产全程机械化，提高甘蔗生产机械化水平。

二、来宾市兴宾区凤凰镇福库农机专业合作社

来宾市兴宾区凤凰镇福库农机专业合作社成立于 2017 年 10 月，注册地点为广西壮族自治区来宾市兴宾区凤凰镇，注册资金 500 万元，办公区域面积 200 米^2，机库棚面积 1 300 米^2，维修场地面积 300 米^2。目前经营状况良好，由建社初期的 200 多亩土地发展到现在 1 000 多亩的规模，并在耕、种、管、收、运全程各个环节上都实现了机械化。合作社在本镇跨 10 多个村开展作业服务，并且在凤凰镇古排村有 700 多亩土地被来宾市兴宾区凤凰镇选定为全程机械化示范基地。合作社拥有农机 50 多台，其中拖拉机 15 台，总动力 1 250 千瓦，拖拉机牵引或悬挂的田间作业农具 30 部，播种机械 2 台，水泵 3 台，机动植保机 3 台、甘蔗收获机 5 台，甘蔗收获机总动力 650 千瓦，服务于甘蔗全程机械化的各个环节。合作社引进了国外宽行甘蔗种植模式，并结合当下"双高"建设的实际情况把农艺与

农机相融合,把握当地推进甘蔗产业发展契机,通过在示范基地内开展北斗导航深松浅翻、深耕深松、甘蔗种植、标准培土等技术,并引进一批土地平整、深耕深松、机械种植、田间管理、机械收获等机械设备,实现甘蔗生产全程机械化,提高甘蔗生产机械化水平。

三、柳城县冲脉镇优丰农机专业合作社

柳城县冲脉镇优丰农机专业合作社成立于 2016 年 6 月 29 日,注册资金 10 万元,位于柳城县冲脉镇指挥村,占地面积 6 000 米²。合作社通过广泛吸收农民、种植大户、合作社等社会资金及土地入股,进行甘蔗机械化作业服务。建成 2 300 米² 的机具棚库,280 米² 培训教室、管理用房及配套附属设施,拥有农机设备 30 多台,中小型切段式甘蔗联合收割机 10 台,904 拖拉机 4 台,704 拖拉机 4 台,504 拖拉机 3 台,甘蔗种植机 3 台,培土机 4 台,背负式喷药机 2 台和自走式喷杆喷雾机 1 台等,形成甘蔗生产农机社会化服务能力达 1.5 万亩,可提供机耕、机种、机管和机收的全程机械化作业服务,建立了一支专业的农机操作及维修服务队伍。合作社在服务"双高"基地过程中,积极探索建立制糖企业+合作服务组织(菜单式服务)+农户、制糖企业+合作服务组织(土地流转式)+基地+农户、制糖企业+合作服务组织(土地托管式)+农户等运行模式。通过落实科普中国乡村 e 站服务功能,为蔗农提供优良适用农资和甘蔗生产机械化一站式服务,形成了"全程机械化+综合农事"服务新模式。合作社致力于发展成为具有市场竞争力、品牌影响力和产业带动力的星级示范合作组织。

四、南宁市武鸣区惠丰农机专业合作社

广西南宁市武鸣区惠丰农机专业合作社成立于 2013 年 9 月 26 日,注册地点为广西南宁市武鸣区武马公路 9 千米处(香山糖厂厂区内),注册资金为 260 万元,办公区域面积 300 米²,机库棚面积 500 米²,维修场地面积 200 米²。该合作社主要面向农户推广和经营农业机械化服务,年作业甘蔗面积为 6 000 亩,环节托管 20 000 亩。目前经营良好,在耕、种、管、收、运全程各个环节上都实现了机械化。得到农机部门和农户的认可和支持,合作社跨 4 个县 57 个村开展服务作业。合作社拥有拖拉机 35 台,总动力 2 793.2 千瓦,拖拉机牵引或悬挂的田间作业农具 67 部,甘蔗播种机械 20 台,植保无人机 2 台,切段式甘蔗收割机 30 台,甘蔗收割机总动力 3 940 千瓦,服务于甘蔗全程机械化生产的各个环节。合作社引进国外宽行甘蔗种植模式,结合"双高"建设实际情况,推广机械化深松浅翻、机械化种植、标准培土、机械化收割等技术服务,并推广田间管理、统防统治、病虫害防治、农机信息培训咨询一条龙服务。合作社拥有北斗卫星定位导航系统和惠达监控、作业平台,成立农机管理大数据服务中心,为精准申报农机作业补贴和推广智慧农机作业提供有利条件。

五、勐海县纽荷兰农业机械专业合作社

勐海县纽荷兰农业机械专业合作社于 2011 年 12 月 12 日成立,注册地点为云南省西

双版纳州勐海县勐遮镇，是勐海县第一个农业机械专业合作社。注册资金 132 万元，现有社员 88 人，办公区域面积 96 米²，机库棚面积 3 300 米²，维修场地面积 360 米²，固定资产 1 600 多万元，拥有各型拖拉机 39 台，甘蔗联合收割机 10 台，后勤保障车 6 台，总动力 1 273 千瓦。合作社社员主要为勐海县黎明农工商联合公司、周边村寨农机技术人员。合作社努力完善管理制度，开展作业服务，得到农机部门和农户的认可和支持，在 2013 年获得"全国农机合作示范社"荣誉称号。

勐海县纽荷兰农业机械专业合作社在补齐农业发展短板、创新农业服务方式、服务带动小农户等方面形成了协调发展的良好局面，目前经营状况良好。合作社把握当地推进甘蔗产业发展契机，跨 3 个县 5 个乡 15 个村积极开展作业服务，不断拓宽服务内容，在耕、种、管、收、运全程各个环节上都实现了机械化，自主经营面积 260 亩，甘蔗机械化作业面积 7 700 亩。

六、陇川县润来农机专业合作社

陇川县章凤镇润来农机专业合作社成立于 2016 年 3 月 24 日，注册地点为云南省德宏州陇川县章凤镇，注册资金 70 万元，办公区域面积 200 米²，机库棚面积 420 米²，维修场地面积 60 米²。该合作社主要面向农户提供农业机械化服务，年作业甘蔗面积为 2 700 亩，水稻为 2 600 亩，环节托管 4 948 亩。自主经营面积 149 亩，并在耕、种、管、收、运全程各个环节上都实现了机械化。得到农机部门和农户的认可和支持，合作社在章凤镇上跨两个村委会十几个自然村发展作业服务。合作社拥有拖拉机 11 台，总动力 1 177 千瓦，拖拉机牵引或悬挂的田间作业农具 35 部，甘蔗播种机械 3 台，植保无人机 3 台，甘蔗收割机 2 台，甘蔗收割机总动力 133 千瓦，服务于甘蔗全程机械化生产的各个环节。合作社把握当地推进甘蔗产业发展契机，推广机械化深耕深松、种植、标准产根、培土等技术服务，并推广田间管理、统防统治、病虫害防治一条龙服务，推广甘蔗生产全程机械化，提高甘蔗生产机械化水平。

七、遂溪县好帮手农业机械专业合作社

遂溪县好帮手农业机械专业合作社成立于 2015 年 5 月，地址在遂溪县杨柑镇牛屎塘村，注册资金 100 万元，合作社占地面积 20 000 米²，其中建筑面积 2 300 米²，有办公室、财会室、培训室（兼会议室）、维修车间以及机库等，社员 228 人，各类农机 1 195 台（套），其中甘蔗收割机 45 台，甘蔗装载机 45 台，大中型拖拉机 58 台，甘蔗种植机和中耕机、深松整地机、植保无人机、喷雾机等现代农业装备一大批。承包土地 4 500 亩，种植水稻、甘蔗、玉米、甘薯等农作物。有固定的管理人员和财务人员，制定了各种管理制度。2016 年被评为湛江市农民合作社市级示范社。2018 年 12 月，广东省农业农村厅在遂溪县举办甘蔗生产全程机械化推广现场演示会期间，积极协助政府部门做好筹备工作，并主动提供甘蔗收割机、深松机械等设备参与现场演示。2018/2019 生产期投入甘蔗收割机 25 台，机收甘蔗 6 万多亩，被广东省农业机械技术推广总站授予"2018 年度甘蔗生产

机械化技术推广表彰单位"。2019年承担省级现代农业装备引进示范、区域性农机社会化发展能力建设项目。2018年以来，组织培训农机驾驶员158人，其中甘蔗收割机驾驶员85人，拖拉机驾驶员55人。

八、广东广垦农机服务有限公司

广东广垦农机服务有限公司（以下简称：广垦农机公司）是全国最大的甘蔗全程机械化生产专业服务公司，也是广东农垦唯一一家专业性的甘蔗生产全程机械化服务企业。广垦农机公司总部位于广东省湛江市遂溪县城月镇广丰，在湛江农垦国家现代农业示范区广前公司核心区范围内。公司下设广前、丰收、南光和华海四个农机分公司。广垦农机公司现有农机设备固定资产总值1.23亿元；拥有各类农机设备共计658台，其中动力设备193台，配套农具465台，农机总动力18 010千瓦。动力设备主要有：大中型凯斯纽荷兰和约翰迪尔甘蔗收割机14台，凯斯4000甘蔗收割机1台，140马力[①]以上拖拉机40台，90～135马力拖拉机107台，中耕型高地隙专用拖拉机21台，大型迪尔4710型自走式喷药机2台，运输拖头车8台。农具主要有：撒肥机10台，重耙20台，深松齿40台，铧式犁46台，旋耕机48台，甘蔗种植机械36台，田间管理机械60台，植保无人机5台，甘蔗田间转运车30台，公路运输车27台。广垦农机公司现有员工144人，其中本科毕业生17人，大、中专毕业生28人，高、中级职称专业技术人员11人；技术熟练经验丰富的中青年拖拉机机手106人左右。公司具备年机械化种植甘蔗8.5万亩，机械化田管25万亩，无人机飞防3.5万亩，机械化收获甘蔗7.5万亩的作业能力。

第二节　我国甘蔗生产全程机械化技术及机具

一、甘蔗生产全程机械化技术

（一）技术简介

甘蔗生产全程机械化整体水平长期偏低。近两年来，随着甘蔗机械化收获取得较大进展，综合机械化率平稳增长，机种率、机收率增幅逐步加快。

耕整地环节：甘蔗是宿根作物，种植一次一般可以收获三年，因此除了宿根蔗土壤耕作外，耕整深翻等作业一般三年进行一次。甘蔗耕整地机械与其他旱地作物通用，包括旋耕机、铧式犁、圆盘耙、深松机等。

种植环节：受南方地形和地块大小影响，国内研制和使用的种植机以实时切种式整秆联合种植机为主，可以一次性完成开沟、施肥、切段、播种、覆土、喷药、覆膜、镇压等多道工序，但耗用人力仍不少，劳动强度仍较大，且容易出现漏植。

田间管理环节：采用拖拉机配套中耕、植保等机具进行田间管理作业。田间最后一次中耕作业（施肥、用药及中耕培土联合作业）以拖拉机底盘及中耕机机架不伤蔗梢为原

---

① 马力为非法定计量单位，1马力≈735瓦。——编者注

则，在甘蔗分蘖盛期至伸长初期，甘蔗株高（以最高可见肥厚带处为准）一般在50～60厘米或以下时采用拖拉机配套犁铲式或旋耕式中耕施肥培土机进行，沙质土也可采用圆盘犁式中耕施肥培土机。作业要求中耕层深厚松碎，作业深度在15～20厘米，培土高度15～25厘米。

收获环节：甘蔗机械化收获是全程机械化最薄弱的环节，一般分切段联合收获和整秆收获两种形式。我国传统上都是人工整秆收获，收获后可较长时间储存。但机械整秆收获难度较大，目前国内尚无成熟机型。美国、巴西、澳大利亚等国家均采用机械切段联合收获方式，收获后的甘蔗段需在24小时内压榨。在我国甘蔗主产区，重点推广切段式联合收获机械和技术，初期以进口机械或国外品牌为主，近两年国产切段式甘蔗联合收割机研发取得了重大突破，骨干企业产品技术不断熟化，适用性、可靠性、作业效率各方面逐渐提高，实现了国产收割机"无机可用"到"有机可用"的跨越，保有量和作业量都在快速增长。据调查，2019/2020生产期新增联合收割机约500台，总数超过1 200台，甘蔗机收率达到4%。近几年，国家高度重视甘蔗生产，在广西建立"双高"基地，同时也支持甘蔗收割机研发，并提出了2025年机收率达到30%的目标。应用切段联合收获方式，需要糖厂改造喂入和除杂系统，升级榨糖工艺，并需要及时收购，容忍高于传统人工收获的含杂率。目前，在很多地区的糖厂、蔗农等主体间还未就这些问题达成共识，推广甘蔗机收存在较多困难。各主产区正积极通过政府补贴、企业让利、推广机构指导、合作社经营、糖厂及时收购等经营模式解决上述问题，探索形成全程机械化生产模式。

（二）典型技术模式

1. 广西崇左地区甘蔗生产机械化技术模式

（1）技术路线。地块设计→土地平整→深耕深松→机械种植→田间管理→机械收获。

（2）关键环节技术要求。

地块设计：利用北斗导航精确定位开行。预留机耕道，便于大型收割机行走。采用1.85米宽窄行种植模式。

机械平地：采用180马力以上的大型拖拉机配套平地机对蔗地进行平地整理，消除地表的凹凸不平。

机械化深耕深松：采用大马力拖拉机进行深度40厘米以上深松或30厘米以上深耕作业。

机械碎土整地：深耕深松后采用圆盘耙或旋耕机进行横向、纵向碎土耙平，作业耕深25厘米以上，达到耕层松、碎、匀、平的要求。

机械种植：对现有的铺膜机进行改造，在甘蔗种植完成后，铺膜、滴灌带铺设、封闭除草一次性完成。

机械植保：采用高效安全的自走式或背负式植保机械进行作业，确保雾化均匀，不漏喷、重喷。

机械收获：采用柳工农机切段式甘蔗联合收割机进行收获，要求达到相关作业质量标准。

（3）路线在用情况。扶绥县渠黎镇雷达现代农业合作社联合社。

2. 广西来宾地区甘蔗生产机械化技术模式

（1）技术路线。地块设计→土地平整→深耕深松→机械种植→田间管理→机械收获。

（2）关键环节技术要求。

地块设计：利用北斗导航精确定位开行。确保行距平整，便于收割机行走。采用 1.3～2.1 米不同行距种植模式。

机械平地：采用 200 马力以上的大型拖拉机配套平地机对蔗地进行平地整理，消除地表的凹凸不平。

机械化深耕深松：采用大马力拖拉机进行深度 35 厘米以上深松或 30 厘米以上深耕作业。

机械碎土整地：深耕深松后采用圆盘耙或旋耕机进行横向、纵向碎土耙平，作业耕深 25 厘米以上，达到耕层松、碎、匀、平的要求。

机械种植：用 120 马力以上拖拉机带甘蔗种植机，在甘蔗种植完成后，铺膜、封闭除草一次性完成。

机械植保：采用高效安全的自走式或背负式植保机械进行作业，确保雾化均匀，不漏喷、重喷。

机械收获：采用凯斯纽荷兰切段式甘蔗联合收割机进行收获，要求达到相关作业质量标准。

（3）路线在用情况。来宾市兴宾区凤凰镇福库农机专业合作社。

3. 广西柳州地区甘蔗生产机械化技术模式

（1）技术路线。地块设计→宜机化改造→机械翻犁→机械旋耕→机械种植→机械田间管理→机械收获。

（2）关键环节技术要求。

地块设计：对地块的大小、种植行向、路网、地头转弯面积等进行规划设计。

宜机化改造：合理设置地块给排水系统、推坡降坡、填沟平塘、捡拾碎石、移除树根、平整蔗地等。

机械翻犁：采用大马力拖拉机进行深度 35 厘米以上深翻犁作业。

机械旋耕：对深翻犁作业后的地块用旋耕机进行横向、纵向碎土旋耕作业，作业耕深 25 厘米以上，达到耕层松、碎、匀、平的要求。

机械种植：用 90～140 马力拖拉机配套甘蔗种植一体机，一次性完成开垄、施肥、摆种、覆土、镇压和盖膜工序。

机械植保：用 90～140 马力拖拉机配套背负式喷雾机或采用自走式喷杆喷雾机进行除草、统防统治作业。

机械收获：采用柳工农机切段式甘蔗联合收割机进行收获。

（3）路线在用情况。柳城县冲脉镇优丰农机专业合作社。

4. 广西南宁甘蔗生产机械化技术模式

（1）技术路线。地块设计→土地平整→深耕深松→机械种植→田间管理→机械收获。

（2）关键环节技术要求。

机械化深耕深松：采用大马力拖拉机进行深度 30 厘米以上深松或 40 厘米以上深耕作业。

机械碎土整地：深耕深松后采用旋耕机进行横向、纵向碎土耙平，作业耕深 30 厘米以上，达到耕层松、碎、匀、平的要求。

地块设计：利用北斗导航精确定位开行。确保行距平整，便于收割机行走。采用 1.2～2.3 米不同行距种植模式。

机械平地：采用 200 马力以上的大型拖拉机配套平地机对蔗地进行平地整理，消除地表的凹凸不平。

机械种植：用 120 马力以上拖拉机带甘蔗种植机，在甘蔗种植完成后，铺膜、封闭除草一次性完成。

机械植保：采用高效安全植保无人机进行封闭除草作业，确保雾化均匀，不漏喷、重喷。

机械收获：采用凯斯纽荷兰、约翰迪尔切段式甘蔗联合收割机进行收获，要求达到相关作业质量标准。

（3）路线在用情况。广西南宁市武鸣区惠丰农机专业合作社。

5. 广东农垦甘蔗生产机械化技术模式

（1）技术路线。土地改良→重耙→深松→犁地→旋耕→宽行种植→机械化封闭、化除、飞防→施肥培土→机械收获。

（2）关键环节技术要求。

土地改良：撒施石灰（土壤 pH<6 时，可利用撒施机撒施石灰）。蔗叶粉碎还田（人工砍蔗地开展蔗叶粉碎还田作业，以增加土壤有机质）和撒施有机肥（甘蔗重种地撒施有机肥，以提高土地肥力）。

备耕：重耙—深松—犁地—旋耕（机砍蔗地块）或蔗叶粉碎—重耙—深松—犁地—旋耕（人工砍蔗地块）。

种植：种植行距 1.2 米以上。适时适墒种植，土壤湿度约 25% 为宜，种植深度在 20～25 厘米，冬种蔗覆土厚度 3～5 厘米，春种、夏秋繁覆土盖住即可。种植时要求下种均匀、不断垄、施肥均匀不断条、行直、接行均匀。

机械化封闭、化除、飞防：在种植完成 7 天后，杂草未萌芽时及时封闭。培土施肥后及时采用大型喷药机或人工辅助小型喷药机进行化除。中后期应用无人机进行甘蔗病虫害防治作业。

施肥培土：在蔗种出芽率达 80% 以上且植株高达 60 厘米以上时及时进行中耕松土，深度在 20 厘米左右，以保证土壤松散，增强蔗头根系吸收能力，除去垄间杂草。在蔗苗齐整、苗数充足后及时破垄施肥，破垄深度以 20～25 厘米为宜，使甘蔗断老根、生新根，保证甘蔗生长有充足的养分。在甘蔗拔节 1～3 节时及时培土施肥，培土高度以 20～25 厘米为宜，培土至蔗头 10 厘米，施肥均匀不断条、不露面、覆盖良好，不损伤作物。

收获：在机械化收获甘蔗方面，目前 1 台收割机配 2 台田间转运车，1 台拖拉机头配

3 台公路运输车进行配套作业周转，工效为 30～50 吨/时，1 台机组 1 天可收获 50 亩地，约 250 吨甘蔗，是单个人工收割甘蔗的 250 倍左右。

（3）路线在用情况。广东广垦农机服务有限公司。

6. 广东遂溪地区甘蔗生产机械化技术模式

（1）技术路线。土地平整→深耕深松→机械种植→田间管理→机械收获。

（2）关键环节技术要求。

机械化深耕深松：采用大马力拖拉机进行深度 40 厘米以上深松或 30 厘米以上深耕作业。

机械碎土整地：深耕深松后采用旋耕机进行横向、纵向碎土耙平，作业耕深 25 厘米以上，达到耕层松、碎、匀、平的要求。

机械平地：采用 120 马力以上的大型拖拉机配套平地机对蔗地进行平地整理，消除地表的凹凸不平。

机械种植：对现有的铺膜机进行改造，在甘蔗种植完成后，铺膜、滴灌带铺设、封闭除草一次性完成。

机械植保：采用高效安全的自走式或牵引式植保机械进行作业，确保雾化均匀，不漏喷、重喷。

机械收割：采用洛阳辰汉切段式甘蔗联合收割机进行收割，要求达到相关作业质量标准。

（3）路线在用情况。遂溪县好帮手农业机械专业合作社。

7. 云南德宏地区甘蔗生产机械化技术模式

（1）技术路线。机械化耕整地→机械化种植→机械化中耕管理→机械化收获→机械化收获后处理。

（2）关键环节技术要求。

机械化深耕深松：采用大马力拖拉机进行深度 35 厘米以上深松或 30 厘米以上深耕作业。

机械碎土整地：深耕深松后采用圆盘耙或旋耕机进行横向、纵向碎土耙平，作业耕深 25 厘米以上，达到耕层松、碎、匀、平的要求。

机械种植：拖拉机带甘蔗种植机，甘蔗种植、铺膜、封闭除草一次性完成。

机械植保：采用高效安全植保无人机进行封闭除草作业，确保雾化均匀，不漏喷、重喷。

机械收获：采用凯斯纽荷兰切段式甘蔗联合收割机进行收获，要求达到相关作业质量标准。

（3）路线在用情况。陇川县润来农机专业合作社。

8. 云南西双版纳地区甘蔗生产机械化技术模式

（1）技术路线。机械化耕整地→机械化种植→机械化中耕管理→机械化收获→机械化收获后处理。

（2）关键环节技术要求。

机械化深耕深松：采用大马力拖拉机进行深度 35 厘米以上深松或 30 厘米以上深耕作业。

机械碎土整地：深耕深松后采用圆盘耙或旋耕机进行横向、纵向碎土耙平，作业耕深

25厘米以上，达到耕层松、碎、匀、平的要求。

机械种植：拖拉机带甘蔗种植机，甘蔗种植完成后，铺膜、封闭除草一次性完成。

机械收获：采用凯斯纽荷兰切段式甘蔗联合收割机进行收获，要求达到相关作业质量标准。

（3）路线在用情况。勐海县纽荷兰农业机械专业合作社。

二、甘蔗生产关键环节在用机具

（一）耕整地在用机具

1. 雷肯10-300E型甘蔗深松机（图3-1）

机具名称：甘蔗深松机

品牌型号：雷肯10-300E

生产企业名称：德国雷肯

在用合作社：扶绥县渠黎镇雷达现代农业合作社联合社，累计作业面积2万亩，开始使用时间为2018年，作业效率200亩/天。

2. 雷肯300U型机引耙（图3-2）

机具名称：机引耙

品牌型号：雷肯300U

生产企业名称：德国雷肯

在用合作社：扶绥县渠黎镇雷达现代农业合作社联合社，累计作业面积2万亩，开始使用时间为2018年，作业效率200亩/天。

图3-1　雷肯10-300E型甘蔗深松机　　　　图3-2　雷肯300U型机引耙

3. 1ST5B型甘蔗深松机引耙（图3-3）

机具名称：甘蔗深松机引耙

机具型号：1ST5B型

生产企业名称：广西阳宇

在用合作社：陇川县润来农机专业合作社，累计作业面积2 000亩，开始使用时间为2017年，作业效率30～50亩/天。

4. 二铧犁（图3-4）

机具名称：二铧犁

品牌型号：和宏 QLHL - 125A

生产企业名称：遂溪县城月镇和宏农具厂

在用合作社：广东广垦农机服务有限公司，累计作业面积 32 278 亩，开始使用时间为 2019 年。

图 3 - 3　1ST5B 型甘蔗深松机引耙

图 3 - 4　二铧犁

5. 重耙（图 3 - 5）

机具名称：重耙

品牌：库恩

型号：DISCOVERXM2

生产企业名称：法国库恩

在用合作社：广东广垦农机服务有限公司，累计作业面积 11 814 亩，开始使用时间为 2017 年，作业效率 50 亩/时。

6. 七齿深松机（图 3 - 6）

机具名称：七齿深松机

品牌型号：约翰迪尔 915V - RIPPER - 5X -(7STDS)

生产企业名称：约翰迪尔

在用合作社：广东广垦农机服务有限公司，累计作业面积 6 964 亩，开始使用时间为 2017 年，作业效率 20 亩/时。

图 3 - 5　重　耙

图 3 - 6　七齿深松机

7. IGKNJG - 260 旋耕机（图 3 - 7）

机具名称：旋耕机

品牌型号：圣和 IGKNJG - 260

生产企业名称：河北圣和农业机械有限公司

在用合作社：广东广垦农机服务有限公司，累计作业面积 43 159 亩，开始使用时间为 2019 年。

8. 液压翻转型（图 3-8）

机具名称：液压翻转犁

品牌型号：马斯奇奥 1LFT-4

生产企业名称：马斯奇奥（青岛）农机制造有限公司

在用合作社：柳城县冲脉镇优丰农机专业合作社，累计作业面积 1 600 亩，开始使用时间为 2018 年，作业效率 3.5 亩/时。

图 3-7 IGKNJG-260 旋耕机

图 3-8 液压翻转犁

9. 阳宇五铧 1SST-200 深松浅翻犁（图 3-9）

机具名称：深松浅翻犁

品牌型号：阳宇五铧 1SST-200

生产企业名称：广西南宁邕江机械有限公司

在用合作社：柳城县冲脉镇优丰农机专业合作社，累计作业面积 2 000 亩，开始使用时间为 2018 年，作业效率 3 亩/时。

10. 旋耕机（图 3-10）

机具名称：旋耕机

品牌型号：马斯奇奥 1SZ-260

生产企业名称：马斯奇奥（青岛）农机制造有限公司

在用合作社：柳城县冲脉镇优丰农机专业合作社，累计作业面积 1 800 亩，开始使用时间为 2018 年，作业效率 3 亩/时。

图 3-9 阳宇五铧 1SST-200 深松浅翻犁

图 3-10 旋耕机

11. 深松整地联合作业机（图 3 - 11）

机具名称：深松整地联合作业机

品牌型号：热科 1SG - 230

生产企业名称：中国热带农业科学院农业机械研究所

在用合作社：遂溪县好帮手农业机械专业合作社，累计作业面积 10.5 万亩，开始使用时间为 2016 年，作业效率 4～6 亩/时。

12. 凿式节能深松机（图 3 - 12）

机具名称：凿式节能深松机

品牌型号：热科 1SL - 240

生产企业名称：中国热带农业科学院农业机械研究所

在用合作社：遂溪县好帮手农业机械专业合作社，累计作业面积 4 万亩，开始使用时间为 2016 年，作业效率 4～6 亩/时。

图 3 - 11　深松整地联合作业机　　　　图 3 - 12　凿式节能深松机

（二）种植施肥在用机具

1. 施肥种植一体机（图 3 - 13）

机具名称：施肥种植一体机

品牌型号：自制

生产企业名称：扶南东亚公司

在用合作社：扶绥县渠黎镇雷达现代农业合作社联合社，累计作业面积 8 000 亩，开始使用时间为 2017 年，作业效率 20 亩/天。

2. 施肥机（图 3 - 14）

机具名称：施肥机

品牌型号：自制

生产企业名称：自制

在用合作社：扶绥县渠黎镇雷达现代农业合作社联合社，累计作业面积 5 000 亩，开始使用时间为 2017 年，作业效率 20 亩/天。

3. 双高农机甘蔗种植机（图 3 - 15）

机具名称：甘蔗种植机

图 3-13　施肥种植一体机

图 3-14　施肥机

品牌型号：双高农机 2CZ-2

生产企业名称：广西双高农机有限公司

在用合作社：①来宾市兴宾区凤凰镇福库农机专业合作社，累计作业面积 2 000 亩，开始使用时间为 2017 年，作业效率 50 亩/天；②南宁市武鸣区惠丰农机专业合作社，累计作业面积 750 亩，开始使用时间为 2020 年，作业效率 50 亩/天；③勐海县纽荷兰农业机械专业合作社，累计作业面积 1 400 亩，开始使用时间为 2013 年，作业效率 20 亩/天。

4. 富来威甘蔗种植机（图 3-16）

机具名称：甘蔗种植机

品牌型号：富来威 2CZ-2

生产企业名称：南通富来威农业装备有限公司

在用合作社：陇川县润来农机专业合作社，累计作业面积 2 600 亩，开始使用时间为 2016 年，作业效率 60 亩/天。

图 3-15　双高农机甘蔗种植机

图 3-16　富来威甘蔗种植机

5. 桂珠 2CZX-2 型甘蔗种植机（图 3-17）

机具名称：甘蔗种植机

品牌型号：桂珠 2CZX-2

生产企业名称：雷州市桂珠机械有限公司

在用合作社：广东广垦农机服务有限公司，累计作业面积 25 230 亩，开始使用时间为 2019 年，作业效率 5 亩/时。

6. 双高农机 2CZD - 4A 型甘蔗种植机（图 3 - 18）

机具名称：甘蔗种植机

品牌型号：双高农机 2CZD - 4A

生产企业名称：广西双高农机有限公司

在用合作社：柳城县冲脉镇优丰农机专业合作社，累计作业面积 300 亩，开始使用时间为 2020 年，作业效率 2.5 亩/时。

图 3 - 17　桂珠 2CZX - 2 型甘蔗种植机　　　图 3 - 18　双高农机 2CZD - 4A 型甘蔗种植机

7. 热科 2CZD - 2B 甘蔗种植机（图 3 - 19）

机具名称：甘蔗种植机

品牌型号：热科 2CZD - 2B

生产企业名称：中国热带农业科学院农业机械研究所

在用合作社：柳城县冲脉镇优丰农机专业合作社，累计作业面积 3 万亩，开始使用时间为 2018 年，作业效率 3.5～4.5 亩/时。

8. 热科 3ZSP - 2 甘蔗中耕施肥培土机（图 3 - 20）

机具名称：甘蔗中耕施肥培土机

品牌型号：热科 3ZSP - 2

生产企业名称：中国热带农业科学院农业机械研究所

在用合作社：遂溪县好帮手农业机械专业合作社，累计作业面积 5 万亩，开始使用时间为 2017 年，作业效率 4～5 亩/时。

图 3 - 19　热科 2CZD - 2B 甘蔗种植机　　　图 3 - 20　热科 3ZSP - 2 甘蔗中耕施肥培土机

9. 双高农机 2CZ‐4A 型甘蔗种植机（图 3‐21）

机具名称：甘蔗种植机

品牌型号：双高农机 2CZ‐4A

生产企业名称：广西双高农机有限公司

在用合作社：柳城县冲脉镇优丰农机专业合作社，累计作业面积 1 600 亩，开始使用时间为 2018 年，作业效率 2 亩/时。

图 3‐21　双高农机 2CZ‐4A 型甘蔗种植机

（三）田间管理在用机具

1. 美诺打药机（图 3‐22）

机具名称：打药机

品牌型号：美诺

生产企业名称：德国美诺

在用合作社：扶绥县渠黎镇雷达现代农业合作社联合社，累计作业面积 5 000 亩，开始使用时间为 2017 年，作业效率 50 亩/天。

图 3‐22　美诺打药机

2. 丰诺 3WPJZ‐1000A 型打药机（图 3‐23）

机具名称：打药机

品牌型号：丰诺 3WPJZ‐1000A

生产企业名称：丰诺植保机械制造有限公司

在用合作社：来宾市兴宾区凤凰镇福库农机专业合作社，累计作业面积 3 000 亩，开始使用时间为 2019 年，作业效率 200 亩/天。

3. 大疆 T16 植保无人机（图 3‐24）

机具名称：植保无人机

品牌型号：大疆 T16

生产企业名称：深圳大疆创新科技有限公司

在用合作社：①陇川县润来农机专用合作社，累计作业面积 8 000 亩，开始使用时间为 2019 年，作业效率 300 亩/天；②南宁市武鸣区惠丰农机专业合作社，累计作业面积 2.5 万亩，开始使用时间为 2016 年，作业效率 300 亩/天；③遂溪县好帮手农业机械专业

图 3‐23　丰诺 3WPJZ‐1000A 型打药机

图 3‐24　大疆 T16 植保无人机

合作社，累计作业面积 8 500 亩，开始使用时间为 2019 年，作业效率 300 亩/天。

4. 大疆 3WWDSZ - 10016 植保无人机（图 3 - 25）

机具名称：植保无人机

品牌型号：大疆 3WWDSZ - 10016

生产企业名称：深圳大疆创新科技有限公司

在用合作社：广东广垦农机服务有限公司，累计作业面积 6 400 亩，开始使用时间为 2019 年，作业效率 600 亩/天。

图 3 - 25　大疆 3WWDSZ - 10016 植保无人机

5. 甘蔗培土机（图 3 - 26）

机具名称：甘蔗培土机

品牌型号：大箱

生产企业名称：西安亚奥农机股份有限公司

在用合作社：来宾市兴宾区凤凰镇福库农机专业合作社，累计作业面积 1 万亩，开始使用时间为 2017 年，作业效率 80 亩/天。

6. 甘蔗培土机（图 3 - 27）

机具名称：甘蔗培土机

品牌型号：小箱

生产企业名称：不详

图 3 - 26　甘蔗培土机

在用合作社：陇川县润来农机专用合作社，累计作业面积 600 亩，开始使用时间为 2020 年，作业效率 30 亩/天。

7. 甘蔗铲蔸破垄机（图 3 - 28）

机具名称：甘蔗铲蔸破垄机

品牌型号：3ZC - 1.0

生产企业名称：昆明金得工贸有限公司

在用合作社：陇川县润来农机专用合作社，累计作业面积 2 200 亩，开始使用时间为 2017 年，作业效率 30～50 亩/天。

图 3 - 27　甘蔗培土机　　　　　　图 3 - 28　甘蔗铲蔸破垄机

8. 桂珠 HXW - 3 中耕培土施肥机（图 3 - 29）

机具名称：中耕培土施肥机

品牌型号：桂珠 HXW - 3

生产企业名称：雷州市桂珠机械有限公司

在用合作社：广东广垦农机服务有限公司，累计作业面积 52 960 亩，开始使用时间为 2019 年，作业效率 150 亩/天。

9. 甘蔗培土机（图 3 - 30）

机具名称：甘蔗培土机

品牌型号：宾阳辉煌大箱

生产企业名称：广西农友农机公司

在用合作社：南宁市武鸣区惠丰农机专业合作社，累计作业面积 1 500 亩，开始使用时间为 2020 年，作业效率 50 亩/天。

图 3 - 29　桂珠 HXW - 3 中耕培土施肥机　　　　图 3 - 30　甘蔗培土机

10. 双高 3ZPI - 2X07 中耕培土机（图 3 - 31）

机具名称：中耕培土机

品牌型号：双高 3ZPI - 2X07

生产企业名称：广西双高农机有限公司

在用合作社：南宁市武鸣区惠丰农机专业合作社，累计作业面积 3 600 亩，开始使用时间为 2017 年，作业效率 50 亩/天。

11. 双高 3ZPF - 2X0.75 中耕培土机（图 3 - 32）

机具名称：中耕培土机

品牌型号：双高 3ZPF - 2X0.75

生产企业名称：广西双高农机有限公司

在用合作社：柳城县冲脉镇优丰农机专业合作社，累计作业面积 500 亩，开始使用时间为 2020 年，作业效率 30 亩/天。

图 3 - 31 双高 3ZPI - 2X07 中耕培土机   图 3 - 32 双高 3ZPF - 2X0.75 中耕培土机

12. 马斯奇奥 MSZ106 背负式喷药机 （图 3 - 33）

机具名称：背负式喷药机

品牌型号：马斯奇奥 MSZ106

生产企业名称：马斯奇奥（青岛）农机制造有限公司

在用合作社：柳城县冲脉镇优丰农机专业合作社，累计作业面积 2 200 亩，开始使用时间为 2018 年，作业效率 120 亩/天。

13. 红科 3WP - 1200Z 自走式喷杆喷雾机 （图 3 - 34）

机具名称：自走式喷杆喷雾机

品牌型号：红科 3WP - 1200Z

生产企业名称：柳州市柳城红科机械制造有限公司

在用合作社：柳城县冲脉镇优丰农机专业合作社，累计作业面积 2 500 亩，开始使用时间为 2020 年，作业效率 150 亩/天。

图 3 - 33 马斯奇奥 MSZ106 背负式喷药机   图 3 - 34 红科 3WP - 1200Z 自走式喷杆喷雾机

14. 桂东方甘蔗培土机 （图 3 - 35）

机具名称：甘蔗培土机

品牌型号：桂东方

生产企业名称：广西桂东方农业机械有限公司

在用合作社：勐海县纽荷兰农业机械专业合作社，累计作业面积 5 000 亩，开始使用时间为 2016 年，作业效率 40 亩/天。

15. 甘蔗铲蔸破垄机 （图 3 - 36）

机具名称：甘蔗铲蔸破垄机

机具型号：3ZC-1.0

生产企业名称：云南通海宏兴工贸有限公司

在用合作社：勐海县纽荷兰农业机械专业合作社，累计作业面积3 500亩，开始使用时间为2017年，作业效率40亩/天。

图3-35　桂东方甘蔗培土机　　　　　　　图3-36　甘蔗铲蔸破垄机

（四）收获在用机具

1. 柳工S718型甘蔗收割机（图3-37）

机具名称：甘蔗收割机

品牌型号：柳工S718型

生产企业名称：广西柳工农业机械股份有限公司

在用合作社：①扶绥县渠黎镇雷达现代农业合作社联合社，累计作业面积5 000亩，开始使用时间为2018年，作业效率80吨/天；②柳城县冲脉镇优丰农机专业合作社，累计作业面积2 500亩，开始使用时间为2018年，作业效率60吨/天。

2. 柳工S935型甘蔗收割机（图3-38）

机具名称：甘蔗收割机

品牌型号：柳工S935型

生产企业名称：广西柳工农业机械股份有限公司

在用合作社：扶绥县渠黎镇雷达现代农业合作社联合社，累计作业面积5 000亩，开始使用时间为2018年，作业效率80吨/天。

图3-37　柳工S718型甘蔗收割机　　　　　图3-38　柳工S935型甘蔗收割机

3. 凯斯 A4000 型甘蔗收割机（图 3 - 39）

机具名称：甘蔗收割机

品牌型号：凯斯 A4000 型

生产企业名称：凯斯纽荷兰机械工业有限公司佛山分公司

在用合作社：①来宾市兴宾区凤凰镇福库农机专业合作社，累计作业面积 5 000 亩，开始使用时间为 2016 年，作业效率 150 吨/天；②陇川县润来农机专用合作社，累计作业面积 1 500 亩，开始使用时间为 2018 年，作业效率 100～150 吨/天；③南宁市武鸣区惠丰农机专业合作社，累计作业面积 2 000 亩，开始使用时间为 2015 年，作业效率 65 吨/天；④勐海县纽荷兰农业机械专业合作社，累计作业面积 3.5 万亩，开始使用时间为 2016 年，作业效率 150 吨/天。

4. 凯斯 A8000 型甘蔗收割机（图 3 - 40）

机具名称：甘蔗收割机

品牌型号：凯斯 A8000 型

生产企业名称：凯斯纽荷兰机械工业有限公司佛山分公司

在用合作社：广东广垦农机服务有限公司。

图 3 - 39　凯斯 A4000 型甘蔗收割机　　　图 3 - 40　凯斯 A8000 型甘蔗收割机

5. 凯斯 A7000 型甘蔗收割机（图 3 - 41）

机具名称：甘蔗收割机

品牌型号：凯斯 A7000 型

生产企业名称：凯斯纽荷兰机械工业有限公司佛山分公司

在用合作社：广东广垦农机服务有限公司。

6. 约翰迪尔 CH330 切段式甘蔗收割机（图 3 - 42）

机具名称：切段式甘蔗收割机

品牌型号：约翰迪尔 CH330

生产企业名称：约翰迪尔（宁波）农机有限公司

在用合作社：南宁市武鸣区惠丰农机专业合作社，累计作业面积 2 000 亩，开始使用时间为 2015 年，作业效率 60 吨/天。

图 3-41　凯斯 A7000 型甘蔗收割机　　　图 3-42　约翰迪尔 CH330 切段式甘蔗收割机

7. 约翰迪尔 CH570 切段式甘蔗收割机（图 3-43）

机具名称：切段式甘蔗收割机

品牌型号：约翰迪尔 CH570

生产企业名称：约翰迪尔农机有限公司

在用合作社：广东广垦农机服务有限公司。

8. 柳工 S718T 型甘蔗收割机（图 3-44）

机具名称：甘蔗收割机

品牌型号：柳工 S718T 型

生产企业名称：广西柳工农业机械股份有限公司

在用合作社：柳城县冲脉镇优丰农机专业合作社，累计作业面积 1 500 亩，开始使用时间为 2019 年，作业效率 48 吨/天。

图 3-43　约翰迪尔 CH570 切段式甘蔗收割机　　　图 3-44　柳工 S718T 型甘蔗收割机

9. 柳工 S813T 型甘蔗收割机（图 3-45）

机具名称：甘蔗收割机

品牌型号：柳工 S813T 型

生产企业名称：广西柳工农业机械股份有限公司

在用合作社：柳城县冲脉镇优丰农机专业合作社，累计作业面积 800 亩，开始使用时间为 2019 年，作业效率 36 吨/天。

10. 辰汉 4GQ-130 切段式甘蔗收割机（图 3-46）

机具名称：切段式甘蔗收割机

品牌型号：辰汉 4GQ-130

生产企业名称：洛阳辰汉农业装备科技有限公司

在用合作社：遂溪县好帮手农业机械专业合作社，累计作业面积 6.5 万亩，开始使用时间为 2018 年，作业效率 72 吨/天。

图 3-45　柳工 S813T 型甘蔗收割机　　　　图 3-46　辰汉 4GQ-130 切段式甘蔗收割机

（五）田间运输在用机具

1. 田间转运斗（图 3-47）

机具名称：田间转运斗

品牌：自制

生产企业名称：自制

在用合作社：扶绥县渠黎镇雷达现代农业合作社联合社，累计作业面积 5 000 亩，开始使用时间为 2017 年，作业效率 50 吨/天。

2. 柳工 Y642 田间转运斗（图 3-48）

机具名称：田间转运斗

品牌型号：柳工 Y642

生产企业名称：广西柳工农业机械股份有限公司

在用合作社：扶绥县渠黎镇雷达现代农业合作社联合社，累计作业面积 5 000 亩，开始使用时间为 2018 年，作业效率 30 吨/天。

图 3-47　田间转运斗　　　　　　　图 3-48　柳工 Y642 田间转运斗

3. 田间转运斗（图 3-49）

机具名称：田间转运斗

品牌：自制

生产企业名称：自制

在用合作社：陇川县润来农机专用合作社，累计作业面积 1 500 亩，开始使用时间为 2019 年，作业效率 80～100 吨/天。

4. 甘蔗田间搬运机（图 3-50）

机具名称：甘蔗田间搬运机

品牌型号：惠来宝 7YGS-11

生产企业名称：广西合浦县惠来宝机械制造有限公司

在用合作社：南宁市武鸣区惠丰农机专业合作社，累计作业面积 8 000 亩，开始使用时间为 2015 年，作业效率 20 吨/天。

图 3-49　田间转运斗

图 3-50　甘蔗田间搬运机

（六）专用配套动力机具

凯斯 T2104 型高地隙拖拉机（图 3-51）

机具名称：高地隙拖拉机

品牌型号：凯斯 T2104 型

生产企业名称：凯斯纽荷兰机械（哈尔滨）有限公司

在用合作社：扶绥县渠黎镇雷达现代农业合作社联合社，累计作业面积 3 万亩，开始使用时间为 2017 年，作业效率 200 亩/天。

图 3-51　凯斯 T2104 型高地隙拖拉机

（七）其他机具

1. 铺膜封闭滴灌一体机（图 3-52）

机具名称：铺膜封闭滴灌一体机

品牌型号：自制

生产企业名称：自制

在用合作社：扶绥县渠黎镇雷达现代农业合作社

图 3-52　铺膜封闭滴灌一体机

联合社，累计作业面积 1 000 亩，开始使用时间为 2019 年，作业效率 20 亩/天。

2. 秸秆粉碎切碎还田机（图 3-53）

机具名称：秸秆粉碎切碎还田机

品牌型号：1JQ-220

生产企业名称：石家庄沃田机械制造有限公司

在用合作社：来宾市兴宾区凤凰镇福库农机专业合作社，累计作业面积 3 000 亩，开始使用时间为 2019 年，作业效率 150 亩/天。

3. 4JQH-180A 型秸秆粉碎切碎还田机（图 3-54）

机具名称：秸秆粉碎切碎还田机

机具型号：4JQH-180A 型

生产企业名称：河北久丰农业机械有限公司

在用合作社：陇川县润来农机专用合作社，累计作业面积 500 亩，开始使用时间为 2019 年，作业效率 150 亩/天。

图 3-53　秸秆粉碎切碎还田机　　　图 3-54　4JQH-180A 型秸秆粉碎切碎还田机

4. JH200 秸秆粉碎还田机（图 3-55）

机具名称：秸秆粉碎还田机

品牌型号：石家庄石兴发 JH200

生产企业名称：石家庄兴田机械有限公司

在用合作社：南宁市武鸣区惠丰农机专业合作社，累计作业面积 2 700 亩，开始使用时间为 2020 年，作业效率 200 亩/天。

5. 1JH-180 秸秆粉碎还田机（图 3-56）

机具名称：秸秆粉碎还田机

品牌型号：茂田 1JH-180

生产企业名称：石家庄茂田农业机械股份有限公司

在用合作社：柳城县冲脉镇优丰农机专业合作社，累计作业面积 50 亩，开始使用时间为 2020 年，作业效率 25 亩/天。

图 3-55　JH200 秸秆粉碎还田机　　　　图 3-56　1JH-180 秸秆粉碎还田机

6. 9YK-8070 秸秆打捆机（图 3-57）

机具名称：秸秆打捆机

品牌型号：9YK-8070

生产企业名称：曲阜鑫联重工机械制造有限公司

在用合作社：柳城县冲脉镇优丰农机专业合作社，累计作业面积 30 亩，开始使用时间为 2019 年，作业效率 20 亩/天。

7. 热科 1JYF-250 秸秆（蔗叶）粉碎还田机（图 3-58）

机具名称：秸秆（蔗叶）粉碎还田机

品牌型号：热科 1JYF-250

生产企业名称：中国热带农业科学院农业机械研究所

在用合作社：柳城县冲脉镇优丰农机专业合作社，累计作业面积 2 580 亩，开始使用时间为 2018 年，作业效率 90 亩/天。

图 3-57　9YK-8070 秸秆打捆机　　　图 3-58　热科 1JYF-250 秸秆（蔗叶）粉碎还田机

第三节　我国甘蔗生产全程机械化转型升级发展

一、甘蔗生产全程机械化农机装备发展情况

2020 年上半年，监测的 8 个合作社社均农机总动力为 6 176 千瓦，主要为拖拉机，社均总动力 3 386.51 千瓦，占合作社农机总动力的比重约 54.83%（表 3-1）。监测点社均

拥有拖拉机38.25台,其中,22.1~73.5千瓦的中型拖拉机平均为11.13台,58.8千瓦以上的拖拉机有7台,73.5千瓦以上的大型拖拉机有23.63台,在合作社拖拉机保有量中所占比重最大。有拖拉机牵引或悬挂的田间作业农具共有74.25部,机具配套比约1:2,77.03%的农具(57.38部)配套拖拉机动力要求在58.8千瓦以上。

表 3-1 合作社拖拉机拥有情况(2020年上半年)

农机分类	平均	广西	云南	广东
自走式柴油发动机功率(千瓦)	6 176.00	4 807.00	1 812.00	13 278.00
拖拉机(台)	38.25	17.75	12.00	105.50
拖拉机功率(千瓦)	3 386.51	1 678.51	1 023.00	9 166.00
小型拖拉机(台)	2.00	0.00	0.00	8.00
小型拖拉机功率(千瓦)	147.65			147.65
中型拖拉机(台)	11.13	10.50	5.00	18.50
中型拖拉机功率(千瓦)	714.52	725.78	263.50	1 143.00
58.8千瓦以上的拖拉机(台)	7.00	4.25	3.50	16.00
58.8千瓦以上的中型拖拉机功率(千瓦)	470.54	268.09	203.00	1 143.00
大型拖拉机(台)	23.63	7.00	5.00	75.50
大型拖拉机功率(千瓦)	2 419.91	845.63	479.90	7 508.50
拖拉机牵引或悬挂的田间作业农具(部)	74.25	30.75	18.00	217.50
与58.8千瓦以上拖拉机配套的农具(部)	57.38	23.00	6.00	177.50

广西4个合作社农机总动力平均为4 807千瓦,主要为自走式柴油发动机。平均拥有拖拉机为17.75台,总动力1 678.51千瓦;22.1~73.5千瓦的中型拖拉机平均为10.5台,总动力725.78千瓦;58.8千瓦以上的拖拉机有4.25台,总动力268.09千瓦;73.5千瓦以上的大型拖拉机有7台,总动力845.63千瓦。拖拉机牵引或悬挂的田间作业农具共有30.75部,机具配套比1:1.72;与58.8千瓦以上拖拉机配套的农具有23部。

云南2个合作社农机总动力平均为1 812千瓦,主要为自走式柴油发动机。平均拥有拖拉机12台,总动力1 023千瓦;22.1~73.5千瓦的中型拖拉机平均为5台,总动力263.5千瓦;58.8千瓦以上的拖拉机有3.5台,总动力203千瓦;73.5千瓦以上的大型拖拉机有5台,总动力479.9千瓦。拖拉机牵引或悬挂的田间作业农具共有18部,机具配套比1:1.5;与58.8千瓦以上拖拉机配套的农具有6部。

广东2个合作社农机总动力平均为13 278千瓦,主要为自走式柴油发动机。平均拥有拖拉机为105.5台,总动力9 166千瓦;22.1千瓦以下的小型拖拉机平均为8台,总动力147.65千瓦;22.1~73.5千瓦的中型拖拉机平均为18.5台,总动力1 143千瓦;58.8千瓦以上的拖拉机有16台,总动力1 143千瓦;73.5千瓦以上的大型拖拉机有75.5台,总动力7 508.5千瓦。拖拉机牵引或悬挂的田间作业农具共有217.5部,机具配套比1:2.05;与58.8千瓦以上拖拉机配套的农具有177.50部。

社均拖拉机保有量上,广西、云南分别为17.75台和12台,而广东高达105.5台,值得说明的是，其中广东农垦监测点的拖拉机保有量达 161 台，即便如此，广东隶属地方的监测点拖拉机保有量也达 50 台，亦明显高于广西、云南的水平，反映出广东同类监测点的社会化组织水平明显高于其他监测省份。

除广东外的监测点均未配备小型拖拉机，表明此类机型在蔗区普及程度已较高或各合作社未将其列为主要服务内容。中型拖拉机方面，广东农垦监测点从保有量和单机平均功率方面均居领先（27 台，66 千瓦），广西武鸣监测点中型拖拉机保有量已达 20 台，广东遂溪（10 台）、广西柳城（11 台）监测点达平均水平。大型拖拉机保有量广东仍领先。

机具配套比：广东 1∶2.1，广西 1∶1.7，云南 1∶1.5。58.8 千瓦以上拖拉机机具配套比：广东 1∶11.1，广西 1∶5.8，云南 1∶1.5。反映出 58.8 千瓦以上拖拉机在现阶段蔗区具有较高的配套性能。

2020 年下半年，8 个合作社社均农机总动力为 6 152 千瓦，主要为拖拉机，社均总动力 3 784 千瓦，占合作社农机总动力的比重约 61.51%（表 3 - 2）。监测点社均拥有拖拉机 37.75 台，其中，22.1～73.5 千瓦的中型拖拉机平均为 11.75 台，58.8 千瓦以上的拖拉机有 7.38 台，73.5 千瓦以上的大型拖拉机有 21.5 台，在合作社拖拉机保有量中所占比重最大。拖拉机牵引或悬挂的田间作业农具共有 69.375 部，机具配套比约 1∶2，91% 的农具（63.125 部）配套拖拉机动力要求在 58.8 千瓦以上。

表 3 - 2　合作社拖拉机拥有情况（2020 年下半年）

农机分类	平均	广西	云南	广东
自走式柴油发动机功率（千瓦）	6 152	4 184	1 936	12 338
拖拉机（台）	37.75	19	12.5	100.5
拖拉机功率（千瓦）	3 784	1 789	1 081	8 484
小型拖拉机（台）	3.5	2.5	0	8
小型拖拉机功率（千瓦）	67	55	0	147.65
中型拖拉机（台）	11.75	9	5.5	23.5
中型拖拉机功率（千瓦）	796	635	286	1 628
58.8 千瓦以上的拖拉机（台）	7.38	4.25	2.5	18.5
58.8 千瓦以上的中型拖拉机功率（千瓦）	497	282	167	1 258
大型拖拉机（台）	21.5	7.25	7	64.5
大型拖拉机功率（千瓦）	2 206	919	628	6 358
拖拉机牵引或悬挂的田间作业农具（部）	69.375	32.25	23	190
与 58.8 千瓦以上拖拉机配套的农具（部）	63.125	24.25	16.5	187.5

广西 4 个合作社农机总动力平均为 4 184 千瓦，主要为自走式柴油发动机。平均拥有拖拉机为 19 台，总动力 1 789 千瓦；22.1～73.5 千瓦的中型拖拉机平均为 9 台，总动力 635 千瓦；58.8 千瓦以上的拖拉机有 4.25 台，总动力 282 千瓦；73.5 千瓦以上的大型拖拉机有 7.25 台，总动力 919 千瓦。拖拉机牵引或悬挂的田间作业农具共有 32.25 部，机

具配套比 1∶1.72；与 58.8 千瓦以上拖拉机配套的农具有 24.25 部。

云南 2 个合作社农机总动力平均为 1 936 千瓦，主要为自走式柴油发动机。平均拥有拖拉机为 12.5 台，总动力 1 081 千瓦；22.1～73.5 千瓦的中型拖拉机平均为 5.5 台，总动力 286 千瓦；58.8 千瓦以上的拖拉机有 2.5 台，总动力 167 千瓦；73.5 千瓦以上的大型拖拉机有 7 台，总动力 628 千瓦。拖拉机牵引或悬挂的田间作业农具共有 23 部，机具配套比 1∶1.5；与 58.8 千瓦以上拖拉机配套的农具有 16.5 部。

广东 2 个合作社农机总动力平均为 12 338 千瓦，主要为自走式柴油发动机。平均拥有拖拉机为 100.5 台，总动力 8 484 千瓦；22.1 千瓦以下的小型拖拉机平均为 8 台，总动力 147.65 千瓦；22.1～73.5 千瓦的中型拖拉机平均为 23.5 台，总动力 1 628 千瓦；58.8 千瓦以上的拖拉机有 18.5 台，总动力 1 258 千瓦；73.5 千瓦以上的大型拖拉机有 64.5 台，总动力 6 358 千瓦。拖拉机牵引或悬挂的田间作业农具共有 190 部，机具配套比 1∶2.05；与 58.8 千瓦以上拖拉机配套的农具有 187.5 部。

2020 年上半年，监测点社均拥有 1.13 台（套）微耕机，20.63 部机引犁，21.88 台旋耕机，10.88 台深松机，15.75 台机引耙，0.75 台铺膜机和 6.63 台联合整地机，11 台播种机械，5.13 台整地施肥播种机，7.5 台甘蔗联合播种机，4 台水泵，3.75 台（套）微灌、喷灌、滴灌、渗灌等节水灌溉类机械，5.63 台中耕机，2.75 台机动植保机，1.5 台自走式机动植保机械，3 架植保无人机，5 台秸秆粉碎还田机，18.75 台甘蔗收割机（表3-3）。以耕整地、种植、收获三个环节的机具为主。

表 3-3　合作社农机具拥有情况（2020 年上半年）

农机具	平均	广西	云南	广东
微耕机［台（套）］	1.13	1.50	0.00	1.50
微耕机功率（千瓦）	100.00	140.00	0.00	60.00
机引犁（部）	20.63	3.50	13.00	62.50
旋耕机（台）	21.88	3.25	7.00	74.00
深松机（台）	10.88	2.25	4.00	35.00
机引耙（台）	15.75	1.50	2.50	57.50
铺膜机（台）	0.75	1.00	0.00	0.00
联合整地机（台）	6.63	0.75	0.00	25.00
播种机械（台）	11.00	10.50	5.50	17.50
整地施肥播种机（台）	5.13	8.00	4.00	0.50
切段式甘蔗联合播种机（台）	7.50	4.25	4.00	17.50
水泵（台）	4.00	4.00	3.00	5.00
节水灌溉类机械［台（套）］	3.75	3.50	3.00	5.00
中耕机（台）	5.63	2.50	3.00	14.50
中耕机功率（千瓦）	286.00	87.25	25.50	944.00

（续）

农机具	平均	广西	云南	广东
机动植保机（台）	2.75	2.00	1.00	6.00
机动植保机功率（千瓦）	70.87	52.99	25.50	152.00
自走式机动植保机械（台）	1.50	0.25	1.00	4.50
自走式机动植保机械功率（千瓦）	51.38	14.00	25.50	152.00
植保无人机（架）	3.00	1.50	1.50	7.50
甘蔗收割机（台）	18.75	20.00	6.50	28.50
甘蔗收割机功率（千瓦）	2 020.64	3 118.75	128.50	1 716.57
秸秆粉碎还田机（台）	5.00	2.25	0.50	15.00

广西 4 个合作社平均有 1.5 台（套）微耕机，3.5 部机引犁，3.25 台旋耕机，2.25 台深松机，1.5 台机引耙，1 台铺膜机，0.75 台联合整地机，10.5 台播种机械，8 台整地施肥播种机，4.25 台甘蔗联合播种机，4 台水泵，3.5 台（套）微灌、喷灌、滴灌、渗灌等节水灌溉类机械，2.5 台中耕机，2 台机动植保机，自走式机动植保机械仅扶绥县渠黎镇雷达现代农业合作社有 1 台，1.5 架植保无人机，2.25 台秸秆粉碎还田机，20 台甘蔗收割机。

云南 2 个合作社平均有 0 台（套）微耕机，13 部机引犁，7 台旋耕机，4 台深松机，2.5 台机引耙，1 台铺膜机，5.5 台播种机械，4 台整地施肥播种机，4 台甘蔗联合播种机，3 台水泵，3 台（套）微灌、喷灌、滴灌、渗灌等节水灌溉类机械，3 台中耕机，1 台机动植保机，1 台自走式机动植保机械，1.5 架植保无人机，0.5 台秸秆粉碎还田机，6.5 台甘蔗收割机。

广东 2 个合作社平均有 1.5 台（套）微耕机，62.5 部机引犁，74 台旋耕机，35 台深松机，57.5 台机引耙，25 台联合整地机，17.5 台播种机械，0.5 台整地施肥播种机，17.5 台甘蔗联合播种机，5 台水泵，5 台（套）微灌、喷灌、滴灌、渗灌等节水灌溉类机械，14.5 台中耕机，6 台机动植保机，4.5 台自走式机动植保机械，7.5 架植保无人机，15 台秸秆粉碎还田机，28.5 台甘蔗收割机。广东 2 个监测点的机引犁、旋耕机、深松机、机引耙、联合整地机、切段式甘蔗联合播种机、甘蔗收割机、秸秆粉碎还田机等机械数量远超广西、云南。

2020 年下半年，监测点社均拥有 15.13 部机引犁，19.13 台旋耕机，11.38 台深松机，15.5 台机引耙，0.63 台铺膜机，0.38 台联合整地机，12.38 台播种机械，9.25 台整地施肥播种机，8.88 台甘蔗联合播种机，4 台水泵，4 台（套）微灌、喷灌、滴灌、渗灌等节水灌溉类机械，9.375 台中耕机，2.25 台机动植保机，0.875 台自走式机动植保机械，3.5 架植保无人机，2.375 台秸秆粉碎还田机，19.625 台甘蔗收割机（表 3 - 4）。耕整地、种植、收获三个环节的机具为主。

表 3-4　合作社农机具拥有情况（2020 年下半年）

农机具	平均	广西	云南	广东
微耕机（台）	0	0	0	0
微耕机功率（千瓦）	0	0	0	0
机引犁（部）	15.13	3.5	9	44.5
旋耕机（台）	19.13	7	6	56.5
深松机（台）	11.38	2.25	3	38
机引耙（台）	15.50	1.5	1.5	57.5
铺膜机（台）	0.63	1	0.5	0
联合整地机（台）	0.38	0.75	0	0
播种机械（台）	12.38	12	5	20.5
整地施肥播种机（台）	9.25	9.5	0	18
切段式甘蔗联合播种机（台）	8.88	6.25	3.5	19.5
水泵（台）	4	3	2.5	7.5
节水灌溉类机械［台（套）］	4	3	2.5	7.5
中耕机（台）	9.375	3	18	7.125
中耕机功率（千瓦）	134	182	72	148
机动植保机（台）	2.25	2.25	0.5	4
机动植保机功率（千瓦）	95	87	66	148
自走式机动植保机械（台）	0.875	0.75	0.5	1.5
自走式机动植保机械功率（千瓦）	76	46	66	146
植保无人机（架）	3.5	2	2.5	7.5
甘蔗收割机（台）	19.625	21	6	30.5
甘蔗收割机功率（千瓦）	2 787	3 263	855	3 766
秸秆粉碎还田机（台）	2.375	2.25	1	4

广西 4 个合作社平均有 3.5 部机引犁，7 台旋耕机，2.25 台深松机，1.5 台机引耙，1 台铺膜机，0.75 台联合整地机，12 台播种机械，9.5 台整地施肥播种机，6.25 台甘蔗联合播种机，3 台水泵，3 台（套）微灌、喷灌、滴灌、渗灌等节水灌溉类机械，3 台中耕机，2.25 台机动植保机，0.75 台自走式机动植保机械，2 架植保无人机，2.25 台秸秆粉碎还田机，21 台甘蔗收割机。

云南 2 个合作社平均有 9 部机引犁，6 台旋耕机，3 台深松机，1.5 台机引耙，0.5 台铺膜机，5 台播种机械，3.5 台甘蔗联合播种机，2.5 台水泵，2.5 台（套）微灌、喷灌、滴灌、渗灌等节水灌溉类机械，18 台中耕机，0.5 台机动植保机，0.5 台自走式机动植保机械，2.5 架植保无人机，1 台秸秆粉碎还田机，6 台甘蔗收割机。

广东2个合作社平均有44.5部机引犁，56.5台旋耕机，38台深松机，57.5台机引耙，20.5台播种机械，18台整地施肥播种机，19.5台甘蔗联合播种机，7.5台水泵，7.5台（套）微灌、喷灌、滴灌、渗灌等节水灌溉类机械，7.125台中耕机，4台机动植保机，1.5台自走式机动植保机械，7.5架植保无人机，4台秸秆粉碎还田机，30.5台甘蔗收割机。广东2个监测点的机引犁、旋耕机、深松机、机引耙、切段式甘蔗联合播种机、甘蔗收割机、秸秆粉碎还田机等机械数量远超广西、云南。

二、全程机械化发展情况

（一）耕整地环节

2020年上半年，耕整地环节主要作业机具有旋耕机、机引犁（如液压翻转犁、深松浅翻犁等）、机引耙（如重耙等）、深松机（如深松齿、深松铲等）、微耕机和联合整地机（表3-5）。其中数量最多的是旋耕机（33.38台），其次为机引犁（14.13台），第三位深松机（12.13台），第四位机引耙（11.88台）。单台作业面积最高的为联合整地机和深松机；旋耕机数量最多，但单台作业面积不及联合整地机的一半，能耗相对较高。联合整地机单台作业面积最大，机器数量不多，但效率高，反映出市场的需求旺盛。除广东农垦监测点以托管服务为主外，其他合作社多以流转经营作业为主。

表3-5　耕整地环节作业情况分析（2020年上半年）

农机具	地区	数量（台）	配套动力功率（千瓦）	自主经营作业面积（亩）	流转经营作业面积（亩）	托管服务作业面积（亩）	总作业面积（亩）	单台作业面积（亩）
旋耕机	平均	33.38	143.18	1 459.75	5 114.50	9 206.38	15 780.63	472.76
	广西	4.75	92.86	2 762.50	8 975.00	500.00	12 237.50	2 576.32
	云南	10.00	284.50	164.00	1 508.00	150.00	1 822.00	182.20
	广东	114.00	102.50	150.00	1 000.00	35 675.50	36 825.50	323.03
机引犁	平均	14.13	138.56	893.75	5 112.50	2 223.38	8 229.63	582.42
	广西	5.00	102.11	1 637.50	8 975.00	500.00	11 112.50	2 222.50
	云南	9.00	248.00	150.00	1 500.00	100.00	1 750.00	194.44
	广东	37.50	102.00	150.00	1 000.00	7 793.50	8 943.50	238.49
机引耙	平均	11.88	131.60	288.75	2 587.50	6 971.88	9 848.13	828.97
	广西	1.50	127.50	12.50	3 925.00	0.00	3 937.50	2 625.00
	云南	7.00	180.00	130.00	1 500.00	0.00	1 630.00	232.86
	广东	37.50	111.50	1 000.00	1 000.00	27 887.50	29 887.50	797.00
深松机	平均	12.13	128.92	829.75	5 089.50	6 754.25	12 673.50	1 044.81
	广西	2.25	102.15	1 512.50	8 925.00	0.00	10 437.50	4 638.89
	云南	4.00	162.00	144.00	1 508.00	50.00	1 702.00	425.50
	广东	40.00	136.00	150.00	1 000.00	26 967.00	28 117.00	702.93

（续）

农机具	地区	数量（台）	配套功率（千瓦）	自主经营作业面积（亩）	流转经营作业面积（亩）	托管服务作业面积（亩）	总作业面积（亩）	单台作业面积（亩）
微耕机	平均	0.38	170.00	37.50	250.00	62.50	350.00	921.05
	广西	0.00	0.00	0.00	0.00	0.00	0.00	0.00
	云南	0.00	0.00	0.00	0.00	0.00	0.00	0.00
	广东	1.50	170.00	150.00	1 000.00	250.00	1 400.00	933.33
联合整地机	平均	7.88	76.73	787.50	2 750.00	6 250.00	9 787.50	1 242.07
	广西	0.75	51.45	1 500.00	5 000.00	0.00	6 500.00	8 666.67
	云南	0.00	0.00	0.00	0.00	0.00	0.00	0.00
	广东	30.00	102.00	150.00	1 000.00	25 000.00	26 150.00	871.67

旋耕机机具品牌型号有马斯奇奥 SZ-260，开耕王 GQN-260，西安亚奥 1GQNB-280，普劳恩德 1JS-280，河北耕耘 1GQNKG-280，河北馆陶 1GQKZN-230，南昌 1GQN-160，河北圣和 1GQN-140，通用 1GQN-230、河北圣和 1GKNJG-260、河北圣和 1GQNGK-230、深松整地联合作业机 1SZL-200B，旋耕起垄机 1GZN，通秀宏兴 1GKN-250。8 个监测点平均数量为 33.38 台，配套动力功率 143.18 千瓦，自主经营作业面积 1 459.75 亩，流转经营作业面积 5 114.5 亩，托管服务作业面积 9 206.38 亩，单台作业面积 472.76 亩。广西平均数量为 4.75 台，配套动力功率 92.86 千瓦，自主经营作业面积 2 762.5 亩，流转经营作业面积 8 975.0 亩，托管服务作业面积 500 亩，总作业面积 12 237.5 亩，单台作业面积 2 576.32 亩。云南平均数量为 10 台，配套动力功率 284.5 千瓦，自主经营作业面积 164 亩，流转经营作业面积 1 508 亩，托管服务作业面积 150 亩，总作业面积 1 822 亩，单台作业面积 182.2 亩。广东平均数量为 114 台，配套动力功率 102.5 千瓦，自主经营作业面积 150 亩，流转经营作业面积 1 000 亩，托管服务作业面积 35 675.5 亩，总作业面积 36 825.5 亩，单台作业面积 323.03 亩。

机引犁机具品牌型号有阳宇伍铧 GF-4，阳宇深松浅翻犁 1SST-200，河北馆陶 1L-4-35，云南通秀圆盘犁，和宏 QLHL-125A，和宏 ILH-255，山东邦威 435，山东邦威 430，库恩，桂东方，通秀宏兴，1LF250 等。机具数量平均为 14.13 台，配套动力功率 138.56 千瓦，自主经营作业面积 893.75 亩，流转经营作业面积 5 112.5 亩，托管服务作业面积 2 223.38 亩，单台作业面积 582.42 亩。广西平均为 5 台，配套动力功率 102.11 千瓦，自主经营作业面积 1 637.5 亩，流转经营作业面积 8 975 亩，托管服务作业面积 500 亩，单台作业面积 2 222.5 亩。云南平均为 9 台，配套动力功率 248 千瓦，自主经营作业面积 150 亩，流转经营作业面积 1 500 亩，托管服务作业面积 100 亩，单台作业面积 194.44 亩。广东平均为 37.5 台，配套动力功率 102 千瓦，自主经营作业面积 150 亩，流转经营作业面积 1 000 亩，托管服务作业面积 7 793.5 亩，单台作业面积 238.49 亩。

合作社拥有的机引耙品牌型号有西安亚奥 1GQNB-280，徐州 IBZK-2.5，徐州

IBZK－3.3，库恩 DISCOVERXM2，施耕耙 1GZN－135V1，广西阳宇松土器机引耙 1ST5B，库恩 XM40H，桂东方，通秀，雷肯 300U。机具数量平均有 11.88 台，配套动力功率 131.6 千瓦，自主经营作业面积 288.75 亩，流转经营作业面积 2 587.50 亩，其中广西柳城、广西南宁、云南陇川、广垦农机 4 个合作社无流转经营，托管服务作业面积 6 971.88 亩，仅广东遂溪、广垦农机有开展托管服务。机引耙托管服务作业面积比重高，说明在广东蔗区市场需求良好。广西平均为 1.5 台，配套动力功率 127.5 千瓦，自主经营作业面积 12.5 亩，流转经营作业面积 3 925 亩，托管服务作业面积 0 亩，单台作业面积 2 625 亩。云南平均为 7 台，配套动力功率 180 千瓦，自主经营作业面积 130 亩，流转经营作业面积 1 500 亩，托管服务作业面积 0 亩，单台作业面积 232.86 亩。广东平均为 37.5 台，配套动力功率 111.5 千瓦，自主经营作业面积 1 000 亩，流转经营作业面积 1 000 亩，托管服务作业面积 27 887.5 亩，单台作业面积 797 亩。

深松机机具品牌型号有西安亚奥 1S－200A，阳宇 1ST－5B，自制深松浅翻犁，QJSS－5，约翰迪尔 915V－RIPPER－5X－（7STDS），深松整地联合作业机阳宇 1SZL－200B，雷肯 19－300E。机具数量平均为 12.13 台，配套动力功率 128.92 千瓦，自主经营作业面积 829.75 亩，流转经营作业面积 5 089.5 亩，其中广西柳城、广垦农机流转经营作业面积为 0，托管服务作业面积 6 754.25 亩。可见，流转经营和托管服务作业中机械化深松作业已经被普遍接受。

8 个合作社仅广西武鸣和广东遂溪 2 个合作社拥有联合整地机，机具品牌型号有雷肯、阳宇 1SZL－200B。机具数量平均为 7.88 台（主要集中在遂溪县好帮手农业机械专业合作社 60 台），配套动力功率 76.73 千瓦，自主经营作业面积 787.5 亩，流转经营作业面积 2 750 亩，托管服务作业面积 6 250 亩。

2020 年下半年监测结果表明（表 3－6），耕整地环节主要作业机具有旋耕机、机引犁（如液压翻转犁、深松浅翻犁等）、机引耙（如重耙等）、深松机（如深松齿、深松铲等）、微耕机和联合整地机。其中数量最多的是机引犁（20.1 台），其次为旋耕机（18.1 台），第三位是深松机（10.9 台），第四位是机引耙（9.4 台）。单台作业面积最高的为联合整地机；旋耕机数量最多，但单台作业面积不及联合整地机的 1/10，能耗相对较高。联合整地机单台作业面积最大，机器数量不多，但效率高，反映出市场的需求旺盛。除广东农垦监测点以托管服务为主外，其他合作社多以流转经营作业为主。

表 3－6　耕整地环节作业情况分析（2020 年下半年）

农机具	地区	数量（台）	配套动力功率（千瓦）	自主经营作业面积（亩）	流转经营作业面积（亩）	托管服务作业面积（亩）	总作业面积（亩）	单台作业面积（亩）
旋耕机	平均	18.1	125	707.25	4 158.25	20 230.88	25 032.25	1 381.09
	广西	4.5	92	1 262.50	5 612.50	9 750.00	16 625.00	3 694.44
	云南	7.0	228	154.00	4 258.00	150.00	4 442.00	634.57
	广东	56.5	88	150.00	1 150.00	61 273.50	62 437.00	1 105.08

（续）

农机具	地区	数量（台）	配套动力功率（千瓦）	自主经营作业面积（亩）	流转经营作业面积（亩）	托管服务作业面积（亩）	总作业面积（亩）	单台作业面积（亩）
机引犁	平均	20.1	130	78.75	4 093.75	17 966.38	22 071.38	1 096.71
	广西	3.5	102	12.50	5 487.50	9 250.00	14 750.00	4 214.29
	云南	5.0	204	140.00	4 250.00	100.00	4 370.00	874.00
	广东	68.5	98	150.00	1 150.00	53 265.50	54 415.50	794.39
机引耙	平均	9.4	103	73.75	4 093.75	15 666.13	19 766.13	2 108.39
	广西	1.8	102	12.50	5 487.50	0	5 500.00	2 750.00
	云南	1.5	101	120.00	4 250.00	100.00	4 350.00	2 900.00
	广东	32.5	108	150.00	1 150.00	44 064.50	45 214.50	1 391.22
深松机	平均	10.9	119	47.25	3 033.25	13 221.38	16 264.38	1 495.57
	广西	2.3	102	12.50	5 487.50	9 250.00	14 750.00	6 555.56
	云南	1.0	144	14.00	8.00	50.00	72.00	72.00
	广东	38.0	132	150.00	1 150.00	34 335.50	35 485.50	933.83
联合整地机	平均	0.38	51	0.00	750.00	4 625.00	5 375.00	14 333.33
	广西	0.75	51	0.00	1 500.00	9 250.00	10 750.00	14 333.33
	云南	0	0	0.00	0.00	0.00	0.00	0.00
	广东	0	0	0.00	0.00	0.00	0.00	0.00

旋耕机机具品牌型号有马斯奇奥 SZ-260，开耕王 GQN-260，西安亚奥 1GQNB-280，普劳恩德 1JS-280，河北耕耘 1GQNKG-280，河北馆陶 1GQKZN-230，南昌 1GQN-160，河北圣和 1GQN-140，东方红 1GQN-230，河北圣和1GQN-230，河北圣和 1GKNJG-260，通用 1GQNGK-230 和 1SZL-200B，旋耕起垄机 1GZN，通秀宏兴，1GKN-250。8 个监测点平均数量为 18.1 台，配套动力功率 125 千瓦，自主经营作业面积 707.25 亩，流转经营作业面积 4 158.25 亩，托管服务作业面积 20 230.88 亩，单台作业面积 1 381.09 亩。广西平均数量为 4.5 台，配套动力功率 92 千瓦，自主经营作业面积 1 262.50 亩，流转经营作业面积 5 612.50 亩，托管服务作业面积 9 750 亩，总作业面积16 625亩，单台作业面积 3 694.44 亩。云南平均数量为 7 台，配套动力功率 228 千瓦，自主经营作业面积 154 亩，流转经营作业面积 4 258 亩，托管服务作业面积 150 亩，总作业面积 4 442 亩，单台作业面积 634.57 亩。广东平均数量为 56.5 台，配套动力功率 88 千瓦，自主经营作业面积 150 亩，流转经营作业面积 1 150 亩，托管服务作业面积61 273.5亩，总作业面积 62 437.00 亩，单台作业面积 1 105.08 亩。

机引犁机具品牌型号有阳宇伍铧 GF-4，阳宇深松浅翻犁 1SST-200，河北馆陶 1L-

4-35，云南通秀圆盘犁，和宏 QJHL-135A，和宏 ILH-255，山东邦威 435，山东邦威 430，马斯奇奥液压翻转犁 1LFT-4 等。机具数量平均为 20.1 台，配套动力功率 130 千瓦，自主经营作业面积 78.75 亩，流转经营作业面积 4 093.75 亩，托管服务作业面积 17 966.38 亩，总作业面积 22 071.38 亩，单台作业面积 1 096.71 亩。广西平均为 3.5 台，配套动力功率 102 千瓦，自主经营作业面积 12.5 亩，流转经营作业面积 5 487.50 亩，托管服务作业面积 9 250 亩，总作业面积 14 750 亩，单台作业面积 4 214.29 亩。云南平均为 5 台，配套动力功率 204 千瓦，自主经营作业面积 140 亩，流转经营作业面积 4 250 亩，托管服务作业面积 100 亩，总作业面积 4 370 亩，单台作业面积 874 亩。广东平均为 68.5 台，配套动力功率 98 千瓦，自主经营作业面积 150 亩，流转经营作业面积 1 150 亩，托管服务作业面积 53 265.5 亩，总作业面积 54 415.50 亩，单台作业面积 794.39 亩。

机引耙品牌型号有西安亚奥 1GQNB-280，IBZK-2.5，IBZK-3.3，库恩 DISCOVERXM2，施耕耙 1GZN-135V1，雷肯 300U。机具数量平均有 9.4 台，配套动力功率 103 千瓦，自主经营作业面积 73.75 亩，流转经营作业面积 4 093.75 亩，托管服务作业面积 15 666.13 亩，总作业面积 19 766.13 亩，单台作业面积 2 108.39 亩。机引耙托管服务作业面积比重高，说明在广东蔗区市场需求旺盛。广西平均为 1.8 台，配套动力功率 102 千瓦，自主经营作业面积 12.5 亩，流转经营作业面积 5 487.5 亩，单台作业面积 2 750 亩。云南平均为 1.5 台，配套动力功率 101 千瓦，自主经营作业面积 120 亩，流转经营作业面积 4 250 亩，托管服务作业面积 100 亩，总作业面积 4 350 亩，单台作业面积 2 900 亩。广东平均为 32.5 台，配套动力功率 108 千瓦，自主经营作业面积 150 亩，流转经营作业面积 1 150 亩，托管服务作业面积 44 064.5 亩，总作业面积 45 214.5 亩，单台作业面积 1 391.22 亩。

深松机机具品牌型号有西安亚奥 1S-200A，阳宇 1ST-5B，自制深松浅翻犁，QJSS-5，约翰迪尔 915V-RIPPER-5X-（7STDS），深松整地联合作业机 1SZL-200B，雷肯 19-300E。机具数量平均为 10.9 台，配套动力功率 119 千瓦，自主经营作业面积 47.25 亩，流转经营作业面积 3 033.25 亩，托管服务作业面积 13 221.38 亩，总作业面积 16 264.38 亩，单台作业面积 1 495.57 亩，反映出流转经营和托管服务作业对深松作业已经普遍接受。

8 个合作社仅广西合作社拥有联合整地机，其机具数量平均为 0.75 台，配套动力功率 51 千瓦，自主经营作业面积 0 亩，流转经营作业面积 1 500 亩，托管服务作业面积 9 250 亩。

（二）种植环节

2020 年上半年监测结果表明（表 3-7），种植环节主要机具有整秆喂入式甘蔗联合种植机和段种式甘蔗联合种植机。整秆喂入式甘蔗联合种植机主要型号有桂珠 HXW-4、HXW-2A，IJQZZ-（1.2-1.4）-0.4，金山碧水 2CZX-2 等，平均每个合作社有 7 台，配套动力功率 118.61 千瓦，自主经营作业面积 639.75 亩，流转经营作业面积 714.5 亩，托管服务作业面积 2 430.88 亩；平均种植规模 540 亩/台。

表 3-7　种植环节作业情况分析（2020 年上半年）

项目	整秆喂入式甘蔗联合种植机				段种式甘蔗联合种植机			
	平均	广西	云南	广东	平均	广西	云南	广东
数量（台）	7	5.25	1.5	16	4.38	4.50	7.00	1.50
配套动力功率（千瓦）	118.61	75.73	220	103	124.83	132.50	132.30	102.00
自主经营作业面积（亩）	639.75	1 262.5	34	0	1 982.50	3 825.00	130.00	150.00
流转经营作业面积（亩）	714.5	1 425	8	0	2 212.50	3 800.00	250.00	1 000.00
托管服务作业面积（亩）	2 430.88	0	663	9 060.5	625.00	0.00	0.00	2 500.00
总作业面积（亩）	3 783.88	2 687.5	700	9 060.5	5 162.50	7 625.00	1 750.00	3 650.00
平均作业规模（亩/台）	540	511.99	466.67	566.28	1 170.43	1 694.44	250	2 433.33

　　分区域分析，广西平均每个合作社有整秆喂入式甘蔗联合种植机 5.25 台，配套动力功率 75.73 千瓦，自主经营作业面积 1 262.5 亩，流转经营作业面积 1 425 亩，托管服务作业面积 0 亩，总作业面积 2 687.5 亩，平均作业规模 511.99 亩/台。云南平均每个合作社有整秆喂入式甘蔗联合种植机 1.5 台，配套动力功率 220 千瓦，自主经营作业面积 34 亩，流转经营作业面积 8 亩，托管服务作业面积 663 亩，总作业面积 700 亩，平均作业规模 466.67 亩/台。广东平均每个合作社有整秆喂入式甘蔗联合种植机 16 台，配套动力功率 103 千瓦，自主经营作业面积 0 亩，流转经营作业面积 0 亩，托管服务作业面积 9 060.5 亩，总作业面积 9 060.5 亩，平均作业规模 566.28 亩/台。总体看整秆喂入式甘蔗联合种植机广东省合作社社会化服务组织能力较高，机具数量最多，作业效率也最高，其次为广西，云南数量最少，作业效率也最低。

　　段种式甘蔗联合种植机机具品牌型号为双高农机 2G02-2，双高 22CZ-2A、2CZ-2，平均每个合作社有 4.38 台，配套动力功率 124.83 千瓦，自主经营作业面积 1 982.5 亩，流转经营作业面积 2 212.5 亩，托管服务作业面积 625 亩，平均作业规模 1 170.43 亩/台。

　　分区域分析，广西平均每个合作社有段种式甘蔗联合种植机 4.5 台，配套动力功率 132.50 千瓦，自主经营作业面积 3 825 亩，流转经营作业面积 3 800 亩，托管服务作业面积 0 亩，总作业面积 7 625 亩，平均种植规模 1 694.44 亩/台。云南平均每个合作社有段种式甘蔗联合种植机 7 台，配套动力功率 132.30 千瓦，自主经营作业面积 130 亩，流转经营作业面积 250 亩，总作业面积 1 750 亩，平均种植规模 250 亩/台。广东平均每个合作社有段种式甘蔗联合种植机 1.5 台，配套动力功率 102 千瓦，自主经营作业面积 150 亩，流转经营作业面积 1 000 亩，托管服务作业面积 2 500 亩，总作业面积 3 650 亩，平均种植规模 2 433.33 亩/台。

　　2020 年下半年监测结果表明（表 3-8），整秆喂入式甘蔗联合种植机主要品牌型号有双高农机 2CZ-2，富来威，桂珠 HXW-2，桂珠 2CZX-2 和和宏 JQZZ，平均每个合作社有 7.7 台，配套动力功率 81.6 千瓦，自主经营作业面积 5.68 亩，流转经营作业面积 791.95 亩，托管服务作业面积 8 038.95 亩；平均作业规模 1 186.29 亩/台。

表 3 - 8　种植环节作业情况分析（2020 年下半年）

项目	整秆喂入式甘蔗联合种植机				段种式甘蔗联合种植机			
	平均	广西	云南	广东	平均	广西	云南	广东
数量（台）	7.70	5.25	1.5	18	3.7	6	4	0
配套动力功率（千瓦）	81.60	75.725	70	102	104.10	112.15	88	
自主经营作业面积（亩）	5.68	12.5	0	0	1 748.64	3 775	120	0
流转经营作业面积（亩）	791.95	1 737.5	8	0	3 551.14	5 262.5	4 250	0
托管服务作业面积（亩）	8 038.95	9 250	100	13 959.5	4 215.91	9 275	0	0
总作业面积（亩）	9 134.41	11 000	1 200	13 959.5	7 811.14	14 562.5	4 370	0
平均作业规模（亩/台）	1 186.29	2 095.24	800.00	775.53	1 775.26	1 820.31	1 092.50	0.00

　　分区域分析，广西平均每个合作社有整秆喂入式甘蔗联合种植机 5.25 台，配套动力功率 75.725 千瓦，自主经营作业面积 12.5 亩，流转经营作业面积 1 737.5 亩，托管服务作业面积 9 250 亩，总作业面积 11 000 亩，平均作业规模 2 095.24 亩/台。云南平均每个合作社有整秆喂入式甘蔗联合种植机 1.5 台，配套动力功率 70 千瓦，自主经营作业面积 0 亩，流转经营作业面积 8 亩，托管服务作业面积 100 亩，总作业面积 1 200 亩，平均作业规模 800 亩/台。广东平均每个合作社有整秆喂入式甘蔗联合种植机 18 台，配套动力功率 102 千瓦，自主经营作业面积 0 亩，流转经营作业面积 0 亩，托管服务作业面积 13 959.5 亩，总作业面积 13 959.5 亩，平均作业规模 775.53 亩/台。总体看整秆喂入式甘蔗联合种植机广东省合作社社会化服务组织能力较高，机具数量最多，作业效率也最高，其次为广西，云南数量最少，作业效率也最低。

　　段种式甘蔗联合种植机机具品牌型号为双高 2GZ - 4A 和双高 2C - Z2A，平均每个合作社有 3.7 台，配套动力功率 104.1 千瓦，自主经营作业面积 1 748.64 亩，流转经营作业面积 3 551.14 亩，托管服务作业面积 4 215.91 亩；平均作业规模 1 775.26 亩/台。

　　分区域分析，广西平均每个合作社有段种式甘蔗联合种植机 6 台，配套动力功率 112.15 千瓦，自主经营作业面积 3 775 亩，流转经营作业面积 5 262.5 亩，托管服务作业面积 9 275 亩，总作业面积 14 562.5 亩，平均作业规模 1 820.31 亩/台。云南平均每个合作社有段种式甘蔗联合种植机 4 台，配套动力功率 88 千瓦，自主经营作业面积 120 亩，流转经营作业面积 4 250 亩，总作业面积 4 370 亩，平均作业规模 1 092.50 亩/台。广东平均每个合作社有段种式甘蔗联合种植机 0 台。

　　同上半年统计相比，整秆喂入式甘蔗联合种植机单台作业规模从 540 亩/台提高到 1 186.29 亩/台，段种式甘蔗联合种植机单台作业规模从 1 170.43 亩/台提高到 1 775.26 亩/台，种植机利用效率大幅提升。

（三）秸秆处理环节

　　秸秆处理环节主要机具有秸秆（蔗叶）粉碎还田机，机具型号有 1JQ - 220、JH - 180、4jQH - 180A、4JZST - 200、IG - 225A1、QJDM - 150 和 IJQ - 100。除一个合作社

外，其余 7 个合作社均有秸秆（蔗叶）粉碎还田机，平均每个合作社有 5.75 台，配套动力功率 84.58 千瓦，自主经营作业面积 831.25 亩，流转经营作业面积 4 612.5 亩，托管服务作业面积 500 亩，平均作业规模 1 033 亩/台。

分区域分析，广西平均每个合作社有秸秆（蔗叶）粉碎还田机 3.25 台，配套动力功率 76.61 千瓦，自主经营作业面积 1 587.50 亩，流转经营作业面积 8 975 亩，托管服务作业面积 500 亩，总作业面积 11 062.50 亩，平均作业规模 3 403.85 亩/台。云南仅一个合作社有秸秆（蔗叶）粉碎还田机 1 台，配套动力功率 95.6 千瓦，但基本没有使用。广东平均每个合作社有秸秆（蔗叶）粉碎还田机 16 台，配套动力功率 95 千瓦，自主经营作业面积 150 亩，流转经营作业面积 500 亩，托管服务作业面积 1 000 亩，总作业面积 1 650 亩，平均作业规模 103.13 亩/台，主要原因是广东广垦农机服务有限公司拥有秸秆（蔗叶）粉碎还田机 30 台，但作业规模仅 1 000 亩（表 3-9）。

表 3-9　秸秆处理环节作业情况分析

项目	平均	广西	云南	广东
数量（台）	5.75	3.25	0.5	16
配套动力功率（千瓦）	84.58	76.61	95.60	95.00
自主经营作业面积（亩）	831.25	1 587.50	0.00	150.00
流转经营作业面积（亩）	4 612.50	8 975.00	0.00	500.00
托管服务作业面积（亩）	500.00	500.00	0.00	1 000.00
总作业面积（亩）	5 943.75	11 062.50	0.00	1 650.00
平均作业规模（亩/台）	1 033	3 403.85	0	103.13

（四）收获环节

收获环节主要机具为切段式甘蔗收割机（表 3-10），8 个合作社均无整秆式甘蔗收割机，37.5% 的合作社拥有进口大型切段式甘蔗收割机，型号为凯斯 A7000、A8000，约翰迪尔 CH330、CH570。社均拥有 2.5 台，配套动力功率 205.33 千瓦，自主经营作业面积 782.5 亩，流转经营作业面积 2 600 亩，托管服务作业面积 4 390.25 亩，平均作业规模 3 109.10亩/台。广西平均每个合作社有 1.25 台，配套动力功率 148 千瓦，自主经营作业面积 1 500 亩，流转经营作业面积 5 000 亩，托管服务作业面积 0 亩，平均作业规模 5 200 亩/台。云南仅勐海县纽荷兰农业机械专业合作社有 1 台，配套动力功率 240 千瓦，自主经营作业面积 130 亩，流转经营作业面积 400 亩，托管服务作业面积 0 亩，平均作业规模 1 060 亩/台。广东平均每个合作社有 7 台，配套动力功率 228 千瓦，自主经营作业面积 0 亩，流转经营作业面积 0 亩，托管服务作业面积 17 561 亩，平均作业规模 2 508.71 亩/台。

62.5% 的合作社拥有进口中型切段式甘蔗收割机，型号为凯斯 A4000，平均每个合作社有 4.63 台，配套动力功率 127.20 千瓦，自主经营作业面积 797.25 亩，流转经营作业面积 3 114.5亩，托管服务作业面积 184 亩，平均作业规模 884.61 亩/台。广西平均每个合作社有 7.25 台，配套动力功率 128 千瓦，自主经营作业面积 1 512.5 亩，流转经营作业面

表 3-10　收获环节作业情况分析

机具	地区	数量（台）	配套动力功率（千瓦）	自主经营作业面积（亩）	流转经营作业面积（亩）	托管服务作业面积（亩）	总作业面积（亩）	单台作业面积（亩）
进口大型切段式甘蔗收割机	平均	2.50	205.33	782.50	2 600.00	4 390.25	7 772.75	3 109.10
	广西	1.25	148.00	1 500.00	5 000.00	0.00	6 500.00	5 200.00
	云南	0.50	240.00	130.00	400.00	0.00	530.00	1 060.00
	广东	7.00	228.00	0.00	0.00	17 561.00	17 561.00	2 508.71
进口中型切段式甘蔗收割机	平均	4.63	127.20	797.25	3 114.50	184.00	4 095.75	884.61
	广西	7.25	128.00	1 512.50	5 175.00	0.00	6 687.50	922.41
	云南	3.50	125.00	164.00	2 108.00	663.00	2 935.00	838.57
	广东	0.50	130.00	0.00	0.00	73.00	73.00	146.00
国产大型切段式甘蔗收割机	平均	1.00	258.00	0.00	1 875.00	0.00	1 875.00	1 875.00
	广西	2.00	258.00	0.00	3 750.00	0.00	3 750.00	1 875.00
	云南	0.00	0.00	0.00	0.00	0.00	0.00	0.00
	广东	0.00	0.00	0.00	0.00	0.00	0.00	0.00
国产中型切段式甘蔗收割机	平均	9.25	117.57	37.50	2 625.00	0.00	2 662.50	287.84
	广西	8.00	132.00	0.00	3 750.00	0.00	3 750.00	468.75
	云南	0.00	0.00	0.00	0.00	0.00	0.00	0.00
	广东	21.00	103.13	150.00	3 000.00	0.00	3 150.00	150.00
国产小型切段式甘蔗收割机	平均	1.63	139.50	107.50	275.00	250.00	632.50	388.04
	广西	2.00	150.00	150.00	50.00	500.00	700.00	350.00
	云南	2.50	129.00	130.00	1 000.00	0.00	1 130.00	452.00
	广东	0.00	0.00	0.00	0.00	0.00	0.00	0.00

积 5 175 亩，托管服务作业面积 0 亩，平均作业规模 922.41 亩/台。云南平均每个合作社有 3.5 台，配套动力功率 125 千瓦，自主经营作业面积 164 亩，流转经营作业面积 2 108 亩，托管服务作业面积 663 亩，平均作业规模 838.57 亩/台。广东仅广东广垦农机服务有限公司有 1 台，配套功率 130 千瓦，自主经营作业面积 0 亩，流转经营作业面积 0 亩，托管服务作业面积 73 亩，平均作业规模 146 亩/台。

12.5% 的合作社拥有国产大型切段式甘蔗收割机，型号为柳工 4GQ-1B，平均每个合作社有 1 台（其中扶绥县渠黎镇雷达现代农业合作社 8 台），配套动力功率 258 千瓦，流转经营作业面积 1 875 亩，总作业面积 1 875 亩，平均作业规模 1 875 亩/台。

25% 的合作社拥有国产中型切段式甘蔗收割机，型号为辰汉 4GQ130、辰汉 4GQ180 和柳工 4GQ-1C，平均每个合作社有 9.25 台，配套功率 117.57 千瓦，自主经营作业面积 37.5 亩，流转经营作业面积 2 625 亩，总作业面积 2 662.5 亩，平均作业规模 287.84 亩/台。

25%的合作社拥有国产小型切段式甘蔗收割机，型号为中联重科 AC60 和柳工 4GQ－1C 和柳工 4CQ－1E。平均每个合作社有 1.63 台，配套动力功率 139.5 千瓦，自主经营作业面积 107.5 亩，流转经营作业面积 275 亩，托管服务作业面积 250 亩，平均作业规模 388.04 亩/台。

（五）田间管理环节

宿根管理环节仅广东广垦农机服务有限公司拥有松蔸机，型号为约翰迪尔915V－RIP-PER－5X－7、1S－760，共有 26 台，配套功率122 千瓦，自主经营作业面积 0 亩，流转经营作业面积 0 亩，托管服务作业面积 29 706 亩，平均作业规模 1 242.54 亩/台。

中耕培土环节使用的机具有甘蔗培土机、甘蔗中耕培土机和甘蔗施肥机。

甘蔗培土机社均拥有 3.25 台，配套动力功率 62.2 千瓦，自主经营作业面积 168.75 亩，流转经营作业面积 143.75 亩，托管服务作业面积 550 亩，平均作业规模 265.38 亩/台（表 3－11）。广西平均有 2.25 台，配套动力功率 49.3 千瓦，自主经营作业面积 337.5 亩，流转经营作业面积 287.5 亩，托管服务作业面积 150.0 亩，平均作业规模 344.44 亩/台。广东平均有 8.5 台，配套动力功率 88 千瓦，自主经营作业面积 0 亩，流转经营作业面积 0 亩，托管服务作业面积 1 900 亩，平均作业规模 223.53 亩/台。

甘蔗中耕培土机社均拥有 12.2 台，配套动力功率 69.84 千瓦，自主经营作业面积 204.38 亩，流转经营作业面积 908.88 亩，托管服务作业面积 9 908.00 亩，平均作业规模 903.38 亩/台。广西平均有 10.5 台，配套动力功率 73.5 千瓦，自主经营作业面积 325 亩，流转经营作业面积 1 553.5 亩，托管服务作业面积 8 461.5 亩，平均作业规模 984.76 亩/台。云南平均有 3 台，配套动力功率 57.11 千瓦，自主经营作业面积 167.5 亩，流转经营作业面积 528.5 亩，托管服务作业面积 125 亩，平均作业规模 273.67 亩/台。广东平均有 34 台，配套动力功率 88 千瓦，自主经营作业面积 0 亩，流转经营作业面积 0 亩，托管服务作业面积 22 584 亩，平均作业规模 664.24 亩/台。

甘蔗施肥机社均拥有 2.38 台，配套动力功率 64.4 千瓦，自主经营作业面积 1 162.5 亩，流转经营作业面积 1 025 亩，托管服务作业面积 75 亩，平均作业规模 531.58 亩/台。甘蔗施肥机仅广西扶绥县渠黎镇雷达现代农业合作社和柳城县冲脉镇优丰农机专业合作社拥有。

表 3－11 田间管理环节作业情况分析

机具	地区	数量（台）	配套动力功率（千瓦）	自主经营作业面积（亩）	流转经营作业面积（亩）	托管服务作业面积（亩）	总作业面积（亩）	单台作业面积（亩）
甘蔗培土机	平均	3.25	62.20	168.75	143.75	550.00	862.50	265.38
	广西	2.25	49.30	337.50	287.50	150.00	775.00	344.44
	云南	0.00	0.00	0.00	0.00	0.00	0.00	0.00
	广东	8.50	88.00	0.00	0.00	1 900.00	1 900.00	223.53
甘蔗中耕培土机	平均	12.20	69.84	204.38	908.88	9 908.00	11 021.25	903.38
	广西	10.50	73.50	325.00	1 553.50	8 461.50	10 340.00	984.76
	云南	3.00	57.11	167.50	528.50	125.00	821.00	273.67
	广东	34.00	88.00	0.00	0.00	22 584.00	22 584.00	664.24

（续）

机具	地区	数量 （台）	配套动力 功率 （千瓦）	自主经营 作业面积 （亩）	流转经营 作业面积 （亩）	托管服务 作业面积 （亩）	总作业 面积 （亩）	单台作业 面积 （亩）
甘蔗施肥机	平均	2.38	64.40	1 162.50	1 025.00	75.00	1 262.50	531.58
	广西	4.75	64.40	2 325.00	2 050.00	150.00	2 525.00	531.58
	云南	0.00	0.00	0.00	0.00	0.00	0.00	0.00
	广东	0.00	0.00	0.00	0.00	0.00	0.00	0.00
自走式植保喷雾机	平均	0.75	89.25	2 006.25	1 143.75	250.00	2 400.00	3 200.00
	广西	1.00	59.00	4 012.50	2 287.50	500.00	4 800.00	4 800.00
	云南	0.00	0.00	0.00	0.00	0.00	0.00	0.00
	广东	1.00	180.00	0.00	0.00	0.00	0.00	0.00
植保无人机	平均	3.00	0.00	1 049.38	2 046.38	4 586.75	8 232.50	2 744.17
	广西	1.50	0.00	2 000.00	3 503.50	8 311.50	11 815.00	7 876.67
	云南	1.50	0.00	47.50	28.50	1 724.00	1 800.00	1 200.00
	广东	7.50	0.00	150.00	1 150.00	6 200.00	7 500.00	1 000.00
喷药机	平均	1.63	70.35	1 625.00	1 776.75	7 194.63	9 596.38	5 887.35
	广西	1.75	64.40	3 250.00	3 553.50	8 811.50	13 615.00	7 780.00
	云南	0.00	0.00	0.00	0.00	0.00	0.00	0.00
	广东	3.00	88.20	0.00	0.00	11 155.50	11 155.50	3 718.50

植保飞防环节使用的机具有自走式植保喷雾机、植保无人机和喷药机。

自走式植保喷雾机社均拥有 0.75 台，配套动力功率 89.25 千瓦，自主经营作业面积 2 006.25 亩，流转经营作业面积 1 143.75 亩，托管服务作业面积 250 亩，平均作业规模 3 200 亩/台。自走式植保喷雾机仅扶绥县渠黎镇雷达现代农业合作社和兴宾区凤凰镇福库农机专业合作社各拥有 1 台。

植保无人机社均拥有 3 台，自主经营作业面积 1 049.38 亩，流转经营作业面积 2 046.38 亩，托管服务作业面积 4 586.75 亩，平均作业规模 2 744.17 亩/台。广西平均有 1.5 台，自主经营作业面积 2 000 亩，流转经营作业面积 3 503.5 亩，托管服务作业面积 8 311.5 亩，平均作业规模 7 876.67 亩/台。云南平均有 1.5 台，自主经营作业面积 47.5 亩，流转经营作业面积 28.5 亩，托管服务作业面积 1 724 亩，平均作业规模 1 200 亩/台。广东平均有 7.5 台，自主经营作业面积 150 亩，流转经营作业面积 1 150 亩，托管服务作业面积 6 200 亩，平均作业规模 1 000 亩/台。

喷药机社均拥有 1.63 台，配套动力功率 70.35 千瓦，自主经营作业面积 1 625 亩，流转经营作业面积 1 776.75 亩，托管服务作业面积 7 194.63 亩，平均作业规模 5 887.35 亩/台。广西平均有 1.75 台，配套动力功率 64.4 千瓦，自主经营作业面积 3 250 亩，流转经营作业面积 3 553.5 亩，托管服务作业面积 8 811.50 亩，平均作业规模 7 780 亩/台。广东平均有 3 台，配套动力功率 88.2 千瓦，自主经营作业面积 0 亩，流转经营作业面积 0 亩，托管服务作业面积 11 155.5 亩，平均作业规模 3 718.5 亩/台。

三、农业生产质量效益情况

8个合作社自主经营平均种植面积1 861.5亩，生产支出中购买种苗支出418 887.5元，购买化肥支出696 281.25元，购买农药支出154 805元，购买农膜支出29 178.75元，水费支出187.5元，电费支出18 937.5元，人工费支出624 604.38元，土地流转费用支出1 680 825元，农业保险费43 084.5元，购买燃油153 209.38元，维修保养费111 750元，运输等其他费用221 275元，上述费用合计支出4 153 025.76元，折2 231元/亩；销售收入4 386 300元，折2 356元/亩。广西社均种植面积3 550亩，生产支出中购买种苗支出830 000元，购买化肥支出1 375 000元，购买农药支出303 000元，购买农膜支出57 500元，水费支出0元，电费支出37 500元，人工费支出1 240 000元，土地流转费用支出3 285 000元，农业保险费85 250元，购买燃油301 125元，维修保养费217 500元，运输等其他费用421 750元，上述费用合计支出8 153 625元，折2 296元/亩；销售收入7 500 000元，折2 112元/亩。云南社均种植面积196亩，生产支出中购买种苗支出15 300元，购买化肥支出34 675元，购买农药支出12 620元，购买农膜支出1 715元，水费支出0元，电费支出0元，人工费支出16 917.5元，土地流转费用支出142 800元，农业保险费1 088元，购买燃油10 587.5元，维修保养费9 500元，运输等其他费用41 600元，上述费用合计支出286 803元，折1 463元/亩；销售收入254 520元，折1 368元/亩（表3-12）。

表3-12　农业生产质量效益情况

项目	平均	广西	云南	广东
种植面积（亩）	1 861.5	3 550	196	150
购买种苗（元）	418 887.5	830 000	15 300	250
购买化肥（元）	696 281.25	1 375 000	34 675	450
购买农药（元）	154 805	303 000	12 620	600
购买农膜（元）	29 178.75	57 500	1 715	0
水费（元）	187.5	0		750
电费（元）	18 937.5	37 500		750
人工费用（元）	624 604.38	1 240 000	16 917.5	1 500
土地流转费用（元）	1 680 825	3 285 000	142 800	10 500
农业保险费（元）	43 084.5	85 250	1 088	750
购买燃油（元）	153 209.38	301 125	10 587.5	0
维修保养费（元）	111 750	217 500	9 500	2 500
运输等其他费用（元）	221 275	421 750	41 600	0
销售收入（元）	4 386 300	7 500 000	254 520	0
费用合计（元）	4 153 025.76	8 153 625	286 803	18 050

（续）

项目	平均	广西	云南	广东
全托管服务面积（亩）	3 935	1 500	125	12 615
全托管平均每亩收入（元）	251.13	200	382.5	222
秸秆处理服务作业面积（亩）	629.13	525	0	1 466.5
秸秆处理作业平均每亩收费（元）	22.5	32.5	0	25
机耕服务作业面积（亩）	14 876.88	5 250	1 900	47 107.5
机耕作业平均每亩收费（元）	51.63	60	70	16.5
机播服务作业面积（亩）	7 009.33	4 000	2 413	25 230
机播作业平均每亩收费（元）	93.5	96.67	105	61
施肥服务作业面积（亩）	2 012.5	3 500	0	1 050
施肥作业平均每亩收费（元）	19.63	35	0	8.5
植保服务作业面积（亩）	8 219.88	6 250	1 724	18 655.5
植保作业平均每亩收费（元）	11.25	12.5	7.5	12.5
机收服务作业面积（亩）	7 894.63	6 250	5 552.5	13 526
机收作业平均每亩收费（元）	211	107.5	480	149
其他相关生产服务性收入（元）	265 843.75	287 500	236 900	251 475
其他相关农事服务性收入（元）	128 750	150 000	65 000	150 000

8 个合作社平均全托管服务面积 3 935 亩，全托管平均每亩收入 251.13 元；秸秆处理服务作业面积 629.13 亩，秸秆处理作业平均每亩收费 22.5 元；机耕服务作业面积 14 876.88 亩，机耕作业平均每亩收费 51.63 元；机播服务作业面积 7 009.33 亩，机播作业平均每亩收费 93.5 元；施肥服务作业面积 2 012.5 亩，施肥作业平均每亩收费 19.63 元；植保服务作业面积 8 219.88 亩，植保作业平均每亩收费 11.25 元；机收服务作业面积 7 894.63 亩，机收作业平均每亩收费 211 元；其他相关生产服务性收入 265 843.75 元，其他相关农事服务性收入 128 750 元。其中广东全托管服务面积最大，达到 12 615 亩，全托管平均每亩收入 222 元；秸秆处理服务作业面积 1 466.5 亩，秸秆处理作业平均每亩收费 25 元；机耕服务作业面积 47 107.5 亩，机耕作业平均每亩收费 16.5 元；机播服务作业面积 25 230 亩，机播作业平均每亩收费 61 元；施肥服务作业面积 1 050 亩，施肥作业平均每亩收费 8.5 元；植保服务作业面积 18 655.5 亩，植保作业平均每亩收费 12.5 元；机收服务作业面积 13 526 亩，机收作业平均每亩收费 149 元；其他相关生产服务性收入 251 475 元，其他相关农事服务性收入 150 000 元。

四、绿色生产机械化技术应用情况

化肥基本分基肥、苗期追肥和中耕培土三个阶段施用，作业机具有甘蔗种植机、培土施肥机、开沟施肥器、施肥机、施肥培土机、培土机等，监测点合作社全生产期平均作业次数 1.875 次，作业面积 8 030.42 亩/次，施用量 68.67 千克/亩次，同比减少 1.67 千克/亩次。广西平均作业次数 1.5 次，作业面积 7 526.67 亩/次，施用量 60 千克/亩次，同比减少 8.33 千克/亩。云南平均作业次数 2 次，作业面积 1 200.50 亩/次，施用量 90 千克/亩次，同比增加 8.75 千克/亩。广东平均作业次数 2.5 次，作业面积 14 098.85 亩/次，施用量 62 千克/亩次，同比减少 2 千克/亩（表 3 - 13）。

表 3 - 13 甘蔗化肥农药施用情况统计

化肥农药	施用环节	作业机具名称	作业次数（次）	作业面积（亩/次）	施用量（千克/亩次）	同比增减（±千克/亩次）	合作社区域
化肥	基肥、苗期追肥、中耕培土	甘蔗种植机、培土施肥机、开沟施肥器、施肥机、施肥培土机、培土机	1.875	8 030.42	68.67	−1.67	全国
化肥	基肥、苗期追肥、中耕培土	甘蔗种植机、培土施肥机、开沟施肥器、施肥机、施肥培土机、培土机	1.5	7 526.67	60.00	−8.33	广西
化肥	基肥、中耕培土	甘蔗种植机、培土施肥机	2	1 200.50	90.00	8.75	云南
化肥	基肥、苗期追肥、中耕培土	甘蔗种植机、培土施肥机、开沟施肥器、施肥机、施肥培土机	2.5	14 098.85	62.00	−2.00	广东
农药（含调节剂）	种植、苗期、中耕除草、中后期防虫	喷药机、背负式喷雾机、自走式喷雾机	2.63	6 609.67	4.12	−0.13	全国
农药（含调节剂）	种植、苗期、中耕除草、中后期防虫	喷药机、背负式喷雾机、自走式喷雾机、甘蔗种植机、植保无人机	3.25	8 360.00	3.64	−0.21	广西
农药（含调节剂）	种植、苗期、中耕除草、中后期防虫	背负式喷雾机、甘蔗种植机、植保无人机	2.50	1 900.00	6.22	0.00	云南
农药（含调节剂）	种植、苗期、中耕除草、中后期防虫	开沟施肥器、封闭喷药机	1.50	7 457.80	2.55	0.00	广东
有机肥	基肥、中耕施肥培土	甘蔗种植机、培土施肥机、开沟施肥器	0.75	3 477.78	116.67	2.22	全国
有机肥	基肥、中耕施肥培土	甘蔗种植机、培土施肥机、开沟施肥器	1.00	5 832.00	80.00	0.00	广西
有机肥	基肥、中耕施肥培土	甘蔗种植机、培土施肥机、开沟施肥器	0.00	0.00	0.00	0.00	云南
有机肥	基肥、中耕施肥培土	甘蔗种植机、培土施肥机、开沟施肥器	1.00	1 070.00	325.00	10.00	广东

农药一般分种植、苗期、中耕除草、中后期防虫四个阶段使用，作业机具为喷药机、背负式喷雾机、自走式喷雾机、甘蔗种植机、植保无人机、开沟施肥器、封闭喷药机。监

测点平均作业次数 2.63 次，作业面积 6 609.97 亩/次，施用量 4.12 千克/亩次，同比减少 0.13 千克/亩次。广西平均作业次数 3.25 次，作业面积 8 360 亩/次，施用量 3.64 千克/亩次，同比减少 0.21 千克/亩次。云南平均作业次数 2.5 次，作业面积 1 900 亩/次，施用量 6.22 千克/亩次，同比增加 0 千克/亩次。广东平均作业次数 1.5 次，作业面积 7 457.80亩/次，施用量 2.55 千克/亩次，同比减少 0 千克/亩次（表 3-13）。

有机肥基本分基肥、中耕施肥、培土三个阶段施用，作业机具有甘蔗种植机、培土施肥机、开沟施肥器等，监测点平均作业次数 0.75 次，作业面积 3 477.78 亩/次，施用量 116.67 千克/亩次，同比增加 2.22 千克/亩次。广西平均作业次数 1 次，作业面积 5 832.00亩/次，施用量 80.00 千克/亩次，同比增加 0 千克/亩。广东平均作业次数 1 次，作业面积 1 070.00 亩/次，施用量 325 千克/亩次，同比增加 10 千克/亩次（表 3-13）。

有 5 个合作社使用农膜，广西使用的为 0.002 厘米和 0.008 厘米的白膜，云南使用的为 0.015 厘米的白膜，广东使用的为 0.001～0.001 5 厘米降解膜。扶绥县渠黎镇雷达现代农业合作社使用铺膜机，南宁市武鸣区惠丰农机专业合作社、勐海县纽荷兰农业机械专业合作社、陇川县润来农机专业合作社为自制铺膜机，广东广垦农机服务有限公司使用甘蔗种植机盖膜。农膜用量 1.3～7.5 千克/亩，平均 3.6 千克/亩，广西农膜用量平均 1.9 千克/亩，云南农膜用量平均 5 千克/亩，广东农膜用量平均 4.2 千克/亩。平均作业面积 3 843.75 亩，广西平均作业面积 900 亩，云南平均作业面积 960 亩，广东平均作业面积 12 615 亩。残膜回收方式为人工，广西一般在开榨前回收，残膜回收率 100%，云南 4～6 月回收，回收后残膜当废品回收（表 3-14）。

表 3-14　监测作物农膜使用及回收情况统计

农膜种类	农膜规格（膜厚、膜宽）	铺膜机具名称	作业面积（亩）	农膜使用量（千克/亩）	残膜回收方式（机械、人工、其他）	残膜回收机具名称	收膜时间（收获前/后）	回收机作业面积（亩）	残膜回收率（%）	回收后残膜去向	合作社
白膜	厚 0.008 厘米，宽 100 厘米	铺膜机	2 600	1.3	人工	无	开榨前	2 600	100	废品回收	扶绥县渠黎镇雷达现代农业合作社
白膜	厚 0.002 厘米，宽 250 厘米	自制铺膜机	1 000	2.5	人工	无	收获后	1 000	100	废品回收	南宁市武鸣区惠丰农机专业合作社
无						无					柳城县冲脉镇优丰农机专业合作社
无						无					兴宾区凤凰镇福库农机专业合作社
白膜	厚 0.015 厘米，宽 180 厘米	自制铺膜机	1 800	7.5	人工	无	5～6 月	无	无	废品回收	勐海县纽荷兰农业机械专业合作社

甘蔗农机农艺融合

（续）

农膜种类	农膜规格（膜厚、膜宽）	铺膜机具名称	作业面积（亩）	农膜使用量（千克/亩）	残膜回收方式（机械、人工、其他）	残膜回收机具名称	收膜时间（收获前/后）	回收机作业面积（亩）	残膜回收率（%）	回收后残膜去向	合作社
白膜	厚0.015厘米，宽60厘米	自制铺膜机	120	2.5	人工	无	4~5月	0	0	废品回收	陇川县润来农机专业合作社
无						无					遂溪县好帮手农业机械专业合作社
降解	厚0.001~0.0015厘米，宽70厘米或40厘米	甘蔗种植机	25 230	4.2	无	无	无	0	0	无	广东广垦农机服务有限公司

五、农机社会化服务能力情况

8个合作社平均注册资金为337.5万元，最高的合作社注册资金是1 500万元。合作社平均40.5人，平均年龄是36.125岁，高中以上学历的有22.125人，占比54.63%；大学本科以上学历的有3.25人，占比8.02%。接受过省级以上有关部门3天以上技术培训的合作社人员平均每年为23人次。合作社办公区域面积平均353.75米²，机库棚面积13 481.125米²，维修车间或维修场地面积293米²。合作社平均种植甘蔗17 157.5亩，有3 346.875亩地是自主经营的，约占19.5%；流转经营土地3 293.75亩，占19.2%；平均跨2.625个县对外开展作业服务，跨17.875个乡对外开展作业服务，跨120.375个村对外开展作业服务（表3-15）。

表3-15 农机社会化服务能力情况

项目	平均	广西	云南	广东
注册资金（万元）	337.5	224.5	101	800
合作社人员（人）	40.5	14	7.5	126.5
平均年龄（岁）	36.125	35.5	31.5	42
高中以上学历（人）	22.125	14	3	57.5
本科以上学历（人）	3.25	1.25	1.5	9
技术培训（人次）	22.625	6.25	0.5	77.5
办公区域面积（米²）	353.75	280	230	625
机库棚面积（米²）	13 481.125	1 600	1 136	49 588.5
维修场地面积（米²）	293	295	118	464
甘蔗种植面积（亩）	17 157.5	12 937.5	255	42 500

（续）

项目	平均	广西	云南	广东
自主经营面积（亩）	3 346.875	6 512.5	212.5	150
流转土地（亩）	3 293.75	5 675	825	1 000
跨县对外开展作业服务（个）	2.625	2.25	3	3
跨乡对外开展作业服务（个）	17.875	9.5	7	45.5
跨村对外开展作业服务（个）	120.375	26.75	22.5	405.5

广西 4 个合作社平均注册资金是 224.5 万元，合作社平均 14 人，平均年龄是 35.5 岁，高中以上学历的有 14 人，大学本科以上学历的有 1.25 人，接受过省级以上有关部门 3 天以上技术培训的合作社人员平均每年有 6.25 人次；合作社办公区域面积平均 280 米^2，机库棚面积 1 600 米^2，维修车间或维修场地面积 295 米^2；合作社平均种植甘蔗 12 937.5 亩，有 6 512.5 亩地是自主经营的，一共流转 5 675 亩土地；跨 2.25 个县对外开展作业服务，跨 9.5 个乡对外开展作业服务，跨 26.75 个村对外开展作业服务。云南 2 个合作社平均注册资金是 101 万元，合作社平均 7.5 人，平均年龄是 31.5 岁，高中以上学历的有 3 人，大学本科以上学历的有 1.5 人，接受过省级以上有关部门 3 天以上技术培训的合作人员平均每年有 0.5 人次；合作社办公区域面积平均 230 米^2，机库棚面积约 1 136 米^2，维修车间或维修场地面积约 118 米^2；合作社平均种植甘蔗 255 亩，有 212.5 亩地是自主经营的，一共流转 825 亩土地；跨 3 个县对外开展作业服务，跨 7 个乡对外开展作业服务，跨 22.5 个村对外开展作业服务。广东 2 个合作社平均注册资金是 800 万元，合作社平均 126.5 人，平均年龄是 42 岁，高中以上学历的有 57.5 人，大学本科以上学历的有 9 人，接受过省级以上有关部门 3 天以上技术培训的合作社人员平均每年有 77.5 人次；合作社办公区域面积平均 625 米^2，机库棚面积约 49 588.5 米^2，维修车间或维修场地面积约 464 米^2；合作社平均种植甘蔗 42 500 亩，有 150 亩地是自主经营的，一共流转 1 000 亩土地；跨 3 个县对外开展作业服务，跨 45.5 个乡对外开展作业服务，跨 405.5 个村对外开展作业服务（表 3-15）。

六、农机化与信息化融合情况

各监测点社均有 10 台拖拉机装有远程监控设备，其中一半左右的合作社拖拉机装有远程监控设备。社均 10 部机具装有远程监控设备，3 个合作社机具装有远程监控设备。社均 4 台拖拉机装有北斗卫星导航定位系统，5 个合作社拖拉机装有北斗卫星导航定位系统。9 部机具装有北斗卫星导航定位系统。仅一个合作社的 6 台拖拉机和 49 部机具借助政府信息平台管理。仅一个合作社的 7 台拖拉机和 23 部机具借助企业信息平台管理。分省份看，云南仅少量机具装有北斗卫星导航定位系统，广东、云南两省的合作社借助政府信息平台管理的拖拉机、机具及借助企业信息平台管理的拖拉机、机具数量均为 0。

七、农机购置补贴政策落实情况

近两年购置的农机具中 8 个合作社累计购置 9 台甘蔗收割机，平均 153 万元/台，国补资金 38.57 万元/台，省补资金 15.71 万元/台。购置 6 台植保无人机，平均 6.55 万元/台，国补资金 2.65 万元/台，无省补资金。累计购置 8 台轮式拖拉机，平均 17.90 万元/台，国补资金 14.02 万元/台，无省补资金。轮式拖拉机均为广东广垦农机服务有限公司购置。其他购置的农机具还有中耕培土机、种植机、重耙、追肥机、甘蔗田间搬运机、甘蔗种植机、割草机、旱地旋耕机、铧式犁、秸秆粉碎机、农机导航自动导航系统、喷杆喷雾机、深松机、田间运输卡车等。

2020 年购置的农机具中 8 个合作社累计购置 3 台甘蔗收割机，平均 111.67 万元/台，国补资金 40 万元/台，省补资金 25 万元/台。8 个合作社累计购置 11 台甘蔗种植机，平均 3.93 万元/台，国补资金 0.62 万元/台，省补资金 0 万元/台。其他购置的农机还有轮式拖拉机、培土机、旋耕机、蔗叶粉碎回田机、植保无人机、自走式植保喷雾机。

未来三年计划购置的农机具有甘蔗收割机 7 台，平均 152 万元/台，国补资金 35 万元/台，省补资金 20.83 万元/台。甘蔗种植机 4 台，平均 5.75 万元/台，国补资金 0.85 万元/台，无省补资金。轮式拖拉机 10 台，平均 35.46 万元/台，国补资金 6.8 万元/台。其他拟购置的农机还有培土机、田间捡石机、田间运输卡车、蔗叶粉碎回田机、整秆式甘蔗收割机、植保无人机。

总体看，仅广西双高农机生产的 2CZD－2A 型和 2CZD－1A 型甘蔗种植机，广西双高农机生产的 1EZK－3.3 米耙幅重耙未上国家目录，柳城红科农业机械有限公司生产的红科 3WP－1200Z 自走式植保喷雾机、约翰迪尔生产的 GPS 导航机、广西柳工农业机械股份有限公司生产的 S813T 甘蔗收割机、雷沃重工股份有限公司生产的雷沃 M404 轮式拖拉机、上海华测导航技术股份有限公司生产的领航员 NX100 农机导航自动导航系统和广西猎神科技有限公司生产的大疆 MG－IS 植保无人机没有农机补贴。其他大部分购置的农机享受国补资金，广西部分合作社购置的农机享受省补资金，广东、云南合作社购置的农机均没有享受省补资金。

八、主要结论与建议

（一）主要结论

1. 甘蔗生产机械化发展不平衡，区域性特点突出　三省份监测点的装备拥有数量、水平、机具配套比差异显著，广东总体农机化发展水平较高，各类机械数量远超广西、云南。云南总体水平有待加快提升，主要是因为丘陵山区土地宜机化、规模化条件不足，机械化发展观念和技术理念还有待转变，目前仍处于全程机械化的试验和小规模示范阶段。广西甘蔗生产流转土地面积有所扩大，对农机作业服务需求随之增加，驱动合作社购机意向趋于大功率、高效率、联合作业机具。

2. 农机社会化服务能力和经营方式省份间有所不同　分省份来看，广东监测点的作业规模和服务能力最强，平均作业规模达到 42 500 亩，能跨 406 个村对外开展作业服务，广西、云南分别跨 26.75 个村和 22.5 个村对外开展作业服务。广西监测点流转经营作业面积占比达到 50.34%，自主经营、流转土地经营规模平均分别达到 6 512.5 亩和 5 675 亩。但目前还存在机具"喂不饱"的情况，监测点甘蔗机械化生产作业能力还有待充分发挥。

3. 甘蔗种植和收获环节是重点发展方向　甘蔗生产机械化对甘蔗产业发展具有重要作用。从本次调查涉及的 8 个县来看，总体机种、机收水平偏低，机种、机收率分别仅 30.13% 和 5.02%。生产上对甘蔗收获机和甘蔗种植机需求较大，目前已有政策支持，购机补贴政策对甘蔗生产机具装备落实较好。

（二）主要建议

1. 聚焦关键环节，提高机具作业效率　建议蔗区各级农业农村部门加大力度支持甘蔗收获机具推广应用，通过作业补贴、示范推广等引导农户购机用机，充分发挥机具作业服务能力，降低生产成本。将宜机化作为农田基本建设的重要指标，推动农田规模化、宜机化建设同农机专业合作社的建设协同发展，共同提升。

2. 攻关短板机型，机艺融合，支撑甘蔗全程机械化提档升级　建议科研院所和农机企业协同发力，瞄准我国甘蔗生产机械化需求，持续改进优化现有国产中型切段式收获机，加快研发适于我国丘陵山区甘蔗生产的小型高效低损收获机和高效甘蔗整秆收获机，为甘蔗生产机械化发展提供装备支撑。

3. 探索全程机械化生产模式，推进甘蔗全程机械化发展　建议蔗区由制糖企业牵头，会同农机社会化服务组织、甘蔗种植户共同探索形成甘蔗生产全程机械化技术模式，打造以机械化生产为核心的制糖产业链条，进一步降低糖料生产成本，提高生产效率，增加全产业链各环节收益，推动甘蔗产业转型升级发展。

第四章
甘蔗生产机械化配套的农艺技术体系

一、机械化蔗园的选址

机械化蔗园宜选建在地势平缓（坡度<10°为宜）、土壤肥力中上、水利资源条件良好、交通便利的蔗区。这有利于创造良好的全程机械化作业条件，尤其是发挥大功率、高效率、大型机械的作业效率，提高作业质量和实施标准化生产；有利于农田基础设施的建设，如排灌设施，管理、控制、维修、仓储用库房，农用物资、物料预处理及运输、装卸、周转场地，通信、卫星遥感地面基站及植保飞防等设施的配套建设；有利于土地生产力和作物生产力的协同提升；有利于提高原料蔗砍收、运输和入榨的效率，保证原料蔗新鲜入榨，提高制糖效率，促进甘蔗种植系统、加工系统和农机作业服务系统的效率与效益的协同提升。

当前，基于土地流转、规模化机械化经营的蔗园土地整治，应以连片化、机具作业无障碍、连续作业效率高为原则进行土地整治，重点要清除田间沟坎、树桩、线杆、石块、田埂等障碍物，科学合理地规划农机库房、物资库房、管理库房、堆场等，以及场地与周边乡村通路、物流通路和田间工作道的布局。田间道路宽应≥4米，并应最大程度地减小路面与田面高差，以高差≤5厘米为宜。沟渠等农田基础建设须充分考虑农机具下田、转弯掉头和物料装卸的充足空间和作业便利。在连续作业地块的规划方面，应以甘蔗产量目标为基础，机收类型与装载方式为主要依据，参考甘蔗种植机、中耕管理、植保等机械的最高物料用量来合理确定单位地块的行长，尽量避免作业过程中因物料耗尽而停机或需多次装卸，为充分发挥机械化作业效率奠定良好的基础。大规模的机械化蔗园一般要求连片连续作业面积≥200亩，单位地块长度≥200米，宽度≥25米。

有条件的机械化蔗园在土地整治规划过程中可采用卫星测量系统进行辅助设计，结合机具类型配置情况和田间管理技术标准，最大程度地提高土地利用效率和机械作业效率。笔者对卫星测量系统辅助设计和卫星导航作业控制的应用研究结果显示，传统经验型的开行作业实际完成的种植数量比理论测算值少9.4%～12.1%；而利用卫星测量系统辅助设计和卫星导航作业的实际完成种植数量与理论测算值的偏差仅为0.1%。

二、蔗园规划和产量水平对机械化收获的影响

（一）蔗园行长规划和甘蔗产量水平对机收有效作业时间的影响

笔者研究分析了蔗园行长规划和甘蔗产量水平对机收有效作业时间的影响，考察机收

作业行长与蔗茎单产分别为 260 米（4.2～6.7 吨/亩）、520 米（4.4～6.5 吨/亩）和 780 米（4.6～5.9 吨/亩）共 20 个处理，在行距 1.5 米，未采用田间转装，单车次装载量 9.5 吨，收割机行走速度 4.0 千米/时，发动机转速 1 800 转/分钟下的有效收割时间占总工作时间的比重。结果显示，作业行长为 260 米、520 米和 780 米的地块平均有效收割时间占比分别为 60.8％、77.8％和 89.5％，行长与机收有效作业时间呈显著正相关；而随着行长的增加，甘蔗单产水平对有效收割时间占比的正效应越加显著，行长 260 米、520 米和 780 米的地块蔗茎亩产每增 1 吨，有效收割时间占比分别提高（绝对值）2.7％、5.6％与 21.9％；在本试验装载方式下，行长 260 米和 520 米的地块分别在蔗茎单产 5.2 吨/亩和 4.6 吨/亩时达到最高有效收割时间占比，分别为 65.7％和 82.4％，高于上述单产水平时，产量效应不显著，反映出合理配置机收装载量的重要性，表明规模化高产蔗园应用联合收割机—田间转运车—公路运输车的机收系统是作业经济性的必然选择。

（二）蔗园行长规划和甘蔗产量水平对机收效率的影响

笔者对蔗园行长规划和甘蔗产量水平对机收效率的影响研究显示，行长为 260 米（5.5 吨/亩）、520 米（5.4 吨/亩）和 780 米（5.2 吨/亩）的地块平均机收效率分别为 31.5 吨/时、38.5 吨/时和 40.7 吨/时，延长作业行长的连续地块作业方式对机收效率的提升效果显著，体现出机械化蔗园土地整治、田块设计以及生产规划中种植制度、品种类型和标准化耕作的重要性；随着行长的增加，甘蔗单产水平对机收效率的正效应愈加显著，作业行长 260 米、520 米和 780 米的地块蔗茎亩产每增 1 吨，机收效率可分别提高 7.6 吨/时、10.1 吨/时和 18.2 吨/时，实现种植者和机收服务者的利益共赢。规模越大、作业行长越长的地块，以行长 780 米为例，亩产每增 1 吨，按 2014/2015 生产期原料蔗价格，种植者亩增产值 400 元，若机收服务费以 90 元/吨计，机收服务者每天作业 10 小时，平均每亩可增加机收服务费 558 元。

（三）气候因素对机械化收获的影响

机收服务者的购机投资回收期是我国甘蔗机械化收获能否顺利推进的根本要素。笔者综合分析了国际主流甘蔗联合收割机应用和市场发展动态，在假设蔗区土地资源条件和制糖加工机制均基本完备的前提下，以 4GQ - 350 甘蔗联合收割机享受农机购置补贴 30％，作业利润率 20％（含银行利息、折旧等），日作业时间 16 小时，额定收割效率发挥 80％的理想状态估算，单机投资回收期 148 天。笔者团队的研究显示，地处广西来宾蔗区的试验农场 2013/2014 生产期从 10 月 26 日至翌年 4 月末，降雨天数 85 天，适合机械化作业天数仅 65 天，占全生产期（181 天）的 36％；11 月至翌年 1 月适合机械化作业天数 55 天，占比 60％，2～4 月适合机械化作业天数仅 10 天，占比 11％。这样的雨量分布特征就要求当地机械化蔗园通过改良种植制度，争取提早开榨，同时也对选用品种的早熟高糖和后期糖分转化特性提出了针对性要求。

第二节　植蔗地的耕整

植蔗地的耕整一般包括耙茬、深松、翻耕、碎土耙平等环节，还常常结合进行除草、改良土壤等技术措施，常用拖拉机牵引圆盘耙、深松铲、铧式犁、旋耕机、喷药机、物料播撒机等机具进行作业。

一、植蔗苗床耕层土壤的技术要求

良好的植蔗苗床是甘蔗强生势、高产量、强宿根、节本高效管理和持续维护地力的重要载体和物质基础，蔗地用养结合、土壤监测改良和精细整地构成了发达产蔗国家最为重视的基础性耕作技术体系。良好的植蔗苗床耕层土壤条件可归纳为"深、松、碎、平、肥"五个字。

深厚的机械作业耕层有利于增加土壤有效的水分和养分"库容"，保持良好稳定的墒情，促进温、水、肥效应的良好耦合；有利于甘蔗扎根抗倒和宿根蔗的萌芽及生长；并通过土体生态环境和条件的改变控制害虫、杂草的危害，如破坏害虫卵、幼虫的越冬环境，降低虫口基数，通过深埋杂草种子抑制其出苗等。有研究表明，常见的杂草 90% 都萌生于 0~2 厘米的土层，而埋深在 6 厘米土层以下的杂草种子则多无法出苗；不同类型的杂草种子生活力受翻埋深度的影响也有所不同，如双子叶杂草的种子埋深超过 2 厘米则不易出苗，而某些单子叶杂草种子埋深至 8 厘米仍可有少量出苗，这就要求应根据蔗园杂草的类型和特点制定相应的耕作和化学防除策略。

疏松的耕层有益于土壤的通气与熟化，促进土壤团粒结构的形成，促进有益微生物的增殖、有机质的分解和肥效的释放及利用。赖于土壤通气状况的土壤微生物推动着土壤的物质转化和能量流动，反映了土壤物质代谢的旺盛程度，在有机质矿化、腐殖质形成和分解、营养元素转化过程中起着不可替代的作用，而细菌恰是土壤微生物群体中数量最大、类群最为丰富的重要指标。笔者对不同土壤容重下甘蔗根际土壤微生物数量变化的研究分析结果显示，从甘蔗苗期至分蘖期，甘蔗根际土壤的细菌总数随着甘蔗的生长呈增长的趋势，土壤容重为 1.1 克/厘米^3 的疏松土壤中增长最快，增幅达 50.9%；而容重为 1.3 克/厘米^3 时甘蔗根际土壤细菌总数增幅仅为 28.0%。疏松的耕层还有利于改善土壤的保温性能，研究显示，机械化深松后初期可提高苗床土温 1℃ 左右，以后逐渐减少，增温时间可持续 70~80 天。在我国冬植蔗和早春植蔗地区，创建疏松的苗床耕层，结合热性有机肥或晴天覆膜技术的实施，是提高甘蔗萌芽出苗率的有益的耕作技术措施。

植蔗苗床耕层土壤细碎，紧实度减小，孔隙度增加，同样有利于土壤的保温，同时还增加了种茎与土壤的接触面积，有利于保护种茎、种芽；甘蔗生根后，根毛与土壤的充分接触，可促进其对水分、养分的吸收；松、碎的土壤耕层特性还有利于保证机械的顺畅运行和作业质量。植蔗苗床土面平整可避免田间局部受旱或积涝，有利于新植、宿根蔗苗整齐生长，便于集中实施大规模田间管理和进行标准化作业，保证了机械作业的农时和作业质量。

有研究显示，平均每收获 1 吨甘蔗要从蔗地中带走的养分为：N 1.50~2.16 千克，P_2O_5 0.45~0.51 千克，K_2O 1.98~2.71 千克，S 0.45~1.35 千克，MgO 0.35~1.05 千克，Zn 0.01~0.02 千克，B 0.005~0.010 千克。根据甘蔗品种的产量构成特征、养分响

应特征、土壤固有的肥力水平和植蔗期气候条件，可以科学地评估蔗地改良、增肥的必要性、可行性及相关措施，制定出全生育期的营养管理策略。

二、植蔗地的机械化深松

(一) 机械化深松的作用和意义

机械化深松是一种作业深度超过常规的耕层厚度，不翻转和打乱土壤上下层次的耕作方式。深松作业一般要求穿透犁底层，而不破坏心土层，目的在于逐渐增厚耕层，提升土壤的水肥协调能力，促进土壤熟化。

有研究显示，深松作业可显著降低土壤紧实度 $3\sim4$ 牛/厘米^2。笔者的研究也表明，从甘蔗苗期至伸长后期，经机械化深松的蔗垄土壤紧实度比未深松的处理可降低 $17.6\%\sim36.5\%$；机械化深松与种植行距的互作效应研究显示，在 140 厘米与 160 厘米两种种植行距下，深松处理的各土层土壤紧实度均小于未深松处理，并以 $10\sim20$ 厘米土层的改善最为显著，该土层也是甘蔗地下芽密集萌生和根系支持抗倒、营养吸收的主要功能区，可见机械化深松对甘蔗高产、强宿根、抗倒伏具有重要作用。深松后的土壤紧实度显示出与种植行距的显著负相关，140 厘米与 160 厘米两种种植行距下深松后的土壤紧实度比未深松处理分别下降 28.3% 和 34.4%，表明缺乏大型机械实施高质量作业的蔗园更具深松的必要性和迫切性。

有研究表明，机械化深松可增加土壤微团聚体（直径 <0.25 毫米的团聚状土壤颗粒）数量 10% 以上，改善土壤的多孔性和水稳性，从而促进了土壤中的固相、液相和气相的协调状态。土壤团聚体间的通气孔隙可以通气透水，在降雨或灌溉时，大量水分可通过通气孔隙渗入土层，减少了地表径流和水土流失，团聚体内的毛管孔隙可吸持并保存水分，团聚体便形同一个个"小水库"，而过饱和的水分在重力作用下，则通过团聚体间的孔隙往深土层下渗。干旱季节时，土壤表层的团聚体会因失水而收缩，阻断上下土层毛管的联通，减少土壤水分的蒸发散失。有研究显示，深松处理比未经深松处理的土壤绝对含水量可提高 $1.37\%\sim4\%$。笔者通过研究机械化深松对蔗垄不同深度土层三相容积率的影响，结果反映出机械化深松对 $0\sim30$ 厘米土层的三相容积率产生了显著的改善效应，但 $0\sim10$ 厘米土层的固相、液相容积率仍可通过外施物料改良、进一步增加团聚体数量来加以改善。

土壤团聚体内部的毛管孔隙持水多而空气少，既可以保存随水进入团聚体的水溶性养分，又适宜于嫌气性微生物的活动。有机质分解缓慢，有利于腐殖质的形成，有利于养分的积累，起到保肥的作用。而团聚体间的通气孔隙中空气充足，适宜于好气性微生物的活动，有机质分解快，产生的速效养分多，供肥性能就好。有研究显示，深松处理比未经深松处理的土壤有机质含量可提高 0.3%（绝对值）。

此外，深松还有利于减少土壤中致病菌的积累。研究显示，间隔 5 年进行深松的土壤中致病菌含量比间隔 10 年进行深松的处理低 4.94%，非致病菌含量高 11.95%。

机械化深松对甘蔗生长的影响研究显示，深松处理比不深松处理的甘蔗根数、根长和根重分别增加了33.6%、44.7%和40.8%；分蘖率提高35%～45%；伸长初期株高增加7.4～23.4厘米；对甘蔗成熟期株高、有效茎数、产量和糖分均有显著正效应，在大型、大功率、大行距机械化作业条件下是保障单位面积有效茎数的必要技术措施。

（二）机械化深松作业的技术要求

机械化深松一般采用标定功率在103千瓦以上的拖拉机悬挂3～4齿深松铲进行耕深45厘米以上的作业。进行机械化深松的蔗地一般要求土层厚度在55厘米以上，全耕层平均土壤坚实度不大于1.2兆帕，平均绝对含水率为15%～30%的黏土或壤土类型。深松作业前应对田间可妨碍作业的明显的垄、沟、蔗叶、根茬等进行处理，该作业环节称为耙茬。耙茬作业可根据蔗园规模大小采用拖拉机牵引中、重型耙或旋耕机，可结合蔗叶粉碎还田进行，旨在松碎、平整土壤，破碎根茬、蔗叶等残留障碍物，为后续的深松创造良好的作业条件。耙茬作业时应做到不拖堆，作业后无明显垄、沟差别，茬碎土匀，随后即可进行深松作业。

机械化深松按照作业面的覆盖情况可分为局部深松和全方位深松。局部深松一般选用单柱式深松机具进行作业，多应用于熟地、土壤结构、有机质和养分条件相对较好的地块和新植、宿根甘蔗中耕、破垄时的行间深松。提高蓄水能力是局部深松作业的主要目的和显著特点。经局部深松作业后，耕层内土壤呈疏松带与紧实带相间并存的状态，形成虚实交互的耕层结构，虚部在降雨或灌溉时可使水分迅速下渗，实部土壤毛细管则保证水分上升，满足甘蔗生长的需要。局部深松在调节耕层土壤水、肥、气、热状况等方面具有良好的效果，与全方位深松相比，能耗节省，是蔗地机械化耕作中最常用的深松方式。全方位深松一般选用全方位深松机具进行作业，常应用于多年未进行深松的宿根翻蔸蔗地和久荒复垦土地，其主要目的在于纵深而均匀地全方位疏松土层。全方位深松机具的结构组成一般包括梯形框架式深松部件、悬挂架、横梁、支撑杆及限深轮，其深松部件可分为左斜侧刀、右斜侧刀和水平刀三部分，机具结构较单柱式深松机具更显复杂，能耗也更高些。全方位深松每行程作业的幅宽应有10厘米左右的重叠量，以避免漏耕。深松后的质量抽查应达到作业深度的相对误差<10%，作业深度稳定性≥80%的技术要求。

机械化深松作业按照牵引动力的行走方式又可分为轮式机组作业和履带式机组作业。轮式作业机组应在不大于20%的坡度条件下作业，而履带式作业机组应在不大于30%的坡度条件下作业。在确保人机安全和生产全程机械化作业效率和效果，以及防止水土流失的前提下，坡度较大的蔗地深松作业路径应尽量沿等高线进行。

机械化深松作业的间隔年限、作业方法和深度应视蔗地的地形地貌、土层结构、土壤特性、气候条件和前作情况因地制宜而定。缓坡上部、土层浅薄、有机质缺乏、偏沙质地均不宜频繁深松，可适当减小深松作业深度，并应避免横向、纵向交叉和密集深松，甘蔗坡耕地应避免在连续强降雨之前进行深松，以免加剧水土流失；地势平缓、土层深厚的抛荒地，土壤黏性较大的土地及低洼地宜适当增加作业深度，可进行横向、纵向交叉深松；新植甘蔗前深松可轮次间隔采用单向深松和横向、纵向交叉深松的方式进行。

（三）蔗地深松技术规范

1. 技术定义　蔗地深松技术是指使用大型拖拉机配套深松机，进行深松不翻土、深松深度大于 40 厘米的耕作技术。

2. 作用与效果

（1）通过深松机具对犁底层下深层土壤的剪切、挤压、拉伸及振动等多种力的综合作用，达到疏松土壤的目的。

（2）增加雨水入渗能力，消除土壤压实，改善土壤结构，提高蓄水保墒能力。

（3）深松土壤，不打乱原有耕作层，使地表继续保持覆盖，减少径流，减少土壤水分蒸发，促进养分合理转化，为甘蔗提供良好的生长条件，实现甘蔗高产稳产。

3. 技术规范

（1）技术路线。

①荒地、宿根翻蔸蔗地：全方位深松→碎土整地。

②宿根蔗地：破垄→间隔深松。

（2）技术要求。

①深松深度 40 厘米以上，须打破蔗地的板结层（犁底层）。

②深松深度、深松间距保持均匀一致，深松后的土层要达到深、松、碎、平。

③荒地和宿根翻蔸蔗地采用全方位深松作业，宿根蔗地采用间隔深松作业。

（3）技术措施。

①适耕条件。土壤含水率 15%～25%（用手握紧耕翻土壤能成团），最大作业坡度小于 15°，蔗地无过大的石头、大树桩等坚硬的异物。

②机具的选择。深松作业是负重荷作业，目前适用于主蔗区的深松机具根据其结构主要有两种类型：一种是凿形铲式深松机，另一种是带翼铲柱式深松机。可根据土质情况选择使用。

③掌握深松时机。在土壤湿度过小的情况下作业，会使工作阻力增大，容易导致机件损坏；湿度过大，则易搅起泥条，影响碎土质量和土壤性状。

④深松前进行土层测定，深松深度不小于 40 厘米，保证打破蔗地的板结层（犁底层），以利于提高土壤蓄水保墒能力。

⑤深松作业应保持匀速直线行驶，使深松间隔距离保持一致。

4. 作业机具　深松机具从类型上分为单机和联合作业机，从作业方式上分为全方位深松机和间隔深松机，按结构可分为凿式深松、翼铲式深松、振动深松、鹅掌式深松等。目前，南方蔗区使用的深松机有凿形铲式深松机和带翼铲柱式深松机两大类。

（1）凿形铲式深松机。结构特点：松土铲为凿形铲，实际上是一矩形断面铲柄的延长，其下部按一定的半径弯曲，铲尖呈凿形。利用铲尖对土壤作用过程中产生的扇形松土区来保证松土的宽度，对土壤耕层的搅动较少，深度可达到 40 厘米以上，不翻动土层。具有松土后地表起伏不明显、土壤疏松适度、耕后沟底形成暗沟等特点。根据作业需要，深松深度可调节。

（2）带翼铲柱式深松机。带翼铲柱式深松机具有一个高强度的铲柄，在铲柄两侧各安装有略向上翘且固定的翼铲，能够实现底层间隔疏松，表层全面疏松。作业时，表层20厘米之内全面疏松，松土质量较好，作业后地表平整。

5. 注意事项

（1）使用前，应仔细检查各运行部位的紧固件是否松动，焊接件有否脱焊，注意检查发动机的机油、燃油、冷却水等是否符合要求。

（2）作业中地头转弯时，必须将机具提升离开地面；机具未提升离开地面，拖拉机禁止后退。

（3）机具转移时，尽可能把犁提升到最高位置，并把限位链锁紧，以防犁左右摆动。

（4）动力和农具配套要合理，以保证耕层土壤适宜的深度和创造合理的耕层构造。

（5）耕层浅的土地，应逐年加深耕层，尽可能避免将过多的深层生土翻入耕层。

（6）作业时应随时检查作业情况，发现机具有堵塞应及时清理。

（7）深松入土与出土时应缓慢进行，不可强行作业，以免损害机器。

（8）深耕、深松周期一般 2～3 年一次。沙质土不宜深耕、深松。

三、植蔗地的机械化翻耕

机械化翻耕是碎土耙平、构建植蔗苗床的必要前提。通过逐年增加犁底层的耕翻深度，土体上下层次的翻转、翻晒，促进土体的水分和热量交换，有利于提高土壤的熟化程度和宜耕性，并兼具覆草灭虫的效果。在当季不需进行机械化深松的地块，翻耕前也应对田间可妨碍作业的明显的垄、沟、蔗叶、根茬等进行处理，即前述的耙茬环节，耙茬的作业方式、目的和技术要求不再赘述。机械化翻耕的蔗地一般要求土层厚度在 45 厘米以上，全耕层平均土壤坚实度不大于 1.2 兆帕，平均绝对含水率为 15%～30% 的黏土或壤土类型。

机械化翻耕作业按照牵引动力的行走方式亦可分为轮式机组作业和履带式机组作业两种类型。同机械化深松作业一样，轮式作业机组应在不大于 20% 的坡度条件下作业，而履带式作业机组应在不大于 30% 的坡度条件下作业。在确保人机安全和生产全程机械化作业效率和效果，以及防止水土流失的前提下，坡度较大的蔗地翻耕作业路径也应尽量沿等高线进行。

在较大规模的蔗园进行机械化翻耕时一般宜采用标定功率在 103 千瓦以上的拖拉机悬挂 3～4 铧犁进行耕深在 35 厘米以上的耕作作业。机械化翻耕作业最常用的铧式犁，其主犁体一般由犁铧、犁壁、犁侧板、犁托和犁柱等构成。犁壁和犁铧组成的犁体曲面因设计用途和特点的不同，翻耕土壤时可产生不同的土垡运动状态，主要有滚垡型、窜垡型和滚窜垡型三大类。其中滚垡型根据其翻土和碎土作用的不同又可分为碎土型、通用型和翻土型。

一般传统铧式犁的犁壁是固定的，多只能向右侧翻土，因此翻耕作业方式便有内翻法、外翻法和套耕法之说。内翻法通常是先由作业区的中线左边开始，按顺时针方向行走作业，由中间向两边翻耕，最后在中央留下犁垄，两边留下犁沟；而外翻法是由作业区的右边开犁，按逆时针方向行走作业，由外向内翻耕，最后在中央留下犁沟，两边留下犁垄；套耕法则是交替使用内、外翻法进行作业，从而减少垄沟数，提高田间土壤状态的均匀度。随着翻转犁的应用，翻耕作业效率和作业质量均得到良好的提升。无论采用什么方式，机械化翻耕每行程作业的幅宽也应有 10 厘米左右的重叠量，以避免漏耕。

机械化翻耕的作业深度也应视地形地貌、土层结构、土壤特性、气候条件、前作情况和机具装备水平而定。坡耕地上部、土层浅薄、有机质缺乏、地力贫瘠、土壤偏沙质或黏性较大、久荒板结、排水不良的常年积涝地块均不宜过度深翻。在土壤结构、营养特性与前作长势良好，机具装备与作业质量优良的机械化蔗园，本着能效节约的原则，翻耕可替代部分轮次的深松作业，建议此类型的新植蔗地轮次进行深松、翻耕、整地的技术路线如下：

交叉深松＋翻耕＋碎土耙平→翻耕＋碎土耙平→单向深松＋翻耕＋碎土耙平→翻耕＋碎土耙平→交叉深松＋翻耕＋碎土耙平……

尽管如此，在大多数情况下，机械化翻耕作业即便能达到一定的作业深度，仍难以达到和维持机械化深松作业的目的和效果。笔者通过对翻耕与深松作业效果的比较研究表明，不同的翻耕深度处理对耕层土壤的容重和固、液、气三相容积率的改善效果未见处理间的显著差异，翻耕作业对降低耕层土壤紧实度的影响显著不及深松作业的效果，且随着翻耕作业深度的增加，常常出现下层湿土被翻到土面而加速水分散失的不利影响，而机械化深松恰恰在蓄积土壤水分方面具有不可替代的优势。研究还显示，随着机械化翻耕深度的增加，0～30 厘米土层的土壤毛管孔隙度趋于下降，通气孔隙度有所增加，但与深松作业相比，翻耕作业造成 0～20 厘米土层过于疏松，充实度不足，土壤水分的散失现象较为突出，所以应及时进行后续的碎土耙平作业。从改善土壤的机械化宜耕性角度来看，随着翻耕深度的增加，土壤的机械化适耕性有所提高，但翻耕对 20 厘米以下土层的机械化适耕性改善效果显著不及深松作业。

四、植蔗苗床的机械化碎土耙平

一般在完成机械化翻耕后宜早、适墒采用拖拉机配套圆盘耙或旋耕机进行碎土耙平。作为植蔗苗床整备的最后一道作业工序，应达到作业后全耕层松、碎、匀、平的技术要求，故多采用横向、纵向共两次交叉的碎土耙平作业。根据甘蔗沟植和多年宿根季生产、抗倒伏的特点和要求，一般要求碎土耙平时的作业耕深在 25 厘米以上，作业深度相对误差应＜10％，作业深度稳定性≥80％，碎土率≥55％，耙茬率≥80％，无漏耙现象。在发达国家和装备、技术水平高的机械化蔗园，常在完成碎土耙平作业后再应用平地机进行更为精准的平地作业，以创建高质量、高标准的植蔗苗床，保证全田水肥供应、甘蔗生长整齐度和后续机械化作业质量的一致性。

在作业面开阔、土壤结构较好、土质较疏松和灌溉用水有保障的蔗园建议采用标定功率在 103 千瓦以上的拖拉机悬挂圆盘耙进行作业，可实现高效率、高质量的碎土耙平。圆盘耙一般以成组的凹面圆盘为工作部件,耙片刃口平面同地面垂直并与机组行进方向有一可调的偏角。耙地作业时在拖拉机牵引力和土壤反作用力的作用下耙片滚动前行,耙片刃口切入土中,切碎土块与残茬,并使土垡沿耙片凹面上升一定高度后翻转下落,形成土壤颗粒松碎、均匀的植蔗苗床。

旋耕目前仍是我国蔗区最常见的碎土耙平作业方式,少数蔗农为减少耕整地作业工序、节约支出,甚至不经深松或翻耕,直接利用旋耕机进行碎土耙平作业后便种植甘蔗。这种作业方式往往土表看似细碎均匀,但作业耕层浅薄,实际耕深多为 10～14 厘米,难以满足甘蔗这一高秆、深根型作物对有效耕层厚度、土壤结构及土壤水分、养分供应能力的需求。尤其在耕层浅薄、土壤结构与地力较差、偏沙质及易形成径流的地块更不宜常年使用旋耕作业,否则极易产生机械滥耕,破坏土壤结构,降低土壤颗粒的黏结性,易造成水土和养分的流失。所以在规模较小、坡度不适宜、装备条件有限、土壤条件不佳的蔗园常年采用旋耕机进行碎土耙平作业时,应持续地结合采取蔗叶还田、增加土壤有机质、外施物料改良土壤等技术措施,增厚耕层,提升地力。

第三节　机械化种植

一、甘蔗种植的生态条件要求

种植是构建甘蔗高产群体的基础性环节,并受土、水、温、光、虫、草以及品种和种植方式等诸多因素的综合影响,是甘蔗生产全过程中对农机农艺融合的技术要求最为复杂的环节。

适宜的温度和水分是甘蔗种芽萌发的重要条件,也是最基本的前提。一般甘蔗种芽萌发以 0～10 厘米土层温度在 18℃以上为宜,不宜低于 13℃,要求 13℃以上的活动积温需达到 200℃左右,20℃以上萌发很快,30～32℃最适宜。蔗种发根的温度要求则略低于萌芽的条件,土温也要求达 10℃以上,以 20～27℃最适。

甘蔗萌芽期需水量较少,但在苗根未长出之前,甘蔗对旱、涝的反应均很敏感,一般出苗要求土壤相对含水量 60%～80%,不应低于 50%。

二、适合机械化种植的甘蔗品种选择

优良品种是实现原料蔗高产优质和高效、节本生产管理的基础。选用机械化适宜品种,不仅要满足传统上的良种评价目标,即高产、高糖、抗逆(病、虫、旱、寒、风、盐、瘠)和强宿根,还须注意适合机械作业的甘蔗形态学特征、理化特性和工农艺性状。对机械化种植而言,种茎的芽体不暴凸,生长带不过分鼓胀,芽体陷入芽沟等性状都是保护蔗芽避免机械损伤的有益性状。对机械化中耕管理来说,特别是应用国际主流的生产全程机械化技术和装备的蔗园,由于种植行距的增宽(蔗垄中心点行距可宽至 185 厘米),在农田生态条件上便可出现甘蔗生长前期(萌芽期、苗期、分蘖初期)单位土地面积的裸露空间增多,土壤蒸散面积增大,土壤水分散失加快。与此同时,杂草对环境的适应能力、滋生面积、种群数量、生长代数及生长量均比甘蔗更具竞争优势，导致杂草危害期延长，危害频次增多，因此机械化种植甘蔗品种在我国主要蔗区旱、寒频发的生态条件下能早生快发、迅速封行抑草和对除草剂钝感，不易产生药害的特点就显得尤为重要。此外，在甘蔗中耕培土作业环节，由于受拖拉机和中耕培土机具的离地间隙所限，一般需在甘蔗株高50厘米以前完成中耕大培土作业，若种植甘蔗品种的分蘖期较晚，田间主茎和分蘖长势差距较大，进行大培土作业时往往会将较小的分蘖覆盖入土中，致其停止生长、自然消亡，造成后期茎蘖数不足，而影响甘蔗收获产量。因此机械化种植的甘蔗品种应具备分蘖早，生势强，主茎和分蘖长势整齐，分蘖成茎率高，蔗梢部坚韧，不易折断损伤的良好性状。而蔗茎纤维含量中高，直立抗倒，易脱叶或叶鞘松、薄，蔗肉组织致密，蔗糖分耐转化能力强则是适合机械化收获，提高作业效率，降低机收夹杂物率和蔗糖损失率的优良性状。将生产特性相近的品种规划集中连片种植有利于提高机械化连续作业的效率和高糖入榨。

三、机械化种植的种茎准备

选用专业苗圃繁殖的健康种茎。采用茎段联合种植机播种的可用联合收割机采收蔗种，根据品种梢部芽情调整切梢器作业高度，调节收割机切段刀砍种长度在25厘米以上，以预砍抽查种芽损伤率≤5％为机械化砍种技术合格标准；与种植机直接接驳的蔗种转装车单厢体要与种植机种箱容量相匹配，以免倾倒蔗种时漏出种箱外；与蔗种装卸平台接驳的蔗种转装车单厢体装载量也不宜过大，以免蔗种堆积挤压过度受损。采用人工喂入式联合种植机播种的，可根据种植机承载量、单位地块行长及下种量，预先将适量蔗种置于田间便于装卸处。避免多次装卸造成种茎的机械损伤。

我国目前的原料蔗生产多为种植户自选自留茎节外观正常的蔗茎作为种茎进行种植。从甘蔗生理生化特征的角度分析，蔗茎不同节位的芽和根萌发情况是存在差异的。甘蔗梢部蔗芽幼嫩，生活力旺盛，蔗茎组织薄壁细胞内的蔗糖含量低、含水量高，营养物质的水解、能量的转化和供应迅速，因此，在同等条件下蔗梢部种芽的萌发一般要快于蔗茎中下部的芽。而从生根情况上看，蔗茎中下部由于生长带组织发育的成熟度以及对环境条件（旱、寒等）的适应性、耐受性要强于嫩梢部，所以发根亦较粗壮。总体上以选择中上部节位的茎段进行种植为宜。

甘蔗生产用种从散户蔗农的自留自用向专业化苗圃统繁统供健康种苗发展是我国提升甘蔗产业技术水平和组织管理水平，实现甘蔗高产、高效、绿色生产的必由之路，也是发达产蔗国家和地区的成功经验。专业化苗圃生产多采用"一年两繁"或"两年三繁"的种植制度，提供的种茎多为"半年蔗"，其蔗芽生活力强、含水量多、积累蔗糖分少，且经环境消毒、区域隔离等专业化管理措施，种茎病害、虫害隐患风险低，质量高，是甘蔗高产基本苗群体构建的最重要的物质基础。

我国主产蔗区现主推应用的甘蔗种植机机型为整秆式甘蔗种植机，采用人工喂入甘蔗全茎，种植机切段播种，同时可兼具开植沟、施肥用药、喷淋消毒、覆土、镇压、覆盖地膜等复式作业功能。针对这种机械化种植模式，宜选用中细茎、节间长度适中的种茎，因为中大茎种苗的单位面积用种量大，田间装载次数增多，机种效率受到影响，装载和喂入种茎的劳动强度加大；而种茎偏长则可能导致株距增大，甚至断垄，影响甘蔗茎蘖数和产量形成，且不易封行抑草，喂入种茎的劳动强度大；而种茎偏短则机械伤芽率略高。针对人工喂入式的整秆甘蔗种植机，笔者曾对8个甘蔗品种的种茎特点、机种效率及出苗效果进行研究，旨在为节约用种，提高机种效率和出苗率，以及专业化苗圃繁殖的技术要求提供参考。

研究分析结果显示（表4-1），中小茎类型的桂糖29、巴西618和云蔗03-194的种植机单次装载量及可播种面积大，单位种植面积的蔗种装载次数少，但因节间较短的原因，在偏低的行走速度下，单位面积的下芽数偏高，造成一定程度的浪费，同时还有较高的机械伤芽率发生。针对该类型品种，在繁殖苗圃内就应注重加强拔节伸长期的田间管理水平，种植时应适当提高机具行走速度，对改善这类品种的种茎质量、种芽利用率、机种效率和出苗效果都是有益的。粤糖60和粤糖55属同系列品种，研究分析表明，要进一步提高这两个品种的机种出苗率关键并不在于种植环节本身，而是繁殖苗圃的生产管理和蔗种砍收技术。这两个品种种茎的健康芽率显著小于其他参试品种，表明它们应是繁殖苗圃防虫治虫的重点关注品种，以提高种茎的健芽率和机种出苗率；与此同时，粤糖60在繁殖苗圃的种植生产过程中可采用密植和促蘖技术，如减小种植株距、加强分蘖期水肥管理，在提高茎蘖数的基础上通过适当控制蔗株生长空间，来控制种茎的增粗生长，有利于后续机种提高作业效率和出苗率；而粤糖55的种茎梢部偏长，嫩芽偏多，对机种作业效率、种茎利用率和出苗率均不利，只要在繁殖苗圃砍收蔗种时适当多砍掉些梢部过嫩芽，都会产生明显的改善效果。福农41和福农39也属于同系列品种，节间长，机种速度快，机械伤芽少，但蔗茎粗大，单位面积用种量大，蔗种装载次数和劳动强度都会有所增加，这两个品种通过在繁殖苗圃内采用密植和促蘖技术均有利于控制和减小茎粗，从而增加机械化种植的单位面积种芽数量，为实现高产奠定基础；福农39还应特别重视其在繁殖苗圃的防虫治虫。通过统计学分析，人工喂入式整秆种植机要求甘蔗种茎除常规的品种生物学、生理学特性外，在形态规格上以茎径中小（2.0～2.5厘米），节间长7.5～9.5厘米，能够较好地发挥机械化种植效率，并达到理想的种植出苗效果。甘蔗种植前，可根据种植机的承载量、单位地块行长及单位面积计划下种量，预先将适量蔗种放置于田间便于装卸处，以提高机械化种植作业效率，并避免多次装卸造成种茎的机械损伤。

我国主产蔗区目前最主要的种植播种方式仍是采用机械化开沟与播种分步进行的。由于农村劳动力数量与劳动能力的锐减，人工成本的快速增长，越来越多的蔗区有赖于人工作业的甘蔗种植环节日益粗放，传统的剥叶、观察选种、浸种等环节日趋消失，双芽种、三芽种逐渐被多芽种甚至全茎下种所取代。在具备灌溉设施、管理水平良好的良种繁殖田，采用单芽或双芽段播种可节约种茎用量，保证分蘖空间，利于发挥分蘖成茎能力，提高种茎繁殖产量。从蔗茎的生理生化状态来看，种茎的茎段长，萌芽生根所需的营养、水分的储备和耐旱能力均更强，尤其在播后久旱和长期低温的情况下有利于维持种茎的生活力,但往往会出现靠近蔗茎两端的种芽先萌发成苗后,合成的生长素对远离蔗茎两端的种芽萌发造成"顶端优势"的抑制作用,从而导致田间苗情不整齐,齐苗所需时间长,壮苗均匀度不佳,对中耕管理作业适期的确定和作业效果会造成一定影响。因此,如果气候生态、劳动力和成本控制条件许可,原料蔗生产播种建议采用2~4芽段为宜。

表4-1 8个甘蔗品种的种茎特点、机种效率及出苗效果

品种	种茎长 (厘米)	种茎粗 (厘米)	单茎重 (千克)	节间长度 (厘米)	健芽率 (%)	过嫩芽率 (%)	吨种 下芽数	行走速度 (千米/时)	出苗率 (%)
福农41	120	2.63	0.78	11.0	93	14	12 927	2.0	52.9
桂糖29	86	2.13	0.34	7.5	86	24	28 994	1.7	33.8
巴西618	71	1.91	0.29	7.3	90	22	30 339	1.8	21.6
云蔗03-194	78	2.19	0.27	9.3	95	23	29 205	1.9	40.0
新台糖22	63	2.52	0.37	8.5	89	17	17 432	2.0	40.9
粤糖60	95	2.53	0.44	7.8	72	17	19 876	2.0	46.4
福农39	83	2.37	0.62	9.8	94	33	12 745	2.0	61.1
粤糖55	95	2.14	0.41	7.7	71	30	21 504	1.9	44.8

机械化种植效率最高的是采用切段式甘蔗联合种植机,这在发达产蔗国家已普遍应用,但在我国机具的研制和应用试验刚开始起步。该类型甘蔗联合种植机的作业效率至少为目前我国人工喂入式整秆甘蔗种植机的6倍以上,是传统人工种植效率的20倍以上。切段式甘蔗联合种植机所采用的甘蔗茎段是由切段式甘蔗联合收割机从专业繁殖苗圃中采收的,用于采收蔗种的甘蔗联合收割机需将常规收获原料蔗时使用的钢质输送辊组和刮条更换为外被橡胶的组件,以最大程度地降低砍收蔗种的机械损伤率,与此同时还要调整蔗种的喂入输送速度,以保证收砍蔗种长度的一致性。切段式甘蔗联合收割机砍收蔗种时,应根据品种梢部芽情调整切梢器作业高度,调节收割机切段刀砍种长度为25~30厘米,应预砍检查蔗种的种芽损伤情况、茎段两端爆裂情况,以损伤程度最低为适宜的砍种作业参数。接驳收割机与种植机的蔗种转装车单厢体要与种植机种箱容量相匹配,以免倾倒蔗种时泄出种植机种箱外造成不便;与蔗种装卸平台接驳的蔗种转装车单厢体装载量也不宜过大,以免蔗种堆积挤压过度而受损。

四、甘蔗机械化种植技术

(一)甘蔗种植机的主要类型

我国目前主要应用的甘蔗种植机为人工喂入式整秆甘蔗种植机,而目前发达产蔗国家和地区主要应用的是作业效率更高的切段式甘蔗种植机,其主要类型包括以下几种:

1. 传统型甘蔗种植机 传统型甘蔗种植机一般仍采用人工下种的方式,既可铺放全茎蔗种,也可摆放切段的种茎。开出的植蔗沟底宽度约为25厘米,沟底通常只能铺放1~2排蔗种,完成种植后植床深陷,呈深V形,田间垄、沟高度悬殊,后续还需通过中

耕来减小垄、沟的高度差，并通过培土最终使原深陷的种植床逐渐抬高形成适合机械化收获的垄形，因此，采用传统型甘蔗种植机的种植模式不适于少耕技术的应用。此外，由于种植沟底较窄，使得甘蔗生长的宽幅受限，在宽行距种植条件下甘蔗的封行时间较长，杂草控制较为不易。

2. 宽播幅甘蔗种植机　宽播幅甘蔗种植机是在传统型甘蔗种植机的应用基础上，针对传统型甘蔗种植机播种的甘蔗生长宽幅较窄，不易封行抑草，中耕培土作业次数较多的缺点和提高种植作业效率的需要而研制应用的，其种植沟底的宽度为 35～50 厘米。宽播幅甘蔗种植机属于切段式甘蔗种植机。有些机型还在排种通道上加设了中央分隔机构，引导经过排种通道下落的种茎铺放在种植沟的两侧，以避免蔗种过多地堆积于种植沟的中部，故此类机型的种植效果有些类似于双行铧犁开沟甘蔗种植机。宽播幅甘蔗种植机播种的甘蔗由于生长空间的扩大，分蘖旺盛，封行较快，有利于抑制杂草生长。完成种植后田间整体上较为平整，沟、垄高度差不大，有利于减少中耕培土次数。

3. 双行铧犁开沟甘蔗种植机　双行铧犁开沟甘蔗种植机是针对宽窄行种植模式而研制应用的，也属于切段式甘蔗种植机，其开种植沟的机具多为铧犁式开沟器。它具有两套独立的蔗种传送系统，可实现一垄双行种植，这种种植机大多数机型播种的两行间距为50 厘米，种植沟底宽度约为 15 厘米。宽窄行种植模式使得甘蔗生长前期的行间土壤裸露面积进一步减少，甘蔗的封行抑草效果更为理想。早期的双行铧犁开沟甘蔗种植机播种后双行间的土壤量较少，甚至两行间的土面凹陷，难以满足行间中耕培土作业和填充甘蔗茎蘖基部的需要，导致行间的无效分蘖不易控制，徒耗营养，甘蔗分蘖成茎弱小，最终影响产量的提高；此外，由于难以形成理想的"馒头形"培垄，在进行机械化收获时常因蔗茎基部的土壤填充性较差，而造成甘蔗基部切断时切口处的撕裂，在土壤较疏松的蔗地甚至会拽出蔗蔸，影响进厂入榨的原料蔗质量和下一生长季的宿根蔗生长。为此，改进后的新型双行铧犁开沟甘蔗种植机已可以保证在两条种植行间堆积足够的土量和垄形，确保中耕作业和培土质量的要求。

4. 圆盘式开沟甘蔗种植机　圆盘式开沟甘蔗种植机是基于减少土壤耕作、前季蔗叶或豆科植物残茬覆盖、除草剂减施等保护性耕作技术而研制应用的。圆盘式开沟甘蔗种植机最初改型于整秆式甘蔗种植机，是基于圆盘破土开种植沟时对土壤的扰动面积远小于上述三种甘蔗种植机的铧犁式开沟作业，且蔗种通过圆盘一定的倾斜角度的引导，可以较整齐地铺放于种植沟中。圆盘式开植沟的沟底宽度可小至 5 厘米，便于在蔗叶和豆科植物残茬覆盖的地块上直接进行播种作业，而地表覆盖也有效地控制了杂草的滋生；应用圆盘式开沟甘蔗种植机下种量较低，且该模式不需再进行中耕管理作业，这些都是前述三种甘蔗种植机所无法比拟的，但圆盘式开沟甘蔗种植机的播种深度较浅，对土壤结构、养分水平、保水性和气候条件有较高的要求。圆盘式开沟甘蔗种植机可进行单行播种，亦可进行双行播种，目前应用的主要以双行播种机型为主。

（二）确定合理的种植规格和种植方式

甘蔗机械化种植应以生产全程机械作业顺畅、效率优先、轮不压垄为原则，结合蔗区当地的气象条件、土地资源条件、品种特性和农艺生产特点来确定种植规格。考虑到现有成熟的甘蔗联合收割机的应用，一般采用宽行距、宽播幅的种植规格，蔗垄中心点的行距宜在 1.5 米以上。以某机械化示范基地为例，其生产全程主要机具装备的轮距参数见表 4-2。针对该装备条件，在甘蔗种植规格上就宜采用蔗垄中心点间距不小于 160 厘米，甘蔗播幅宽不超过 40 厘米的种植规格，有利于生产全程的机械化顺畅作业和保证良好的作业质量。

表 4-2　生产全程主要机具装备的轮距参数

机型	前轮			后轮		
	内悬距（毫米）	外悬距（毫米）	胎宽（毫米）	内悬距（毫米）	外悬距（毫米）	胎宽（毫米）
约翰迪尔 804	1 350	1 950	300	1 060	2 060	500
东方红 1004	1 380	2 100	360	1 180	2 100	460
约翰迪尔 1204	1 360	2 160	400	1 150	2 190	520
东方红 1204	1 380	2 180	400	1 140	2 180	520
联合收割机	1 610	2 230	355	1 320	2 500	590
田间转运车	2 410	3 180	385	2 410	3 180	385

一般在地力条件好、品种抗倒伏性好、少耕与保护性耕作技术和装备配套较成熟的机械化蔗园可采用宽窄行种植方式。我国目前多采用人工喂入式整秆种植机进行作业，在巴西、澳大利亚尚有少量的切段式双行铧犁开沟甘蔗联合种植机进行宽窄行种植。宽窄行种植的窄行间距以 40～50 厘米为宜，如过宽则甘蔗分蘖后的生长幅宽，尤其在宿根季可能超过联合收割机基切刀盘的中心点间距，从而造成甘蔗机收不完全和较大的田间损失；在中耕培土管理上也常因窄行间无法进行作业而影响到收获时的有效茎蘖数、蔗茎产量和机械化收割质量。因此，采用宽窄行种植模式时，在土地耕整后进行起垄种植，结合少耕、轻培土的田间管理技术是克服上述缺点的有效的技术模式，这也是发达产蔗国家和地区在甘蔗生产上增厚耕层，养蓄土壤肥力和水分，促进甘蔗高产、稳产的一种重要的技术发展方向。

如前所述，目前国际主流的甘蔗种植机为切段式宽播幅甘蔗联合种植机，由于进行宽窄行种植的切段式双行铧犁开沟甘蔗联合种植机体积略大、重量增加，作业机动性略差，故目前发达产蔗国家和地区占绝对比重的切段式甘蔗联合种植机采用宽植沟匀铺蔗种的播种方式，蔗种播幅一般为 35～50 厘米，要求种植沟底宽且平整，避免形成 V 形种植沟内蔗种堆叠造成用种浪费和弱苗细茎，从而影响原料蔗收获产量。

（三）机械化种植联合作业技术要求

机械化联合种植包括开种植沟、施基肥、喷洒杀虫剂、消毒下种、淋水、覆土、镇压、封闭除草、覆膜等流程。作业要求适墒即平整即种植，有条件的机械化蔗园建议采用卫星导航控制系统辅助进行，这有利于保证后续作业的标准化和精准化，相连地块行行对齐有利于跨地块连续作业，提高机械作业效率。

苗床水分对于蔗种生根萌芽至关重要，因此，沙质土、重耙平整地块和旱季开种植沟宜深些，以有效利用土壤深层的水分，开种植沟的深度一般为 20～30 厘米，种植沟深度的抽查合格率应达到 80% 以上。

为提高机械化种植效率，建议使用不需混拌、不易黏结，便于种植机下料顺畅的基肥和杀虫剂类型。基肥的施氮量可占全生育期总用量的 15%～25%。由于我国南方蔗区多为酸性土壤，磷的固定现象严重，土壤有效磷不足，故磷肥多作为基肥进行前期施用，基肥的施磷量可占全生育期总用量的 80% 以上。磷肥应尽量在靠近甘蔗根系的土壤区位集中进行施用，可采用条施的方式，避免采用撒施，因为磷肥的集中施用有利于减少与土壤的接触面积，从而减少磷被土壤中铁、铝的固定。基肥施钾量可占全生育期总施钾量的 15%～25%。为防止肥料因混合产生化学反应降低肥效，或因机械搅动、湿度差异、自然潮解等原因而黏结影响机械化种植的效率和施肥效果，种植机肥料箱所装载使用的颗粒状肥料一般含水率不宜大于 20%，小结晶粉末状肥料含水率不宜大于 5%，并要求在肥料装箱后及时进行种植作业，不宜久置。土温、水分适宜，耕层土壤颗粒较大（>5 厘米），土质疏松的地块以及偏沙质土地，可选择缓释与速效相结合的基肥组成，并适当增加用量，以满足甘蔗生根长苗快对土壤营养供应的需求；低温、阴雨寡照或旱期长、黏质土则可选择缓释与持效相结合的基肥组成，以减少甘蔗生根出苗前土壤肥效的散失，并须注意提早中耕补施速效氮肥，及时补充较长的萌芽出苗期造成种茎自身营养过度消耗的需求。

适宜的下种量可根据品种的特性、预期产量目标、主茎与分蘖茎的构成比例以及当地气候条件影响预期下的出苗率、分蘖成茎率进行估算，并视种苗质量、气候条件和土壤条件略加调整，一般每公顷下种量为 100 000～120 000 芽。下种质量抽查应达到机械伤芽率≤5%，切口不合格率≤5%，漏播率≤5% 的技术要求。

笔者曾对甘蔗不同品种、不同种植行距、不同播种密度的甘蔗分蘖性、伸长特性、光合生理指标和蔗茎产量进行研究，分析结果显示，供试品种福农 39 表现出对宽行密植（82 500～90 000 芽/公顷）的增产潜力，从其分蘖特性看，该品种宽行种植进入分蘖盛期的时间略晚于窄行种植，其对蔗株间的竞争不敏感，较耐荫蔽。因此，该品种适当增加下种量有利于增加收获期的有效茎数和提高产量水平。另一供试品种福农 15 则表现出对宽行稀播（75 000～82 500 芽/公顷）的适应性。从分蘖特性上看，该品种宽行种植进入分蘖盛期的时间亦稍晚于窄行种植，但其对群体茎蘖消长的自我调控能力强，较大下种量的密植反而不利于该品种增产潜力的发挥。进一步研究表明，供试品种福农 15 在 75 000 芽/公顷和 82 500 芽/公顷的稀播条件下，宽行种植的蔗茎产量均优于窄行种植，但当下种量增加到 90 000 芽/公顷时，窄行种植的蔗茎产量就显著高于宽行种植。从外部因素上看，这可能是宽行距种植田间管理的技术不够到位，而从内部因素上看，90 000 芽/公顷的密植水平可能是该品种个体间竞争效应累积到一定程度，对产量形成不利影响的一个拐点，具体反映在茎径变细，伸长盛期净光合速率未能达到常规行距下的正常增幅，从而影响了收获产量。

一般情况下,甘蔗播种后的覆土厚度为 5~8 厘米,露芽率应≤3%,在土质偏沙或土壤颗粒较大(>5 厘米),植后旱、寒期较长的不适宜条件下覆土厚度可略增加,甚至局部蔗区可达 10~15 厘米。并配套与播幅宽度相同或略宽的圆柱形压实辊进行压实;逢雨季应浅覆土,可不镇压。笔者对不同种植行距下甘蔗生长前期的土壤生态条件变化的研究显示,从甘蔗苗期至分蘖期,种植行距为 160 厘米的蔗地耕层土壤湿度比种植行距为 140 厘米的低 2.3%~5.7%(绝对值),苗期差异更甚于分蘖期,这反映出宽行距播种后适度压实,减轻裸露地表水分蒸腾的必要性。

蔗种覆土后覆盖地膜有利于增温防寒、保水抗旱,促进苗期群体生长整齐、均匀和健壮,还有利于节约用种、杀虫抑病。覆盖地膜应视天气变化动态,在"冷尾暖头"抢晴抢墒下种覆膜,同比未覆膜处理可提高土温 3~5℃。覆盖地膜应注意土壤湿度最好在相对含水量 70%以上,又不影响机械化作业时进行,良好的土壤湿度有利于维持较长时间稳定的膜下温度,如水分不足时,应淋水后盖膜。蔗种覆土后应保持土面平整,以便覆膜紧贴土面,地膜周边应盖土严密,不漏空,避免过多的空气流动影响膜内温湿度条件的稳定。膜面应尽量多露光,有利于晴天增温和形成较多冷凝水回流土壤,也有利于甘蔗幼叶出膜前光合能力的建成;对于提高光降解地膜的破碎降解效果也是必要的技术规范性要求。

甘蔗生产全程每个环节的机械化联合作业都有较高的系统性和配套性要求,气象条件、农田生态、机具、人员、物料的配合和衔接是实施高效率、高质量机械化作业的前提和保障。就机械化种植而言,在适宜的气候和土壤条件下,除了机具的配套、熟练的人工和前述诸多技术环节要求外,还可根据种植机的承载量、单位地块行长及物料用量,预先将蔗种、基肥、杀虫剂、消毒剂、除草剂、溶剂及用水等备于田间便利装卸处,并要注意检查和补充,避免种植机在作业行中耗尽物料,造成不必要的时间浪费。

五、甘蔗宽窄行种植机械化技术

宽窄行种植:按宽窄相间不同大小的行距种植甘蔗。

行距:相邻两垄甘蔗行中心线间的距离。

甘蔗宽窄行种植机械:能实现宽窄行种植,并联合完成开沟、下种、施肥、喷药和覆土等作业的甘蔗种植机械。

(一)作业条件

(1)作业地块应尽量连片集中,地势平缓。

(2)土壤表层以下 20 厘米内碎土率(最长边<25 毫米的土块比例)>70%,土壤绝对含水率为 15%~25%,碎土层深度应符合甘蔗种植深度的要求。

(3)作业地表应基本平整,无影响作业的石头和树桩等坚硬异物以及明暗凹坑深沟。

(二)技术要求

1. 作业模式　采用大马力(≥88.24 千瓦)拖拉机配套宽窄行甘蔗联合种植机械进行作业。

2. 机具检查与调整

（1）机具使用前，要按产品使用说明书检查和调整机械的种植行距、开沟深度、播种密度、施肥量及覆土厚度。

（2）根据农艺要求按不同行距适时调整排肥量，满足基肥施放要求。

3. 试验作业 机械试运转后，正式种植前，应在待种植地块中作业 20～30 米后，检验各项作业指标。如达不到要求重新进行相应调整，直至各项指标符合农艺要求后，方可进行正式作业。

4. 作业技术操作规程

（1）严格按机具的操作规程进行作业。

（2）要求肥料施于蔗种的两旁或底层，下种均匀，不漏播，不重播。

（3）要保持匀速直线行驶，要使种植行距保持一致。

（4）作业时，要注意观察蔗种的摆放、施肥、喷药和覆土情况，发现异常，应及时告知机手停机检查，排除故障，保证作业质量。

（5）种植完成后，肥料和蔗种不能直接接触，肥料不能在蔗种的上方。

5. 安全事项

（1）作业时，应注意安全，机手与辅助人员随时保持联系，以免发生事故。

（2）机组工作时，禁止后退，以免损坏机件。

（3）禁止在超过产品说明书规定坡度的地块作业，以免机组倾翻。

6. 农艺要求及配套技术

（1）精选种茎。

①选用适合机械化栽培的品种，如宿根性好、抗倒伏、脱叶性好、蔗茎芽体形态可避免机械损伤、成茎率高、适合宽行距栽培的品种。

②选用无病虫害的健康种茎。

③应尽量选用夏植蔗和秋植蔗的全茎作为蔗种。

④种茎要求新鲜、蔗芽饱满健壮、发芽势较强。

（2）种植要求。

①开沟深度：垄顶至沟底为 30～50 厘米，种植深度 25～30 厘米。

②宽行行距：≥120 厘米。窄行行距：30～40 厘米。

③播种量：下种量每亩 7 000～8 000 芽，确保下种均匀。

④蔗种覆土厚度：要求深沟浅覆，覆土厚度为 5～8 厘米，覆土后窄行间畦面平实。

⑤镇压：配套与播幅宽度相同或略宽的圆柱形镇压辊进行压实，逢雨季浅覆土，可不镇压。

（3）喷除草剂。

①通过种植机或后续使用喷药机的喷药系统喷施除草剂。

②每亩用 50%莠去津悬浮剂 150 克及 50%乙草胺乳油 50 克，兑水 50～60 千克，或其他甘蔗专用除草剂。

③均匀喷施于行沟表土。

（4）施肥。

①使用不需混拌、不易黏结的基肥类型，施氮量占全生育期总量的 25％～30％，施磷量占全生育期总量的 80％以上，施钾量占全生育期总量的 25％～30％。

②使用的颗粒状肥料含水率≤20％，小结晶粉末状肥料含水率≤5％。

③土温、水分适宜、耕层土壤颗粒较大（＞5 厘米）、土质疏松的地块以及偏沙质土可选择缓释与速效相结合的基肥组成，并适当增加用量。

④低温、阴雨寡照或旱期长、黏质土可选择缓释与持效相结合的基肥组成，并注意提早中耕补施速效氮肥。

（5）覆膜。

①冬植蔗和早春植蔗覆盖地膜，以提高土壤温度，保持一定的土壤湿度，促进早生快发，保证全苗壮苗。

②覆盖地膜，要求覆土时将畦面整成龟背形，盖膜时要拉直薄膜，薄膜要紧贴畦面，两边用泥土密封，不露缺口。

③根据行距大小确定地膜宽度，采用窄行距两倍宽度的地膜将窄行全面覆盖。

（三）作业质量

作业条件符合本规定时，种植作业质量应符合表 4－3 的指标。

表 4－3　甘蔗种植机械作业质量要求

序号	检测项目	质量指标
1	伤芽率（％）	≤5.0
2	种植密度（芽/亩）	7 000～8 000
3	种植深度合格率（％）	≥80
4	覆土厚度合格率（％）	≥80
5	切口破损率（％）	≤3.0
6	漏植率（％）	≤5.0
7	露芽率（％）	≤6.0
8	种蔗段长度合格率（％）	≥95
9	行距合格率（％）	≥90
10	膜边覆土宽度合格率（％）	≥95
11	膜边覆土厚度合格率（％）	≥95

第四节　机械化田间管理

一、中耕与培土

中耕泛指作物种植后的田间土壤耕作作业，一般包括松土和创建一定垄形的培土两种作业类型，具有疏松土壤、创建垄台、施肥用药、机械除草等功能。在甘蔗栽培管理上，苗期中耕松土、中耕除草、分蘖期培土、行间深松、甘蔗收获后的碎叶深埋还田、宿根蔗破垄松蔸都属于田间中耕技术的应用。而甘蔗业界则常用中耕和培土两个术语来表示甘蔗种植后苗期和分蘖期两个阶段的土壤耕作作业。中耕一般特指苗期中耕，主要实现松土、除草、追施速效苗肥和杀虫防病的目的；培土则特指将行间土壤堆至蔗株基部，创建一定垄形，实现松土、培垄、防倒伏、除草、追肥和杀虫防病等目的的土壤耕作作业。传统的培土作业包括分蘖初期以促进分蘖数量为主要目的的小培土和分蘖中后期以抑制无效分蘖、保证有效茎蘖数为主要目的的大培土，并通过肥料、农药的配施保证甘蔗养分的有效利用和持续供应，以及病虫害的持续控制效果。

20世纪70年代，除了小培土、大培土作业外，在福建、广东局部水肥条件良好、台风灾害频繁的蔗区甚至还在甘蔗伸长前中期不惜人工进行第三次培土作业，又称"高培土"，又因人工作业十分细致，甚至用锹铲将培垄表面用泥水抹得光滑平整，故又有"涂蔗"一说，作业完成后形成高垄深沟，垄高甚至过膝，以抗风防倒，又可供水沟灌、保持水层，供应甘蔗旺盛生长的水分需求。时至今日，限于劳动力成本激增和甘蔗产量、植蔗收入低迷的反差较大，大部分蔗区都仅在分蘖中期进行一次性的培土作业，苗期中耕作业也大多省去了。为了便于理解，本节沿用甘蔗业界关于中耕和培土的习惯性表述分别进行分析。

二、甘蔗中耕管理的关键生育期

甘蔗种植后的机械化中耕管理一般始于苗期的中耕，结束于分蘖中后期甘蔗株高在40~50厘米时的大培土作业。因农机具的离地间隙所限，大培土后便无法再进行机械化中耕管理作业，而甘蔗拔节伸长至收获期的营养供应、耕层水分利用和虫害防控都有赖于高质量的中耕管理所奠定的良好基础。因此，有必要先对中耕管理作业及其后效持续的相关甘蔗生育期特征进行了解。

（一）苗期

甘蔗生出1~5片真叶的阶段属于苗期。甘蔗苗期之前的萌芽期养分和水分的吸收主要依赖于种茎节上的根点萌发出的种根，而进入苗期后，大约从甘蔗3叶期开始，蔗苗对养分、水分的吸收便逐渐从种根转为蔗苗基部节上发出的苗根为主。与此同时，伴随着甘蔗光合器官与光合能力的建成与增强，甘蔗对土壤水肥供给的依赖性也开始逐渐增大。在机械化栽培管理策略上，针对冬春植蔗可能经历的较长时间的低温、旱涝情况，一般可通过对土壤浅层的中耕松土，促进根际土壤与大气的物质、能量交换与协调，提高土温与土壤的通气性，活跃土壤生态系统，提高甘蔗根系对土壤养分、水分的利用效率，兼进行早期病虫害的防控。苗期中耕松土一般会适量配施速效氮肥进行促苗。

（二）分蘖期

甘蔗幼苗长到5~6片真叶时，蔗株在土表附近的密集的节上的侧芽在适宜的温湿度条件下可萌发长出新的蔗株，即为分蘖。从主茎发生第一次分蘖，从第一次分蘖茎基部侧芽发出的新株即为第二次分蘖，以此类推。促进分蘖最重要的条件是充足的光照，这是由于充足的光照条件下所产生的光氧化效应会减少蔗茎顶端合成的生长素向基部的运输和积累，从而减轻或避免生长素对侧芽的抑制效应（即顶端优势），而甘蔗根部合成的细胞分裂素则促进分蘖的生长。除光照条件外，适宜的覆土厚度，温、湿度以及侧芽健康状态都会影响到分蘖的多寡，浅覆土有利于甘蔗分蘖的早生快发。

甘蔗分蘖期的栽培目标是构建茎蘖数量合理、长势整齐的高产群体，储备充足的植物能量库和土壤水肥库，创造适宜的机械化作业垄沟条件。在技术策略上则首先要考虑通过适宜的种植行距与株距、群体生长密度调控来保证充足的光照条件，促进分蘖生长与成茎；利用植蔗地膜覆盖、灌溉设施条件等进行增温防旱；通过机械化中耕培土促进土壤与大气的物质、能量交换与协调，活跃土壤生态系统，提高甘蔗对土壤养分、水分的吸收和利用效率，防除病虫害；通过适时进行行间机械化深松建立甘蔗深根群，促进甘蔗扎根抗倒伏，提高抗旱能力，延长肥效期；适度培高蔗垄，在不影响机械化收获作业的前提下，保护、促生甘蔗基部侧芽，有利于宿根季甘蔗发株生长；采用速效＋控释长效肥相结合的追肥策略。

（三）伸长期

甘蔗伸长期是持续时间最长的甘蔗生育期，约为 5 个月，该时期受气候、土壤等外界因素的影响复杂且反应敏感，并直接影响后续产量的建成。伸长期显著的生长特征就是发大根、开大叶、长大茎，已可直接反映出原料蔗收获的产量水平。该时期对温度、水分、养分的需求量大，以 30℃ 为最适温度，低于 20℃ 则伸长缓慢；要求土壤相对含水量达到 80％ 为宜；其氮消耗量占全生育期总量的 50％，磷、钾消耗量占全生育期总量的 70％ 以上。伸长期节间伸长增粗如遇不良气候条件、缺水缺肥、病虫影响、包叶过早、损伤等都会受到抑制直至停止生长，出现节间短、小的现象，即便随后条件适宜，已停止生长的茎节也无法恢复生长，从而影响甘蔗的收获产量。

在甘蔗机械化生产过程中，至伸长期已基本无法再进行机械化中耕管理作业，但伸长期的甘蔗生长及后续的产量建成却很大程度上取决于前期中耕管理，尤其是培土作业的技术策略与质量效果，应针对甘蔗品种的养分利用特点、气候和土壤水分条件进行培土追肥类型的选择、施肥量的增减及判断是否须进行行间深松保水作业。

笔者对不同甘蔗品种的伸长特性及配套的中耕管理技术研究结果显示，甘蔗伸长盛期（7～8月）的月长速和月长速差值可作为了解品种伸长生长特性和进行机械化中耕管理决策的参考指标。不同品种表现出养分吸收利用特点的显著差异，如供试品种新台糖 22 的伸长生长对中耕追肥表现敏感，长速快且持续期长，对中耕追肥的增产效应最佳，这也是该品种得以广泛覆盖全国各主要蔗区的重要原因之一，其营养特点值得进一步深入研究；供试品种粤糖 53 和粤糖 00－236 在分蘖初期进行中耕或小培土时增加施肥量对甘蔗产量的提升效应比在分蘖中期进行大培土时增加施肥量更为显著；而另一类品种福农 28 和粤糖 55 则是在大培土时增加施肥量对甘蔗增产的促进效果更显著；福农 15 则需要分蘖初期和分蘖后期两个阶段中耕管理时都要有均衡、足量的肥料投入，才能保证实现甘蔗的高产。

笔者对不同甘蔗品种中耕管理技术策略的研究显示，供试品种福农 39 全生育期生长速度均较快、稳健均衡且后劲较足，针对其品种特性，在条件允许的情况下，如能进行苗期中耕、小培土和大培土 3 次机械化中耕管理作业，对其产量的提升将会产生显著的促进效果。针对该品种的肥料选择可以复合肥为主，不宜偏施速效肥，尤其后期建议增施缓释肥，施肥作业深度宜逐次渐深。而供试品种福农 15 则表现出前期生长较慢，进入伸长盛期后生长速度加快的品种特点，因此苗期中耕时可结合行间深松，改善土壤条件，浅施、增施速效肥或含氮量高的复合肥，大培土时间可视分蘖数量和株高适合机械化作业的前提下略为推迟，深施并增加施肥量，同时可考虑增施缓释肥，以保持后期肥效，并应特别关注伸长期的水分供应，避免受旱。

笔者团队首次引进了台糖公司以及东南亚同类地形产蔗国泰国、越南目前主要应用的 LM6F 六支式中耕培土施肥联合农具（小培土）和 AD250 潜根培土施肥联合农具（大培土），配套集成良种、高效复合肥、低毒农药等，实行中耕、除草、施肥、用药、培土一体化，取得良好的试验效果，并在全国糖料高产创建启动会上进行了现场演示。该技术工效高，地块 10～15 亩/时，中耕、除草、施肥、用药、培土一次性完成；机具功能灵活可调，根据土质，机具的中耕深度、施肥量、用药量、施用深度、培土高度均可自行调节，极大降低了劳动强度、减少人工耗费，如一个机手配合 4～5 名辅助人员，一天（8 小时）可完成 100 亩左右的作业田，用工数及人工费仅为传统方式的 1/30～1/20；肥料利用率高、增产潜力大，肥、药施于蔗株两侧约 10 厘米处，表土 10 厘米下，减少肥效散失，提高增产潜力。综合测算小培土公顷节支 150 元，大培土公顷节支 300 元。针对机具应用过程中发现的农艺问题，总结出品种选择与下种量、机具配套、肥药选择与施用等技术要点及注意事项，形成了甘蔗中耕、除草、施肥、用药、培土一体化技术。

三、甘蔗生长的营养与水分需求

在甘蔗生长适期通过中耕培土管理作业实现水肥条件的良好耦合效应，才能获得甘蔗生产节本、可持续、增产增效的理想效果。

（一）甘蔗营养吸收与利用特点

甘蔗全生育期的需肥规律呈现出"两头少、中间多"的特点，甘蔗幼苗期的需肥量约占全生育期总需肥量的 1%，分蘖期占 7%～8%，分蘖初期至伸长后期需肥量迅速增大，这阶段也恰逢甘蔗的中耕培土作业，前促蘖、后促长，有条件的新植蔗地可以结合中耕、培土两次作业进行施肥，对于充分发挥和利用肥效，减少浪费，促进甘蔗生长和产量提升效果较佳。

（二）甘蔗主要营养元素和施肥技术要点

甘蔗施肥总体上应把握因地制宜，有机无机相结合，速效、缓释相结合，不滥施、不偏施的施肥原则。

1. 氮肥的施用技术要点　氮元素对作物的生长起着非常重要的作用，它是植物体内氨基酸的组成部分，是构成蛋白质的组分，也是对植物进行光合作用起决定作用的叶绿素的组分。以甘蔗目标产量 $90\sim105$ 吨/公顷估测，一般需施用纯氮 $300\sim375$ 千克/公顷。对于新植蔗可依以下三次作业环节施用氮肥：基肥（占总施氮量的 $10\%\sim20\%$）、苗期中耕施肥（占总施氮量的 $10\%\sim20\%$）、分蘖期培土施肥（占总施氮量的 $60\%\sim80\%$）；宿根蔗现多采用一次性培土全量施肥作业，在农机装备条件较好的生产单位也可分别在破垄松蔸和培土时分两次施用。施用氮肥务必覆土或深施，以减少肥效的挥发浪费。

2. 磷肥的施用技术要点　磷肥有利于促进甘蔗分蘖，改善品质（糖分），增加产量。南方蔗区酸性土壤中磷的固定较为严重，往往有效磷含量不足。因此磷肥一般作为基肥在前期集中大量近根施用，减少与土壤的接触面，从而减少土壤对磷的固定，还可利用中耕培土时追施复合肥进行适量补充。常见的磷肥中过磷酸钙、磷酸一铵属酸性磷肥，钙镁磷、磷酸二铵属碱性磷肥，施用时须根据土壤酸碱性进行合理的选择，避免发生中和反应而降低肥效或加剧土壤酸化程度。

3. 钾肥的施用技术要点　钾元素作为植物代谢传导信号、蛋白载体、组织器官结构组分和渗透调节因子等诸多角色参与了植物 60 多种代谢酶系统的活化，促进光合作用和同化产物的运输，促进蛋白质、脂肪的合成，增强作物的抗逆性（抗寒、抗旱、抗倒伏、抗病虫），改善品质（糖分），作用十分重要。钾肥一般易溶解、肥效快、土壤易吸收，且不易流失。一般甘蔗全生育期氧化钾用量为 $180\sim225$ 千克/公顷。钾肥的施用以基肥追肥结合为宜，前期促生长、抗旱、抗寒等逆境胁迫，后期促抗逆生长及糖分代谢。常用的钾肥中，硫酸钾在石灰性土壤中可反应生成硫酸钙，应注意防止土壤板结，增施有机质，持续改良土壤结构和质地；硫酸钾在酸性土壤上可反应生成硫酸，应注意增施石灰，中和酸性。氯化钾在酸性土壤中生成的盐酸不仅会增加土壤酸性，还可能造成活性铁、铝的毒害作用，应注意配合施用石灰进行中和，减轻毒害。

（三）甘蔗的需水特征与水分管理

甘蔗生长量大、生长期长、代谢需水量大、蒸腾量大，总体上是需水量较大的大田作物。其阶段性需水特征可归纳为润—湿—润—干，即萌芽、苗期、分蘖初期应保持干湿交替，30 厘米土层的相对含水量 $55\%\sim70\%$ 即可；分蘖盛期至拔节时 30 厘米土层的相对含水量略提高至 $60\%\sim75\%$；拔节至伸长后期需水量为全生育期最高阶段，40 厘米土层的相对含水量在 $75\%\sim85\%$ 为宜；伸长后期至糖分积累初期 $40\sim45$ 厘米土层的相对含水量降低至 $65\%\sim75\%$；工艺成熟期则应控水保持干爽，45 厘米土层的相对含水量以 $50\%\sim65\%$ 为宜。在土壤耕作技术上，深耕深松增厚耕层，增加土壤有机质，增加土壤团粒结构都是防旱保水的有效技术措施。

四、机械化中耕管理作业技术要求

（一）机械化中耕

为减少土壤耕作次数和节约作业成本，机械化中耕现常将传统的苗期中耕追肥与分蘖初期的小培土作业结合进行，达到改善耕层、整平垄沟、补施苗肥、齐苗促蘖和除草防虫的要求。

机械化中耕一般在甘蔗分蘖初期适墒进行，萌芽出苗期受寒、旱、涝影响，基肥用量少，甘蔗萌芽出苗慢、长势较差或有脱肥现象，分蘖力弱的品种可适当提早进行；采用速效氮肥或高氮复合肥同杀虫剂混拌施用，其施氮量一般占全生育期总施氮量的15%～25%，施钾量占全生育期总施钾量的15%～25%。同其他兼有施肥功能的作业机具一样，机械化中耕施肥配备的肥料箱中加入的颗粒状肥料含水率应不大于20%，小结晶粉末状肥料含水率应不大于5%。采用拖拉机悬挂犁铲式中耕施肥培土器进行作业，一般犁铲入土深度为15～25厘米，旨在疏松耕层，促进大气与土壤的空气交换与温度协调，创建耕层水分合理分布与利用的良好条件；中耕施肥器的肥药出料口可略加提高，以保证肥料、农药施于甘蔗根区，利于吸收。机械化中耕作业对培土高度没有要求，以松碎耕层、不伤苗、不盖没分蘖为宜。作业质量抽查应达到甘蔗损伤率≤5%，分蘖覆盖率≤5%，肥药覆盖率≥85%，施肥断条率≤4%的技术要求。

（二）机械化（大）培土

　　机械化培土作业一般在甘蔗分蘖盛期至拔节期间进行，以抑制无效分蘖、促进分蘖成茎、攻茎保尾、抗倒易收和虫害防控为目标，以作业时拖拉机底盘及中耕施肥培土机机架不伤蔗梢为原则，结合甘蔗品种长势和作业机具条件，一般在株高50厘米之前适墒进行。

　　蔗梢易折断的品种、植期早、分蘖过旺、伸长速度快、有脱肥现象、虫情预警临近、中耕后突发灾害影响的宜早进行培土作业，以及时补充甘蔗生长对养分、水分吸收利用的需求，提高甘蔗生长和抗逆境的能力；植期晚、茎蘖数不足、配备有高地隙拖拉机、高架体中耕施肥培土机、地力、气候条件适宜的可略推迟进行，以确保后期的甘蔗有效茎蘖数和收获产量。全生育期所需的剩余养分可结合大培土全部施用，一般建议采用高氮、高钾、低磷、富有机质的复混肥或缓控释肥组成，长势不佳的地块可配施速效氮肥，使用的颗粒状肥料同样要求含水率不大于20%，小结晶粉末状肥料含水率不大于5%。机械化培土作业大多采用拖拉机悬挂犁铲式中耕施肥培土器进行作业，耕层深厚松碎或沙质土时也可采用圆盘犁式中耕施肥培土机进行。一般犁铲的入土深度为25～35厘米，同时兼具行间深松的功能，以保证甘蔗生长中后期对土壤深层水分的有效利用，提高抗旱生产能力。对于采用宽植沟匀铺蔗种等行距种植方式的，培土高度一般要求≥8厘米，但不超过20厘米，并填实蔗丛基部，避免蔗丛中部空陷，形成"低垄馒头形"的培垄形态，对于保证后续的机械化收割质量具有极显著的改善效果；对于采用蔗垄深埋式滴灌或宽窄行种植方式的，培土作业的目的以行间深松为主，培土为辅，亦须尽量填实蔗丛基部。作业质量抽查应达到甘蔗损伤率≤5%，肥药覆盖率≥85%，施肥断条率≤4%的技术要求。

五、化学除草与农药喷雾作业

（一）蔗园杂草防除的技术策略

　　采用机械化宽行距种植的甘蔗封行较慢，如果未能采取系统性的杂草防除策略，极易出现草害，特别是遇到雨水较多的年份，化学除草、机械除草均难以适时进行，甘蔗处于田间生态位竞争的劣势地位，长势差，最终给产量造成无法弥补的损失，所以蔗园杂草的控制尤为重要，通过科学的耕前除草、芽前除草、中期除草及应用除草地膜等技术可有效地控制蔗园杂草。

1. 耕前灭生除草　耕前灭生除草是在甘蔗收获并清理完毕田间蔗叶、残茬后至新植甘蔗之前进行的。常用除草剂为内吸传导型慢性广谱灭生性除草剂，如草甘膦，它可通过植物的茎叶吸收，可用于防除单子叶和双子叶、一年生和多年生、草本和灌木等40多科植物，但由于草甘膦对土壤中的杂草种子无明显的杀灭效果，因此最好在杂草萌生后结实前进行使用。对于蔗区常见的一些多年生恶性杂草，如香附子，若能在新植甘蔗前进行耕前灭生除草1～2次即能达到理想的防除效果。

2. 芽前封闭除草　芽前封闭除草一般在甘蔗种植后、萌芽前进行，多采用选择性除草剂，最常用的有乙草胺、莠去津，但二者的作用机制有所不同。乙草胺对一年生禾本科杂草，如马唐、狗尾草、牛筋草、稗草、千金子、看麦娘等有良好的控制效果，对藜科、苋科、蓼科、鸭跖草、牛繁缕、菟丝子等阔叶杂草也有一定的防除效果，但对多年生杂草的防除效果不佳。乙草胺在土壤中的移动性小，主要保持在0～3厘米的土层中，持效期约45天，植物通过根系吸收可使幼芽、幼根停止生长，进而死亡。甘蔗播种后覆土的厚度一般为5～8厘米，从甘蔗根系和萌芽生长的空间分布、时序上基本能够保证用药的安全，但也应注意在有利于促进植物萌芽和生根的气候、土壤、水分条件和蔗种状态下，应适早进行芽前封闭除草，以免除草剂残效对早生的甘蔗萌芽和幼苗产生不同程度的药害。莠去津的作用机制是通过杂草根部吸收并向上传导，通过抑制杂草的光合作用，使其枯死，它可防除多种一年生禾本科和阔叶杂草，对某些多年生杂草也有一定的抑制作用。莠去津在土壤中移动性较大，易被雨水淋洗至土壤较深层，对某些深根杂草亦有防治效果，它可从杂草种类、土层分布、防治时效等方面与乙草胺进行互补，配施可以达到较理想的苗期除草效果。但与此同时，莠去津可能造成的下渗污染和潜在药害的隐患也须加以重视。

为了指导芽前除草剂，尤其是莠去津的安全有效使用，笔者曾对除草剂莠去津、乙草胺的不同喷施浓度、不同土壤紧实度和喷施后不同时期的药效影响进行了研究。结果显示，喷药后土壤中莠去津总含量存在着显著的喷施浓度和土壤紧实度处理效应，尤其在喷后15天，二者及其互作效应均显著。适中的土壤紧实度对喷后15天莠去津的吸附性能有重要影响，能够在各土层形成有效的梯度分布；相对紧实的土壤适当增加喷施浓度有利于提高表土层（0～2厘米）的初始吸附量；莠去津在过于疏松的土壤中下渗十分迅速，从除草剂药效的角度揭示了植蔗覆土后适度压实的必要性；喷后15～30天，土壤中莠去津总含量的迅速下降主要集中见于0～6厘米土层，揭示了该土层药效期短不利于冬、早春植蔗田杂草控制的技术问题。研究显示，喷后15天，结合全土层尤其是6～8厘米土层的分析可作为莠去津在蔗田土壤中的吸附、挥发或渗漏动态效应的研究适期和适宜的土层区位研究对象。研究还表明乙草胺较稳定地保持于0～3厘米土层，降解速度亦较稳定，喷后15天或30天，结合0～2厘米土层的分析可作为乙草胺在土壤中的吸附、降解动态效应的研究适期和适宜的土层区位研究对象。

3. 中期除草　除耕整地前的灭生除草、种植后的封闭除草外，在甘蔗 3～4 叶期、大培土期及封行前均有进行化学除草的可能选择。甘蔗 3～4 叶期常用的触杀型除草剂敌草快，在同期杂草基本出齐，杂草株高 5～15 厘米时定向喷洒防除效果好；低光照度有益于其药效的发挥，所以一般建议在晴天的傍晚喷洒，不宜在露水较重时喷洒，喷后半小时内无雨为佳；该时期喷洒敌草快一般不需添加敌草隆，在禾本科杂草危害严重的地块可添加敌草快。大培土后常用的内吸传导型除草剂磺草灵对甘蔗安全，不须采用定向喷洒，但敏感性品种或长势较弱的甘蔗接触后可能会出现叶片轻微变黄的外观现象；其对于正常生长，株高 20～25 厘米的杂草防除效果好；作业时空气湿度以 80% 以上为佳，气温 17～25℃ 为宜，喷洒后 3 小时内无雨为宜。封行前常用广谱触杀型除草剂配施残效型除草剂进行定向喷洒，杂草不超过 3 叶龄为佳。沙质土不宜使用敌草隆与敌草快混剂，尤其喷洒后如遇暴雨可造成严重药害；莠灭净与阿特拉津混剂不宜在干热季使用，宜在土地湿润时喷洒；上述除草剂喷洒后降水量 25 毫米或 3～4 天内等雨量喷灌有利于除草剂与土壤结合，喷后进行土壤耕作或漫灌会降低药效。喷洒苯氧基除草剂如 2，4-滴、使它隆、2 钾 4 氯等须使用粗雾滴喷头，避免飘移造成敏感作物的受害。

（二）农药喷雾作业技术要求

无论是除草剂还是杀虫剂、杀菌剂等的大田喷施，最常用的设备即为喷雾机（器）。其主要类型有风送式喷雾机、喷杆式喷雾机、担架式机动喷雾机、背负式机动喷雾机和手动喷雾器。

在进行农药的大面积喷施之前，一般需先进行测试，以匹配和优化拖拉机前进速度、施药液量、作业喷幅、单个喷头的喷量和喷头数量等参数。喷头的喷雾区域形状和作业压力对于药效的发挥具有显著影响，一般喷施除草剂采用扇形雾喷头，使用喷杆式喷雾机喷施除草剂时还应注意选用装有防滴阀的喷头，喷施除草剂的工作压力一般不大于 0.3 兆帕；而喷施杀虫剂、杀菌剂则多选用圆锥雾喷头，工作压力 0.3～0.5 兆帕。

农药喷施作业的安全操作十分重要。一般应在顺风速小于 8 千米/时，气温低于 32℃ 的条件下进行作业，不允许逆风作业。作业人员应穿戴安全防护服和配备适用器具，避免人体与药液的直接接触。喷洒作业结束后，喷雾机具应在田间生产用水区域洗净，严禁在生活区进行清洗。

六、甘蔗大培土机械化装备配置方案

适用土壤类型：红壤、赤红壤、含黏粒较多的砖红壤。

种植方式：等行距种植。

前期耕作条件：经标准化深松蔗地，25 厘米耕层碎土率达 55% 以上。

田间作业机具装备配置：

（1）拖拉机。100 马力以上，若培土器带深松铲，建议匹配动力在 120 马力以上拖拉机；高地隙拖拉机为佳。

（2）培土器。旋耕式、犁铲式、圆盘犁式均可，根据碎土、培土质量及作业效率要求进行选择，旋耕式综合作业效率不及后两种培土器类型。

（3）物料出间吊装车。培土施肥施药复式作业建议选用不需混拌、不易潮结、便于施肥施药装置下料顺畅的肥料和杀虫剂类型。

（4）卫星导航控制系统。结合前期预设作业线路进行高效率、高质量作业。

七、甘蔗中耕培土机械化技术

甘蔗中耕培土机械化技术是指甘蔗在长至全苗、拔节前使用机械对蔗地行间进行碎（松）土、除草、施肥、培土的机械化作业过程。

（一）中耕培土作用与效果

中耕培土是甘蔗田间管理的一个重要环节，主要有如下作用：一是抑制无效分蘖和除草的作用；二是保墒、防止土壤水分蒸发，提高土壤肥力的功能；三是可以破除土壤板结、疏松表土、增加通气性，促进土壤好气性微生物活动，调解土壤生理机能；四是让更多的根须和不定根与土层接触，帮助吸收水分和养分、提高肥料利用率、防止倒伏。与人畜力中耕培土相比，机械中耕培土作业质量高，可提高土壤保水保肥能力、增强甘蔗抗倒伏能力，作业效率高、生产成本低。

（二）中耕培土机械化

1. 技术路线　碎（松）土→除草→施肥→培土。

2. 技术要求　在满足一般作业条件下，甘蔗中耕施肥培土的机械作业质量应符合《甘蔗中耕施肥培土机械作业质量》（DB45/T 560—2008）的规定。

（1）一般作业条件。

①甘蔗行距大于 70 厘米，蔗苗长至全苗、拔节前。

②土壤含水率为 15％～25％，土壤硬度（坚实度）0.4～2.0 兆帕。

③地块平坦，坡度不大于 15°，作业地块的长度不少于 40 米，宽度不少于 10 米。

④颗粒状化肥含水率不大于 20％，小结晶粉末状化肥含水率不大于 5％。

（2）作业质量指标。

①培土高度（≥8 厘米）合格率≥80％。

②施肥覆盖率≥85％。

③甘蔗损伤率≤8％。

④杂草覆盖率≥85％。

3. 技术措施

（1）甘蔗种植时，地头要留有足够的位置，以便机具作业转弯。

（2）使用犁铲式中耕培土机在宿根蔗地进行作业，最好在甘蔗分蘖前进行破垄，保证有足够的土壤可供培土。

（3）根据行距、苗高、品种等条件选择适用的机具进行作业。

（三）主要作业机具

1. 机型分类　目前，甘蔗中耕培土机种类较多，根据结构功能特点可进行以下分类：

（1）按配套动力来分，甘蔗中耕培土机械可分为大中型、小型和微型三种。大中型甘蔗中耕培土机以44千瓦以上大中型拖拉机为配套动力，小型甘蔗中耕培土机以8.8～14.7千瓦手扶拖拉机为配套动力，微型甘蔗中耕培土机以3.7～5.9千瓦微型拖拉机为配套动力。

（2）按培土器位置（相对于动力位置）来分，分为前置式和后置式。

（3）按碎（松）土方式来分，分为旋耕式和犁铲式。

（4）按操作方式来分，分为乘坐式和步行式。

2. 蔗区常用的甘蔗中耕培土机主要技术性能指标（表4-4）

表4-4　中耕培土机主要技术性能指标

机型	配套动力 （千瓦）	适应行距 （厘米）	作业行数 （行）	碎（松）土深度 （厘米）	培土高度 （厘米）	生产率 （公顷/时）
3ZFS-2	44～58.8	110～130	2	8～15	15～25	0.27～0.4
3ZFS-1	11～14.7	110～130	1	8～15	15～25	0.13～0.2
3ZFP-1.2	≥29	80～160	2	8～15	18～25	0.27～0.4
1GP-0.7	5.9～8.8	80～100	1	8～12	18～22	0.1
1GP-125	11	90～110	1	8～12	18～22	0.13～0.17
3PL-70	4.4	80～100	1	8～10	15～20	0.1
3ZFP-1.2	11～14.7	110～130	1	8～15	20～25	0.13～0.2
3ZP-0.4	4.4～5.9	70～90	1	13～15	15～20	0.07
3ZFP-0.8	5.9	70～90	1	8～12	18～22	0.1

（四）注意事项

1. 蔗地条件

（1）根据使用说明书选择适合该机型使用行距的蔗地。

（2）蔗地的坡度应不大于15°。

（3）含水率达15％～25％为宜，过于干旱和潮湿的土地对中耕培土的质量都有较大的影响。

（4）不宜在乱石、树根、杂草过多的蔗田作业。

2. 机具使用

（1）机具使用前，要按产品使用说明书检查和调整培土高度，调节好施肥量。

（2）机具转弯或短途转移时，必须使碎（松）土器和培土犁铲处于运输状态位置，如是旋耕式碎（松）土器，则要把旋耕离合手柄放到"分离"位置。

（3）作业中需要倒退时，必须先将旋耕离合手柄调至"分离"位置，再挂倒挡，以防损伤蔗苗。

（4）坡地培土时，禁止横着作业和转向。转弯掉头时应减速。

（5）经常检查各工作零部件，特别是旋耕部分，发现松动要立即拧紧。

（6）清除机具上的杂草、更换旋耕刀和紧固旋耕刀螺栓时，都必须熄火。

第五节　机械化收获

一、甘蔗成熟的生物学基础

甘蔗的成熟可分为工艺成熟和生理成熟。在原料蔗制糖生产上所需的是甘蔗的工艺成熟，即甘蔗蔗糖分的积累达到高峰期，且蔗汁纯度适于制糖要求（重力纯度达85%以上）。而在甘蔗杂交育种过程中则需要在甘蔗开花后进行杂交、结实，采集花穗，这属于甘蔗的生理成熟。理论上，甘蔗在长出4个节以后，日照长度达到12~12.5小时，白天温度达到20~30℃、夜间温度达到21~27℃的条件即可通过光周期诱导甘蔗的花芽分化，使生长锥细胞由营养生长转向生殖器官的发育，从而孕穗、抽穗、开花和结实，因此在生产上也能见到某些品种抽穗开花的现象。

甘蔗播种后，经萌芽期、苗期、分蘖期和伸长期的生长，至冷凉干燥的冬季开始进行蔗糖分的积累，成熟期的甘蔗从外观上可见叶片逐渐落黄，新生的叶片因气温下降而生长缓慢，甚至停止生长，狭小而直立，甘蔗停止拔节，蔗梢部节间也基本停止伸长，梢部叶片着生节位较密集，呈簇生状，蔗茎茎色经曝光逐渐变深，茎皮蜡粉脱落，节间表面光滑。

甘蔗成熟期蔗糖分在蔗茎中是自下而上逐节积累的，直至达到各节间的蔗糖分近等的水平；一般甘蔗的主茎先成熟，分蘖茎略晚成熟。为了较准确地判断甘蔗是否成熟适于砍收，除了外观的初步判断外，可随机选取主茎、分蘖茎若干条，用糖度计测试蔗茎上下部节间的锤度值，以蔗茎上下部节间锤度的比值0.9~0.95为工艺成熟的初期，0.95~1.0为全熟期，可部署砍收入榨，而大于1.0则过熟，达到蔗糖分高峰期的甘蔗未及时砍收，蔗茎中的蔗糖分会发生转化，尤其是在升温多雨的情况下转化更加迅速，蔗糖分降低，还原糖增加，蔗汁纯度下降，这就是业界常说的"回糖"现象。

甘蔗砍收前也可对蔗茎产量进行理论测算。甘蔗产量的构成因素包括群体数量和个体水平。群体数量即单位面积内的甘蔗有效茎数，包括株高1米以上的主茎和分蘖茎，个体水平可用甘蔗单茎重表示，其理论测算公式如下：

$$单茎重=株高\times茎径^2\times0.785/1\,000$$
$$单位面积蔗茎产量=单位面积有效茎数\times单茎重$$
$$单位面积产糖量=单位面积蔗茎产量\times甘蔗蔗糖分$$

现代甘蔗生产中，不再单纯考虑单位面积内的蔗茎产量和产糖量，特别是对于实施全程机械化生产的种植业主，其单位种植面积的纯收益逐渐成为评价的最终指标，不仅蔗农和制糖企业，农机和其他专业化服务业者的收益也逐渐纳入了评价范围，以利于产业整体利益平衡机制的建立和实施。

二、甘蔗机械化收获技术

收获是甘蔗生产中单位面积消耗工时数（又称劳动量）最大、作业成本支出最高的环节。人工收获和机械收获的劳动量分别占甘蔗生产全程总劳动量的 49.75％和 51.41％；人工作业收获成本占甘蔗生产总成本的 19.89％，机械作业收获成本占甘蔗生产总成本的 15.46％。此外，不同的机械化收获方式决定了甘蔗种植和中耕管理方式，反映出不同类型的机械化生产模式和特点，也决定了相应的机械装备选型和使用效果，体现出不同的农艺技术策略和效益目标。因此，甘蔗机械化收获及其农机农艺融合技术作为保障我国蔗糖生产安全和产业可持续发展的重大关键技术受到广泛重视。

甘蔗机械化收获涉及种植、加工、收割作业、运输四类主要的经营主体，技术系统衔接性要求高，利益交织程度复杂。我国甘蔗机械化收获在固有体制和机制制约下长期仅处于试验阶段，也导致甘蔗生产的全程机械化推进缓慢，短板频现，代价沉重。然而，作为蔗糖产业发展的必由之路和技术发展的必然趋势，高效率的甘蔗机械化收获作业和中小规模、较分散的机械化收获作业经营模式如何实现有机结合，是我国甘蔗生产全程机械化亟须解决的问题。

甘蔗机械化收获的方式从联合作业的程度不同可分为分段式收获和联合收获两种方式，前者如割铺机—剥叶机—集堆装车模式，即甘蔗先经砍倒，再进行剥叶处理，而后集堆装车入厂压榨，这种模式属于人工砍收到联合收获之间的一种过渡方式，整体收割入榨的作业效率提升不显著，劳动力数量和劳动强度的改善效果也仍然不明显，但在局部规模小、地处分散、地形坡度较大的蔗区可作为减轻作业劳动强度的一种机械化收获方式选择。后者一般采用切段式联合收割机配套田间转运车、公路运输车实现高效率收获作业，这也是目前国际主流的甘蔗机械化收获作业方式。从机械化收获采用的收割机类型和原料蔗状态的不同，甘蔗机械化收获又可分为整秆式收获和切段式收获，目前无论是从机型还是应用的成熟程度，都以切段式收获方式为主流，这种方式实现了甘蔗切梢、扶倒、切割、输送、切段、排杂、装卸和运输工序的联合作业。本节仅就切段式甘蔗联合收获作业进行分析。

（一）作业行长与蔗茎产量对机械化收获效率的影响

尽量延长机械化收获作业行长是提高机收作业效率，保证作业数量和收益的有效手段。笔者曾对机收作业行长与蔗茎单产分别为 260 米（4.2～6.7 吨/亩）、520 米（4.4～6.5 吨/亩）和 780 米（4.6～5.9 吨/亩）共 20 个处理，在行距 1.5 米，未采用田间转装，单车次装载量 9.5 吨，收割机行走速度 4.0 千米/时，发动机转速 1 800 转/分钟下的有效收割时间占总工作时间的比例进行研究。结果显示，作业行长为 260 米、520 米和 780 米的地块平均有效收割时间占比分别为 60.8％、77.8％和 89.5％，行长与机收有效作业时间呈显著正相关；而随着行长的增加，甘蔗单产水平对有效收割时间占比的正效应越加显著，行长 260 米、520 米和 780 米的地块蔗茎亩产每增 1 吨，有效收割时间占比分别提高（绝对值）2.7％、5.6％与 21.9％；在该试验装载方式下，行长 260 米和 520 米的地块分别在蔗茎单产 5.2 吨/亩和 4.6 吨/亩时达到最高有效收割时间占比，分别为 65.7％ 和 82.4％，高于上述单产水平时，产量效应不显著，反映出合理配置机收装载量的重要性，表明规模化高产蔗园应用联合收割机—田间转运车—公路运输车的机收系统是作业经济性的必然选择。

　　笔者对作业行长和甘蔗产量水平对机收效率的影响研究结果显示，行长为 260 米（5.5 吨/亩）、520 米（5.4 吨/亩）和 780 米（5.2 吨/亩）的地块平均机收效率分别为 31.5 吨/时、38.5 吨/时和 40.7 吨/时，延长作业行长的连续地块作业方式对机收效率的提升效果显著，体现出机械化蔗园土地整治、田块设计以及生产规划中种植制度、品种类型和标准化耕作的重要性；随着行长的增加，甘蔗单产水平对机收效率的正效应愈加显著，作业行长 260 米、520 米和 780 米的地块蔗茎亩产每增 1 吨，机收效率可分别提高 7.6 吨/时、10.1 吨/时和 18.2 吨/时，实现了种植者和机收服务者的利益共赢。规模越大、作业行长越长的地块，以行长 780 米为例，亩产每增 1 吨，按 2014/2015 生产期原料蔗价格计算，种植者亩增产值 400 元，若机收服务费以当时 90 元/吨计，机收服务者每天作业 10 小时，平均每亩可增加机收服务费 558 元。

（二）甘蔗品种特性和蔗茎产量对机收质量的影响

　　根据收割机作业特点，若提高排杂风扇转速，加大了排杂风量，则提高了去杂效果，甘蔗夹杂物减少，但强风也可能造成一些轻、细原料茎段被吹至田间，造成田间损失率增加。反之，若降低排杂风扇转速，则田间损失量减少，而夹杂物便不可避免地增加，两个指标之间存在着此消彼长的关系。国际上甘蔗机收的田间损失率和夹杂物率之和一般在 14％～15％。

　　为了探索降低甘蔗机收损失的关键技术，为机械化品种种植布局、规范农机作业和配套高产农艺技术提供科学依据，笔者曾对 5 个甘蔗品种的机收损失情况进行了研究分析，结果显示，甘蔗机收的田间损失物主要为破碎的原料茎段，品种间的机收田间损失率差异显著。研究表明，田间损失率的大小不仅取决于收割机手的操作水平及与田间运输车的配合程度，也与品种特性，如蔗茎组织的松脆程度有关。5 个参试品种的机收田间损失率平均为 4.7％，产量表现较好的品种中，粤糖 55、福农 39 的机收田间损失率均在平均水平以下，不到 4％；而福农 15 的田间损失率较高，达 5.4％，进一步分析其原因是该品种蔗茎组织较松脆，易机械破裂；对此类品种机收时应匀速谨慎行驶，避免过高速行驶造成收割不完全及引擎超负荷造成通道拥堵挤压破损，在保证茎段完好的基础上可适当调大排杂风量，以减少夹杂物。品种产量较低的地块机收田间损失率均偏高，都在平均水平以上（5.2％～6.2％），分析原因是低产地块收割机与运输车掉头次数增多，田间驻留时间增加，为追逐利益，收割机提高行驶速度，引擎超负荷使得收割机通道拥堵造成蔗茎挤压破裂。针对这种情况，可通过操作技术进行控制。

　　夹杂物率是另一个反映甘蔗品种适合机收特性的重要指标。夹杂物主要为甘蔗嫩梢部及原料蔗中所夹带的碎叶、叶鞘、严重病虫害腐败茎段、根须、蔗蔸等。机收夹杂物率的高低与品种特性，如成熟度、脱叶性、抗倒伏性密切相关，也与机手操作水平，如行驶速度、切梢器高度的调整有关。笔者测试的 5 个参试品种的机收夹杂物率平均为 7.2%，品种间差异极为显著。产量表现较好的品种中，夹杂物率从低到高依次为粤糖 55（6.7%）、福农 39（7.8%）、福农 15（9.4%）。试验当年受台风影响，甘蔗均有不同程度的歪斜或倒伏，三个品种中粤糖 55 较直立抗倒，福农 39、福农 15 的倒伏程度则重于粤糖 55，特别是福农 15 的株高又显著矮于粤糖 55 和福农 39。而试验中采用的 Austoft7000 型甘蔗联合收割机切梢器的可调高度范围为 96～360 厘米，若甘蔗倒伏严重，则可能造成收割机切梢器在可调高度的最低点还无法完全切除非原料蔗梢，从而造成夹杂物率提高，福农 15、福农 28 均属此类情况。而粤糖 00-236 的株高更矮，夹杂物却最少，分析显示，该品种的单茎重最轻，田间损失率最高，表明对该品种而言，收割机排杂风量过大，除少量包茎较紧的叶鞘外，嫩梢及其他杂物，甚至细小茎段都被吹落至田间，故而夹杂物极少，而田间损失严重。在提高单产的前提下，对该品种机收时通过减小排杂风速可望进一步改善机收效果。

（三）发达产蔗国家和地区的高效减损机收技术应用

在澳大利亚，机械化收获的农机农艺融合研究与实践为高效减损的机收作业提供了科学的参考依据，其理念和思路十分值得借鉴，一些研究结果和技术观点也与我国的基本相同。近年来，随着机收市场的日益饱和，澳大利亚甘蔗机收作业者将提高收割效率视为增加收益的主要手段，平均收割效率从 1997 年的 80 吨/时提升至 2014 年的 150 吨/时，与此同时，平均夹杂物率也从 4% 增加到 12%，作业不当造成公顷损失蔗糖 0.25～2.5 吨，经济损失可高达 1 500 澳元/公顷，引起了糖业界研究人员的高度重视。进一步试验研究发现，蔗田收割条件和收割速度是原料蔗进厂夹杂物率的主要影响因子，而排杂风扇转速则是田间损失率的主要影响因子。蔗田收割条件包括了甘蔗倒伏情况、田间湿度、甘蔗脱叶性、适宜的行距和垄形等，研究结果显示，品种 Q117 在潮湿、全倒伏的蔗田收割条件下进行机收的甘蔗夹杂物率超过 14%，远高于其在蔗茎直立、干爽的田间条件下 2% 的机收夹杂物率，和其在甘蔗半倒伏、干爽的田间条件下 5.5% 的机收夹杂物率；而试图通过加大排杂风扇转速的方法来降低甘蔗夹杂物率的效果并不显著，对于甘蔗直立、田间干爽的收割条件下，排杂风扇转速从 950 转/分钟提高到 1 350 转/分钟时，夹杂物率也仅下降约 1 个百分点，而对于甘蔗倒伏、田间潮湿的恶劣收割条件下加大排杂风扇转速对于降低甘蔗夹杂物率的效果更是微乎其微。

研究还显示，在澳大利亚甘蔗平均收割速度达 80 吨/时的机收夹杂物率约为 4%，收割速度提高到 120 吨/时的机收夹杂物率则升至 8%，收割速度达到 160 吨/时的机收夹杂物率则高达 12%，亦即澳大利亚的甘蔗平均收割速度每提高 40 吨/时，甘蔗夹杂物率便增加约 4 个百分点，巴西甘蔗的平均机收速度现为 70 吨/时；澳大利亚的研究者们还发现，在保持稳定的收割速度下，排杂风扇转速从 800 转/分钟增加到 1 400 转/分钟时，平均夹杂物率约下降 2 个百分点。针对不同年代、款型甘蔗收割机的机收适应性参数研究显示，近年进入市场销售的新款甘蔗联合收割机排杂风扇转速达到 800 转/分钟后，甘蔗机收的田间损失率便开始快速上升，而旧款机型的排杂风扇转速在达到 1 000 转/分钟之后，甘蔗机收的田间损失率才开始快速上升。上述研究结果对于我国开展甘蔗的高效减损机收都具有重要的指导意义和实践价值。

国外同行认为，甘蔗的高效减损机收以及宿根蔗蔸的保护对蔗株基部土壤填充的充实度及适合收割机基切刀片切割角度的垄形、基切刀片的安装、调整和适时更换都有较高的要求。对基切刀片的作业状态研究显示，新刀片在单行种植、蔗株较直立、环境干燥的良好条件下，作业行驶速度达 9 千米/时对蔗蔸造成的损伤率最小。当刀片边角磨损 2.5 厘米后，作业行驶速度宜控制在 6 千米/时以内才不致造成明显的蔗蔸损伤。而当刀片前端进入全刃磨损时，作业行驶速度须控制在 1 千米/时以内才不致造成蔗蔸损伤。刀片整体长度磨损接近一半时就应停机更换新刀片。

一般在 7 千米/时的正常作业行驶速度下，不同年份和款型的甘蔗联合收割机的基切刀盘转速为 580～650 转/分钟，如果基切刀盘转速过快往往容易造成重复切割和刀片的磨损，转速过慢则容易产生"破头"现象、拉扯、损伤蔗蔸，从而影响下一季宿根蔗的生长和产量，而且还会增加进厂的泥块杂物。此外，基切刀片的角度应调校适应垄高和垄形，蔗茎基部切断应贴地切割，既减少留茬的蔗茎产量损失，又尽量减少连带土壤进入蔗槽，影响制糖效率、质量和增加制糖成本。上述研究结果使得机收作业的技术规范性日受重视，与此同时，卫星导航自动驾驶等现代技术应用日渐普及。巴西的研究显示，应用卫星导航自动驾驶系统的机收损失比未采用该技术可减少 53.5% 的甘蔗损失，通过遥感技术的整合，已可实现漏播检测、均匀性测土、实时变量施肥、定点除草，实现农场全自动管理。

（四）机械化收获作业技术要求

甘蔗机械化收获是涉及种植、管理、机收、运输和制糖加工各环节有机衔接的系统工程。根据我国蔗区布局特点和品种基础，在传统的甘蔗生产规划基础上，亟须针对机械化的特点和要求，从种植布局上因地制宜地进行品种产能类型区分、熟期安排和机械作业面一致性布局，将品种形态特征（如脱叶性、抗倒伏性、蔗茎组织松脆度）、生长特点及田管周期、肥水需求特性、成熟期相近的品种集中种植，以便于机械化管理和机收的高效、减损、降耗作业，也便于针对不同的生产水平类型配套必需的设施、装备及管理技术，实现集约化生产经营。

如前所述，机收应尽量选取植期相同、成熟度一致、产量水平相当、品种特征（如脱叶性、抗倒伏性、蔗茎组织松脆度）相近的连片地块集中作业，留宿根地块应避免在久旱或久寒前采收。田头应有 6 米以上转弯掉头空间，田面、路面无明显高差，机具可顺畅通过的，适宽路面可作为转弯掉头空间，但需预先规划好转装与运输路线，消除交通安全隐患；须先行收割田头甘蔗以留出转弯掉头空间的，收割后须整平垄沟，便于机具行走。检查清理田间石块等有损机具的杂物和障碍物，填实明暗凹坑深沟，铲平土包。

田间如遇甘蔗倒伏，收割机应顺倒伏向逐行收割，倒伏严重、产量较高、青叶多的地块或收割机刀具磨损未及时更换的，应适当减缓采收速度；田间转装车须由田头出入，沿沟内行驶，不得横跨垄沟碾压蔗蔸。笔者对机收后的两个宿根季蔗蔸受不同程度碾压的品种产量情况进行的试验研究结果显示（表4-5），因作业规范性缺失造成的重度碾压对下一季的甘蔗生长和蔗茎产量均构成显著影响，蔗茎单产比正常区域减少13.2%～49.4%；品种对碾压的敏感性有所差异，如桂糖03-2287不仅群体数量下降14.2%～20.8%，个体生长速度也受到显著抑制，在规范机收作业质量要求的前提下，这类品种需尽早进行破垄松蔸，重攻蘖、茎肥；而桂糖29的破垄松蔸和中耕促蘖对机械化高产稳产显得尤为重要；粤糖53则对机械碾压程度较钝感，田间管理上易于轻简化。

表4-5　两个宿根季蔗蔸受不同程度碾压的品种产量

品种及生产季	处　　理	株高（厘米）	茎径（厘米）	单茎重（千克）	亩有效茎数（条）	蔗茎亩产（吨）
桂糖03-2287 宿1	正常区域	261	2.73	1.53	3 190	4.87
	失误碾压（轻度）	242	2.84	1.53	3 054	4.68
	规范性缺失碾压（重度）	212	2.57	1.10	2 737	3.01
桂糖29 宿1	正常区域	200	2.69	1.14	4 275	4.86
	失误碾压（轻度）	192	2.74	1.13	3 921	4.44
	规范性缺失碾压（重度）	189	2.85	1.21	2 298	2.77
桂糖03-2287 宿2	正常区域	256	2.88	1.67	3 190	5.32
	失误碾压（轻度）	235	2.81	1.46	2 932	4.27
	规范性缺失碾压（重度）	195	2.64	1.07	2 528	2.69
粤糖53 宿2	正常区域	261	2.62	1.41	3 014	4.24
	失误碾压（轻度）	249	2.62	1.34	2 673	3.59
	规范性缺失碾压（重度）	253	2.63	1.37	2 676	3.68

有条件的机械化蔗园建议采用卫星导航控制设备在预设线路进行高效、优质、节能、减损采收作业。甘蔗进厂即时入榨，放置时间不超过24小时。

第六节　宿根蔗管理

一、宿根蔗生产的生物学基础

（一）宿根蔗的概念和意义

宿根蔗是上一季甘蔗收获后，留在地下的蔗蔸侧芽萌发出土，经栽培管理而成的新一季甘蔗，由新植蔗收获后留下的蔗蔸萌发长成的宿根蔗称为第一年（季）宿根，由第一年（季）宿根蔗收获后留下的蔗蔸长成的甘蔗称为第二年（季）宿根，以此类推。

宿根蔗生产省去了耕整地和播种种植环节，节约了蔗种、基肥、机耕、机种及配套的辅助用工等成本，且由于地下根系群体已于新植季建成，吸收养分、水分和抗逆境能力比新植蔗强，单位土地面积内的蔗芽数也显著高于新植蔗，因此宿根蔗同新植蔗相比往往更早生快发、苗情健壮，高产高糖，用肥数量比新植季至少可节约10%以上，在经豆蔗轮作、碎叶深埋还田、保护性耕作条件良好的蔗园，宿根蔗用肥量甚至可比新植蔗用肥量节约一半以上。所以延长高产、稳产的宿根蔗年限是甘蔗产业降成本、增产增收的关键。宿根年限短恰恰是我国同世界发达产蔗国家之间竞争力差距大的重要原因，我国甘蔗宿根年限比发达国家平均水平少 2～4 年。由于品种的适应性、地力的退化、病虫生态环境压力、极端气候以及生产管理不当，我国的甘蔗生产中能够维持一新两宿高产稳产的蔗园数量日渐减少，相当部分蔗区甚至不得不采用年年翻种、增加投入成本来勉力维持甘蔗产量以弥补其宿根季大幅减产造成的经济损失，从而使甘蔗生产成本居高不下。反观发达产蔗国家，如巴西的甘蔗宿根年限一般都能达到 5～7 年，其大部分蔗区以蔗茎单产低于 85 吨/公顷作为进行重新翻种的产量依据，其高产水平由此可见一斑，甘蔗生产成本的优势自然凸显。

（二）宿根蔗生长的特点

1. 宿根蔗地下部的生长特点　宿根蔗的根系在全生长期的前中期（7月前）因兼有上一季生长的老根和新发根两类根系，故吸收能力、抗逆性均较强，因此与新植蔗相比往往表现出前中期生长较快的明显特征。由于垄面以下的浅土层（0～7 厘米）通气性相对深土层为佳，一般又是施肥管理上养分较集中、充足的区域和便于人为调控土壤水分的区域，所以宿根蔗的新生根也多萌生于该浅土层内较密集的节上的根带，从而形成宿根蔗的新生根群分布较浅的特点，如果未进行有效的中耕深松或破垄深松，或未进行深土层施肥，就难以改善和活化深土层的结构与功能，难以促进新生根向纵深生长，难以维持上季老根的吸收功能，以致老根逐渐老化甚至死亡。因此，生产上常见宿根蔗生长后期，承担着主要的吸收功能的新生根系因对土壤深层的养分和水分吸收能力不足，从而导致宿根蔗前期生长虽快，但后期长速趋缓，甚至提早滞长，且容易受旱，易翻蔸倒伏的现象发生。因此，上一季甘蔗大培土追肥时的深松、深施肥是保证宿根季良好的根系吸收功能和支持功能的关键技术。

由于甘蔗具有分蘖的特性，无论是主茎还是分蘖茎，理论上，只要温湿度条件适宜，每根蔗茎在土壤中的健康芽都可能萌发成株，这也是一般分蘖性较强的品种其宿根性表现亦较好的原因，因此宿根蔗的蔗蔸里一般都有充足的地下芽数。调查显示，甘蔗砍收后蔗蔸内的地下芽数至少为新植蔗基本出芽数的 4～5 倍，其中具有生活力的芽约占一半，芽龄和生理状态适宜、能够及时萌动出苗的芽又约占这其中的 60%，因品种而异，高的可达 80%，低的 30%～40%，其余的芽则处于未发育成熟或休眠状态，即便它们后发出芽，也会在群体竞争和耕作管理过程中被淘汰。因此在我国的甘蔗生产实践中，宿根发株数一般为新植蔗基本苗的 1～2 倍。从芽位情况看，宿根蔗蔸中的高位芽易受不良环境生态条件，如干旱、寒冻、积涝等灾害的影响，且易遭受机械损伤，低位芽往往生理成熟度更高，储存营养较多，如能及时破垄深松，创造适宜的温湿度条件，低位芽一般萌动发株较快，成株也较粗壮。在生产全程机械化作业条件下，对品种宿根性强弱的评价应更加强调发株时间的整齐度和苗情的整齐度，即要求在尽量短的时间内达到预期的宿根发株数，且株龄、健壮程度较整齐一致。

2. 宿根甘蔗地上部的生长特点　宿根甘蔗地上部的生长特点很大程度上与地下部根系的生长特点相关联。可归纳为以下三个特点：

（1）前期生长快、中后期渐慢、容易早衰。这种现象正是因为宿根蔗的新生根系多分布在0～7厘米浅土层，而深土层老根系随着生长期的推移而逐渐老化，使得宿根蔗生长后期根系对深层土壤的养分和水分吸收能力不足，且甘蔗生长中后期也不可能持续地追施、补施肥料，所以宿根蔗的生产管理，尤其是机械化收割后，应在适宜的气候和土壤墒情条件下及早进行破垄深松，尽量将前一季培高的蔗垄破松、降低垄高，也便于后续培土时有足够的培垄土量。促新根的同时延续老根生活力，促进已萌动的低位芽早发成株，尽早形成良好的自养光合群体能力，节约前期用肥，重攻中后期营养。宿根蔗中后期养分管理应足量施肥，将甘蔗易吸收的速效肥与长效缓控释肥进行配施，以保持宿根甘蔗的生长后劲，不早衰。宿根甘蔗机械化管理分为破垄深松施肥和大培土施肥两次为宜，不鼓励将破垄和大培土合而为一的一次性作业法。

（2）发株及生长不均匀。造成这类现象的甘蔗自身的原因主要是不同芽位蔗芽成熟度的差异，造成萌动发株的时间早晚不同，以及形成的强、弱苗之间的个体竞争。造成发株及生长不均的外在原因则较为复杂，影响因素繁多，多数是因人为管理和作业不当造成的，也是可以避免和改善的，如进行机收时收割机或装载运输车辆未严格遵守作业规范，造成碾压蔗蔸，从而影响宿根蔗的发株；上一生产季的培土质量不佳造成机收时的蔗蔸损伤或破坏；收割机手操作不当造成蔗茎基部切割留茬高度不一致，使得田间高位芽、低位芽发株参差不齐、生长强弱不均；基切刀片磨损严重却未及时进行更换，造成甘蔗留茬破损而影响宿根甘蔗发株；田间局部病虫害失控造成缺苗断垄；防灾（寒、旱、涝等）措施未全面到位造成局部灾情影响宿根蔗发株等。如果宿根蔗田间发株不齐较为严重，应及时补苗甚至翻种。

（3）影响收割效率和收割质量。随着甘蔗宿根年限的延长，逐年萌发的地下芽和新生根系在土壤中的生长区位逐渐抬高，亦即蔗蔸（蔗桩）逐年上移，一方面造成甘蔗田间垄面与沟底的高度差逐渐增大，形成高垄深沟，在进行机收时蔗垄易刮触机具底盘，影响收割效率和收割质量。另一方面，随着甘蔗宿根年限的延长，以浅土层根系为主的根群结构使得甘蔗愈加容易倒伏。所以宿根蔗的机械化管理应特别注意提高破垄深松（降垄高、深扎根）和培土作业的质量。在发达产蔗国家和地区实施保护性耕作技术模式的蔗园通过垄作植蔗，减少田间耕作次数，以深松替代培土，避免出现高垄深沟而影响宿根季机收的顺利进行。

（三）宿根蔗的栽培技术要点

1. 选用宿根性好的品种　优良品种是甘蔗新植、宿根季多年高产稳产的基础。尤其在生产全程机械化的条件下，仅就宿根性而言，应特别注意品种的以下优异性状表现：

（1）甘蔗早生快发，分蘖势旺盛，从分蘖初期至分蘖盛期的时间较短，茎蘖数量消长的自我调控能力强，分蘖成茎率高，单位面积有效茎数对于宿根甘蔗产量构成的影响比新植季更为重要，上述性状的优异表现均有利于在蔗蔸内形成数量合理、芽体健壮的地下芽群体。

（2）甘蔗根系的生长能力，尤其是深根群的生活力维持时间持久，抗旱性强，耐瘠薄、耐粗放，养分吸收利用效率高；甘蔗叶形、叶姿、叶面积指数和生理状态既要满足有机物同化制造、供应和储存的需要，又要具备良好的水分蒸腾调控结构、功能和数量的均衡。

（3）甘蔗的地下部能够在全生产期机械化作业条件下耐土壤压实、耐通气障碍、损伤率低，地下芽群体数量合理，低位芽萌动快，发株迅速，齐苗期短；蔗茎基部切割性能良好，坚韧抗倒。

2. 科学管理，种好上一生产季的甘蔗，为宿根蔗高产奠定良好的基础　包括甘蔗群体数量（有效茎蘖数）和个体水平（植株高大、健壮、茎径大小均匀）基础，针对不同分蘖性能的品种，通过中耕促蘖或培土控蘖技术的实施，创建合理的单位面积有效茎数群体，避免出现田间蔗茎大小参差不齐的现象，宿根季尤其要保证充足、均匀的甘蔗有效茎。

通过科学安排植前深松、培土深松、破垄（中耕）深松及改良土壤结构、深埋有机质及浅深结合、速效与长效缓控释肥相结合等技术措施改善和优化全土层（0～40厘米）的土壤理化基础。

做好病、虫、草、鼠害综合防控和防灾减灾，抑制不良生物竞争，抵御逆境胁迫，构建良好的蔗园生态基础。

3. 保护并管理好地下部蔗蔸　严格遵守机械化作业技术规范性要求，尤其是机收环节。有条件的机械化蔗园可采用卫星导航控制系统，在预设线路上进行固定路径行走控制作业，尽可能地减少机具行走的土壤接触面积，缓解压实和剪切效应对土壤结构的破坏性影响；严格执行砍收质量标准，根据砍收量限额适时更换刀具耗材，避免机收留茬过高、蔗茎基部破裂、损伤和蔗蔸拖拽出土等现象的发生。

甘蔗收获后应抓好"四早"管理措施。即早破垄深松蔸，促进地下芽发株，改善土壤通气性；早施肥管理，促进蔗苗和根系的生长；早查苗补苗，保证全田苗齐苗壮；早防病虫草害，抑制不良生物竞争。

笔者曾对甘蔗品种粤糖55、福农39进行不同破垄时间处理的研究，结果显示，在一定时间范围内（10天），适宜的气候和土壤条件对宿根出苗、分蘖及产量构成的影响更甚于破垄时间的早晚。粤糖55对破垄时间早晚的反应不敏感，而福农39通过及早破垄则对甘蔗伸长生长具有显著的促进效果。因此，宿根蔗的管理要因时、因地、因品种科学合理进行。

二、宿根蔗机械化管理作业技术要求

宿根蔗的机械化管理包括平茬、破垄、深松、施肥、用药等作业环节，一般在甘蔗收获后先进行清园，即清理田间可妨碍破垄松蔸作业的残杂物，而后适温适墒在蔗行依稀可辨时进行，避免误伤蔗蔸，有固定机具行走路径的机械化蔗园或采用卫星导航控制系统在预设线路作业的可提早进行。及早管理有利于宿根蔗提早发株和苗情整齐、健壮。宿根蔗破垄松蔸可采用犁铲式、旋耕式或圆盘式宿根破垄施肥机配套相应动力拖拉机进行。耕层深厚、较疏松或沙质土可采用圆盘式宿根破垄施肥机。有条件的情况下，宿根发株缺苗断垄的部分应尽量进行移栽补苗；若上季机收时将蔗地田头 6 米左右范围预收割平整为转弯掉头场地的，以不影响宿根蔗田间管理和后续收获作业为原则，可择时耕整种植短季作物、养地作物、甘蔗种苗或或作他用。

宿根破垄松蔸作业的耕深一般要求达到 20～35 厘米，以达到疏解压实、通气促长、垄土还沟、增肥防虫的目的。建议采用高磷，氮、钾含量均衡缓释与速效氮的肥料组合，分为破垄和培土两次作业的宿根蔗地，破垄时的施氮量一般占全生育期总施氮量的 30% 左右，施磷量占全生育期总施磷量的 80% 以上，施钾量占全生育期总施钾量的 30% 左右，全生育期所需的剩余肥料在后续的大培土作业时一次性施完，作业方法与质量要求同新植蔗；为了保证肥料在机具肥料箱中的堆贮质量、刮送、下料顺畅，一般要求使用的颗粒状肥料含水率不大于 20%，小结晶粉末状肥料含水率不大于 5%，以防机械搅动、混拌和潮湿条件下发生黏结影响施肥作业质量。

可根据宿根破垄施肥机的肥料箱装载量、单位地块行长及用量，预先将肥料、杀虫剂混匀装袋备于田间便利装卸处。注意检查补充，避免宿根破垄施肥机在行中耗尽物料，造成装卸不便，影响作业效率。在气候适宜、土壤肥力条件好，宿根出苗迅速，茎蘖旺盛整齐的宿根蔗田，为减少土壤耕作次数和轻简节支，也可将破垄松蔸和大培土结合一次性完成。

三、宿根蔗破垄松蔸机械化装备配置方案

1. 适用土壤类型 红壤、赤红壤、含黏粒较多的砖红壤。

2. 种植方式 等行距种植。

3. 前期耕作条件 前期经标准化深松的蔗地，收割后蔗桩质量合格，宿根管理器作业面蔗梢、残叶已移除或不致造成机具缠绕和集堆障碍。

4. 田间作业机具装备配置

（1）拖拉机。建议匹配动力在 120 马力以上拖拉机。

（2）宿根管理器。旋耕式、犁铲式、圆盘犁式均可，根据破垄松蔸作业质量及作业效率要求进行选择，旋耕式对作业面残梢、残叶的处理要求略高，综合作业效率亦不及后两种宿根管理器类型。如收获后蔗桩质量不理想，建议采用带有平茬装置的宿根管理器进行作业。

（3）物料田间吊装车。宿根破垄松蔸施肥施药复式作业建议选用不需混拌、不易潮结、便于施肥施药装置下料顺畅的肥料和杀虫剂类型。

（4）卫星导航控制系统。结合前期预设作业线路进行高效率、高质量作业，可在宿根蔗出苗现行前，择适宜气候、土壤条件提早进行作业。

四、宿根蔗破垄松蔸机械对甘蔗生产的影响

笔者于 2019 年 4 月在广西宾阳廖平农场采用平茬宿根管理器进行垄面残留蔗茎平茬和破垄作业，采用常规宿根管理器进行破垄作业，设置未破垄为对照区。于 2019 年 6 月甘蔗苗期，每个处理随机调查 4 个点，每点连续测定 30 株苗期株高，及 10 米行长苗数。

每个处理随机调查 15 株蔗蔸，统计总发株数，并以垄面土表以下发株数为健株数，计算健株率。用 SC900 土壤紧实度仪以 2.5 厘米为空间分辨率测定垄面 0～40 厘米耕层土壤紧实度。

（一）宿根管理器对苗期甘蔗的影响

由表 4-6 可知，常规宿根管理器处理的苗期株高显著高于未破垄对照处理和平茬宿根管理器处理，说明苗期破垄处理能够显著促进甘蔗生长。经平茬宿根管理器处理后，其苗期株高变异系数低于另外两个处理，说明平茬处理后，苗期甘蔗生长更趋于一致，有利于后期宿根管理。常规宿根管理器的出苗数显著高于平茬宿根管理器和未破垄对照。常规宿根管理器处理蔸发株数最多，其次为未破垄处理对照，平茬宿根管理器处理最低。但经平茬宿根管理器平茬破垄后，其健株率最高，而未破垄的对照区健株率最低。

表 4-6　不同宿根管理模式对苗期甘蔗的影响

处　　理	株高 （厘米）	株高变异系数 （%）	出苗数 （株/亩）	蔸发株数	蔸健株数	健株率 （%）
平茬宿根管理器	37.40±1.91c	12.81	5406±178b	4.94	4.75	96.15
未破垄对照	42.48±2.14b	19.06	5329±131b	5.06	3.94	77.86
常规宿根管理器	48.33±2.65a	16.05	5964±461a	5.50	5.00	90.91

注：同列不同小写字母表示处理间差异达到显著水平，下同。

（二）宿根管理器对垄间土壤紧实度影响

3 种处理方式的耕层土壤紧实度均随着土层深度增加而增大，其中在 0～25 厘米土层，未破垄处理的土壤紧实度低于平茬宿根管理器和常规宿根管理器处理，在 25～40 厘米土层，3 个处理的土壤紧实度趋于一致（图 4-1）。

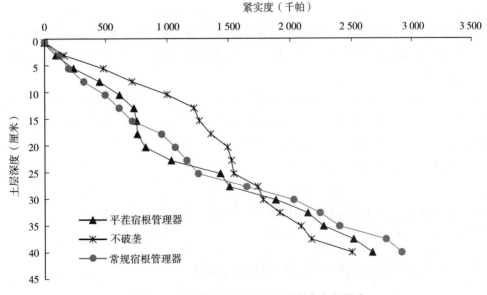

图 4-1　宿根管理器对垄间土壤紧实度的影响

第五章
甘蔗机械化适应性良种的选择技术

第一节 适合机械化作业的甘蔗品种选育

一、适合机械化作业的甘蔗品种选育现状

我国现有自育的甘蔗品种都是几年或十多年前配制的杂交组合选育出来的，选育过程中基本上未考虑到机械作业对品种种性的要求。这是导致近年来蔗田机械化作业，特别是在机械收获的试验示范中，普遍反映品种不能适应机械化作业的重要原因之一。

传统的甘蔗生产多采用窄行距（多数为 0.9~1.1 米，有的在 0.8 米以下）种植，浅种浅覆土，而蔗田机械一般要求宽行距（1.2 米以上）种植。因此，改进农艺技术，包括选种适宜的品种以适应蔗田机械作业的要求势在必行。

适合机械化作业的甘蔗品种应具有萌芽快而整齐度高、分蘖力强、株型直立、易脱叶、群体生长整齐、无或少秋冬笋、宿根性强、宿根发株整齐、适应于宽行距栽培等特点。近两年来的田间试验示范表明，福农 38、福农 39、粤糖 94 - 128、粤糖 55、粤糖 00 - 236、云蔗 03 - 194 和柳城 05 - 136 等品种在机械收获情况下表现较好。在当前缺乏既早熟高糖，又适合机械作业的良种的情况下，有必要首先从现有品种中，选择基本符合上述机械作业共性要求的品种进行试验示范，筛选出较适宜的品种扩大示范，以利推进甘蔗全程机械化作业的进程。与此同时，育种者还应对育种程序和评价方法进行适当的改进，把选育适合机械作业的品种，作为重要的育种目标之一，并将技术措施落实到选育种的全过程。

必须注意的是，在评价品种的适应性时，同时也应当考虑到相应的栽培措施是否适合品种的种性。如在机械收获条件下，进行品种的宿根性评价时，如果采用浅植浅培土的栽培措施，即使是宿根性很好的品种，机械收获时也可能因翻蔸破头，导致宿根季发株差，宿根生长失败，而这种栽培方式在采用人工收获时，可能问题不大，也即可能并不会对宿根造成大的影响。事实上，目前种植的新台糖系列品种和近年来国外引进的品种，基本上都是在机械化收获条件下选育出来的，但在近年机械收获试验中，也并不尽如人意，其中不排除在配套栽培技术措施上还存在问题。

二、甘蔗生产全程机械化作业对品种的要求

蔗田机械化作业的最大优势是争取农时、节省劳力、降低成本和提高效率。然而，蔗

田作业机械高效、节本优势的发挥，有赖于与机械作业相适应的品种和农艺措施的配合。一方面，甘蔗农机是为甘蔗种植、管理和收获等各种作业而设计和制造的，必须尽可能满足实际应用的需要；另一方面，机械对田间作业条件也有一些特定的要求，必须通过品种改良和农艺技术的改进，尽可能使机械在适宜的条件下作业，以最大限度地提高作业效率和质量，发挥机械化的优势。在甘蔗品种选育方面，可从有利于提高机械作业效率、有利于降低原料蔗夹杂物和机收损失率、有利于延长宿根年限等有关的性状着手，具体分析如下。

首先，高产、高糖和抗当地的重要病害是对生产品种的共同要求，适应机械作业的品种也不例外。蔗茎产量高低对机械收获的效率有直接影响，故选择品种时应对其丰产性有更高的要求。

表型性状方面，要求株型直立，叶片挺直，易脱叶，抗风抗倒，无或少气根。这些性状都与机械作业，尤其是与提高收获效率、降低收获损失率、降低原料蔗的夹杂物率，均有直接的关系。此外，直立抗倒的品种还有利于保证收获质量，减少因严重倒伏导致机械收获破头率和因破头而增加的感病率提高，从而影响宿根蔗生长的风险。

生长特性方面，要求萌芽、宿根发株、分蘖快且整齐度高、分蘖成茎率高，群体生长整齐，秋、冬笋少。只有在下种后或宿根处理后尽快达到齐苗、壮苗，形成生长健壮、均匀整齐的蔗苗群体，机械中耕才便于操作，保质保量地提高作业效率也才能实现，并有利于最大限度地减少机械作业对蔗苗的损伤。反之，如果在中耕培土时，蔗苗高矮差异大，机械作业时将导致长得过高的蔗苗折断和太小的蔗苗被土层覆盖；如果收获时蔗株高矮不一，收割机去梢作业困难，要么增加原料蔗的夹杂物，要么损失部分原料蔗；秋、冬笋特别是未达到原料蔗标准的蔗笋多时，也将大大增加夹杂物的比例。

机收破头率高低直接影响宿根生长。机械收获的破头率高低与品种种性有较大关系，如茎组织比较松软的品种，蔗头破损率就可能较高。蔗头破损可能伤及地下蔗芽而影响宿根发株，同时，机收导致的破头，还可增加感染赤腐病和凤梨病等病害的机会，导致宿根发株差，宿根栽培失败。

宿根性强，适应宽行距栽培。延长宿根年限是降低甘蔗生产成本的有效措施，机械收获时收割机和运输车都会压实蔗地土壤，对甘蔗宿根造成不利的影响。特别是土壤湿度过大或轮距与行距不匹配时这种不利的影响就更为严重。所以，选种宿根性强的品种是提高蔗田机械化作业整体效果的重要环节之一。为使蔗行免受收割机轮或车轮直接的碾压，一般需适当调整轮距，或改变种植行距，以使两者相匹配。当前大型收割机适宜的行距在1.4~1.8米，小型收割机适宜的行距也在1.2米以上。在此情况下，要求选种的品种在宽行距种植条件下仍能获得理想的产量。此类品种一般应具有分蘖发生快、分蘖力强、分蘖苗均匀特点，以利于在较宽行距种植的条件下尽早封行。

此外，萌芽率高、分蘖率高和宿根发株率高无疑是适应机械作业品种评价的重要指标。一般来说，萌芽快而齐的品种，萌芽率也较高。而分蘖率和宿根发株率则因情况而异，以成茎率高、能保证理想的单位面积有效茎数为宜，因此，并非越高越好。分蘖或发株时间太分散的品种，虽分蘖率或发株率较高，但往往株间竞争激烈，最后有效茎数不一定多或生长不整齐，在生产上并不可取。母茎生长快的品种通常分蘖率较低，分蘖发生也相对较迟，群体整齐度较差，同时，此类品种一般基部较小，基部节间较长，较易倒伏。在全程机械化生产条件下，对甘蔗品种的毛群（主要是叶鞘背毛群）、茎径等性状的要求可适当放松。

机械化适宜品种不仅要满足传统的良种评价目标，即高产、高糖、抗逆（病、虫、旱、寒、风、盐、瘠）、强宿根，还须注意适合机械作业的形态学特征、理化特性和工农艺性状。对机械化种植而言，芽体不暴凸，生长带不过分鼓胀，芽体陷入芽沟等性状都是保护蔗芽避免机械损伤的有益性状；对机械化中耕管理来说，应选择早生快发，对除草剂钝感，分蘖性强，主茎和分蘖长势整齐，封行迅速，梢部不易折伤，成茎率高的品种；而蔗茎纤维含量中高，直立抗倒，易脱叶或叶鞘松、薄，蔗肉组织致密，蔗糖分耐转化能力强则是适合机械化收获的优良性状。

三、适合机械化作业的甘蔗新品种选育策略

（一）适当调整育种程序，按多元化目标选择后代材料

随着甘蔗产业的发展，甘蔗的育种目标已由糖料甘蔗品种选育的单一目标，拓展到以糖料甘蔗品种为主，兼顾能源甘蔗、果用型甘蔗、饲料型甘蔗等各种类型品种选育的多元化目标。但在甘蔗杂交育种中，各类品种选育的基本过程并无根本性的差别，只要对现行的育种程序进行适当调整，在亲本选配和后代培育与选择中，加强相关性状的选择，则可在同一育种程序下，实现多元化育种目标，适应机械作业的品种选育也不例外。我国蔗区分布广，不同蔗区的地理条件和生态条件差异甚大，各地适应种植的品种也有所不同，当前蔗田作业机械化仍处于试验推进阶段，生产上既急需适应机械作业的良种，同时，也要求有更多适应传统栽培作业方式的更好的优质、丰产优良品种。适应机械作业的新品种选育工作，可在现有的甘蔗选育种程序基础上进行，重点是注意适应机械作业品种种性的共性要求，选择综合性状优良的品种，并在机械作业条件下，进行进一步的试验评价。

在全程机械化作业条件下，或在宽行距条件下，实施杂交后代的选择工作，有助于选育出适应机械作业的新品种。但在早期选择阶段，一般按蔗田机械生产品种的基本要求，对杂交后代进行选择即可，不必强求机械化作业或宽行种植条件。不过，将入选的优良材料尽早进行机械作业的试验评价，是加速适应机械作业品种选育的重要措施。

（二）在现有生产品种中，筛选适合机械化作业的品种

育成一个新品种通常需要10年甚至更长的时间，因此，从现有生产品种中，筛选一批性状上适合机械作业要求的品种，进行进一步的试验、示范与推广，有利于加速蔗田作业机械化的进程。可根据蔗田机械作业对甘蔗品种的基本要求和品种的特征特性，预测品种在机械化生产条件下的表现，筛选出一批潜在的机械作业适宜品种，在有条件开展机械作业特别是机械收获的蔗区和生产单位，参加农机农艺配套技术试验与示范，进一步筛选出优良的适应机械作业的新品种，供大面积推广应用。

（三）加强亲本培育与利用

甘蔗亲本是甘蔗杂交育种的物质基础。从长远计，要选育适应机械化作业的优良新品种，必须从亲本抓起，重点是培育一批优良的、具有适应机械化作业品种的主要性状的亲本材料，包括在创新育种材料、现有亲本、杂交育种各阶段的育种材料以及引进的品种、育种材料或种质中，进行筛选和进一步的杂交利用。

（四）适合机械化作业的品种是今后育种的主要方向

适合轻简栽培作业要求的性状是提高作业效率，降低生产成本的需要，在人工成本逐年大幅度提高的前提下，适应机械化作业的品种是最重要的育种方向。尽管目前我国在部分作业环节，尤其是收获环节采用人工收获，下种环节也基本以人工为主，但是，作为需要较长年限和需要超大群体才能育成品种的甘蔗而言，育种的战略还是应该针对支撑和满足全程机械作业的要求，相关性状包括方便作业与管理的育种目标性状，如不倒伏、分蘖快以实现主茎与分蘖茎高度相对一致等。现有的新台糖 22 以及产业技术体系启动以来已经选育或筛选出来的一批优良品种，已经基本上能够满足我国甘蔗生产从人工作业到全程机械作业过渡时期对栽培品种的需求。目前和未来几年，在实现我国甘蔗栽培品质多品系布局和应对低温、霜冻和病虫害问题上，更多应该考虑通过以上述品种为载体的配套技术包括栽培技术、植保技术、农机农艺融合技术以及种苗技术等，来谋求获得稳定产量和均衡增产。因为，毕竟上述这些品种是我国各育种单位推广出来的最好品种，而且，已经在15 个综合试验站，部分还在国家甘蔗区域试验点进行过至少一新一宿的评价，部分品种已经经过多年的种植应用，只是与品种配套的技术需要进一步完善，推广应用的面积还有待在完善配套技术的基础上，进一步扩大推广应用，而不是一味强调培育出新品种。

第二节　适合机械化作业的甘蔗品种选择技术

一、适合机械化作业的甘蔗品种对种植行距和群体密度的要求

我国甘蔗经济的发展仍然面临落后生产力的严重制约，甘蔗人工收获劳动量占总劳动量的50％，人工收获成本约占生产成本的20％。一个技术熟练的工人1天工作8小时收获 0.7～1.0 吨甘蔗。1 台 CASE 7000 切段式甘蔗联合收割机理论上纯工作效率达64.8 吨/时，实际工作效率为 35.82 吨/时，且机械吨蔗总收获成本仅为人工收获的65.12％，节约 22 元/吨，机械化收获的效益是显而易见的。国际主流的甘蔗机械化技术都是在宽行距（130 厘米以上）的生产基础上进行大马力复式作业，而我国现行的甘蔗种植行距多为 70～100 厘米，不能适应未来机械化发展的需要。甘蔗宽行种植可以改善蔗地通风透光条件，提高光能利用率，方便甘蔗机械作业，减少机械对甘蔗损伤和对蔗田土壤的破坏，提高工作效率和经济效益。国内外对玉米、小麦等作物行距和种植密度的研究报道较多，在甘蔗上有关农机农艺融合的配套农艺技术研究论文相对较少。根据农机农艺相融合的技术需求，选用大茎、直立、抗倒伏、易脱叶的高产高糖甘蔗品种福农 39、福农 15 和福农 28，对其在两种行距、三种群体密度下的农艺性状表现及蔗茎产量进行研究，

旨在了解机械化宽行距下的品种适应性及其高产机制，为采取科学的种植方式，指导机械化作业和合理进行营养调控，促进甘蔗高产提供科学的依据。

（一）不同处理下甘蔗分蘖率的分析

分蘖茎是甘蔗有效茎的重要组成部分，采取促进早期有效分蘖和控制后期无效分蘖相结合的措施，是甘蔗获得高产的关键。甘蔗分蘖的迟早与强弱，除了与品种本身种性有关，还与田间环境的光、温、水、肥、气等因素密切相关。由表 5-1 可知，福农 39 窄行种植分蘖表现以 75 000 芽/公顷最佳，其最高分蘖率分别比同行距下另两个密度处理高 3.93 个百分点和 10.75 个百分点；宽行种植则以 90 000 芽/公顷的分蘖力表现最佳，分别比同行距下另两个处理高 6.39 个百分点和 13.62 个百分点，反映出该品种在宽行种植条件下须以下种量保证茎蘖数的生长特点。研究结果还显示该品种宽行种植条件下进入分蘖中期的时间略晚于窄行种植，因此，相应的中耕作业时间也应视株高情况略为推后，以保证群体的有效茎蘖数。福农 15 在窄行种植下分蘖表现以中密植（82 500 芽/公顷）为最佳，其最高分蘖率分别比同行距下另两个处理高 15.33 个百分点和 21.24 个百分点；宽行则稀植（75 000 芽/公顷）分蘖表现最佳，比同行距下其他处理高 16.79 个百分点和 19.43 个百分点，反映出该品种对宽行稀植的适应性。试验结果显示株距对分蘖的效应可能大于行距，这也许是宽行种植在保证单位面积基本苗数的前提下，单位行长内蔗株密度增大，空间竞争加剧的缘故。研究结果还显示该品种宽行种植条件下进入分蘖中期的时间略晚于窄行种植，因此，相应的中耕作业时间也应视株高情况略为推后，以保证群体的有效茎蘖数。福农 28 则明显不适应宽行种植，宽行最高分蘖率比窄行种植低 5.48～13.06 个百分点，下种量越少，宽行比窄行的分蘖率劣势越加明显。

表 5-1　不同处理下甘蔗的分蘖率（%）

行距 （米）	测量日期 （月-日）	福农 39			福农 15			福农 28		
		M1	M2	M3	M1	M2	M3	M1	M2	M3
	5-25	3.67	0.49	5.56	3.97	4.31	0.79	3.27	4.31	3.17
	6-5	13.89	3.45	4.76	22.64	7.76	1.59	5.66	7.76	5.16
1.1	6-14	25.47	36.21	23.81	31.13	34.48	25.40	27.36	34.48	15.08
	6-24	36.79	33.62	44.44	49.06	67.24	48.41	51.89	57.24	40.48
	7-4	54.72	43.97	50.79	62.26	77.59	56.35	68.87	67.86	50.00
	5-25	1.61	2.21	1.37	7.26	0.74	2.74	3.23	2.21	4.79
	6-5	2.42	5.15	10.68	13.71	2.21	4.79	7.26	6.62	12.74
1.3	6-14	20.16	12.50	30.82	19.35	13.97	20.55	13.71	24.26	32.19
	6-24	30.65	22.06	38.49	46.77	31.62	34.25	44.19	52.35	40.41
	7-4	40.32	33.09	46.71	65.32	48.53	45.89	55.81	59.71	44.52

注：M1 为 75 000 芽/公顷，M2 为 82 500 芽/公顷，M3 为 90 000 芽/公顷。下同。

（二）不同处理下甘蔗伸长速度的分析

表 5-2 显示，福农 39 伸长前、中期（7～9月）生长速度快且均衡，7～8月蔗茎伸

长与茎蘖消长同步，由于窄行种植的株间竞争小于宽行种植，伸长速度表现略优于后者，无论宽行还是窄行，8月稀植（75 000芽/公顷）的伸长速度表现佳，可见高温季节注意改善群体通透性对该品种的生长有显著促进作用。至伸长中后期（9～10月）宽行种植的伸长速度则表现出明显优势。总体反映出福农39是一个适合宽行密植、对个体间竞争不敏感、较耐荫蔽、全生育期生长均衡且后劲较足的品种。福农15前期（7月）生长较慢，无论窄行还是宽行，稀植都促进蔗茎伸长，表现出该品种伸长前期的喜光特性，在宽行下尤为明显，75 000芽/公顷处理比82 500芽/公顷和90 000芽/公顷的月伸长量多16.5厘米和17.3厘米，足见该品种宽行密植下个体间的竞争对蔗茎伸长的影响很大，伸长后期也表现出同样的特征；8～9月甘蔗进入伸长盛期，8月，窄行种植的最快伸长速度出现于90 000芽/公顷，而宽行距下则为82 500芽/公顷最快；9月，窄行距下的最快伸长速度出现于82 500芽/公顷，而宽行距下则为75 000芽/公顷伸长最快，反映出该品种伸长中期宽行稀植条件的有益作用。

表5-2 甘蔗不同时期的月伸长量（厘米）

行距（米）	月份	福农39			福农15			福农28		
		M1	M2	M3	M1	M2	M3	M1	M2	M3
1.1	7月	46.4	47.6	57.6	45.8	39.7	44.4	56.2	28.8	46.0
	8月	66.9	63.7	57.7	59.8	59.4	63.9	60.4	62.3	62.8
	9月	41.1	47.3	46.6	55.1	63.9	61.8	48.6	53.8	49.2
	10月	19.5	7.1	20.0	7.7	7.4	9.9	18.6	11.8	8.0
1.3	7月	42.9	47.4	52.3	41.9	25.4	24.6	47.6	39.9	38.1
	8月	65.2	55.7	61.6	49.9	61.1	55.9	59.4	63.7	65.5
	9月	53.4	51.6	58.3	60.7	59.5	60.2	46.5	54.3	46.4
	10月	34.5	16.7	39.8	9.1	12.9	26.2	20.7	15.5	13.9

（三）不同处理下甘蔗苗期叶绿素含量分析

叶绿素在甘蔗植株光合作用中直接参与光能吸收和能量转化过程，它是一种重要的含氮化合物。叶片中叶绿素含量的高低是反映植物光合能力的重要指标。在一定范围内，植株叶片叶绿素含量高，其光合作用强度一般也较高。国内外已有许多试验研究表明，叶绿素计读数SPAD值能预测水稻、棉花等农作物叶片叶绿素的含量，并可以进一步预测作物的产量。由表5-3可知，窄行种植的福农15的SPAD值略高于宽行种植，同一行距不同下种量处理间SPAD值差异不显著。而福农28、福农39恰恰相反，宽行种植的SPAD值较高，福农28不同下种量处理间SPAD值差异不显著，福农39窄行种植下种量超过90 000芽/公顷则SPAD值显著下降，可能是由于其个体生长水平较高，窄行密植个体间有效光竞争加剧，可能造成叶绿素合成养分供应的不足。

表 5-3　不同处理下的 SPAD 值

行距（米）	品种	M1	M2	M3
1.1	福农 15	41.33±1.18a	40.47±1.94a	39.22±1.53a
	福农 28	38.02±1.63a	39.97±1.48a	40.63±1.06a
	福农 39	38.97±1.23a	39.17±1.15a	36.48±1.23b
1.3	福农 15	39.12±0.98a	39.12±0.39a	39.17±1.06a
	福农 28	42.23±＋0.69a	40.20±0.84a	40.95±0.87a
	福农 39	39.80±0.60a	39.83±0.86a	38.38±0.56a

注：同行不同小写字母表示在 0.05 水平上差异显著。

（四）不同处理下甘蔗冠层叶面积指数变化分析

叶面积指数是植物冠层表面物质、能量交换和传递的描述，并提供结构化的定量信息，是估计植物冠层功能的重要参数，也是生态系统中最重要的结构参数之一。总体上，成熟期叶面积指数福农 15 最大，福农 28 与福农 39 相近，除福农 15 在 82 500 芽/公顷条件下，宽行种植的叶面积指数略低于窄行种植，且差异不显著外，宽行种植叶面积指数总体上大于窄行种植，说明宽行种植对保证后期有效光合群体叶面积，防止早衰有益。福农 39 宽行比窄行成熟期叶面积指数高 0.12～0.25，表现出适应宽行密植的潜力；福农 15 则适合宽行稀植，宽行下 75 000 芽/公顷下种量的成熟期叶面积指数最高，达 3.32（图 5-1）。

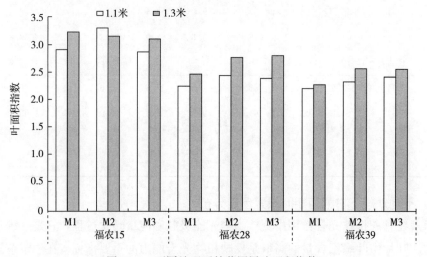

图 5-1　不同处理下甘蔗冠层叶面积指数

（五）甘蔗群体内无截获散射的变化

群体的无截获散射（DIFN）即为透光率。由图 5-2 可知，福农 28 和福农 39 透光率总体上大于福农 15，说明福农 15 群体光捕获能力强，特别是在宽行稀植（75 000 芽/公顷）下的透光率最小，窄行种植则以 82 500 芽/公顷下种量为宜，该品种若宽行密植则可能由于株间竞争激烈导致群体结构和数量的破坏。而福农 39 不论是在宽行还是窄行都显示出密植的适应潜力，特别在宽行 90 000 芽/公顷下种量处理下，光捕获效率最高。福农

28窄行种植的透光率均大于宽行，与其叶面积指数表现相符，也反映出叶姿直立造成的光捕获能力差异可能比行距空间放大造成的漏光影响更大。

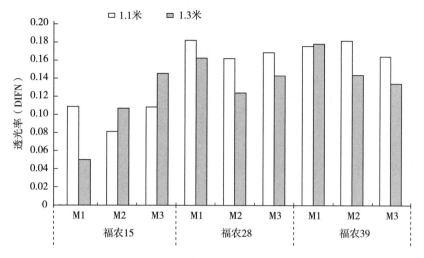

图 5-2　不同栽培模式下甘蔗透光率

（六）不同处理下蔗茎产量的分析

由图 5-3 可知，福农 39 在 75 000 芽/公顷和 82 500 芽/公顷处理下，宽行种植的蔗茎产量均优于窄行种植，下种量达到 90 000 芽/公顷时，窄行种植的蔗茎产量显著高于宽行种植 35.6%，但同宽行种植其他基本苗数处理相比，仍表现出密植的增产潜力，分别比 75 000 芽/公顷和 82 500 芽/公顷处理增产 10.1% 和 6.8%，因此该品种在密植条件下的栽培管理方面还有可挖掘的增产潜力。福农 15 在 75 000 芽/公顷和 82 500 芽/公顷下，宽行种植的蔗茎产量均略优于窄行种植，以 82 500 芽/公顷的蔗茎产量最佳，同比窄行增产 18.6%，但下种量增加到 90 000 芽/公顷时，窄行种植的蔗茎产量则比宽行种植高 31.8%，可见，此时的个体间竞争成为进一步提高蔗茎产量的主要障碍。

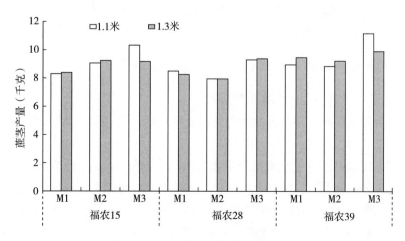

图 5-3　不同处理下甘蔗的蔗茎产量

（七）适合机械化作业的甘蔗品种对种植行距和群体密度的响应

甘蔗宽行种植，可以改善蔗地通风透光条件，提高光能利用率，方便甘蔗机械作业，减少机械对甘蔗根系损伤和对蔗田土壤的破坏，涵养水土，促进甘蔗生长和糖分积累，进而增加甘蔗产量，提高甘蔗蔗糖分和亩产糖量。适合甘蔗机械化作业的宽行密植技术实际上反映了株间竞争效应与行距空间效应的协调问题，本研究结果表明，无论从分蘖性、伸长特性、光合生理指标和最终的蔗茎产量看，福农 39 都表现出宽行密植的增产潜力。从分蘖特性看，宽行种植进入分蘖中期的时间略晚于窄行种植，该品种对个体间竞争不敏感，较耐荫蔽；从伸长特性看，该品种全生育期生长快、稳且后劲较足，在高温季节注意改善群体通透性对蔗茎伸长有显著促进作用。针对上述品种特性，种植时应保证足够的下种量和基肥施用，条件允许的情况下，建议进行苗期中耕、小培土和大培土三次机械化田间管理，小培土作业结合进行一次深松，肥料的选择以复合肥为主，不宜偏施速效肥，尤其后期建议增施缓释肥，施肥深度逐次渐深。福农 15 则表现出对宽行稀植的适应性。从分蘖特性看，宽行种植进入分蘖中期的时间略晚于窄行种植，该品种对群体茎蘖消长的自我调控能力强，密植不利于该品种增产能力的发挥；从伸长特性看，该品种前期生长较慢，进入伸长盛期后生长速度加快。针对上述品种特性，该品种种植时应施足基肥，中耕时建议结合深松、浅施、增施速效肥或含氮量高的复合肥，大培土可视分蘖和株高适合机械作业的前提下略为推迟，要深施并增加用肥量，可考虑增施缓释肥，以保持后期肥效，同时要特别关注伸长期的水分供应，避免受旱。

适合机械化作业的宽行密植技术实际上反映了株间竞争效应与行距空间效应的协调问题，这是甘蔗机械化配套农艺技术研究的新问题之一。本研究显示，福农 15 在 75 000 芽/公顷和 82 500 芽/公顷下，宽行种植的蔗茎产量均优于窄行种植，但当下种量增加到 90 000 芽/公顷时，窄行种植的蔗茎产量显著比宽行种植高，从外部因素看是宽行距种植管理的技术不够到位，而从内部因素看，90 000 芽/公顷的密植水平成为本试验点个体间竞争效应累积到对产量形成不利影响的一个拐点，反映在茎径变细，伸长盛期净光合速率未能达到常规行距下的正常增幅。必须更加全面地考察不同类型品种在不同蔗区土壤、气候和种植方式下的表现，才能更科学地反映品种在机械化条件下的生产特性，摸清规律，指导生产。

二、耐碾压甘蔗品种对宿根性的要求及评价方法

（一）适合机械化作业品种的宿根性评价

宿根性评价是适应机械化甘蔗品种筛选的重要一环，笔者利用 AMMI 模型对 13 个甘蔗品种的宿根季产量性状进行稳定性分析，并以产量性状的表型值和相应的品种稳定性参数为指标，对供试品种进行系统聚类分析和评价。结果表明，6 个产量性状在不同品种和环境的差异上以及品种与环境互作效应都达到显著水平；但不同品种与不同试点的交互作用不同，每个品种对试点都有其特殊的适应性，综合考虑各产量性状的表现和稳定性，YZ99‐596、ROC10（CK）、HoCP92‐648、MT96‐1409、Q170、Mex105 是蔗茎产量和糖产量高、综合性状好、稳定性强的优良甘蔗新品种，FN98‐1103、FR93‐435、

CP88-1762、HoCP 91-555、MT93-730 蔗茎产量和糖产量较低，蔗茎产量稳定性差。

农作物品种在不同生态区和年份中性状表现的稳定性是决定其在生产中应用价值的重要指标，测定和评价新品种稳定性是农作物新品种选育和推广过程中的一个重要环节。由于农作物品种的基因型和环境互作（G×E）效应广泛存在，因此对互作效应的准确估计是合理评价区域试验中品种稳定性的基础。品种稳定性是品种在不同环境条件表现出的变异特性，分为静态稳定性和动态稳定性两种。静态稳定性是指品种的表现不随环境的变化而变化，动态稳定性是指品种随环境呈较为均一稳定的变化，在各种环境中都表现出高低相对一致的生产性能。有关品种动态稳定性的分析方法很多，大致可分为回归分析、互作方差估计、非参数分析、加性主效互作（AMMI）分析和聚类分析等。回归分析如 Finlay 和 Wilkinson 模型是应用回归系数测度品种对环境反应的敏感性，从而测定品种的稳定性，具有简单明了的生物意义和量化指标，因而被广泛采用。回归方法从 1921 年 Mooers 提出，后经不断应用和发展，现已形成较为完善的回归分析模型，如 Eberhart 和 Russell 模型。由于这些模型是建立在统计原理基础上，因而受到统计假定的限制。如表型值与环境指数的估计需相互独立，要做到这一点，需增加试验重复数或对照品种数，增加试验小区，增加人力、物力，加大试验误差，给模型的应用带来一定的困难。回归方法能否成功地应用于品种稳定性分析，主要取决于各品种随环境的表现是否很好地符合于直线模型。1988 年，Guach 首先将主效可加互作可乘模型（additive main effects and multiplicative interaction model，简称 AMMI 模型）应用于多点产量的试验资料分析。现已经被广泛用于评价基因型与环境互作效应，AMMI 模型分析通过从加性模型的残差中分离模型误差与干扰，可以提高估计准确性，并借助于偶图，可以直观地描绘、分析基因型×环境互作的模式。已在水稻、玉米、小麦、棉花等作物区试中应用。甘蔗品种区试不同于其他作物品种区试的是甘蔗要求进行宿根性试验，宿根蔗的产量品质性状受环境影响要比新植蔗复杂，表现为基因型与环境互作效应极显著。利用 AMMI 模型对甘蔗品种区试在宿根季的产量及产量构成因子进行分析，评价甘蔗品种的稳定性，旨在为生产上的合理布局和进一步推广应用提供理论依据，克服甘蔗新品种推广中的主观性和盲目性。

1. 联合方差分析和 AMMI 模型分析 联合方差分析结果表明（表 5-4），株高、茎径、单茎重、有效茎数、蔗茎产量、糖产量在不同基因型（G）和环境（E）间都达到极显著差异（$P<0.01$），基因型和环境互作（G×E）存在极显著互作效应。甘蔗株高、茎径、单茎重、有效茎数、蔗茎产量、糖产量 6 个性状的品种和地点间互作效应的平方和分别占总平方和的 39.12%、24.93%、36.92%、36.22%、42.12% 和 44.65%，说明环境对产量性状的影响较大，同一品种在不同环境中表现不同，G×E 互作效应分析是对品种合理评价的重要环节。进一步利用 AMMI 模型对各性状的 G×E 进行分析。结果表明，在 AMMI 模型中，甘蔗株高、茎径、单茎重、有效茎数、蔗茎产量、糖产量达到显著水平的主成分之和分别解释了相应 G×E 总变异平方和的 94.13%、89.30%、89.86%、86.31%、91.55% 和 79.57%。故利用达到显著水平的主成分计算的 R_g 值，能准确判断甘蔗品种各性状的稳定性。

表 5 - 4　方差分析和 AMMI 模型分析结果

变异来源	df	株 高			茎 径			单茎重		
		SS	F	占总平方和百分比（%）	SS	F	占总平方和百分比（%）	SS	F	占总平方和百分比（%）
基因型	12	30 726.59	20.69**	33.70	6.41	26.85**	43.61	6.09	18.36**	40.27
环境	5	24 781.17	40.05**	27.18	4.64	46.68**	31.59	3.45	24.97**	22.82
交互作用	60	35 663.76	4.80**	39.12	3.66	3.07**	24.93	5.58	3.37**	36.92
PCA1	16	19 551.67	10.51**	54.82	1.69	4.79**	46.10	2.50	4.95**	44.75
PCA2	14	9 979.31	6.13**	27.98	0.90	2.92**	24.64	1.80	4.07**	32.21
PCA3	12	4 038.97	2.89**	11.33	0.68	2.57**	18.56	0.72	1.92*	12.90
残差	18	2 093.81		5.87	0.40		10.84	0.57		10.17
处理	77	91 171.52	9.57**		14.72	9.98**		15.12	7.77**	

变异来源	df	有效茎数			蔗茎产量			糖产量		
		SS	F	占总平方和百分比（%）	SS	F	占总平方和百分比（%）	SS	F	占总平方和百分比（%）
基因型	12	17 624 994 283	39.79**	27.96	11 427.99	3.84**	11.84	289.23	3.98**	11.63
环境	5	22 578 556 504	122.34**	35.82	44 443.18	35.91**	46.04	1 086.99	35.92**	43.72
交互作用	60	22 835 098 170	10.31**	36.22	40 650.40	2.74**	42.12	1 110.22	3.06**	44.65
PCA1	16	12 155 958 290	9.62**	53.23	21 531.86	7.05**	52.97	664.44	6.74**	59.86
PCA2	14	7 553 951 048	6.83**	33.08	8 433.75	3.15**	20.75	218.81	2.54**	19.71
PCA3	12	1 705 008 930	1.80	7.47	7 249.15	3.17**	17.83	116.05	1.57	10.45
残差	18	1 420 179 902		6.22	3 435.64		8.45	110.92		9.99
处理	77	63 038 648 957	22.18**		96 521.56	5.06**		2 486.44	5.33**	

注：* 为 $P<0.05$，** 为 $P<0.01$。PCA1、PCA2 和 PCA3 的百分比分别为 PCA1、PCA2 和 PCA3 的平方和占基因型×环境交互作用平方和的百分比。

2. 甘蔗品种产量性状的稳定性分析　从表 5 - 4 可以看出，各试点与品种的交互作用达显著水平。将各个品种 IPCA1 至 IPCA3 在空间内的投影点与相应坐标原点的距离，即各品种基于 IPCA1 至 IPCA3 的稳定性参数（D_i）列于表 5 - 5。甘蔗株高稳定性高（$D_i \leqslant 2.96$）的品种有 ROC10（CK）、FN98 - 1103、YZ99 - 596、MT93 - 730、HoCP92 - 648 和 Mex105；甘蔗茎径稳定性高（$D_i \leqslant 0.30$）的品种有 CP88 - 1762、YZ99 - 596、YT94 - 128、MT93 - 730、HoCP91 - 555 和 FN98 - 1103；甘蔗单茎重稳定性高（$D_i \leqslant 0.39$）的品种有 YZ99 - 596、CP88 - 1762、MT93 - 730、ROC10（CK）、YT94 - 128 和 FN98 - 1103；甘蔗有

表 5-5　各指标在显著交互效应主成分轴上的得分

变量	株高					茎径					单茎重				
	均值（厘米）	IPCA1	IPCA2	IPCA3	D_i	均值（厘米）	IPCA1	IPCA2	IPCA3	D_i	均值（千克）	IPCA1	IPCA2	IPCA3	D_i
YZ99-596 (V1)	267.86	1.31	-2.00	1.05	2.61	2.51	0.18	0.03	0.06	0.19	1.33	0.06	-0.01	0.03	0.06
YT94-128 (V2)	247.94	-4.53	-0.24	-0.81	4.60	2.69	0.17	0.17	0.04	0.24	1.41	0.31	-0.13	0.05	0.34
MT96-1409 (V3)	257.84	-2.67	-2.85	0.99	4.03	2.51	0.01	0.18	-0.35	0.40	1.28	0.21	0.20	-0.41	0.50
MT93-730 (V4)	277.66	2.24	1.16	1.14	2.77	2.50	-0.01	-0.13	0.22	0.26	1.36	-0.14	-0.04	0.24	0.28
FN98-1103 (V5)	260.13	-1.27	-1.90	-0.41	2.32	2.50	-0.05	-0.09	-0.28	0.30	1.28	0.14	0.31	-0.20	0.39
Q170 (V6)	290.43	2.01	2.79	0.33	3.45	2.51	-0.24	0.23	0.14	0.37	1.45	-0.42	-0.26	-0.13	0.51
Mex105 (V7)	282.94	1.23	-1.46	2.27	2.96	2.59	0.56	-0.35	-0.03	0.66	1.50	0.54	0.10	0.23	0.60
LCP85-384 (V8)	274.04	1.36	-3.11	-3.97	5.22	2.13	-0.23	-0.15	-0.32	0.42	0.98	-0.19	0.38	-0.07	0.43
FR93-435 (V9)	278.09	-2.13	3.86	-1.73	4.73	2.66	-0.01	0.36	0.09	0.37	1.56	0.04	-0.47	-0.19	0.51
CP88-1762 (V10)	270.10	-2.60	2.13	-0.50	3.40	2.42	-0.03	-0.02	0.10	0.11	1.25	0.04	-0.13	0.16	0.21
HoCP92-648 (V11)	279.76	-1.52	0.70	2.54	3.04	2.32	-0.35	-0.32	0.26	0.54	1.18	-0.23	0.23	0.29	0.44
HoCP91-555 (V12)	284.78	4.31	1.03	-1.27	4.61	2.19	-0.26	-0.08	-0.05	0.27	1.07	-0.40	0.12	-0.01	0.42
ROC10 (CK, V13)	268.67	2.27	-0.13	0.38	2.31	2.64	0.27	0.16	0.12	0.34	1.47	0.04	-0.30	0.01	0.31
云南开远 (e1)	256.88	-0.30	-6.19	-1.47	6.37	2.62	0.38	-0.53	0.13	0.67	1.41	-0.11	-0.73	0.10	0.75
广西南宁 (e2)	284.05	1.38	-0.83	3.12	3.51	2.31	0.06	0.03	0.23	0.24	1.20	-0.04	-0.13	-0.03	0.14
广西隆安 (e3)	285.81	1.84	1.03	3.49	4.08	2.30	0.02	0.40	0.16	0.43	1.19	0.00	0.20	-0.40	0.44
广东遂溪 (e4)	268.75	-0.18	0.12	-2.20	2.21	2.41	0.10	0.24	0.13	0.29	1.23	-0.07	0.12	-0.32	0.35
福建漳州 (e5)	267.31	-7.35	2.48	-0.17	7.76	2.53	-0.75	-0.21	-0.05	0.78	1.34	0.77	0.17	0.26	0.83
福建福州 (e6)	271.70	4.62	3.39	-2.77	6.36	2.69	0.19	0.07	-0.60	0.63	1.55	-0.55	0.37	0.39	0.77

（续）

变量	株高 均值（厘米）	IPCA1	IPCA2	IPCA3	D_i	茎径 均值（厘米）	IPCA1	IPCA2	IPCA3	D_i	单茎重 均值（千克）	IPCA1	IPCA2	IPCA3	D_i
YZ99-596（V1）	76 971.44	24.94	0.55	1.99	24.95	103.74	-0.31	0.35	0.81	0.93	15.26	-0.06	-0.85	0.24	0.85
YT94-128（V2）	71 573.72	-67.50	-85.27	-37.56	108.76	99.86	3.22	-2.53	-3.21	5.21	14.52	-1.11	1.74	-0.86	2.06
MT96-1409（V3）	73 208.33	45.86	-20.89	-39.41	50.39	100.28	-1.46	-2.82	1.62	3.56	15.87	0.72	0.48	0.86	0.86
MT93-730（V4）	62 704.72	49.27	-11.02	18.69	50.49	82.99	-2.03	1.00	0.09	2.26	12.94	0.52	-0.76	-0.35	0.92
FN98-1103（V5）	70 160.50	30.34	-24.33	8.16	38.89	88.77	-2.77	-2.90	0.89	4.11	13.62	1.05	1.00	0.62	1.45
Q170（V6）	74 862.72	-111.01	-70.91	-18.55	131.73	103.97	3.53	-0.08	-1.14	3.71	15.08	-1.27	-0.15	0.05	1.27
Mex105（V7）	72 620.89	161.56	46.28	-7.75	168.06	107.58	-1.77	-0.05	1.55	2.36	17.73	1.07	0.03	0.36	1.07
LCP85-384（V8）	92 714.56	32.42	-18.45	-50.44	37.30	96.39	-5.10	0.80	-3.26	6.11	14.52	2.31	-0.08	-0.67	2.31
FR93-435（V9）	57 909.94	-24.77	-0.64	127.44	24.78	92.75	3.30	-0.41	3.61	4.91	14.25	-1.43	-0.07	1.52	1.43
CP88-1762（V10）	69 220.50	-51.44	-6.85	18.23	51.90	90.20	2.71	1.08	-2.00	3.54	14.16	-1.08	0.27	-0.85	1.11
HoCP92-648（V11）	82 063.83	-64.68	120.77	-23.30	137.00	96.51	0.69	1.24	-1.02	1.75	14.99	-0.39	-0.28	-0.69	0.48
HoCP91-555（V12）	83 702.44	-66.31	127.87	-12.68	144.04	90.39	-0.01	5.01	1.33	5.18	14.81	-0.52	-1.65	-0.28	1.73
ROC10（CK, V13）	68 495.39	41.32	-57.12	15.21	70.50	103.23	-0.01	-0.70	0.74	1.02	15.37	0.19	0.31	0.06	0.37
云南开远（e1）	87 563.10	-78.04	177.83	0.17	194.20	120.04	6.12	2.75	-3.19	7.43	18.73	-2.62	-1.39	-0.77	2.97
广西南宁（e2）	72 137.43	-82.28	-17.79	-61.14	84.18	89.68	1.02	-1.42	1.37	2.22	13.85	-0.47	0.40	0.09	0.62
广西隆安（e3）	82 181.57	-62.03	-49.63	18.99	79.44	99.02	1.01	2.13	4.26	4.87	15.00	-0.39	0.06	1.65	0.39
广东遂溪（e4）	68 900.36	13.24	-101.70	-69.97	102.55	85.76	-0.41	-2.59	2.44	3.58	12.29	0.06	1.26	0.66	1.26
福建漳州（e5）	58 213.21	216.15	47.59	-9.52	221.33	77.58	-6.62	3.56	-1.71	7.70	12.93	2.65	-1.72	-0.07	3.16
福建福州（e6）	68 017.71	-7.04	-56.30	121.47	56.74	103.63	-1.12	-4.43	-3.17	5.56	15.69	0.77	1.38	-1.56	1.58

效茎数稳定性高（$D_i \leqslant 51.90$）的品种有 FR93 - 435、YZ99 - 596、LCP85 - 384、FN98 - 1103、MT96 - 1409、MT93 - 730 和 CP88 - 1762；甘蔗蔗茎产量稳定性高（$D_i \leqslant 2.36$）的品种有 YZ99 - 596、ROC10（CK）、HoCP92 - 648、MT93 - 730 和 Mex105；甘蔗糖产量稳定性高（$D_i \leqslant 1.07$）的品种有 ROC10（CK）、HoCP92 - 648、YZ99 - 596、MT96 - 1409、MT93 - 730 和 Mex105。

3. 品种在试点上的适应性分析　AMMI 双标图分析法具有直观、简明的优点，又结合了定量指标 D_i，使得其更趋准确、合理。AMMI1 双标图是以性状平均值为 X 坐标轴，IPCA1 值为 Y 坐标轴做成的图形，水平方向上的分散程度反映出其效应的变异情况；垂直方向的分布反映了基因与环境互作的大小和方向上的差异。从图 5 - 4 中可以看出，在水平方向试验点要比品种分散，表明试点的变异大于品种的变异。垂直方向上性状平均值相差不大的品种，但它们 IPCA1 值的差异表明了品种间在各地表现差异。品种图标越接近 IPCA1 零值，表明其品种稳定性越好。品种在地点上的特殊适应性是品种与地点交互作用的具体表现。在 AMMI1 双标图中，品种与其临近的地点一般具有正的互作，即从 AMMI1 双标图可初步看出各品种在各地点的特殊适应性。从图 5 - 4 中可以看出，Mex105、FN98 - 1103、YZ99 - 596 和 LCP85 - 384 的株高较稳定，FR93 - 435、MT96 - 1409、MT93 - 730、CP88 - 1762 和 FN98 - 1103 的茎径较稳定，FR93 - 435、CP88 - 1762、ROC10 和 YZ99 - 596 的甘蔗单茎重稳定性高；MT96 - 1409、ROC10、LCP85 - 384、FN98 - 1103、YZ99 - 596 和 FR93 - 435 的甘蔗有效茎数稳定性高，HoCP92 - 648、HoCP91 - 555、ROC10、YZ99 - 596、MT96 - 1409 和 Mex105 的甘蔗蔗茎产量稳定性高，HoCP91 - 555、HoCP92 - 648、YZ99 - 596、ROC10、MT93 - 730 和 MT96 - 1409 的糖产量稳定性高。

在 AMMI2 双标图中（图 5 - 5），坐标原点与试验点的距离代表试验点的交互效应大小，距离长的交互效应大，距离短的交互效应小。对于蔗茎产量，交互效应较大的试验点为 e1（云南开远）、e5（福建漳州）和 e6（福建福州）；对于糖产量，交互效应较大的试验点为 e1（云南开远）和 e5（福建漳州）；品种在原点与试验点连线上的投影代表其在此试验点的最大交互效应，在正向连线上的投影代表有最佳的适应性，在反向延长线上的投

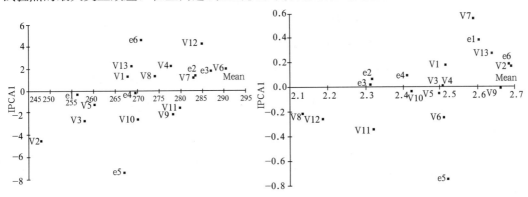

A　　　　　　　　　　　　　　B

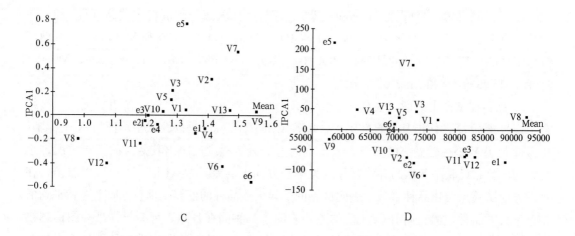

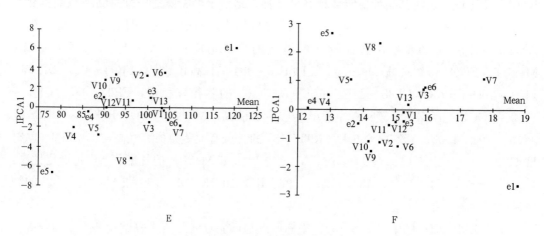

图 5-4 AMMI1 双标图

A. 株高 B. 茎径 C. 单茎重 D. 有效茎数 E. 蔗茎产量 F. 糖产量

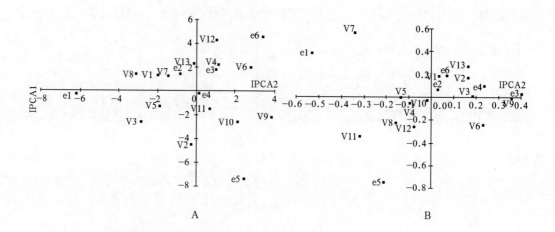

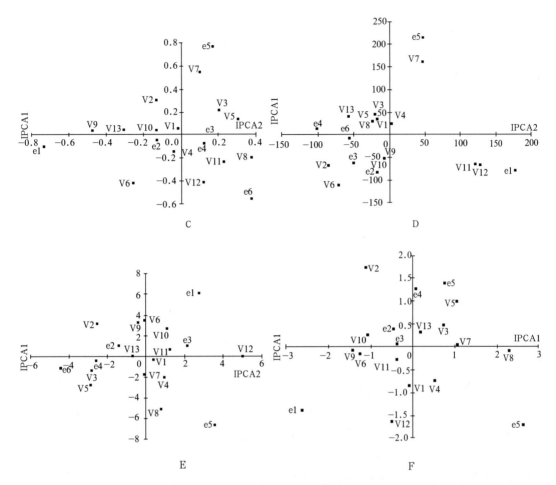

图 5-5　AMMI2 双标图

A. 株高　B. 茎径　C. 单茎重　D. 有效茎数　E. 蔗茎产量　F. 糖产量

影则为最不适宜试验点。从图 5-5 可以看出，对于蔗茎产量，V1（YZ99-596）、V4（MT93-730）、V11（HoCP92-648）和 V10（CP88-1762）在 e3（广西隆安）表现出最大适应性，V2（YT94-128）、V9（FR93-435）和 V13（ROC10）在 e2（广西南宁）表现出最大适应性，V3（MT96-1409）和 V5（FN98-1103）在 e4（广东遂溪）表现出最大适应性。对于糖产量，V11（HoCP92-648）、V6（Q170）、V9（FR93-435）、V10（CP88-1762）和 V13（ROC10）在 e2（广西南宁）、e3（广西隆安）表现出最大适应性。

4. AMMI 模型分析方法与其他稳定性分析的比较　以糖产量为例，用 AMMI 模型、Shukla 模型、Tai 模型、回归模型（Eberhart 和 Russell）对品种的稳定性进行分析，发现 AMMI 模型、Shukla 模型、Tai 模型分析结果大体一致（表 5-6），综合 3 个模型的分析结果及各品种的宿根蔗糖产量表现，YZ99-596、MT96-1409、Mex105、HoCP 92-648 和 ROC10（CK）为高产稳产型品种，MT93-730 为低产稳产型品种。

甘蔗农机农艺融合

表 5-6   不同分析方法的蔗糖产量稳定参数

基因型	产量 （吨/公顷）	AMMI	Shukla		Tai		Eberhart 和 Russell	
		D_i	V_{ar}	F	α	λ	b	S_{di}^2
YZ99-596	15.26	0.85	1.12	0.56	0.11	0.77	1.15	-0.25
YT94-128	14.52	2.06	11.14	5.52**	0.03	5.71	1.04	10.48**
MT96-1409	15.87	0.86	3.11	1.54	-0.25	1.50	0.64	1.09
MT93-730	12.94	0.92	2.20	1.09	-0.24	1.09	0.66	0.25
FN98-1103	13.62	1.45	6.01	2.98**	-0.38	2.54	0.46	3.01*
Q170	15.08	1.27	5.88	2.91**	0.39	2.44	1.56	2.76
Mex105	17.73	1.07	3.75	1.86	-0.31	1.67	0.56	1.35
LCP85-384	14.52	2.31	20.07	9.95**	-0.83	6.88	-0.19	10.10**
FR93-435	14.25	1.43	10.58	5.25**	0.82	2.39	2.16	0.50
CP88-1762	14.16	1.11	7.40	3.67**	0.45	2.95	1.64	3.66*
HoCP92-648	14.99	0.48	2.49	1.24	-0.09	1.45	0.87	1.23
HoCP91-555	14.81	1.73	6.29	3.12**	0.40	2.61	1.57	3.11*
ROC10 (CK)	15.37	0.37	0.13	0.06	-0.09	0.30	0.88	-1.25

5. 系统聚类分析   若以宿根蔗 6 个产量性状平均值以及相应的 D_i 值为评价指标，数据标准化后，计算品种间的欧氏距离，用可变类平均法进行系统聚类，结果如图 5-6A。根据聚类结果，取阈值 $T=4.04$，可将供试材料分为 5 类，分别如下：第Ⅰ类包括 YZ99-596 和对照，株高较高，株高稳定性强，茎径大，单茎重中等，单茎重和有效茎数的稳定性较强，蔗茎产量和糖产量较高，稳定性好；第Ⅱ类包括 MT93-730、CP88-1762 和 FN98-1103，株高、茎径和单茎重较好，株高、茎径、单茎重和有效茎数的稳定性较强，但有效茎数较少，蔗茎产量和糖产量较低；第Ⅲ类包括 LCP85-384 和 HoCP91-555，株高较高，产糖量较高，有效茎数较多，但茎径较小，单株轻，产量低，株高、单茎重、蔗茎产量和糖产量的稳定性较差；第Ⅳ类包括 FR93-435、YT94-128 和 MT96-1409，株高、单茎重的稳定性较差，茎径的稳定性强，单茎重、茎径较好，蔗茎产量较高；第Ⅴ类包括 Mex105、Q170 和 HoCP92-648，株高、蔗茎产量和糖产量较高，稳定性较强，有效茎数较多，但茎径、单茎重和有效茎数的稳定性较差。

若以宿根蔗的蔗茎产量和糖产量以及相应的 D_i 值为评价指标，数据标准化后，计算品种间的欧氏距离，用可变类平均法进行系统聚类，结果如图 5-6B。根据聚类结果，取阈值 $T=3.36$，可将供试材料分为 3 类，分别如下：第Ⅰ类包括 YZ99-596、ROC10 (CK)、HoCP92-648、MT96-1409、Q170 和 Mex105，蔗茎产量和糖产量较高，糖产量的稳定性好；第Ⅱ类包括 YT94-128 和 LCP85-384，蔗茎产量和糖产量中等，稳定性较差；第Ⅲ类包括 FN98-1103、FR93-435、CP88-1762、HoCP91-555 和 MT93-730，蔗茎产量和糖产量较低，蔗茎产量稳定性差，糖产量稳定性中等。

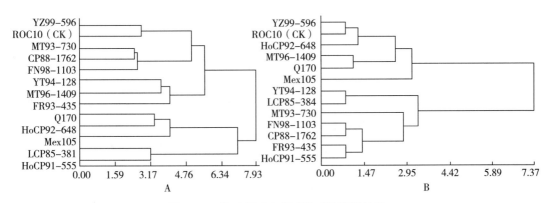

图 5-6　基于 AMMI 模型的系统聚类结果

　　甘蔗品种区域试验是鉴定甘蔗新品种特征特性、应用价值和适宜种植地区的主要途径，是甘蔗品种鉴定的重要依据。甘蔗区域试验宿根季的甘蔗产量性状易受新植蔗的砍收质量、气候、环境甚至人为或自然等因素的影响，G×E 互作效应较大，分析甘蔗区域试验宿根季的产量性状的稳定性和适应性对全面评价甘蔗品种有重要意义，同时对评价甘蔗品种是否适合机械化种植具有重要的借鉴意义，是从现有品种中筛选适合全程机械化甘蔗品种的重要手段。

　　在分析品种稳定性的众多数学模型中，AMMI 模型集方差分析和主成分分析于一体，将 G×E 互作分解为 P 个乘积项之和，不仅能最高程度地反映互作变异，而且能准确地分析品种稳定性，目前已被广泛应用于农作物多年多点产量试验中 G×E 互作的研究。用 AMMI 模型、Shukla 模型、Tai 模型、回归模型对品种的稳定性进行分析，发现 AMMI 模型、Shukla 模型、Tai 模型分析结果大体一致。但线性回归模型分析结果同前三者差异较大，表明甘蔗产量性状的稳定性分析用 AMMI 模型、Shukla 模型、Tai 模型能更有效地分析甘蔗品种稳定性。Eberhart 和 Russell 模型是使用非常广泛的评价品种稳定性的方法，它采用回归系数和校正的离回归均方作为测定稳定性的两个参数。从分析结果可以看出，大多数品种校正后的离回归方差与零有显著差异。5 个品种的离回归方差与零差异显著或极显著，说明线性预测无效，即品种基因型与环境间存在交互作用。用 AMMI 模型分析时发现，甘蔗株高、茎径、单茎重、有效茎数、蔗茎产量和糖产量达到显著水平的主成分之和分别解释了相应 G×E 总变异平方和的 94.13%、89.30%、89.86%、86.31%、91.55% 和 79.57%。说明 AMMI 模型与线性回归模型相比可以大大提高分析的准确度，得出的结果更可靠。相比而言，Eberhart 和 Russell 模型只是假设品种产量完全反映在品种对环境的线性关系上。事实上品种对环境的反应存在线性和非线性关系，而且较多情况下可由回归解释的 G×E 互作份额甚少。AMMI 模型另一个明显的优点在于它能借助于双标图，直观地描绘和分析基因型与环境互作情况。在双标图上，只要比较地点和原点连线的长短即可了解品种在各地点交互作用的大小，因而非常直观、形象。这和表 5-5 根据 IPCA1 至 IPCA3 计算的稳定性参数基本一致，但也有一些品种表现不一致，如 HoCP91-555、YZ99-596 和 ROC10（CK）蔗茎产量品种图标接近 IPCA1 零值，为稳定性强的品种，而根据 IPCA1 至 IPCA3 计算的 HoCP91－555 的 D_i 达到 5.18，而 YZ99－596 和对照的 D_i 分别为 0.93 和 1.02，应将 HoCP91－555 归为蔗茎产量较不稳定的品种，YZ99－596 和 ROC10（CK）为蔗茎产量稳定性强的品种。这种差异是由于在计算品种稳定性参数 D_i 时所利用的信息多少导致的，当显著 IPCA 个数大于 2 时利用所有显著 IPCA 计算的 D_i 较利用 IPCA1 或 IPCA1 和 IPCA2 计算的 D_i 能更真实地反映品种间的稳定性差异。这也说明只利用偶图评价参试品种的稳定性差异是有一定局限的。

AMMI 模型能从多维空间分解 G×E 的互作效应，并能以双标图的形式方便直观地对品种的单一性状的表型与稳定性做出合理评价。但对于甘蔗品种产量和品质性状，仅根据稳定性分析结果，尚不能对品种进行系统分类和综合评价。在 AMMI 分析的基础上，进一步利用系统聚类分析，结果表明 YZ99－596、ROC10、HoCP92－648、MT96－1409、Q170、Mex105 都是蔗茎产量和糖产量高、综合性状好、稳定性强的优良甘蔗新品种，其中 HoCP92－648、Q170、Mex105 是美国和澳大利亚适合全程机械化作业的主要品种。

（二）适合机械化甘蔗的综合评价与利用价值

甘蔗是世界上最主要的糖料和能源作物。在我国，甘蔗约占糖料作物种植面积的 92%，是主产区经济发展和农民增收的支柱产品，对确保食糖安全、振兴区域经济具有重要的战略意义。我国蔗区生态多样性丰富，通过聚合选择技术和基因型与环境互作效应评价，可以培育适应不同生态条件的适合机械作业的甘蔗新品种，从而支撑产业持续发展对品种的需求，其中对互作效应的准确估计是合理评价区域试验中品种稳定性的基础。研究和评价品种稳定性的数学方法及模型主要有 AMMI 模型、回归系数法、高稳系数法、聚类分析法、GGE 双标图等。由于甘蔗品种与其他作物一样具有适应性和区域性，因此随着生态环境、土壤条件和栽培水平的改变，其性状表现将出现一定的波动。前人评价参试甘蔗品种的主要方法是通过算术平均值来评价品种的丰产性、稳定性和适应性，采用多年多点试验资料进行联合方差分析，进行品种间差异显著性比较，这在评价参试甘蔗品种的丰产性、稳定性、适应性及其利用价值等方面存在一定极限性。AMMI 分析通过从加性模型的残差中分离模型误差与干扰，可以提高估计准确性，并借助于偶图，可以直观地描绘、分析基因型×环境互作的模式，已在水稻、玉米、小麦、棉花等作物区试中广泛应用。2009—2010 年，笔者在福建、广东、广西、云南等 4 省份 10 个试验点对 11 个甘蔗新品种实施国家甘蔗第七轮区域试验，以观察这些品种的生态适应性及其在我国主要蔗区的产量糖分表现，为品种鉴定和开发利用提供依据。为客观评价 2009—2010 年参加国家甘蔗第七轮区域试验各个参试品种的丰产性和稳产性，在综合分析各区试点蔗茎产量及蔗糖分和糖产量表现基础上，应用 AMMI 模型对各个参试品种的产量稳定性进行了分析，以期为生产上的合理布局和进一步推广应用提供理论依据，从而克服甘蔗新品种推广中的主观性和盲目性，为筛选适合机械化作业甘蔗新品种提供参考。

1. 不同甘蔗品种蔗茎产量分析 经方差分析，两年新植一年宿根试验 10 个试验点甘蔗品种平均产量 91.63～121.14 吨/公顷（表 5－7），其中，ROC16（CK1）平均产量 94.92 吨/公顷，在 11 个试验种中居第 9 位。参试品种中 MT96－1027、YT03－393、

CI-2003、YZ03-194、YT03-373 和 FN04-3504 比 ROC16 增产 5％以上，MT96-1027 和 YT03-393 平均蔗茎产量高，表现最为突出。丰产性分析结果表明，MT96-1027、YT03-393、CI-2003、YZ03-194 和 YT03-373 总体丰产性较好。

表5-7　各参试品种蔗茎产量分析

品种	蔗茎产量（吨/公顷）	效应	方差	变异度（%）	增幅（%）
MT96-1027	121.14aA	16.17	32.65	4.72	27.62
YT03-393	120.85aA	15.88	88.73	7.79	27.32
CI-2003	111.60bB	6.63	74.59	7.74	17.57
ROC22（CK2）	109.82bcBC	4.86	10.24	2.91	15.70
YZ03-194	106.21bcdBCD	1.25	15.05	3.65	11.90
YT03-373	104.51cdeBCD	-0.46	90.55	9.11	10.10
FN04-3504	101.49deCDE	-3.47	18.07	4.19	6.93
YZ03-332	98.87efDEF	-6.10	36.57	6.12	4.16
ROC16（CK1）	94.92fgEF	-10.05	40.25	6.68	0.00
GT97-40	93.59fgEF	-11.38	54.74	7.91	-1.40
FN04-2816	91.63gF	-13.34	53.98	8.02	-3.46

2. 不同甘蔗品种糖产量分析　两年新植一年宿根试验 10 个试验点品种间平均蔗糖产量 13.61～17.46 吨/公顷（表5-8），其中 ROC16（CK1）平均糖产量 13.82 吨/公顷，在 11 个试验品种中居第 9 位。MT96-1027、YT03-393、CI-2003、YZ03-194、YT03-373、FN04-3504 和 YZ03-332 比 ROC16 增糖。丰产性及稳定性分析结果表明，MT96-1027、YT03-393 和 CI-2003 总体丰产性较好。

表5-8　各参试品种糖产量分析

品种	糖产量（吨/公顷）	效应	方差	变异度（%）	增幅（%）
YT03-393	17.46aA	2.46	3.45	10.64	26.34
MT96-1027	16.43abAB	1.436	0.869	5.673	18.89
ROC22（CK2）	15.87bcABC	0.869	1.147	6.749	14.83
CI-2003	15.47bcdBCD	0.469	4.834	14.215	11.94
YT03-373	14.93cdeBCD	-0.068	5.211	15.292	8.03
YZ03-194	14.89cdeBCD	-0.109	1.386	7.907	7.74
FN04-3504	14.38deCD	-0.615	1.361	8.113	4.05
YZ03-332	14.30deCD	-0.701	1.648	8.98	3.47
FN04-2816	13.82eCD	-1.173	1.503	8.868	0
ROC16（CK1）	13.82eCD	-1.178	0.744	6.24	0
GT97-40	13.61eD	-1.389	1.806	9.875	-1.52

3. 联合方差和 AMMI 模型分析 联合方差分析结果表明（表 5 - 9），2009 年新植季和 2010 年宿根季的蔗茎产量在不同的基因型（G）和环境（E）间都达到极显著差异（$P<$ 0.01），基因型和环境互作（G×E）存在极显著互作效应（$P<0.01$）。2009 年新植季和 2010 年宿根季蔗茎产量的品种和地点间互作效应平方和分别占总平方和的 22.51% 和 25.36%，说明环境对产量性状的影响较大。此外，以上结果还说明，同一品种在不同环境中表现不同，G×E 互作效应分析是对品种合理评价的重要环节。进一步利用 AMMI 模型对各性状的 G×E 进行分析，结果表明，在 AMMI 模型中，2009 年新植季和 2010 年宿根季蔗茎产量达到显著水平的主成分之和分别解释了相应 G×E 总变异平方和的 77.55% 和 80.16%，故利用达到显著水平的主成分计算的 D_i 值，能准确判断甘蔗品种各性状的稳定性。

表 5 - 9　方差分析和 AMMI 模型分析结果

变异来源	df	2009 年新植季蔗茎产量			2010 年宿根季蔗茎产量		
		SS	F 值	$r(\%)$	SS	F 值	$r(\%)$
基因型	109	278 130.86	13.32**		210 443.35	12.22**	
环境	10	41 305.03	21.56**	14.85	29 049.77	18.38**	13.80
交互作用	9	174 228.06	101.04**	62.64	128 025.37	90.01**	60.84
IPCA1	90	62 597.77	3.63**	22.51	53 368.21	3.75**	25.36
IPCA2	18	21 457.24	6.22**	34.28	19 732.72	6.94**	36.97
IPCA3	16	15 171.79	4.95**	24.24	14 629.03	5.79**	27.41
残差	14	11 913.06	4.44**	19.03	8 418.49	3.80**	15.77
处理	42	14 054.99		22.45	10 587.97		19.84

注：* 表示 $P<0.05$ 水平下的差异显著性，** 表示 $P<0.01$ 水平下的差异显著性。

4. 新植季和宿根季蔗茎产量的稳定性评价 将各个品种 IPCA1、IPCA2、IPCA3 在空间内的投影点与相应坐标原点的距离，即各品种基于 IPCA1 至 IPCA3 的稳定性参数（D_i）列于表 5 - 10。2009 年新植季蔗茎产量稳定性比 ROC16（CK1）高（≤3.72）的品种有 FN04 - 3504、MT96 - 1027、YZ03 - 194 和 YZ03 - 332；2010 年宿根季蔗茎产量稳定性比 ROC16（CK1）高（≤3.98）的品种有 YZ03 - 194、FN04 - 2816 和 FN04 - 3504。综合 2009 年新植季蔗茎产量和 2010 年宿根季蔗茎产量稳定性表现（图 5 - 7），YZ03 - 194、FN04 - 3504 的产量稳定性较好。2009 年新植季蔗茎产量中，YT03 - 393 在福建福州、广西百色、广西来宾、广西南宁和云南瑞丽表现出最佳适应性；CI - 2003 在福建漳州、云南保山和云南开远表现出最佳适应性；YT03 - 373 在广东遂溪、广东湛江表现出最佳适应性。2010 年宿根季蔗茎产量中，MT96 - 1027 在福建福州、广东遂溪、广西百色、广西南宁、云南保山和云南瑞丽表现出最佳适应性；YT03 - 393 在福建漳州、广东湛江和广西来宾表现出最佳适应性；CI - 2003 在云南开远表现出最佳适应性。

表 5-10　各指标在显著交互效应主成分轴上的得分

变量	2009 年新植季蔗茎产量					2010 年宿根季蔗茎产量				
	均值（吨/公顷）	IPCA1	IPCA2	IPCA3	D_i	均值（吨/公顷）	IPCA1	IPCA2	IPCA3	D_i
CI-2003	126.75	-3.54	-1.07	2.40	4.41	96.46	6.34	0.35	0.21	6.36
ROC16（CK1）	100.93	-2.99	1.58	-1.54	3.72	88.88	-2.88	-1.75	-2.12	3.98
ROC22（CK2）	120.11	-0.14	1.82	-3.65	4.08	99.54	-2.79	0.88	-1.65	3.35
FN04-2816	99.26	-1.65	-3.88	2.43	4.87	83.97	0.72	-1.81	0.51	2.01
FN04-3504	109.87	-2.17	1.05	1.36	2.77	93.11	-0.76	0.38	-2.70	2.83
GT97-40	104.88	1.72	-1.61	-4.77	5.32	82.27	-0.56	-4.22	0.95	4.36
MT96-1027	125.84	1.47	2.29	2.12	3.45	116.47	2.29	3.91	1.07	4.66
YT03-373	118.02	5.72	-3.61	1.00	6.84	91.01	-1.48	-2.16	3.77	4.59
YT03-393	136.59	3.89	4.20	2.08	6.09	105.14	-3.45	4.96	1.49	6.22
YZ03-194	114.30	-1.17	1.75	-0.39	2.14	98.14	0.68	-0.32	2.28	2.40
YZ03-332	108.30	-1.12	-2.54	-1.05	2.96	89.43	1.89	-0.24	-3.81	4.26
福州	109.04	2.81	6.64	-0.27	7.22	88.14	-0.84	-1.37	-1.01	1.90
漳州	147.26	-0.62	-1.67	-0.72	1.92	122.39	-1.67	3.01	-3.32	4.79
遂溪	100.15	2.27	-2.06	0.13	3.07	70.13	-1.21	-2.25	2.99	3.93
湛江	147.11	3.39	-3.29	3.02	5.61	68.11	-4.56	-0.40	-1.06	4.70
百色	124.59	2.91	0.13	-0.72	3.01	104.42	0.43	-0.93	-1.29	1.65
来宾	96.52	-2.18	2.31	3.46	4.70	96.29	-2.21	4.75	1.14	5.36
南宁	96.31	1.69	-1.64	-1.26	2.67	75.20	0.26	-2.41	0.31	2.44
保山	95.35	-3.96	0.26	3.09	5.03	116.90	-0.17	-1.82	3.63	4.06
开远	86.96	-5.14	-0.96	-1.50	5.44	86.36	4.44	-2.46	-3.30	6.05
瑞丽	146.58	-1.16	0.28	-5.24	5.37	121.53	5.52	3.88	1.93	7.02

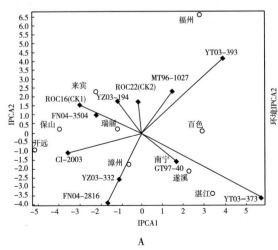

A

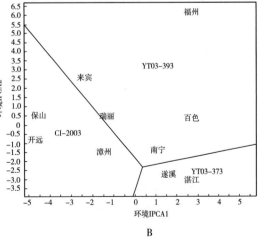

B

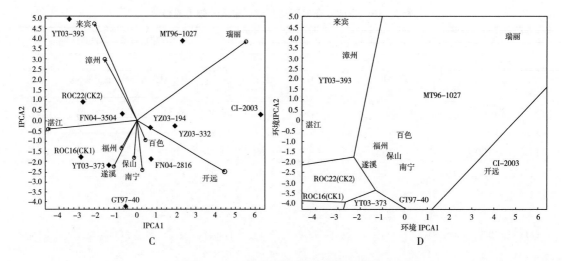

图 5 - 7　AMMI1 双标图和最佳适应图

A. 2009 年新植季蔗茎产量 AMMI1 双标图　B. 2009 年新植季蔗茎产量最佳适应图
C. 2010 年宿根季蔗茎产量 AMMI1 双标图　D. 2010 年宿根季蔗茎产量最佳适应图

5. AMMI 模型分析方法与其他稳定性分析的比较　用 AMMI 模型、Shukla 模型、Tai 模型和回归模型对 2009 年新植季和 2010 年宿根季蔗茎产量的稳定性进行分析，发现 AMMI 模型、Shukla 模型和 Tai 模型分析结果大体一致（表 5 - 11）。综合 3 个模型的分析结果及各品种 2009 年新植季和 2010 年宿根季蔗茎产量表现，FN04 - 3504、YZ03 - 194 为高产稳产型品种。YT03 - 373、YT03 - 393 在 2009 年新植季和 2010 年宿根季蔗茎产量较高，但稳定性不高。

表 5 - 11　不同分析方法的稳定参数

作物季	品种	产量（吨/公顷）	AMMI D_i	Shukla S_{di}^2	Shukla F	Tai α	Tai λ	Eberhart 和 Russell b	Eberhart 和 Russell S_{di}^2
2009 年	CI - 2003	126.75	4.41	222.55	4.42**	-0.04	4.65	0.94	0.31
新植	ROC16 (CK1)	100.93	3.72	69.88	2.03	-0.23	2.53	0.66	1.71
	ROC22 (CK2)	120.11	4.08	138.32	3.10	0.08	3.30	1.12	0.58
	FN04 - 2816	99.26	4.87	195.23	3.99**	-0.13	4.32	0.80	0.98
	FN04 - 3504	109.87	2.77	69.10	2.01	-0.11	2.20	0.84	0.80
	GT97 - 40	104.88	5.32	152.28	3.32**	0.20	3.77	1.29	1.45
	MT96 - 1027	125.84	3.45	80.17	2.19	0.03	2.30	1.05	0.25
	YT03 - 373	118.02	6.84	349.49	6.40**	0.23	7.11	1.34	1.68
	YT03 - 393	136.59	6.09	309.81	5.78**	-0.04	6.08	0.95	0.27
	YZ03 - 194	114.30	2.14	7.37	1.05	-0.08	1.14	0.89	0.57
	YZ03 - 332	108.30	2.96	74.42	2.10	0.09	2.26	1.14	0.68

（续）

作物季	品种	产量（吨/公顷）	AMMI	Shukla			Tai		Eberhart 和 Russell	
			D_i	S_{di}^2	F		α	λ	b	S_{di}^2
2010 年宿根	CI-2003	96.46	6.36	259.52	5.95**		0.32	6.34	1.48	2.29
	ROC16（CK1）	88.88	3.98	116.01	3.23**		−0.21	3.36	0.69	1.50
	ROC22（CK2）	99.54	3.35	57.60	2.12		−0.01	2.02	0.99	0.06
	FN04-2816	83.97	2.01	6.43	1.15		−0.18	1.29	0.74	1.25
	FN04-3504	93.11	2.83	46.56	1.91		−0.11	1.90	0.84	0.79
	GT97-40	82.27	4.36	143.77	3.75**		−0.13	3.69	0.81	0.92
	MT96-1027	116.47	4.66	135.99	3.60**		0.20	3.71	1.30	1.44
	YT03-373	91.01	4.59	101.46	2.95		−0.22	3.12	0.68	1.55
	YT03-393	105.14	6.22	282.42	6.38**		0.20	6.34	1.29	1.39
	YZ03-194	98.14	2.40	−2.61	0.97		0.05	0.95	1.08	0.37
	YZ03-332	89.43	4.26	115.67	3.22**		0.08	3.12	1.12	0.57

6. 参试品种的综合评价与利用价值 甘蔗品种区域试验中，筛选高产高糖且稳定性好的品种是首要任务。在分析品种稳定性的众多数学模型中，AMMI 模型集方差分析和主成分分析的优点于一体，将基因型与环境互作分解为 P 个乘积项之和，不仅能最大限度地反映互作变异，还能准确地分析品种稳定性。本研究中，利用 AMMI 模型分析时发现，2009 年新植季和 2010 年宿根季蔗茎产量存在显著的 G×E 交互作用，主成分因子分别解释了互作总变异的 77.55% 和 80.16%。因此，AMMI 模型能更有效地分析甘蔗品种稳定性。综合 AMMI 模型、Shukla 模型和 Tai 模型分析结果，FN04-3504 和 YZ03-194 为高产稳产型品种；YT03-373、YT03-393 在 2009 年新植季和 2010 年宿根季蔗茎产量较高，但稳定性不高，可在适宜地区推广应用。现将上述 4 个综合表现较好的品种特性综述如下。

YT03-393：广州甘蔗糖业研究所选育，区域试验两年新植一年宿根平均蔗茎产量 120.85 吨/公顷，比新台糖 16 增产 27.32%，比新台糖 22 增产 10.04%，位列第二；平均糖产量 17.46 吨/公顷，比新台糖 16 增产 26.32%，比新台糖 22 增产 10.02%，位列第一；11～12 月平均蔗糖分 14.53%，1～3 月平均蔗糖分 15.92%，全期平均蔗糖分 15.30%。

YZ03-194：云南省农业科学院甘蔗研究所选育，区域试验两年新植一年宿根平均蔗茎产量 106.21 吨/公顷，比新台糖 16 增产 11.90%，比新台糖 22 减产 3.28%；平均糖产量 14.89 吨/公顷，比新台糖 16 增产 7.73%，比新台糖 22 减产 6.17%；11～12 月平均蔗糖分 13.82%，1～3 月平均蔗糖分 15.12%，全期平均蔗糖分 14.55%。

YT03-373：广州甘蔗糖业研究所选育，区域试验两年新植一年宿根平均蔗茎产量 104.51 吨/公顷，比新台糖 16 增产 10.10%，比新台糖 22 减产 4.83%；平均糖产量 14.93 吨/公顷，比新台糖 16 增产 8.03%，比新台糖 22 减产 5.91%；11～12 月平均蔗糖分 14.13％，1～3 月平均蔗糖分 15.78％，全期平均蔗糖分 15.07％。

FN04-3504：福建农林大学甘蔗研究所选育，区域试验两年新植一年宿根平均蔗茎产量 101.49 吨/公顷，比新台糖 16 增产 6.93％，比新台糖 22 减产 7.58％；平均糖产量 14.38 吨/公顷，比新台糖 16 增产 4.07％，比新台糖 22 减产 9.36％；11～12 月平均蔗糖分 13.48％，1～3 月平均蔗糖分 15.12％，全期平均蔗糖分 14.40％。

7. 适合机械化作业甘蔗品种不良性状评价 甘蔗品种区域试验是鉴定甘蔗新品种特征特性、应用价值和适宜种植地区的主要途径，是甘蔗品种鉴定的重要依据。区域试验过程中除对参试品种的丰产性和稳定性进行评价外，作为第三方试验抗病、抗旱、抗寒性等抗性鉴定和空蒲心、孕穗开花、风折倒伏等不良性状观察也是品种试验的重要功能，如在 2009—2010 年全国甘蔗新品种第七轮区域试验中，福建省农业科学院甘蔗研究所选育的 MT96-1027 进行区域试验两年新植一年宿根平均蔗茎产量 121.14 吨/公顷，比新台糖 16 增产 27.62％，位列参试品种第一；平均糖产量 16.43 吨/公顷，比新台糖 16 增产 18.92％，位列参试品种第二；11～12 月平均蔗糖分 13.26％，1～3 月平均蔗糖分 15.05％，全期平均蔗糖分 14.28％。但由于 MT96-1027 对黑穗病的抗性级别为 7 级，抗性反应型为感病，株高伤害率和产量损失率均超过 30％，因此不适合在我国蔗区大规模推广应用。广西甘蔗研究所引进的 CI-2003 区域试验两年新植一年宿根平均蔗茎产量 111.60 吨/公顷，比新台糖 16 增产 17.57％，比新台糖 22 增产 1.62％，位列参试品种第三；平均糖产量 15.47 吨/公顷，比新台糖 16 增产 11.92％，比新台糖 22 减产 2.52％，位列参试品种第三；11～12 月平均蔗糖分 13.65％，1～3 月平均蔗糖分 15.26％，全期平均蔗糖分 14.55％；对黑穗病的抗性级别为 4 级，抗性反应型为中抗；株高伤害率和产量损失率均小于 30％，抗旱性强。但由于 CI-2003 在个别试验点梢腐病自然发病率达 25％，存在重度空蒲心、产量不稳、易倒伏等缺点，也无法在蔗区大面积推广应用。这就要求甘蔗育种者在选育目标导向上应在重视高产高糖的同时，在育种的早期世代重视对主要病害的抗性及空心、蒲心等不良性状的选择。

三、适合机械化作业的甘蔗品种筛选与多系布局

（一）适合机械化品种的筛选

1. 适合机械化品种的评价筛选 在广西农垦金光农场甘蔗收获机械化示范区开展 1.2 米与 1.4 米行距对比及筛选适合机械化收获的品种（宿根）试验，参试品种为福农 38、桂糖 32、新台糖 22，调查不同行距和机械采收后情况下宿根蔗的各个农艺性状。调查结果见表 5-12：

综合比较各个品种农艺性状，1.4 米行距的产量比 1.2 米行距的略低，表现最明显的为新台糖 22，1.4 米行距比 1.2 米行距的产量低 0.67 吨/亩。1.2 米行距的桂糖 32、福农 38 宿根性综合性状表现比较好，产量分别为 5.53 吨/亩、5.44 吨/亩，比 1.2 米行距的新台糖 22 分别增产 0.96 吨/亩、0.87 吨/亩，比 1.4 米行距的新台糖 22 分别增产 1.63 吨/亩、1.54 吨/亩，桂糖 32、福农 38 较适合进行 1.2 米行距机械化收获种植，可进一步扩

大面积试验示范。桂糖 32、福农 38 田间农艺性状综合表现为发芽率、分蘖率高，早生快发，宿根发株多，有效茎多，产量高，适合机械化收获，且采用机械收获成本比人工收获节约 25 元/亩。笔者在广西廖平农场对桂糖、云蔗、粤糖、福农、柳城等系列 19 个品种进行了机械化适应性评价，筛选出桂糖 03 - 2287、粤糖 94 - 128、粤糖 55、福农 15、福农 38、福农 39 等机械化适宜品种 7 个；分别对机收后的两个宿根季蔗蔸受不同程度碾压的品种产量影响进行分析（表 5 - 13）。结果显示，因作业规范性缺失造成的重度碾压对产量构成显著影响，蔗茎单产比正常区域减少 13.2% ～ 49.4%；品种敏感性有所差异，如桂糖 03 - 2287 不仅群体数量下降 14.2% ～ 20.8%，个体生长速度也受到显著抑制，在规范机收作业质量要求的前提下，这类品种就需要尽早进行破垄松蔸，重攻蘖、茎肥；而桂糖 29 的破垄松蔸和中耕促蘖对机械化高产稳产显得尤为重要；粤糖 53 对机械碾压程度较钝感，田间管理上易于轻简化。

表 5 - 12　农艺性状调查

品种	行距（米）	发蔸率（%）	分蘖率（%）	株高（厘米）	茎径（厘米）	有效茎数（条/亩）	单产（吨/亩）	蔗糖分（%）
桂糖 32	1.2	69.1	11.1	289	2.68	3 538	5.53	13.75
	1.4	54.6	11.3	294	2.65	3 457	5.21	15.45
福农 38	1.2	64.8	18.9	283	2.78	3 381	5.44	15.38
	1.4	66.7	16.4	284	2.85	3 178	5.30	15.28
新台糖 22	1.2	44.2	7.4	297	2.78	2 825	4.57	14.30
	1.4	48.7	10.41	290	2.64	2 768	3.90	14.61

表 5 - 13　蔗蔸碾压程度对宿根蔗生长的影响

品种及生产季	处理	株高（厘米）	茎径（厘米）	单茎重（千克）	有效茎数（条/亩）	蔗茎产量（吨）
桂糖 03 - 2287 宿 1	正常区域	261	2.73	1.53	3 190	4.87
	失误碾压（轻度）	242	2.84	1.53	3 054	4.68
	规范性缺失碾压（重度）	212	2.57	1.10	2 737	3.01
桂糖 29 宿 1	正常区域	200	2.69	1.14	4 275	4.86
	失误碾压（轻度）	192	2.74	1.13	3 921	4.44
	规范性缺失碾压（重度）	189	2.85	1.21	2 298	2.77
桂糖 03 - 2287 宿 2	正常区域	256	2.88	1.67	3 190	5.32
	失误碾压（轻度）	235	2.81	1.46	2 932	4.27
	规范性缺失碾压（重度）	195	2.64	1.07	2 528	2.69
粤糖 53 宿 2	正常区域	261	2.62	1.41	3 014	4.24
	失误碾压（轻度）	249	2.62	1.34	2 673	3.59
	规范性缺失碾压（重度）	253	2.63	1.37	2 676	3.68

在机械化生产模式下，对体系提供的粤糖 55、福农 39、福农 15、粤糖 53、福农 28、粤糖 00-236、新台糖 22（对照）等品种在 3 种追肥量处理下的生长特性进行了研究。结果显示，福农 28 和粤糖 55 通过增加大培土追肥量可望有较大的增产空间；福农 15 则需在全生育期都有充足的养分供应才能满足其高产需求；粤糖 53 和粤糖 00-236 通过增加小培土施肥量可望对产量有较好的促进作用；新台糖 22 伸长生长对追肥效应的表现最佳，长速快且平稳，这也是该品种得以广泛覆盖全国各主蔗区的重要原因之一，其营养特点值得进一步深入研究并加以利用；参试的自育品种中仅福农 39 的营养特点与新台糖 22 相近，通过针对其种性的栽培方法改良，该品种可望在适宜地区替代新台糖 22。上述研究对机械化生产模式下不同品种的养分管理策略具有较好的参考价值。

2012 年 2 月，对上述品种进行的机收试验结果显示，平均田间损失率为 4.7%，平均夹杂物率为 7.2%，两指标之和为 11.9%，总体与国际上甘蔗机收的田间损失和夹杂物综合情况（14%～15%）相符。从品种及其配套的机收技术角度，粤糖 55 与福农 39 植株高大，产量较高，田间损失率及夹杂物率均较低，综合评价应为当地适宜的机收品种；福农 15 蔗茎产量高，茎径粗大，但组织较松脆，易机械破损，故田间损失率较高，此外受倒伏影响，夹杂物率也较高，因此机收时应匀速谨慎行驶，避免过高速行驶造成收割不完全及引擎超负荷造成通道拥堵挤压破损，在保证茎段完好的基础上可适当调大排杂风量以减少夹杂物；而粤糖 00-236 与福农 28 分别通过减小和提高排杂风速可望改善机收效果。

通过研究表明，在传统的甘蔗生产规划基础上，亟须针对机械化的特点和要求，从种植布局上因地制宜地进行品种产能类型区分、熟期安排和机械作业面一致性布局。将品种形态特征（如脱叶性、抗倒伏性、蔗茎组织松脆度）、生长特点及田管周期、肥水需求特性、成熟期相近的品种集中种植，以便于机械化管理和机收的高效、减损、降耗作业，也便于针对不同的生产水平类型配套必要的设施、装备及管理技术，实现集约化生产经营。如针对粤糖 55 和福农 15 这两个品种，在大规模种植区配套装备大田自走式节水灌溉系统，通过水肥一体化技术补施攻茎肥及壮尾肥，便能极显著地提高产量水平。

针对粤糖 55 机收后蔗叶覆盖还田和蔗叶焚烧两种处理方式对宿根蔗生长的影响进行了试验研究。结果显示，蔗叶覆盖还田比焚烧处理的宿根出苗数、分蘖初期茎蘖数、分蘖盛期茎蘖数、分蘖末期茎蘖数和有效茎数分别多 22.2%、46.7%、32.0%、42.3% 和 38.0%；月伸长生长平均多 6 厘米，伸长盛期尤为显著，达 18 厘米；叶面积指数高 0.42；蔗茎产量高 49%。由此可见机收后蔗叶覆盖还田对甘蔗出蘖和伸长生长有显著的促进效果，对保证大培土后的群体有效茎数有积极作用，从而显著提高蔗茎产量。

对粤糖 55、福农 39 不同破垄时间处理的试验研究显示，在一定时间范围内（10 天），适宜的气候和土壤条件对宿根出苗、分蘖及产量构成的影响大于破垄时间的早晚。粤糖 55 对破垄时间早晚的反应不敏感，而福农 39 早破垄对甘蔗伸长生长有显著的促进效果。上述结果对机械化模式下甘蔗品种的宿根管理具有较好的参考价值。

对桂糖、云蔗、粤糖、福农、柳城等系列 19 个品种进行了机械化适应性评价，筛选出桂糖 03-2287、粤糖 94-128、粤糖 55、福农 15、福农 38、福农 39 等机械化适宜品种

7 个；研究了种植行距和群体密度对甘蔗品种的光合特性及产量、品质的影响，表明宽窄行种植或宽行宽幅种植对确保全程机械化甘蔗有效茎数和产量的必要性；研究了品种的机械化生产特性，提出了机械化模式下的营养管理策略及品种的机收损失控制技术；研究土壤紧实度对甘蔗生长、根际微生物区系和甘蔗抗旱性等的影响，表明深松（包括深耕整地、宿根破垄深松和中耕深松）、增加土壤有机质对机械化高产稳产的重要性。在上述研究基础上，形成了一套以宽行宽幅播种技术，耕前、芽前和中期除草技术，中后期水肥一体化技术，宿根机械破垄管理技术为"四个重点"的机械化农艺模式，建成桂中（廖平）甘蔗生产全程机械化示范基地，短短 3 个生产期以来，基地已从局部小规模机械化试验阶段迈进大规模全程机械化示范推广阶段，已全部推行适合中大功率联合收割机作业的 1.4～1.5 米宽行距种植，全部实行 CASE7000 联合收割机作业，自育良种全面替代目前我国栽培面积最大，造成严重单一化局面的引进品种新台糖 22，示范产量实现"三连增"，效益超过当地和全国平均水平。国际主流收割机型 CASE7000 已熟练可靠运行，收获效率达 52.92 吨/时，机收夹杂物率为 6%，田间损失率最优控制在 0.3%，达到并优于国际同类作业效率和水平，成为我国甘蔗农机农艺融合的技术典范。示范辐射面积达 12 万亩。

2. 甘蔗农机与农艺配套技术试验示范　在南宁蔗区开展适应机械收获不同品种宽行种植试验和示范。结果表明粤糖 00-236、桂糖 32、粤糖 55、桂糖 31，比较适合 1.3～1.4 米宽行种植，在栽培措施上提倡早种植和加强前期水肥管理。桂糖 29、福农 39 适合 1.1～1.2 米行距种植，有效茎数较多，宿根性强，适合中小型收割机收获的行距。在南宁蔗区明阳蔗区、金光蔗区、武鸣东江蔗区及崇左江州蔗区共建机收示范区，面积 1 000 亩，2014 年在柳州四塘农场共建机收示范区 10 000 亩。初步形成《桂南蔗区适应大机型收获的综合配套栽培规程》和《桂南蔗区适应中小机型收获的综合配套栽培规程》。

根据西南蔗区甘蔗农机与农艺配套技术试验示范的需要，建成甘蔗全程机械化试验示范基地 2 个，合计 1 440 亩，制定了适合机械化行距的品种、肥料和相关的农艺措施 1 套；总结了适合云南的小规模甘蔗机械化系统 1 套。制定地方标准《云南省甘蔗机械化生产技术规范》（DB53/T 364—2011）。采用二元正交旋转组合设计试验，研究不同品种，在不同行距和不同下种量的生长情况，研究不同新品种对甘蔗机械化生产模式的适应程度。筛选出在 130 厘米行距产量较高，适合宽行距种植，便于机械化耕作的福农 38、福农 39、云蔗 06-407、新台糖 22 等新品种。

向综合试验站提供云蔗 99-91、云蔗 99-596、云蔗 01-1413、云蔗 03-103、云蔗 03-194、云蔗 03-258、云蔗 03-422、云蔗 05-49 和云蔗 05-51 等 9 个品种进行机械化试验示范。初步筛选出云蔗 03-194、云蔗 03-258、云蔗 99-569 等品种分蘖性、宿根性强，宿根产量和含糖量均高于新植产量，而且抗倒伏和脱叶性好，初步评价在适宜地区可进行机械化栽种、管理和收获。在 110 厘米行距，产量较高，适合宽行距种植，便于机械化耕作。

选育出福农 39、福农 38、粤糖 00-236、桂糖 29、云蔗 03-194 等适合全程机械作业生产方式的甘蔗新品种，在机械作业生产方式下的适应性优于主栽品种新台糖 22。基于 SSR 荧光标记与毛细管电泳技术，完成对用于机械作业生产方式示范的甘蔗品种 DNA 分子图谱制作。选育的福农 39 具有高产、高糖、耐寒性和耐旱性强、蔗糖分转化慢、宿根性强、抗黑穗病等优良性状，在国家甘蔗产业技术体系 15 个综合试验站 2009—2013 年多轮共 26 个新品种（系）两新一宿集成示范中，名列第 1～3 名，已被英茂、广西农垦、湛江农垦、英糖、南华等糖业集团和制糖企业引进应用，累计应用面积 4 万～5 万亩。

提供桂糖 29（桂糖 02－761）、桂糖 30（桂糖 02－237）两个新品种用于体系各试验站试验示范，其中桂糖 29（桂糖 02－761）具有萌芽性好、分蘖力强、宿根性好、抗倒伏、抗寒等特点，适应机械化栽培。对甘蔗杂交组合进行机收试验研究发现，在机械化收获过程中，收割机和收集车碾压对宿根蔗发株造成了明显的不良影响，不仅宿根蔗发株减少，而且生长势变差，当碾压程度超过 4 级时，其不良表现尤为突出。通过计算甘蔗杂交组合耐碾压值，并选取碾压等级、宿根发株和耐碾压值进行聚类分类，从 363 个试验组合中筛选出 11 个耐碾压值高、宿根发株多的适应甘蔗机械化收获的组合。

提供粤糖 94－128、粤糖 00－236、粤糖 55 和粤糖 60 参与机械化生产模式适宜性评价试验，对相关品种机械收获的宿根蔗进行跟踪观察。筛选出粤糖 00－236、粤糖 94－128 和粤糖 55 等适合机械收获的品种；育成粤糖 03－373、粤糖 04－245、粤甘 43、粤甘 45 和粤甘 46 等相关特性符合机械化生产要求的新品种（系），供作杂交亲本和进一步试验研究。提供的品种和选育的后备品种（系）在宿根性、抗倒伏性、生长及群体的均匀度等方面有突出表现，中至中大茎，蔗茎硬度适中，机收破头率低，适合机械收获。粤糖 00－236、粤糖 55 和粤糖 94－128 等品种已在多个机械化试验点试验示范，这些品种在主产蔗区均有大面积种植。

在连江基地，60 多亩的选种圃、鉴定圃和预试圃都采用 1.3 米的行距种植，筛选分蘖力强，有效茎多，适应宽行距的品系，选育出福农 09－7111、福农 09－0906 和福农 09－2201 等 3 个适合全程机械化栽培品种；推荐福农 39 和福农 38 到湛江、北海、来宾廖平和金光农场，福农 1110（福农 41）到金光农场进行机收试验。

在海南临高蔗区进行适应机械化收获良种粤糖 00－236 宽窄行（宽行 1.3 米，窄行 1.0 米）对比示范试验并进行效益分析评价。组织团队成员到海南临高蔗区进行机械化收割可行性调研。在海南儋州及临高蔗区开展适合机械化收获良种选育，提供 1 个甘蔗新品系（海蔗 22）进行新品系表征示范试验。

在广东湛江农垦广前和华海糖业公司建立 2 个甘蔗螟虫性诱剂预警监测网点，掌握了机械收获方式下甘蔗主要病虫害发生规律。在广东省湛江农垦采用机械收获蔗区（广前）的 2 000 亩示范地开展机械化模式下甘蔗虫害防控技术筛选试验，形成机械化收获模式下，以苗期使用化学农药、中后期利用甘蔗螟虫性诱剂、赤眼蜂相结合的病虫害综合防控模式 1 套，与对照相比，防治效果达 80％以上，甘蔗产量提高 10％。在广东省湛江农垦广前蔗区推广应用 2 000 亩。

在云南开远示范点初步研究了机械收获方式下与机械化栽培模式下主要病虫害发生规律，总结形成机械收获方式下与机械化栽培模式下病虫害综合防控模式 1 套（小机型）。

根据滇南生态蔗区和小型机械化栽培模式特点，科学制定了甘蔗主要病虫害田间调查方法，调查并掌握了示范品种抗病虫性和主要病虫害发生规律。安排布置了以太阳能杀虫灯、温水脱毒健康种苗和高效中低毒农药（广谱型及普通型杀虫双、保苗先锋、度锐、吡虫啉等）等为主的甘蔗螟虫、绵蚜、蓟马和地下害虫统防统治示范 1 200 亩，并向周边辐射 2 000 亩，与对照相比，防效达 80% 以上，甘蔗产量提高 10%～15%。研究形成了以太阳能杀虫灯、温水脱毒健康种苗和高效中低毒农药等为主的一套切实可行的综合防治技术。

采用以性诱剂诱捕为主，结合灯光诱捕及田间辅助调查的办法，在金光综合试验站（广西农垦国有金光农场）和柳城综合试验站（柳城县）的辐射蔗区，研究机械收获方式下甘蔗主要病虫害发生规律。非机械收获蔗区的枯心率较高，而械收获方式下的螟害枯心苗相对较低。在金光综合试验站和柳城综合试验站的辐射蔗区进行高效低毒农药防治示范 1 000 多亩。结果表明 3.6% 加强型杀虫双颗粒剂、5% 杀单·毒死蜱颗粒剂、家保福（2% 联苯·噻虫胺颗粒剂）、度锐（30% 氯虫苯甲酰胺·噻虫嗪悬乳剂）和比戈宽（0.5% 吡虫啉·杀虫单缓释颗粒剂）对甘蔗螟虫、蚜虫和蓟马具有良好的防治效果。与对照相比，防治效果达 80% 以上，甘蔗产量提高 10% 以上。田间释放赤眼蜂防治示范 1 000 亩，结果证实放蜂区的螟害株率和螟害节率两个指标明显低于对照区（非放蜂区），达到预期的防治效果。初步形成适合广西桂南蔗区的甘蔗病虫害综合防控模式 1 套。形成了以"新植蔗对症选药、甘蔗苗期科学喷药及中后期强调生物防治"的甘蔗螟虫综合防控技术 1 套。在示范点蔗区开展高效低毒农药和赤眼蜂防治示范面积超过 2 000 亩，并向周边蔗区辐射 3 000 亩以上。与对照相比，防治效果达 80% 以上，甘蔗产量提高 10% 以上。

在广东遂溪和广西南宁开展机械收获方式下甘蔗主要病虫害发生变化规律研究，试验结果发现，与人工收获方式对比，机械收获方式下甘蔗苗期螟虫危害差异不明显，后期螟虫危害较轻；花叶病、黑穗病、梢腐病、叶枯病、黄叶病、锈病等病害没明显差异，但是，由于机械收获造成宿根蔗头伤口多，且破裂，凤梨病等感染率显著高于人工收获方式。为此，在机械收获方式下甘蔗病虫害防治重点在凤梨病等病害的防控。形成广东遂溪机械收获方式下甘蔗主要病虫害防治技术规范 1 套。在广东遂溪和广西南宁各推广应用 1 000 亩。

对北海机械收获方式下甘蔗主要病虫害发生规律进行了初步的调查，发现机收方式下无论新植还是宿根，甘蔗病虫害都与非机收方式下的无显著性差异。初步形成机械化收获模式下病虫害综合防控模式 1 套，即用性诱剂测报结合高效低毒农药的使用对甘蔗螟虫有很好的防控效果，示范面积约 400 亩，与对照相比防治效果达 80% 以上，甘蔗产量提高 10%（测产）。对广西宾阳（廖平农场）机械化栽培及机收模式下的甘蔗品种进行了病虫害调查，由于该农场根据当地主要病虫害发生的特点制定了相应的防治措施，结果机械采收和人工采收情况下，其病虫害的发生没有显著差异。初步形成广西宾阳（廖平农场）机械化收获模式下病虫害综合防控模式 1 套，示范 2 000 亩，与对照相比，防治效果达 80%以上，甘蔗产量提高 10%。

在湛江甘蔗研究中心洋青基地、遂溪北坡等地选用 ROC22、粤糖 60、粤糖 55、粤糖

00-236、福农38、福农39等为供试材料，在1.3米和1米不同的种植行距下，甘蔗产量的总体表现为1米行距的甘蔗单产普遍高于宽行距1.3米；在宽行距1.3米种植条件下，不同的甘蔗下种量对甘蔗产量有一定的影响，总体表现为下种量为2 700段/亩双芽苗的甘蔗产量较低，而下种量为3 600段/亩双芽苗的甘蔗产量较高。不同的甘蔗品种之间，对种植行距和下种密度的产量表现有所不同，在宽行距处理下，分蘖能力较强的甘蔗品种粤糖55和粤糖00-236在下种密度3 600段/亩双芽时产量表现较好，略低或高于1米行距处理。经过3年的试验，筛选出了适合粤西机械化种植的品种2个，为粤糖55和粤糖00-236。筛选出了适合广东蔗区机械化种植的甘蔗品种和种植行距，研制了适合机械化种植的旱地甘蔗专用控缓肥配方一个。在广东翁源建立甘蔗机械化示范基地200多亩。

与南宁市农业机械化技术推广服务站、南宁市农业技术推广站等单位合作，在武鸣区罗圩镇树合村开展机械收获对不同种植行距宿根蔗生长的影响和不同收获方式对蔗蔸质量和翌年宿根蔗农艺性状的影响2个试验研究。在广西大学本部、南宁市兴宁区三塘镇本团队甘蔗试验基地和贵港市农科所，分别以桂糖21、桂糖35、桂糖97-69、桂糖29、福农39、柳城05-136和粤糖60等7个品种为供试甘蔗品种，开展适应机械收获的不同种植行距研究。经过3年的研究试验和示范，初步形成桂中南蔗区适应中、小型机械收获的综合配套栽培模式1套。在武鸣区开展广西云马汉升机械制造股份有限公司生产的HS180型整秆式甘蔗联合收割机机械收获示范面积1 000亩以上，武鸣区蔗区3年累计应用面积10 000亩以上。

以遂溪机械化示范点为基础，兼顾来宾试验点机械化应用现状，开展体系推荐品种的不同行距、不同施肥水平和不同下种量的新植和宿根研究全面、连续的深入试验研究。初步总结出体系推荐的主要品种的在宽行距下的变化规律。同时针对机收后的宿根蔗前期不同时间灌溉条件及松蔸技术措施，提出机收后宿根关键管理技术，即尽早松蔸，提高发蔸率。开展甘蔗机收对宿根蔗影响关键因素研究，提出了提高机收宿根蔗产量的关键是发蔸，造成机收宿根蔗减产的主要原因是运输机械不配套、田间碾压严重导致发株率显著下降。并明确了不同品种地下芽在早期收获时的损伤差异，其中粤糖53是受损伤较大的品种。研究不同品种在宽行距下的产量表现，初步总结出宽行距条件下高产规律及相应的配套栽培措施。形成针对宽行距条件下栽培品种的选择、水肥管理、机收要求的宿根管理技术等一套。在遂溪及来宾机械化示范应用1 500亩。

湛江综合试验站先后开展三个不同机型（凯斯4000、8000和7000）收割机田间收获共8台机示范。凯斯系列收割机采用切段收割机杂质分离系统运转可靠，完成机械化收获25 413亩，其中凯斯8000和7000是宽行距的收割机，平均含杂率在6.8%以下，符合考核指标，比2012年高0.2个百分点。筛选出分蘖性和宿根性强、抗倒伏、适合宽行种植的粤糖93-159、柳城05-136和粤糖00-236等品种。其中粤糖00-236的分蘖率超过160%，宿根发株率达100%。在试验示范过程中，初步形成了甘蔗机械化收获操作流程、甘蔗宽窄行种植水肥管理、中耕管理与宿根管理技术等，对垦区机械化种、收操作进行了规范。

遂溪综合试验站累计筛选试验了18个不同类型的甘蔗品种进行宽行距种植，采取全程机械化管理，调查甘蔗生长各时期的各项指标，以评价这些品种的机收适应性。经过3年的试验，初步筛选出粤糖55、桂糖29、福农38、云蔗99-596、云蔗03-194、柳城05-136等具有分蘖性和宿根性强、易脱叶、抗倒伏、适合宽行种植的特性，是目前为止相对比较适合机械化收获的品种。初步获得了一套适合大型收割机收获的栽培模式，采用预测预报结合高效低毒农药对甘蔗主要虫害进行防治，开展螟虫和地下害虫的统防统治示范，防治效果达80%，甘蔗产量提高10%；在遂溪北坡镇建立了1 500亩的示范基地，配合农机岗位专家以CASE7000开展机收工作，2011/2012生产期收获了3 100吨，2012/2013生产期收获约1 500吨。收获的效率取决于天气、机收熟练程度和地块大小，一般效率每天为180吨，夹杂物率最小的7.4%，最高的14.5%。机械化栽培节约成本18%左右，产量与传统生产模式产量相当。3年来在遂溪示范基地累计机收甘蔗4 500吨，机械化种植的环节已经达到10 000亩左右。

　　金光综合试验站2011年在友谊分场建立了甘蔗生产全程机械化研究示范基地1个，面积总计300亩，辐射推动甘蔗机收面积为5 100亩。2012年、2013年在金光农场友谊分场、东风分场、昌平分场、创业分场等建立了甘蔗生产全程机械化示范区10 850亩，展示甘蔗机械收获技术，采用的收割机型号主要为凯斯7000和凯斯4000两种。辐射推动甘蔗机械收面积共为2.5万亩。机收甘蔗产量与传统采收模式产量基本持平，机收成本比人工收获节本25元/亩。初步筛选出适合机收的品种为桂糖32、福农38，是分蘖性和宿根性强、抗倒伏、适合机械化收割的宽行种植高产高糖品种。开展1.4米行距与1.2米行距宿根蔗对比试验，1.4米行距产量较1.2米行距略低，从发挥机械化效率方面考虑，1.4米行距更利于机械化采收。跟踪调查机械化试验区主要甘蔗病虫害发生情况，调查结果显示机收蔗地病虫害发生与人工采收蔗地无明显差异，病虫害防治措施可参照常规防治措施进行。机收甘蔗产量与传统采收模式产量基本持平，在淘汰蔗地采收面积得到大面积推广，机收成本比人工收获节本25元/亩。建立了10 000亩甘蔗生产全称机械化示范区。筛选出适合机收的品种有桂糖32、福农38，其宿根发蔸率高、整齐，抗倒伏较强。采用机械化收获累计面积3.0万亩。

　　柳城综合试验站：在柳城县四塘马山甘蔗示范基地开展全程机械化生产示范250亩，实行机械种植、农机中耕施肥培土，整秆式甘蔗收割机（云马汉升、河南坤达和柳州翔越）收割。以柳州翔越性收割机能较好。经测试，与人工收获对比，机收产量损失率0.2~0.4吨/亩，亩成本减少136元。根据甘蔗生产全程机械化对甘蔗品种的要求，在体系一提供的福农39、福农41、云蔗13-194、柳城05-136、桂糖29等几十个新品种中进行试验和观测，从中筛选出适合本蔗区机械收获的品种，经过三年的示范观察，推荐桂糖29、福农39、福农41、柳城05-136等品种在本蔗区进行机械化栽培示范。初步形成了甘蔗生产全程机械化的机具配套和适宜甘蔗品种储备。

　　2011—2013年，来宾综合试验站对体系一提供的福农39、福农41、云蔗03-194、柳城05-136、桂糖29等几十个新品种进行观测，从中筛选出适合本蔗区机械收获的品种，经过三年的示范观察，推荐桂糖29、福农39、福农41、云蔗06-407、柳城05-136等品种在本蔗区进行机械化栽培示范。进行了适应甘蔗机械收获的农艺技术研究与示范，面积达 300 多亩，主要采取甘蔗宽行距（1.4 米）种植与地膜覆盖、机械深耕深松、机械中耕培土和病虫害综合防控等技术措施配合应用，探索适应甘蔗机械收获的宽行距种植对甘蔗产量的影响，初步形成了一套在本蔗区机械收获的配套栽培技术。开展了甘蔗全程机械化栽培技术示范，示范面积共 500 亩，包括从甘蔗种植、中耕施肥、病虫害防治以及收获全程进行机械化操作。

北海综合试验站在银海区福成镇星星农场七队建立机械化示范区，筛选适合机械化宽行种植的高产、高糖、多抗、强宿根、易脱叶、抗倒伏等综合性状优良的品种；在示范区内进行甘蔗机械化收获和种植等已超过 5 000 亩以上，机械收获成本每吨降低 70 元以上，推荐桂糖 29、福农 39 柳城 05-136 等品种进行机械化栽培示范。开展农机农艺相融合的机械化技术集成示范；辐射带动周边县区使用机械化生产、收割，取得了良好的效果，大大降低了成本。初步形成了甘蔗生产机械化深耕深松和部分机械收获生产，适应品种也得到了推广应用。

开远综合试验站开展不同种植行距（100 厘米、120 厘米和 140 厘米）、不同施肥技术（3 种不同配方）和水分管理技术（地膜覆盖、深沟深种、不同植期）等适合甘蔗机械化种植模式下的试验示范，初步筛选出一套适合开远、弥勒蔗区机械化模式栽培的技术。采用 2CZX-2 型甘蔗种植机进行双行种植，实现了开沟、砍种、施肥、盖土、盖膜工序联合机械化作业，每天可种植甘蔗 50～60 亩。大大减轻了蔗农劳动强度，提高了生产效率。开展了 4GZW-0.8 往复式甘蔗收割机（云南农机研究院）机械化关键技术的品种试验研究。筛选评价出柳城 05-136、云蔗 03-194、桂糖 29 和粤甘 24 等品种在机械收获后，新植蔗有效茎数 4 500～5 000 条/亩，宿根发株率显著优于新台糖 22，且无病虫害，是较为耐机械化收获作业碾压后仍宿根性较强的品种。辐射推广面积 3 500 亩。

德宏综合试验站完成适合机械作业 1.3 米与 1.1 米行距大区对比一新一宿试验，新宿平均甘蔗单产 1.3 米行距（8.97 吨/亩）较 1.1 米行距减产 3.5%，初步形成宽行种植下的水肥管理、中耕管理与宿根管理技术。引进科利亚 4GZ-91 型甘蔗联合收割机在蔗区进行试验示范，机收面积 557 亩，共收砍甘蔗 3 111 吨。机械收获宿根蔗苗生长密度 10.7 株/米^2，较人工收获减少 1.17 株/米^2，降低 9.86%；有效蔗株减少 275 株/亩；蔗茎产量（3 912 千克/亩）降低 948 千克/亩，减产 19.5%。机收含杂率 7.30%，损失率 8.18%，茎段破损率 60.7%，破头率 19.46%，切割高度合格率 86.7%。完成主要病虫害高效、生态防治技术示范 600 亩，形成甘蔗虫害综合防治技术一套，防效达 88% 以上，筛选出防治甘蔗螟虫效果较好的 0.4% 科得拉、40% 福戈、30% 度锐和 20% 康宽四个药剂在生产上推广使用。通过对福农 38、福农 39、云蔗 03-194、桂糖 29 和柳城 05-136 等品种的工农艺性状跟踪调查，结果表明这 5 个品种机械适应性中等。通过高效低毒农药的试验筛选、应用与农业、物理、机械等虫害防治技术有机结合的集成研究，形成一套甘蔗虫害综合防治技术。以使用噻虫嗪和氯虫苯甲酰胺新型农药根施防治甘蔗害虫的技术，在生产上得到广泛应用，2011—2013 年德宏州全州累计推广使用 142 万亩。

（二）HA-GGE 双标图在适合机械化作业的甘蔗品种布局中的应用

甘蔗品种区域试验通常要求进行两年新植一年宿根试验，由于其影响因素众多，多种因子之间存在互作关系，若只借助于传统的二维数据表难以将处理与环境之间的关系分析清楚。采用适当的统计方法有助于充分剖析试验数据所包含的信息，从而对试验品种作出客观全面的评价。借助于图解法不但可以清晰地分析因素之间的关系，而且可以把各因素间复杂的互作模式直观地表现出来。本研究用品种性状表现×试点性状表现构建了二维双标图，全面地显示了二向数据表中的信息结果，将品种与试点间的各种关系直观地展现出来，并对原始数据作出了更多的解释。

HA-GGE 双标图中任两个试验点向量间的夹角余弦值近似于二者间的相关性。由品种或试验点在 AT 轴（average-tester axis）上的投影位置判断品种的平均表现或试验点的代表性。由品种或试验点到 AT 轴的投影长度判断品种的（不）稳定性或试验点对互作的相对贡献。在 HA-GGE 上，将位于最外围的品种依次连接形成一个多边形，就可以将所有品种图标包围在多边形内。从双标图的原点作多边形各边的垂线，将多边形划分为不同的扇区，在同一扇区内的试验点即构成了一个试验点组合。每个扇区中位于多边形角顶上的品种就是在该扇区内各个试验点上表现最好的品种，也就是该试验点组合共同的最好品种。在试验环境评价方面，HA-GGE 双标图中各试验环境向量的长度近似于该环境的遗传力平方根，代表其对参试品种的鉴别力，而试验环境向量与平均环境轴夹角的余弦值近似于二者之间的遗传相关系数（r），代表该环境对目标环境的代表性。试验点环境的理想指数用试验环境向量在平均环境轴上的投影长度来衡量。

1. 不同试验点间各品种产量的差异显著性分析　方差分析表明，试验点环境效应（E）、基因型效应（G）、基因型×试验点环境之间的相互作用（G×E）和试验点内小区间的效应均极显著，试验点是影响产量变化的最主要因素，占总处理变异的 39.56%（蔗茎产量）和 41.95%（蔗糖产量），基因型与环境互作次之，引起的变异为 38.78%（蔗茎产量）和 36.68%（蔗糖产量），而基因型变异只占很少部分，为 12.01%（蔗茎产量）和 11.60%（蔗糖产量）。G/（G+GE）蔗茎产量和蔗糖产量均为 0.24。因此，G×E 效应要比 G 效应大得多。根据 12 个试验点、45 个基因型、两年新植一年宿根甘蔗品种试验的产量资料（表 5-14），我国目前甘蔗的平均蔗茎产量和蔗糖产量分别为 97.85 吨/公顷和 14.14 吨/公顷，它反映了我国近年选育的甘蔗新品种在目前生态生产条件下的一般产量水平。从表 5-15 可知，在两年新植一年宿根区域试验中，同一作物季不同试验点间蔗茎产量变异系数为 10.23%～25.37%，遗传力为 0.2～0.8；蔗糖产量变异系数为 10.65%～28.84%，遗传力为 0.28～0.76。

表 5-14　方差分析和基本统计分析

变异来源或项目	蔗茎产量				蔗糖产量			
	df	方差	F	占处理 SS 比例（%）	df	方差	F	占处理 SS 比例（%）
G（基因型）	44	144 351.32	11.60	12.01	44	3 348.11	11.30	11.60

(续)

变异来源或项目	蔗茎产量				蔗糖产量			
	df	方差	F	占处理 SS 比例（%）	df	方差	F	占处理 SS 比例（%）
E（环境）	11	476 406.67	153.20	39.65	11	12 109.49	163.80	41.95
G×E(基因型×环境)	484	465 884.02	3.40	38.78	484	10 587.61	3.30	36.68
Blo 对照(点内区组)	24	114 849.50	16.90	9.56	24	2 821.56	17.50	9.77
误差	2 810	794 519.52			2 810	18 890.97		
平均值（吨/公顷）		97.85				14.14		
SE		16.82				2.59		
CV（%）		17.19				18.34		
$LSD_{0.05}$		27.52				4.24		
G/(G+GE)		0.24				0.24		

表 5-15 不同试验点的蔗茎产量和蔗糖产量

环境 (E)	蔗茎产量						蔗糖产量					
	均值（吨/公顷）	最大值（吨/公顷）	SE	SD	遗传力（h）	CV（%）	均值（吨/公顷）	最大值（吨/公顷）	SE	SD	遗传力（h）	CV（%）
E1	114.46	144.03	20.29	16.17	0.48	17.73	16.84	22.18	3.10	2.33	0.41	18.39
E2	93.83	147.65	16.46	17.05	0.69	17.54	13.08	22.93	2.53	2.99	0.76	19.35
E3	77.83	97.44	11.62	10.66	0.60	14.93	10.62	14.44	1.64	1.66	0.67	15.44
E4	111.68	147.49	14.85	18.99	0.80	13.30	16.15	21.86	2.24	2.60	0.75	13.84
E5	114.39	156.47	16.97	17.01	0.67	14.83	16.58	20.59	2.55	2.21	0.56	15.36
E6	85.65	107.97	14.37	10.40	0.36	16.78	12.63	17.57	2.12	1.68	0.47	16.77
E7	82.28	111.58	18.45	18.33	0.66	22.42	11.71	16.57	2.67	2.54	0.63	22.81
E8	100.47	119.84	10.27	10.02	0.65	10.23	13.50	16.96	1.44	1.37	0.65	10.65
E9	100.25	146.03	21.10	14.90	0.33	21.05	14.54	21.36	3.32	2.26	0.28	22.80
E10	99.00	138.41	14.73	14.88	0.78	14.88	14.64	18.71	2.00	2.34	0.75	13.69
E11	87.28	123.40	22.14	14.30	0.20	25.37	12.70	16.01	3.66	2.01	0.55	28.84
E12	96.77	136.72	15.88	17.28	0.72	16.40	14.93	22.43	2.85	3.06	0.71	19.11

2. 品种最佳适应区域分析 为了鉴定出不同试验点间的高产品种，根据 HA-GGE 双标图中品种最佳适应区域分析，在图 5-8A 中福农 40（33）和云蔗 06-407（11）所在扇区分布有较多的试验点，表明其适应范围较广，在多个试验点蔗茎产量较高；闽糖 01-77（45）在广西柳州（E7）和云南临沧（E12）蔗茎产量表现较好，福农 15（27）在广东遂溪（E2）蔗茎产量表现较好，具有较强的特殊适应性；福农 36（30）、云蔗 03-422（7）和福农 28（28）在各试验点蔗茎产量均表现较差；而位于多边形内部、靠近原点的

品种，如 ROC22（1）、桂糖 30（23）、桂糖 97－69（24）、福农 1110（26）、福农 39（32）、粤甘 24（34）、粤糖 55（41）等品种为对环境变化不敏感的品种。图 5－8B 反映的是蔗糖产量的品种最佳适应区域，桂糖 02－901（21）和福农 15（27）适应范围较广，在福建漳州（E1）、广东遂溪（E2）、广西来宾（E6）、云南德宏（E9）、云南保山（E11）和云南开远（E10）6 个试验点蔗糖产量较高，柳城 03－1137（15）和福农 38（31）在广东湛江（E3）、广西百色（E4）、广西崇左（E5）、广西柳州（E7）、海南临高（E8）和云南临沧（E12）6 个试验点蔗糖产量较高，福农 36（30）和云蔗 03－422（7）在各试验点蔗糖产量均表现较差，而位于多边形内部、靠近原点的品种如 ROC22（1）、云蔗 01－1413（3）、云蔗 03－258（6）、柳城 05－129（17）、桂糖 30（23）、福农 40（33）、赣南 02－70（44）等品种为对环境变化不敏感的品种。

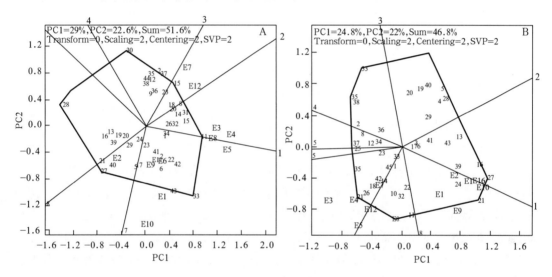

图 5－8 HA－GGE 双标图分析甘蔗品种的适应性

A. 蔗茎产量 B. 糖产量

PC1. 第一主成分 PC2. 第二主成分

E1. 福建漳州 E2. 广东遂溪 E3. 广东湛江 E4. 广西百色 E5. 广西崇左 E6. 广西来宾 E7. 广西柳州

E8. 海南临高 E9. 云南德宏 E10. 云南开远 E11. 云南保山 E12. 云南临沧

1. ROC22 2. 云蔗 06－189 3. 云蔗 01－1413 4. 云蔗 03－103 5. 云蔗 03－194 6. 云蔗 03－258

7. 云蔗 03－422 8. 云蔗 04－241 9. 云蔗 05－49 10. 云蔗 05－51 11. 云蔗 06－407 12. 云蔗 06－80

13. 云蔗 99－91 14. 德蔗 03－83 15. 柳城 03－1137 16. 柳城 03－182 17. 柳城 05－129 18. 柳城 05－136

19. 桂糖 02－351 20. 桂糖 02－467 21. 桂糖 02－901 22. 桂糖 29 23. 桂糖 30 24. 桂糖 97－69

25. 福农 0335 26. 福农 1110 27. 福农 15 28. 福农 28 29. 福农 30 30. 福农 36 31. 福农 38 32. 福农 39

33. 福农 40 34. 粤甘 24 35. 粤甘 34 36. 粤甘 35 37. 粤甘 40 38. 粤甘 42 39. 粤糖 00－236

40. 粤糖 00－318 41. 粤糖 55 42. 粤糖 60 43. 粤糖 96－86 44. 赣南 02－70 45. 闽糖 01－77

Transform. 数据转换 Scaling. 标准化 Centering. 中心化 SVP. 特征值分配

3. 品种的稳定性分析 研究甘蔗品种的多系布局，筛选出供多系布局的甘蔗品种，不仅需要高产，稳产也非常重要。在图 5－9A 和图 5－9B 所示的双标图中第一主成分分

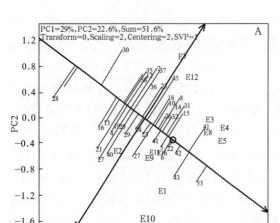
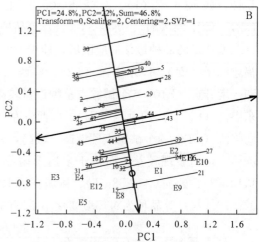

图 5-9　HA-GGE 双标图分析甘蔗品种产量表现及稳定性

A. 蔗茎产量　B. 糖产量

Transform. 数据转换　Scaling. 标准化　Centering. 中心化　SVP. 特征值分配

别解释了 29%（蔗茎产量）和 24.8%（蔗糖产量）的 G+GE，第二主成分分别解释了 22.6%（蔗茎产量）和 22%（蔗糖产量）的 G+GE，这样 HA-GGE 双标图可以解释 51.6%（蔗茎产量）和 46.8%（蔗糖产量）的 G 和 GE 互作效应（图 5-9A、图 5-9B）。从蔗茎产量看（图 5-9A），大于所有环境平均蔗茎产量的品种依次为云蔗 06-407、柳城 03-1137、粤糖 96-86、德蔗 03-83、福农 40、福农 38、云蔗 04-241、云蔗 05-51、福农 39、柳城 05-136、福农 1110、闽糖 01-77、ROC22、福农 0335、粤甘 40、粤糖 60、粤糖 55、云蔗 06-80、粤甘 34、粤甘 35、桂糖 29 和赣南 02-70 这 22 个品种，其中受不同试验点影响较小、稳产性较强且蔗茎产量高于 ROC22 的品种有福农 38、云蔗 06-407、云蔗 04-241、柳城 05-136、福农 1110、福农 39 和云蔗 05-51 这 7 个品种，福农 40、闽糖 01-77、德蔗 03-83、柳城 03-1137 和粤糖 96-86 这 5 个品种蔗茎产量高于 ROC22 但稳定性较弱。从蔗糖产量看（图 5-9B），大于所有环境平均蔗糖产量的品种依次为柳城 03-1137、云蔗 06-407、桂糖 02-901、福农 39、福农 15、桂糖 97-69、云蔗 05-51、福农 38、桂糖 29、福农 1110、柳城 03-182、柳城 05-136、德蔗 03-83、粤糖 00-236、粤糖 60、赣南 02-70、ROC22、闽糖 01-77、福农 40、粤糖 96-86、桂糖 30、云蔗 03-258、柳城 05-129 和云蔗 99-91 这 24 个品种。受不同试验点影响较小、稳产性较强且蔗糖产量高于 ROC22 的品种有云蔗 06-407、桂糖 29、福农 39、云蔗 05-51、柳城 03-1137、赣南 02-70、德蔗 03-83 和粤糖 60，福农 15、柳城 03-182、桂糖 02-901、粤糖 00-236、桂糖 97-69、柳城 05-136、福农 1110 和福农 38 这 8 个品种蔗糖产量高于 ROC22 但稳定性较弱。其中福农 15、柳城 03-182、桂糖 02-901、粤糖 00-236 和桂糖 97-69 在福建漳州（E1）、广东遂溪（E2）、广西来宾（E6）、云南德宏（E9）、云南保山（E11）和云南开远（E10）这 6 个试验点蔗糖产量较高，柳城 05-136、福农

1110 和福农 38 在广东湛江（E3）、广西百色（E4）、广西崇左（E5）、广西柳州（E7）、海南临高（E8）和云南临沧（E12）这 6 个试验点蔗糖产量较高。

　　借助 HA - GGE 双标图，筛选出 18 个蔗茎产量和蔗糖产量均超过对照 ROC22 的甘蔗新品种，推荐在甘蔗品种布局中因地制宜采用。18 个蔗茎产量和蔗糖产量较高的品种中云蔗 06 - 407、福农 39 和云蔗 05 - 51 这 3 个品种蔗茎产量和蔗糖产量稳定性均较强；福农 38、柳城 05 - 136 和福农 1110 这 3 个品种蔗茎产量稳定性较强，蔗糖产量稳定性较弱；柳城 03 - 1137 和德蔗 03 - 83 蔗糖产量稳定性较强，蔗茎产量稳定性较弱。从蔗茎产量性状看，福农 40 和云蔗 06 - 407 适应范围较广，在多个试验点蔗茎产量较高。从蔗蔗糖产量性状看，桂糖 02 - 901 和福农 15 在福建漳州、广东遂溪、广西来宾、云南德宏、云南保山和云南开远这 6 个试验点蔗糖产量较高，柳城 03 - 1137 和福农 38 在广东湛江、广西百色、广西崇左、广西柳州、海南临高和云南临沧这 6 个试点蔗糖产量较高。

　　区域试验的主要目的是根据参试品种在整个目标区域的平均表现进行品种评价，以筛选出适应于整个区域的广适性优良品种。甘蔗品种的区域试验，不仅可以评价参试品种的丰产性和稳定性，还能筛选出适合特定区域种植的甘蔗新品种，从而促进甘蔗品种的多品系布局，是甘蔗新品种培育的重要环节。但是，品种区域试验由于极端气候条件如台风、干旱、暴雨以及不同试验地点之间的环境因素差异的影响，时常导致试验数据悬殊，无法对试验结果进行正常的联合方差分析，最终影响了对试验材料的客观公正评价。在区域试验数据分析中，适宜的品种生态区划、试验环境和品种评价技术，是充分发掘应用区域试验数据、大幅度提高区域试验的品种选择与生产效率的重要前提。甘蔗品种区试不同于其他作物品种区试的最重要之处是甘蔗要求进行宿根性试验，而宿根蔗的产量受环境影响要比新植蔗复杂，表现为基因型与环境互作效应显著，因此分析甘蔗区域试验宿根季产量性状的稳定性和适应性对全面评价甘蔗品种有着重要意义。利用 GGE 双标图法对新植蔗和宿根蔗的蔗茎产量和蔗糖产量进行高产稳产评估，可准确筛选出高产高糖且稳定性强的甘蔗新品种推荐生产应用。

四、甘蔗试验环境评价及品种生态区划分

　　笔者采用 3 年、21 个品种、14 个试验点组成的全国甘蔗品种试验产量资料，通过联合方差分析和遗传力校正的 GGE 双标图（heritability adjusted GGE，HA - GGE）分析，研究了基因型（G）、环境（E）、基因型与环境互作效应（G×E）对产量变异的影响，对 14 个试验点的分辨力、代表性和理想指数进行分析，并对甘蔗品种生态区进行划分。结果表明：甘蔗多年多点试验环境对产量变异的影响大于基因型和基因型与环境互作；互作因素中以环境×基因型的互作效应最大，基因型×年份的互作效应最小。福建漳州为最理想试验环境，对筛选广适性新品种和鉴别理想品种的效率最高；广西百色不适合作为新品种选择环境，为不理想试验环境；云南开远、福建福州、广西河池、云南临沧、云南保山、海南临高、广西柳州和广西崇左为理想试验环境；云南瑞丽、广西来宾、广东遂溪和广东湛江为较理想试验环境。根据 HA - GGE 双标图分析结果，将我国甘蔗生态区可以

划分为 3 个甘蔗品种生态区，即以广西百色、河池、来宾和柳州为代表的"华南内陆甘蔗品种生态区"；以云南保山、开远、临沧和瑞丽为代表的"西南高原甘蔗品种生态区"；涵盖福建福州、漳州，广东湛江、遂溪，海南临高和广西崇左等 6 个试验点的"华南沿海甘蔗品种生态区"。综合两年新植一年宿根表现，德蔗 03－83、福农 1110、柳城 05－136、云蔗 06－407 和柳城 03－1137 两年新植一年宿根蔗茎产量高于对照，云蔗 05－51、福农 39、福农 0335 和福农 02－5707 高于环境平均值但低于对照。德蔗 03－83 和福农 1110 为既高产又稳产的品种。本研究展示了 HA－GGE 双标图在甘蔗品种试验环境评价方面的应用，也为甘蔗品种生态区划分提供了理论依据。

（一）试点的鉴别力和代表性

试验环境的鉴别力在双标图中用环境向量的长度表示，鉴别能力与向量长度呈正比。双标图中从原点到各试验环境图标的连线即为各试验环境向量的长度。两年新植一年宿根 14 个试验点中，第一年新植季中广西河池（E7）、广西百色（E5）和海南临高（E10）等 3 个试验环境的鉴别力较高，广西来宾（E8）、福建福州（E1）、广东湛江（E4）、广西崇左（E6）和广东遂溪（E3）等 5 个试验环境的鉴别力较低（图 5－10A）；第二年新植季中福建福州（E1）、福建漳州（E2）、海南临高（E10）、广西河池（E7）、云南开远（E12）和云南临沧（E13）等 6 个试验环境的鉴别力较高，广东湛江（E4）、广西崇左（E6）、广西来宾（E8）、广东遂溪（E3）和云南瑞丽（E14）等 5 个试验环境的鉴别力较低（图 5－10B）；宿根季中广西百色（E5）、广西河池（E7）、广西柳州（E9）和广东遂溪（E3）等 4 个试验环境的鉴别力较高，海南临高（E10）、云南保山（E11）和云南开远（E12）等 3 个试验环境的鉴别力较低（图 5－10C）。综合两年新植一年宿根表现广西百色（E5）、广西河池（E7）和广西柳州（E9）等 3 个试验环境的鉴别力较高，广东湛江（E4）、广西崇左（E6）和广西来宾（E8）等 3 个试验环境的鉴别力较低（图 5－10D）。

试验环境的代表性是某试验点与目标区域中其他试验环境或所有试验环境组成的平均环境的一致性，在双标图中用环境向量与平均环境轴（AEC 轴）夹角大小来表示，夹角越小则代表性越强。AEC 轴就是经过原点和由各试验环境坐标的平均值所确定的平均环境的射线。第一年新植季中福建漳州（E2）、广西崇左（E6）和广西柳州（E9）等试验环境代表性较强，云南保山（E11）、广东湛江（E4）和云南瑞丽（E14）等试验环境代表性较差（图 5－10A）；第二年新植季中福建漳州（E2）、云南开远（E12）和云南瑞丽（E14）等试验环境代表性较强，广东遂溪（E3）、广西柳州（E9）、广西河池（E7）、广西来宾（E8）和广西百色（E5）等试验环境代表性较差（图 5－10B）；宿根季中福建漳州（E2）、广东遂溪（E3）、广东湛江（E4）和云南开远（E12）等试验环境代表性较强，广西百色（E5）、海南临高（E10）、广西崇左（E6）和云南瑞丽（E14）等试验环境代表性较差（图 5－10C）。综合两年新植一年宿根表现福建漳州（E2）试验环境的代表性较强，广西百色（E5）试验环境的代表性较差（图 5－10D）。

（二）试验环境的评价参数

采用 HA－GGE 双标图分别对两年新植一年宿根甘蔗区域试验中试验环境的鉴别力、

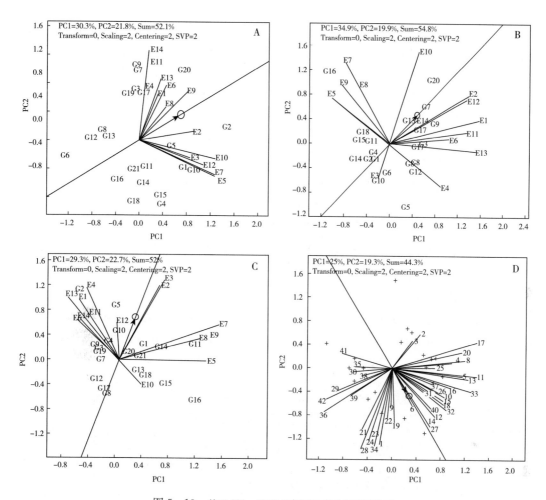

图 5-10 基于 HA-GGE 双标图的产量与环境关系

A. 第一年新植季蔗茎产量　B. 第二年新植季蔗茎产量　C. 宿根季蔗茎产量　D. 两年新植一年宿根蔗茎产量

G1. ROC22　G2. 德蔗 03-83　G3. 福农 02-5707　G4. 福农 0335　G5. 福农 1110　G6. 福农 36

G7. 福农 39　G8. 赣南 02-70　G9. 柳城 03-1137　G10. 柳城 05-136　G11. 闽糖 01-77　G12. 粤甘 34

G13. 粤甘 35　G14. 粤甘 40　G15. 粤甘 42　G16. 云瑞 06-189　G17. 云蔗 04-241　G18. 云蔗 05-49

G19. 云蔗 05-51　G20. 云蔗 06-407　G21. 云蔗 06-80

E1. 福建福州　E2. 福建漳州　E3. 广东遂溪　E4. 广东湛江　E5. 广西百色　E6. 广西崇左　E7. 广西河池

E8. 广西来宾　E9. 广西柳州　E10. 海南临高　E11. 云南保山　E12. 云南开远　E13. 云南临沧　E14. 云南瑞丽

1. 海南临高第一年新植　2. 海南临高第二年新植　3. 海南临高宿根　4. 云南保山第一年新植　5. 云南保山第二年新植

6. 云南保山宿根　7. 云南开远第一年新植　8. 云南开远第二年新植　9. 云南开远宿根　10. 云南临沧第一年新植

11. 云南临沧第二年新植　12. 云南临沧宿根　13. 云南瑞丽第一年新植　14. 云南瑞丽第二年新植

15. 云南瑞丽宿根　16. 福建福州第一年新植　17. 福建福州第二年新植　18. 福建福州宿根　19. 福建漳州第一年新植

20. 福建漳州第二年新植　21. 福建漳州宿根　22. 广东遂溪第一年新植　23. 广东遂溪第二年新植　24. 广东遂溪宿根

25. 广东湛江第一年新植　26. 广东湛江第二年新植　27. 广东湛江宿根　28. 广西百色第一年新植

29. 广西百色第二年新植　30. 广西百色宿根　31. 广西崇左第一年新植　32. 广西崇左第二年新植　33. 广西崇左宿根

34. 广西河池第一年新植　35. 广西河池第二年新植　36. 广西河池宿根　37. 广西来宾第一年新植

38. 广西来宾第二年新植　39. 广西来宾宿根　40. 广西柳州第一年新植　41. 广西柳州第二年新植　42. 广西柳州宿根

代表性、理想指数进行分析，并对数据进行标准化和综合评价（表5-16）。根据各试验环境对基因型蔗茎产量差异的鉴别力，可将各试验环境划分为如下类型：强鉴别力试验环境，包括广西河池、广西百色、广西柳州、福建漳州和云南临沧；较强鉴别力试验环境，包括福建福州、海南临高、云南保山和云南开远；弱鉴别力试验环境，包括广东湛江、广西来宾、广东遂溪、广西崇左和云南瑞丽。

包括福建漳州、云南开远、福建福州、广西崇左、云南瑞丽、云南保山和云南临沧等试验环境在内的大部分试验环境对目标环境的代表性强，总体上生态同质性较好，试验结果的针对性和代表性强。广西来宾、广西柳州、广西河池、广东湛江和海南临高等试验环境对目标环境的代表性中等，广西百色和广东遂溪等试验环境代表性较差，说明目标环境中还存在部分特殊生态区，需要改良试验方案和品种推荐策略。

基于各试验环境鉴别力和代表性而得出的品种理想指数是综合评价和选择理想试验环境的重要依据。根据各试验环境的理想指数（表5-16）可以将试验环境划分为：①最理想试验环境，包括福建漳州；②理想试验环境，包括云南开远、福建福州、广西河池、云南临沧、云南保山、海南临高、广西柳州和广西崇左；③较理想试验环境，包括云南瑞丽、广西来宾、广东遂溪和广东湛江；④不太理想的试验环境，包括广西百色。

表5-16　基于产量选择的甘蔗区域试验环境标准化评价参数

试验环境	鉴别力	代表性	理想指数
E1	1.19±0.46	0.75±0.14	0.89±0.44
E2	1.29±0.35	0.97±0.02	1.25±0.35
E3	1.02±0.43	0.27±1.03	0.52±1.04
E4	1.07±0.28	0.47±0.31	0.50±0.40
E5	1.38±0.05	0.28±0.42	0.41±0.58
E6	0.99±0.08	0.66±0.25	0.65±0.24
E7	1.55±0.16	0.52±0.24	0.81±0.37
E8	1.03±0.35	0.60±0.34	0.56±0.25
E9	1.30±0.21	0.54±0.46	0.67±0.52
E10	1.16±0.55	0.41±0.75	0.74±0.89
E11	1.13±0.24	0.65±0.13	0.76±0.30
E12	1.10±0.47	0.86±0.13	0.95±0.47
E13	1.27±0.31	0.64±0.13	0.79±0.17
E14	0.95±0.33	0.66±0.29	0.58±0.15

（三）品种最佳适应区域分析

基于蔗茎产量选择的HA-GGE双标图的"适宜品种与环境组合功能图"分析表明，第一年新植季甘蔗试验（图5-11A）中14个甘蔗试验点可划分为2个试验点组，云蔗06-407（G20）在E1（福建福州）、E4（广东湛江）、E6（广西崇左）、E11（云南保山）、E13（云南临沧）和E14（云南瑞丽）等6个试验点中表现最好；德蔗03-83（G2）在

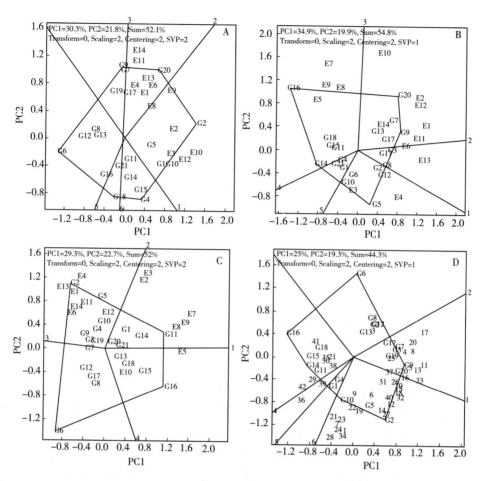

图 5 - 11　2011—2013 年全国甘蔗区域试验蔗茎产量的"适宜品种与环境组合"HA - GGE 双标图

A. 第一年新植季蔗茎产量　B. 第二年新植季蔗茎产量　C. 宿根季蔗茎产量　D. 两年新植一年宿根蔗茎产量

G1. ROC22　G2. 德蔗 03 - 83　G3. 福农 02 - 5707　G4. 福农 0335　G5. 福农 1110　G6. 福农 36　G7. 福农 39

G8. 赣南 02 - 70　G9. 柳城 03 - 1137　G10. 柳城 05 - 136　G11. 闽糖 01 - 77　G12. 粤甘 34　G13. 粤甘 35

G14. 粤甘 40　G15. 粤甘 42　G16. 云瑞 06 - 189　G17. 云蔗 04 - 241　G18. 云蔗 05 - 49　G19. 云蔗 05 - 51

G20. 云蔗 06 - 407　G21. 云蔗 06 - 80

E1. 福建福州　E2. 福建漳州　E3. 广东遂溪　E4. 广东湛江　E5. 广西百色　E6. 广西崇左　E7. 广西河池

E8. 广西来宾　E9. 广西柳州　E10. 海南临高　E11. 云南保山　E12. 云南开远　E13. 云南临沧　E14. 云南瑞丽

1. 海南临高第一年新植　2. 海南临高第二年新植　3. 海南临高宿根　4. 云南保山第一年新植　5. 云南保山第二年新植

6. 云南保山宿根　7. 云南开远第一年新植　8. 云南开远第二年新植　9. 云南开远宿根　10. 云南临沧第一年新植

11. 云南临沧第二年新植　12. 云南临沧宿根　13. 云南瑞丽第一年新植　14. 云南瑞丽第二年新植　15. 云南瑞丽宿根

16. 福建福州第一年新植　17. 福建福州第二年新植　18. 福建福州宿根　19. 福建漳州第一年新植

20. 福建漳州第二年新植　21. 福建漳州宿根　22. 广东遂溪第一年新植　23. 广东遂溪第二年新植　24. 广东遂溪宿根

25. 广东湛江第一年新植　26. 广东湛江第二年新植　27. 广东湛江宿根　28. 广西百色第一年新植

29. 广西百色第二年新植　30. 广西百色宿根　31. 广西崇左第一年新植　32. 广西崇左第二年新植　33. 广西崇左宿根

34. 广西河池第一年新植　35. 广西河池第二年新植　36. 广西河池宿根　37. 广西来宾第一年新植

38. 广西来宾第二年新植　39. 广西来宾宿根　40. 广西柳州第一年新植　41. 广西柳州第二年新植　42. 广西柳州宿根

E2（福建漳州）、E3（广东遂溪）、E5（广西百色）、E7（广西河池）、E8（广西来宾）、E9（广西柳州）、E10（海南临高）和 E12（云南开远）等 8 个试点表现最好。第二年新植季甘蔗试验中（图 5－11B）的 14 个甘蔗试验点可划分为 3 个试验点组，云蔗 06－407（G20）在 E1（福建福州）、E2（福建漳州）、E10（海南临高）、E6（广西崇左）、E12（云南开远）、E11（云南保山）、E13（云南临沧）和 E14（云南瑞丽）表现最好；云瑞 06－189（G16）在 E5（广西百色）、E7（广西河池）、E8（广西来宾）和 E9（广西柳州）表现最好；福农 1110（G5）在 E3（广东遂溪）和 E4（广东湛江）表现最好。宿根季甘蔗试验中（图 5－11C）可将 14 个试验点划分为 3 组试验点，德蔗 03－83（G2）在 E1（福建福州）、E4（广东湛江）、E6（广西崇左）、E11（云南保山）、E12（云南开远）、E13（云南临沧）和 E14（云南瑞丽）等 7 个试验点表现最好；闽糖 01－77（G11）在 E2（福建漳州）、E3（广东遂溪）、E5（广西百色）、E7（广西河池）、E8（广西来宾）和 E9（广西柳州）等 6 个试验点表现最好；云瑞 06－189（G16）在 E10（海南临高）表现最好。综合两年新植一年宿根表现，德蔗 03－83（G2）、福农 1110（G5）、柳城 03－1137（G9）、柳城 05－136（G10）和云蔗 06－407（G20）在多数试验点表现好。

（四）基于 HA－GGE 双标图划分甘蔗品种生态区

品种生态区的划分需要对多组试验进行 HA－GGE 双标图分析，找出多次试验数据分析结果中的可重复的环境组合，才能归纳出目标环境的品种生态区划分方案。由于基因型与环境互作的影响因素很多，在多次试验中试验点组合是不可能完全一样的。因此，对甘蔗品种生态区划分只能通过对相同试验点的多次试验数据进行分析，探索试验点之间的组合模式，以及试验点间的组合概率大小来推断是否存在可重复的品种生态区。采用 HA－GGE 双标图对两年新植一年宿根试验进行相同分析，将各组试验的最佳品种及其代表扇区内的试验点组合列于表 5－17。尽管试验点的组合模式会因不同年份和不同试验组别而变化，基因型与试验点的交叉互作是明显存在的，试验点间组合模式也呈现出可重复的趋势。从表 5－17 试验环境间的组合模式可总结出：我国目前 14 个试验点中，E5（广西百色）、E7（广西河池）、E8（广西来宾）和 E9（广西柳州）可以划分为同一品种生态区，代表华南内陆品种生态区；E11（云南保山）、E12（云南开远）、E13（云南临沧）和 E14（云南瑞丽）可以划分为同一品种生态区，代表西南高原品种生态区；E1（福建福州）、E4（广东湛江）、E6（广西崇左）、E2（福建漳州）、E3（广东遂溪）和 E10（海南临高）等 6 个试验点可以划分为同一品种生态区，代表华南沿海品种生态区。

表 5－17 甘蔗区域试验中优异品种与试验点组合表

试验季	各组试验中均优异品种的试验点/优异品种
第一年新植季	（1）E1、E4、E6、E11、E13、E14/G20；（2）E2、E3、E5、E7、E8、E9、E10、E12/G2
第二年新植季	（1）E5、E7、E8、E9/G16；（2）E3、E4/G5；（3）E13、E1、E6、E11、E14、E2、E10、E12/G9
宿根季	（1）E1、E4、E6、E11、E12、E13、E14/G2；（2）E2、E3、E5、E7、E8、E9/G11；（3）E10/G16

（五）参试品种的丰产性和稳产性

第一年新植季试验（图 5－12A）中蔗茎产量性状的第一主成分（PC1）解释了 30.3％的 G＋GE，第二主成分（PC2）解释了 21.8％的 G＋GE，GGE 双标图可以解释 G 与 GE 互作信息的 52.1％。从平均蔗茎产量看，德蔗 03－83（G2）最高，其次是云蔗 06－407（G20）和柳城 05－136（G10），对照 ROC22（G1）居第 4 位，柳城 03－1137（G9）、福农 39（G7）、福农 1110（G5）、云蔗 04－241（G17）、福农 02－5707（G3）和云蔗 05－51（G19）高于环境平均值但低于对照。从产量稳定性看，云蔗 06－407（G20）和福农 1110（G5）为既高产又稳产的品种。第二年新植季试验（图 5－12B）中蔗茎产量性状的第一主成分（PC1）解释了 34.9％的 G＋GE，第二主成分（PC2）解释了 19.9％的 G＋GE，GGE 双标图可以解释 G 与 GE 互作信息的 54.8％。云蔗 06－407（G20）平均蔗茎产量最高，其次为福农 39（G7），产量高于环境平均值且高于对照的品种有柳城 03－1137（G9）、云蔗 04－241（G17）、粤甘 35（G13）、福农 02－5707（G3）、云蔗 05－51（G19）赣南 02－70（G8）和德蔗 03－83（G2）；从产量稳定性看，云蔗 06－407（G20）、福农 39（G7）、粤甘 35（G13）和云蔗 04－241（G17）为既高产又稳产的品种。宿根季试验（图 5－12C）中蔗茎产量性状的第一主成分（PC1）解释了 29.3％的 G＋GE，第二主成分（PC2）解释了 22.7％的 G＋GE，GGE 双标图可以解释 G 与 GE 互作信息的 52％。从平均蔗茎产量看，德蔗 03－83（G2）最高，其次是福农 1110（G5）、闽糖 01－77（G11）、粤甘 40（G14）和柳城 05－136（G10），对照 ROC22（G1）居第 6 位，福农 0335（G4）、云蔗 06－407（G20）、云蔗 06－80（G21）、柳城 03－1137（G9）、福农 02－5707（G3）和云蔗 05－51（G19）高于环境平均值但低于对照。福农 1110（G5）和柳城 05－136（G10）为既高产又稳产的品种。综合两年新植一年宿根表现（图 5－12D），德蔗 03－83（G2）、福农 1110（G5）、柳城 05－136（G10）、云蔗 06－407（G20）、柳城 03－1137（G9）两年新植一年宿根蔗茎产量高于对照，云蔗 05－51（G19）、福农 39（G7）、福农 0335（G4）、福农 02－5707（G3）高于环境平均值但低于对照。德蔗 03－83（G2）、福农 1110（G5）为既高产又稳产的品种。

（六）品种生态区划分

GGE 双标图是分析区域试验中基因型和环境互作效应的有效统计方法，在全球范围得到了较广泛应用。HA－GGE 双标图是试验点和理想试验点筛选的有效工具，该双标图的图形参数与传统数量遗传学参数直接相关。HA－GGE 双标图数据只含基因型主效应（G）和基因型与环境互作效应（G×E），可以分析不同因素之间的关系，而且还能将各因素间复杂的互作模式直观地用图形方式表现出来，同时显示各品种的高产性和稳产性，直观展示试验点对基因型的鉴别力、试验点对目标区域的代表性、试验点的理想程度，得到试验点鉴别力、代表性和理想度的相应数量参数。本研究显示环境对产量变异的影响大于基因型和（G×E），互作因素中以地点×基因型的互作效应最大，基因型×年份的互作效应最小。由于基因与环境的互作效应远大于基因型效应，且许多品种具有特殊适应性，在甘蔗育种选择策略上应在适应当地条件扩展生态育种，重视品种多系布局，将品种种植

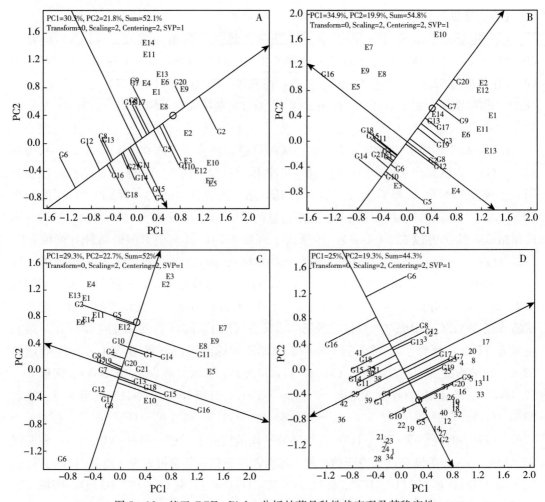

图 5-12 基于 GGE-Biplot 分析甘蔗品种性状表现及其稳定性

A. 第一年新植季蔗茎产量 B. 第二年新植季蔗茎产量 C. 宿根季蔗茎产量 D. 两年新植一年宿根蔗茎产量

G1. ROC22 G2. 德蔗 03-83 G3. 福农 02-5707 G4. 福农 0335 G5. 福农 1110 G6. 福农 36 G7. 福农 39

G8. 赣南 02-70 G9. 柳城 03-1137 G10. 柳城 05-136 G11. 闽糖 01-77 G12. 粤甘 34 G13. 粤甘 35

G14. 粤甘 40 G15. 粤甘 42 G16. 云瑞 06-189 G17. 云蔗 04-241 G18. 云蔗 05-49 G19. 云蔗 05-51

G20. 云蔗 06-407 G21. 云蔗 06-80

E1. 福建福州 E2. 福建漳州 E3. 广东遂溪 E4. 广东湛江 E5. 广西百色 E6. 广西崇左 E7. 广西河池

E8. 广西来宾 E9. 广西柳州 E10. 海南临高 E11. 云南保山 E12. 云南开远 E13. 云南临沧 E14. 云南瑞丽

1. 海南临高第一年新植 2. 海南临高第二年新植 3. 海南临高宿根 4. 云南保山第一年新植 5. 云南保山第二年新植

6. 云南保山宿根 7. 云南开远第一年新植 8. 云南开远第二年新植 9. 云南开远宿根 10. 云南临沧第一年新植

11. 云南临沧第二年新植 12. 云南临沧宿根 13. 云南瑞丽第一年新植 14. 云南瑞丽第二年新植 15. 云南瑞丽宿根

16. 福建福州第一年新植 17. 福建福州第二年新植 18. 福建福州宿根 19. 福建漳州第一年新植

20. 福建漳州第二年新植 21. 福建漳州宿根 22. 广东遂溪第一年新植 23. 广东遂溪第二年新植 24. 广东遂溪宿根

25. 广东湛江第一年新植 26. 广东湛江第二年新植 27. 广东湛江宿根 28. 广西百色第一年新植

29. 广西百色第二年新植 30. 广西百色宿根 31. 广西崇左第一年新植 32. 广西崇左第二年新植 33. 广西崇左宿根

34. 广西河池第一年新植 35. 广西河池第二年新植 36. 广西河池宿根 37. 广西来宾第一年新植

38. 广西来宾第二年新植 39. 广西来宾宿根 40. 广西柳州第一年新植 41. 广西柳州第二年新植 42. 广西柳州宿根

在最适合的条件下，充分发挥基因与环境的正向互作效应。

甘蔗品种区域试验的主要目的除了进行品种评价外，还应包括目标区域的品种生态区分析和试验环境评价。在推荐品种应用区域时考虑到基因型与环境间互作效应，但是基于大生态区域内的平均表现进行品种鉴定与根据邻近试验点表现来应用品种的做法也削弱了品种鉴定的意义。用 HA－GGE 双标图法可以直观有效地显示品种的高产稳产性和试验点的鉴别力，有利于筛选出鉴别力好的试验点，提高区域试验的准确性和效率。造成试验点区分力低的因素既包括环境因素，也包括人为因素，如果是所有品种在某个试验点产量低下而且没有差异，可能是人为原因或受自然灾害因素的影响。因此，如果要鉴别一个试验点代表性和区分力的好坏，需要有长时间的资料积累，减少人为因素对试验结果的影响。根据试验点对品种的鉴别力及其对区域内所有试验点的代表性筛选出的试验点为理想试验点。本研究综合两年新植一年宿根 3 年试验资料，应用 HA－GGE 双标图对 14 个试验点进行了初步评价，认为福建漳州为最理想试验环境，对目标环境的广适性新品种选育和作为区域试验点鉴别理想品种的效率最高，广西百色不适合作为新品种选择环境，为不理想试验环境，云南开远、福建福州、广西河池、云南临沧、云南保山、海南临高、广西柳州和广西崇左为理想试验环境，云南瑞丽、广西来宾、广东遂溪和广东湛江为较理想试验环境。在理想试验点上选择出来的品种最有可能是在种植区域内所有试验点上平均表现突出的，并具有广泛适应性的优良品种。

HA－GGE 双标图分析是利用多年多点试验数据进行品种生态区划分的有效工具。由于试验环境受土壤类型、病虫害发生情况、温度、降雨、土壤肥力和田间管理措施等多个因素影响。其中有些因素（如土壤类型）是静态因素，主要由地理区域决定，年际间变化不大；而有些因素（降水量、温度和田间管理措施等）虽然在多年中存在一定的规律性，但仍属于在年份间波动很大的动态因素，具体到甘蔗上，苗期低温积水、伸长期台风影响、伸长后期的干旱等均为年份间波动较大的动态因素。因此，运用 HA－GGE 双标图进行品种与环境互作模式分析和品种生态区划分时，需要在对多年多点数据分析的基础上进行总结和探索。本研究利用 3 年试验中的相同品种试验的资料评价试验环境，可以减少品种对试验环境的影响，但品种试验中每 3 年左右必须采用一批新的品种进行品种评价试验，而品种生态区的准确划分须建立在多年试验基础上，但在实际操作中无法在长期试验中采用相同品种试验的资料来评价试验环境，这是本试验的局限性。本研究应用 HA－GGE 双标图，首次将我国甘蔗品种 14 个试验点划分为 3 个品种生态区：以广西百色、河池、来宾和柳州为代表的"华南内陆甘蔗品种生态区"；以云南保山、开远、临沧和瑞丽为代表的"西南高原甘蔗品种生态区"；以福建福州、漳州，广东湛江、遂溪，广西崇左和海南临高为代表的"华南沿海甘蔗品种生态区"。目前我国甘蔗新品种审（鉴）定主要依据品种在整个目标环境中的平均表现进行评价，是一种广适性品种选择方法。育种专家只有采用广适性品种选择策略，并将整个甘蔗产区作为品种应用和服务的目标环境才可能获得成功。这样的育种策略可能导致"华南内陆甘蔗品种生态区"或"西南高原甘蔗品种生态区"等试验环境所在的品种生态区无法获得最适合的优良品种，而广适性品种在其适合的种植区域内仍然存在一定的生产风险。因此，虽然我国甘蔗品种试验总体来说对品种选择是有效的，但仍需要对试验环境安排和品种评价标准进行适当的调整，以进一步提高试验的有效性和品种审（鉴）定与适宜种植区域划分的科学性。地处"西南高原甘蔗品种生态区"的品种选育单位，由于其地理位置的偏离和气候条件的特殊性，其选育的品种往往在"华南内陆甘蔗品种生态区"和"华南沿海甘蔗品种生态区"表现不佳，可以考虑重点选育在"西南高原甘蔗品种生态区"具有特殊适应性的品种，并针对性地划分推广区域将有助于"西南高原甘蔗品种生态区"的甘蔗生产的良性发展。而我国绝大部分甘蔗育种单位处于"华南沿海甘蔗品种生态区"，应加大对"华南沿海甘蔗品种生态区"和"西南高原甘蔗品种生态区"跨省品种生态区开展有针对性的品种选育、试验示范和推广应用。

综合两年新植一年宿根表现，德蔗 03 - 83、福农 1110、柳城 05 - 136、云蔗 06 - 407 和柳城 03 - 1137 两年新植一年宿根蔗茎产量高于对照，云蔗 05 - 51、福农 39、福农 0335 和福农 02 - 5707 高于环境平均值但低于对照。德蔗 03 - 83 和福农 1110 为既高产又稳产的品种。

五、甘蔗品种产量稳定性和丰产性分析

作物品种区域试验（简称区试）是指在不同生态类型区域，选择能够代表该地区气候、土壤、温湿度、光照等各种农业生产环境的地点，采用相同的试验方案和统一的技术规程评价品种的丰产性、稳产性、适应性、抗性和品质等各种农艺性状以及试验地点的代表性等。通常一个理想的区域试验，不仅要能够区分出不同基因型作物品种之间的遗传差异，筛选出优异品种，还能够确定各参试品种的最适宜生态区域。因此，通过科学合理的区域试验，能够不断地适时推出适合全国或适合某个区域种植的作物新品种，有利于避免品种单一化及其造成的农作物种植过程中的种种问题。农作物区域试验中，不同试验点的气候和土壤条件等生态因子不同，对应的各个品种在不同试验点的表现也会有不同程度的差异，这正体现了作物品种的实际性状表现是由基因和环境共同决定的。基因型（G）与环境（E）的互作效应（G×E）的准确评估是合理评价品种稳定性和适应性的关键。近年来，很多学者提出多种不同的数学分析方法，如线性分析、非线性分析和主成分分析等，但对"基因型×环境"互作效应的分析上都有失偏颇，难以准确把握。笔者期望通过联合采用 AMMI 模型和 GGE 双标图模型，能够在一定程度上弥补这一缺陷。

AMMI 模型已经广泛应用于对多点多品种的 G×E 交互作用的分析，如糜子、小麦、水稻、油菜和甘蔗等。该模型将主成分分析与方差分析相结合，从加性模型互作项中分离出若干个乘积项之和来提高估计的准确性，借助双标图和互作效应值分析稳定性、适应性和 G×E 互作。GGE 双标图是研究基因型与环境互作以及作物品种产量稳定性和试验点代表性的新方法。此模型在多年多点的区域试验上是一个十分理想的分析工具，应用GGE - Biplot，可以揭示出错综复杂的不同因素之间的相互作用关系，已经广泛被用来处理产量和品质的数据。HA - GGE 双标图是遗传力校正的 GGE 双标图。HA - GGE 双标

图是分析基因型与环境互作模式、鉴别品种生态区和试验点评价的有效方法，可根据试验点对目标环境的代表性及其对基因型遗传差异的鉴别力来评价试验点的理想程度。目前笔者已开展 HA‑GGE 双标图在甘蔗品种试验环境评价、品种多系布局等方面的应用研究。

不管是 AMMI 模型还是 HA‑GGE 双标图模型，每个单一模型都会有自身的缺陷，例如 AMMI 模型方法重点考虑基因型与环境的互作效应，较少从品种选育和推广角度对基因型进行全面评价，该模型依赖于双向数据，往往选择的是稳定高产或稳定低产的品种，一些高产但稳定性较差的品种受到忽略，由于它并非是一个真正意义上的双标图，其应用受到了一些限制。AMMI 模型适用于品种与环境互作分析，HA‑GGE 双标图更适用于环境评价，综合利用 AMMI 模型和 HA‑GGE 双标图，两种模型互补优缺，对分析结果进行比较综合，可挖掘一些高产但稳定性不高的品种在适宜区域应用，更有利于提高区试数据分析的科学性与准确性，为适合机械化品种多系布局筛选优异品种在适宜区域应用提供参考。笔者综合采用 AMMI 模型和 HA‑GGE 双标图分析 2014 年国家第 10 轮区试甘蔗品种基因型与环境互作模式，综合评价甘蔗品种的稳定性和试验点的代表性，旨在为生产上进一步利用和推广适合机械化甘蔗新品种提供更加科学的理论基础。

（一）适合机械化甘蔗品种产量的 AMMI 模型分析

1. 蔗茎产量　联合方差分析结果表明（表 5‑18），蔗茎产量在不同基因型（G）和环境（E）间存在极显著差异，基因型和环境互作存在极显著互作效应。基因型和环境互作效应（G×E）的平方和占总平方和的 30.88%，说明环境对蔗茎产量的影响较大，同一品种在不同环境表现不同，品种变异的平方和占总平方和的 16.83%，而地点间变异的平方和占总平方和的 52.29%。从上可知，地点间的变异远高于品种间的变异，在总变异中占了主要的部分，但是，品种和地点互作效应的变异是品种间变异的 1.84 倍，这说明品种与地点交互作用对品种合理评价有着至关重要的影响。对互作主成分得分（PCA）的显著性测验结果表明，前四个乘积表达项的交互作用信息均达到极显著水平（$P<0.01$），PCA5 和 PCA6 也达到显著水平（$P<0.05$），合计解释了 93.92% 的互作平方和。

表 5‑18　蔗茎产量方差分析和 AMMI 模型分析

变异来源	自由度	平方和	均方	F 测验	占处理 SS 百分比（%）
总计	428	284 697.29	665.18		
处理	142	245 616.28	1 729.69	12.66**	
基因型	10	41 328.53	4 132.85	30.24**	16.83
环境	12	128 429.74	10 702.48	78.32**	52.29
交互作用（G×E）	120	75 858.02	632.15	4.63**	30.88
PCA1	21	23 100.32	1 100.02	8.05**	9.41
PCA2	19	18 401.96	968.52	7.09**	7.49
PCA3	17	14 696.79	864.52	6.33**	5.98
PCA4	15	8 668.86	577.92	4.23**	3.53

（续）

变异来源	自由度	平方和	均方	F 测验	占处理 SS 百分比（%）
PCA5	13	3 548.56	272.97	2.00*	1.44
PCA6	11	2 826.55	256.96	1.88*	1.15
残差	24	4 614.98	192.29		1.88
误差	286	39 081.01	136.65		

注：* 和 ** 分别表示在 0.05 水平上差异显著和 0.01 水平上差异极显著。

2. 蔗糖产量 蔗糖产量的联合方差分析结果表明（表 5 - 19），基因型与环境间互作效应、基因型和环境分别解释了 35.83%、10.93% 和 53.77% 的平均产量变异，并且全部达到极显著水平。其中，环境的变异远高于基因间的变异，在总变异中占主要部分，但基因型与环境互作效应（G×E）的变异是品种间变异的 3.45 倍。显然，基因型与环境交互作用分析在蔗糖产量上也是对品种合理评价的重要环节。对互作主成分得分（PCA）的显著性测验结果表明，PCA1 至 PCA5 均达到极显著水平（$P < 0.01$），分别解释了 G×E 平方和的 32.68%、24.45%、17.11%、9.93% 和 6.39%，合计解释了 90.56% 的互作平方和。

表 5 - 19　蔗糖产量方差分析和 AMMI 模型分析

变异来源	自由度	平方和	均方	F 测验	占处理 SS 百分比（%）
总计	428	6 017.48	14.06		
处理	142	5 113.86	36.01	11.40**	
基因型	10	5 31.47	53.15	16.82**	10.39
环境	12	2 749.93	229.16	72.53**	53.77
交互作用（G×E）	120	1 832.46	15.27	4.83**	35.83
PCA1	21	598.91	28.52	9.03**	11.71
PCA2	19	448.00	23.58	7.46**	8.76
PCA3	17	313.53	18.44	5.84**	6.13
PCA4	15	181.90	12.13	3.84**	3.56
PCA5	13	117.08	9.01	2.85**	2.29
残差	35	173.04	4.94		3.38
误差	286	903.62	3.16		

（二）适合机械化甘蔗品种产量稳定性分析

1. 应用 AMMI 分析蔗茎产量的稳定性 不同品种的甘蔗在各试验点的平均产量不同。表 5 - 20 给出的是品种蔗茎产量在显著的互作主成分上的得分及稳定性参数和地点在显著的互作主成分上的得分及稳定性参数，结果表明，品种平均蔗茎产量从高到低排序依次为福农 40、云蔗 08 - 2060、ROC22、粤甘 43、粤甘 46、闽糖 02 - 205、福农 07 - 2020、福农 07 - 3206、云瑞 07 - 1433、柳城 07 - 500 和赣蔗 07 - 538；品种稳定性从强到弱依次为 ROC22、云蔗 08-2060、赣蔗 07-538、福农 07-3206、粤甘 46、柳城 07-500、福农 40、闽糖 02-205、云瑞 07-1433、福农 07-2020 和粤甘 43；蔗茎产量较高且稳定性较强的品种有云蔗 08-2060、ROC22、福农 40 和粤甘 46；蔗茎产量较高但稳定性较弱的品种有闽糖 02-205、福农 07-2020 和粤甘 43。

表 5-20　各甘蔗品种蔗茎产量和参试地点在互作主成分上的得分及稳定性参数

变量		平均产量（吨/公顷）	互作主成分							稳定性参数 D_i
			离差	PCA1	PCA2	PCA3	PCA4	PCA5	PCA6	
品种	ROC22（G1）	109.68	7.04	−1.74	−1.69	0.02	1.19	3.07	−0.42	6.24
	福农 07-2020（G2）	99.88	−2.77	5.54	4.20	−0.21	−2.59	2.17	−1.02	8.95
	福农 07-3206（G3）	96.50	−6.15	1.71	−1.75	2.50	2.37	−0.89	−0.80	7.58
	福农 40（G4）	122.25	19.61	−0.47	3.89	2.78	−0.76	−1.83	2.76	8.21
	赣蔗 07-538（G5）	89.53	−13.11	−0.58	−2.12	1.01	−2.22	−2.18	−0.63	6.98
	柳城 07-500（G6）	90.74	−11.90	1.32	−3.28	1.84	−1.88	−1.22	−1.88	8.16
	闽糖 02-205（G7）	103.90	1.26	−2.03	−2.46	1.50	−1.17	2.91	1.78	8.34
	粤甘 43（G8）	108.69	6.05	3.93	−2.46	−5.54	1.44	−0.92	1.92	9.45
	粤甘 46（G9）	104.04	1.40	−1.51	2.91	−0.64	3.70	−0.26	−2.68	7.80
	云瑞 07-1433（G10）	91.31	−11.33	−5.08	1.56	−4.17	−2.67	−0.65	−0.70	8.82
	云蔗 08-2060（G11）	112.55	9.91	−1.09	1.20	0.90	2.59	−0.21	1.67	6.44
环境	福建福州（E1）	116.27	13.63	6.73	2.53	2.18	−1.98	−1.49	−0.34	8.87
	福建漳州（E2）	123.07	20.43	0.57	0.51	−2.23	−0.03	0.89	−1.68	5.38
	广东遂溪（E3）	107.88	5.24	2.35	2.06	−1.57	3.01	1.11	3.13	8.78
	广东湛江（E4）	138.18	35.54	−0.54	−1.75	−5.14	−3.22	−1.05	1.19	8.23
	广西百色（E5）	118.37	15.73	1.11	−4.41	0.38	0.98	0.21	1.82	6.57
	广西河池（E6）	104.57	1.92	−0.65	−2.08	1.03	−0.32	−1.60	−1.42	6.29
	广西来宾（E7）	106.84	4.20	−0.96	−2.04	0.31	−2.50	2.99	−0.37	6.88
	广西柳州（E8）	86.62	−16.02	1.33	−3.18	1.07	1.75	−0.65	−2.02	7.52
	海南临高（E9）	85.35	−17.30	−1.77	3.11	−3.51	2.13	−1.77	−1.56	9.01
	云南保山（E10）	80.45	−22.19	−2.31	3.06	2.29	−3.28	−0.35	1.06	8.22
	云南开远（E11）	91.64	−11.00	−3.86	−0.64	2.98	1.39	−2.36	1.57	8.46
	云南临沧（E12）	80.31	−22.33	0.82	0.23	0.95	1.62	1.98	−0.61	5.82
	云南德宏（E13）	94.80	−7.84	−2.81	2.61	1.27	0.47	2.09	−0.77	7.42

地点鉴别力较高的试验点依次是 E9（海南临高）、E1（福建福州）、E3（广东遂溪）、E11（云南开远）、E4（广东湛江）和 E10（云南保山），地点鉴别力较差的试验点为 E5（广西百色）、E6（广西河池）、E12（云南临沧）和 E2（福建漳州）。

2. 蔗糖产量的 AMMI 分析　从表 5-21 可知，不同品种平均蔗糖产量从高到低排序依次为福农 40、云蔗 08-2060、ROC22、粤甘 43、闽糖 02-205、粤甘 46、福农 07-2020、福农 07-3206、赣蔗 07-538、柳城 07-500 和云瑞 07-1433；品种稳定性从强到弱依次为闽糖 02 - 205、云蔗 08 - 2060、ROC22、福农 40、福农 07 - 3206、柳城 07 - 500、粤甘 43、赣蔗 07 - 538、福农 07 - 2020、粤甘 46 和云瑞 07 - 1433;蔗糖产量较高且稳定性较强的品种有闽糖 02 - 205、云蔗 08 - 2060、福农 40 和 ROC22;蔗糖产量较高且稳定性较弱的品种有粤甘 43、粤甘 46 和福农 07 - 2020。

表 5 - 21　各品种蔗糖产量和参试地点在互作主成分上的得分及稳定性参数

变量		平均产量（吨/公顷）	互作主成分							稳定性参数 D_i
			离差	PCA1	PCA2	PCA3	PCA4	PCA5	PCA6	
品种	ROC22	16.01	0.82	−0.13	−0.87	0.45	0.46	1.21	3.73	16.01
	福农 07 - 2020	14.29	−0.91	−0.64	2.28	0.26	−1.47	0.48	4.73	14.29
	福农 07 - 3206	14.25	−0.95	−0.79	−0.06	−1.12	0.90	−0.60	3.91	14.25
	福农 40	16.81	1.61	1.10	1.33	−1.11	0.06	0.08	3.79	16.81
	赣蔗 07 - 538	14.20	−0.99	−0.32	−0.85	−0.95	−0.74	−0.95	4.30	14.20
	柳城 07 - 500	13.78	−1.41	−0.96	−0.81	−1.08	−0.41	−0.16	3.96	13.78
	闽糖 02 - 205	15.85	0.66	0.11	−1.06	−0.28	−0.22	1.12	3.42	15.85
	粤甘 43	15.92	0.72	−2.27	0.02	1.78	0.34	−0.35	4.16	15.92
	粤甘 46	15.78	0.58	1.06	0.78	0.73	1.11	−1.02	4.83	15.78
	云瑞 07 - 1433	13.65	−1.54	1.95	−1.12	1.27	−1.13	−0.54	5.38	13.65
	云蔗 08 - 2060	16.61	1.41	0.88	0.35	0.05	1.11	0.74	3.66	16.61
环境	福建福州	17.27	2.07	−1.24	2.25	−1.09	−0.80	−0.31	5.11	17.27
	福建漳州	18.97	3.78	−0.20	0.01	0.98	−0.58	−0.22	2.75	18.97
	广东遂溪	15.00	−0.19	−0.80	1.23	1.11	1.02	0.76	4.94	15.00
	广东湛江	19.67	4.48	−0.75	−1.08	1.56	−1.00	−0.48	4.85	19.67
	广西百色	17.53	2.33	−1.23	−0.91	−0.59	0.73	0.69	4.52	17.53
	广西河池	15.40	0.21	−0.11	−0.67	−0.87	−0.03	−1.40	3.45	15.40
	广西来宾	15.41	0.22	−0.22	−1.21	−0.40	−1.03	1.33	4.37	15.41
	广西柳州	12.62	−2.57	−1.12	−0.59	−0.65	0.55	−0.24	3.87	12.62
	海南临高	11.12	−4.07	1.02	0.28	1.13	0.26	−0.69	3.94	11.12
	云南保山	13.17	−2.03	1.84	0.43	−0.81	−1.09	0.35	4.55	13.17
	云南开远	13.72	−1.48	1.21	−0.77	−0.79	1.12	−0.29	4.46	13.72
	云南临沧	12.11	−3.09	−0.03	0.60	0.07	0.46	−0.07	2.16	12.11
	云南德宏	15.55	0.35	1.63	0.44	0.35	0.40	0.57	3.91	15.55

　　对蔗糖产量而言,分辨力较高的试验点有 E1（福建福州）、E3（广东遂溪）、E4（广东湛江）、E10（云南保山）、E5（广西百色）和 E11（云南开远）;而 E6（广西河池）、E2（福建漳州）和 E12（云南临沧）等 3 个试验点的鉴别力较低。

　　（三）适合机械化甘蔗品种的适应性分析

　　1. 蔗茎产量　在分析品种的适应性图中,将最外围的品种图标依次连接,形成一个多边形,所有的品种图标会包含在多边形之中。从双标图的原点做多边形各边的垂线,将多边形划成不同的扇形区，每个扇形区内的试验环境即构成了一个试验环境组合。其中，每个扇形中多边形角上的品种就是该扇形区内各个试验环境上表现最好的品种。

图 5-13A 从蔗茎产量的角度来分析参试品种的适应性，如图所示，多边形被划分成 5 个扇区，13 个试验点全部分布在第一个扇区，位于该扇区的有 4 个参试品种，其中福农 40 在所有试验点均表现最佳，ROC22、粤甘 43 和云蔗 08-2060 也具有较强的适应性。

2. 蔗糖产量　图 5-13B 表示的是从蔗糖产量角度进行品种适应性分析。该双标图 5 个扇形区中，13 个试验点分别分布在第一、第二和第三扇区，其中 ROC22、闽糖 02-205 和粤甘 43 在广东湛江（E4）、广西百色（E5）、广西河池（E6）、广西来宾（E7）和广西柳州（E8）表现出较强的适应性，福农 40 和云蔗 08-2060 在福建福州（E1）、广东遂溪（E3）、云南开远（E11）和云南临沧（E12）表现出较强的适应性，粤甘 46 在福建漳州（E2）、海南临高（E9）、云南保山（E10）和云南德宏（E13）表现较强的适应性。

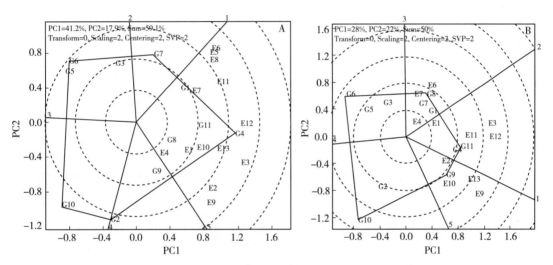

图 5-13　HA-GGE 双标图分析 13 个甘蔗品种的适应性

A. 蔗茎产量　B. 蔗糖产量

（四）适合机械化甘蔗品种的丰产性和稳定性

1. 蔗茎产量　从图 5-14A 可以看出，蔗茎产量第一主成分解释了 41.2% 的 G+G×E，第二主成分解释了 17.9% 的 G+G×E，HA-GGE 双标图可以解释 G 与 G×E 互作信息的 59.1%，从蔗茎产量看，福农 40 的丰产性最好，云蔗 08-2060 位居第二，ROC22 位居第三，粤甘 43、粤甘 46 和闽糖 02-205 高于全试验平均产量但低于对照 ROC22，福农 07-3206、福农 07-2020、柳城 07-500、赣蔗 07-538 和云瑞 07-1433 等 5 个品种产量较低，这与表 5-20 的各品种的平均产量排序基本一致。云蔗 08-2060、福农 40 和粤甘 43 等 3 个品种蔗茎产量较高，稳定性较强；ROC22、闽糖 02-205 和粤甘 46 等 3 个品种蔗茎产量较高，稳定性中等，福农 07-3206、赣蔗 07-538 和柳城 07-500 等 3 个品种蔗茎产量较低，稳定性中等，福农 07-2020 和云瑞 07-1433 等 2 个品种蔗茎产量较低，稳定性较差。

2. 蔗糖产量 从图 5-14B 可以看出，蔗糖产量第一主成分解释了 28% 的 G+G×E，第二主成分解释了 22% 的 G+G×E，HA-GGE 双标图可以解释 G 与 G×E 互作信息的 50%，从蔗糖产量看，云蔗 08-2060、福农 40、粤甘 46 和粤甘 43 等 4 个品种蔗糖产量超过 ROC22，闽糖 02-205 超过试验平均蔗糖产量但低于 ROC22，福农 07-3206、赣蔗 07-538、福农 07-2020、柳城 07-500 和云瑞 07-1433 等 5 个品种蔗糖产量低于 ROC22，丰产性大小趋势与表 5-21 大致符合；福农 40、云蔗 08-2060 和 ROC22 蔗糖产量较高且稳定性较强；闽糖 02-205 和粤甘 43 蔗糖产量较高，稳定性中等，粤甘 46 蔗糖产量较高，稳定性较差；福农 07-3206、赣蔗 07-538、福农 07-2020、柳城 07-500 和云瑞 07-1433 等 5 个品种蔗糖产量较低，稳定性较差。

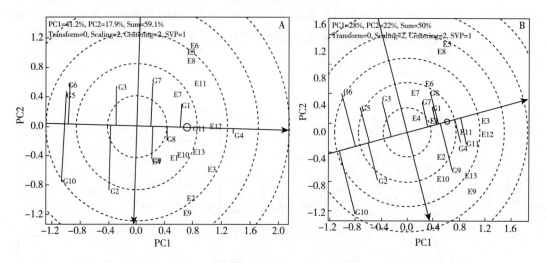

图 5-14 基于 HA-GGE 双标图分析甘蔗品种性状表现及其稳定性

A. 蔗茎产量 B. 蔗糖产量

（五）试验环境的鉴别力与代表性

1. 蔗茎产量 图 5-15 表示的是试验点的分辨力及代表性双标图，从该图中可以评估两项关于试验环境的相关参数。图 5-15A 中从蔗茎产量上对试验环境的鉴别力和代表性进行分析，各试验环境的鉴别力强弱顺序为：广东遂溪（E3）＞海南临高（E9）＞广西河池（E6）＞云南临沧（E12）＞广西百色（E5）＞福建漳州（E2）＞广西柳州（E8）＞云南开远（E11）＞云南德宏（E13）＞云南保山（E10）＞广西来宾（E7）＞福建福州（E1）＞广东湛江（E4）。试点代表性强弱顺序为：云南临沧（E12）＞云南开远（E11）＞福建福州（E1）＞广西来宾（E7）＞广西柳州（E8）＞福建漳州（E2）＞广西百色（E5）＞广西河池（E6）＞云南临高（E9）＞广东湛江（E4）＞云南德宏（E13）＞广东遂溪（E3）＞云南保山（E10）。综合环境分辨力和代表性来看，云南临沧的试点代表性最好并且分辨力较高。

2. 蔗糖产量 图 5-15B 表示从蔗糖产量角度分析试验环境的分辨力和代表性，鉴别力的从强到弱依次为：广西百色（E5）＞广西柳州（E8）＞海南临高（E9）＞广东遂溪

（E3）＞云南临沧（E12）＞云南德宏（E13）＞云南开远（E11）＞云南保山（E10）＞广西河池（E6）＞福建漳州（E2）＞广西来宾（E7）＞福建福州（E1）＞广东湛江（E4）；代表性从强到弱依次为：广东遂溪（E3）＞云南开远（E11）＞福建福州（E1）＞云南临沧（E12）＞福建漳州（E2）＞广东湛江（E4）＞云南德宏（E13）＞海南临高（E9）＞广西柳州（E8）＞广西河池（E6）＞广西百色（E5）＞云南保山（E10）＞广西来宾（E7）。综合来看，广东遂溪试验点的代表性最佳并且鉴别力也较好。

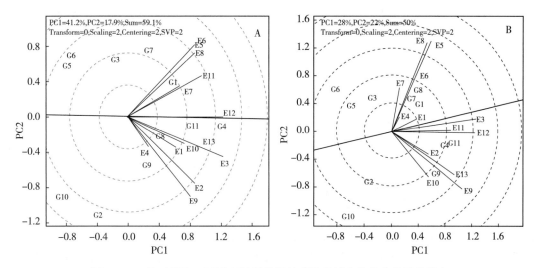

图5-15　基于HA-GGE双标图分析甘蔗品种试点的代表性及分辨力

A. 蔗茎产量　B. 蔗糖产量

　　由于基因型与环境间的互作，环境的变化对农作物的生长和产量有着重要影响，故对作物品种区域试验数据的分析，简单的二维数据表达难以清楚表现这些因素之间关系，不仅要考虑作物的基因型，还要考虑该基因型与环境因素之间的互作效应。假如区域试验数据的分析方法不够客观准确，那么即使区域试验的设计和田间管理非常完善，也很难充分发挥区域试验在作物品种推广和布局中的指导作用。笔者同时采用AMMI模型与HA-GGE双标图法对2014年国家甘蔗品种区域试验新植数据进行分析评估，两种模型优势互补，在品种的丰产性、稳定性以及试验点的代表性的分析结果基本一致，所获得的结论应该是比较科学、客观合理的。

　　甘蔗育种的两个主要目标是丰产和高糖，但产量和糖分含量往往不能兼得，往往是高产低糖或低产高糖，为平衡蔗糖含量和蔗茎产量，将蔗糖产量作为评价甘蔗品种优劣的最终标准。本试验从甘蔗蔗茎产量与蔗糖产量这两个方面来分析参试品种的丰产性与稳产性，AMMI模型侧重于分析品种与试验点的互作效应，侧重于稳定性分析，如本试验中，从蔗茎产量分析，稳定性最好的是ROC22，其次为云蔗08-2060，从蔗糖产量分析，稳定性最好的是闽糖02-205，其次为云蔗08-2060；而HA-GGE双标图侧重于从品种的适应性和丰产性进行分析，如本试验中，从蔗茎产量分析，福农40具有广适应性，ROC22、粤甘43和云蔗08-2060具有较强的适应性，从蔗糖产量分析，ROC22、闽糖

02-205 和粤甘 43 在广东湛江（E4）等 5 个试验点表现出较强的适应性，福农 40 和云蔗 08-2060 在福建福州（E1）等 4 个试验点表现出较强的适应性，从蔗茎产量分析，福农 40 的丰产性最好，云蔗 08-2060 位居第 2，从蔗糖产量分析，云蔗 08-2060、福农 40、粤甘 46 和粤甘 43 等 4 个品种蔗糖产量较高。综合 HA-GGE 双标图和 AMMI 模型分析结果，福农 40 的蔗茎产量和蔗糖产量最高，其次是云蔗 08-2060；云蔗 08-2060 和福农 40 蔗茎产量和蔗糖产量的稳定性均较强。粤甘 43 和粤甘 46 的蔗茎产量和蔗糖产量表现处于所有参试品种的中上水平，为产量较高稳定性中等的品种。综合来说，福农 40、粤甘 43、粤甘 46 和云蔗 08-2060 均具有较强的适应性，可在适宜蔗区推广应用。在不同生态环境条件下，最理想的甘蔗品种是高产、稳产，同时具有广泛适应性，但在实际生产上，这种品种十分少见，而对于低产品种，即使其稳定性很强，也无法大面积推广。可见甘蔗品种的稳定性一定要和高产相结合时才有意义，综合采用 AMMI 模型与 HA-GGE 双标图可以方便快捷地分析品种的丰产性、适应性和稳定性，为品种的科学布局提供可靠依据。

正确选择试验地点对作物育种工作非常重要。从蔗茎产量相关数据分析来看，广东遂溪的环境鉴别力最强，其次是海南临高和广西河池，地点代表性最强的是云南临沧，其次是云南开远和福建福州；从蔗糖产量的相关分析来看，环境鉴别力以广西百色最强，其次是广西柳州和海南临高，地点代表性居前几位的分别是广东遂溪、云南开远、福建福州和云南临沧。从蔗茎产量和蔗糖产量这两个不同的性状分析得出的环境鉴别力和地点代表性结果是有差别的，其原因可能是不同的性状由不同的基因控制，而不同的基因又与相同的环境有着大小不一的作用程度，或者说不同的基因受相同环境的影响程度不同，相同地点的鉴别力在不同基因控制的性状上也就存在差异。

需要强调的是，在实际农业生产和育种工作中，很难有品种在拥有高产性的同时又拥有较强的稳产性，两者间完美结合的概率很小，只有在高产前提下的稳产品种才适合广泛种植。本研究分析筛选出的福农 40 和云蔗 08-2060 两个甘蔗品种，蔗茎产量和含糖量高，稳定性强，属于高产稳产型甘蔗品种，在生产实际中可能具有较高的应用价值，建议作为广适性品种推荐各地应用。

六、适合机械化作业的甘蔗品种根系形态特征

为研究适合机械化作业甘蔗品种的根系形态特征，笔者将桂糖 06-1492（GT06-1492）、桂糖 06-2081（GT06-2081）、桂糖 08-1180（GT08-1180）、桂糖 08-1533（GT08-1533）、桂糖 42（GT42）、云蔗 08-1095（YZ08-1095）、云蔗 09-1601（YZ09-1601）、云瑞 10-197（YR10-197）、云瑞 10-701（YR10-701）、粤糖 00-236（YT00-236）、粤糖 60（YT60）、粤甘 47（YG47）、粤甘 48（YG48）、粤甘 50（YG50）、福农 38（FN38）、福农 41（FN41）、福农 09-2201（FN09-2201）、福农 09-7111（FN09-7111）、福农 09-4095（FN09-4095）、福农 09-12206（FN09-12206）、闽糖 06-1045（MT06-1045）、闽糖 07-2005（MT07-2005）、德蔗 07-36（DZ07-36）、德蔗 09-78

（DZ09-78）、桂柳 05-136（LC05-136）、柳城 07-150（LC07-150）、柳城 07-506（LC07-506）、海蔗 22（HZ22）和新台糖 22（ROC22）共计 29 个甘蔗品种（系）2019年 12 月种植在福建省福州市福建农林大学校内基地（东经 119°14′20″，北纬 26°5′19″）。土壤类型为赤红壤。采用桶栽种植，桶直径 45 厘米，高 55 厘米。每个品种（系）4 个重复，每个重复种植 2 桶，单芽种植，每桶留苗 1 株。采用随机区组排列。单芽种茎种植，蔗茎离桶底 45 厘米处，培土时再覆土 10 厘米。田间管理同大田，所有处理均一致。于2020 年 7 月 20 日对新植季甘蔗进行砍收，并保留宿根。蔗蔸砍收高度与土壤表面齐平，2020 年 8 月 15 日甘蔗宿根发株齐整后测定宿根性状和蔗蔸形态特征。在甘蔗苗期和分蘖期统计基本苗和分蘖期总苗数，甘蔗收获前统计有效茎数，宿根发株齐整后统计宿根发株数，分别计算根冠比、分蘖率、成茎率和宿根发株率。根冠比(%)＝蔗蔸干重/地上部干重×100%，分蘖率(%)＝（总苗数－基本苗）/基本苗×100%，成茎率(%)＝有效茎数/总苗数×100%，宿根发株率(%)＝宿根发株数/有效茎数×100%。

蔗蔸形态特征：采用挖掘法取样，蔗蔸经水充分浸泡，用水冲刷洗净后测定蔗蔸形态特征。采用排水法测定蔗蔸体积；以蔗蔸中根系横向宽度为蔗蔸宽度，以蔗蔸中主要根系距离蔗蔸基部的纵向深度为蔗蔸深度；以有效分蘖芽位点离地表距离为蔗桩高度；以分蘖茎与主茎间的距离作为株间距；统计每丛甘蔗的总芽数、健康芽数、低位芽萌芽数（距离蔗蔸基部 0～5 厘米范围内蔗芽宿根萌发数）、高位芽数（距离蔗蔸基部 5～10 厘米范围内蔗芽宿根萌发数）；计算健芽率：健芽率(%)＝健康芽数/总芽数×100%。采用 Epson 数字化扫描仪（Expression 12 000XL）扫描洗净的甘蔗根系，采用 WinRHIZO Pro 进行根系形态特征分析，分别测定根长、根表面积、根直径、根体积、根尖数、根分支数和根交叉数。

甘蔗生物量：待甘蔗蔗蔸形态特征观测后，将地上部生物量及地下部蔗蔸在 105℃ 烘箱内杀青 0.5 小时，70℃ 烘干至恒重，测定地上部干重和蔗蔸干重。

采用 IBM SPSS 22 软件进行分析。应用 Pearson 相关分析法进行指标间的相关性分析；应用多元线性回归中的逐步法进行回归分析；应用最大方差法旋转获得因子载荷矩阵，进行相关因子得分。

（一）适合机械化作业的甘蔗品种根系形态特征

甘蔗地上、地下部生物量，有效茎数，宿根出苗数均在供试甘蔗品种（系）间存在显著性差异，说明甘蔗的生物量和宿根存在基因型差异。蔗蔸体积、蔗蔸长度等 7 个根部形态特征指标均在 29 个甘蔗品种（系）间存在显著性差异，说明甘蔗品种（系）的根系形态特征存在基因型差异。其中以下位芽萌芽数、上位芽萌芽数和蔗蔸体积 3 项指标的变异系数较大，说明不同基因型甘蔗在这 3 个形态特征间存在较大的差异。蔗蔸宽度和蔗蔸深度中 GT06-2081、DZ07-36 和 GT42 的蔗蔸宽度和深度较高，根系分布较广。蔗桩高度均值为 9.25 厘米，变幅为 7.49～10.31 厘米，大部分品种（系）蔗桩均不同程度提高。株间距均值为 4.27 厘米，变幅为 3.48～5.48 厘米。健芽率均值为 85.57%，供试甘蔗品种（系）芽质量较好（表 5-22）。高位芽萌发数均值为 0.64，低位芽萌发数均值为 2.17，低位芽是宿根萌发的主体。根长、根表面积、根体积、根分支数和根交叉数性状中YZ08-1095最高，根系较为发达。

由上位芽和下位芽的数量可知，离土表5~10厘米出苗深度的下位芽占地下芽总数的77.22%，是地下芽库的主要构成，因此在宿根季进行破垄松蔸是非常有必要的。

（二）适合机械化作业的甘蔗品种（系）根系形态特征指标相关性分析

甘蔗地上部生物量与地下部生物量间显著正相关，说明甘蔗地下部植株是同地下部根系紧密联系的，甘蔗根系对甘蔗产量有直接影响。地下部生物量与蔗蔸体积间呈极显著正相关，与蔗蔸长度、蔗蔸宽度间呈显著正相关。宿根出苗数同有效茎数、蔗蔸体积、总芽数、上位芽萌芽数和下位芽萌芽数间呈显著正相关，说明宿根出苗数不仅取决于地上有效茎数，也取决于蔗蔸形态及地下芽库数量。采用逐步回归的方法建立甘蔗宿根出苗数同其他指标间的联系发现，甘蔗有效茎数及总芽数对甘蔗宿根出苗数影响较大。$Y=0.200X_1+0.192X_2+0.039$，$R^2=0.61$，$P<0.01$，$Y$ 为宿根出苗数，X_1 为总芽数，X_2 为有效茎数。

地下芽的数量和质量直接关系次年的宿根情况。总芽数与有效茎数、蔗蔸体积呈显著正相关，说明有效茎数是决定地下芽总数的构建因素；总芽数同下位芽萌芽数间呈显著正相关，说明下位芽是总芽数的主要构成。下位芽是次年有效茎的主要构成，其同蔗蔸长度呈显著正相关，说明根系纵向延伸的甘蔗品种（系）其下位芽的质量越好。健芽率同蔗蔸体积、蔗蔸长度间呈显著正相关，说明根系较强大的甘蔗品种（系）地下芽的质量也较优（表5-23）。

采用系统聚类法，将供试甘蔗品种（系）进行聚类分析，在距离为2.7处，可将29个供试甘蔗品种（系）划分为4个类群（图5-16）。

第Ⅰ类包含云蔗09-1095、桂糖42、桂糖06-2081和德蔗07-36，该类群甘蔗品种（系）的特征为地下根系发达，地下芽健康且萌芽数多，分蘖率较高，宿根发株好，甘蔗地上部生物量高，甘蔗根系入土较深且广。该类型甘蔗品种（系）根系发达，生物量高，宿根性好。

第Ⅱ类包含粤甘50、桂糖08-1533、福农38、福农09-4095、福农09-12206、桂柳05-136、海蔗22、柳城07-150、福农41和福农09-7111共计10个品系。该类群甘蔗品种（系）的特征为地下根系中等，地下芽健康，分蘖性强，宿根性好，根系分布中等但较深，具有较高的生物量。该类型甘蔗品种（系）根系较为发达，生物量高，宿根性较好。

第Ⅲ类包含德蔗09-78、福农09-2201、粤糖60、桂糖08-1180、云瑞10-701、云蔗09-1601、柳城07-506和云瑞10-187共计8个品种（系）。该类群甘蔗品种（系）的特征为地下根系相对较弱，地下芽较弱，分蘖率低但成茎率高，宿根发株相对较差，根系分布中等且较浅，生物量中等。该类型甘蔗品种生物量中等，根系相对较弱，宿根性相对较差。

第Ⅳ类包含粤糖00-236、新台糖22、闽糖06-1045、桂糖06-1492、粤甘47、粤甘48和闽糖07-2005共计7个品种（系）。该类甘蔗品种（系）的特征为地下根系较弱，

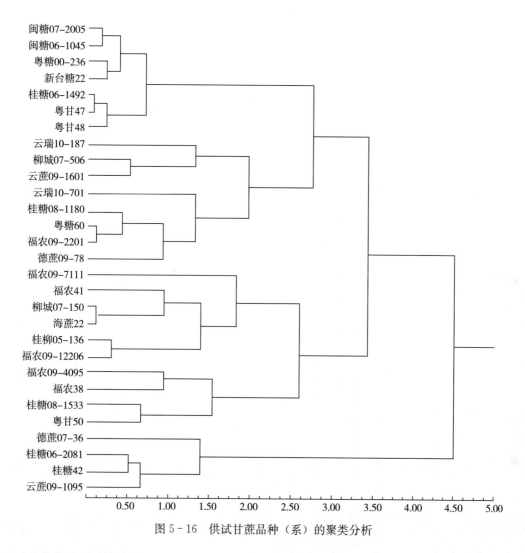

图 5 - 16　供试甘蔗品种（系）的聚类分析

地下芽数较为健康但低位芽萌发数少，分蘖率低但成茎率高，宿根发株差，根系分布较窄且浅，生物量较低。该类型甘蔗品种（系）的生物量低，根系弱，宿根性相对较差。

（三）根系形态特征主成分分析

主成分分析的方法对地下部生物量、宿根出苗数、有效茎数、蔗蔸体积、蔗蔸宽度、蔗蔸长度、总芽数、上位芽萌芽数、下位芽萌芽数及健芽数 10 个指标进行甘蔗根系评价指标主成分分析。经最大方差法进行旋转，共提取 4 个公因子，其累计贡献率为83.54%，说明提取的公因子对总信息量解释度达到 83.54%（表 5 - 24）。由表 5 - 25 可知，主成分 F1 以宿根出苗数、有效茎数和总芽数为一个类群，可称为蔗蔸苗及芽数量因子；主成分 F2 以地下部生物量、蔗蔸体积、蔗蔸长度、下位芽萌芽数和健芽率为一个类群，可称为蔗蔸生物量及质量因子；主成分 F3 以蔗蔸宽度为一个类群，可称为蔗蔸宽度因子；主成分 F4 以上位芽萌芽数为一个类群，可称为蔗蔸上位芽因子。

表 5-22 供试甘蔗品种（系）根系形态特征指标

指标	地上部生物量（克/丛）	地下部生物量（克/丛）	宿根出苗数（株/丛）	有效茎数（株/丛）	根部形态特征指标								
					蔗蔸体积（厘米³）	蔗蔸宽度（厘米）	蔗蔸长度（厘米）	根轴长（厘米）	总芽数（个/丛）	上位芽萌芽数（个/丛）	下位芽萌芽数（个/丛）	健芽率（%）	株间距（厘米）
均值	731.28	48.51	2.01	3.39	174.92	16.80	18.88	9.25	6.54	0.64	2.17	85.57	4.27
标准差	164.28	16.18	0.11	0.77	57.32	2.81	3.56	0.80	1.21	0.26	0.89	6.21	0.51
变异系数	22.46	33.36	5.54	22.62	32.77	16.70	18.87	8.65	18.46	40.23	40.83	7.26	11.93

表 5-23 甘蔗生物量与根系形态特征指标间相关性分析

相关性系数	地上部生物量	地下部生物量	宿根出苗数	有效茎数	蔗蔸体积	蔗蔸宽度	蔗蔸长度	根轴长	总芽数	上位芽萌芽数	下位芽萌芽数	健芽率	株间距
地上部生物量	1.000	0.414*	0.606**	0.713**	0.466*	-0.079	0.249	0.047	0.514**	0.261	0.398*	0.156	-0.066
地下部生物量	0.414*	1.000	0.469**	0.392*	0.911**	0.493**	0.520**	0.346	0.489**	0.289	0.815**	0.473**	0.262
宿根出苗数	0.606**	0.469**	1.000	0.602**	0.486**	-0.016	0.043	0.142	0.720**	0.396*	0.403*	0.186	0.062
有效茎数	0.713**	0.392*	0.602**	1.000	0.300	-0.219	0.028	0.139	0.463*	0.125	0.329	0.060	-0.091
蔗蔸体积	0.466*	0.911**	0.486**	0.300	1.000	0.469*	0.571**	0.316	0.566**	0.278	0.842**	0.506**	0.297
蔗蔸宽度	-0.079	0.493**	-0.016	-0.219	0.469*	1.000	0.257	0.178	0.210	0.100	0.405*	0.255	0.484**
蔗蔸长度	0.249	0.520**	0.043	0.028	0.571**	0.257	1.000	0.420*	0.189	-0.107	0.485**	0.426*	0.181
根轴长	0.047	0.346	0.142	0.139	0.316	0.178	0.420*	1.000	0.145	-0.238	0.239	-0.121	0.235
总芽数	0.514**	0.489**	0.720**	0.463*	0.566**	0.210	0.189	0.145	1.000	0.282	0.463*	0.309	0.163
上位芽萌芽数	0.261	0.289	0.396*	0.125	0.278	0.100	-0.107	-0.238	0.282	1.000	0.287	0.449*	-0.136
下位芽萌芽数	0.398*	0.815**	0.403*	0.329	0.842**	0.405*	0.485**	0.239	0.463*	0.287	1.000	0.441*	0.217
健芽率	0.156	0.473**	0.186	0.060	0.506**	0.255	0.426*	-0.121	0.309	0.449*	0.441*	1.000	-0.196
株间距	-0.066	0.262	0.062	-0.091	0.297	0.484**	0.181	0.235	0.163	-0.136	0.217	-0.196	1.000

注：* 表示相关性在 0.05 水平上显著，** 表示相关性在 0.01 水平上极显著。

表 5 - 24　主因子特征值、贡献率和累积贡献率

主因子	提取平方载荷总和			旋转平方载荷总和		
	特征值	贡献率（%）	累积贡献率（%）	特征值	贡献率（%）	累积贡献率（%）
F1	4.60	45.97	45.97	2.77	27.66	27.66
F2	1.80	17.99	63.96	2.52	25.15	52.81
F3	1.13	11.29	75.25	1.59	15.87	68.67
F4	0.83	8.29	83.54	1.49	14.87	83.54

表 5 - 25　旋转后因子载荷矩阵

相关指标	主成分			
	F1	F2	F3	F4
地下部生物量	0.49	0.63	0.45	0.17
宿根出苗数	0.88	0.02	0.04	0.23
有效茎数	0.83	0.13	−0.28	−0.07
蔗蔸体积	0.47	0.67	0.45	0.19
蔗蔸宽度	−0.08	0.20	0.93	0.07
蔗蔸长度	−0.03	0.92	0.06	−0.08
总芽数	0.76	0.15	0.24	0.18
上位芽萌芽数	0.24	−0.09	0.11	0.90
下位芽萌芽数	0.44	0.62	0.40	0.18
健芽率	0.00	0.59	0.03	0.70

（四）适合机械化作业的甘蔗品种根系形态因子综合得分

根据各主成分因子得分和贡献率，对提取的 4 个公因子进行甘蔗品种（系）根系形态特征综合因子得分，计算结果见表 5 - 26。其得分越高，根系越发达，地下芽数量及质量越好，宿根性越好。

表 5 - 26　供试甘蔗品种（系）根部形态各主因子得分及综合得分

品种（系）	F1	F2	F3	F4	综合得分	排序
粤糖 50	2.79	0.49	0.16	0.58	1.21	1
德蔗 07 - 36	1.01	0.84	1.92	0.98	1.13	2
云蔗 08 - 1095	0.04	2.24	−0.07	0.70	0.80	3
福农 09 - 12206	0.96	0.36	0.81	−0.12	0.56	4
桂糖 42	0.18	1.89	0.52	−1.07	0.54	5
桂糖 06 - 208	−0.77	0.61	2.15	0.74	0.47	6
福农 09 - 7111	2.00	−0.64	−1.45	0.85	0.35	7
海蔗 22	0.57	0.11	0.88	−0.29	0.34	8

(续)

品种（系）	F1	F2	F3	F4	综合得分	排序
柳城 05-136	-0.65	1.75	-0.35	-0.17	0.21	9
福农 09-2201	0.10	-0.52	0.99	0.43	0.14	10
粤甘 48	-0.52	0.16	-0.81	1.75	0.03	11
德蔗 09-78	0.31	-0.97	1.19	-0.06	0.03	12
福农 4095	-0.03	0.53	0.04	-0.87	0.00	13
云蔗 09-1601	-0.78	0.57	0.36	-0.02	-0.02	14
福农 38	0.24	0.05	-0.72	0.06	-0.03	15
闽糖 06-1045	0.89	-0.54	-1.37	0.36	-0.06	16
福农 41	-0.96	0.13	0.06	0.53	-0.17	17
云蔗 10-187	1.02	-0.84	-0.39	-1.42	-0.24	18
柳城 07-150	-0.46	-1.23	0.92	0.54	-0.25	19
粤甘 47	-0.89	0.06	-1.20	1.36	-0.26	20
ROC22	-0.35	0.40	-0.85	-0.99	-0.33	21
桂糖 08-1533	1.21	-0.81	-1.08	-1.72	-0.35	22
粤糖 60	0.09	-0.67	0.03	-1.19	-0.38	23
闽糖 07-2005	-0.64	-0.60	-0.75	0.78	-0.40	24
桂糖 06-1492	-1.11	-0.62	-1.12	1.30	-0.53	25
粤糖 00-236	-1.07	0.08	-1.27	0.15	-0.54	26
云瑞 10-701	-0.61	-2.55	1.23	0.58	-0.63	27
柳城 07-506	-1.32	0.74	-0.58	-1.83	-0.65	28
桂糖 08-1180	-1.25	-1.02	0.74	-1.94	-0.93	29

　　笔者通过 29 个甘蔗品种（系）间比较发现，除根冠比、宿根发株率和高位芽萌发率 3 个指标外，其余 21 个性状均在不同基因型间存在显著差异，说明甘蔗在宿根性以及地下部蔗蔸形态间存在显著差异，这与前人的研究结果是一致的。蔗蔸性状的变异系数变幅为 7.26%～49.47%，其中根交叉数、根体积、低位芽萌发数和根尖数的表型差异较大，具有丰富的遗传变异，在遗传改良中有较大的改良空间。蔗蔸的形态与甘蔗生物量及宿根性密切相关，甘蔗地上部干重、地下部蔗蔸干重与宿根发株均与蔗蔸及根系形态相关性显著。但简单相关性分析间指标存在相互影响，难以揭示指标间的内在联系。由偏相关分析可知，地上部干重与蔗蔸干重、有效茎数、总芽数呈显著正相关，与根冠比呈极显著负相关。甘蔗蔗蔸干重与地上部干重、根冠比、蔗蔸体积呈极显著正相关，与蔗蔸宽度呈显著负相关。表明甘蔗地上部和地下部为一个有机整体，能够相互促进相关制约，在一定范围内，蔗蔸及根系较为发达的甘蔗品种（系）具有较高的生物量。甘蔗生物量与根冠比呈显著负相关，研究也表明根冠比过大会影响植株生物量积累，可能是由于较大的根系会消耗部分影响成分，与地上部存在一定程度的竞争根系。宿根发株率是目前宿根评价最常用指

标，在本研究中因宿根苗期无干旱、霜冻等不良环境因素，宿根发株率较高，达121.12％，在供试甘蔗品种（系）间无显著差异。而宿根发株数能直接反映宿根的发株数量，研究表明宿根发株数与宿根产量呈显著相关，因此宿根发株数更适合宿根性评价。本研究中宿根发株数与成茎率、宿根发株率和总芽数呈极显著正相关。蔗蔸的发育情况很大程度上可以通过地上部生物量进行间接评价，在甘蔗品种选育过程中，也应注重地下部蔗蔸形态的观测。蔗蔸宽度与甘蔗地上部干重、蔗蔸干重、均呈显著正相关，说明甘蔗根系具有外展性的品种其产量较高，蔗蔸宽度与株间距呈显著正相关，表明在一定范围内甘蔗基部株型较为分散的品种（系）其生物量也较高。对甘蔗宿根发株数影响显著的性状有总芽数、发株率、有效茎数、成茎率和蔗蔸干重，说明影响甘蔗宿根发株的因素包括前茬的数量、地下芽库中芽的数量及质量、蔗蔸生物量等。

七、适合机械化作业的甘蔗品种叶片形态、冠层特征和光合特性

光合作用是植物生产力构成的主要因素，作物光合生理育种是作物遗传育种研究的一个重要课题和研究方向，从遗传控制上调节光合效率，无疑是提高作物产量的一条重要途径，是高光效育种的理论基础，关于玉米、水稻、大豆等作物品种间光合特性研究已有不少报道，在甘蔗上已有实生苗分离群体光合特性遗传、净光合速率的日变化和季节变化等方面的报道。大量的研究证明：作物不同品种之间和同一品种内不同个体之间在光合速率上存在明显的遗传差异，并具有遗传稳定性，这就为选育高光合速率的作物品种提供了可能。

现代甘蔗是人工合成的遗传复合体，遗传异质性高，具有 C_4 光合途径，几乎没有光饱和点，CO_2 补偿点是稻、麦等 C_3 作物的 1/10，净光合速率比其高 6～10 倍，增产潜力大，综合利用率高。因此，选育水分利用效率高、净光合速率达到 30 微摩/(米^2·秒) 以上的高光效高生物量多用途甘蔗育种材料是今后甘蔗育种攻关的重点和发展方向之一。对甘蔗品种资源的光合生理性状作出评价无疑有助于在甘蔗高光效育种中对光合生理性状进行遗传改良。

作物产量主要取决于作物群体的受光能力和群体内部光分布特征，叶片作为作物进行光合作用的主要器官，其形状、大小和数量及其空间散布性状直接关系到群体中光环境的优劣和光能利用率的高低，是影响作物群体光能分布与光合特性的重要因素。培育合理的群体结构，改善群体内光辐射分布，提高光能利用率是作物获得高产的基础。反映作物群体光辐射特征的指标主要有叶面积指数（LAI）、叶倾角（MFIA）、散射光透过系数（TD）等，且各指标间有着密切的关系。LAI 的大小影响冠层光的截获，冠层对光的截获是随着 LAI 的增加而增大的，达到最适 LAI 时光截获最高，光截获影响作物群体光合速率，适当提高群体的光截获率能够提高光合能力，增加产量。前人对甘蔗叶片形态与蔗茎产量、蔗糖分及蔗叶蒸腾速率关系等方面也进行了有益的探索，但对甘蔗冠层特性研究的报道较少。甘蔗产量性状及影响产量的光合、冠层指标众多，各指标间存在着复杂的网络关系。指标间相关性由于受甘蔗的遗传特性、环境因素以及所选样本的影响而错综复

杂。因子分析是一种多元统计分析方法，它把大量相关联的性状综合为少数几个主因子性状群，但可以再现原来性状与主因子群之间的相关关系，可使育种者在选育过程中把握住少数几个主因子进行选择和改良，以提高选择效率和鉴定的准确性。数值分类的方法广泛应用于多种作物种质资源的分类研究，但主要基于农艺性状进行分类，应用数值分类的方法对作物的光合特性和冠层特征参数进行研究的报道并不多见，笔者采用数值分类的方法对不同品种甘蔗的光合性状和冠层特性参数进行系统聚类，将因子分析应用于参数指标筛选，以期筛选净光合速率较高、冠层结构理想的适应机械化作业的甘蔗新品种，为甘蔗品种选育和"双高"甘蔗栽培技术提供参考。

（一）光合气体交换和冠层特征参数对甘蔗产量形成的影响

1. 适应机械化作业的甘蔗品种光合气体交换的差异

（1）净光合速率。方差分析结果表明，甘蔗品间间平均净光合速率（P_n）差异达极显著水平（表 5 - 27），合并数据进行系统聚类分析结果显示（表 5 - 28），按净光合速率可将 17 个甘蔗品种分为 4 类：Ⅰ类包括 FN98 - 10100、GT94 - 116、GT96 - 211、YT96 - 794、YT96 - 86 等 5 个品种，其净光合速率较高，类平均 P_n 达到 37.09 微摩/（米^2·秒）；Ⅱ类包括 FN94 - 0403、FN95 - 1726、FN96 - 0907、YT96 - 107 等 4 个品种，类平均 P_n 达到 35.68 微摩/（米^2·秒）；Ⅲ类包括 GT95 - 118、GT97 - 18、MT70 - 611、ROC10、YT92 - 1287、YT96 - 835 等 6 个品种，类平均 P_n 为 34.24 微摩/（米^2·秒）；Ⅳ类包括 FN94 - 0744、GT96 - 44 等 2 个品种，类平均 P_n 为 34.24 微摩/（米^2·秒）。

表 5 - 27　不同品种甘蔗的光合生理指标差异

品种	净光合速率 [微摩/（米^2·秒）]	蒸腾速率 [毫摩/（米^2·秒）]	气孔导度 [毫摩/（米^2·秒）]
FN94 - 0403	36.09±5.75abcd	4.38±0.83a	143.97±38.35bcde
FN94 - 0744	33.23±7.33de	3.98±1.06abcde	128.90±45.75def
FN95 - 1726	35.5±6.25abcde	4.35±0.85ab	139.54±41.69bcdef
FN96 - 0907	35.57±5.70abcde	4.36±0.78ab	146.03±49.61abc
FN98 - 10100	37.53±8.40a	4.24±1.05abc	140.55±47.46bcdef
GT94 - 116	36.66±6.89abc	3.68±1.30ef	126.61±50.49f
GT95 - 118	33.87±7.38cde	3.62±0.97ef	125.37±45.27f
GT96 - 211	37.34±7.36ab	3.96±1.09bcde	161.28±67.16a
GT96 - 44	32.56±5.77e	3.10±1.10g	109.70±43.36g
GT97 - 18	34.47±5.57abcde	3.76±0.74def	134.12±30.17cdef
MT70 - 611	34.39±7.78abcde	3.93±1.03cdef	144.71±59.02abcd
ROC10	34.00±6.19bcde	3.94±0.60cde	155.39±42.52ab

（续）

品种	净光合速率 [微摩/(米²·秒)]	蒸腾速率 [毫摩/(米²·秒)]	气孔导度 [毫摩/(米²·秒)]
YT92－1287	34.59±8.32abcde	3.54±1.35f	127.32±51.43ef
YT96－107	35.56±7.09abcde	3.93±1.14cdef	150.28±49.79abc
YT96－794	37.04±7.36abc	4.10±0.88abcd	156.77±53.82ab
YT96－835	34.14±7.26abcde	4.02±0.74abcde	139.60±43.54bcdef
YT96－86	36.90±6.78abc	4.14±0.62abcd	150.54±41.82abc

注：表中同列不同字母表示在 0.05 水平上差异显著（Duncan 检验），下同。

表 5－28　甘蔗品种净光合速率、蒸腾速率和气孔导度聚类结果

性状	类群	品种	类平均
净光合速率 [微摩/(米²·秒)]	Ⅰ	FN98－10100、GT94－116、GT96－211、YT96－794、YT96－86	37.09±0.35a
	Ⅱ	FN94－0403、FN95－1726、FN96－0907、YT96－107	35.68±0.27b
	Ⅲ	GT95－118、GT97－18、MT70－611、ROC10、YT92－1287、YT96－835	34.24±0.28c
	Ⅳ	FN94－0744、GT96－44	32.86±0.47d
蒸腾速率 [毫摩/(米²·秒)]	Ⅰ	MT70－611、FN94－0744、GT96－211、ROC10、YT96－107、YT96－835、FN94－0403、FN95－1726、FN96－0907、FN98－10100、YT96－794、YT96－86	4.11±0.18a
	Ⅱ	GT94－116、GT95－118、GT97－18、YT92－1287	3.65±0.093b
	Ⅲ	GT96－44	3.10c
气孔导度 [毫摩/(米²·秒)]	Ⅰ	GT96－211、ROC10、YT96－107、YT96－794、YT96－86	154.85±4.60a
	Ⅱ	FN94－0403、FN95－1726、FN96－0907、FN98－10100、MT70－611、YT96－835	142.40±2.84b
	Ⅲ	FN94－0744、GT94－116、GT95－118、GT97－18、YT92－1287	128.46±3.41c
	Ⅳ	GT96－44	109.7d

（2）蒸腾速率。蒸腾速率（Tr）是植物地上部失水快慢的指标，方差分析结果表明，甘蔗品种间平均蒸腾速率差异达极显著水平（表 5－27），合并数据进行系统聚类分析结果显示（表 5－28），按蒸腾速率可将 17 个甘蔗品种分为 3 类：Ⅰ类包括 MT70－611、FN94－0744、GT96－211、ROC10、YT96－107、YT96－835、FN94－0403、FN95－1726、FN96－0907、FN98－10100、YT96－794、YT96－86 等 12 个品种，其蒸腾速率较高，类平均 Tr 达到 4.11 毫摩/(米²·秒)；Ⅱ类包括 GT94－116、GT95－118、GT97－18、YT92－1287 等 4 个品种，其蒸腾速率中等，类平均 Tr 达到 3.65 毫摩/(米²·秒)；GT96－44 自成一类，其蒸腾速率较低，仅为 3.10 毫摩/(米²·秒)。

（3）气孔导度。气孔导度（C_s）为气孔阻力的倒数，气孔导度大有利于 CO_2 的交换

和叶肉 CO_2 浓度的增加。方差分析结果表明，甘蔗品种间平均气孔导度差异达极显著水平（表5-27），合并数据进行系统聚类分析结果显示（表5-28），按气孔导度可将17个甘蔗品种分为4类：Ⅰ类包括 GT96-211、ROC10、YT96-107、YT96-794、YT96-86等5个品种，其气孔导度较高，类平均达到154.85毫摩/（米²·秒）；Ⅱ类包括 FN94-0403、FN95-1726、FN96-0907、FN98-10100、MT70-611、YT96-835 等6个品种，其气孔导度中等，类平均达到142.4毫摩/（米²·秒）；Ⅲ类包括 FN94-0744、GT94-116、GT95-118、GT97-18、YT92-1287 等5个品种，其气孔导度较低，类平均达到128.46毫摩/（米²·秒）；GT96-44 自成一类，其气孔导度最低，仅为109.7毫摩/（米²·秒）。

2. 适合机械作业甘蔗品种冠层特征的差异　方差分析结果表明，伸长初期甘蔗品种间叶面积指数、叶簇倾角、散射光透过系数差异达极显著水平（表5-29），合并数据进行系统聚类分析，结果见表5-30。

表5-29　不同品种甘蔗的冠层特征参数差异

品种	叶面积指数	叶簇倾角（°）	散射光透过系数
FN94-0403	1.487±0.230a	43.27±13.59c	0.33±0.06ab
FN94-0744	1.160±0.214bcde	50.56±11.90bc	0.39±0.07ab
FN95-1726	1.050±0.072de	62.94±6.55ab	0.44±0.02ab
FN96-0907	1.247±0.064abcde	55.99±12.51abc	0.37±0.02ab
FN98-10100	1.420±0.035ab	50.19±9.93bc	0.32±0.04b
GT94-116	1.323±0.086abcd	49.82±4.23bc	0.37±0.04ab
GT95-118	0.987±0.316e	71.29±11.89a	0.51±0.13a
GT96-211	1.180±0.125bcde	60.37±4.78abc	0.41±0.07ab
GT96-44	1.367±0.076abc	57.23±4.90abc	0.37±0.04ab
GT97-18	1.127±0.211cde	58.64±13.19abc	0.44±0.11ab
MT70-611	1.267±0.096abcde	43.16±5.30c	0.37±0.02ab
ROC10	1.063±0.087de	67.57±1.03ab	0.47±0.03ab
YT92-1287	1.153±0.154bcde	52.96±11.11abc	0.41±0.05ab
YT96-107	1.027±0.085e	61.00±16.68abc	0.45±0.10ab
YT96-794	1.023±0.106de	60.15±12.02abc	0.44±0.06ab
YT96-835	0.993±0.090e	58.57±7.32abc	0.45±0.06ab
YT96-86	1.087±0.080de	54.40±5.16abc	0.43±0.04ab

（1）叶面积指数。按叶面积指数（*LAI*）可将17个甘蔗品种分为3类（表5-30）：Ⅰ类包括 FN94-0403、GT94-116、FN96-0907、FN98-10100、GT96-44 和 MT70-611，叶面积指数较大，类平均达到1.35；Ⅱ类包括 FN94-0744、GT96-211、GT97-18 和 YT92-1287，叶面积指数中等，类平均达到1.155；Ⅲ类包括 FN95-1726、GT

95-118、ROC10、YT96-107、YT96-794、YT96-835 和 YT96-86，叶面积指数较小，类平均达到 1.033。

表 5-30　甘蔗品种冠层特征参数聚类结果

性状	类群	品种	类平均
叶面积指数	Ⅰ	FN94-0403、GT94-116、FN96-0907、FN98-10100、GT96-44、MT70-611	1.350±0.0053
	Ⅱ	FN94-0744、GT96-211、GT97-18、YT92-1287	1.155±0.013
	Ⅲ	FN95-1726、GT95-118、ROC10、YT96-107、YT96-794、YT96-835、YT96-86	1.033±0.021
叶簇倾角（°）	Ⅰ	FN94-0403、MT70-611	43.21±0.04
	Ⅱ	FN94-0744、FN98-10100、GT94-116、YT92-1287、YT96-86	51.59±1.00
	Ⅲ	GT95-118、ROC10	69.43±1.32
	Ⅳ	FN95-1726、FN96-0907、GT96-211、GT96-44、GT97-18、YT96-107、YT96-794、YT96-835	59.36±1.11
散射光透过系数	Ⅰ	FN94-0403、FN98-10100	0.325±0.004
	Ⅱ	FN95-1726、GT97-18、YT96-107、YT96-794、YT96-835、YT96-86	0.442±0.004
	Ⅲ	GT95-118、ROC10	0.490±0.014
	Ⅳ	FN94-0744、FN96-0907、GT96-211、GT94-116、GT96-44、MT70-611、YT92-1287	0.384±0.010

（2）叶簇倾角。按叶簇倾角（*AMFI*）可将 17 个甘蔗品种分为 4 类（表 5-30）：Ⅰ类包括 FN94-0403 和 MT70-611，叶簇倾角小，类平均达到 43.21°；Ⅱ类包括 FN94-0744、FN98-10100、GT94-116、YT92-1287 和 YT96-86，叶簇倾角中等，类平均达到 51.59°；Ⅲ类包括 GT95-118 和 ROC10，叶簇倾角最大，类平均达到 69.43°；Ⅳ类包括 FN95-1726、FN96-0907、GT96-211、GT96-44、GT97-18、YT96-107、YT96-794 和 YT96-835，叶簇倾角较大，类平均达到 59.36°。

（3）散射光透过系数。按散射光透过系数（*TD*）可将 17 个甘蔗品种分为 4 类（表 5-30）：Ⅰ类包括 FN94-0403 和 FN98-10100，散射光透过系数小，类平均达到 0.325；Ⅱ类包括 FN95-1726、GT97-18、YT96-107、YT96-794、YT96-835 和 YT96-86，散射光透过系数中等，类平均达到 0.442；Ⅲ类包括 GT95-118 和 ROC10，散射光透过系数最大，类平均达到 0.49；Ⅳ类包括 FN94-0744、FN96-0907、GT96-211、GT94-116、GT96-44、MT70-611 和 YT92-1287，散射光透过系数较小，类平均达到 0.384。

3. 多性状聚类

（1）光合气体交换参数。利用 3 个光合气体交换参数进行聚类分析结果见图 5-17，对原始数据进行数据规格化转换，采用卡方距离确定距离系数，采用离差平方和法进行分析。聚类结果将 17 个品种分为 4 类（表 5-31）：第Ⅰ类包括 FN94-0403、FN95-1726、

FN96-0907、FN98-10100、GT96-211、YT96-794、YT96-86等7个品种,净光合速率、蒸腾速率、气孔导度均较高;第Ⅱ类包括FN94-0744、GT94-116、GT95-118、GT97-18、YT92-1287等5个品种,净光合速率中等,蒸腾速率、气孔导度均较高;第Ⅲ类包括MT70-611、ROC10、YT96-107、YT96-835等4个品种,净光合速率中等,蒸腾速率、气孔导度均较低;第Ⅳ类包括GT96-44,为一个特殊类群,其净光合速率、蒸腾速率和气孔导度均较低。

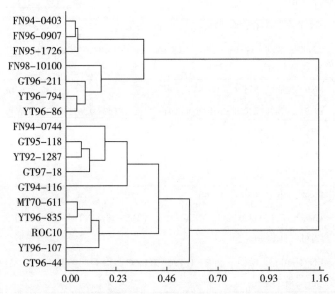

图5-17 参试甘蔗品种光合气体交换参数的聚类分析树状图

表5-31 甘蔗品种光合气体交换参数类型间的差异

类群	净光合速率 [微摩/ (米²·秒)]	蒸腾速率 [毫摩/ (米²·秒)]	气孔导度 [毫摩/ (米²·秒)]	品种
Ⅰ	36.58	4.22	148.38	FN94-0403、FN95-1726、FN96-0907、FN98-10100、GT96-211、YT96-794、YT96-86
Ⅱ	34.52	3.96	147.50	FN94-0744、GT94-116、GT95-118、GT97-18、YT92-1287
Ⅲ	34.56	3.72	128.46	MT70-611、ROC10、YT96-107、YT96-835
Ⅳ	32.56	3.1	109.7	GT96-44

(2)冠层参数。利用3个冠层参数进行聚类分析结果见图5-18,对原始数据进行数据规格化转换,采用卡方距离确定距离系数,采用离差平方和法进行分析。聚类结果将17个品种分为3类(表5-32):第Ⅰ类包括FN94-0403、FN96-0907、FN98-10100、GT94-116、GT96-44、MT70-611等6个品种,叶面积指数较大、叶簇倾角和散射光透过系数较小;第Ⅱ类包括FN94-0744、GT96-211、GT97-18、YT92-1287、YT96-86等5个品种,叶面积指数、叶簇倾角和散射光透过系数中等;第Ⅲ类包括

FN95-1726、ROC10、YT96-107、YT96-835、GT95-118、YT96-794 等6个品种，叶面积指数较小、叶簇倾角和散射光透过系数较大。

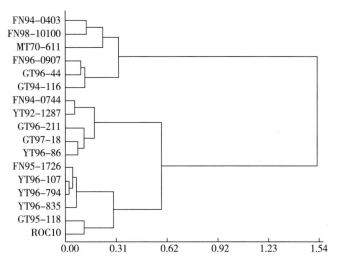

图5-18　参试甘蔗品种冠层参数的聚类分析树状图

表5-32　甘蔗品种冠层参数类型间的差异

类群	叶面积指数	叶簇倾角	散射光透过系数	品种
Ⅰ	1.35	49.94	0.36	FN94-0403、FN96-0907、FN98-10100、GT94-116、GT96-44、MT70-611
Ⅱ	1.14	55.39	0.42	FN94-0744、GT96-211、GT97-18、YT92-1287、YT96-86
Ⅲ	1.02	63.59	0.46	FN95-1726、ROC10、YT96-107、YT96-835、GT95-118、YT96-794

4. 光合气体交换参数及冠层参数与产量关系

（1）相关分析。相关分析结果显示（表5-33），净光合速率与蒸腾速率、气孔导度呈显著正相关，叶面积指数与叶簇倾角和散射光透过系数呈极显著负相关，与公顷有效茎数呈显著正相关，蔗茎产量与叶簇倾角和散射光透过系数呈显著负相关，与单茎重呈显著正相关，单茎重与公顷有效茎数呈显著负相关。

表5-33　甘蔗品种性状间的相关矩阵

变量	净光合速率	蒸腾速率	气孔导度	叶面积指数	叶簇倾角	散射光透过系数	蔗茎产量	公顷有效茎数	单茎重
净光合速率	1.000								
蒸腾速率	0.568*	1.000							
气孔导度	0.608**	0.679**	1.000						
叶面积指数	0.174	0.014	−0.258	1.000					
叶簇倾角	−0.190	−0.187	0.099	−0.739**	1.000				

（续）

变量	净光合速率	蒸腾速率	气孔导度	叶面积指数	叶簇倾角	散射光透过系数	蔗茎产量	公顷有效茎数	单茎重
散射光透过系数	−0.271	−0.181	0.142	−0.933**	0.851**	1.000			
蔗茎产量	0.276	0.362	−0.017	0.361	−0.603**	−0.520*	1.000		
公顷有效茎数	0.287	−0.083	−0.284	0.549*	−0.390	−0.533*	0.296	1.000	
单茎重	−0.001	0.371	0.206	−0.165	−0.192	0.002	0.535*	−0.634**	1.000

（2）因子分析。甘蔗9个光合气体交换参数、冠层参数与产量性状的前3个主因子特征值、特征值的累计贡献率和初始因子载荷矩阵列于表5-34。前3个主因子特征值的累计贡献率达84.73%，前3个主因子所包含的要素信息量可以反映出9个光合气体交换参数、冠层参数与产量性状原始特征参数的大部分信息，既保留了绝大部分信息，又达到降维的目的。表5-34中9个性状的共同度均较大，说明这3个主因子对这9个性状有较好的代表性。方差极大旋转方法是使因子载荷矩阵中各因子载荷值的总方差达到最大，并将此作为因子载荷矩阵简化的准则。3个主因子的方差极大旋转因子载荷矩阵见表5-35。方差极大旋转因子载荷矩阵与初始因子载荷矩阵比较，主因子中重要变量的载荷值明显增大，说明方差极大旋转后的主因子生物学意义更加明显。从表5-35可见，第一主因子中起主要作用的性状是冠层性状和产量指标，包括叶面积指数、叶簇倾角、散射光透过系数和蔗茎产量，它们的载荷值较大，因此称为冠层性状因子。第二主因子载荷值较大的是净光合速率、蒸腾速率、气孔导度，故称为光合气体交换因子。第三主因子载荷值较大的是单茎重和公顷有效茎数，故称为产量构成因子。

表5-34 甘蔗品种性状初始因子载荷矩阵

参数	F1	F2	F3	共同度	特殊方差
净光合速率	0.418	0.558	0.585	0.828	0.172
蒸腾速率	0.292	0.825	0.181	0.799	0.201
气孔导度	−0.069	0.827	0.417	0.862	0.138
叶面积指数	0.866	−0.300	0.001	0.841	0.159
叶簇倾角	−0.880	0.001	0.251	0.838	0.162
散射光透过系数	−0.948	0.115	0.056	0.915	0.086
蔗茎产量	0.688	0.320	−0.395	0.732	0.268
公顷有效茎数	0.633	−0.455	0.476	0.834	0.166
单茎重	0.033	0.652	−0.743	0.978	0.022
方差贡献	3.563	2.513	1.550		
方差贡献占比（%）	39.590	27.920	17.230		
累计贡献（%）	39.590	67.510	84.730		

表 5 – 35　甘蔗品种方差极大正交旋转因子载荷矩阵

参数	F1	F2	F3	共同度	特殊方差
净光合速率	0.223	0.857	−0.208	0.828	0.172
蒸腾速率	0.159	0.831	0.288	0.799	0.201
气孔导度	−0.242	0.886	0.139	0.862	0.138
叶面积指数	0.873	−0.066	−0.273	0.841	0.159
叶簇倾角	−0.909	−0.045	−0.101	0.838	0.162
散射光透过系数	−0.945	−0.071	0.131	0.915	0.086
蔗茎产量	0.719	0.189	0.423	0.732	0.268
公顷有效茎数	0.561	0.017	−0.721	0.834	0.166
单茎重	0.122	0.136	0.972	0.978	0.022
方差贡献	3.461	2.276	1.890		
累计贡献（%）	38.450	63.740	84.735		

　　聚类分析从多维空间显示分析个体的相似性，对不同地理来源品种和 F_1 代及无性世代材料进行聚类，可以作为判断品种和亲本血缘关系远近的依据。甘蔗品种间光合性状差异极其明显，17 个供试品种按照净光合速率不同可分为高光合速率型、较高光合速率型、中等光合速率型和较低光合速率型 4 类；按气孔导度可分为高气孔阻力型、中等气孔阻力型、较低气孔阻力型和低气孔阻力型 4 类；按蒸腾速率不同可分为高蒸腾速率型、中等蒸腾速率型、较低蒸腾速率型 3 类。利用 3 个光合性状对甘蔗品种进行分类可反映品种的综合性状和自然类型，聚类结果也比较稳定，但有些性状会被另一些性状所掩盖，以至类间差别模糊，因此针对光合生理育种对甘蔗品种分类的特点，应将单一性状与综合性状相结合进行综合考虑效果较好。利用 3 个光合气体交换参数进行综合聚类分析将 17 个品种分为 4 类：第Ⅰ类净光合速率、蒸腾速率、气孔导度均较高；第Ⅱ类净光合速率中等，蒸腾速率、气孔导度均较高；第Ⅲ类净光合速率中等，蒸腾速率、气孔导度均较低；第Ⅳ类净光合速率、蒸腾速率、气孔导度均较低。

　　因子分析是主成分分析的进一步发展，是用较少个数的公因子的线性函数与特定因子之和来表达原观察变量的每一个分量，以达到合宜的解释原变量相关性并降低其维数的目的。本试验采用因子分析将 17 个品种的 9 个光合、冠层和产量性状分为冠层性状因子、光合气体交换因子和产量构成因子。特别是第 1 主因子，载荷值较大的指标包括叶面积指数、叶簇倾角、散射光透过系数和蔗茎产量，揭示了甘蔗冠层指标与产量指标存在密切关系，相关分析表明，蔗茎产量与叶簇倾角和散射光透过系数呈显著负相关。

　　叶片冠层结构直接影响到冠层光截获及在不同层次中的光分布，对不同品种在形态、解剖等方面的许多研究认为，具有叶短、窄、厚、直挺的冠层通透型甘蔗群体其产量潜力较大。合理的群体结构是提高农田光能利用率获得高产的重要条件，作物生长过程中维持较大的光合面积是高产农田群体结构的重要特征之一。叶面积指数与干物质积累有着极为密切的关系，适当提高群体的叶面积指数，可以增加干物质的积累量。叶簇倾角

（MFIA）影响太阳辐射的接受和在冠层的分布，反映叶片的受光状况。理想的叶群体结构是不断改变其倾角分布而获得最有效叶面积。张艳敏等研究表明，不同氮素处理下冬小麦冠层 MFIA 随生育进程而减小，随施氮量增加而减小。叶面积指数相同的两个作物群体，若叶倾角和叶片在空间分布的均匀程度不同，群体内的光分布不同，可能导致冠层的光合速率不同，结果使单位时间内群体生产的干物质不同。作物产量的高低与群体的冠层功能密切联系，高效的冠层能增强植株的光合能力，生产较多的干物质。甘蔗伸长初期冠层结构、光分布状况对以后光合产物的积累和分配、群体生长发育以及最终产量的形成至关重要，甘蔗伸长初期主要冠层特征参数与蔗茎产量的相关性可清楚说明这一问题，但由于甘蔗产量和品质性状存在一定程度的负相关，因此，利用上述主要冠层特征参数进行产量性状的间接选择，仍要进一步研究上述性状的最佳取值问题。对伸长初期叶面积指数大的品种，在中后期应将叶面积指数调节在一定范围，避免由于叶片之间相互遮阴造成光照减弱，光截获量较少，叶片的光合功能得不到充分发挥。快速准确诊断甘蔗冠层结构特征、及时合理调控甘蔗群体大小，对甘蔗优质高产栽培具有重要意义。

对 17 个甘蔗品种的光合参数和冠层特征进行单一性状和多性状聚类分析，17 个品种按光合性状可分为 4 类，按冠层特征参数可分为 3 类；因子分析将 9 个参数用 3 个主因子表示，累加方差贡献率达到 84.73%。第 1 主因子中起主要作用的性状是叶面积指数、叶簇倾角、散射光透过系数和蔗茎产量，第 2 主因子载荷值较大的是净光合速率、蒸腾速率、气孔导度，第 3 主因子载荷值较大的是单茎重和公顷有效茎数。通过研究阐明了光合气体交换和冠层特征参数之间及其与甘蔗产量形成的关系，为筛选一批净光合速率较高、冠层结构理想的适合机械作业的甘蔗新品种提供了指导。

（二）适合机械化作业甘蔗品种的株型结构

1. 甘蔗叶面积指数动态变化　对甘蔗叶面积指数（LAI）动态变化的研究结果表明，甘蔗 LAI 在全生育期的消长动态呈 S 形曲线，从移栽至分蘖盛期，LAI 提高缓慢，平均为 1.39；从分蘖盛期至伸长初期，叶面积增长加快，平均达 2.39；至伸长盛期，叶面积扩展速度继续增长，在伸长盛期 LAI 达到全生育期的次高点，为 4.47；从伸长盛期至伸长后期，LAI 缓慢增至全生育期最高值 4.67，此后开始逐步下降，至工艺成熟期降至3.62（图 5-19）。在伸长盛期以前不同基因型叶面积指数差异很大，反映出不同基因型前期生长差异在于叶片的出生速度与扩展速度有较大差异。伸长盛期与伸长后期，不同基

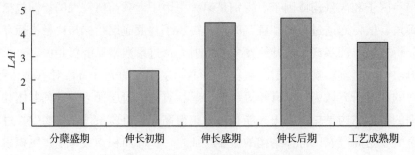

图 5-19　甘蔗全生育期叶面积指数的消长

因型的 LAI 趋于相近，基因型间差异较小，表明甘蔗群体具有一定的自动调节能力，通过对 LAI 增长速度与增长幅度的调节，使群体 LAI 趋于合理。进入工艺成熟期，LAI 的基因型差异有所增大，表明不同基因型叶片衰老进度与叶面积持续时间长短存在一定差异。

2. 株型结构与群体光合生产力的关系　研究认为，甘蔗冠层总同化量与单叶净光合速率相关不显著，而与叶面积指数呈显著相关，叶面积越大，光合面积越大，甘蔗群体光能利用率越高。但是，叶面积不是越大越好，甘蔗移植大田后，随着生育进程的发展，作物生长速率（CGR）、单位叶面积的净同化率（NAR）呈现逐步增长的趋势，至伸长盛期达到高峰值后开始下降，其原因可能是由于较大的叶面积群体造成荫蔽程度加剧，群体内光照不足，通透性下降，造成光合环境变劣，从而影响光合生理功能的正常进行，导致 NAR 与 CGR 先后下降。通过回归拟合求得 CGR 和 NAR 的最适 LAI 理论值分别为 4.5 和 4.1。LAI 达到 4.1 以前，随着 LAI 的增加，NAR 也随之增长，当 LAI 达到 4.1 时，NAR 期望峰值为 8.2 克/（米^2·天），当 LAI 继续增加时，环境的荫蔽对 NAR 的继续提高产生负效应；CGR 峰值出现时间迟于 NAR，LAI 达到 4.5 后，CGR 才由峰值开始下降。甘蔗群体光合生产力与甘蔗 C、N 代谢消长有关，C、N 代谢主要通过对光合系统及光合产物的运转、分配等影响而影响净同化率，进而影响群体光合生产力，相对较高的氮含量和较低的可溶性糖含量，即较小的 C/N 是甘蔗高生物量和高干物质积累的 C、N 代谢基本特征。叶片作为光合作用器官，可溶性糖浓度维持较低水平，而 N 代谢相对活跃，C/N 比叶鞘低，是维持其正常的光合性能及生理活性，不断同化 CO_2 形成碳水化合物的内在生理基础。在甘蔗生产上，伸长盛期处于 8 月中旬至 9 月上旬，温度高、光照强，栽培上应适当提高甘蔗的叶面积指数，建立合理的群体结构，提高群体的总同化量。在育种实践中，应注重选择前期早生快发，能形成较大光合群体，中期株型合理，群体内受光均匀，隐蔽程度低，通透性好，光合器官有较高光能利用率，后期有较长叶面积功能期与叶面积持续时间的基因型，这是群体光合育种的主要目标。

（三）适合机械化作业甘蔗品种不同叶位叶片形态、光合气体交换及其与产量关系

1. 不同叶位叶片形态特征的差异

（1）叶长。方差分析结果表明，甘蔗分蘖期和伸长初期不同品种、不同叶节位间叶长（L）均存在显著差异（表 5 - 36），分蘖期和伸长初期均表现 FN94 - 0403 和 FN91 - 4710 的 L 较大，而 ROC16 和 FN91 - 4621 的 L 较小，伸长初期品种间 L 的差异比分蘖期大；随着叶位的下降，自上而下 L 逐渐变小，分蘖期不同叶位间 L 的差异比伸长初期大（图 5 - 20）。

表 5 - 36　不同叶位叶片形态特征差异

生育期	品种	叶位	A（厘米^2）	L（厘米）	B（厘米）	L/B
分蘖期	FN94 - 0403	第 1 叶	511.96±54.72	122.89±9.95	6.53±0.38	18.84±1.61
		第 3 叶	347.65±82.86	91.63±19.06	5.82±0.47	15.73±2.90
		第 5 叶	231.37±84.23	63.74±19.99	5.66±0.60	11.17±2.92

（续）

生育期	品种	叶位	A（厘米²）	L（厘米）	B（厘米）	L/B
	FN91-4621	第1叶	464.55±52.27	108±11.01	6.67±0.50	16.27±2.03
		第3叶	275.04±77.58	74.53±17	5.74±0.35	12.93±2.59
		第5叶	180.56±43.47	50.98±10.54	5.44±0.37	9.37±1.95
	FN91-4710	第1叶	447.17±51.32	120.33±10.43	5.76±0.37	21.10±2.04
		第3叶	310.04±55.58	89.32±10.05	5.61±0.50	15.97±1.71
		第5叶	176.22±51.28	52.46±10.83	5.02±0.78	10.48±1.72
	ROC16	第1叶	381.91±70.67	96.66±14.49	6.16±0.46	15.74±2.65
		第3叶	256.44±48.12	67.98±11.91	5.96±0.49	11.44±2.09
		第5叶	209.24±35.83	60.21±8.31	5.84±0.84	10.53±2.15
	FN94-0403	平均值	367.67±138.23a	93.57±29.57a	6.02±0.61a	15.79±4.09a
	FN91-4621	平均值	316.11±135.81b	79.55±27.44c	6.00±0.68a	13.04±3.61b
	FN91-4710	平均值	311.23±127.03bc	87.22±30.89b	5.45±0.66b	15.79±4.84a
	ROC16	平均值	284.54±92.56c	75.49±20.01c	5.99±0.63a	12.66±3.27b
	第1叶	平均值	450.30±73.10a	111.77±15.48a	6.28±0.55a	17.94±2.96a
	第3叶	平均值	298.41±74.73b	81.10±17.69b	5.78±0.46b	14.06±3.00b
	第5叶	平均值	198.84±58.59c	56.81±13.61c	5.49±0.74c	10.40±2.23c
伸长初期	FN94-0403	第1叶	852.64±90.01	143.81±18.05	8.45±1.06	17.45±3.83
		第3叶	748.82±95.04	136.91±21.14	7.78±1.25	18.27±4.81
		第5叶	587.32±123.74	117.34±18.63	6.76±1.15	17.87±4.16
	FN91-4621	第1叶	700.09±71.37	133.76±14.33	7.74±0.43	17.32±1.88
		第3叶	602.58±79.39	123.56±20.02	7.17±0.48	17.35±3.26
		第5叶	487.79±111.30	104.09±24.38	6.70±0.69	15.77±4.28
	FN91-4710	第1叶	833.46±86.80	151.56±28.21	8.02±0.53	19.11±4.37
		第3叶	750.77±72.66	151.02±24.84	7.37±0.54	20.70±4.25
		第5叶	611.16±85.89	133.18±23.10	6.55±0.57	20.58±4.31
	ROC16	第1叶	572.83±64.89	99.97±15.72	8.50±0.68	11.93±2.63
		第3叶	530.43±85.78	102.71±18.82	7.68±0.59	13.51±2.92
		第5叶	440.82±71.26	92.38±17.91	7.07±0.48	13.20±3.05
	FN94-0403	平均值	729.59±150.04a	132.69±22.02b	7.66±1.33ab	17.86±4.20b
	FN91-4621	平均值	596.82±123.56b	120.48±23.17c	7.20±0.69c	16.81±3.30b
	FN91-4710	平均值	731.80±122.60a	145.26±26.34a	7.31±0.81bc	20.13±4.27a
	ROC16	平均值	514.69±91.62c	98.36±17.69d	7.75±0.82a	12.88±2.89c
	第1叶	平均值	739.75±137.38a	132.28±27.71a	8.18±0.77a	16.45±4.23a
	第3叶	平均值	658.15±125.86b	128.56±27.45a	7.50±0.80b	17.45±4.60a
	第5叶	平均值	531.77±120.46c	111.75±25.71b	6.77±0.77c	16.85±4.75a

注：字母相同表示多重比较无显著差异（$P<0.05$），下同。

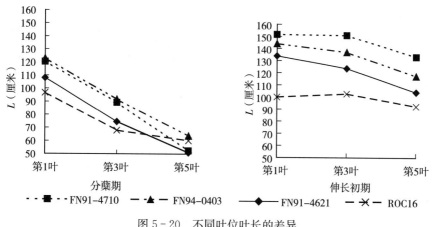

图 5-20 不同叶位叶长的差异

（2）叶宽。方差分析结果表明，分蘖期和伸长初期甘蔗不同品种、不同叶节位间叶宽（B）存在显著差异，且甘蔗伸长初期 B 明显比分蘖期宽大（表 5-36），伸长初期品种间 B 的差异比分蘖期大，分蘖期表现为 FN94-0403、FN91-4621 和 ROC16 的 B 差异不大，FN91-4710 的 B 较小；伸长初期则表现为 ROC16 和 FN94-0403 的 B 较大，FN91-4710 和 FN91-4621 的 B 较小；随着叶位的下降，分蘖期和生长初期均表现自上而下 B 逐渐变小（图 5-21）。

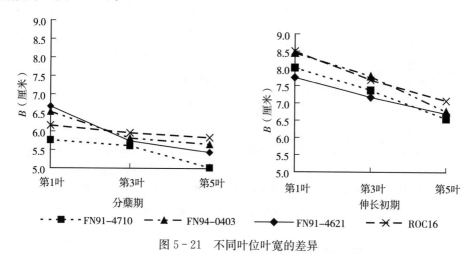

图 5-21 不同叶位叶宽的差异

（3）长宽比。方差分析结果表明，分蘖期品种间长宽比（L/B）差异不明显，而分蘖期和伸长初期不同叶节位间 L/B 存在显著差异（表 5-36），甘蔗伸长初期蔗叶长宽比（L/B）明显比分蘖期大，且伸长初期品种间 L/B 的差异比分蘖期大，分蘖期表现为 FN91-4710 和 FN94-0403 的 L/B 较大，FN91-4621 和 ROC16 的 L/B 较小；伸长初期则表现为 FN91-4710 的 L/B 最大，其次为 FN94-0403 和 FN91-4621，而 ROC16 的 L/B 最小；随着叶位的下降，分蘖期表现自上而下随叶节位的降低 L/B 逐渐变小，但伸长初期则表现第 3 叶的 L/B 明显比第 1 叶和第 5 叶大（图 5-22）。

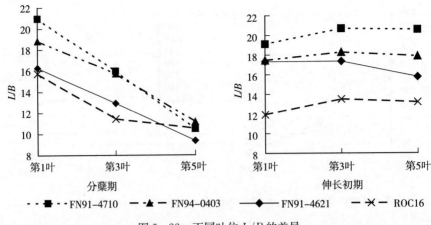

图 5 - 22　不同叶位 L/B 的差异

（4）叶面积。甘蔗伸长初期各叶位层蔗叶叶面积（A）均比分蘖期大，同一生育期甘蔗不同品种、不同叶节位间 A 存在极显著差异（表 5 - 36），分蘖期表现为 FN94 - 0403 的 A 最大，其次为 FN91 - 4710 和 FN91 - 4621，而 ROC16 的 A 最小；伸长初期则表现为 FN91 - 4710、FN94 - 0403 的 A 较大，其次为 FN91 - 4621，而 ROC16 的 A 最小。分蘖期和伸长初期甘蔗叶片 A 均表现随着叶位的下降，自上而下 A 逐渐变小（图 5 - 23）。

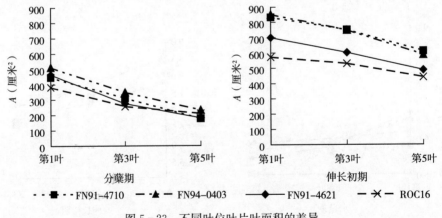

图 5 - 23　不同叶位叶片叶面积的差异

2. 不同叶位叶片光合气体交换特征的差异

（1）净光合速率。同一生育期甘蔗不同品种、不同叶节位间蔗叶净光合速率（P_n）存在显著差异（表 5 - 37），分蘖期表现为 ROC16 和 FN91 - 4621 的 P_n 较大，而 FN91 - 4710 和 FN94 - 0403 的 P_n 较小；伸长初期则表现为 FN91 - 4621、FN94 - 0403 和 ROC16 间的 P_n 差异不大，而 FN91 - 4710 的 P_n 明显小于其他 3 个品种。分蘖期和伸长初期的甘蔗叶片 P_n 均表现随着叶位的下降，自上而下 P_n 逐渐变小（图 5 - 24）。

（2）蒸腾速率。甘蔗分蘖期各叶位层蔗叶蒸腾速率（Tr）均比伸长初期大，同一生育期甘蔗不同品种、不同叶节位间蔗叶蒸腾速率存在显著差异（表 5 - 37），分蘖期表现为 FN91-4710 和 ROC16 的 Tr 较大，而 FN94-0403 和 FN91-4621 的 Tr 较小；伸长初期则表现为 FN91-4621、FN94-0403 和 ROC16 间的 Tr 差异不大，而 FN91-4710 的 Tr 明显小于其他 3 个品种。分蘖期和伸长初期的甘蔗叶片 Tr 均表现随着叶位的下降，自上而下 Tr 逐渐变小（图 5-25）。

表 5-37　不同叶位光合气体交换特征的差异

生育期	品种	叶位	P_n [微摩/(米²·秒)]	Tr [毫摩/(米²·秒)]	C_s [毫摩/(米²·秒)]	WUE [×10 微摩/毫摩]
分蘖期	FN94-0403	第1叶	32.34±8.59	4.52±1.02	143.16±37.92	0.73±0.19
		第3叶	26.08±4.82	4.11±1.39	116.51±31.17	0.68±0.18
		第5叶	20.90±5.70	3.65±1.32	102.84±22.88	0.63±0.24
	FN91-4621	第1叶	36.19±5.24	4.17±0.88	156.49±34.72	0.91±0.26
		第3叶	30.19±4.99	3.97±1.12	142.06±37.20	0.80±0.19
		第5叶	24.55±5.44	3.70±1.08	125.67±33.68	0.70±0.23
	FN91-4710	第1叶	34.39±5.50	5.03±0.53	158.14±38.79	0.69±0.12
		第3叶	27.75±4.29	4.28±0.47	112.11±18.06	0.65±0.09
		第5叶	22.66±4.34	3.97±0.63	109.08±30.69	0.57±0.05
	ROC16	第1叶	39.35±5.86	5.02±1.21	168.88±34.56	0.84±0.30
		第3叶	29.69±5.99	4.32±1.55	146.05±36.83	0.75±0.27
		第5叶	22.81±6.82	3.73±0.96	120.67±31.82	0.64±0.21
	FN94-0403	平均值	26.65±7.99b	4.11±1.28ab	121.53±35.22c	0.68±0.20bc
	FN91-4621	平均值	30.42±7.00a	3.95±1.03b	141.70±36.82ab	0.81±0.24a
	FN91-4710	平均值	28.88±6.73ab	4.48±0.70a	128.90±38.10bc	0.64±0.10c
	ROC16	平均值	31.30±9.44a	4.40±1.33a	146.83±39.41a	0.75±0.27ab
	第1叶	平均值	35.51±6.81a	4.68±0.99a	156.50±36.93a	0.79±0.24a
	第3叶	平均值	28.31±5.13b	4.15±1.16b	127.85±34.09b	0.72±0.19b
	第5叶	平均值	22.76±5.68c	3.75±1.03c	114.82±30.72c	0.64±0.20c
伸长初期	FN94-0403	第1叶	39.93±5.18	3.91±1.50	101.95±24.80	1.23±0.63
		第3叶	36.10±9.54	3.68±1.59	99.83±27.98	1.16±0.55
		第5叶	22.65±8.49	3.00±1.18	74.85±25.37	0.85±0.40
	FN91-4621	第1叶	35.12±6.40	3.49±0.24	99.61±17.13	1.01±0.15
		第3叶	26.34±9.06	2.89±0.62	81.52±30.53	0.89±0.16
		第5叶	17.21±5.82	2.47±0.54	67.27±29.69	0.69±0.14
	FN91-4710	第1叶	40.25±5.97	3.78±1.02	92.85±17.99	1.14±0.35
		第3叶	33.82±11.24	3.54±1.00	84.35±27.88	0.97±0.25
		第5叶	21.52±7.48	2.81±0.79	61.62±16.03	0.78±0.23

（续）

生育期	品种	叶位	P_n ［微摩/(米²·秒)］	Tr ［毫摩/(米²·秒)］	C_s ［毫摩/(米²·秒)］	WUE ［×10 微摩/毫摩］
ROC16	第1叶		39.33±7.45	3.92±0.50	109.51±22.17	1.00±0.15
	第3叶		28.93±8.24	3.21±0.61	89.50±20.47	0.89±0.15
	第5叶		23.04±8.11	2.94±0.55	81.23±25.06	0.77±0.17
FN94-0403	平均值		32.61±10.87a	3.51±1.45a	91.69±28.43ab	1.07±0.55a
FN91-4621	平均值		26.22±10.23b	2.95±0.64b	82.80±29.15bc	0.86±0.20b
FN91-4710	平均值		32.01±11.42a	3.38±1.01a	79.80±24.56c	0.97±0.31ab
ROC16	平均值		30.43±10.32a	3.35±0.68a	93.41±25.17a	0.89±0.18b
第1叶	平均值		38.70±6.46a	3.77±0.95a	100.86±21.14a	1.10±0.38a
第3叶	平均值		31.26±10.09b	3.33±1.05b	88.87±27.19b	0.98±0.33b
第5叶	平均值		21.16±7.75c	2.81±0.83c	71.36±25.08c	0.77±0.26c

注：字母相同表示多重比较无显著差异（$P<0.05$），下同。

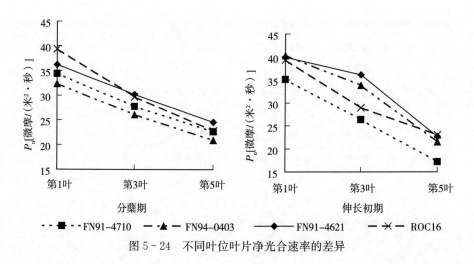

图 5-24　不同叶位叶片净光合速率的差异

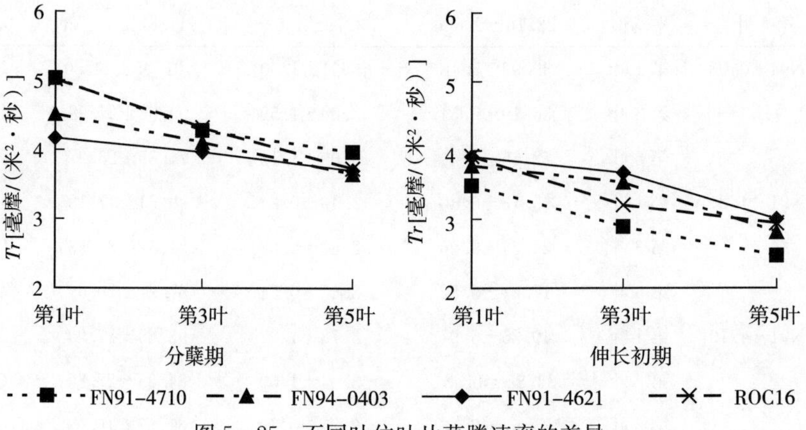

图 5-25　不同叶位叶片蒸腾速率的差异

（3）气孔导度。甘蔗分蘖期各叶位层蔗叶气孔导度（C_s）均比伸长初期大，而同一生育期甘蔗不同品种、不同叶节位间蔗叶 C_s 存在显著差异（表 5-37）。分蘖期和伸长初期均表现为 ROC16 和 FN91-4621 的 C_s 较大，而 FN91-4710 和 FN94-0403 的 C_s 较小；不同叶节位间则表现为随着叶位的下降，自上而下蔗叶 C_s 逐渐变小（图 5-26）。

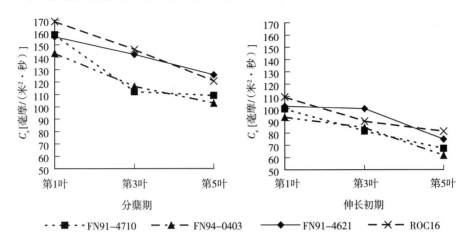

图 5-26　不同叶位叶片气孔导度的差异

（4）水分利用效率。甘蔗分蘖期各叶位层蔗叶水分利用效率（WUE）均比伸长初期低，而同一生育期甘蔗不同品种、不同叶节位间蔗叶水分利用效率存在显著差异（表 5-37）。分蘖期表现为 FN91-4621 和 ROC16 的水分利用效率较大，而 FN94-0403 和 FN91-4710 的水分利用效率较小；伸长初期则表现为 FN91-4621 和 FN94-0403 的水分利用效率较大，而 ROC16 和 FN91-4710 的水分利用效率较小；不同叶节位间则表现为随着叶位的下降，自上而下蔗叶水分利用效率逐渐变小（图 5-27）。

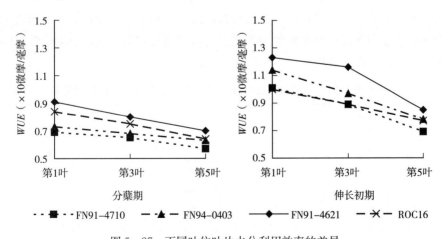

图 5-27　不同叶位叶片水分利用效率的差异

3. 不同品种产量性状的差异　4 个甘蔗品种（系）的生长量（S）、株高（H）、茎径（D）、单茎重（W）等经济性状表现见表 5-38。从表 5-38 可看出，4 个品种中 FN91-4710

和 FN91－4621 的平均蔗茎产量较高，ROC16 的产量最低。FN91－4621 的 H、D、W 显著高于其他 3 个品种，8 月和 10 月的 S 也明显高于其他 3 个品种，7 月 FN91－4710 生长最快，FN94－0403 在 9 月生长较快。

表 5－38　4 个甘蔗品种的主要经济性状表现

品种	生长量（S，厘米）			
	7 月	8 月	9 月	10 月
FN91－4710	120.32±9.78a	88.35±11.65b	64.65±9.70b	46.98±2.07b
FN94－0403	89.88±1.92b	86.97±2.30b	96.92±10.80a	35.93±1.78b
ROC16	82.10±4.71b	89.03±3.38b	83.75±9.59ab	41.22±4.75b
FN91－4621	82.87±2.22b	102.85±2.85b	75.40±14.24ab	65.18±14.73a

品种	株高 （H，厘米）	茎径 （D，厘米）	单茎重 （W，千克）	有效茎数 （M，条/公顷）	蔗茎产量 （Y，吨/公顷）
FN91－4710	320.30±6.79a	2.67±0.13b	1.80±0.22b	92 428±8 148a	165.66±9.23a
FN94－0403	309.70±13.81ab	2.76±0.05b	1.85±0.05b	76 670±1 389bc	142.05±6.27ab
ROC16	296.10±8.94b	2.59±0.16b	1.56±0.16b	83 034±3 674ab	129.62±18.89b
FN91－4621	326.30±4.91a	3.02±0.07a	2.34±0.14a	66 063±7 404.52c	154.11±14.06ab

4. 不同叶位叶片形态及其光合气体交换与产量性状关系　逐步回归分析结果（表 5－39）表明，甘蔗分蘖期顶层叶片的气孔导度和中下层叶片的叶长对株高的影响为负向；顶层叶片的叶宽对茎径的形成存在正效应；顶层叶片的叶宽对单茎重的形成存在正效应，中下层叶片的长宽比对单茎重的形成存在负效应；顶层叶片的叶宽和蒸腾效率对单位面积有效茎数的形成存在负效应；甘蔗分蘖期中上层叶片的叶宽和气孔导度以及中下层叶片的叶宽对蔗茎产量的形成具有重要作用。甘蔗伸长初期顶层和中上层叶片的叶面积大小对蔗茎产量的形成具有正向作用；顶层叶片的叶面积对株高的影响为正向，中上层叶片的蒸腾效率对单茎重的形成存在正效应。

表 5－39　不同叶位叶片形态及其光合气体交换特性与产量性状关系

生育期	叶位	指标	回归方程	R^2
分蘖期	第 1 叶	H	$H=376.599-0.405C_s$	0.197
		D	$D=1.076+0.268\,width$	0.361
		W	$W=-0.611+0.398\,width$	0.286
		M	$M=210\,292.936-17\,639.678width-25\,480.806WUE$	0.697
	第 3 叶	Y	$Y=404.619-38.956\,width-0.237C_s$	0.644
	第 5 叶	H	$H=382.249-1.214\,length$	0.456
		W	$W=3.331-0.138\,ratio$	0.227
		Y	$Y=341.052-35.125\,width$	0.578

（续）

生育期	叶位	指标	回归方程	R^2
伸长初期	第 1 叶	H	$H=269.892+0.058\,4\,area$	0.267
		Y	$Y=89.472+0.078\,9\,area$	0.312
	第 3 叶	W	$W=1.369+0.528WUE$	0.229
		Y	$Y=92.375+0.084\,3\,area$	0.254

注：保留变量的显著水平为 0.15。width 为叶宽（厘米），length 为叶长（厘米），ratio 为叶长宽比，area 为叶面积。

（四）适合机械化作业甘蔗品种不同叶位叶片形态、光合气体交换及其与产量关系

1. 不同叶位叶片形态特征差异　方差分析结果表明（表 5 - 40），甘蔗不同品种、不同叶节位间叶面积（A）、叶长（L）、叶宽（B）、长宽比（L/B）等叶片形态参数存在极显著差异，其中 FN94 - 0403 的 A、L、B、L/B 较大，而 ROC16 较小；随着叶位的下降，自上而下 A、L、B、L/B 逐渐变小。

表 5 - 40　不同叶位叶片形态特征差异

品种	叶位	A（厘米^2）	L（厘米）	B（厘米）	L/B
FN94 - 0403	第 1 叶	511.96±54.72	122.89±9.95	6.53±0.38	18.84±1.61
	第 3 叶	347.65±82.86	91.63±19.06	5.82±0.47	15.73±2.90
	第 5 叶	231.37±84.23	63.74±19.99	5.66±0.60	11.17±2.92
FN91 - 4621	第 1 叶	464.55±52.27	108.00±11.01	6.67±0.50	16.27±2.03
	第 3 叶	275.04±77.58	74.53±17.00	5.74±0.35	12.93±2.59
	第 5 叶	180.56±43.47	50.98±10.54	5.44±0.37	9.37±1.95
FN91 - 4710	第 1 叶	447.17±51.32	120.33±10.43	5.76±0.37	20.96±2.04
	第 3 叶	310.04±55.58	89.32±10.05	5.61±0.41	15.97±1.71
	第 5 叶	176.22±51.28	52.46±10.83	5.02±0.78	10.48±1.72
ROC16	第 1 叶	381.91±70.67	96.66±14.49	6.16±0.46	15.74±2.65
	第 3 叶	256.44±48.12	67.98±11.91	5.96±0.49	11.44±2.09
	第 5 叶	209.24±35.83	60.21±8.31	5.84±0.84	10.53±2.15
FN94 - 0403	平均值	367.67±138.23a	93.57±29.57a	6.01±0.61a	15.79±4.04a
FN91 - 4621	平均值	316.11±135.81b	79.55±27.44c	6.00±0.68a	13.04±3.61b
FN91 - 4710	平均值	311.23±127.03bc	87.22±30.89b	5.45±0.66b	15.79±4.84a
ROC16	平均值	284.54±92.56c	75.49±20.01c	5.99±0.63a	12.66±3.27b
第 1 叶	平均值	450.30±73.10a	111.77±15.48a	6.28±0.55a	17.94±2.96a
第 3 叶	平均值	298.41±74.73b	81.10±17.69b	5.78±0.46b	14.06±3.00b
第 5 叶	平均值	198.84±58.59c	56.81±13.61c	5.49±0.74c	10.40±2.23c

注：同列不同小写字母表示多重比较具有显著差异（$P<0.05$）。

2. 不同叶位冠层叶面积指数和平均叶簇倾角的差异（图 5 - 28） 随着叶位的下降，叶面积指数（LAI）呈现自冠层上部至下部逐渐增大的趋势，品种间则以 FN91 - 4710 的 LAI 较大，而 ROC16 的 LAI 最小。其递增规律与主要冠层内不同叶位层叶片 B 的变化有关，其线性回归方程为 $LAI=5.07-0.671B$（$R^2=0.726^{**}$）。平均叶簇倾角（$AMFI$）则表现为逐渐减小的趋势，品种间则以 FN91 - 4710 的 $AMFI$ 较小，而 ROC16 的 $AMFI$ 较大。其递减规律也主要与冠层内不同叶位叶片 B 的变化有关，其线性回归方程为 $AMFI=-80.248+22.776B$（$R^2=0.638^{**}$）。

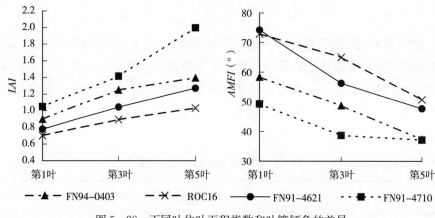

图 5 - 28　不同叶位叶面积指数和叶簇倾角的差异

3. 不同叶位冠层内叶分布情况 方差分析表明，不同品种、不同叶位、不同方位角间，品种×方位角、叶位×方位角的平均叶分布（LD）存在极显著差异，品种间以 FN91 - 4710 最大，ROC16 最小，叶位以第 5 叶的 LD 最大，第 1 叶最小，方位角以 $0°\sim90°LD$ 最小，$180°\sim270°$ 最大（表 5 - 41）。不同叶位层 LD 的递增规律主要与冠层内不同叶位叶片 B 的变化有关，其线性回归方程为 $LD=1.45-0.126B$（$R^2=0.651^{**}$）。

表 5 - 41　不同叶位冠层内叶分布情况

	第1叶	第3叶	第5叶	平均
FN94 - 0403	0.681±0.156	0.737±0.153	0.781±0.174	0.734±0.166b
FN91 - 4621	0.625±0.159	0.685±0.108	0.741±0.14	0.684±0.144c
FN91 - 4710	0.698±0.165	0.768±0.138	0.845±0.112	0.77±0.152a
ROC16	0.582±0.186	0.691±0.166	0.688±0.162	0.654±0.178d
平均	0.648±0.172c	0.721±0.146b	0.766±0.159a	
方位角	0°～90°	90°～180°	180°～270°	270°～360°
平均	0.612±0.153d	0.683±0.189c	0.798±0.145a	0.754±0.105b

注：不同小写字母表示在 0.05 水平上差异显著。

4. 不同叶位冠层内消光系数和直射光透过系数的变化 回归分析表明（表 5 - 42），消光系数（K）在垂直方向自上而下随着天顶角的增大呈指数增大，随叶位下降 K 随着天顶角增大的变化幅度减小，不同叶位层 K 的变化规律与冠层内不同叶位层 $AMFI$ 和 LD 的变化有关，其多元线性回归方程为 $K=1.25+0.002AMFI-0.232LD$ （$R^2=0.964^{**}$）。直射光透过系数（T_p）则表现为不同品种、不同叶位、不同天顶角间，以及品种×天顶角、叶位×天顶角间存在极显著差异，在垂直方向自上而下随着天顶角增大而呈线性减小，下降幅度随叶位下降而减小，品种间则以 ROC16 变幅最大，FN91－4710 变幅最小。冠层内不同叶位层 T_p 递减规律与各叶位层 LD、B、L/B 变化有关，其多元线性回归方程为 $T_p=1.208+0.026B-0.001L/B-1.334LD$ （$R^2=0.996^{**}$）。

表 5－42 不同叶位冠层内 T_p 和 K 的变化

品种	叶位	K	T_p
FN94－0403	第1叶	$K=0.107e^{0.0413x}$	$T_p=0.785-0.00763x$
	第3叶	$K=0.190e^{0.0323x}$	$T_p=0.604-0.00589x$
	第5叶	$K=0.333e^{0.0229x}$	$T_p=0.472-0.00435x$
FN91－4621	第1叶	$K=0.0542e^{0.0518x}$	$T_p=0.960-0.00987x$
	第3叶	$K=0.116e^{0.0400x}$	$T_p=0.728-0.00733x$
	第5叶	$K=0.190e^{0.0323x}$	$T_p=0.599-0.00589x$
FN91－4710	第1叶	$K=0.181e^{0.0330x}$	$T_p=0.670-0.00632x$
	第3叶	$K=0.317e^{0.0237x}$	$T_p=0.490-0.00458x$
	第5叶	$K=0.336e^{0.0227x}$	$T_p=0.366-0.00381x$
ROC16	第1叶	$K=0.0557e^{0.0514x}$	$T_p=0.967-0.00944x$
	第3叶	$K=0.0807e^{0.0456x}$	$T_p=0.849-0.00857x$
	第5叶	$K=0.165e^{0.0346x}$	$T_p=0.683-0.00648x$

注：x 为天顶角，取值范围为 $0°\sim90°$。

5. 不同叶位冠层内散射光透过系数和光合有效辐射的变化 不同品种、不同叶位间的散射光透过系数（T_d）存在显著差异（图 5－29），品种间以 ROC16 最大，FN91－4710 最小，叶位以第 1 叶（上部叶层）的 T_d 最大，第 5 叶（中下部叶层）最小。逐步回

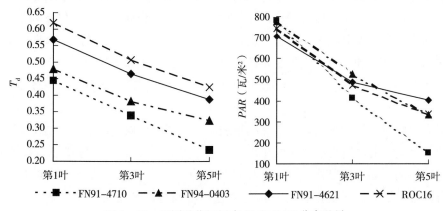

图 5－29 不同叶位冠层内 T_d 和 PAR 分布差异

归分析表明，冠层内 T_d 递减规律与各叶位层 LAI、$AMFI$、LD 变化有关，其多元线性回归方程为 $T_d=0.819-0.067LAI+0.003AMFI-0.667LD$（$R^2=0.991^{**}$）。光合有效辐射（$PAR$）呈现自冠层上部至下部逐渐减小的趋势，品种间以 FN91 - 4710 降幅最大。逐步回归分析表明，冠层内各叶位层 PAR 的递减规律与各叶位层的 LAI 及相应叶片的 A、B、L/B 变化有关，其多元线性回归方程为 $PAR=341\ 8.28-488.99LAI+3.39A-491.36B-38.66L/B$（$R^2=0.993^{**}$）。

6. 叶片形态与群体辐射特征的典型相关分析 对由 A、L、B、L/B 构成的叶片形态指标与由 K、T_d、T_p、PAR 构成的群体辐射特征指标这两组指标进行典型相关分析，结果表明（表 5 - 43），卡方测验显著的第一组典型变量贡献率达 68.70%，第一组典型变量构成以叶面积（A）与 PAR 的系数最大，说明不同叶位叶片形态与群体辐射特征的关系主要通过叶面积与 PAR 的相关引起，第二组典型变量贡献率达 18.83%，其构成以叶长（L）与 T_p 的系数最大，说明不同叶位叶片形态与群体辐射特征的关系还可能通过叶长与 T_p 的相关引起。

表 5 - 43　叶片形态与群体辐射特征的典型相关分析

特征值	贡献率（%）	累计贡献率（%）	典型相关系数	平方典型相关系数
11.257	68.70	68.70	95.83	91.84
3.085	18.83	87.53	86.90	75.52
标准化典型变量		$V_1=1.638A+0.281L-0.661B-0.467L/B$		
		$W_1=0.529K+1.546PAR-0.849T_d-0.464T_p$		
		$V_2=2.384A-13.816L+3.580B+9.366L/B$		
		$W_2=1.656T_p-0.382K-0.696PAR+0.166T_d$		

甘蔗生长所需的有机物质是由蔗叶通过光合作用制造的，具有叶短、窄、厚、直挺的冠层通透型甘蔗群体其产量潜力较大，高产高糖基因型苗期叶片表现为较短、窄，单位叶宽的叶脉数较大。本试验研究认为，甘蔗苗期叶短、窄、直挺的甘蔗基因型如新台糖 16，其冠层辐射特征参数值较大，有利于光能的吸收与利用，其中下部叶位层的冠层辐射特征参数也较大，群体中受光环境良好，可能为后期蔗茎产量和糖分形成提供有利条件，根据历年试验的产量和蔗糖分积累情况看，新台糖 16 的蔗糖分为 4 个供试基因型之最，是否与其通透的冠层结构和相对理想的受光环境有关，应进一步深入研究。

叶片形态与冠层结构直接影响到冠层光截获及在不同层次中光分布，用逐步回归方法获得的多元线性回归方程，消除了性状之间的相互影响，可较真实反映出叶片形状及其空间分布对冠层辐射特征的影响，本研究结果表明，不同叶位层冠层结构参数 LAI、$AMFI$ 和 LD 的变化主要由冠层内不同叶位叶片 B 的变化引起，而冠层辐射特征参数中 K 的变化主要与冠层内不同叶位层 $AMFI$ 和 LD 的变化有关，T_p 的变化主要与各叶位层 LD 和不同叶位叶片的 B、L/B 变化有关，T_d 的变化主要与各叶位层 LAI、$AMFI$ 和 LD 变化有关，PAR 与各叶位层 LAI 和各叶位叶片 A、B、L/B 变化有关。叶片形态与冠层辐射特征存在显著的典型相关，不同叶位叶片形态与冠层辐射特征的关系主要通过叶面积与 PAR 的相关引起，还可能通过叶长与 T_p 的相关引起。光合作用效率是胞间 CO_2 浓度和气孔导度的函数，气孔导度调节绿色组织对 CO_2 的吸收和水分的蒸腾。研究植物气体交换（即 CO_2、O_2 和水蒸气的交换，包括净光合速率、气孔导度、蒸腾作用、呼吸作用）可以了解限制光合作用的因素和量化环境变化对光合作用的效应。植物叶片气体交换的变化同时受到环境条件和植株生理特性的影响。本研究表明，不同甘蔗品种之间叶片气体交换参数存在明显的差异，同一品种不同株龄或生育期以及不同叶序之间也存在着显著的差异。在田间自然生长条件下，同一蔗株上、中层叶片光合速率较强，主要原因是它们获得的光比下层的多。据报道，甘蔗 1～6 叶接受的光能占整株的 70％左右，7～9 叶接受的光能约 30％。同一蔗株不同叶序的叶片，它们的气体交换存在明显差异，在相同的外界环境条件下，不同叶序叶片的气体交换率的差异是由于叶片生理特性的差异所致，上位叶较高的气体交换率表明其生理活性和光合作用的能力都较强。

关于叶片形态性状与产量的关系，前人研究认为高产高糖基因型苗期叶片表现为较短、窄，单位叶宽的叶脉数较少。本研究结果表明，甘蔗苗期中下层叶片的叶宽对产量的作用为负效应，而上层叶片的叶宽虽与茎径、单茎重呈正相关，但不利于分蘖成茎，对后期产量形成影响较小；进入伸长期后，叶片形态参数中叶面积大小对后期产量形成影响较大，这是因为伸长期是蔗茎产量形成的关键时期，中上层叶面积大的甘蔗植株有利于吸收更多的光能制造光合产物。

（五）适合机械化作业的甘蔗品种苗期群体冠层结构

作物群体结构是指构成作物群体的各个单株以及总叶面积、总株数、总根重在时间和空间上的分布和排列的动态情况，是作物群体的组成、大小、分布、长相、群体动态变化以及整齐度等诸方面的总称。作物群体结构与作物的产量、品质有密切关系，既是作物群体特性的反映，又是影响作物个体生长发育状况的主要因素。作物冠层结构不仅直接影响作物太阳光的截获量，还通过影响作物冠层内水、热、气等微环境最终影响作物群体的光合效率和作物产量。因此，研究作物冠层结构对探索创建适宜的群体结构和作物高产优质栽培技术具有重要意义。

甘蔗是主要的糖料作物，同时也是一种重要的能源作物，产量和品质性状的选择是选育优良甘蔗品种的关键所在。许多研究者对甘蔗叶片形态与蔗茎产量、蔗糖分关系等进行了有益的探索，但对甘蔗群体结构特征与甘蔗生长、生产的生态关系的研究鲜有报道。近年来冠层映像分析方法的出现使研究作物的冠层结构变得快速、准确，并能同时测定叶面积指数、叶簇倾角、散射光透过系数，以及不同高度角和方位角范围内的直射光透过系数、消光系数和叶分布等群体结构特征值。利用 CI - 100 数字植物冠层映像分析仪测定不同品种的群体叶面积指数（LAI，leaf area index）、叶簇倾角（$MFIA$，mean foliage inclination angle）、散射光透过系数（T_d，transmission coefficient for diffuse radiation）、直射光透过系数（T_p，transmission coefficient for solar beam radiation penetration）、消光系数（K，extinction coefficient）和叶分布（LD，leaf distribution）等冠层指标，在甘蔗生长初期根据苗期群体特征值对甘蔗产量性状进行预测，对甘蔗杂种后代选育和甘蔗高产栽培调控等方面均有重要的理论和实践意义。为此，笔者拟探讨不同甘蔗群体冠层结构和光能分布特点，揭示不同甘蔗品种群体结构特征的差异与甘蔗产量性状的关系，以期为甘蔗良种选育和"双高"甘蔗栽培技术研究提供理论基础。

1. 适合机械化作业的甘蔗品种（系）间苗期群体结构特征的差异

（1）叶面积指数、叶簇倾角和散射光透过系数。甘蔗苗期不同品种（系）间叶面积指数（LAI）、叶簇倾角（$MFIA$）和散射光透过系数（T_d）存在显著差异，ROC25、FN97-0521、FN98-0410 和 FN98-0916 苗期能维持较大的总叶面积，封行较快，表现为平均 LAI 较大，$MFIA$ 和 T_d 较小；而 ROC16、FN98-0625 和 FN98-1103 由于苗期总叶面积较小，封行较慢，表现为平均 LAI 较小，$MFIA$ 和 T_d 较大（表5-44）。

表5-44　苗期不同品种甘蔗叶面积指数、叶簇倾角和散射光透过系数的比较

品种	LAI	$MFIA$	T_d
FN97-0521	1.002±0.350a	48.727±24.066de	0.471±0.150d
FN97-1821	0.834±0.401ab	57.411±24.540bcd	0.555±0.142bc
FN98-0111	0.729±0.318bc	62.284±23.990bc	0.614±0.153ab
FN98-0410	0.932±0.308a	55.077±20.411cde	0.506±0.123cd
FN98-0625	0.578±0.109c	75.137±15.052a	0.684±0.082a
FN98-0916	0.864±0.282ab	51.703±18.640cde	0.534±0.143cd
FN98-10100	0.708±0.226bc	63.817±18.643abc	0.618±0.083ab
FN98-1103	0.695±0.264bc	59.194±21.208bcd	0.607±0.131ab
ROC16	0.680±0.277bc	67.918±21.725ab	0.617±0.130ab
ROC25	1.006±0.389a	44.569±21.734e	0.490±0.128cd

注：同列不同小写字母表示差异达0.05显著水平。

（2）直射光透过系数。直射光指太阳辐射以平行光的方式达到地面的辐射，可直接反映太阳辐射的变化，是作物进行光合作用的主要因子。直射光在群体中的分布是由群体空间结构决定的，一般希望群体中光的分布自上而下递减，且能达到最下层。直射光透过系数反映直射光在作物群体中的分布情况，与作物群体的透光性和群体对光能的截获率有关。10个甘蔗品种苗期直射光透过系数见表5-45，高度角为9°、27°和45°时，T_p 差异不大，而当高度角达63°后，T_p 急剧下降，当高度角从9°上升到81°时，平均 T_p 由0.648下降到0.109，表明甘蔗苗期群体中直射光的分布及透光性自上而下递减，群体对光能的截获率自上而下递增。不同品种间 T_p 也存在显著差异，其中 FN98-0625 的平均 T_p 最大，T_{p1}、T_{p2} 也较高，群体透光性较好，对光能的截获率较小；而 ROC25、FN97-0521的平均 T_p 最小，标准差也较小，T_{p1}、T_{p2} 在参试品种中相对较低，群体透光性较差，中上部冠层对光能的截获率较大，有利于中上部冠层对光能的吸收及光合产物的制造。

表 5-45　不同高度角下 10 个甘蔗品种的直射光透过系数

品种	T_{p1}	T_{p2}	T_{p3}	T_{p4}	T_{p5}	平均
FN97-0521	0.56±0.31	0.54±0.24	0.55±0.17	0.39±0.11	0.09±0.03	0.425±0.268e
FN97-1821	0.65±0.30	0.68±0.23	0.63±0.16	0.44±0.10	0.11±0.03	0.500±0.282c
FN98-0111	0.69±0.32	0.73±0.23	0.70±0.17	0.51±0.12	0.12±0.04	0.550±0.303b
FN98-0410	0.58±0.29	0.61±0.19	0.57±0.16	0.41±0.10	0.08±0.03	0.448±0.264de
FN98-0625	0.85±0.22	0.85±0.15	0.76±0.11	0.53±0.10	0.12±0.04	0.623±0.308a
FN98-0916	0.56±0.26	0.62±0.19	0.62±0.18	0.46±0.13	0.10±0.04	0.473±0.262cd
FN98-10100	0.69±0.27	0.72±0.16	0.72±0.10	0.51±0.11	0.11±0.04	0.550±0.280b
FN98-1103	0.69±0.28	0.71±0.20	0.69±0.15	0.51±0.11	0.14±0.04	0.547±0.280b
ROC16	0.78±0.28	0.72±0.22	0.69±0.13	0.50±0.11	0.12±0.06	0.565±0.298b
ROC25	0.45±0.32	0.57±0.21	0.59±0.13	0.42±0.12	0.10±0.03	0.425±0.258e
平均	0.648±0.306a	0.673±0.219a	0.652±0.163a	0.467±0.119b	0.109±0.041c	

注：①不同小写字母表示差异达 0.05 显著水平。②T_{p1}、T_{p2}、T_{p3}、T_{p4} 和 T_{p5} 分别代表高度角为 9°、27°、45°、63°和 81°时的冠层直射光透过系数。

（3）消光系数。消光系数（K）表示光照强度在作物群体内垂直方向上的衰减特征参数，$K_1 \sim K_5$ 代表不同高度角水平（0°～90°）的冠层消光系数，回归分析表明，K 在垂直方向自上而下随着高度角的增大呈指数函数形式增大，其指数曲线方程为 $K=0.5+e^{-5.312+0.0775x}$，$R^2=0.955$，高度角为 9°、27°时，K 差异较小，而当高度角达 45°后，K 急剧增大（表 5-46）。不同品种在不同高度角水平下 K 也存在明显差异，不同高度角水平下 K 变化幅度较小的品种如 FN97-0521、FN98-0916 和 ROC25，其 K_1、K_2 值较大，而 K_4、K_5 值则相对较小，其顶部冠层倾向于向水平方向延伸，达到充分利用空间的目的，顶部冠层对光减弱的限制作用较大，有利于充分利用光能；不同高度角水平下 K 变化幅度较大的品种如 FN98-0625 和 ROC16 则相反，其 K_1、K_2 值较小，而 K_4、K_5 值则相对较大，顶部冠层对光减弱的限制作用较小，造成光能无法充分利用。

表 5-46　不同高度角下 10 个甘蔗品种消光系数

品种	K_1	K_2	K_3	K_4	K_5	平均
FN97-0521	0.583±0.280	0.647±0.211	0.773±0.106	1.079±0.096	2.75±0.891	1.166±0.918a
FN97-1821	0.479±0.294	0.571±0.216	0.738±0.106	1.115±0.102	3.059±0.903	1.192±1.055a
FN98-0111	0.421±0.297	0.533±0.210	0.720±0.093	1.132±0.108	3.219±0.837	1.205±1.116a
FN98-0410	0.519±0.252	0.593±0.183	0.741±0.086	1.097±0.093	3.001±0.735	1.190±0.997a
FN98-0625	0.265±0.202	0.417±0.131	0.667±0.048	1.189±0.074	3.686±0.481	1.245±1.287a
FN98-0916	0.562±0.222	0.622±0.169	0.751±0.084	1.083±0.081	2.894±0.698	1.182±0.940a
FN98-10100	0.410±0.235	0.512±0.165	0.703±0.074	1.137±0.086	3.325±0.652	1.217±1.132a
FN98-1103	0.466±0.256	0.556±0.185	0.724±0.088	1.117±0.090	3.145±0.758	1.202±1.066a

（续）

品种	K_1	K_2	K_3	K_4	K_5	平均
ROC16	0.350±0.267	0.478±0.189	0.695±0.086	1.160±0.096	3.434±0.760	1.223±1.201a
ROC25	0.632±0.241	0.680±0.194	0.787±0.107	1.063±0.083	2.617±0.850	1.156±0.850a
平均	0.469±0.274e	0.561±0.200d	0.730±0.094c	1.117±0.097b	3.110±0.814a	

注：①不同小写字母表示差异达 0.05 显著水平。②K_1、K_2、K_3、K_4 和 K_5 分别代表高度角为 9°、27°、45°、63° 和 81°时的冠层消光系数。

（4）叶分布。叶分布（LD）指叶片在各个方向的分布密度，表征群体冠层叶片的空间散布特征。甘蔗苗期各品种在不同方位角中 LD 比例存在显著差异（表 5 - 47）。在 270°～360°方位角 LD 最高，次为 180°～270°方位角，而 90°～180°方位角 LD 最小。从品种看，FN97 - 0521、ROC25、FN98 - 0410、FN98 - 0916 等品种 0°～360°方位角 LD 平均值较大，标准差较小，单位空间的叶片数量较大，且叶片在各水平方向的分布较为均匀一致；而 FN98 - 0625、FN98 - 10100、ROC16、FN98 - 0111、FN98 - 1103 等品种 LD 平均值较小，标准差较大，单位空间的叶片数量较少，且叶片在各水平方向的分布不够均匀。

表 5 - 47　不同方位角中 10 个甘蔗品种的叶分布

品种	0°～90°	90°～180°	180°～270°	270°～360°	平均
FN97 - 0521	0.666±0.138	0.55±0.162	0.674±0.170	0.801±0.132	0.673±0.174a
FN97 - 1821	0.581±0.197	0.429±0.144	0.673±0.182	0.758±0.116	0.610±0.202b
FN98 - 0111	0.543±0.152	0.362±0.141	0.573±0.158	0.745±0.171	0.556±0.205c
FN98 - 0410	0.64±0.136	0.506±0.156	0.645±0.136	0.749±0.113	0.635±0.160ab
FN98 - 0625	0.512±0.123	0.325±0.103	0.551±0.189	0.693±0.075	0.520±0.184c
FN98 - 0916	0.608±0.121	0.463±0.151	0.616±0.152	0.774±0.144	0.615±0.179b
FN98 - 10100	0.499±0.097	0.456±0.188	0.568±0.139	0.708±0.088	0.558±0.163c
FN98 - 1103	0.567±0.150	0.364±0.159	0.548±0.171	0.77±0.134	0.562±0.210c
ROC16	0.522±0.188	0.423±0.186	0.558±0.145	0.701±0.083	0.551±0.184c
ROC25	0.631±0.150	0.507±0.137	0.671±0.144	0.749±0.120	0.640±0.162ab
平均	0.578±0.156c	0.439±0.167d	0.608±0.165b	0.745±0.124a	

注：不同小写字母表示差异达 0.05 显著水平。

2. 甘蔗苗期群体冠层结构性状与产量性状的关系

（1）主要经济性状表现。10 个甘蔗品种（系）的公顷有效茎数、株高、茎径、单茎重等经济性状表现见表 5 - 48。从表 5 - 48 可看出，除 FN98 - 0625 外，其余 8 个品种平均蔗茎产量均比对照 ROC16 高产，有 7 个品种增产幅度达 20%以上，其中 FN98 - 0410 产量最高，比对照 ROC16 增产 61.97%；其次为 FN97 - 0521 和 FN98 - 0916，分别比对照 ROC16 增产 46.51%和 44.39%，FN98 - 0625 平均蔗茎产量最低，比对照 ROC16 减产 7.19%。除 FN98 - 0625 和 FN98 - 1103 外，其余 7 个品种的公顷有效茎数均比对照多；株高以 FN98-0916 最高，其次为 FN98-0410、FN97-0521 和 ROC25，其余 5 个品种均比对照 ROC16 矮；茎径以 FN97-1821 最粗，ROC25 最细；单茎重以 FN98-0410 最重，FN98-10100 和 ROC25 最轻；锤度以 ROC16 最高，FN97-0521 和 FN98-0410 最低。

表 5-48　10 个甘蔗品种的主要经济性状表现

品种	公顷有效茎数（条）	株高（厘米）	茎径（厘米）
FN97-0521	81 130.00±6 105.98b	243.52±23.99abc	2.65±0.07cde
FN97-1821	75 385.00±4 356.65b	194.53±25.53de	2.87±0.18a
FN98-0111	73 160.00±1 505.56bc	220.23±12.56cde	2.85±0.09a
FN98-0410	83 895.00±2 865.00ab	253.35±9.34ab	2.69±0.03bcd
FN98-0625	50 080.00±10 230.37d	217.80±25.66cde	2.83±0.07ab
FN98-0916	75 925.00±4 700.83b	266.35±12.82a	2.61±0.02cde
FN98-10100	94 740.00±8 456.90a	191.57±18.03e	2.55±0.07def
FN98-1103	62 630.00±1 209.74c	223.33±8.34bcd	2.73±0.06abc
ROC25	80 705.00±10 137.05b	246.93±7.85abc	2.43±0.07f
ROC16（CK）	63 265.00±6 715.33c	233.43±7.51bc	2.54±0.06ef

品种	单茎重（千克）	锤度（%）	蔗茎产量（吨/公顷）	蔗茎产量比 CK 增减（%）
FN97-0521	1.35±0.20abc	19.92±0.56cd	109.51±17.93ab	46.51
FN97-1821	1.26±0.19abc	20.85±0.80bcd	94.28±9.70bcd	26.13
FN98-0111	1.40±0.14ab	20.83±1.00bcd	102.71±11.49abc	37.40
FN98-0410	1.44±0.06a	19.69±0.16d	121.07±7.27a	61.97
FN98-0625	1.37±0.19abc	21.16±1.09bcd	69.37±20.56e	-7.19
FN98-0916	1.42±0.07ab	21.13±0.49bcd	107.93±9.40ab	44.39
FN98-10100	0.97±0.08d	21.36±0.26bcd	91.94±5.20bcde	23.01
FN98-1103	1.31±0.10abc	21.24±0.77bc	81.71±5.90cde	9.31
ROC25	1.15±0.08cd	21.84±1.12ab	92.85±16.64bcde	24.21
ROC16（CK）	1.18±0.06bcd	22.85±1.01a	74.75±10.62de	0.00

注：不同小写字母表示差异达 0.05 显著水平。

（2）甘蔗苗期群体结构参数与产量性状的相关分析。从表 5-49 看出，蔗茎产量与 LAI 和 LD 呈显著正相关，与 $MFIA$、T_d、T_p 和 K 呈显著负相关；而公顷有效茎数与苗期 T_p 呈显著负相关，对甘蔗产量的构成起主要作用。群落结构参数间，LAI 与 LD 呈极显著正相关，与 $MFIA$、T_d、T_p、K 呈极显著负相关；$MFIA$ 与 T_d、T_p、K 呈极显著正相关，与 LAI、LD 呈极显著负相关；T_d 与 LAI、LD 呈极显著负相关，与 $MFIA$、T_p、

K 呈极显著正相关。

表 5 - 49　主要经济性状与冠层性状的相关矩阵

	锤度	公顷有效茎数	株高	茎径	单茎重	蔗茎产量	LAI	MFIA	T_d	T_p	K	LD
锤度	1.000	-0.331	-0.151	-0.441	-0.565	-0.739*	-0.440	0.325	0.443	0.435	0.321	-0.514
公顷有效茎数	-0.331	1.000	0.002	-0.426	-0.386	0.692*	0.611	-0.584	-0.593	-0.629*	-0.551	0.574
株高	-0.151	0.002	1.000	-0.404	0.537	0.458	0.548	-0.532	-0.577	-0.572	-0.514	0.528
茎径	-0.441	-0.426	-0.404	1.000	0.554	-0.031	-0.391	0.427	0.391	0.414	0.391	-0.314
单茎重	-0.565	-0.386	0.537	0.554	1.000	0.394	0.130	-0.080	-0.157	-0.131	-0.095	0.185
蔗茎产量	-0.739*	0.692*	0.458	-0.031	0.394	1.000	0.745*	-0.672*	-0.752*	-0.764*	-0.655*	0.748*
LAI	-0.440	0.611	0.548	-0.391	0.130	0.745*	1.000	-0.942**	-0.991**	-0.994**	-0.950**	0.980**
MFIA	0.325	-0.584	-0.532	0.427	-0.080	-0.672*	-0.942**	1.000	0.942**	0.957**	0.994**	-0.912**
T_d	0.443	-0.593	-0.577	0.391	-0.157	-0.752*	-0.991**	0.942**	1.000	0.996**	0.945**	-0.990**
T_p	0.435	-0.629*	-0.572	0.414	-0.131	-0.764*	-0.994**	0.957**	0.996**	1.000	0.955**	-0.980**
K	0.321	-0.551	-0.514	0.391	-0.095	-0.655*	-0.950**	0.994**	0.945**	0.955**	1.000	-0.919**
LD	-0.514	0.574	0.528	-0.314	0.185	0.748*	0.980**	-0.912**	-0.990**	-0.980**	-0.919**	1.000

注：*、**分别表示显著相关和极显著相关，下同。

对不同品种（系）在形态、解剖等方面的许多研究认为，具有叶短、窄、厚、直挺的冠层通透型甘蔗群体其产量潜力较大。本研究结果表明，蔗茎产量与叶面积指数和叶分布呈显著正相关，与叶簇倾角、散射光透过系数、直射光透过系数和消光系数呈显著负相关，进一步进行逐步回归分析表明，苗期直射光透过系数与甘蔗蔗茎产量的形成关系最为密切，其回归方程为 $Y = 189\ 438.73 - 185\ 718.40 T_p$（$R^2 = 0.583^{**}$）。本试验中，苗期叶面积指数和叶分布值较大、直射光透过系数和散射光透过系数较小的品种，如 FN98 - 0410、FN97 - 0521、FN98 - 0916 等，单位空间的叶片数量较多，且叶片的空间分布较为均匀一致，有利于群体对光能的截获，提高光能利用率，光合产物积累多，为甘蔗生长打下良好基础，其蔗茎产量也较高。

甘蔗生长所需的有机物质是由蔗叶通过光合作用制造的，苗期是甘蔗生长的开始阶段，为后期蔗茎产量形成打下基础，具有重要意义，甘蔗苗期冠层结构、光分布状况对以后光合产物的积累和分配、群体生长发育以及最终产量的形成至关重要，甘蔗苗期主要群落特征参数与蔗茎产量的相关性可清楚说明这一问题，但由于甘蔗产量和品质性状存在一定程度的负相关，因此，利用上述苗期主要群落特征参数进行产量性状的间接选择，仍要进一步研究上述性状的最佳取值问题。对苗期 LAI、LD 大的品种（系），在中后期应将 LAI 调节在一定范围，避免由于叶片之间相互遮阴造成光照减弱，光截获量较少，叶片的光合功能得不到充分发挥。因此，快速准确诊断甘蔗群落结构特征、及时合理调控甘蔗群体大小，对甘蔗优质高产栽培具有重要意义。

（六）适合机械化作业的甘蔗品种的光合性状筛选

1. 不同甘蔗基因型光合性状的差异　方差分析结果表明，基因型间净光合速率（P_n）、蒸腾速率（Tr）、气孔导度（C_s）和水分利用效率（WUE）差异达显著水平，基因型间光合参数差异的多重比较结果见表 5-50。合并数据进行系统聚类分析结果显示（表 5-51），按净光合速率可将 30 个基因型分为 4 类：FN98-0410 自成一类，为高光合速率型；Ⅱ类包括 FN98-10100、YT96-107 等 6 个基因型，为较高光合速率型；Ⅲ类包括 FN88-1762、ROC16 等 16 个基因型，为中等光合速率型；Ⅳ类包括 FN98-0625、FN98-1103 等 7 个基因型，为较低光合速率型。按水分利用效率可分为 3 类：Ⅰ类含 FN88-1762 和 FN98-1103，为高水分利用效率型；Ⅱ类包括 FN97-0521、FN97-1821 等 5 个基因型，为较高水分利用效率型；Ⅲ类包括 FN91-4621、FN91-4710 等 23 个基因型，为一般水分利用效率型。气孔导度为气孔阻力的倒数，气孔导度大有利于 CO_2 的交换和叶肉 CO_2 浓度的增加，按气孔导度可将 30 个基因型分为 4 类：Ⅰ类包括 FN88-1762、FN98-0111 等 7 个基因型，气孔导度较小，为高气孔阻力型；Ⅱ类包括 FN91-4621、FN94-0403 等 10 个基因型，气孔导度中等，为中等气孔阻力型；Ⅲ类包括 FN95-1726、FN96-0907 等 8 个基因型，气孔导度较高，为较低气孔阻力型；Ⅳ类包括 FN91-4710、YT96-107 等 5 个基因型，气孔导度高，为低气孔阻力型。蒸腾速率是植物地上部失水快慢的指标，按蒸腾速率不同可将 30 个基因型分为 4 类：FN91-4710 自成一类，为高蒸腾速率型；Ⅱ类包括 FN91-4621、FN94-0403 等 16 个基因型，为较高蒸腾速率型；Ⅲ类包括 FN94-0744、YT96-835 等 6 个基因型，为中等蒸腾速率型；Ⅳ类包括 FN88-1762、FN98-1103 等 7 个基因型，为较低蒸腾速率型。

表 5-50　不同甘蔗基因型光合参数

品种	P_n ［微摩/(米²·秒)］	Tr ［毫摩/(米²·秒)］	C_s ［毫摩/(米²·秒)］	WUE （×10 微摩/毫摩）
FN88-1762	33.79±7.35bcde	3.07±1.16kl	129.99±32.83fg	1.18±0.30b
FN91-4621	34.28±6.10bcde	4.51±1.13bcde	154.32±34.84bcdef	0.80±0.24efgh

(续)

品种	P_n [微摩/(米²·秒)]	Tr [毫摩/(米²·秒)]	C_s [毫摩/(米²·秒)]	WUE (×10 微摩/毫摩)
FN91-4710	35.07±5.93bcde	5.29±0.72a	181.34±47.25ab	0.67±0.11h
FN94-0403	33.84±6.79bcde	4.54±0.91bcde	157.35±37.39abcdef	0.76±0.16gh
FN94-0744	33.97±7.35bcde	4.03±1.24cdefgh	147.70±47.42cdefg	0.88±0.18defg
FN95-1726	36.19±5.22bcd	4.58±0.89bcd	164.13±34.69abcde	0.81±0.13efgh
FN96-0907	35.66±5.86bcde	4.52±0.76bcde	173.77±45.44abc	0.80±0.13efgh
FN97-0521	34.61±6.20bcde	3.48±0.70ghijk	141.19±35.03defg	1.01±0.16cd
FN97-1821	32.44±6.77cde	3.31±0.75ijkl	119.91±23.71g	0.99±0.04cd
FN98-0111	34.06±5.75bcde	3.40±0.61hijkl	132.56±25.01fg	1.01±0.10cd
FN98-0410	41.19±5.88a	3.94±0.44defghij	150.79±34.47bcdef	1.05±0.09c
FN98-0435	30.76±5.45e	3.29±0.33jkl	136.20±29.70efg	0.93±0.12cde
FN98-0625	31.30±6.72de	3.60±0.49fghijk	164.23±35.05abcde	0.87±0.17defg
FN98-0916	34.93±5.82bcde	3.82±0.55efghij	156.59±23.70bcdef	0.92±0.11cdef
FN98-10100	38.11±6.51ab	4.38±1.04bcde	167.02±29.71abcde	0.90±0.19defg
FN98-1103	30.36±6.46e	2.79±1.21l	127.36±48.50fg	1.31±0.62a
GT94-116	36.95±5.38abc	4.26±0.90bcdef	156.12±34.82bcdef	0.90±0.20defg
GT95-118	33.22±5.74bcde	4.18±0.51bcdefg	151.21±37.45bcdef	0.80±0.11efgh
GT96-211	37.01±6.17abc	4.69±0.71abc	173.73±35.33abc	0.80±0.11efgh
GT96-44	32.39±3.54cde	3.83±0.56efghij	137.16±28.26efg	0.87±0.19defg
GT97-18	33.53±5.50bcde	4.24±0.56bcdef	152.69±24.43bcdef	0.80±0.14efgh
MT70-611	34.75±5.73bcde	4.42±0.59bcde	180.14±47.00ab	0.79±0.09efgh
ROC10	32.64±6.04cde	4.14±0.61bcdefg	177.69±40.63abc	0.79±0.13efgh
ROC16	35.55±6.86bcde	4.83±1.13ab	171.14±33.69abcd	0.77±0.23fgh
ROC25	36.93±7.72abc	4.79±1.31ab	167.64±44.45abcde	0.81±0.21efgh
YT92-1287	35.19±7.64bcde	3.89±1.33defghij	151.43±47.52bcdef	0.98±0.31cd
YT96-107	37.19±5.77abc	4.31±1.06bcdef	181.12±37.10ab	0.89±0.15defg
YT96-794	35.65±6.77bcde	4.19±0.96bcdefg	188.53±45.28a	0.87±0.13defg
YT96-835	32.86±7.41bcde	4.01±0.72cdefghi	157.30±44.30abcdef	0.82±0.10efg
YT96-86	34.33±7.08bcde	4.21±0.71bcdef	169.89±43.23abcd	0.81±0.08efgh

注：不同小写字母表示多重比较达 0.05 显著水平，下同。

表 5-51　主要光合参数聚类分析结果

性状	类群	品种	类平均
P_n [微摩/ (米²·秒)]	Ⅰ	FN98-0410	41.19a
	Ⅱ	FN98-10100、YT96-107、GT96-211、ROC25、GT94-116、FN95-1726	37.06±0.62b

（续）

性状	类群	品种	类平均
P_n [微摩/ (米²·秒)]	Ⅲ	ROC16、FN88－1762、FN94－0403、FN94－0744、FN98－0111、GT95－118、GT97－182、FN91－4621、YT96－86、FN97－0521、MT70－611、FN91－4710、YT92－1287、FN98－0916、FN96－0907、YT96－794	34.53±0.77c
	Ⅳ	FN98－0625、FN98－1103、FN98－0435、YT96－835、ROC10、GT96－44、FN97－1821	31.82±1.00d
WUE (×10 微摩/ 毫摩)	Ⅰ	FN88－1762、FN98－1103	1.25±0.09a
	Ⅱ	FN97－0521、FN97－1821、FN98－0111、FN98－0410、YT92－1287	1.01±0.03b
	Ⅲ	FN91－4621、FN91－4710、FN94－0403、FN94－0744、FN95－1726、FN96－0907、FN98－0435、FN98－0625、FN98－0916、FN98－10100、GT94－116、GT95－118、GT96－211、GT96－44、GT97－18、MT70－611、ROC10、ROC16、ROC25、YT96－107、YT96－794、YT96－835、YT96－86	0.83±0.06c
C_s [毫摩/ (米²·秒)]	Ⅰ	FN88－1762、FN98－0111、FN98－1103、FN97－0521、FN98－0435、GT96－44、FN97－1821	132.05±7.08d
	Ⅱ	FN91－4621、FN94－0403、YT96－835、FN98－0916、GT94－116、FN94－0744、FN98－0410、GT95－118、YT92－1287、GT97－18	153.55±3.29c
	Ⅲ	FN95－1726、FN96－0907、FN98－0625、FN98－10100、GT96－211、ROC16、ROC25、YT96－86	168.94±3.83b
	Ⅳ	FN91－4710、YT96－107、MT70－611、ROC10、YT96－794	181.76±4.05a
Tr [毫摩/ (米²·秒)]	Ⅰ	FN91－4710	5.29a
	Ⅱ	FN91－4621、FN94－0403、FN95－1726、FN96－0907、FN98－10100、GT94－116、GT95－118、GT96－211、GT97－18、MT70－611、ROC10、ROC16、ROC25、YT96－107、YT96－794、YT96－86	4.42±0.22b
	Ⅲ	FN94－0744、YT96－835、FN98－0410、YT92－1287、FN98－0916、GT96－44	3.92±0.09c
	Ⅳ	FN88－1762、FN98－1103、FN97－0521、FN97－1821、FN98－0111、FN98－0435、FN98－0625	3.28±0.27d

2. 相关与主成分分析　相关分析结果（表5-52）显示，净光合速率与蒸腾速率呈极显著正相关，与气孔导度呈显著正相关，水分利用效率与蒸腾速率、气孔导度呈极显著负相关，蒸腾速率与气孔导度呈极显著正相关。蒸腾速率、气孔导度、水分利用效率与空气 CO_2 体积分数（C_a）相关性达极显著水平，净光合速率受光合有效辐射（PAR）影响，但相关性未达显著水平。甘蔗光合指标相关矩阵的特征根和相应的特征向量列于表5-53，前3个主成分（PRIN1、PRIN2、PRIN3）的方差累计贡献率达到98.5%。从PRIN1看，蒸腾速率、气孔导度对PRIN1有较强的正向负荷，水分利用效率对PRIN1有较强的逆向载荷；从PRIN2看，净光合速率对PRIN2有较强的正向负荷，为PRIN2的主导因子；从PRIN3看，气孔导度对PRIN3有较强的正向负荷，为PRIN3的主导因子。

表 5 - 52　光合性状的相关矩阵

	PAR	C_a	P_n	Tr	C_s	WUE
PAR	1.000					
C_a	0.127	1.000				
P_n	0.251	−0.164	1.000			
Tr	0.197	−0.761**	0.463**	1.000		
C_s	−0.086	−0.568**	0.411*	0.819**	1.000	
WUE	−0.052	0.803**	−0.146	−0.874**	−0.734**	1.000

表 5 - 53　特征向量和特征根

指标	主成分		
	PRIN1	PRIN2	PRIN3
WUE	−0.512	0.490	0.375
P_n	0.344	0.870	−0.197
Tr	0.578	−0.051	−0.331
C_s	0.535	−0.035	0.843
Eigenvalue	2.795	1.930	0.584
Proportion	69.9	21.6	7.0
Cumulative	69.9	91.5	98.5

3. 多性状聚类分析　利用 4 个光合生理指标对 30 个不同基因型进行聚类分析，结果见图 5 - 30，Pseudo F 值在聚类过程中出现两个峰值，当聚类数为 3 时，Pseudo F 值为 93.29，此时 Pseudo t^2 值也达到低谷（5.91），表明当前分类水平上各类间分开程度较大，同时合并的两类间分开程度较小；而当聚类数为 5 时，Pseudo F 值也达到峰值（108.95），但此时 Pseudo t^2 值较高（9.26），合并的两类间分开程度较大。据此，当两个观测对之间的均方根距离（RMS）为 0.589 时，可将 30 个基因型的光合特性可分为 Ⅰ、Ⅱ、Ⅲ共三大类。

4. 多性状聚类的判别分析　利用聚类分析结果进行判别分析，以 4 个光合生理指标作为判别式变量建立判别函数如下：

$$Y_1(X) = -3.427P_n + 104.269Tr + 3.813C_s + 450.420WUE - 604.704$$

$$Y_2(X) = -2.993P_n + 107.655Tr + 4.285C_s + 446.084WUE - 694.913$$

$$Y_3(X) = -3.250P_n + 110.670Tr + 4.808C_s + 458.073WUE - 794.375$$

根据判别函数，对原分类重新归类，判别归类的结果只有一个品种被误判，FN98 - 0625 经判别分类由原先的 Ⅲ 类被误判为 Ⅱ 类，总误判率为 3.33%，可认为本研究方法建立的 3 个判别函数的判别能力较高。利用判别选出的 4 个光合生理指标将 30 个基因型分为三大类（表 5 - 54），其中第 Ⅰ 类包括 FN88 - 1762、FN97 - 0521、GT96 - 44 等

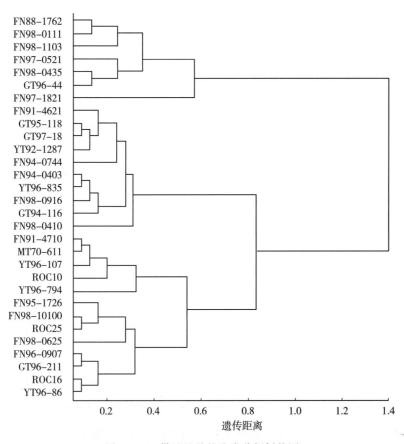

图 5 - 30　供试品种的聚类分析树状图

7 个基因型，其净光合速率、蒸腾速率、气孔导度较低，但水分利用效率较高；第Ⅱ类包括 FN91 - 4621、GT95 - 118、YT92 - 1287、FN94 - 0403 等 10 个基因型，其净光合速率、蒸腾速率较高，气孔导度介于Ⅰ、Ⅲ类之间，水分利用效率中等；第Ⅲ类包括 FN91 - 4710、YT96 - 107、ROC25、GT96 - 211 等 13 个基因型，其净光合速率、蒸腾速率、气孔导度较高，但水分利用效率较低。为了筛选一批光合速率和水分利用效率均较高的甘蔗基因型，将第Ⅱ大类分为 4 个亚类，第Ⅲ大类分为 3 个亚类，结果显示Ⅱ$_1$、Ⅱ$_3$、Ⅱ$_4$、Ⅲ$_2$ 亚类共 13 个基因型的净光合速率和水分利用效率均较高，可作为光合速率和水分利用效率较好结合的甘蔗基因型进一步选育。

表 5 - 54　光合参数类型间的差异

	组别		
	Ⅰ	Ⅱ	Ⅲ
P_n［微摩/（米^2·秒）］	32.63±1.64b	35.00±2.47a	35.41±1.88a
Tr［毫摩/（米^2·秒）］	3.31±0.33b	4.14±0.25a	4.46±0.41a
C_s［毫摩/（米^2·秒）］	132.05±7.08c	153.55±3.29b	173.87±7.49a
WUE（×10 微摩/毫摩）	1.04±0.15a	0.87±0.09b	0.81±0.06b

（续）

	组别		
	I	II	III
基因型	FN88-1762、FN98-0111、FN98-1103、FN97-0521、FN98-0435、FN97-1821、GT96-44	FN91-4621、GT95-118、GT97-18、YT92-1287、FN94-0744、FN94-0403、YT96-835、FN98-0916、GT94-116、FN98-0410	FN91-4710、MT70-611、YT96-107、YT96-794、ROC10、FN95-1726、FN98-10100、ROC25、FN98-0625、FN96-0907、GT96-211、YT96-86、ROC16

	组别						
	II$_1$	II$_2$	II$_3$	II$_4$	III$_1$	III$_2$	III$_3$
P_n［微摩/（米^2·秒）］	34.74	33.57	34.65	41.19	35.06	35.63	35.64
Tr［毫摩/（米^2·秒）］	4.20	4.15	4.16	3.94	4.47	4.34	4.56
C_s［毫摩/（米^2·秒）］	152.88	150.53	156.84	150.79	181.76	165.75	172.13
WUE（×10 微摩/毫摩）	0.89	0.83	0.85	1.05	0.80	0.85	0.79
基因型	FN91-4621、GT95-118、YT92-1287、GT97-18	FN94-0744	FN94-0403、YT96-835、FN98-0916、GT94-116	FN98-0410	FN91-4710、MT70-611、YT96-107、ROC10、YT96-794	FN95-1726、FN98-10100、ROC25、FN98-0625	FN96-0907、GT96-211、YT96-86、ROC16

甘蔗基因型间光合性状差异极其明显，30 个供试基因型按照净光合速率不同可分为高光合速率型、较高光合速率型、中等光合速率型和较低光合速率型 4 类；按水分利用效率可分为高水分利用效率型、较高水分利用效率型和一般水分利用效率型 3 类；按气孔导度可分为高气孔阻力型、中等气孔阻力型、较低气孔阻力型和低气孔阻力型 4 类；按蒸腾速率不同可分为高蒸腾速率型、较高蒸腾速率型、中等蒸腾速率型、较低蒸腾速率型 4 类。利用 4 个光合性状对甘蔗基因型进行分类可反映基因型的综合性状和自然类型，聚类结果也比较稳定，但有些性状会被另一些性状所掩盖，以至类间差别模糊，因此针对光合生理育种对甘蔗基因型分类的特点，应将单一性状与综合性状相结合进行综合考虑效果较好。

本研究结果表明，由于净光合速率与蒸腾速率、气孔导度呈显著正相关，水分利用效率与蒸腾速率、气孔导度呈显著负相关，而净光合速率与水分利用效率间直接相关不明显，且测定过程中发现光合速率高的基因型往往水分利用效率较低，因此，利用光合性状进行聚类，筛选光合效率和水分利用效率均很高的基因型比较困难，在光合生理育种实践中应以光合速率较高而水分利用效率适中的基因型为选择重点，本研究综合分类中 II$_1$、II$_3$、II$_4$、III$_2$ 亚类共 13 个基因型即属此类，可作为光合速率和水分利用效率较好结合的甘蔗基因型进一步选育和验证。由于甘蔗为无性繁殖作物，光合性状的杂种优势可通过无性繁殖加以固定，因此，应用这些优良的品种资源作为高光效育种亲本，结合光合速率的遗传规律、配合力效应研究，开展高光效、高生物量育种是可能的。

八、适合机械化作业的甘蔗品种简介

我国甘蔗品种选育单位主要有广州甘蔗糖业研究所（广东科学院南繁种业研究所）、福建农林大学甘蔗综合研究所（福建农林大学国家甘蔗工程技术研究中心）、广西农科院甘蔗研究所、云南农科院甘蔗研究所、广西柳城甘蔗研究中心、云南德宏州甘蔗科学研究所、福建农科院甘蔗研究所（福建省农科院亚热带农业研究所）和中国热带农业科学院热带生物技术研究所等 8 个单位，从事甘蔗种业的企业主要集中在广东湛江和广西北海，中种集团、中农发种业集团等央企也开始介入甘蔗种业。2017 年国家启动非主要农作物品种登记制度，截至 2020 年 12 月共完成登记品种 80 个。其中广西农科院甘蔗所 25 个，广西大学 5 个，云南农科院甘蔗所 14 个，德宏州甘科所 3 个，福建农林大学 14 个，广州甘蔗糖业研究所 8 个，中国热科院热带生物技术研究所 4 个。各育种单位筛选推荐的甘蔗新品种，共有 36 个具有遗传多样性的新品种在体系 15 个综合试验站进行集成试验示范，并进一步在 75 个辐射示范县进行示范与展示，其中 11 个品种产量和糖分超过 ROC22。已在体系各甘蔗综合试验站进行集成示范，选育出一批在生产上发挥重要作用的优良品种和一批有潜力的品种。其中部分品种的平均公顷含糖量超过新台糖 22，生势强、宿根性强、分蘖性好，能适应机械化作业机器碾压。同时，在与这些品种生态相适应的蔗区，在产量和蔗糖分上，还表现出较大幅度地超过新台糖 22，因此，因地制宜地选用这些品种，可以达到增产、增糖和最终实现品种多系布局的效果，对甘蔗产业的生产安全起到有力的支撑。通过国家甘蔗产业技术体系集成示范，筛选出了一批可在相适应蔗区推广的适应机械化作业的高产、高糖品种。

（一）新台糖 22

ROC5×69－463，萌芽良好，分蘖力强，初期生长稍慢，中后期生长快速，原料蔗茎长，茎数中等，易脱叶，甘蔗基部粗大，梢头部小，不易倒伏及抽穗开花，宿根性强。平均出苗率 67.6%，宿根发株率 85.8%，分蘖率 120.1%，平均株高 290 厘米，茎径 2.63 厘米，亩有效茎数 4 456 条。11～12 月蔗糖分 14.52%，次年 1～3 月蔗糖分 15.47%，纤维分 11.39%。感黑穗病，中抗花叶病，抗露菌病、叶枯病、叶烧病及黄褐锈病，耐冷性中等，耐旱性较强，较抗倒。第 1 年新植亩产 6 969 千克，比对照桂糖 11 增产 3.50%；第 1 年宿根亩产 6 824 千克，比对照桂糖 11 增产 8.30%；第 2 年宿根亩产 6 321 千克，比对照桂糖 11 增产 7.10%。

栽培技术要点：①亩下种量以 2 800～3 000 段双芽苗为宜，亩有效茎数控制在 5 500～6 000 条较为合适。②萌芽及前期生长较慢，可提早种植，采用种苗消毒、催芽、地膜覆盖栽培等技术。③宿根性强，应提早开畦松蔸和管理，可适当延长宿根栽培年限。④注意防治蓟马和梢腐病。

适合种植区域：适合在华南蔗区福建、广东、广西、云南、海南地区的冬季、春季、秋季种植。

注意事项：应避免在混杂严重的蔗田留种，同时在砍种和下种等环节注意去杂，去劣，生产上注意防治黑穗病。

（二）福农 95 - 1702

CP72 - 1210×粤农 73 - 204。中至中大茎，茎色遮光部分黄绿色，曝光后绿色，节间圆筒形，略弯曲，无芽沟，蜡粉较厚。芽倒卵形，芽翼中等，芽基离叶痕，芽尖未及或刚及生长带，生长带象牙色，曝光后绿色，略突起，根点 2～3 行，不规则排列。无须根，无生长裂缝和木栓斑块。叶较宽，顶部散开，叶色浓绿，叶鞘黄绿色，无 57 号毛群。叶舌新月形。内叶耳披针形，外叶耳三角形。发芽略迟，整齐，幼苗较粗壮，分蘖力较好，成茎率高，中后期生长快，公顷有效茎数 75 000 条左右。蔗茎均匀，单茎较重，茎皮稍软。早熟高糖，耐寒，宿根发株早，发株数适宜。中抗花叶病，抗黑穗病，人工抗旱生理指标优于"九五"国家攻关要求，抗旱性好。适合水田、洲地和水浇旱地栽培。新宿平均蔗茎产量 94.90 吨/公顷，比对照 1 增产 7.03%，比对照 2 减产 6.16%。甘蔗蔗糖分平均15.37%，比对照 1、对照 2 高 0.84 个百分点（绝对值），最高甘蔗蔗糖分 16.81%。平均公顷含糖量 14.10 吨，分别比对照 1、对照 2 增产 12.26%、5.15%，生产试验中平均公顷蔗茎产量 118.39 吨，分别比对照 1、对照 2 增产 11.03% 和 3.87%。11～12 月甘蔗蔗糖分平均 13.70%，分别比对照 1、对照 2 高 0.21 个百分点、0.03 个百分点（绝对值），平均公顷含糖量 16.28 吨，分别比对照 1、对照 2 增产 12.77%、4.67%。体系集成示范平均蔗茎产量 109.8 吨/公顷；平均甘蔗蔗糖分 14.46%，比 ROC22 高 0.57%（绝对值）；平均公顷含糖量 15.78 吨/公顷，比对照增 5.55%。

栽培技术要点：①选用肥力中等以上的水田或水浇旱地种植。②公顷下种量以 45000 段双芽苗为宜，每公顷有效茎数控制在 75 000 条左右较为合适；该品种糖分高，流水浸种或石灰水浸种对促进发芽有利。③施足基肥，适施分蘖肥，重施成茎肥，保证分蘖成茎和前中期快速生长所需养分，收获前 5 个月停止施肥。④宿根发株早，应提早管理，早施肥。⑤注意防治螟虫。⑥本品种中后期生长快，植株高大，要降低下种部位，提高培土质量防止倒伏。

（三）福农 28

ROC25×CP84 - 1198，中大茎，节间长，蔗茎均匀，单茎较重，实心萌芽稍迟，幼苗较粗壮，分蘖强，生长快，出苗率 63.33%，分蘖率 125.66%，株高 278 厘米，茎径2.78 厘米，亩有效茎 4 644 条。属早熟特高糖品种。11～12 月蔗糖分 15.45%，次年 1～3 月蔗糖分 16.8%，纤维分 11.85%。抗黑穗病，高抗花叶病，感梢腐病，具有强的抗旱性。耐冷性强，较抗倒。第 1 年新植亩产 7 261 千克，比对照 ROC16 增产 0.20%；第 1年宿根亩产 5 763 千克，比对照 ROC16 减产 2.60%；第 2 年宿根亩产 5 510 千克，比对照 ROC16 减产 2.30%。

栽培技术要点：①选用肥力中等以上的田地种植。②亩下种量以 3 000 段双芽苗为宜，亩有效茎数控制在 5 000 条左右较为合适。③糖分高，流水浸种或石灰水浸种对促进发芽有利。④分蘖略迟，宜加强早期管理，促进分蘖早发生。重施成茎肥，保证分蘖成茎和前中期快速生长所需养分。⑤宿根发株早，应提早管理，早施肥。

适合种植区域：适合在华南蔗区的福建、广东、广西、云南地区冬植、秋植或早春种植。

（四）福农 30

CP84－1198×ROC10，中大茎，节间圆筒形，蜡粉中等，无生长裂缝，茎皮遮光部分黄绿色，露光部分灰紫色；根带淡黄色，根点 2～3 行，不规则排列，芽五角形，饱满，芽基平叶痕，芽沟不明显，芽尖达生长带，芽翼下缘在芽 1/2 以上处，芽翼弧形冒状，芽翼窄；无 57 号毛群，叶冠层松散，叶尖部弯曲，叶片中部宽，叶鞘花青苷显色强，外叶耳过渡形，内叶耳为披针形。萌芽出苗快，分蘖力强，宿根性好。高抗黑穗病和花叶病，抗旱性强，抗梢腐病。属早中熟高糖品种。2 年新植 1 年宿根平均每公顷蔗茎产量 111.98 吨，比对照种新台糖 16 增产 9.08%；平均每公顷含糖量 17.23 吨，比对照种新台糖 16 增产 11.72%；11 月至翌年 1 月平均蔗糖分 14.84%，全期平均蔗糖分 15.41%，比对照种新台糖 16 高 0.29 个百分点。生产试验平均每公顷蔗茎产量 113.81 吨，比对照种新台糖 16 增产 0.46%；平均每公顷含糖量 17.87 吨，比对照种新台糖 16 增产 4.99%；11 月至翌年 1 月平均蔗糖分 15.60%，全期平均蔗糖分 15.80%，比对照种新台糖 16 高 0.83 个百分点。

栽培技术要点：①种植行距 1.1 米以上，每公顷下种量 90 000 芽左右。②在肥力中等或中等以上的水田或水浇旱地种植能更好发挥品种特性。③若有孕穗宜适当提早收获。④本品种前期生长快，植株高大，要降低下种部位，提高培土质量防止倒伏。⑤提早开畦松蔸，加强宿根管理。注意防冻。

（五）福农 38

粤糖 83－257×粤糖 83－271，萌芽较快，出苗率高，分蘖早，前期生长中等，中后期生长快，叶片青秀，有效茎多，宿根性强，易脱叶，无气生根。平均出苗率 65.00%，宿根发株率 101.83%，分蘖率 115.55%，平均株高 287 厘米，茎径 2.58 厘米，亩有效茎数 4 666 条。11～12 月蔗糖分 14.48%，次年 1～3 月蔗糖分 15.53%，纤维分 11.49%。高抗黑穗病，高抗花叶病，中抗梢腐病。抗旱性强，耐冷性较强，较抗倒。第 1 年新植亩产 6 995 千克，比对照新台糖 22 增产 3.50%；第 1 年宿根亩产 6 800 千克，比对照新台糖 22 增产 11.80%；第 2 年宿根亩产 6 587 千克，比对照新台糖 22 增产 13.40%。2 年新植 1 年宿根平均蔗茎产量 104.21 吨/公顷，比对照 ROC22 增产 4.53%，与对照 ROC22 比 8 点次增产，比对照 ROC16 增产 10.75%，与对照 ROC16 比 10 点次增产；平均蔗糖产量 15.69 吨/公顷，比对照 ROC22 增产 6.16%，与对照 ROC22 比 10 点次增产，比对照 ROC16 增产 14.28%，与对照 ROC16 比 11 点次增产；11～12 月平均蔗糖分 14.48%，1～3 月平均蔗糖分 15.53%，全期平均蔗糖分 15.08%，比对照 ROC22 高 0.24 个百分点，比对照 ROC16 高 0.49 个百分点。生产试验平均蔗茎产量 107.65 吨/公顷，比对照 ROC22 增产 3.42%，与对照 ROC22 比 8 点次增产；平均蔗糖产量 15.90 吨/公顷，比对照 ROC22 增产 2.98%，与对照 ROC22 比 7 点次增产；11～12 月平均蔗糖分 14.43%，

1~3月平均蔗糖分15.23%，全期平均蔗糖分14.91%。

栽培技术要点：①种植行距以1.1~1.2米为宜，公顷下种量90 000芽为宜，以冬植、秋植或早春植为宜。②在肥力中等或中等以上的水田或水浇旱地种植更能发挥品种特性。③该品种宿根性强，可适当延长宿根年限。④该品种分蘖多，当茎蘖数足够时应及时培土，以免分蘖过多浪费营养，使茎变细。

适合种植区域：适合在华南蔗区福建、广东、广西、云南地区冬植、秋植或早春种植。

注意事项：分蘖成茎率高，过多的苗和茎会使蔗茎变细，宜适当减少下种量和足够苗数时就大培土。生产上注意防治蓟马。

（六）福农39

粤糖91-976×CP84-1198，萌芽势和萌芽率较高，苗期斜生，苗壮，分蘖力强，分蘖成茎率高，宿根性较好。出苗率67.40%，宿根发株率90%，分蘖率169.20%，株高293厘米，茎径2.79厘米，亩有效茎4 134条。11~12月蔗糖分14.19%，次年1~3月蔗糖分15.58%，纤维分11.38%。高抗黑穗病，中抗花叶病，中抗梢腐病。抗旱性强，耐冻性较强，较抗倒。第1年新植亩产6 900千克，比对照ROC22增产3.10%；第1年宿根亩产7 010千克，比对照ROC22增产0.60%；第2年宿根亩产6 850千克，比对照ROC22增产1.90%。2年新植1年宿根平均蔗茎产量103.15吨/公顷，比对照ROC22增产3.47%，与对照ROC22比8点次增产，比对照ROC16增产9.63%，与对照ROC16比13点次增产；平均蔗糖产量15.48吨/公顷，比对照ROC22增产4.75%，与对照ROC22比8点次增产，比对照ROC16增产12.76%，与对照ROC16比13点次增产；11~12月平均蔗糖分14.19%，1~3月平均蔗糖分15.58%，全期平均蔗糖分15%，比对照ROC22高0.16个百分点，比对照ROC16高0.41个百分点。2012年生产试验，平均蔗茎产量103.50吨/公顷，与对照ROC22产量持平，与对照ROC22比6点次增产；平均蔗糖产量15.57吨/公顷，比对照ROC22增产0.83%，与对照ROC22比7点次增产；11~12月平均蔗糖分14.41%，1~3月平均蔗糖分15.65%，全期平均蔗糖分15.13%。

栽培技术要点：①亩下种量以3 000段双芽苗为宜，亩有效茎数控制在5 000条左右较为合适。②芽大饱满，芽易受伤，蔗种运输和搬动过程要注意保护蔗芽，可不剥叶下种。③主茎生长快，应加强早期管理，促进分蘖早生快发，视有效苗达6 000株时及时培土，以利用分蘖成茎。重施成茎肥，保证分蘖成茎齐、匀、壮。④植株高大，单茎重，加强培土，防止倒伏。⑤宿根发株早，应提早管理，早施肥。

适合种植区域：适合在华南蔗区福建、广东、广西、云南地区种植。

注意事项：使用含莠灭净和2甲4氯的除草剂时，要注意剂量，防止药害。

（七）福农40

福农93-3406×粤糖91-976，中大茎至大茎，微"之"字形，蔗茎均匀，充实，萌芽快而整齐，出苗率较高，分蘖力强，前中期生长快，中后期生长稳健，宿根性较好。属晚熟品种。株高301厘米，茎径2.91厘米，亩有效茎数4 164条。11~12月蔗糖分

14.44%，次年 1～3 月蔗糖分 15.00%，纤维分 11.90%。中抗黑穗病，感花叶病，中抗梢腐病。抗旱、耐寒、抗倒性均较强。第 1 年新植亩产 8 223 千克，比对照 ROC22 增产 11.70%；第 1 年宿根亩产 7 568 千克，比对照 ROC22 增产 5.50%；第 2 年宿根亩产 6 910 千克，比对照 ROC22 增产 1.00%。

栽培技术要点：①出苗好，早生快发，植株高大，大生长期注意培土高度，防止后期倒伏。②在肥力中等或中等以上的水田或水浇旱地种植能更好发挥品种特性。③种植行距 1.1～1.3 米，公顷下种量以 75 000～80 000 芽为宜。④施足基肥，增施有机肥和磷、钾肥，苗期早追肥，早施攻蘖肥，生长中期施足攻茎肥，早断肥，抑后期梢部过粗。⑤宿根发株早，应提早开畦松蔸，早施肥。

适合种植区域：适合在广西、广东、云南、福建、海南地区中等或中等以上肥力的水田、洲地、旱坡地和水旱地冬植、春植及秋植。

注意事项：在茎蘖数达到要求时及时施重肥，培土，促进拔节，早断肥，抑后期梢部过粗。

（八）福农 41

ROC20×粤糖 91-976，中大茎，茎略"之"字形，萌芽快而整齐，出苗率较高，分蘖较早，主茎和分蘖差异小。前中期生长快，中后期生长稳健，有效茎数较多，宿根性能较好。属中熟、高糖、丰产品种。平均株高 271 厘米，茎径 2.74 厘米，亩有效茎 4 444 条。11～12 月蔗糖分 14.00%，次年 1～3 月蔗糖分 15.61%，纤维分 12.38%。抗黑穗病，中抗花叶病，中抗梢腐病，耐寒力较强，抗旱性较强，抗倒，抗风折。第 1 年新植亩产 6 982 千克，比对照 ROC22 增产 0.30%；第 1 年宿根亩产 6 833 千克，比对照 ROC22 增产 2.90%；第 2 年宿根亩产 6 710 千克，比对照 ROC22 增产 2.40%。2 年新植 1 年宿根平均蔗茎产量 102.20 吨/公顷，比对照新台糖 22 增产 2.33%，与对照新台糖 22 比 8 点次增产，比对照新台糖 16 增产 7.6%，与对照新台糖 16 比 8 点次增产；平均蔗糖产量 15.31 吨/公顷，比对照新台糖 22 增产 6.43%，与对照新台糖 22 比 8 点次增产，比对照新台糖 16 增产 10.03%，与对照新台糖 16 比 10 点次增产；11～12 月平均蔗糖分 14.00%，1～3 月平均蔗糖分 15.54%，全期平均蔗糖分 14.90%，比新台糖 22 增加 0.47 个百分点，比新台糖 16 增加 0.3 个百分点。生产试验平均蔗茎产量 100.47 吨/公顷，比对照新台糖 22 增产 2.92%，与对照新台糖 22 比 7 点次增产，比对照新台糖 16 增产 14.89%，与对照新台糖 16 比 12 点次增产；平均蔗糖产量 15.01 吨/公顷，比对照新台糖 22 增产 7.60%，与对照新台糖 22 比 11 点次增产，比对照新台糖 16 增产 18.01%，与对照新台糖 16 比 12 点次增产；11～12 月平均蔗糖分 14.09%，1～3 月平均蔗糖分 15.76%，全期平均蔗糖分 15.07%，比对照新台糖 22 增加 0.71 个百分点，比对照新台糖 16 增加 0.45 个百分点。

栽培技术要点：①在肥力中等或中等以上的水田或水浇旱地种植更能发挥品种特性。②以冬植、秋植或早春植为宜。③亩下种量以 2 500 段双芽苗为宜，亩有效茎数控制在 5 500 条左右较为合适。④分蘖多，当茎蘖数足够时应及时培土，以免分蘖过多浪费营养，使茎变细。⑤宿根性强，可适当延长宿根年限，宿根发株早，应提早开畦松蔸，早施肥。

适合种植区域：适合在华南蔗区的福建、广东、广西、云南地区秋、冬及春季种植。

注意事项：分蘖力强而造成拔节略迟，宜在茎蘖数达到要求时及时施重肥，培土，促进拔节。

（九）福农43

90-1211×77-797，萌芽快而整齐，出苗率高，分蘖较早，分蘖力强，主茎和分蘖差异小，蔗茎均匀。前中期生长快，中后期生长稳健，有效茎数较多，宿根发株率高，宿根性能好。平均出苗率65.22%，宿根发株率118.27%，分蘖率102.92%，平均株高279厘米，茎径2.66厘米，有效茎数4 545条/亩。

栽培技术要点：①在肥力中等或中等以上的水田或水浇旱地种植更能发挥品种特性。②以冬植、秋植或早春植为宜。③亩下种量以2 500段双芽苗为宜，亩有效茎数控制在5 500条左右为宜。④该品种分蘖多，当茎蘖数足够时应及时培土，以免分蘖过多浪费营养，使茎变细。⑤该品种宿根性强，可适当延长宿根年限，宿根发株早，应提早开畦松蔸，早施肥。

适合种植区域：适合在广西、广东、云南、福建、海南地区冬、秋或早春季种植。

注意事项：苗壮、分蘖力强，拔节略迟，宜在茎蘖数达到要求时及时施重肥，培土，促进拔节。尽量使用芽前除草剂，使用芽后除草剂应注意使用的药量，并避免直喷，防止药害。

（十）中蔗福农44

桂糖25×ROC11，萌芽快而整齐，出苗率高，分蘖较早，分蘖力强，蔗茎均匀。前中期生长快，中后期生长稳健，有效茎数较多，宿根发株率高，宿根性能好。出苗率71.17%，宿根发株率156.85%，分蘖率89.40%，株高297厘米，茎径2.46厘米，亩有效茎5 379条。

栽培技术要点：①以冬植、秋植或早春植为宜，同时覆土后加盖地膜达到保温保湿的目的。②亩下种量以2 500段双芽苗为宜，因分蘖强，在茎蘖数达到要求时及时施重肥，培土。③亩有效茎数控制在5 500条左右较为合适。④宿根性强，宿根发株早，应提早开畦松蔸，早施肥，并适当延长宿根年限。

适合种植区域：适合在广西、云南、广东、海南、福建蔗区冬季或早春季种植。

注意事项：分蘖力强，前期生长快，宜在茎蘖数达到要求时及时施重肥，培土，促进拔节，以免分蘖过多浪费营养，使茎变细。注意除草剂使用，尽量使用芽前除草剂，使用芽后除草剂应注意使用的药量，并避免直喷，防止药害。

（十一）中蔗福农45

ROC22×桂糖00-122，萌芽快而整齐，出苗率高，分蘖较早，分蘖力强，蔗茎均匀。前中期生长快，中后期生长稳健，有效茎数较多，宿根发株率高，宿根性能好。平均出苗率67.42%，宿根发株率156.02%，分蘖率123.68%，株高284厘米，茎径2.62厘米，亩有效茎5 280条。

栽培技术要点：①以冬植、秋植或早春植为宜，同时覆土后加盖地膜达到保温保湿的目的。②亩下种量以 2 500 段双芽苗为宜，因分蘖强，在茎蘖数达到要求时及时施重肥，培土。③亩有效茎数控制在 5 500 条左右较为合适。④宿根性强，宿根发株早，应提早开畦松蔸，早施肥，并适当延长宿根年限。

适合种植区域：适合在广西、云南、广东、海南、福建蔗区冬季或早春季种植。

注意事项：因该品种对黑穗病抗性反应型为感病，在广西百色、来宾、河池黑穗病田间自然发病率较高，不宜在该地区种植。

（十二）中蔗福农 46

粤糖 93 - 159×云蔗 91 - 790，萌芽快而整齐，出苗率高，分蘖较早，分蘖力强，宿根发株率高，前期生长较慢，中后期生长较快，有效茎数较多，蔗茎均匀，宿根性好。属中晚熟、高产、宿根性强的品种。平均出苗率 62.89%，宿根发株率 91.16%，分蘖率 131.59%，株高 280 厘米，茎径 2.44 厘米，亩有效茎 5 487 条。11～12 月蔗糖分 12.82%，次年 1～3 月蔗糖分 14.58%，纤维分 11.89%。抗黑穗病，中抗花叶病，中抗梢腐病，自然条件下未发现黄叶病、锈病、白条病和褐条病等，耐冷性、耐旱性较强，抗倒伏。第 1 年新植亩产 7 637 千克，比对照 ROC22 增产 5.20%；第 1 年宿根亩产 7 383 千克，比对照 ROC22 增产 12.50%；第 2 年宿根亩产 6 742 千克，比对照 ROC22 增产 6.10%。

栽培技术要点：①以冬植或早春植为宜，同时覆土后加盖地膜达到保温保湿的目的。②亩下种量以 2 500～3 000 段双芽苗为宜，因分蘖强，在茎蘖数达到要求时及时施重肥，培土。③亩有效茎数控制在 5 500 条左右较为合适。④宿根性强，宿根发株早，应提早开畦松蔸，早施肥，并适当延长宿根年限。

适合种植区域：适合在广东遂溪、广东湛江、广西河池、云南临沧蔗区冬季或春季种植。

注意事项：①分蘖力强，宜在茎蘖数达到要求时及时施重肥，培土，促进拔节，以免分蘖过多浪费营养，使茎变细。②注意除草剂使用，尽量使用芽前除草剂，使用芽后除草剂应避免直喷心叶上，同时注意使用的药量，防止药害。③在生产上为了保持品种纯度，应避免在混杂严重的田块留种，同时在砍种或下种等环节注意去杂、去劣。长期种植后受病原微生物等影响种性变弱，可通过脱毒健康种苗提纯复壮。

（十三）中蔗福农 47

CP65 - 357×崖城 97 - 40，萌芽快而整齐，出苗率和宿根发株率高，分蘖力较强，前期生长较快，有效茎数多，蔗茎均匀，宿根性好，属早熟高糖、高产、宿根性强的品种。平均出苗率 57.7%，宿根发株率 92.31%，分蘖率 102.39%，株高 278 厘米，茎径 2.46 厘米，亩有效茎 4 907 条。11～12 月蔗糖分 14.23%，次年 1～3 月蔗糖分 15.28%，纤维分 12.40%。抗黑穗病，高抗花叶病，中抗梢腐病，自然情况下未发现黄叶病、花叶病、锈病、白条病和褐条病等，耐冷性、耐旱性强。第 1 年新植亩产 7 133 千克，比对照 ROC22 减产 3.30%；第 1 年宿根亩产 7 176 千克，比对照 ROC22 增产 16.20%；第 2 年宿根亩产 6 288 千克，比对照 ROC22 增产 1.20％。

栽培技术要点：①以冬植或早春植为宜，同时覆土后加盖薄膜以达到保温保湿的效果促进蔗种出芽成苗。②种植行距 1.1～1.2 米，亩下种量以 2 400～2 800 段双芽苗为宜，该品种分蘖较强，在茎蘖数达到要求时要及时施肥培土。③宿根性强，宿根发株早，砍收后应及时清理蔗园，早松蔸、早施肥，可地膜覆盖促进宿根蔗萌发。

适合种植区域：适合在广西河池、广西来宾、广西柳州、云南富宁蔗区冬季或春季种植。

注意事项：①在生产上为保持其纯度，应避免在混杂严重的蔗田留种，同时在砍种和下种等环节注意去杂，去劣。繁殖圃注意及时去除病虫害植株。②尽量使用芽前除草剂，使用芽后除草剂应避免直喷，同时注意使用的药量，防止药害。③宿根蔗推荐使用快锄低砍，促进宿根萌发整齐一致，提高成茎率。

（十四）粤糖 93-159

粤农 73-204×CP72-1210，早熟，出苗率 65.17％，宿根性好，宿根发株率 138.46％。分蘖期株型直立，分蘖强，分蘖率 156.51％。株高 265.42 厘米，茎径 2.75 厘米，有效茎 5 214 条/亩。节间形状腰鼓形，Z 形排列弱，蜡粉带不明显，易脱叶。蔗茎节间后枕突出。无水裂、无气根，实心。11～12 月平均蔗糖分 15.82％，次年 1～3 月平均蔗糖分 17.06％，纤维分 10.94％。高抗黑穗病（抗性等级 1），高抗花叶病（抗性等级 2），抗风折一般，抗寒性和抗旱性较强，较抗倒伏。第 1 年新植亩产 5 379 千克，比对照 ROC10 增产 21.70％；第 1 年宿根亩产 5 783 千克，比对照 ROC10 增产 18.50％；第 2 年宿根亩产 5 661 千克，比对照 ROC10 增产 22.40％。

栽培技术要点：①适合地力中等或中等以上的旱坡地或水旱田（尤其水旱田）栽培。②萌芽率高，分蘖力旺盛，宜适当疏植，以亩种植 2 800 段左右双芽苗、亩有效茎数控制在 5 000 条左右较为适宜。③特早熟，高糖分，甘蔗蔗糖分积累早，对开榨期提早十分有利，以冬植或早春植为宜，种植时最好加盖地膜。④宿根发株早而多，宿根性强，应保留 2 年宿根，以提高植蔗效益。⑤在肥料的施用上注意氮、磷、钾肥配施，避免偏施、重施氮肥。⑥对多种除草剂均易发生药害，采用除草剂除草时勿将药液溅于叶片之上。

适合种植区域：适合在广东、海南、广西、云南蔗区冬季或春季种植。

注意事项：分蘖力旺盛，宜适当疏植，早管理、早培土，控制无效分蘖。在生产上为了保持品种纯度，应避免在混杂严重的地块留种，同时在砍种或下种等环节注意去杂、去劣。长期种植后受病原微生物等影响种性变弱或退化，可通过脱毒健康种苗提纯复壮。

（十五）粤糖 00-236

粤农 73-204×CP72-1210，中大茎，节间长度中等，节间略呈圆锥形，蔗茎遮光部分淡黄色，曝光部分经阳光曝晒后青黄色；根点 2～3 行；无气根，无水裂；芽卵圆形，芽体较小，芽基部离叶痕，顶端不达生长带，芽翼宽度中等，着生于芽的上半部，无芽沟；内叶耳披针形，外叶耳三角形；叶鞘青绿色，57 号毛群不发达，叶片宽度中等、略短，心叶直立，老叶散生。萌芽快、齐，出苗率高，分蘖力强，宿根性好。抗黑穗病，高抗花叶病，抗旱性较强。属特早熟高糖品种。2 年新植 1 年宿根平均每公顷蔗茎产量 105.03 吨，比对照种新台糖 16 增产 2.31%；平均每公顷含糖量 16.30 吨，比对照种新台糖 16 增产 10.26%；11 月至翌年 1 月平均蔗糖分 15.52%，全期平均蔗糖分 16.05%，比对照种新台糖 16 高 0.93 个百分点。生产试验平均每公顷蔗茎产量 100.16 吨，比对照种新台糖 16 减产 11.59%；平均每公顷含糖量 16.10 吨，比对照种新台糖 16 减产 5.41%；11 月至翌年 1 月平均蔗糖分 15.68%，全期平均蔗糖分 16.23%，比对照种新台糖 16 高 1.26 个百分点。

栽培技术要点：①种植行距 1.1 米以上，每公顷下种量 85 000 芽左右，公顷有效茎控制在 75 000 条左右。②以冬植、早春植为宜，种植时覆盖地膜。③应早防虫、早施肥管理，并适当延长宿根年限，提高植蔗效益。④注意氮、磷、钾肥合理配施，避免偏施、重施氮肥，多施磷肥。⑤注意宿根矮化病的防治。

（十六）粤糖 02 - 305

粤农 73 - 204×HoCP92 - 624，中大茎，节间圆筒形，略"之"字形排列，蔗茎无水裂、无气根，蔗茎遮光部分淡紫红色，露光部分经曝晒后呈暗紫红色；根点 2～3 列，排列不规则；芽体中等，卵圆形，基部近叶痕，顶端达生长带，芽翼较小，着生于芽的上半部，萌芽孔近芽的顶端；叶色青绿，叶片长度中等、直立，叶尖弯垂，57 号毛群中等，易脱叶；肥厚带舌形，浅绿色，内叶耳三角形，外叶耳过渡形。萌芽好，分蘖力强，前期生长较快，高抗黑穗病，中抗花叶病，抗旱性和宿根性强，不易风折和倒伏，属中熟品种。2 年新植 1 年宿根平均蔗茎产量 96.20 吨/公顷，比对照 ROC22 减产 3.51%，与对照 ROC22 比 5 点次增产，比对照 ROC16 增产 2.24%，与对照 ROC16 比 9 点次增产；平均蔗糖产量 13.64 吨/公顷，比对照 ROC22 减产 7.72%，与对照 ROC22 比 4 点次增产，比对照 ROC16 减产 0.66%，与对照 ROC16 比 7 点次增产；11～12 月平均蔗糖分 13.21%，1～3 月平均蔗糖分 14.97%，全期平均蔗糖分 14.23%，比对照 ROC22 低 0.61 个百分点，比对照 ROC16 低 0.36 个百分点。2012 年生产试验，平均蔗茎产量 103.52 吨/公顷，与对照 ROC22 产量持平，与对照 ROC22 比 7 点次增产；平均蔗糖产量 14.57 吨/公顷，比 ROC22 减产 5.61%，与对照 ROC22 比 6 点次增产；11～12 月平均蔗糖分 13.27%，1～3 月平均蔗糖分 14.81%，全期平均蔗糖分 14.17%。

栽培技术要点：①适合中等或中等以上地力的旱坡地、水旱田（地）种植。②以冬植为宜，公顷下种 49 500～52 500 段双芽苗为宜，下种时用 0.2% 的多菌灵药液浸种消毒 3～5 分钟，以防凤梨病，同时覆土后加盖地膜达到保温保湿的目的。③宿根蔗应早防虫、早施肥管理，宜保留 2 年宿根。④在肥料施用上注意氮、磷、钾肥合理配施，避免偏施、重施氮肥。

（十七）粤糖 05 - 267

粤糖 92 - 1287×粤糖 93 - 159，中至中大茎，节间圆筒形，无芽沟；遮光部分浅黄绿色，露光部分黄绿色；蜡粉带较明显，无气根，蔗茎均匀。芽体中等，卵圆形，基部近叶痕，顶端达生长带；根点 2～3 行，排列不规则。叶色浅绿色，叶片长度中等、宽度中等，叶中脉不发达，叶姿较企直；叶鞘遮光部分浅绿色，露光部分浅紫绿色；易脱叶，57 号毛群不发达；内叶耳三角形，外叶耳缺如。萌芽快而整齐，分蘖力较强，全生长期生长稳健，后期不早衰，有效茎数多，宿根性强，宿根蔗发株早而多。中抗黑穗病、中抗花叶病。属中熟品种。2年新植1年宿根平均蔗茎产量95.63吨/公顷，比对照新台糖22减产4.25%，与对照新台糖22比5点次增产，比对照新台糖16增产0.68%，与对照新台糖16比5点次增产；平均蔗糖产量13.92吨/公顷，比对照新台糖22减产3.23%，与对照新台糖22比6点次增产，比对照新台糖16增产0.04%，与对照新台糖16比7点次增产；11～12月平均蔗糖分13.71%，1～3月平均蔗糖分15.10%，全期平均蔗糖分14.51%，与两对照持平。生产试验平均蔗茎产量88.81吨/公顷，比对照新台糖22减产9.03%，与对照新台糖22比3点次增产，比对照新台糖16增产1.59%，与对照新台糖16比4点次增产；平均蔗糖产量12.74吨/公顷，比对照新台糖22减产8.66%，与对照新台糖22比2点次增产，比对照新台糖16增产0.18%，与对照新台糖16比6点次增产；11～12月平均蔗糖分13.47%，1～3月平均蔗糖分15.19%，全期平均蔗糖分14.46%，与两对照持平。

栽培技术要点：①种植行距1.1～1.2米，以冬植和早春植为宜，公顷下种量为49 500～52 500段双芽苗，下种时应用0.2%的多菌灵药液浸种消毒3～5分钟，同时覆土后加盖地膜。②提早破垄施肥施药管理，宜保留1～2年宿根。③在肥料施用上注意氮、磷、钾肥合理配施，避免单一施用一种复合肥或偏施、重施氮肥。

（十八）云蔗06-80

ROC25×CP72-3591，中大茎、实心，节间圆筒形、长度中等，节间曝光前为灰白色，曝光后为浅紫色；蜡粉厚中等，无水裂，无气根，叶片淡绿，长度宽度均中等，脱叶性好，无57号毛群；芽为圆形，芽体较小，无芽沟、芽翼，芽尖不及生长带，芽基与叶痕相平；根点2行，较规则；叶姿斜集，叶尖下垂；内叶耳为长披针形，外叶耳缺。出苗快，抗倒性好，抗旱性强，宿根性较强。高抗黑穗病和花叶病。属早熟品种。2年新植1年宿根平均蔗茎产量95.08吨/公顷，比对照新台糖22减产4.80%，与对照新台糖22比5点次增产，比对照新台糖16增产0.29%，与对照新台糖16比5点次增产；平均蔗糖产量13.95吨/公顷，比对照新台糖22减产2.98%，与对照新台糖22比5点次增产，比对照新台糖16增产0.29%，与对照新台糖16比7点次增产；11～12月平均蔗糖分14.07%，1～3月平均蔗糖分15.15%，全期平均蔗糖分14.70%，比对照新台糖22增加0.27个百分点，比对照新台糖16增加0.10个百分点。2013年生产试验平均蔗茎产量90.98吨/公顷，比对照新台糖22减产6.8%，与对照新台糖22比2点次增产，比对照新台糖16增产4.07%，与对照新台糖16比9点次增产；平均蔗糖产量13.34吨/公顷，比对照新台糖22减产4.40%，与对照新台糖22比3点次增产，比对照新台糖16增产4.84%，与对照新台糖16比11点次增产；11～12月平均蔗糖分14.05%，1～3月平均蔗糖分15.27%，全期平均蔗糖分14.78%，比对照新台糖22增加0.42个百分点，比对照新台糖16增加0.16个百分点。

栽培技术要点：①种植行距以1.1～1.2米为宜。②旱坡地种植应采用深沟槽植板土栽培，冬植或早春植宜地膜覆盖。③适合施用有机肥或沥泥做基肥，在苗期早追肥，生长中期施足攻茎肥。④砍收后及时清理蔗田，做到早灌水、早松蔸，地膜覆盖促进早发株、多发株。⑤苗期注意防治地下害虫，大生长期注意防治蓟马、蚜虫和蔗螟。

（十九）云蔗 05-51

崖城 90-56×ROC23，中大茎，实心，节间长度中等、圆筒形，蜡粉较厚，无水裂，无气根，节间曝光前黄绿色，曝光后紫色；芽棱形，芽体中等，芽沟浅不明显，芽翼中，芽尖超过生长带，芽基与叶痕相平；根带适中；叶片浓绿，叶尖下垂，57 号毛群少或无；内叶耳为三角形，外叶耳缺。出苗快，分蘖强，蔗茎均匀整齐；高抗黑穗病，中抗花叶病，抗旱性和宿根性强，脱叶性好，属早熟品种。2 年新植 1 年宿根平均蔗茎产量 100.77 吨/公顷，比对照 ROC22 增产 1.08%，与对照 ROC22 比 7 点次增产，比对照 ROC16 增产 7.10%，与对照 ROC16 比 11 点次增产；平均蔗糖产量 15.18 吨/公顷，比对照 ROC22 增产 2.72%，与对照 ROC22 比 10 点次增产，比对照 ROC16 增产 10.58%，与对照 ROC16 比 12 点次增产；11~12 月平均蔗糖分 14.10%，1~3 月平均蔗糖分 15.67%，全期平均蔗糖分 15.00%，比对照 ROC22 高 0.16 个百分点，比对照 ROC16 高 0.41 个百分点。2012 年生产试验，平均蔗茎产量 102.60 吨/公顷，与对照 ROC22 产量持平，与对照 ROC22 比 8 点次增产；平均蔗糖产量 15.02 吨/公顷，与对照 ROC22 产量持平，与对照 ROC22 比 7 点次增产；11~12 月平均蔗糖分 13.88%，1~3 月平均蔗糖分 15.24%，全期平均蔗糖分 14.68%。

栽培技术要点：①种植行距以 1.1~1.2 米为宜，公顷下种量 112 500~135 000 芽为宜，旱地蔗可适当增加下芽量。②旱坡地种植应采用深沟槽植板土栽培，冬植或早春植需要地膜覆盖栽培。③在苗期早追肥，生长中期施足攻茎肥，适当高培土，防止后期倒伏。④加强宿根管理，前季蔗砍收后，及时清理蔗田，有灌溉条件时要早灌水、早松蔸，同时地膜覆盖促进早发株、多发株。旱坡地甘蔗砍收后不要松蔸，直接用蔗叶或地膜覆盖，以充分利用土壤水分、促进蔗株萌发。⑤苗期注意防治枯心苗，大生长期注意防治蓟马。

（二十）云蔗 06-407

粤糖 97-20×新台糖 25，出苗快，分蘖力好，后期有效茎多，成茎率高，蔗茎均匀整齐、抗倒伏，脱叶性好，宿根性强，蔗株高大（285.82 厘米），中大茎（2.61 厘米），单茎重实（1.48 千克）。2 年新植 1 年宿根平均蔗茎产量 110.51 吨/公顷，比对照 ROC22 增产 10.85%，与对照 ROC22 比 11 点次增产，比对照 ROC16 增产 17.45%，与对照 ROC16 比 12 点次增产；平均蔗糖产量 15.28 吨/公顷，比对照 ROC22 增产 3.38%，与对照 ROC22 比 8 点次增产，比对照 ROC16 增产 11.28%，与对照 ROC16 比 11 点次增产；11~12 月平均蔗糖分 13.01%，1~3 月平均蔗糖分 14.54%，全期平均蔗糖分 13.89%，比对照 ROC22 低 0.95 个百分点，比对照 ROC16 低 0.70 个百分点。2012 年生产试验，平均蔗茎产量 110.62 吨/公顷，比对照 ROC22 增产 6.27%，与对照 ROC22 比 9 点次增产；平均蔗糖产量 15.27 吨/公顷，与对照 ROC22 产量持平，与对照 ROC22 比 6 点次增产；11~12 月平均蔗糖分 12.96%，1~3 月平均蔗糖分 14.53%，全期平均蔗糖分 13.88%。

栽培技术要点：①中大茎种，种植行距以 1.1～1.2 米为宜，冬、春植均可，亩下芽量 8 000 芽为宜。②旱坡地种植应采用深沟槽植板土栽培以有效利用土壤深层水分，冬植或早春植需要地膜覆盖栽培。③该品种早生快发，前中期生长快，有条件的蔗区可用有机肥或沥泥做基肥，在苗期早追肥，生长中期施足攻茎肥，适当高培土，促进根系发达深扎和蔗茎基部粗壮，防止后期倒伏。④加强宿根管理，前季蔗砍收后，应及时清理蔗田，有灌溉条件时做到早灌水、早松蔸，地膜覆盖促进早发株、多发株，苗齐、苗壮，保证宿根蔗丰收。旱坡地甘蔗砍收后不要松蔸，直接用蔗叶或地膜覆盖，以充分利用土壤水分、促进蔗株萌发。⑤苗期注意防治枯心苗，大生长期注意防治蓟马、蚜虫和蛀茎虫。

适合种植区域：适合在云南、广西、广东、福建等蔗区肥力中等以上的蔗区种植。

注意事项：宿根性强，直立抗倒，自动脱叶，适合机械化栽培和收获管理；脱叶性好，蔗芽易于暴露，植株下半部分芽易老化，有少量侧芽发生，栽种时宜选用上半株做种；同时长距离搬运过程中防蔗芽机械损伤，以免影响出苗。

（二十一）桂糖 32

粤糖 91-976×ROC1，中茎，节间长，圆筒形。茎实心或小空。茎皮曝光前后均为黄绿色。蜡粉少，表皮光滑，无芽沟或芽沟浅；芽卵形，芽基离叶痕，芽尖超过生长带；叶鞘绿色，边缘杂紫红色，57 号毛群不发达。外叶耳退化，内叶耳披针形；叶片浓绿色，狭长，叶尾弯曲。成熟期落叶性好。2 年新植 1 年宿根试验，平均甘蔗每亩产量 6 937 千克，比对照品种新台糖 22 增产 2.4%，比新台糖 16 增产 11.46%；平均每亩含糖量为 1 021 千克，比对照品种新台糖 22 增糖 6.05%，比新台糖 16 增糖 13.2%；11 月至翌年 1 月蔗糖分新植宿根平均为 14.72%，比对照品种新台糖 22 高 0.5 个百分点，比新台糖 16 高 0.22 个百分点（绝对值）。2010 年生产试验平均每亩产蔗量 6 609 千克，比对照品种新台糖 22 增产 14.09%，比新台糖 16 增产 26.18%。

栽培技术要点：①适合在土壤疏松，中等以上肥力的地块种植。在水肥条件好的地块种植更能充分发挥其高产潜力和高糖优势。②亩下种有效芽 6 000～7 000 芽。行距 1～1.2 米。播幅为 10～20 厘米。亩有效茎数控制在 4 800～5 000 条。适当稀植使蔗茎增粗，以提高抗倒能力。③施足基肥，多施有机肥及钾肥，早追肥，早管理，适当早培土，高培土，以控制后期无效分蘖和防后期甘蔗倒伏。④宿根蔗要及时开垄松蔸，早施肥管理。⑤生长期间注意防治病、虫、草、鼠害。

适合种植区域：适合在广西肥力中等以上的旱地和水田春植、秋植、冬植。

注意事项：该品种种植密度过大时，蔗茎中偏小，台风来时导致倒伏。可通过施足基肥，多施有机肥及钾肥，早追肥，早管理，防止蔗茎出现茶盅脚，适当稀植使蔗茎增粗，适当早培土，高培土等措施来防止甘蔗倒伏。

（二十二）桂糖 41

粤 91-976×（粤 84-3＋ROC25），株型紧凑、有点包叶、脱叶性一般；长势好。蔗芽卵圆形微凸；芽基下平或稍离叶痕，有后枕（或呈淡紫色）；芽尖稍离生长带。中大至大茎、实心，节间圆筒形；茎遮光部分黑褐色，曝光久后为淡紫色；蜡粉少，无芽沟。叶鞘淡红色；外叶耳为平过渡或三角形、内叶耳短披针形；有点包叶；叶片浓绿挺直；无57号毛群。2 年新植 1 年宿根试验，6 个试验点平均甘蔗每亩产量 6 841 千克，比对照品种新台糖 22 增产 10.25%；平均每亩含糖量为 963.7 千克，比对照品种新台糖 22 增糖 10.11%；11 月至翌年 2 月甘蔗蔗糖分新植宿根平均为 14.09%，比对照品种新台糖 22 低 0.02 个百分点（绝对值）。2012 年生产试验平均每亩产蔗量 5 997 千克，比对照品种新台糖 22 增产 9.5%。

栽培技术要点：①种植时每公顷下种 10.5 万～12 万芽为宜；新植蔗播种后和宿根蔗开垄松蔸后最好采用地膜覆盖。②宿根蔗要及早开垄、彻底深松促进蔗蔸基部地下蔗芽的萌发生长。③种植时要施足基肥，增施有机肥和磷、钾肥及少量氮肥，适时早管理、早追肥促进甘蔗生长。④生长前期注意防治蓟马，拔除黑穗病鞭，并在生长期间注意防治其他病、虫、草害和鼠害。

（二十三）桂糖 42

新台糖 22×桂糖 92-66，株型直立、均匀、中大茎种（2.69 厘米），蔗茎遮光部分浅黄色，曝光部分紫红色，实心；节间圆筒形；节间长度中等；蜡粉厚；芽沟不明显；芽棱形，芽顶端平或超过生长带；芽基陷入叶痕；芽翼大；叶片张角较小；叶片绿色；叶鞘长度中；叶鞘易脱落；内叶耳三角形；外叶耳无；57 号毛群短、少或无。丰产稳产性强，宿根性好，适应性广，发芽出苗好，早生快发，分蘖率高，有效茎多，抗倒、抗旱能力强，高抗梢腐病。2 年新植和 1 年宿根试验，6 个试验点平均甘蔗每亩产量 6 780 千克，比对照新台糖 22 增产 9.26%；平均每亩含糖量为 1 001.7 千克，比对照新台糖 22 增糖 14.45%。11 月至翌年 2 月平均甘蔗蔗糖分为 14.77%，比对照高 0.66 个百分点（绝对值）。广西生产试验平均每亩产蔗量 5 908 千克，比对照新台糖 22 增产 7.90%。

栽培技术要点：①桂糖 42 适合在土壤疏松，中等及以上肥力的旱地和水田蔗区种植。②以收获原料蔗为目的，宜春植，2～3 月为佳，应尽量在 3 月中下旬前完成种植，有条件的蔗区可选秋植（8 月下旬至 9 月下旬）或冬植（11 月至翌年 1 月）。③适宜播种量 9 000 芽/亩；可采用等行距 1.0～1.2 米，或者宽行距 1.3～1.4 米，窄行距 0.4～0.5 米的方式。④应选用健康、粗壮、蔗芽饱满、无病虫的新鲜梢头苗或上半茎苗做种，夏植的半年蔗应全茎做种。采用即采即种或在采后 15 天以内下种，保持蔗种新鲜度，提高萌芽率和蔗苗质量。下种前用 50%多菌灵或 70%甲基硫菌灵 1 000 倍液浸种 10 分钟或嘧菌酯 1 500 倍液浸种 1.5～3.0 分钟进行种茎消毒。⑤下种淋透水后最好盖地膜，能显著提高产量。⑥桂糖 42 采用深耕浅种方式，对宿根蔗要及时清理蔗园和破垄松蔸，苗期应注意预防渍水导致缺苗，早施肥早管理。

适合种植区域：适合在广西和粤西、粤西南的旱地和水田蔗区种植，冬季、春季、秋季、夏季均可播种。

注意事项：中抗黑穗病，在栽培过程中应注意防治。主要是通过采用无病甘蔗留种，发现病株及时拔除销毁。必要时可用 52℃的热水加 25%三唑酮可湿性粉剂 500 倍液浸种 20～30 分钟，或者 1∶1 500 的 325 克/升苯甲嘧菌酯悬浮液浸种 10 分钟，或者用 1∶100

的 43%福尔马林溶液浸种 5 小时，然后再用薄膜翻盖闷种 2 小时，或者在萌芽期到 3～4 片的苗期防治，可减少黑穗病的发生。

（二十四）桂糖 44

ROC1（台糖 146×CP58 - 19）×桂糖 92 - 66（粤糖 83 - 257×崖城 71 - 374），有效茎数多，丰产稳产，高糖，宿根性强。中茎，平均茎径 2.62 厘米，芽圆形，芽翼大小中等，芽基不离叶痕，芽沟不明显，芽尖未到或平生长带；叶片宽度中等，长度中等，颜色绿色，叶片厚且光滑，叶鞘长度中等，叶鞘浅紫红色；茎圆筒形，节间颜色曝光后紫色，曝光前黄绿色；茎表皮蜡粉多，蔗茎实心；57 号毛群少，内叶耳三角形，外叶耳退化，易剥叶。2 年新植和 1 年宿根试验，平均甘蔗每亩产量 7 191 千克，比对照新台糖 22 增产 5.2%，其中新植增 1.85%，宿根增 11.8%；平均每亩含糖量为 1 089.4 千克，比对照新台糖 22 增糖 12.82%。11 月至翌年 2 月平均甘蔗蔗糖分为 15.25%，比对照高 0.79 个百分点。生产试验平均每亩产蔗量为 6 404 千克，与对照新台糖 22 相当。

栽培技术要点：①适合在中等以上肥力的蔗区种植。一年四季均可播种，但以冬植（1 月）和早春植（2 月）为佳。②应选用有蔗叶包住的中上部芽做种，亩下种量 7 000 芽左右。可采用等行距 1.0～1.2 米，或者宽行距 1.3～1.4 米，窄行距 0.4～0.5 米的方式。③施足基肥，早管理，氮、磷、钾肥配合施用。苗期早追肥，在易渍水的地块应注意预防积水，确保全苗。④早追肥早培土，抑制无效分蘗。注意防治病、虫、草、鼠害。⑤桂糖 44 对以莠去津、莠灭净、2 甲 4 氯钠、乙草胺等为主要成分的甘蔗常用除草剂在常规用量范围内不敏感，可放心使用。⑥宿根蔗要及时开垄松蔸，在中等以上管理水平的蔗区可以适当延长宿根年限至 4～5 年。⑦有条件的蔗区可采用全程机械化技术进行种植管理和收获，以降低成本提高效益。

适合种植区域：适合在广西和粤西蔗区的冬季、春季、秋季播种种植。

注意事项：对黑穗病达到中抗，在栽培过程中还应注意防治。主要是通过采用无病蔗种，发现病株及时拔除销毁。必要时可以用 52℃的热水加 25%三唑酮可湿性粉剂 500 倍溶液浸种 20～30 分钟，或者用 1∶100 的 43%福尔马林溶液浸种 5 小时，然后再用薄膜翻盖闷种 2 小时，或者在苗期防控，可减少黑穗病的发生。

（二十五）桂糖 45

粤糖 93 - 159（粤农 73 - 204×CP72 - 1210）×新台糖 25（79 - 6048×69 - 463），早熟、高糖，宿根蔗发株早。中茎，平均茎径 2.63 厘米，茎实心，节间圆筒形，芽沟浅或不明显；蔗茎呈微"之"字形，遮光部分黄绿色，露光褐红色或紫红色；根点 2 行；芽卵圆形，芽不超过生长带，芽基离开叶痕，芽翼着生于芽中上部、较窄，芽略突出；有芽沟；内叶耳披针形，叶略披垂，叶尖弯曲；有少量 57 号毛群，易剥叶。区域试验 2 年新植和 1 年宿根试验，平均甘蔗每亩产量 7 258 千克，比对照新台糖 22 增产 6.0%，其中新植增 1.01%，宿根增 10.9%；平均每亩含糖量为 1 081.0 千克，比对照新台糖 22 增糖 10.01%。11 月至翌年 2 月平均甘蔗蔗糖分为 15.03%，比对照高 0.57 个百分点。生产试验平均每亩产蔗量为 7 105 千克，比对照新台糖 22 增产 9.42%。

栽培技术要点：①分蘖率高，宿根发株多，成茎率较高，有效茎数多，具有较强的丰产潜力。②蔗芽略突出，蔗叶易脱落，蔗种砍运过程应注意保护蔗芽，保证蔗种质量。③该品种早生快发，新植或宿根苗数多，宜施足基肥，增施有机肥和磷、钾肥，促其分蘖成茎。④萌芽率及分蘖率较高，亩下种芽数可略低于新台糖22，一般以6 500～7 000芽为宜，下种后采用地膜覆盖。⑤较耐寒，宿根性较好，发株早且多，宿根蔗要及早开垄松蔸，苗数达到基本苗后应及早追肥和大培土，抑制无效分蘖。⑥宿根年限可达3～4年以上，种植沟宜深（25厘米以上），以防多年宿根后萌生的蔗株入土太浅易倒伏。

适合种植区域：适合在广西蔗区的旱地和水田种植，冬季、春季、秋季均可播种。

注意事项：株型略散，在高水肥条件下后期易倒伏。采用深耕深沟深植，分次培土、高培土，及时剥除老叶，捆扎法等措施预防倒伏。

（二十六）桂糖53

湛蔗92-126×CP84-1198，中至中大茎，早熟、抗旱、宿根性较好，易剥叶，适合机械化生产。在2015—2017年广西甘蔗品种区域试验中，平均出苗率64.2%，宿根发株率101.6%，分蘖率61.1%，株高273厘米，茎径2.72厘米，有效茎4 352条/亩。11～12月蔗糖分14.58%，次年1～3月蔗糖分15.93%，纤维分12.52%。高抗黑穗病，高抗花叶病，高抗梢腐病；耐冷性中等，耐旱性中等，抗倒性较强。第1年新植亩产6 818千克，比对照新台糖22减产0.70%；第1年宿根亩产6 013千克，比对照新台糖22增产12.90%；第2年宿根亩产5 688千克，比对照新台糖22增产8.50%。

栽培技术要点：①适合在质地疏松，排水良好，肥力中等以上的旱地蔗区种植。②施足基肥，增施有机肥。③全年蔗应取中上部的蔗茎留种，半年繁殖蔗可全茎留种，砍种后应在15天内播种，以保证蔗种质量提高发芽率，亩种7 000个有效芽。行距1.0～1.2米。④早种早管，地膜覆盖。⑤适当早培土和高培土以控制无效分蘖。⑥生长期间注意防治病、虫、草、鼠害。⑦对以莠去津、莠灭净、2甲4氯钠、氯吡嘧磺隆、硝磺草酮等为主要成分的甘蔗常用除草剂在常规用量范围内不敏感，可因地制宜使用；但对含敌草隆的除草剂应小心使用，以芽前封闭使用为主，芽后尽量压低喷头，不喷或者少喷蔗叶以减少药害。

适合种植区域：适合在桂中、桂西南、桂南蔗区的冬季、春季、秋季种植。

注意事项：该品种前期生长速度一般，新植蔗应深耕浅种，宿根蔗应及时破垄松蔸，施足基肥，增施有机肥和磷、钾肥。早追肥，早培土以促进早生快发。酸性土壤应注意预防叶部病害。

（二十七）桂糖54

桂糖00-122×崖城97-47，植株直立、中大茎，中早熟，抗旱、宿根性较好，易脱叶。在2015—2017年全国甘蔗品种区域试验中，平均出苗率58.6%，宿根发株率156.7%，分蘖率79.8%，株高284厘米，茎径2.81厘米，有效茎4 406条/亩。11～12月蔗糖分13.58%，次年1～3月蔗糖分15.61%，纤维分11.26%。抗黑穗病，中抗花叶病，耐冷性中等，耐旱性较强，抗倒性中等。第1年新植亩产7 253千克，比对照新台糖

22减产1.80%；第1年宿根亩产7 200千克，比对照新台糖22增产12.40%；第2年宿根亩产6 513千克，比对照新台糖22增产14.80%。

栽培技术要点：①适合在质地疏松，排水良好，肥力中等以上的土壤种植。②施足基肥，增施有机肥。行距0.9~1.2米。亩种有效芽7 000~8 000个。③由于脱叶性能好，全年蔗应取中上部的蔗茎留种，半年繁殖蔗可全茎留种，砍种后应在15天内播种，以保证蔗种质量提高发芽率。④适当高培土以提高抗风抗倒能力。⑤生长期间注意防治病、虫、草、鼠害。⑥对以阿特拉津、莠灭净、2甲4氯钠、氯吡嘧磺隆、硝磺草酮、敌草隆等为主要成分的甘蔗常用除草剂在常规用量范围内不敏感，可因地制宜使用。

适合种植区域：适合在广西、云南、广东和海南等我国主要蔗区的冬季、春季、秋季种植。

注意事项：该品种抗风抗倒能力一般，新植蔗应深耕浅种，宿根蔗应及时破垄松蔸，施足基肥，增施有机肥。早追肥，早培土高培土。

（二十八）桂糖55

HoCP92-648×桂糖92-66，中至中大茎，早熟、抗旱、宿根性好，易剥叶，适合机械化生产。平均出苗率71.5%，宿根发株率123%，分蘖率38.9%，株高306.7厘米，茎径2.70厘米，有效茎4 496条/亩。11~12月蔗糖分14.89%，次年1~3月蔗糖分16.07%，纤维分12.12%。高抗黑穗病，抗花叶病，抗梢腐病；耐冷性中等，耐旱性较强，抗倒性中等。第1年新植亩产7 022千克，比对照新台糖22增产2.30%；第1年宿根亩产6 877千克，比对照新台糖22增产29.10%；第2年宿根亩产6 335.6千克，比对照新台糖22增产20.80%。

栽培技术要点：①适合在质地疏松，排水良好，肥力中等以上的旱地蔗区种植。②施足基肥，增施有机肥；早追肥。③由于脱叶性能较好，全年蔗应取中上部的蔗茎留种，半年繁殖蔗可全茎留种，砍种后应在15天内播种，以保证蔗种质量提高发芽率，亩种7 000个有效芽。行距1~1.2米。④适当早培土和高培土以控制无效分蘖和提高抗风抗倒能力。⑤生长期间注意防治病、虫、草、鼠害。⑥对以阿特拉津、莠灭净、2甲4氯钠、氯吡嘧磺隆、硝磺草酮等为主要成分的甘蔗常用除草剂在常规用量范围内不敏感，可因地制宜使用；但对含敌草隆的除草剂应小心使用，以芽前封闭使用为主，芽后尽量压低喷头，不喷或者少喷蔗叶以减少药害。⑦在桂南、右江河谷及沿海蔗区，该品种1月起可能会孕穗或者开花，因此建议以上蔗区最好在每年的11月至翌年1月中旬安排原料进厂压榨完毕，不宜拖到2月以后，以达到早熟、高糖、高效的目的。

适合种植区域：适合在桂中、桂西南、桂南蔗区的冬季、春季、秋季种植。

注意事项：抗风抗倒能力一般，新植蔗应深耕浅种，宿根蔗应及时破垄松蔸，施足基肥，增施有机肥，早追肥，早培土高培土。

（二十九）桂糖56

湛蔗89-113×ROC26，蔗茎粗大，出苗和分蘖率中等，有效茎数中等，中熟，甘蔗节间较长，突遇干旱时会有少量水裂，不易长侧芽和气根，芽体中等圆形芽，甘蔗叶片极易脱叶，57号毛群少。株高为304厘米，茎径为2.79厘米，有效茎数为3 862条/亩，出苗率为58.9%，分蘖率为66.2%。11~12月蔗糖分13.68%，次年1~3月蔗糖分15.60%，纤维分11.20%。抗黑穗病，免疫花叶病，高感梢腐病；螟虫枯心率3.6%，抗旱性较强，抗倒性较差。第1年新植亩产7 388千克，比对照ROC22增产7.60%；第1年宿根亩产6 430千克，比对照ROC22增产20.70%；第2年宿根亩产6 115千克，比对照ROC22增产16.60%。

栽培技术要点：①适当加大下种量，亩下种量7 000~8 000株为宜，行距1.0~1.2米为宜。可加盖地膜，促进甘蔗出苗。②下种时适当加深种植沟，机耕深度在20~30厘米为宜，以增加品种的抗旱和抗倒能力。③在苗数足够后，应及时大培土和高培土，培土高度在10~30厘米为宜。④该品种适合中等水平的肥水条件，一般种植时每亩施用40~50千克普通型复合肥（15-15-15），分蘖期追施5~10千克尿素，拔节时，每亩施40~50千克复合肥，结合大培土进行施肥。⑤加强宿根蔗的蔗苗期管理，及时破垄松蔸，保证足够苗数，发现黑穗病株，应及时拔掉。宿根蔗苗期施肥量每亩20~30千克复合肥，分蘖期追施5~10千克尿素，拔节时，每亩施40~50千克复合肥，结合大培土进行施肥。

适合种植区域：适合在桂中、桂西南、桂南蔗区的春季、冬季及秋季种植。

注意事项：该品种植株易倒伏。风险及防范措施：做好抗台风抗倒伏措施，如适当加大培土高度，目标产量在每亩4~6吨为宜；同时应加强对甘蔗黑穗病、梢腐病的防范与防治。

（三十）桂糖57

ROC26×ROC22，中大茎种，植株高度中等，出苗整齐均匀，叶片浓绿生势好，分蘖性强，生长速度中等，有效茎数较多，宿根性强，抗倒伏性好。甘蔗节间长度中等，不易长气根，甘蔗叶片长度中等，叶片中部较宽，叶片较厚，叶色浓绿。甘蔗平均株高为282厘米，茎径为2.62厘米，有效茎数为4 412条/亩，出苗率为61.29%，分蘖率为106.73%。11~12月蔗糖分14.39%，次年1~3月蔗糖分15.40%，纤维分11.55%。抗黑穗病，中抗花叶病，中抗梢腐病；抗寒性较强，抗倒性较好。第1年新植亩产7 900千克，比对照ROC22增产2.80%；第1年宿根亩产6 546千克，比对照ROC22增产4.90%；第2年宿根亩产6 661千克，比对照ROC22增产8.50%。

栽培技术要点：①该品种亩下种量以7 000~8 000芽为宜，行距1.0~1.2米为宜。种植时可加盖地膜，提高地面温度促进甘蔗出苗和抗旱保水。②加强螟虫的防治，可选用高效低毒的农药如20%氯虫苯甲酰胺悬浮剂，每亩15毫升防治枯心苗，中后期再进行1~2次，防治中后期螟虫。③加强水肥管理。种植时施足底肥，每亩可施用1 000~1 500千克农家肥，配施通用型复合肥（15-15-15）50千克。追施分蘖肥，可结合中耕除草进行，每亩施10~20千克复合肥或10千克尿素。重施攻茎肥，结合大培土，每亩可施复合肥50千克。④该品种叶鞘包裹蔗茎较紧，脱叶性较差，如有剥叶习惯的蔗区，可选择雨后剥叶。⑤加强宿根蔗管理，及时破垄松蔸，松蔸后每亩可施复合肥20~30千克或尿素10千克，促进甘蔗发株出苗，如发现黑穗病株，应及时拔掉。追施分蘖肥，可结合中耕除草进行，每亩施 10～20 千克复合肥或 10 千克尿素。重施攻茎肥，结合大培土，每亩可施复合肥 50 千克。

适合种植区域：适合在广西来宾市、崇左市和河池市蔗区春季、冬季及秋季种植。

注意事项：该品种苗期易感染黑穗病和螟虫，后期老叶易感染褐条病。风险及防范措施：加强螟虫防治，拔除黑穗病病株，后期有条件的地方，选择雨后剥除老叶。

（三十一）桂糖 58

粤糖 85-177×CP81-1254，中大茎种，植株高度中等，分蘖力强，有效茎数多，宿根发株数多，宿根性好。植株直立抗倒伏，易脱叶，57 号毛群不发达，适合人工和机械收获。新植萌芽率为 61.3%，分蘖率为 51.0%，宿根发株率为 158.1%，绿叶数 11 张。工艺成熟期株高 290 厘米，茎径 2.68 厘米，亩有效茎数 4 750 条。节间形状圆筒形，节间长度中等，无气根和水裂。芽体大小中等，芽卵圆形。11～12 月蔗糖分 13.85%，次年 1～3 月蔗糖分 15.71%，纤维分 12.22%。高感黑穗病，高抗花叶病，高感梢腐病，苗期螟虫枯心率为 3.44%，抗倒伏性较强，抗旱性一般。第 1 年新植亩产 7 021 千克，比对照 ROC22 增产 27.10%；第 1 年宿根亩产 7 427 千克，比对照 ROC22 增产 32.90%；第 2 年宿根亩产 7 330 千克，比对照 ROC22 增产 28.40%。

栽培技术要点：①亩下种量以 7 000～8 000 芽为宜，行距 1.0～1.2 米为宜。种植时可加盖地膜，保温保水，促进出苗和分蘖。②该品种前中期生长速度中等，在种植时需适当早种，以冬植、早春植为好，该品种对水肥条件要求较高，对土壤贫瘠保水能力较差的旱坡地，应加强田间水肥管理。下种时亩施 1 000～1 500 千克农家肥，配施 50 千克普通型复合肥（15-15-15），分蘖初期，可结合中耕除草，每亩追施 10 千克尿素或复合肥，伸长初期施攻茎肥，每亩可施 50 千克复合肥。③适当延长宿根年限，建议种植 1 年新植蔗后，再留宿根 2 年以上，增产效果好。④该品种在分蘖期至伸长初期，易感染梢腐病和赤条病。

适合种植区域：适合在广西各蔗区的春季、秋季和冬季种植。

注意事项：该品种在分蘖期至伸长初期，易感染梢腐病和赤条病，应加强防治。在生长后期，易感染轮斑和褐条病，应及时清除老叶和病叶，减少该病危害。该品种生长速度中等，对水肥敏感，对水肥条件要求较高。风险及防范措施：在分蘖期和伸长期间，选用适当化学药剂防治梢腐病和赤条病。种植时宜选择种植在水肥条件较好的蔗地，对于土壤贫瘠和保水能力相对较差的旱坡地，需加强水肥管理。

（三十二）桂柳 05136

CP81/1254×新台糖 22，蔗茎均匀、实心，中到大茎，节间圆筒形，芽沟浅，蜡粉多，有浅生长裂纹（水裂纹），节间遮光部分黄绿色，露光部分紫色；芽体中等，圆形，下部着生于叶痕，芽尖到生长带，芽翼下缘达芽 1/2 处，芽孔着生于芽体中上部，根点 2 列，根带紫红色，生长带黄绿色；叶姿挺直，叶色青绿，叶鞘紫红色，57 号毛群多；外叶耳过渡形，内叶耳为三角形，易脱叶；萌芽快而整齐，出苗率中等，分蘖力强，前中期生长快，全生长期生长旺盛，有效茎数较多。宿根性强，抗旱性强，中抗黑穗病和花叶病。属早熟品种。2 年新植 1 年宿根平均蔗茎产量 100.74 吨/公顷，比对照新台糖 22 增产 0.87%，与对照新台糖 22 比 6 点次增产，比对照新台糖 16 增产 6.07%，与对照新台糖 16 比 11 点次增产；平均蔗糖产量 15.16 吨/公顷，比对照新台糖 22 增产 5.41%，与对照新台糖 22 比 9 点次增产，比对照新台糖 16 增产 8.97%，与对照新台糖 16 比 9 点次增产；11～12 月平均蔗糖分 14.19%，1～3 月平均蔗糖分 15.57%，全期平均蔗糖分 14.99%。生产试验平均蔗茎产量 94.93 吨/公顷，比对照新台糖 22 减产 2.75%，与对照新台糖 22 比 7 点次增产，比对照新台糖 16 增产 8.59%，与对照新台糖 16 比 10 点次增产；平均蔗糖产量 14.18 吨/公顷，比对照新台糖 22 增产 1.68%，与对照新台糖 22 比 7 点次增产，比对照新台糖 16 增产 11.51%，与对照新台糖 16 比 11 点次增产；11～12 月平均蔗糖分 14.21%，1～3 月平均蔗糖分 15.50%，全期平均蔗糖分 14.99%，比对照新台糖 22 高 0.63 个百分点，比对照新台糖 16 高 0.37 个百分点。

栽培技术要点：①种植行距以 1.1～1.2 米为宜，公顷下种量以 90 000 芽为宜，用秋植蔗种或上半段种茎对确保全苗有利。②施足基肥，增施有机肥，适施分蘖肥，重施攻茎肥。③降低下种部位，提高培土质量，防止倒伏。④宿根蔗发株早，应早管理、早施肥。⑤注意做好甘蔗螟虫防治，注意施用芽前除草剂，芽后除草剂选用不含敌草隆成分的安全高效除草剂。

（三十三）桂柳 2 号

HoCP93/746×ROC22，中到中大茎，节间圆筒形，芽沟明显，蜡粉较浅，无生长裂缝和木栓斑，无气根，节间遮光部分黄色，露光部分紫红色；芽体中等，圆形，下部着生于叶痕，芽尖不超过生长带，芽翼不发达；根点 2 行，排列不规则，生长带青绿色；叶姿挺直，叶色青绿，嫩叶鞘青绿色，老叶鞘褐红色，57 号毛群不发达；外叶耳过渡形，内叶耳长三角形，易脱叶；萌芽快而整齐，出苗率较高，分蘖力强，前中期生长快，有效茎数较多。对花叶病免疫，中抗黑穗病，抗旱性中等，抗寒性强，宿根性好，属早中熟品种。2 年新植 1 年宿根平均蔗茎产量 105.39 吨/公顷，比对照 ROC22 增产 5.71%，与对照 ROC22 比 10 点次增产，比对照 ROC16 增产 12%，与对照 ROC16 比 13 点次增产；平均蔗糖产量 15.60 吨/公顷，比对照 ROC22 增产 5.53%，与对照 ROC22 比 8 点次增产，比对照 ROC16 增产 13.60%，与对照 ROC16 比 13 点次增产；11～12 月平均蔗糖分 13.95%，1～3 月平均蔗糖分 15.37%，全期平均蔗糖分 14.76%，与对照 ROC22 持平，比对照 ROC16 高 0.17 个百分点。生产试验，平均蔗茎产量 113.17 吨/公顷，比对照 ROC22 增产 8.72%，与对照 ROC22 比 8 点次增产；平均蔗糖产量 16.64 吨/公顷，比对照 ROC22 增产 7.80%，与对照 ROC22 比 9 点次增产；11～12 月平均蔗糖分 13.86%，1～3 月平均蔗糖分 15.39%，全期平均蔗糖分 14.75%。

栽培技术要点：①种植行距以 1.1～1.2 米为宜，公顷下种量 90 000 芽为宜，用秋植蔗种或上半段种茎有利全苗。②施足基肥，增施有机肥，适施分蘖肥，重施攻茎肥。③降低下种部位，提高培土质量防止倒伏。④宿根蔗发株早，应早管理、早施肥。⑤注意做好甘蔗螟虫防治，注意施用芽前除草剂，芽后除草剂选用不含敌草隆成分的安全高效除草剂。

(三十四) 桂柳 07150

粤糖 85-177×ROC22，该品种早中熟，株型好，大茎，蔗茎均匀度好，宿根性好，易脱叶。适宜一般水肥条件的蔗地种植。

栽培技术要点：①该品种适合一般水平条件的蔗地种植，在水肥条件中等以上的蔗地更能发挥其增产增糖的效果。②下种量以 6 000 芽/亩为宜，行距在 1.0 米以上，可春植、冬植和秋植。新植蔗播种及宿根蔗破垄松蔸后最好采用地膜覆盖，以提高萌芽率和增加宿根蔗的发株数。③施肥培土管理。施足基肥，早施肥，早培土，氮、磷、钾肥配合施用，前期可适当增加氮肥的用量，及时防虫除草。

适合种植区域：适合在桂中、桂南、桂西蔗区，云南西南蔗区，广东湛江蔗区春植和秋植。

注意事项：该品种苗期生长较慢，栽培上注意做好甘蔗蓟马的防治。

(三十五) 闽糖 01-77

ROC20×崖城 84-153，蔗茎均匀，中至中大茎，节间圆筒形，略带"之"字形，芽沟浅；遮光部分黄绿色，曝光部分深绿色；蜡粉带薄，无气根；芽体中等，椭圆形，芽位平；根点 2~3 行，排列不规则；叶色青绿，叶片长度较长、宽度中等，心叶直立，叶姿挺直，植株紧凑；叶鞘遮光部分浅黄色，曝光部分浅绿色；易脱叶，无 57 号毛群；内叶耳披针形，外叶耳缺。萌芽快而整齐，出苗率高，分蘖较早，有效茎数多，抗旱性强，宿根性强。中抗黑穗病，高抗花叶病。属中熟品种。2 年新植 1 年宿根平均蔗茎产量 98.96 吨/公顷，比对照新台糖 22 减产 0.92%，与对照新台糖 22 比 8 点次增产，比对照新台糖 16 增产 4.19%，与对照新台糖 16 比 12 点次增产；平均蔗糖产量 14.61 吨/公顷，比对照新台糖 22 增产 1.63%，与对照新台糖 22 比 8 点次增产，比对照新台糖 16 增产 5.06%，与对照新台糖 16 比 10 点次增产；11~12 月平均蔗糖分 14.05%，1~3 月平均蔗糖分 15.27%，全期平均蔗糖分 14.75%，比新台糖 22 增加 0.32 个百分点，比新台糖 16 增加 0.15 个百分点。生产试验平均蔗茎产量 88.62 吨/公顷，比对照新台糖 22 减产 9.22%，与对照新台糖 22 比 3 点次增产，比对照新台糖 16 增产 1.37%，与对照新台糖 16 比 6 点次增产；平均蔗糖产量 12.77 吨/公顷，比对照新台糖 22 减产 8.45%，与对照新台糖 22 比 4 点次增产，比对照新台糖 16 增产 0.40%，与对照新台糖 16 比 8 点次增产；11~12 月平均蔗糖分 13.76%，1~3 月平均蔗糖分 14.96%，全期平均蔗糖分 14.46%，与两对照持平。

栽培技术要点：①适合在中等或中等以上地力的旱坡地、水旱田（地）种植。②冬植或春植均可，种植行距以 1.1~1.2 米为宜，公顷下种量 49 500~52 500 段双芽。③应加强宿根蔗施肥管理，宜保留 1~2 年宿根。④在肥料施用上注意氮、磷、钾肥合理配施，避免偏施、重施氮肥。⑤注意对地下害虫、蔗螟和甘蔗绵蚜的防治。

(三十六) 闽糖 061405

闽糖 92-649×新台糖 10 号，出苗率较高，分蘖早，分蘖率较高，前期生长中等，中后期生长较快，叶片青秀，有效茎数多，中大茎，宿根性较强，易脱叶。平均出苗率为62.42%，宿根发株率为130.97%，分蘖率88.36%，平均株高257厘米，茎径2.71厘米，亩有效茎数为4 651条。

栽培技术要点：①适合在土壤疏松，中等及以上肥力的旱地和水田蔗区种植。②以收获原料蔗为目的，宜春植，2～3月为佳，应尽量在3月中下旬前完成种植，有条件的蔗区可进行冬植（11月至翌年1月）。③宿根蔗要及时松蔸，早施肥，早治虫。④针对该品种脱叶性好，蔗芽易暴露的特点，播种时除应保持蔗种的新鲜度外，半年蔗可全茎留种，全年蔗应尽量选择有上部芽的做种。⑤施足基肥，增施有机肥。早追肥，行距0.9～1.2米。亩种有效芽6 500～7 000个。⑥在锈病多发蔗区(4～6月)应注意预防锈病的发生，加强田间管理，合理施肥，不偏施氮肥，多施磷、钾肥；在发病初期可用75%的百菌清可湿性粉剂600倍液喷雾，每隔10天一次，连续2～3次；还应注意防治黑穗病，发现病株及时拔除集中烧毁。⑦有条件的蔗区可采用全程机械化播种、中耕、施肥、管理和收获。

适合种植区域：适合在广西、广东、海南、福建、云南临沧蔗区春季种植。

注意事项：高抗花叶病和黄叶综合征，对黑穗病抗性较差，在黑穗病发生较重的地区种植该品种要注意观察黑穗病发生情况，及时拔除病苗，发病率达到15%及以上的蔗地不宜再留宿根，不从病田里调种。在云南开远、富宁、德宏、保山等试验点，表现减产减糖，不适合该品种的推广。

（三十七）中蔗10号

CP49-50×CP96-1252，特早熟。萌芽能力一般但比较整齐，苗均匀度高，分蘖能力早且强，蔗茎均匀，属于中大茎种。前期生长速度一般，中后期生长快且稳健，有效茎数较多，宿根发株率高，宿根性强。11～12月平均蔗糖分15.02%，次年1～3月蔗糖分16.20%，纤维分12.79%。抗黑穗病，高抗花叶病，高抗梢腐病，耐冷性、耐旱性较强，抗倒伏能力一般。第1年新植亩产7 292千克，比对照新台糖22减产17.00%；第1年宿根亩产7 391千克，比对照新台糖22减产4.20%；第2年宿根亩产7 219千克，比对照新台糖22增产4.60%。

栽培技术要点：①该品种植株宿根年限可达4年以上，需深植（30厘米以上），以防倒伏。②该品种萌芽率、分蘖率较高，有效茎多。亩下种量5 000～6 000芽为宜，施足基肥，深种浅覆土。③该品种属于特早熟品种，前期生长为关键时期，拔节期尽早培土施肥，可适当增施钾肥和磷肥并大培土。④该品种宿根性较好，宿根蔗要及时早开垄松蔸，苗数达到基本苗后及时培土，防止倒伏。

适合种植区域：适合在广西南宁、崇左蔗区秋季、冬季及春季种植。

注意事项：该品种属于中茎高产品种，需深耕深松地块。该品种出芽能力稍弱，最好用半年蔗做蔗种，适当加大甘蔗下种量，可控制在5 000～6 000芽/亩，深种浅盖土；早生快发，前期生长快，尽早培土施肥，除草剂需注意类型和用量，防止除草剂对甘蔗的伤害。

（三十八）中糖 4 号

K86-110×HoCP95-988，平均株高为 366～402 厘米，平均茎径为 2.78～2.96 厘米，平均亩有效茎数为 6 114～6 445 条/亩。11～12 月蔗糖分 12.09％，次年 1～3 月蔗糖分 13.07％；纤维分 10.63％。抗黑穗病，中抗花叶病，尚未发现其他严重病害。第 1 年新植亩产 8 825 千克，比对照新台糖 22 增产 11.60％；第 1 年宿根亩产 7 810 千克，比对照新台糖 22 增产 32.70％；第 2 年宿根亩产 6 924 千克，比对照新台糖 22 增产 26.50％。

栽培技术要点：①适合在水田或有灌溉条件的蔗区种植。②海南蔗区适宜于冬植或早春植，其他蔗区宜春植，亩下种量为 2 500～4 000 芽。③种植时，施足基肥，亩施尿素 30 千克、普通过磷酸钙 50 千克、氯化钾 20 千克，加强水肥管理，促苗齐苗壮，早施追肥，防田间积水。④收获后，宿根蔗早开垄松蔸，早施肥管理，促早生快发。

适合种植区域：适合在海南临高蔗区冬季或早春种植，广西扶绥蔗区春植。

注意事项：宿根性不够强，要管理好宿根发株。

（三十九）热甘 1 号

CP94-1100×ROC22，分蘖率为 176.6％，茎径 2.8～3.3 厘米，株高为 270～290 厘米，成熟期含糖量为 14.1％～14.5％。脱叶性好，高产、稳产。当年 11～12 月平均蔗糖分 14.24％，次年 1～3 月平均蔗糖分 14.34％，纤维分 12.84％，粗蛋白含量 0.4％。感黑穗病，中抗花叶病，中抗梢腐病，高温高湿下感叶焦病。第 1 年新植亩产 6 560 千克，比对照新台糖 22（ROC22）增产 7.20％；第 1 年宿根亩产 6 380 千克，比对照新台糖 22（ROC22）增产 11.70％；第 2 年宿根亩产 5 340 千克，比对照新台糖 22（ROC22）增产 13.40％。

栽培技术要点：①适合冬植或早春植，亩下种量为 6 000～7 000 芽，全年蔗的梢部种最好能浸种消毒，以降低蔗种的蔗糖分，促进萌发。②施足基肥，早施追肥，注意水肥管理，防田间积水，中后期控制田间湿度，促苗齐苗壮。③收获后，宿根蔗早开垄松蔸，早施肥管理，促早生快发。

适合种植区域：适合在广东湛江干旱、半干地区冬、春季种植。

注意事项：该品种在高温高湿条件下，中后期易感叶焦病，在 8 月以后的中后期，应该控制田间水分和湿度，避免偏施氮肥，增施磷、钾肥和有机肥。

（四十）德蔗 0978

桂糖 94-119×ROC10，中熟品种，全期生长旺盛，植株高大，生势强。出苗率 60％～70％，分蘖率 50％～120％，株高 280～320 厘米，茎径 2.6～2.8 厘米，单茎重 1.5～1.8 千克，亩有效茎 4 200～5 000 条，平均亩产量 7～9 吨。11～12 月蔗糖分 14.25％，次年 1～3 月蔗糖分 16.53％，纤维分 12.08％。中抗黑穗病，中抗花叶病，田间发现极少量梢腐病株，抗旱性强，抗倒性一般。第 1 年新植亩产 9 223 千克，比对照 ROC22 增产 18.80％；第 1 年宿根亩产 8 093 千克，比对照 ROC22 增产 17.00％；第 2 年宿根亩产 6 864 千克，比对照 ROC22 增产 15.10％。

栽培技术要点：①选择在海拔 1 300 米以下中等肥力旱坡地和水浇地种植。②种植行距 1.1～1.2 米，亩下种量 8 000 芽。③秋植、冬植或早春植盖膜栽培。④施足基肥，早施追肥，氮、磷、钾肥配施，后期免施壮尾肥。⑤适当早培土高培土，防止后期倒伏；⑥宿根蔗早开垄松蔸，早施肥管理，地膜覆盖，促早生快发，保证宿根高产稳产。

　　适合种植区域：适合在海拔 1 300 米以下的云南德宏、保山地区旱坡地或水浇地冬季或早春季种植。

　　注意事项：高产栽培时容易倒伏，甘蔗生长后期不宜追施壮尾肥，加强高培土防止倒伏。宿根发株一般，宿根蔗要早开垄松蔸，早施肥管理，地膜覆盖，促早生快发，保证宿根蔗高产稳产。

第六章
机械化蔗园土地生产力提升

第一节　机械化对蔗园土壤结构的影响

一、机械化生产模式对蔗园土壤结构特性的影响

土壤是大田作物生产的基础和载体，土壤良好的结构、充足的营养供给、活跃的微生物生态对作物高产稳产、节本增效和可持续生产具有重要且不可替代的作用。甘蔗生产全程机械化与传统的人工栽培管理模式相比，对土壤的最直接影响就是大型机具作业行走对土壤的压实及其造成的土壤物理结构、化学性质、养分吸收、转化特征和微生物生态等的响应和变化。

全程机械化生产模式，尤其是采用大型机械作业的蔗田，土壤的机械压实效应是客观存在的，但仍可通过全生产期的中耕管理作业得以缓解，通过持续改良土壤结构和适当的机械化耕作技术进一步改善。由于我国蔗作土壤长期连作，生产管理还欠科学，如未行合理深松，土壤浅层滥施化肥，滥耕现象突出，长期忽视地力维护等，导致我国蔗作土壤的结构和功能协调性较差。在此条件下，相较于我国长期以来所采用的传统人工作业方式，生产全程机械化，尤其是机收作业后，对土壤造成的压实影响还是十分显著的，务必及早进行破垄松蔸作业，否则将会对宿根蔗的发株和甘蔗生长产生显著的不利影响。

笔者研究比较了宽行距（1.4 米）生产全程机械化模式与传统的窄行距（<1.2 米）种植管理人工收获生产模式二者间在甘蔗收获后至破垄松蔸前的土壤压实情况差异，研究结果显示（图 6-1），甘蔗收获后至破垄松蔸前，宽行距机械化收获模式下的全田土壤紧实度显著大于传统的窄行距种植管理和人工收获生产模式，尤以机具行走的行沟为甚，蔗垄上部受压实的影响居次。研究显示，宽行距生产全程机械化模式的行沟 0～15 厘米土层和蔗垄 0～15 厘米土层的土壤紧实度比传统的窄行距种植管理和人工收获生产模式同区位土层的土壤紧实度可高出 2 倍以上，也反映出机收作业的不规范，机械化收获系统机具行走路径难以统一，机具轮胎的田间接触压实面积较大，甚至有碾压蔗垄的现象发生。经过破垄松蔸和全生产期的田间中耕管理作业后，除机具行走的行沟以外，全程机械化生产模式和传统的人工作业模式蔗垄不同深度土层的土壤紧实度已无显著差异，说明机械化收获对土壤的压实效应可通过破垄、中耕作业得以改善。

笔者又在宽行距（1.4 米）种植模式下，分别进行了机械化收获和人工收获方式对土壤造成的压实效应分析，结果显示，收获后至破垄松蔸前，机械化收获对全田的压实效应

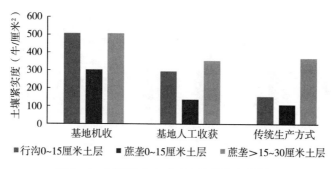

图 6-1 不同生产方式对土壤紧实度的影响

显著，土壤紧实度可达人工收获的 1.4～2.3 倍，蔗垄上部（蔗垄 0～15 厘米土层）土壤紧实度受压实影响的变化幅度最大，可见机收作业规范性亟待提高和实施全程机械化生产作业固定路径技术的必要性。进一步研究显示，经破垄松蔸和全生产期的田间管理作业后，两种收获方式下，除蔗垄深层（蔗垄＞15～30 厘米土层）以外，其他区位（行沟和蔗垄 0～15 厘米土层）的土壤容重、土壤紧实度、总孔隙度、毛管孔隙度、通气孔隙度及固、液、气三相容积率等指标在机收与人工收获两种收获方式之间已无显著差异（图 6-2、图 6-3、图 6-4），即行沟及垄面的土壤压实情况可通过破垄松蔸和全生产期的中耕管理作业得以基本改善，但蔗垄深层的土壤紧实现象尚未得到令人满意的缓解，机收后至破垄松蔸前该区位的土壤紧实度达 500 牛/厘米²，经破垄松蔸和全生产期的中耕管理后，该区位土壤紧实度下降为约 360 牛/厘米²，仍处于紧实状态，远高于蔗垄上部甚至机具行走的行沟的土壤紧实度，导致全田土壤结构极不协调。对两种模式下该区位土壤的固、液、气三相容积率的分析结果显示，蔗垄深层的通气孔隙度急剧减少，气相容积率显著下降。土壤的通气性和透水性下降，可导致土壤的氧化还原状态、酸碱度和金属毒害、微生物生态、养分的转化和利用等受到影响，从而影响到甘蔗根系的生长及其对养分、水分的吸收功能，加剧甘蔗根系的老化死亡，并严重影响地下芽，尤其是低位芽的萌发出苗，从而对宿根蔗发株生长和产量造成显著的不利影响。

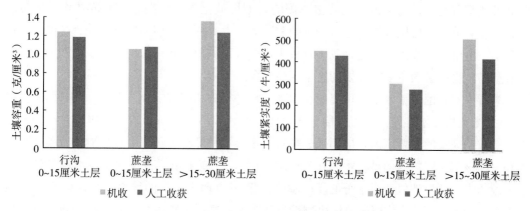

图 6-2 机械化对土壤容重和紧实度的影响

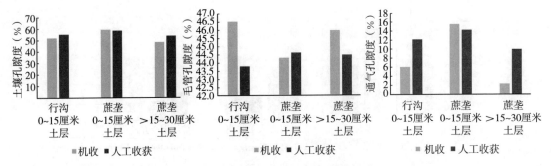

图 6-3　机械化对土壤孔隙度的影响

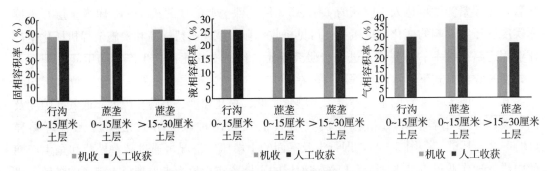

图 6-4　机械化对土壤三相容积率的影响

通过对上述研究的综合分析发现，经过破垄松蔸和全生产期的中耕管理作业后，无论是生产全程机械化模式还是传统的人工作业模式，蔗垄深层（蔗垄＞15～30 厘米土层）都是全田土壤紧实度最高的区位，生产全程机械化模式下机收后至破垄松蔸前该区位的土壤紧实度高达 500 牛/厘米^2，经破垄松蔸和全生产期的中耕管理后，该区位土壤紧实度下降为约 360 牛/厘米^2，而传统的窄行距生产模式下该区位的土壤紧实度竟然也高达 370 牛/厘米^2，是行沟、蔗垄上部（蔗垄 0～15 厘米土层）土壤紧实度的 2.3～3.4 倍。可见蔗垄深层（蔗垄＞15～30 厘米土层）土壤结构紧实是蔗区当前不论哪种生产模式、收获方式都普遍存在的现象，反映出我国的甘蔗机械化深松存在着较普遍的作业质量问题，也引起笔者对机械行沟行走所产生的侧向剪切力对蔗垄深层的影响给予更多关注。蔗垄深层土壤结构的改良和优化是我国甘蔗生产全程机械化，乃至传统的人工生产方式下保证甘蔗高产稳产必须主攻的重要的土壤区位对象。

笔者曾对我国主蔗区不同土层的相对含水量进行分析研究，结果显示（图 6-5），蔗地 10 厘米土层保水性较差，蓄水御旱能力弱，尤其容易受旱情影响，土壤团粒结构的贫乏是造成该现象的主要原因，应用地表覆盖技术（如蔗叶覆盖还田）可望有所改善，但改善和增加该土层团粒结构是根本的技术要求；蔗地 20 厘米土层在现有土壤结构条件下处于关键的水分调控地位，对水分的反应敏感；蔗地 30 厘米土层的结构较差，40 厘米土层的毛管效应差。蔗地全耕层的整体协调性有待改善，这也反映出机械化深松的重要性和质量要求。改善 20～40 厘米土层结构的协调性，保持耕层物理指标的稳定性，不仅关系到机械化宜耕性，也是甘蔗高产栽培的重要基础，这与前述的研究结果是一致的。

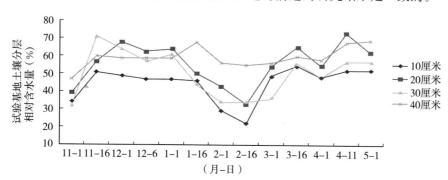

图 6-5　不同土层的相对含水量变化

关于土壤压实及其侧向剪切力的影响，有研究显示，随着大型农机具宽面轮胎的应用，通过增大轮胎与土壤的接触面积，大型农机具对土壤浅层的压实状况得到了改善，但研究同时还发现，应力传导的深度却逐渐增加。研究显示，当初始作用压力为 100 千帕时，采用胎面宽为 40 厘米的轮胎，产生 120 千帕压力响应的土层为土面以下 0～30 厘米区域，当轮胎的胎面宽度增大至 50 厘米时，同压力段的响应土层可减少为 0～20 厘米区域。但与此同时，应力向下传导的 80 千帕响应土层从土面以下 35 厘米延深至 45 厘米；应力向下传导的 60 千帕响应土层从土面以下 57 厘米延深至 62 厘米；应力向下传导的 40 千帕响应土层从土面以下 80 厘米延深至 90 厘米；而应力向下传导的 20 千帕响应土层可从土面以下 130 厘米延深至 220 厘米，甚至更深土层。这种压实应力的深层传导效应长期累积，便造成土壤亚表层紧实度逐渐加大，犁底层逐渐上移的土壤自身结构的劣变，剪切力作用并直接导致土壤中小孔隙的曲折度增加，影响土壤的通气，蓄、排水和氧化还原功能。

为了了解生产全程机械化作业对耕层土壤特性衍变的长期影响，笔者对甘蔗新植和宿根连续三个生产季的耕层土壤特性进行了跟踪分析，研究结果反映出蔗垄深层（蔗垄＞15～30 厘米土层）土壤紧实程度增大，蔗垄表层（蔗垄 0～15 厘米土层）土量不足和结构不良的发展趋势。三个生产季中，机具行走的行沟及蔗垄深层（蔗垄＞15～30 厘米土层）的土壤孔隙度均显著小于蔗垄上部，蔗地不同区位的土壤孔隙度协调性随着种植年限的延长而逐渐变劣，总体上毛管孔隙度呈减小趋势，土壤的蓄水抗旱能力下降，蔗垄上下土层的毛管孔隙度均从进入第一季宿根期即迅速降低，至第二季宿根期趋于稳定（图 6-6）；值得注意的是进入宿根季垄面毛管孔隙度的下降和通气孔隙度的上升，反映出可能存在蔗蔸内低位芽发株状况不良，宿根蔗蔗桩位置抬升，可供培土量不足，中耕培土作业质量不佳以及表土耕作层团粒结构的破坏等问题。蔗垄上部（蔗垄 0～15 厘米土层）土壤固相容积率偏低以及至第二季宿根期的继续下降也证实了上述观点（图 6-7）。这种现象对于养分吸附与利用、甘蔗抗倒伏、宿根季产量及下一生产季的宿根发株生长均会造成显著的不利影响。

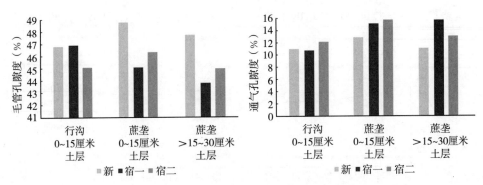

图 6-6 不同生产季土壤毛管孔隙度的变化

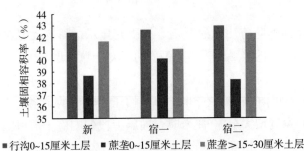

图 6-7 不同生产季土壤固相容积率的变化

笔者的研究还显示，植蔗后前两年蔗地浅层（0～15厘米土层）土壤比重易受外界作用，如施肥种类、机械作业等影响或干扰，表明新植和第一季宿根是土壤结构改良的关键有效期，随着宿根年限的延长，蔗地土壤各区位比重趋于稳定，通过植前深松、深施肥、深埋土壤改良物料提升土壤中的微团聚体含量，实施保护性耕作和避免滥耕，是下一步稳定机械化蔗园耕层土壤良好结构的主要方向。

为了缓解和改善生产全程机械化可能伴生的上述对土壤结构和功能的不良影响，发达产蔗国家和地区主要采取了以下几种技术策略：

一是实施保护性耕作技术模式，减少农机具下田作业次数。很显然，引起生产全程机械化模式和传统的人工作业模式下蔗田土壤紧实度状态差异的最主要的作业环节是采用大型联合收获系统机具进行机械收获，包括联合收割机和装载运输机具的使用；此外，与传统的窄行距种植管理和人工收获生产模式相比，生产全程机械化模式下的中耕管理乃至种植、耕整地所匹配的大马力拖拉机都可能产生不同程度的压实效应。因此，发达产蔗国家和地区在地力维护条件较好，实施保护性耕作技术模式的机械化蔗园，仅有的可扰动土壤的作业环节包括机械化耕整地，机械化种植或破垄松蔸，结合进行一次性施肥或用药，以及机械化收获。常采用对土壤扰动少的作业机具和作业方式，如采用圆盘破垄的方式进行宿根蔗破垄施肥管理，既减少了犁铲式或旋耕式作业对土层的扰动和节省了功耗，又有效地阻断了机具在行沟行走造成的侧向剪切压实影响。

二是采用生产全程机械化作业固定路径行走技术模式。借助卫星导航驾驶控制系统的应用，使得耕、种、管、收、运全流程各环节机具作业行走均在预设的全田轮胎接触面积最小、对甘蔗地下部的机械压实传导影响最小、对土壤结构性能影响最少的优化路径上进行。

三是持续不间断地进行甘蔗地力维护和土壤改良，作为甘蔗生产最重要的基础性工作。如普遍实施作物轮作制，尤其是大豆与甘蔗的轮作。大豆在常用的豆科作物中地上部的生物产量优势最为明显，其地上部干物质重量可占其总生物量的 87.8%，其中蛋白含量约为 2.58%，被世界各国广泛应用为甘蔗的轮作作物。轮作制以及秸秆、农林废弃物、农家肥、生物菌肥以及含有机质的加工副产品如发酵残液、滤泥等的还田均属于土壤的生物改良措施，旨在增加土壤有机质，结合耕作后的疏松土壤环境，促进微生物活动和有机养分分解为便于利用的形态，并通过长期的效应积累，改善土壤结构、功能的协调性和养分供给能力。秸秆等的还田一般宜结合土壤耕作覆入土中，与耕作土壤分散混合或深埋，对于全田土壤改良的效果更为理想。地力维护和土壤改良还包括其他多种方式，如化学方式的石灰调酸，物理或机械方式包括施入土壤结构调理剂、采用改沟植为垄作来增厚耕层、蔗叶地表覆盖疏解机械压实等。

二、耕整地方式对蔗园耕层土壤结构特性的影响

生产全程机械化是我国甘蔗产业节本增效、提升国际竞争力的重大关键技术。在耕整地、种植、田间管理与收获诸环节中，蔗地耕整地已普遍实现机械化；在中大规模的平缓地形多采用拖拉机牵引犁、耙、旋耕机具进行作业，地块较小的陡坡地也采用手扶拖拉机装配相应小型农具进行作业。甘蔗是多年宿根生产、深根型作物，通过植前耕整地创建一个耕层深厚、结构特性良好、水肥持续供给能力强的植床尤为重要，而机械化深松便是耕整地环节的一项关键技术。受深松机具机械强度要求高、匹配动力较大、投资运行成本略高等影响，我国蔗地深松作业质量普遍不高，部分蔗区因缺乏相应机具，以深翻替代深松，以期达到同样的深耕效果。

机械化深松是一种作业深度超过常规耕层厚度，不翻转和打乱土壤上下层次的耕作方式，一般要求穿透犁底层，旨在逐渐增厚耕层，提升土壤的水肥协调能力，促进土体熟化。深松可降低其密度，有助于促进作物根系纵深生长，增加根长及根重，提高作物水分利用效率和产量；对于增加土壤蓄水、减少蒸发损失、提高水分有效性显示出良好的效果。机械化翻耕可逐年增加对犁底层的耕翻利用深度，通过作业面土体上下层次的翻转、曝晒，促进耕层土壤的水分和热量交换，有利于提高耕层土壤的宜耕性，并兼具覆草灭虫的效果。

由于蔗区多丘陵山地，大型、大功率、高强度拖拉机、深耕机具较少，长期以来蔗区耕整地作业深度多不足 30 厘米，还有相当比重仍依靠微型旋耕机具进行耕深不足 25 厘米的耕整地作业，耕层浅薄，甘蔗根系难以深扎，肥水持续利用能力差，造成早衰、减产、易倒伏、宿根蔗表现差等不利影响。廖青等评价了机械化深耕深松栽培技术对甘蔗生长及产量的影响，结果表明，深耕深松栽培技术种植甘蔗能增加土壤含水量，利于甘蔗前期早生快发，并促进后期糖分积累，从而提高甘蔗的糖分和产量。郑超等研究了雷州半岛深松中耕对甘蔗产量的影响及其作用机制，结果表明深松降低了土壤容重和坚硬度，增加了土壤的蓄水保水

能力，改善了根系生长的生态条件，提高了甘蔗的根系活力和抗逆性。可见利用中大马力拖拉机悬挂高强度铧式犁、深松犁进行标准化深耕作业，可以提高耕层生态条件协调能力，提高甘蔗蔗茎产量和甘蔗蔗糖分。在国家糖料产业技术体系的支持下，课题组通过适应机械化的品种选择、土壤改良、营养管理和水肥一体化、虫草害综合防控等技术集成，建立了以宽行宽幅播种技术，耕前、芽前和苗期除草技术，中后期水肥一体化技术，宿根机械破垄管理技术为重点的机械化农艺模式，农机农艺融合的大规模示范取得显著成效。但不同的深耕技术（深松、深翻）对土壤结构、生态条件的影响研究，以及进而促进甘蔗增产的研究尚欠系统化，机理性讨论的基础较单薄，关键性影响因子尚未见深入揭示。通过本研究及配套的系统性试验，将更加精准地掌握深耕作业的针对性土壤区位和障碍因子，实现更加高效节能的机具匹配和增产效益，形成甘蔗良好耕层构建的深耕关键技术体系。

（一）不同耕整地方式下土壤耕层结构特性

1. 土壤容重和紧实度 1.4 米行距下（表 6-1），3 种耕整地处理土壤容重无显著差异，0～10 厘米土层土壤容重显著小于其他 3 个土层（$P<0.05$）；1.6 米行距下，深松 35 厘米＋旋耕 25 厘米（B3）处理土壤容重显著小于其他 2 种耕整地处理方式（$P<0.05$），深翻 50 厘米＋旋耕 25 厘米（B2）处理土壤容重与旋耕 25 厘米处理无显著差异，0～10 厘米和 >10～20 厘米土层土壤容重显著小于 >20～30 厘米和 >30～40 厘米土层（$P<0.05$）。总体看 1.6 米行距植蔗土壤容重显著高于 1.4 米行距（$P<0.05$），B3 处理土壤容重显著小于其他 2 种耕整地处理方式（$P<0.05$）。从耕作措施与行距交互作用分析（表 6-1），主处理为1.6 米行距、副处理为旋耕 25 厘米土壤容重最大，主处理为 1.4 米行距、副处理为 B3 及主处理为 1.4 米行距、副处理为 B2 的土壤容重最小，两者差异达显著水平（$P<0.05$）。

表 6-1 不同耕作措施对土壤容重和紧实度的影响

耕作措施	行距（米）	土层深度（厘米）	土壤容重（克/厘米^3）	土壤紧实度（牛/厘米^2）	
				苗期	成熟期
旋耕 25 厘米（control，B1）	1.4	0～10	0.85±0.11b	—	157.71±78.87b
		>10～20	1.14±0.17a	—	378.97±117.83a
		>20～30	1.23±0.07a	—	419.19±50.97a
		>30～40	1.11±0.07a	—	379.76±43.88a
		平均	1.08 BC	329.10A	333.91A
	1.6	0～10	1.09±0.04b	—	80.18±23.56c
		>10～20	1.16±0.17b	—	239.83±63.24b
		>20～30	1.32±0.09a	—	343.20±77.91a
		>30～40	1.36±0.09a	—	366.63±52.19a
		平均	1.23A	264.39B	257.46C
	平均		1.16a	296.74a	295.68a

（续）

耕作措施	行距（米）	土层深度（厘米）	土壤容重（克/厘米³）	土壤紧实度（牛/厘米²）	
				苗期	成熟期
深翻 50 厘米＋旋耕 25 厘米（B2）	1.4	0～10	0.89±0.09c	—	103.58±37.26c
		>10～20	1.01±0.08bc	—	268.70±101.79b
		>20～30	1.16±0.11a	—	389.58±67.68a
		>30～40	1.12±0.11ab	—	373.85±56.29a
		平均	1.04C	252.96B	283.92B
	1.6	0～10	0.99±0.05b	—	84.55±49.79d
		>10～20	1.11±0.11b	—	156.64±44.59c
		>20～30	1.34±0.11a	—	321.95±65.11b
		>30～40	1.36±0.09a	—	375.95±47.24a
		平均	1.20A	167.80D	234.77D
	平均		1.12*ab*	210.38*b*	259.35*b*
深松 35 厘米＋旋耕 25 厘米（B3）	1.4	0～10	0.86±0.05c	—	111.01±42.68d
		>10～20	1.00±0.09b	—	213.84±53.86c
		>20～30	1.21±0.10a	—	368.19±66.93b
		>30～40	1.13±0.08a	—	409.01±51.92a
		平均	1.05C	210.66C	275.51BC
	1.6	0～10	0.92±0.08b	—	118.24±44.32c
		>10～20	1.14±0.09a	—	247.98±71.17b
		>20～30	1.23±0.04a	—	331.78±89.31a
		>30～40	1.23±0.07a	—	374.06±86.06a
		平均	1.18B	229.98BC	268.02BC
	平均		1.09*b*	220.32*b*	271.76*b*
F	行距（A）		54.19**	16.99**	55.19**
	耕作措施（B）		4.77**	26.72**	12.75**
	土层深度（C）		68.25**	—	436.27**
	A×B		2.33	9.17**	11.26**
	A×C		2.07	—	4.87**
	B×C		0.52	—	5.71**
	A×B×C		1.86	—	5.08**

注：同列不同小写字母表示同一行距同一耕作措施下不同土层间差异显著（$P<0.05$）。同列不同大写字母表示同一行距不同耕作措施间差异显著（$P<0.05$）。同列不同小写斜体字母表示不同耕作措施间差异显著（$P<0.05$）。 *、** 分别表示在 0.05 水平差异显著和 0.01 水平差异极显著。

从表6-1可看出，1.4米行距下，传统耕整地方式（B1）苗期全土层土壤紧实度高达329.1牛/厘米²，B2、B3处理土壤紧实度分别下降至252.96牛/厘米²和210.66牛/厘米²，降幅分别达23.13%和35.99%，差异均达显著水平（$P<0.05$）；甘蔗成熟期，B2和B3处理土壤紧实度差异不显著，而B1土壤紧实度为333.91牛/厘米²，且显著高于B3和B2（$P<0.05$）。1.6米行距下土壤紧实度表现略有不同（表6-1），在甘蔗苗期B2处理的土壤紧实度最小，B1处理最大，B3处理介于两者之间；B2处理全土层土壤紧实度显著小于B3处理（$P<0.05$）。总体看1.6米行距植蔗土壤的紧实度显著小于1.4米行距（$P<0.05$），B2处理的土壤紧实度最小，B1处理的土壤紧实度最大，B3处理的土壤紧实度介于两者之间，B2处理的土壤紧实度显著小于B1处理的土壤紧实度（$P<0.05$）。从耕作措施与行距交互作用分析，主处理为1.6米行距、副处理为B2土壤紧实度最小；主处理为1.4米行距、副处理为旋耕25厘米土壤紧实度最大。蔗地耕层各土层土壤紧实度均呈上低下高的趋势，0~10厘米土层紧实度显著小于其他3个土层（$P<0.05$），而各处理土面20厘米以下土壤紧实度均无显著差异，可以反映出20~40厘米甚至更深土层可能形成一个整体的结构，机械耕作的效应不显著，或20~30厘米之间存在犁底层。

2. 土壤贯入阻力和抗剪强度 土壤贯入阻力可以反映出土壤的机械化适耕性。从表6-2可知，1.4米行距下，旋耕25厘米处理的耕层土壤贯入阻力最大，其次为B2和B3处理的耕层土壤贯入阻力最小，三者差异均达显著水平（$P<0.05$）；蔗地耕层各土层土壤贯入阻力呈上小下大的趋势，0~10厘米土层土壤贯入阻力最小，>30~40厘米土层土壤贯入阻力最大，各土层间土壤贯入阻力差异均达显著水平（$P<0.05$）。1.6米行距下，则表现为B3处理的耕层土壤贯入阻力最大，其次为B1，而B2处理的耕层土壤贯入阻力最小；蔗地耕层各土层土壤贯入阻力呈上小下大的趋势，0~10厘米土层土壤贯入阻力最小，>30~40厘米土层土壤贯入阻力最大，各土层间土壤贯入阻力差异均达显著水平（$P<0.05$）。总之，1.6米行距植蔗土壤贯入阻力显著小于1.4米行距（$P<0.05$）；B3与B2均显著降低了耕层土壤贯入阻力（$P<0.05$），但两者之间差异不显著；0~10厘米土层土壤贯入阻力最小，>30~40厘米土层土壤贯入阻力最大，各土层间土壤贯入阻力差异均达显著水平（$P<0.05$）。从耕作措施与行距交互作用分析，主处理为1.4米行距、副处理为旋耕25厘米耕层土壤贯入阻力最大，主处理为1.6米行距、副处理为B2的耕层土壤贯入阻力最小，两者差异达显著水平（$P<0.05$）。

土壤抗剪强度是指土体抵抗剪切破坏的极限强度，地表径流对土壤会产生一定的剪切力，当地表径流所产生的剪切力大于土壤具有的抗剪强度时，部分土壤结构便会被破坏从而发生土壤侵蚀。1.4米行距下（表6-2），B1处理的耕层土壤抗剪强度最大，其次为B2，B3处理的耕层土壤抗剪强度最小，三者差异均达显著水平（$P<0.05$）；蔗地耕层各土层土壤抗剪强度呈上小下大的趋势，各土层间土壤抗剪强度差异均达显著水平（$P<0.05$）。1.6米行距下，B3处理显著大于其他2种耕整地方式（$P<0.05$），而B1与B2处理的耕层土壤抗剪强度没有显著差异；蔗地耕层土壤抗剪强度呈上小下大的趋势，各土层

间差异显著（$P<0.05$）。总体看 1.6 米行距植蔗土壤抗剪强度显著小于 1.4 米行距（$P<0.05$）；3 种耕整地方式之间土壤抗剪强度差异不显著；0～10 厘米土层土壤抗剪强度最小，>30～40 厘米土层土壤抗剪强度最大，各土层间土壤抗剪强度差异均达显著水平（$P<0.05$）。从耕作措施与行距交互作用分析，主处理为 1.4 米行距、副处理为旋耕 25 厘米耕层土壤抗剪强度最大，主处理为 1.6 米行距、副处理为 B2 的耕层土壤抗剪强度最小，两者差异达显著水平（$P<0.05$）。

表 6-2　不同耕作措施对贯入阻力和抗剪强度的影响

耕作措施	行距（米）	土层深度（厘米）	贯入阻力（千帕）	抗剪强度（千克/厘米²）
旋耕 25 厘米（control，B1）	1.4	0～10	12.30±7.10c	0.83±0.34c
		>10～20	50.94±26.05b	4.02±2.16b
		>20～30	67.86±15.34a	5.39±1.68a
		>30～40	67.63±9.88a	4.80±1.06ab
		平均	49.68A	3.76A
	1.6	0～10	10.34±6.40d	0.84±0.44d
		>10～20	20.55±9.09c	1.81±0.76c
		>20～30	48.35±13.19b	3.41±0.79b
		>30～40	60.08±9.87a	3.95±0.62a
		平均	34.83D	2.50D
	平均		42.26a	3.13a
深翻 50 厘米+旋耕 25 厘米（B2）	1.4	0～10	7.78±3.41c	0.75±0.33d
		>10～20	29.99±10.96b	2.43±1.26c
		>20～30	61.65±11.44a	4.97±1.40b
		>30～40	66.83±6.44a	5.67±1.04a
		平均	41.56B	3.45B
	1.6	0～10	8.65±3.71d	0.80±0.38d
		>10～20	17.79±6.14c	1.67±0.55c
		>20～30	41.76±14.64b	3.09±0.63b
		>30～40	66.53±6.90a	4.40±0.73a
		平均	33.68D	2.49D
	平均		37.62b	2.97a
深松 35 厘米+旋耕 25 厘米（B3）	1.4	0～10	5.49±3.00d	0.51±0.20d
		>10～20	18.18±9.60c	1.56±0.60c
		>20～30	52.70±17.44b	3.76±1.16b
		>30～40	69.79±4.91a	5.62±0.64a
		平均	36.54CD	2.86C

（续）

耕作措施	行距 （米）	土层深度 （厘米）	贯入阻力 （千帕）	抗剪强度 （千克/厘米²）
深松 35 厘米＋ 旋耕 25 厘米 （B3）	1.6	0～10	7.08±2.29c	0.89±0.38d
		>10～20	30.19±14.37b	1.88±0.98c
		>20～30	55.86±14.77a	4.57±1.00b
		>30～40	59.58±15.01a	5.31±1.27a
		平均	38.18BC	3.16B
	平均		37.36b	3.01a
F		行距（A）	45.08**	52.41**
		耕作措施（B）	9.22**	1.16
		土层深度（C）	599.45**	462.16**
		A×B	20.83**	29.34**
		A×C	6.71**	9.07**
		B×C	3.47**	9.89**
		A×B×C	9.68**	5.88**

注：同列不同小写字母表示同一行距同一耕作措施下不同土层间差异显著（$P<0.05$）。同列不同大写字母表示同一行距不同耕作措施间差异显著（$P<0.05$）。同列不同小写斜体字母表示不同耕作措施间差异显著（$P<0.05$）。*、**分别表示在 0.05 水平差异显著和 0.01 水平差异极显著。

3. 土壤孔隙度 1.4 米行距下（表 6-3），3 种耕整地方式耕层土壤总孔隙度、毛管孔隙度、通气孔隙度均没有显著差异；蔗地耕层各层土壤毛管孔隙度均没有显著差异；土壤总孔隙度和通气孔隙度从上到下呈逐步减少趋势，0～10 厘米土层土壤总孔隙度和通气孔隙度显著大于其他 3 个土层（$P<0.05$）。1.6 米行距下，B3 处理的土壤总孔隙度显著大于其他 2 种耕整地方式（$P<0.05$），而 B1 与 B2 处理的耕层土壤总孔隙度没有显著差异，B2 的土壤毛管孔隙度显著小于其他 2 种耕整地方式（$P<0.05$），B3 和 B2 处理的土壤通气孔隙度显著大于旋耕 25 厘米（$P<0.05$）；蔗地耕层各土层土壤毛管孔隙度均没有显著差异，土壤总孔隙度和通气孔隙度从上到下呈逐步减少趋势，0～10 厘米土层和 >10～20 厘米土层的土壤总孔隙度和通气孔隙度显著大于其他 2 个土层（$P<0.05$）。总体看，1.6 米行距植蔗土壤总孔隙度和通气孔隙度显著小于 1.4 米行距（$P<0.05$），而 2 种行距下土壤毛管孔隙度没有显著差异，B3 处理显著提高了耕层土壤总孔隙度和通气孔隙度（$P<0.05$），尤其显著增加了 >30～40 厘米土层的毛管孔隙度，B2 处理也显著提高了耕层土壤通气孔隙度（$P<0.05$），可见深耕作业对土壤深层水分蓄积与运输具有显著促进作用。蔗地耕层各土层土壤总孔隙度、通气孔隙度从表层至深层呈减小趋势，20 厘米以下土层差异不显著，而毛管孔隙度则随着土层的深入而显著提高。从耕作措施与行距交互作用分析，主处理为 1.4 米行距、副处理为 B3 耕层土壤总孔隙度和通气孔隙度最大，主处理为 1.6 米行距、副处理为 B1 的耕层土壤总孔隙度和通气孔隙度最小，两者差异达显著水平（$P<0.05$）。

表 6 - 3　不同耕作措施对土壤孔隙度的影响

耕作措施	行距（米）	土层深度（厘米）	土壤总孔隙度（%）	毛管孔隙度（%）	通气孔隙度（%）
旋耕 25 厘米（control，B1）	1.4	0～10	68.68±3.58a	38.59±2.23a	30.09±4.10a
		>10～20	58.08±9.01b	37.67±3.62a	20.41±11.86b
		>20～30	54.13±2.28b	40.19±3.42a	13.93±3.63b
		>30～40	59.55±2.26b	41.28±1.70a	18.27±2.24b
		平均	60.11A	39.43AB	20.68AB
	1.6	0～10	61.02±1.83a	40.60±1.73a	20.42±2.91a
		>10～20	57.92±5.77a	39.25±6.58a	18.67±2.91a
		>20～30	52.63±2.76b	39.29±1.72a	13.35±2.69b
		>30～40	51.46±3.47b	40.90±3.70a	10.56±2.02b
		平均	55.76B	40.00A	15.75C
	平均		57.93b	39.72a	18.21b
深翻 50 厘米＋旋耕 25 厘米（B2）	1.4	0～10	67.18±2.79a	40.20±6.38a	26.98±7.31a
		>10～20	63.21±3.51ab	40.32±1.73a	22.90±4.38ab
		>20～30	57.62±3.28c	40.00±3.65a	17.62±2.27b
		>30～40	59.06±3.37bc	40.90±2.09a	18.17±2.25b
		平均	61.77A	40.35A	21.42AB
	1.6	0～10	64.43±1.05a	39.33±3.06a	25.10±3.10a
		>10～20	60.46±3.29b	37.73±2.54a	22.72±3.38a
		>20～30	51.77±4.01c	36.18±2.11a	15.59±2.26b
		>30～40	51.62±2.63c	37.49±3.28a	14.14±1.62b
		平均	57.07B	37.68B	19.39B
	平均		59.42b	39.02a	20.40ab
深松 35 厘米＋旋耕 25 厘米（B3）	1.4	0～10	69.09±1.96a	33.44±2.79b	35.65±3.10a
		>10～20	64.32±3.10b	38.90±6.52a	25.42±6.47b
		>20～30	56.61±3.79c	40.40±1.73a	16.21±4.73c
		>30～40	58.93±3.04c	43.46±2.51a	15.47±1.96c
		平均	62.24A	39.05AB	23.19A
	1.6	0～10	67.26±2.54a	37.91±1.80b	29.36±3.26a
		>10～20	61.82±6.50b	42.07±4.34a	19.75±7.94b
		>20～30	56.12±1.11c	40.31±1.83ab	15.81±1.76b
		>30～40	56.77±2.19c	41.43±0.47ab	15.34±2.28b
		平均	60.49A	40.43A	20.07B
	平均		61.37a	39.74a	21.63a

（续）

耕作措施	行距 （米）	土层深度 （厘米）	土壤孔隙度 （%）	毛管孔隙度 （%）	通气孔隙度 （%）
F	行距（A）		28.30**	0.15	17.12**
	耕作措施（B）		8.63**	0.60	6.05**
	土层深度（C）		58.83**	2.95*	54.82**
	A×B		1.90	4.04*	1.09
	A×C		1.77	2.23	1.68
	B×C		0.56	2.87*	1.75
	A×B×C		1.22	0.27	1.26

注：同列不同小写字母表示同一行距同一耕作措施下不同土层间差异显著（$P<0.05$）。同列不同大写字母表示同一行距不同耕作措施间差异显著（$P<0.05$）。同列不同小写斜体字母表示不同耕作措施间差异显著（$P<0.05$）。*、**分别表示在 0.05 水平差异显著和 0.01 水平差异极显著。

4. 土壤三相容积率　从表 6-4 中可看出，1.4 米行距下，3 种耕整地方式耕层土壤固相容积率均没有显著差异，B3 处理的土壤液相容积率显著小于其他 2 种耕整地方式（$P<0.05$），而 B1 与 B2 处理间没有显著差异；B3 处理的土壤气相容积率显著大于 B1（$P<0.05$），而 B1 与 B2 处理的耕层土壤气相容积率没有显著差异；随土层深度增加气相容积率呈下降趋势，液相容积率和固相容积率呈上升趋势，0~10 厘米土层液相容积率和固相容积率显著小于其他 3 个土层（$P<0.05$），气相容积率则显著大于其他 3 个土层（$P<0.05$）。1.6 米行距下，3 种耕整地方式耕层土壤气相容积率均没有显著差异，B3 处理的土壤固相容积率显著小于其他 2 种耕整地方式（$P<0.05$），液相容积率显著大于其他 2 种耕整地方式（$P<0.05$），而 B1 与 B2 处理之间耕层土壤液相容积率和固相容积率没有显著差异；随土层深度增加气相容积率呈下降趋势，液相容积率和固相容积率呈上升趋势，0~10 厘米和>10~20 厘米土层液相容积率和固相容积率显著小于其他 2 个土层（$P<0.05$），气相容积率则显著大于其他 2 个土层（$P<0.05$），0~10 厘米和>10~20 厘米土层之间气相容积率、液相容积率和固相容积率没有显著差异。总体看，1.4 米行距气相容积率大于 1.6 米行距（$P<0.05$），固相容积率小于 1.6 米行距（$P<0.05$），而液相容积率则没有显著差异，B1 处理的固相容积率最大，B2 的固相容积率次之，B3 的固相容积率最小，3 者之间均存在显著差异（$P<0.05$）；B3 的气相容积率最大，B2 的气相容积率次之，B1 的气相容积率最小，B3 处理的土壤气相容积率显著大于 B1（$P<0.05$），3 种耕作措施的液相容积率均没有显著差异，说明深耕和深松均对土壤物理结构的改善具有积极作用。不同行距和不同耕作措施下土壤三相比均表现为随土层深度增加气相容积率呈下降趋势，液相容积率和固相容积率呈上升趋势。从耕作措施与行距交互作用分析，主处理为 1.6 米行距、副处理为 B1 耕层土壤固相容积率最大，而气相容积率最小；主处理为 1.4 米行距、副处理为 B3 的耕层土壤固相容积率最小，而气相容积率最大，两者差异达显著水平（$P<0.05$）。

表6-4 不同耕作措施对土壤三相容积率的影响

耕作措施	行距（米）	土层深度（厘米）	固相容积率（%）	液相容积率（%）	气相容积率（%）
旋耕25厘米（control，B1）	1.4	0～10	31.32±3.58b	19.89±2.61b	48.79±6.18a
		>10～20	41.92±9.01a	24.80±6.02a	33.28±14.87b
		>20～30	45.87±2.28a	28.71±1.32a	25.41±2.93b
		>30～40	40.45±2.26a	27.80±0.61a	31.75±2.65b
		平均	39.89BC	25.30A	34.81BC
	1.6	0～10	38.98±1.83b	19.24±1.84c	41.78±2.99a
		>10～20	42.08±5.77b	21.91±3.99bc	36.01±9.44a
		>20～30	47.37±2.76a	24.49±1.90ab	28.14±2.72b
		>30～40	48.54±3.47a	26.27±3.05a	25.19±4.63b
		平均	44.24A	22.98B	32.78C
	平均		42.07a	24.14a	33.79b
深翻50厘米＋旋耕25厘米（B2）	1.4	0～10	32.82±2.79c	19.31±2.02c	47.87±4.12a
		>10～20	36.79±3.51bc	23.63±2.95b	39.58±6.38b
		>20～30	42.38±3.28a	26.37±1.42ab	31.25±3.52c
		>30～40	40.94±3.37ab	26.80±1.60a	32.26±3.18c
		平均	38.23BC	24.03AB	37.74AB
	1.6	0～10	35.57±1.05c	20.83±2.11c	43.60±2.54a
		>10～20	39.54±3.29b	23.14±1.98bc	37.32±4.61b
		>20～30	48.23±4.01a	24.54±1.91b	27.23±5.71c
		>30～40	48.38±2.63a	28.14±1.81a	23.48±1.71c
		平均	42.93A	24.16AB	32.91C
	平均		40.58b	24.10a	35.32ab
深松35厘米＋旋耕25厘米（B3）	1.4	0～10	30.91±1.96c	17.20±1.08b	51.90±2.92a
		>10～20	35.68±3.10b	20.40±2.71b	43.92±5.16b
		>20～30	43.39±3.79a	26.24±3.33a	30.37±6.75c
		>30～40	41.07±3.04a	28.10±2.46a	30.83±3.78c
		平均	37.76C	22.98B	39.25A
	1.6	0～10	32.74±2.54b	20.44±1.56c	46.83±3.91a
		>10～20	41.00±3.39a	25.27±1.78b	33.73±5.04b
		>20～30	43.88±1.11a	27.94±1.54a	28.18±2.43c
		>30～40	43.23±2.19a	29.01±1.31a	27.76±2.95c
		平均	40.21B	25.67A	34.12C
	平均		38.99b	24.32a	36.69a

（续）

耕作措施	行距 （米）	土层深度 （厘米）	固相容积率 （%）	液相容积率 （%）	气相容积率 （%）
F	行距（A）		35.42**	0.13	16.54**
	耕作措施（B）		7.62**	0.10	2.89
	土层深度（C）		63.96**	66.30**	79.01**
	A×B		1.18	10.34**	1.01
	A×C		1.41	1.72	1.32
	B×C		0.63	0.97	0.52
	A×B×C		1.96	0.80	1.53

注：同列不同小写字母表示同一行距同一耕作措施下不同土层间差异显著（$P<0.05$）。同列不同大写字母表示同一行距不同耕作措施间差异显著（$P<0.05$）。同列不同小写斜体字母表示不同耕作措施间差异显著（$P<0.05$）。*、**分别表示在0.05水平差异显著和0.01水平差异极显著。

5. 土壤含水量 从表6-5中可看出，1.4米行距下，3种耕整地方式耕层土壤田间持水量和饱和含水量均没有显著差异，B3处理的土壤含水率显著小于其他2种耕整地方式（$P<0.05$），而B1与B2处理两者之间耕层土壤含水率没有显著差异；随土层深度增加田间持水量和饱和含水量呈下降趋势，土壤含水率呈上升趋势，0～10厘米土层土壤含水率显著小于其他3个土层（$P<0.05$），田间持水量和饱和含水量则显著大于其他3个土层（$P<0.05$）。1.6米行距下，B3处理的土壤含水率、田间持水量和饱和含水量均大于其他2种耕整地方式（$P<0.05$），而B1与B2处理的耕层土壤含水率、田间持水量和饱和含水量没有显著差异；0～10厘米和>10～20厘米土层土壤含水率显著小于其他2个土层（$P<0.05$），田间持水量和饱和含水量则显著大于其他2个土层（$P<0.05$），B1与B2处理0～10厘米、>10～20厘米土层之间土壤含水率、田间持水量和饱和含水量没有显著差异。总体看，不同的耕整地作业方式对土壤含水率、田间持水量和饱和含水量的影响未见显著差异；1.6米行距下的3个土壤含水量指标均显著低于1.4米行距（$P<0.05$），这可能与宽行距下地表裸露面积大，水分蒸腾程度略高有关；宽行距下机具作业顺畅，深耕效果较彻底，种植后适度镇压是减少地表水分蒸腾的必要措施。从耕作措施与行距交互作用分析，主处理为1.6米行距、副处理为B1耕层土壤含水率、田间持水量和饱和含水量显著小于其他处理（$P<0.05$）；而主处理为1.6米行距、副处理为B3耕层土壤含水率最大，主处理为1.4米行距、副处理为B2耕层田间持水量和饱和含水量最大。

表6-5 不同耕作措施对土壤含水量的影响

耕作措施	行距 （米）	土层深度 （厘米）	土壤含水率 （%）	田间持水量 （%）	饱和含水量 （%）
旋耕25厘米 （control，B1）	1.4	0～10	19.89±2.61b	46.31±6.57a	51.93±8.14a
		>10～20	24.80±6.02a	33.43±3.75b	36.65±5.18b

（续）

耕作措施	行距 （米）	土层深度 （厘米）	土壤含水率 （%）	田间持水量 （%）	饱和含水量 （%）
旋耕 25 厘米 （control，B1）		>20~30	28.71±1.32a	32.70±3.77b	35.16±4.27b
		>30~40	27.80±0.61a	37.49±3.26b	40.42±3.56b
		平均	25.30A	37.48A	41.04AB
	1.6	0~10	19.24±1.84c	37.36±1.67a	40.85±1.45a
		>10~20	21.91±3.99bc	34.89±8.96a	38.64±5.60ab
		>20~30	24.49±1.90ab	29.98±2.80a	33.72±2.62b
		>30~40	26.27±3.05a	30.29±4.77a	33.03±5.01b
		平均	22.98B	33.13B	36.56C
	平均		24.14a	35.31a	38.80a
深翻 50 厘米+ 旋耕 25 厘米 （B2）	1.4	0~10	19.31±2.02c	46.67±7.42a	51.51±9.89a
		>10~20	23.63±2.95b	41.00±3.82ab	44.71±4.01ab
		>20~30	26.37±1.42ab	35.70±5.91b	38.15±6.86b
		>30~40	26.80±1.60a	37.57±4.29b	39.93±5.55b
		平均	24.03AB	39.49A	43.58A
	1.6	0~10	20.83±2.11c	39.84±5.02a	47.76±6.90a
		>10~20	23.14±1.98bc	34.29±4.23a	41.19±5.22a
		>20~30	24.54±1.91b	27.18±4.16b	30.44±4.66b
		>30~40	28.14±1.81a	27.71±4.11b	30.49±4.26b
		平均	24.16AB	32.26B	37.47BC
	平均		24.10a	35.87a	40.52a
深松 35 厘米+ 旋耕 25 厘米 （B3）	1.4	0~10	17.20±1.08b	38.99±4.69a	45.32±6.24a
		>10~20	20.40±2.71b	39.21±8.72a	43.10±8.64ab
		>20~30	26.24±3.33a	33.44±2.10a	36.22±2.57b
		>30~40	28.10±2.46a	38.55±4.60a	41.42±4.82ab
		平均	22.98B	37.55A	41.51A
	1.6	0~10	20.44±1.56c	41.56±3.75a	49.15±6.52a
		>10~20	25.27±1.78b	37.38±6.75ab	41.25±7.08b
		>20~30	27.94±1.54a	32.76±2.04b	36.57±2.50b
		>30~40	29.01±1.31a	33.90±1.87b	36.61±2.03b
		平均	25.67A	36.40A	40.89AB
	平均		24.32a	36.97a	41.20a

（续）

耕作措施	行距 （米）	土层深度 （厘米）	土壤含水率 （%）	田间持水量 （%）	饱和含水量 （%）
F	行距（A）		0.13	20.82**	13.55**
	耕作措施　（B）		0.10	1.10	1.99
	土层深度（C）		66.30**	20.26**	30.55**
	A×B		10.34**	3.57*	2.57
	A×C		1.72	1.23	1.58
	B×C		0.97	1.07	1.07
	A×B×C		0.80	1.00	1.49

注：同列不同小写字母表示同一行距同一耕作措施下不同土层间差异显著（$P<0.05$）。同列不同大写字母表示同一行距不同耕作措施间差异显著（$P<0.05$）。同列不同小写斜体字母表示不同耕作措施间差异显著（$P<0.05$）。*、** 分别表示在 0.05 水平差异显著和 0.01 水平差异极显著。

（二）对甘蔗农艺性状和产量构成的影响

从表 6-6 中可看出，1.4 米行距下，B3 处理的株高、单茎重、锤度和蔗茎产量均显著高于 B1 处理（$P<0.05$），B2 处理的有效茎数和蔗茎产量显著高于 B1 处理（$P<0.05$），B3 处理的株高、单茎重、锤度显著高于 B2 处理（$P<0.05$）；1.6 米行距下，B3 处理的株高、茎径、单茎重、锤度和蔗茎产量均显著高于 B1 处理（$P<0.05$），B2 处理的有效茎数、锤度和蔗产量显著高于 B1 处理（$P<0.05$），B3 处理的茎径、单茎重、锤度显著高于 B2 处理（$P<0.05$），而有效茎数和蔗茎产量显著低于 B2 处理（$P<0.05$）。从种植行距对产量构成的影响看，1.4 米行距的甘蔗成熟期有效茎数、蔗茎产量均显著高于 1.6 米行距（$P<0.05$），表明有效茎数是行距对蔗茎产量造成影响的主要因子。从耕整地方式对产量构成的影响来看，B3 与 B2 的蔗茎产量显著高于 B1 的传统耕整地方式（$P<0.05$），B3 与 B2 间蔗茎产量差异不显著。B2 的甘蔗成熟期有效茎数显著高于 B1 的传统耕整地方式（$P<0.05$），说明耕作深度对成熟期有效茎数的效应可能大于耕作方式的影响，B3 处理对个体生长指标，如株高、茎径、单茎重则表现出显著的促进效应（$P<0.05$）。从行距与耕整地方式的互作效应看，无论是 1.4 米还是 1.6 米行距，耕作深度达 50 厘米的深翻模式（B2）显著优于其他耕整地方式，表现为成熟期有效茎数显著增加，从而提高了蔗茎产量；两种行距下，B3 处理都表现出对甘蔗个体生长水平（株高、茎径、单茎重）的更显著促进作用，反映出对甘蔗分蘖成茎和后期生长的良好促进作用，在有效茎数不如 B1 处理的情况下，促进了甘蔗产量的增加。

蔗垄深层土壤结构的改良和优化是我国甘蔗生产全程机械化下保证甘蔗高产稳产的重要措施。机械收获过程中轮胎的碾压会造成土壤紧实，土壤理化性状发生一定的改变，对甘蔗地上部分和根系生长产生一定的负面影响。但新植蔗经过深松、深翻，甘蔗留宿根开垄松兜和中耕培土以后，碾压所带来的负面影响是可以消除的。机械化收获的土壤紧实度显著高于人工收获，甘蔗的宿根发株率与土壤的紧实度呈显著的负相关。已有的研究证明，深松不仅可有效打破犁底层降低其密度，还能增加作物根深、根长及根重，进而提高作物产量和水分利用效率。深耕深松栽培比常规耕作栽培的甘蔗出苗率高、分蘖率高，疏松土质对于尽早形成基本苗群体有促进作用，甘蔗生长速度加快、根系发达，甘蔗成熟期的株高、茎径、甘蔗蔗糖分和青叶数均提高。

表 6-6　不同耕作措施对不同行距种植的甘蔗产量性状的影响

耕作措施	行距（米）	株高（厘米）	茎径（厘米）	单茎重（千克）	有效茎数（条/公顷）	锤度（%）	蔗茎产量（吨/公顷）
旋耕25厘米（control，B1）	1.4	198.32±8.04d	2.58±0.05b	1.04±0.07b	60 888±1 818b	17.46±0.55de	63.21±5.60c
	1.6	204.02±3.41cd	2.59±0.05b	1.07±0.04b	50 442±3 303d	16.81±0.70e	54.04±4.29d
	平均	201.17±6.60C	2.58±0.048B	1.05±0.06C	55 665±6 018B	17.13±0.69C	58.62±6.75B
深翻50厘米+旋耕25厘米（B2）	1.4	209.57±5.59bcd	2.61±0.09b	1.13±0.08b	64 318±1 782a	18.04±1.01cd	72.41±5.85a
	1.6	213.23±3.98abc	2.59±0.07b	1.13±0.05b	64 616±1 845a	18.65±0.76bc	72.79±4.99a
	平均	211.40±5.01B	2.60±0.082B	1.13±0.07B	64 467±1 737A	18.34±0.91B	72.60±5.19A
深松35厘米+旋耕25厘米（B3）	1.4	221.83±18.04a	2.66±0.07ab	1.23±0.11a	57 648±2 254c	19.07±0.54b	70.90±7.80ab
	1.6	216.13±10.04ab	2.72±0.08a	1.25±0.12a	51 693±3 681d	20.03±0.77a	64.82±7.37bc
	平均	218.98±14.24A	2.69±0.077A	1.24±0.11A	54 670±4 259B	19.55±0.81A	67.86±7.30A
F	行距（A）	0.15	0.40	0.49	39.45**	1.52	5.92*
	耕作措施（B）	10.46**	7.14**	14.44**	53.07**	31.91**	16.23**
	A×B	1.21	1.03	0.13	13.29**	3.96*	1.91

注：同列不同小写字母表示同一耕作措施不同行距间差异显著（$P<0.05$），同列不同大写字母表示不同耕作措施间差异显著（$P<0.05$）。*、**分别表示在0.05水平差异显著和0.01水平差异极显著。

研究表明，生产全程机械化模式下机收后耕整地作业的土壤紧实度表现为旋耕25厘米最大、深翻50厘米+旋耕25厘米次之、深松35厘米+旋耕25厘米最小，可见深松作业更有利于改善耕层土壤的紧实程度，而深翻作业必须与深层土壤改良、高质量碎土作业结合才能起到替代深松作业的效果。因此通过合理深耕与深层土壤的改良措施，进一步加深利用20厘米以下土层对蔗地合理耕层的构建以及提升甘蔗产量与宿根性可望产生积极显著的效果。深翻50厘米+旋耕25厘米和深松35厘米+旋耕25厘米两种耕整地作业方式下甘蔗有效茎数、锤度和蔗茎产量均显著高于仅旋耕25厘米的传统旋耕作业。深翻50厘米+旋耕25厘米和深松35厘米+旋耕25厘米可以改善0~10厘米和>10~20厘米土层的土壤容重、紧实度、总孔隙度、毛管孔隙度、通气孔隙度、固相容积率、液相容积率、气相容积率，但蔗垄深层的土壤紧实现象尚未得到明显缓解。对3种耕作措施下>30~40厘米土层土壤的固相容积率、液相容积率、气相容积率的分析结果显示，蔗垄深层的通气孔隙度急剧减少，气相容积率显著下降。

土壤的通气性和透水性下降，可导致土壤的氧化还原状态、酸碱度和金属毒害、微生物生态、养分的转化和利用等受到影响，从而影响甘蔗根系的生长及其对养分、水分的吸收功能，加剧甘蔗根系的老化死亡，并严重影响地下芽，尤其是低位芽的萌发出苗，从而对宿根蔗发株生长和产量造成显著不利影响。研究表明柳城 05－136 等甘蔗品种对宽行距种植具有良好适应性，当种植行距增大到适合大中型机械收获的 1.3～1.4 米时，甘蔗产量比行距 1.1 米略有提高。而机械收割增加了蔗蔸的开裂程度和上位芽的损伤程度，但对蔗蔸开裂程度的影响随行距加大逐渐变弱，0～20 厘米土层的土壤容重有随行距增加而降低的趋势，因此行距增加有利于机械收割后减少对宿根甘蔗的影响。本研究结果表明，行距 1.6 米甘蔗蔗茎产量比 1.4 米行距甘蔗蔗茎产量明显减产的主要原因是 1.6 米行距甘蔗有效茎数不足，而 1.6 米行距机具的匹配性和作业顺畅程度显著高于 1.4 米行距，1.6 米行距植蔗土壤的紧实度显著小于 1.4 米行距，容重显著高于后者，1.6 米植蔗行距下的机械作业顺畅，减少了对土壤的压实，能显著改善土壤贯入阻力和抗剪强度。采用大中型机械收获，当因机具作业要求需要将行距增大到 1.6 米以上时，应选择分蘖性能强、宿根性好的甘蔗品种，采用宽窄行种植，种植时适当增加甘蔗种植密度，提高甘蔗有效茎数，从而降低甘蔗的产量损失。

在甘蔗生产全程机械化的土壤耕作技术方面，前期深耕整地促进群体茎蘖数的增长，中期进行兼具深松功能的中耕培土，可望对甘蔗群体和个体生长能力产生积极的效果。研究结果显示，无论是深松还是深翻，在不破坏心土层、不造成水肥渗漏的前提下，增加土壤耕作深度对甘蔗生长群体的有效茎数和蔗茎产量具有显著的促进效应，其原因主要在于改善了耕层的整体疏松程度，包括减小了土壤紧实度和土壤贯入阻力。而深松作业除上述效应外，显著提高了耕层土壤总孔隙度，尤其显著增加了 30～40 厘米土层的毛管孔隙度，显著提高深层土壤的保水能力，并通过水肥持续供给能力的改善对甘蔗中后期伸长增粗产生显著的促进效果。此外，本研究中，各处理下蔗地耕层 20～40 厘米各土层土壤容重、紧实度、孔隙度、固相容积率、气相容积率、田间持水量和饱和含水量均无显著差异，反映出土面以下 20～40 厘米，甚至连同更深土层可能形成了一个整体的结构，据此推测试验蔗地犁底层可能在 20～30 厘米。但是，对于甘蔗来说，亟待进一步增加深松作业深度，同时配合进行深层土壤的外施物料改良措施，进一步加深利用 20～30 厘米土层，对蔗地合理耕层的构建以及提升甘蔗蔗茎产量和宿根性可望产生积极显著的效果。深翻和深松均对土壤物理结构的改善具有积极作用，能显著提高甘蔗蔗茎产量，在具有大马力拖拉机和高质量深松器的蔗区建议采用深松 35 厘米＋旋耕 25 厘米的耕整地方式，在缺乏大马力拖拉机和高质量深松器的蔗区，可以采用铧式犁深翻 50 厘米＋旋耕 25 厘米的耕整地方式，以达到增厚土壤耕层、提高甘蔗产量的目的。

三、耕作深度对蔗园土壤结构特性的影响

土壤耕作是将不同的外部机械力作用于土壤并改变其理化性状，进而调节土壤中水、肥、气等因子，最终目的是提高作物产量。目前，由于长期犁耕导致大部分蔗地土壤紧实度和容重较高、通透性欠佳、水分和养分的供给能力较差，一定程度上制约了甘蔗产量的提高和品质的改良。因此，通过植前耕整，创建一个耕层深厚、结构良好、水肥持续供给能力强的植床显得尤为重要，而机械化深松是耕整地环节的一项重要关键技术。

机械化深松耕作方式的作业深度超过常规耕层厚度，要求在穿透犁底层且不破坏心土层进行增厚耕层，提高土壤水肥协调能力，促进土体熟化。在先进的蔗糖生产国，机械耕作深度达60～75厘米。受深松机具机械强度要求高、匹配动力较大、投资运行成本高等影响，我国蔗地深松作业质量普遍不高，相当一部分蔗区因缺乏相应机具，以致无法达到理想的深松效果。研究表明，土壤容重以机械阻力形式影响作物生长。深松可以改善土壤紧实度，增加土壤疏松程度和通透性，提高土壤蓄水能力，促进作物根系对深层土壤水分的吸收利用，进而提高水分利用效率，实现作物增产和耕地的可持续利用。我国主要蔗区地处丘陵山地，大马力拖拉机及深松机具较少，耕整地作业深度大多不足30厘米，耕层浅薄，根系浅，甘蔗易倒伏，产量低，宿根性差。研究表明，利用大马力拖拉机悬挂深松犁（铲）进行标准化深松作业，可以改善耕层土壤结构，促进甘蔗萌芽生根，抗旱、抗倒伏能力显著提高，从而提高甘蔗产量和蔗糖含量。

为系统研究耕作深度变化对蔗地土壤结构及其对甘蔗生长效应的影响，课题组聚焦深松作业效应，在广西来宾廖平农场国家糖料产业技术体系甘蔗机械化试验示范基地，针对当前生产上进行土壤深松增厚耕层的机具配置系统应用（185以上马力轮式拖拉机悬挂深松犁），设置3种深松作业深度（35厘米、40厘米和45厘米），探索蔗地的合理耕作措施，并评价生产全程机械化蔗地深松整地作业方式对耕层土壤物理性状及甘蔗产量构成因子的影响。研究将更加精准地明确深松作业的针对性土壤区位和障碍因子，进而实现更加高效节能的机具匹配和增产效益，最终形成甘蔗良好耕层构建的关键技术体系，并对土壤整体改良策略的制定具有较为重要的指导意义。

（一）深松对土壤容重和紧实度的影响

与不深松处理（B_1）相比，深松显著改善了耕层土壤容重和土壤紧实度。从表6-7可以看出，深松40厘米（B_3）的地块土壤容重最小，其次为深松35厘米（B_2）和深松45厘米（B_4）的地块，B_1处理最大。B_1处理的耕层土壤紧实度最大，B_2处理显著小于B_1处理，B_3和B_4处理的耕层土壤紧实度最小。从各土层土壤容重和紧实度分析，在10～30厘米土层，B_1处理的土壤容重显著大于进行深松的地块（B_2、B_3、B_4），B_3处理最小；土壤紧实度表现为B_1处理显著大于进行深松的地块（B_2、B_3、B_4），其次为B_2处理，B_3和B_4处理最小。到＞30～40厘米土层，B_1、B_2、B_3、B_4处理之间土壤容重差异不显著；土壤紧实度则表现为B_1与B_2处理之间差异不显著，B_3和B_4处理的土壤紧实度显著小于B_1处理。

表6-7 深松对土壤容重和紧实度的影响

土层深度（厘米）	耕作措施	土壤容重（克/厘米³）	土壤紧实度（牛/厘米²）
0～10	不深松（B_1）	1.03±0.05a	100.5±27.0ab
	深松35厘米（B_2）	0.92±0.08b	118.2±44.3a
	深松40厘米（B_3）	0.91±0.06b	99.4±38.9ab
	深松45厘米（B_4）	0.90±0.06b	86.6±31.1b

（续）

土层深度（厘米）	耕作措施	土壤容重（克/厘米³）	土壤紧实度（牛/厘米²）
>10~20	不深松（B₁）	1.20±0.06a	304.5±43.2a
	深松35厘米（B₂）	1.14±0.09ab	248.0±71.2b
	深松40厘米（B₃）	0.99±0.04c	178.8±65.3c
	深松45厘米（B₄）	1.07±0.03b	196.1±55.4c
>20~30	不深松（B₁）	1.40±0.07a	423.3±32.7a
	深松35厘米（B₂）	1.23±0.04bc	331.8±89.3b
	深松40厘米（B₃）	1.18±0.05c	298.8±90.4b
	深松45厘米（B₄）	1.30±0.09b	299.5±67.8b
>30~40	不深松（B₁）	1.21±0.09a	359.8±41.4ab
	深松35厘米（B₂）	1.22±0.07a	374.1±86.1a
	深松40厘米（B₃）	1.16±0.03a	329.5±77.2bc
	深松45厘米（B₄）	1.22±0.07a	296.0±46.5c
平均	不深松（B₁）	1.21±0.15a	297.0±127.0a
	深松35厘米（B₂）	1.13±0.18b	268.0±122.7b
	深松40厘米（B₃）	1.06±0.12c	226.6±116.1c
	深松45厘米（B₄）	1.12±0.17b	219.5±101.5c
F	土层深度（A）	103.16**	279.61**
	耕作措施（B）	19.14**	29.05**
	A×B	2.59*	4.96**

注：同列不同小写字母表示同一土层深度下不同耕作措施间差异显著（$P<0.05$）。下表同。

（二）深松对土壤贯入阻力和抗剪强度的影响

从表6-8可知，B₂处理与B₁处理耕层土壤贯入阻力未见显著差异，但B₃与B₄处理耕层土壤贯入阻力显著小于B₁处理；B₂处理土壤抗剪强度显著高于B₁处理，B₃和B₄处理土壤抗剪强度显著低于B₁处理。在0~10厘米土层，B₃处理土壤贯入阻力最大，其次为B₁和B₂处理，B₄处理最小；土壤抗剪强度则表现为B₂处理最大，其次为B₁和B₃处理，B₄处理最小。在>10~20厘米土层，B₂处理的土壤贯入阻力显著大于其他3个处理，而B₁、B₃和B₄处理之间差异不显著；B₂处理的土壤抗剪强度也显著大于其他3个处理，而B₁、B₃和B₄处理之间差异不显著。在>20~30厘米土层，B₁处理的土壤贯入阻力和土壤抗剪强度显著大于其他3个处理，而B₂、B₃和B₄处理之间差异不显著。在>30~40厘米土层，4个处理之间土壤贯入阻力差异不显著；B₃和B₄处理的土壤抗剪强度显著小于其他2个处理。

表 6-8　深松对土壤贯入阻力和抗剪强度的影响

土层深度（厘米）	耕作措施	贯入阻力（千帕）	抗剪强度（千克/厘米^2）
0～10	不深松（B_1）	6.8±3.0b	0.5±0.2b
	深松 35 厘米（B_2）	7.1±2.3b	0.9±0.4a
	深松 40 厘米（B_3）	9.1±3.8a	0.5±0.2bc
	深松 45 厘米（B_4）	4.6±2.4c	0.4±0.1c
>10～20	不深松（B_1）	19.1±6.6b	1.5±0.5b
	深松 35 厘米（B_2）	30.2±14.4a	2.8±1.3a
	深松 40 厘米（B_3）	19.5±4.1b	1.3±0.3b
	深松 45 厘米（B_4）	15.8±6.0b	1.6±0.4b
>20～30	不深松（B_1）	63.8±12.4a	4.9±0.9a
	深松 35 厘米（B_2）	55.9±14.8ab	4.6±1.0ab
	深松 40 厘米（B_3）	47.2±15.2b	4.0±1.5b
	深松 45 厘米（B_4）	49.8±9.3b	4.2±0.9b
>30～40	不深松（B_1）	56.1±11.1a	5.0±0.6ab
	深松 35 厘米（B_2）	59.6±15.0a	5.3±1.3a
	深松 40 厘米（B_3）	53.6±13.2a	4.4±1.0b
	深松 45 厘米（B_4）	54.8±8.5a	4.7±1.1ab
平均	不深松（B_1）	36.5±25.8ab	3.0±2.1b
	深松 35 厘米（B_2）	38.2±24.8a	3.4±2.0a
	深松 40 厘米（B_3）	33.3±22.1bc	2.5±1.9c
	深松 45 厘米（B_4）	31.3±22.7c	2.7±1.9c
F	土层深度（A）	470.13**	481.35**
	耕作措施（B）	8.56**	15.94**
	A×B	3.95**	2.84**

（三）深松对土壤含水量的影响

从表 6-9 可以看出，不同的深松作业方式对土壤含水率、田间持水量和饱和含水量的影响存在显著差异。其中，B_3 处理的田间持水量和饱和含水量最高，其次为 B_2 和 B_4 处理，B_1 处理最小，3 种深松作业方式的田间持水量均显著高于不进行深松作业的地块；B_2 处理的土壤含水率最高，其次为 B_3 和 B_4 处理，B_1 处理最小，3 种深松作业方式的土壤含水量均显著高于不进行深松作业的地块。在 0～30 厘米土层，B_1 处理的土壤含水率、田间持水量和饱和含水量显著低于进行深松作业的地块，不同深松作业深度间（B_2、B_3 和 B_4）的土壤含水率、田间持水量没有显著差异。在>30～40 厘米土层，没有进行深松作业的地块（B_1）与进行深松作业地块（B_2、B_3 和 B_4）的土壤含水率、田间持水量和饱和含水量没有显著差异。

表6-9 深松对土壤含水量的影响

土层深度（厘米）	耕作措施	土壤含水率（%）	田间持水量（%）	饱和含水量（%）
0～10	不深松（B₁）	21.5±2.4b	43.1±4.9a	46.1±4.6a
	深松35厘米（B₂）	28.9±1.43a	44.3±3.96a	49.6±6.47a
	深松40厘米（B₃）	25.7±4.07ab	47.3±6.59a	52.7±6.33a
	深松45厘米（B₄）	26.9±4.3a	47.4±7.4a	51.0±7.2a
>10～20	不深松（B₁）	22.5±2.3b	35.2±2.4b	37.6±2.8b
	深松35厘米（B₂）	28.7±1.2a	39.5±6.9ab	41.6±7.2ab
	深松40厘米（B₃）	27.9±2.6a	44.1±3.1a	46.9±3.7a
	深松45厘米（B₄）	26.4±2.3a	39.4±2.6ab	41.2±2.3ab
>20～30	不深松（B₁）	22.4±1.8b	28.1±2.2b	30.0±1.9b
	深松35厘米（B₂）	29.5±1.4a	34.7±2.1a	36.9±2.4a
	深松40厘米（B₃）	27.2±2.2a	36.0±3.5a	37.6±3.7a
	深松45厘米（B₄）	26.9±2.1a	34.0±4.1a	35.0±3.5a
>30～40	不深松（B₁）	30.5±4.7a	38.4±3.6a	39.9±3.3a
	深松35厘米（B₂）	31.3±2.1a	35.9±2.0a	36.9±2.0a
	深松40厘米（B₃）	30.7±5.1a	38.3±3.9a	40.0±4.0a
	深松45厘米（B₄）	29.2±4.8a	36.5±4.6a	37.8±4.6a
平均	不深松（B₁）	24.2±4.7c	36.2±6.5b	38.4±6.6b
	深松35厘米（B₂）	29.6±1.8a	38.6±5.5ab	41.2±7.1b
	深松40厘米（B₃）	27.9±3.9ab	41.4±6.2a	44.3±7.4a
	深松45厘米（B₄）	27.3±3.5b	39.3±6.9ab	41.2±7.6b
F	土层深度（A）	9.69**	28.31**	40.47**
	耕作措施（B）	10.53**	4.99**	5.85**
	A×B	1.2	1.19	1.12

（四）深松对土壤孔隙度的影响

从表6-10可以看出，深松显著提高了耕层土壤总孔隙度，B₃处理的耕层土壤总孔隙度最高，其次为B₂和B₄处理，B₁处理最低，深松对耕层土壤毛管孔隙度改善不明显，但可以显著改善土壤耕层的通气孔隙度；B₃处理的耕层土壤通气孔隙度最高，其次为B₂和B₄处理，B₁处理最低。在0～20厘米土层，B₁、B₂、B₃、B₄处理的土壤毛管孔隙度没有显著差异。在0～10厘米土层，深松处理（B₂、B₃和B₄）的耕层土壤总孔隙度和通气孔隙度显著大于不深松处理（B₁），但不同深松深度间（B₂、B₃和B₄）的土壤总孔隙度和通气孔隙度没有显著差异。在>10～20厘米土层，B₃处理的土壤孔隙度最大，其次为B₄处理，B₁处理最小；B₃和B₄处理的通气孔隙度显著大于B₁处理，B₁与B₂处理间通气孔隙度没有显著差异。在>20～30厘米土层，B₁处理的土壤孔隙度最小，其次为B₄处理，B₂和B₃处理最大；B₄处理的土壤毛管孔隙度最大，B₁处理最小；B₃处理的通气孔隙度最大，B_1、B_2 和 B_4 处理间土壤通气孔隙度没有显著差异。在 $>30\sim40$ 厘米土层，B_1、B_2、B_3 和 B_4 处理间的土壤毛管孔隙度、通气孔隙度和土壤总孔隙度均没有显著差异。

表 6-10 深松对土壤孔隙度的影响

土层深度（厘米）	耕作措施	土壤总孔隙度（%）	毛管孔隙度（%）	通气孔隙度（%）
0~10	不深松（B_1）	63.3±1.3b	44.2±4.6a	19.1±4.8b
	深松35厘米（B_2）	67.3±2.5a	40.1±1.8a	27.1±3.4a
	深松40厘米（B_3）	67.3±2.3a	42.6±5.6a	24.7±5.3ab
	深松45厘米（B_4）	67.2±2.5a	42.2±4.1a	24.9±3.2ab
>10~20	不深松（B_1）	56.5±1.8c	42.0±2.1a	14.5±3.0b
	深松35厘米（B_2）	59.0±3.4bc	44.3±4.2a	14.7±1.7b
	深松40厘米（B_3）	64.0±1.4a	43.3±2.6a	20.8±2.1a
	深松45厘米（B_4）	61.0±0.6b	42.4±3.0a	18.7±3.2a
>20~30	不深松（B_1）	50.1±2.9c	39.3±2.9b	10.8±4.9ab
	深松35厘米（B_2）	56.1±1.1ab	42.6±1.8ab	13.5±1.8ab
	深松40厘米（B_3）	57.8±2.4a	41.9±4.5ab	15.9±4.8a
	深松45厘米（B_4）	52.9±3.2bc	43.8±2.6a	9.1±2.0b
>30~40	不深松（B_1）	56.9±3.0a	46.4±2.8a	10.5±3.9a
	深松35厘米（B_2）	56.8±2.2a	43.8±0.5a	13.0±2.4a
	深松40厘米（B_3）	58.6±2.3a	44.1±4.2a	14.5±3.4a
	深松45厘米（B_4）	56.6±2.8a	44.3±3.1a	12.3±1.0a
平均	不深松（B_1）	56.7±5.2c	43.0±4.0a	13.7±5.3c
	深松35厘米（B_2）	59.8±5.1b	42.7±2.8a	17.1±6.4ab
	深松40厘米（B_3）	61.9±4.5a	43.0±4.1a	18.9±5.6a
	深松45厘米（B_4）	59.4±5.9b	43.2±3.1a	16.2±6.7b
F	土层深度（A）	94.73**	2.57	50.87**
	耕作措施（B）	16.53**	0.06	7.94**
	A×B	2.45*	1.27	2.02*

（五）深松对土壤三相容积率的影响

从表 6-11 可以看出，B_1 处理的固相容积率最大，其次为 B_2 和 B_4 处理，B_3 处理最小；气相容积率以 B_3 处理最大，其次为 B_1 和 B_4 处理，B_2 处理最小；液相容积率以 B_2 处理最大，其次为 B_3 和 B_4 处理，B_1 处理最小，可见深松对土壤物理结构的改善具有积极作用。在 $0\sim30$ 厘米土层，B_2、B_3 和 B_4 处理间液相容积率没有显著差异，但显著高于 B_1 处理，B_1、B_2、B_3 和 B_4 处理间固相容积率和气相容积率没有显著差异。在 $0\sim10$ 厘米土层，B_1、B_2、B_3 和 B_4 处理间固相容积率没有显著差异。在 $>10\sim20$ 厘米土层，固相容积率以 B_1 处理最大，B_3 处理最小。在 $>20\sim30$ 厘米土层，固相容积率以 B_1 处理最大，

其次为 B_4 处理，B_2 和 B_3 处理最小。在＞30～40 厘米土层，没有进行深松作业的地块（B_1）与进行深松作业的地块（B_2、B_3 和 B_4）的固相容积率、液相容积率和气相容积率没有显著差异。

表 6 - 11　深松对土壤三相容积率的影响

土层深度（厘米）	耕作措施	固相容积率（%）	液相容积率（%）	气相容积率（%）
0～10	不深松（B_1）	36.7±1.3a	21.5±2.4b	41.8±2.7a
	深松 35 厘米（B_2）	32.7±2.5a	28.9±1.4a	38.4±2.2a
	深松 40 厘米（B_3）	32.7±2.3a	25.6±4.1ab	41.6±1.9a
	深松 45 厘米（B_4）	32.8±2.5a	26.9±4.3a	40.3±3.3a
＞10～20	不深松（B_1）	43.5±1.8a	22.5±2.3b	34.0±4.0ab
	深松 35 厘米（B_2）	41.0±3.4ab	28.7±1.2a	30.3±2.9b
	深松 40 厘米（B_3）	36.0±1.4c	27.9±2.6a	36.2±3.2a
	深松 45 厘米（B_4）	39.0±0.6b	26.4±2.3a	34.7±2.1ab
＞20～30	不深松（B_1）	49.9±2.9a	22.4±1.8b	27.7±3.5ab
	深松 35 厘米（B_2）	43.9±1.1bc	29.5±1.4a	26.7±2.0ab
	深松 40 厘米（B_3）	42.2±3.2c	27.2±2.2a	30.6±3.7a
	深松 45 厘米（B_4）	47.1±3.2b	26.9±2.1a	26.0±1.3b
＞30～40	不深松（B_1）	43.2±3.0ab	30.5±4.7a	26.3±3.2a
	深松 35 厘米（B_2）	43.2±2.2a	31.3±2.1a	25.5±1.8a
	深松 40 厘米（B_3）	41.4±2.3a	30.7±5.1a	27.9±4.5a
	深松 45 厘米（B_4）	43.4±2.8a	29.2±4.8a	27.4±2.1a
平均	不深松（B_1）	43.3±5.2a	24.2±4.7c	32.5±7.0ab
	深松 35 厘米（B_2）	40.2±5.1b	29.6±1.8a	30.2±5.6c
	深松 40 厘米（B_3）	38.1±4.5c	27.9±3.9ab	34.1±6.3a
	深松 45 厘米（B_4）	40.6±5.9b	27.3±3.5b	32.1±6.3b
F	土层深度（A）	94.73**	9.69**	95.19**
	耕作措施（B）	16.53**	10.53**	5.88**
	A×B	2.45*	1.2	0.76

（六）深松对产量构成的影响

从表 6-12 可以看出，深松 35 厘米（B_2）、深松 40 厘米（B_3）和深松 45 厘米（B_4）对蔗茎产量的促进作用均显著优于未进行深松的传统耕整地方式，B_3 与 B_4 处理对蔗茎产量的影响差异不显著；B_2、B_3 和 B_4 处理对蔗糖分的促进作用均显著优于未进行深松的传统耕整地方式，随深松深度的增加，对成熟期甘蔗蔗糖分的促进作用逐渐增强。甘蔗有效茎数表现为 B_4＞B_3＞B_2＞B_1，即随深松深度的增加，对成熟期甘蔗有效茎数的促进作用逐渐增强，同时，对株高、单茎重也表现出显著的促进效应，但 B_3 与 B_4 处理的甘蔗株高差异不显著，B_2 与 B_4 处理相比甘蔗单茎重差异不显著。由此可见，耕作深度对成熟期有效茎数的影响大于对个体生长指标（如株高、茎径和单茎重）的影响。

表 6 - 12　深松对甘蔗产量构成的影响

耕作措施	株高 （厘米）	茎径 （厘米）	单茎重 （千克）	有效茎数 （条/公顷）	蔗产量 （吨/公顷）	蔗糖分 （%）
不深松（B₁）	203.77±4.13c	2.62±0.11ab	1.10±0.09c	47 607±3 905d	52.40±7.33c	12.6±0.4c
深松 35 厘米（B₂）	216.13±10.05b	2.72±0.08a	1.25±0.12ab	51 692±3 682c	64.82±7.37b	14.1±0.5b
深松 40 厘米（B₃）	230.32±3.06a	2.70±0.09a	1.32±0.09a	55 611±2 119b	73.66±7.52a	14.4±0.4ab
深松 45 厘米（B₄）	231.40±6.66a	2.53±0.06b	1.16±0.03b	65 283±2 671a	75.72±4.81a	14.8±0.4a

土壤耕层变浅、耕层容重增加、有效耕层土壤量减少及犁底层上移等耕层结构性问题已成为我国作物高产高效栽培的主要制约因素。合理深松可打破紧实犁底层的障碍，使 0～35 厘米土层处于比较疏松的均匀状态，促进根系向下伸长，进而为作物生长与产量形成创造一个适宜的土壤环境。耕作深度达到 30～40 厘米的深耕措施可显著降低土壤亚表层 20～40 厘米的容重。深松对土壤的扰动程度不高，但能够有效加深耕层和疏松土壤，进而改善土壤的渗透性，增加深层土壤蓄水量，提高旱地蓄水保墒性能，最终提高作物产量和水分利用效率。土壤深松后种植的甘蔗出苗率和分蘖率均有所提高，疏松土质对于尽早形成基本苗群体也有促进作用，所种植的甘蔗生长速度加快、根系发达，甘蔗成熟期的株高、茎径、蔗糖分和青叶数提高。本研究结果表明，与不深松相比，深松可以有效降低土壤容重和土壤紧实度，增加深层土壤含水量，改善土壤三相比结构。

土壤容重与土壤紧实度密切相关，土壤容重越大说明土壤紧实度越高，影响土壤对雨水的下渗能力，降低土壤水分含量，较低的容重能提高土壤孔隙度，使土壤有良好的通气性，为根系提供良好的水分和空气环境。深松 40 厘米的土壤容重小于深松 45 厘米，深松 40 厘米与深松 45 厘米的土壤紧实度无显著差异，说明容重比紧实度能更综合地反映土壤结构松散性和组成功能性。深松对 0～10 厘米土层容重的显著改善对甘蔗意义重大，该土层结构松散，紧实度不是主要问题。深松能减小 0～30 厘米土层的土壤容重和土壤紧实度，增加土壤中空气含量，20～30 厘米土层土壤容重的改善表现出深松与否的显著差异。在壤土地块上，深耕显著降低了土壤的穿透阻力和土壤容重，并显著提高土壤含水量。在不破坏心土层、不造成水肥渗漏的前提下，深松深度的增加对甘蔗生长群体的有效茎数和蔗茎产量具有显著的促进效应，其原因可能是由于改善了耕层的整体疏松程度，比如减小了土壤紧实度和土壤贯入阻力。研究发现，10～20 厘米土层土壤容重的改善需要作业深度达 40 厘米，而深松 45 厘米后 10～20 厘米土层土壤容重略有上升，这可能与土壤结构障碍、宜耕性及机具条件配套等有关；深松 40 厘米以上的耕层土壤贯入阻力显著减小，作业深度 40 厘米以上深松可显著降低耕层土壤抗剪强度；10～20 厘米土层贯入阻力、抗剪强度试验数据反映出该土层机械耕性指标基本稳定，深度不够的深松作业如深松 35 厘米甚至可能因深松铲前端部件的结构特点，在土壤含水量不适条件下进而影响该土层机械宜耕性指标，20～30 厘米土层表现出对深松与否的显著响应。

前人研究揭示，深松作业不仅能够显著提高耕层土壤总孔隙度，尤其显著增加30～40厘米土层的通气孔隙度，还能显著提高深层土壤的保水能力，进而通过水肥持续供给能力的改善对甘蔗中后期伸长生长和茎径增粗产生显著的促进效果。本研究中，从整体耕层看，土壤总孔隙度、通气孔隙度对各处理的响应结果是一致的，也反映出机械深松改善耕层孔隙度的直接效应为改善通气性，尤其在浅耕层（0～20厘米土层），而毛管孔隙度的改善还取决于土壤团粒结构及其功能，是一个具有时间积累效应的指标。浅耕层（0～20厘米土层）毛管孔隙度在各处理间差异不显著，至20～30厘米耕层才显现出深松深度对毛管孔隙度改善的效应，也反映出20厘米以下耕层可能形成犁底层，并导致水分协调功能的退化。深耕通过提高土壤的气相比和液相比降低固相比，使耕层土壤物理结构更加逼近理想状态，随着土层的加深，土壤的气相比不断下降，液相比和固相比不断上升。本研究结果表明，深松40厘米显示出降低耕层土壤固相容积率、增大气相容积率的最优效果；不深松处理的固相容积率最大，液相容积率最小，气相容积率与深松40厘米差异不显著，反映出未深松处理主要障碍在于水分生态条件的劣势；深松35厘米则显示出深松效果不理想，土壤水分运输不畅，土体通气性不佳。在0～30厘米土层，深松与不深松相比整体显现出提高液相容积率，亦即对土壤水分库容的显著提升效应，而深松深度不同处理间未见显著差异。0～10厘米土层的固相、气相条件因常年耕作，应用耕作措施已难显处理间差异，通过生物和化学措施方可望改善。深松对耕层土壤固相容积率改善效应最显著的区位在10～30厘米土层，以深松40厘米最优。各处理下蔗地耕层30～40厘米各土层土壤容重、紧实度、孔隙度、固相、气相容积率、田间持水量和饱和含水量均无显著差异，反映出土面以下30～40厘米，甚至连同更深土层可能形成了一个整体结构。对于甘蔗这一多年生深根型作物来说，进一步增加深松作业深度，同时配合进行深层土壤的外施物料改良措施，利用20～30厘米土层，对蔗地合理耕层构建、提升甘蔗产量将产生显著效果。

综上所述，深松作业深度与蔗作土壤结构特性及甘蔗产量的改善提升效应呈显著正相关。深松能够打破黏土层、降低深层土壤紧实度，深松作业深度达40厘米时，显著降低了土壤紧实度和容重，减小了机械作业相应的贯入阻力和抗剪强度，土壤总孔隙度及通气孔隙度显著改善，降低了土壤固相容积率，提高了液相容积率。深松可以显著增加土壤的储水空间，进而增强土壤持水能力，扩大土壤水库容，使10～30厘米土层的土壤含水率、田间持水量和饱和含水量显著提高，对甘蔗有效茎数、株高及蔗茎产量产生了显著的促进效应。根据不同的土壤条件，深松作业深度的进一步加大需同步优化相应机具的合理匹配，方能更持续有效地改善深层土壤的紧实结构和机械适耕性，增加土壤孔隙度，尤其是20厘米以下土层的通气孔隙度，优化土壤三相比，降低固相容积率，促进上下土层水分协调，进一步提升甘蔗产量。鉴于蔗区当前较普遍的机具装备水平，我国大部分蔗区实施机械化深松作业的适宜深度标准应不小于40厘米。

四、机械压实对蔗园耕层土壤结构特性的影响

机械压实处理采用柳工S935型切段式甘蔗联合收割机（重量15吨）收获，约翰迪尔

6J-1654 轮式拖拉机（重量 11.5 吨）牵引柳工甘蔗田间转运机（重量 4.5 吨）进行甘蔗运输；对照采用人工砍收，泉州劲力 JG60-8S 双驱动挖掘机（重量 6 吨）进行甘蔗运输。每个处理 5 次重复，行长 100 米，行距 1.4 米，小区面积 10 亩。供试甘蔗品种为柳城 05-136，于 2018 年 3 月种植，2019 年 3 月收获。

（一）压实对土壤容重的影响

垄面和垄沟的土壤容重在机械收获与人工收获 2 种处理间均不存在显著差异。垄面土层容重在 0～35 厘米随土层深度增加而逐渐增大，在 36～40 厘米土层趋于稳定。垄沟 21～40 厘米深度 4 个土层中，21～25 厘米土层容重最低，其他 3 个土层容重间无显著差异。垄面 21～25 厘米和 26～30 厘米土层的土壤容重低于垄沟的同一水平面土层，31～35 厘米和 36～40 厘米土层容重在垄面和垄沟间趋于一致。

表 6-13　机械压实对土壤容重的影响

处理	土层深度（厘米）	垄面		垄沟	
		容重（克/厘米³）	差异显著性	容重（克/厘米³）	差异显著性
机械收获		1.07±0.14	A	1.20±0.07	A
人工收获		1.05±0.15	A	1.20±0.07	A
	0～5	0.89±0.06	e	—	—
	6～10	0.96±0.08	de	—	—
	11～15	0.97±0.11	de	—	—
	16～20	1.01±0.12	cd	—	—
	21～25	1.07±0.11	bc	1.13±0.06	b
	26～30	1.12±0.11	b	1.22±0.06	a
	31～35	1.25±0.06	a	1.24±0.06	a
	36～40	1.21±0.06	a	1.20±0.07	a

注：同列相同大写字母表示不同处理间差异不显著（$P<0.05$），同列不同小写字母表示不同深度土层间差异显著（$P<0.05$）。下同。

（二）压实对土壤紧实度的影响

由图 6-8 可知，在垄面 0～40 厘米土层，土壤紧实度随土层深度的增加而出现逐渐增大的规律。在 7.5～20 厘米土层，人工收获方式的土壤紧实度高于机械收获，但差异不显著；在 20～32.5 厘米土层，两个处理间土壤紧实度差异不明显；在 32.5～40 厘米土层，机械收获土壤紧实度大于人工收获。由图 6-9 可知，在垄沟 0～20 厘米土层，土壤紧实度也随着土层深度增加而呈逐渐增大。在 2.5～15 厘米土层，机械收获的土壤紧实度大于人工收获，但二者间的差异不大；在 15～20 厘米土层，两种收获方式的土壤紧实度趋于一致。

（三）不同收获方式对土壤贯入阻力和抗剪强度的影响

由表 6-14 可知，垄面及沟的贯入阻力和抗剪强度均在两个处理间差异不显著。在垄面 0～40 厘米土层，随着土层深度增加，贯入阻力和抗剪强度也逐渐增大。在垄沟 21～40

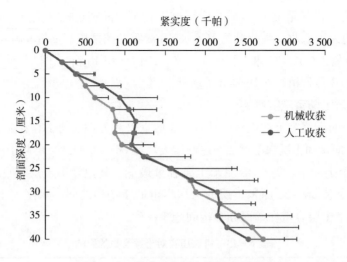

图6-8 压实对垄面土壤紧实度影响

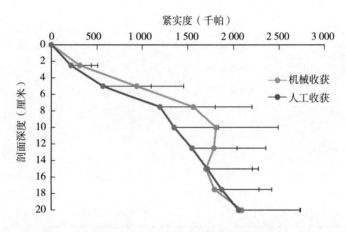

图6-9 压实对垄沟土壤紧实度影响

厘米土层,贯入阻力和抗剪强度也随深度增加而增大。贯入阻力指标中,垄沟的21~25厘米和26~30厘米土层高于垄面同一水平土层,但在31~35厘米和36~40厘米土层,垄面高于沟。抗剪强度中,21~40厘米的4个土层垄沟同垄面同一水平土层间差异不大。

表6-14 收获方式对土壤贯入阻力和抗剪强度的影响

收获方式	土层深度（厘米）	贯入阻力（千帕）		抗剪强度（牛/厘米²）	
		垄面	垄沟	垄面	垄沟
机械收获		296.92±200.34A	452.64±119.78A	0.26±0.16A	0.39±0.11A
人工收获		304.68±223.58A	451.31±146.19A	0.25±0.17A	0.36±0.11A
	0~5	58.96±15.22e			0.06±0.03f
	6~10	126.35±53.37de			0.11±0.04ef
	11~15	178.22±76.67cd			0.15±0.06de

（续）

收获方式	土层深度（厘米）	贯入阻力（千帕）		抗剪强度（牛/厘米²）	
		垄面	垄沟	垄面	垄沟
	16～20	244.72±152.82c	—		0.21±0.12cd
	21～25	261.12±128.48c	293.04±50.91c	0.24±0.11c	0.26±0.07c
	26～30	398.56±164.68b	429.59±85.60b	0.33±0.11b	0.34±0.07b
	31～35	563.03±113.99a	529.34±98.61a	0.47±0.07a	0.44±0.08a
	36～40	575.45±100.79a	555.94±92.10a	0.46±0.09a	0.47±0.08a

（四）机械压实对土壤水分指标的影响

由表 6-15 可知，机械收获和人工收获两种处理对垄面和垄沟的含水率、田间持水量及饱和含水量均没有影响。

表 6-15 收获方式对土壤含水量影响

收获方式	土层深度（厘米）	含水率（%）		田间持水量（%）		饱和含水量（%）	
		垄面	垄沟	垄面	垄沟	垄面	垄沟
机械收获		34.28±3.89A	35.46±2.54A	44.89±6.32A	40.04±2.72A	47.76±7.46A	41.70±3.04A
人工收获		33.46±1.80A	34.03±1.81A	44.13±6.44A	38.50±2.19B	47.79±8.10A	40.31±2.70A
	0～5	32.04±3.44a	—	50.75±3.98a	—	54.89±4.42a	—
	6～10	32.80±3.13a	—	48.16±5.29ab	—	52.48±6.27a	—
	11～15	33.96±2.38a	—	47.38±5.03ab	—	51.18±6.86a	—
	16～20	34.76±2.12a	—	45.94±4.78abc	—	49.92±6.30ab	—
	21～25	34.64±2.18a	34.44±2.93a	45.11±5.62bc	41.09±3.04a	49.45±7.17ab	43.22±3.52a
	26～30	34.85±3.78a	34.26±1.54a	42.42±6.69cd	38.47±1.65b	44.83±7.08bc	40.02±1.92b
	31～35	32.90±2.70a	34.79±2.29a	37.23±2.68de	38.06±2.07b	38.60±2.66cd	39.64±2.22b
	36～40	35.03±3.59a	35.48±2.41a	39.10±3.47e	39.48±2.46ab	40.85±3.53d	41.16±2.72ab

（五）不同收获方式对土壤孔隙度影响

由表 6-16 可知，机械收获和人工收获对垄面和垄沟的土壤总孔隙度均没有影响。机械收获处理的垄面和垄沟毛管孔隙度均显著高于人工收获；机械收获处理的垄面通气孔隙度显著低于人工收获，虽然机械收获处理的垄沟通气孔隙度也低于人工收获，但差异不显著。垄面土壤总孔隙度在0～35厘米土层随着深度增加呈减小趋势，在36～40厘米土层增大；垄沟土壤总孔隙度在26～30厘米、31～35厘米、36～40厘米土层间差异不显著。垄面和垄沟的毛管孔隙度在各个深度的土层间均无显著性差异。垄面土壤通气孔隙度在0～35厘米随深度增加而降低，在36～40厘米处有所提升；垄沟的21～25厘米土层通气孔隙度最大，显著高于其他土层。

表 6-16　收获方式对土壤孔隙度的影响

收获方式	土层深度（厘米）	总孔隙度（%）		毛管孔隙度（%）		通气孔隙度（%）	
		垄面	垄沟	垄面	垄沟	垄面	垄沟
机械收获		59.46±5.47A	54.81±2.75A	47.31±2.57A	47.71±1.74A	12.15±5.88B	7.10±3.44A
人工收获		60.34±5.75A	54.70±2.70A	45.52±3.55B	46.04±1.35B	14.82±7.58A	8.67±3.44A
	0~5	66.26±2.08a	—	45.10±3.40a	—	21.16±4.53a	—
	6~10	63.76±2.96ab	—	45.98±4.48a	—	17.79±6.21ab	—
	11~15	63.35±4.08ab	—	45.60±3.10a	—	17.75±5.82ab	—
	16~20	61.72±4.60bc	—	46.20±3.97a	—	15.52±7.19bc	—
	21~25	59.55±4.28cd	57.27±2.12a	47.82±2.91a	46.34±1.85a	11.73±5.03cd	10.93±2.21a
	26~30	57.67±4.19d	53.95±2.37b	46.86±2.99a	46.85±1.97a	10.81±1.96de	7.10±3.89b
	31~35	52.71±2.09e	53.24±2.20b	46.51±2.27a	46.97±1.14a	6.21±2.66ef	6.27±2.49b
	36~40	54.19±2.35e	54.56±2.47b	47.25±2.21a	47.34±2.03a	6.94±2.28f	7.23±3.46b

（六）压实对土壤三相容积率的影响

机械收获和人工收获处理对垄面和垄沟的三相容积率都没有显著影响。土壤固相容积率在垄面0~35厘米土层随深度增加而增大，在31~35厘米土层达到最大值，在36~40厘米处有所下降；垄沟在21~25厘米土层固相容积率最小，显著低于26~40厘米的3个土层；垄沟的21~25厘米和26~30厘米土层固相容积率高于垄面同水平土层，31~40厘米土层无差异。土壤液相容积率在垄面和垄沟的各个土层间均无差异。气相容积率在垄面0~40厘米土层随深度增加而增大；垄沟的26~30厘米、31~35厘米和36~40厘米土层间气相容积率无显著差异，但显著低于21~25厘米土层。

表 6-17　收获方式对土壤三相容积率的影响

收获方式	土层深度（厘米）	固相容积率（%）		液相容积率（%）		气相容积率（%）	
		垄面	垄沟	垄面	垄沟	垄面	垄沟
机械收获		40.54±5.47a	45.19±2.75a	34.28±3.89A	35.46±2.54A	25.18±6.30A	19.35±3.22A
人工收获		39.66±5.75A	45.30±2.70A	33.46±1.80A	34.03±1.81A	26.88±6.43A	20.68±2.65A
	0~5	33.74±2.08e	—	32.04±3.44a	—	34.22±4.37a	—
	6~10	36.24±2.96de	—	32.80±3.13a	—	30.97±3.84ab	—
	11~15	36.65±4.08de	—	33.96±2.38a	—	29.38±4.70bc	—
	16~20	38.28±4.60cd	—	34.76±2.12a	—	26.96±5.41cd	—
	21~25	40.45±4.28bc	42.73±2.12b	34.64±2.18a	34.44±2.93a	24.91±5.16de	22.83±2.56a
	26~30	42.33±4.19b	46.05±2.37a	34.85±3.78a	34.26±1.54a	22.82±3.17ef	19.69±3.26b
	31~35	47.29±2.09a	46.76±2.20a	32.90±2.70a	34.79±2.29a	19.81±2.50f	18.45±2.01b
	36~40	45.81±2.35a	45.44±2.47a	35.03±3.59a	35.48±2.41a	19.16±2.47f	19.09±2.20b

采用甘蔗联合收割机进行甘蔗收获与传统的人工收获方式相比，除机械收获会造成垄面土壤通气孔隙度下降外，甘蔗生长区域垄面的土壤耕层在土壤容重、紧实度、抗剪强度、含水量、三相比等物理指标间均无显著差异，说明在适合的甘蔗种植行距和配套机具作业的前提下甘蔗机械收获并不会造成垄面耕层土壤压实。两种收获方式对垄沟的物理指标影响也不显著。

垄面与垄沟同一水平土层物理指标进行比较发现，前期农机作业（包括喷药、大小培土等）对沟的影响更大，对垄沟0~10厘米土层造成压实，但对11~20厘米土层没有影响。试验田块种植前，采用深翻40厘米加旋耕的方式进行土地平整，0~40厘米垄面的各项物理指标均呈现随深度而增大的趋势，在36~40厘米处有所降低，主要是36~40厘米为红壤层。

第二节　机械化蔗园土壤改良技术研究与应用

一、土壤改良措施对机械化蔗园土壤理化性质及微生物群落结构的改良作用

生产全程机械化是我国甘蔗产业竞争力提升的重大关键技术。机械化不仅是处理劳动力不足的基本路径，也是集成现代农业生产模式和技术，打破甘蔗单产瓶颈的重要途径。以机械化为甘蔗生产方式转变的抓手，形成品种更新、地力改良、宿根改善、营养高效的新型生产系统，降成本、提效率、增产量，提升产业竞争力。生产全程机械化还是引领土地流转，推动种植业、加工业、服务业联动系统性改革的关键性纽带，从而整体推进我国蔗糖产业的转型升级发展。随着规模化经营的推进，我国甘蔗生产全程机械化作业条件日渐改善。生产全程机械化机具装备的研制、引进和推广应用进入新的发展阶段。农机农艺融合技术日益成熟，但高产稳产的全程机械化基地所占比重仍然有待提高，同时因产区类型特点差异、气候不利影响、农机农艺技术融合程度不高、技术的模式化和标准化适应性不强等因素，技术应用推广效果有待加强。

甘蔗生产全程机械化与传统的人工栽培管理模式相比，对土壤的最直接影响就是大型机具作业行走对土壤的压实及其造成的土壤物理结构、化学性质、养分吸收、转化特征和微生物生态等的响应和变化。田间作业时农机具轮胎及器械对土壤的碾压作用，会压实土壤，导致土壤物理结构改变，孔隙度降低、土壤养分降低，造成土壤退化。为了缓解和改善生产全程机械化可能伴生的上述对土壤结构和功能的不良影响，目前采取主要技术策略有：一是实施保护性耕作技术模式，减少农机具下田作业次数，采用机械化耕整地、机械化种植或破垄松蔸、结合进行一次性施肥或用药，以及机械化收获；二是采用生产全程机械化作业固定路径行走技术模式，借助卫星导航驾驶控制系统的应用，使得耕、种、管、收、运各环节机具作业行走均在预设的全田轮胎接触面积最小、对甘蔗地下部的机械压实传导影响最小、对土壤结构性能影响最小的优化路径上进行；三是持续不间断地进行甘蔗地力维护和土壤改良，作为甘蔗生产最重要的基础性工作。大力推广实施作物间、混、套作和轮作制度，如甘蔗与玉米间作、甘蔗与马铃薯间作、大豆与甘蔗间作等。大豆在常用

的豆科作物中地上部的生物产量优势最为明显，其地上部干物质重量可占其总生物量的87.8％，其中蛋白含量约为2.58％，被世界各国广泛应用为甘蔗的轮作作物，甘蔗大豆间作根际土壤细菌和固氮菌的群落结构和群落多样性受到显著促进。机械压实蔗地除了可采用上述技术措施改善土壤结构外，通常还可以利用生物改良措施来改良土壤，常用的生物改良措施主要有秸秆、农林废弃物、农家肥、生物菌肥以及含有机质的加工副产品如发酵残液、滤泥还田，生物改良措施可以增加土壤有机质，结合深耕后疏松的土壤环境，可增强微生物活动，将有机养分分解为可利用形态，通过长期的效应积累，改善土壤结构、功能的协调性和养分供给能力，持续提高作物产量，增加土壤中的有效无机氮含量。大量研究表明，土壤改良剂可以改善土壤理化性状和养分状况，改善作物生长环境，提高作物产量。

酸性土壤在我国南方分布广、面积大，具有酸性强、地力贫瘠、土壤易板结、易渗漏的特点。土壤酸化导致土壤中大量营养元素淋失，影响作物生长，降低作物产量。对酸性土壤的修复，最常用的改良剂是石灰，但长期使用土壤易板结。针对机械压实甘蔗地土壤偏酸性，土壤中缺乏有效磷、速效钾等营养物质，微生物活性弱的问题，前人主要利用石灰呈碱性，生物菌肥含有大量有益微生物，有机肥富含有机质，松土精可有效改善土壤团粒结构，缓解土壤板结，具有综合改土的作用，以生石灰、松土精、生物菌肥和有机肥等作为改良剂对土壤进行改良。在蔗地土壤改良方面，前人研究表明，粤西酸性土壤增施有机土壤调理剂能提高土壤有机质含量和pH，提高土壤有效磷、碱解氮和速效钾含量。合理施用石灰，可提高土壤pH和改善土壤养分状况，提高甘蔗产量和糖分，增加微生物多样性。施用复合微生物菌肥能显著提高甘蔗叶片氮平衡指数和叶绿素SPAD值，增强根系活力，促进甘蔗生长，提高产量。施用有机肥和生物菌肥能改善土壤养分、微生物生物量和微生物群落结构。罗俊等则认为深松可打破犁底层，降低土壤容重、紧实度、贯入阻力和抗剪强度，实施机械化深松的作业深度应不小于40厘米。前人有关蔗地土壤改良方式的探索都是只考虑单一因素，关于松土精、生物菌肥、有机肥和生石灰对土壤理化性质和微生物影响的比较研究较少，针对机械压实酸化土壤的综合土壤改良措施对蔗地理化性质及微生物群落特征的影响国内尚未见相关报道。在明确深松作业的针对性土壤区位和障碍因子基础上，采用前期研究推荐的深松45厘米，配合深层土壤的外施物料改良措施，探讨不同土壤改良剂对土壤物理性质、土壤养分、土壤微生物和甘蔗生长的影响，构建机械压实酸化蔗地合理耕层，实现高效节能的机具匹配、节本增效，形成甘蔗良好耕层构建的关键技术体系，对指导土壤改良策略的制定具有较为重要的意义。

采用随机区组设计，设置4个土壤改良处理：添加松土精（B_2）、添加生物菌肥（B_3）、添加有机肥（B_4）和添加生石灰（B_5），以不添加土壤改良剂为对照（B_1）；松土精、生物菌肥添加量参照产品说明书推荐用量，生石灰参照敖俊华等推荐用量，有机肥添加量综合考虑各处理投入水平，在添加有机肥的同时，适当减少复合肥的用量，使基肥（复合肥＋有机肥）N－P－K含量和对照基本一致，具体实施方案见表6-18。分别在2017年新植季种植前和2018年宿根季破垄时施用。每个处理6次重复，5行区，行距1.3米，行长10米，小区面积65米^2，试验周期2年。试验区各处理耕作措施为深松45厘米＋

旋耕 25 厘米，深松作业和旋耕作业分别采用 185 马力拖拉机悬挂 Labrador 可调式深松犁和 120 马力拖拉机悬挂 1GKN‑300 中高箱型旋耕机完成。甘蔗供试品种为桂柳05‑136，下种量为 10 吨/公顷，2017 年 4 月下旬种植，按表 6‑18 方案进行第 1 次土壤改良，2018 年 3 月中旬新植季收获，2018 年 4 月进行宿根季破垄施肥管理，按表 6‑18 方案进行第 2 次土壤改良，2019 年 3 月宿根季收获。生产管理全程采用机种、机管和机收。

表 6‑18　试验实施方案

土壤改良处理	实施方案	N‑P‑K （千克/公顷）	总投入水平 （元/公顷）
对照（B_1）	基肥 51%复合肥（17‑17‑17）769 千克/公顷	130.73‑130.73‑130.73	2 475
松土精（B_2）	基肥 51%复合肥（17‑17‑17）769 千克/公顷，增施高分子生物聚合物松土精 9.23 千克/公顷	130.73‑130.73‑130.73	3 150
生物菌肥（B_3）	基肥 51%复合肥（17‑17‑17）769 千克/公顷，增施有效活菌数≥50 亿个/克的生物菌肥 30.8 千克/公顷	130.73‑130.73‑130.73	3 525
有机肥（B_4）	基肥 51%复合肥（17‑17‑17）461 千克/公顷，增施有机质≥56%有机肥（2.6‑4.1‑3.5）1 277 千克/公顷	112.31‑130.73‑123.08	4 410
生石灰（B_5）	基肥 51%复合肥（17‑17‑17）769 千克/公顷，增施生石灰 1 569 千克/公顷	130.73‑130.73‑130.73	2 925

（一）土壤改良措施对土壤容重和紧实度的影响

从表 6‑19 可知，不同改良措施全耕层平均土壤容重以 B_4 处理最小，新宿两季分别比对照（B_1）降低 11.20%和 6.72%，是唯一对新宿两季土壤容重均有显著改善的改良措施；分土层看，0～10 厘米和＞10～20 厘米土层，B_4 处理新植季土壤容重显著低于对照；＞20～30 厘米和＞30～40 厘米土层，B_4 处理新宿两季土壤容重均显著低于对照。全耕层平均紧实度以 B_5 处理最大，新宿两季分别比对照提高 10.72%和 21.27%，B_4 处理新宿两季分别比对照降低 11.55%和 6.35%，B_3 处理新植季比对照降低 14.82%，宿根季比对照提高 10.87%。分土层看，0～10 厘米和＞10～20 厘米土层，B_3 和 B_4 处理新植季紧实度显著低于对照，B_5 处理宿根季紧实度显著高于其他 3 个处理和对照；＞20～30 厘米土层，B_5 处理新宿两季紧实度显著高于对照，B_4 处理宿根季紧实度显著低于对照；在＞30～40厘米土层，B_5 处理新植季紧实度显著高于 B_2 和 B_3 处理。可见，添加有机肥处理显著降低了耕层土壤容重和紧实度，随着深度增加、种植年限的增加，有机质对容重的改善效应有下降趋势。添加松土精处理也在一定程度上降低了土壤耕层的容重和紧实度，具有疏松土壤的作用，而添加石灰处理土壤耕层紧实度显著升高，土壤有板结的趋势。

表 6‑19　不同土壤改良措施对土壤容重和紧实度的影响

土层深度 （厘米）	土壤改良措施	土壤容重（克/厘米³）		土壤紧实度（牛/厘米²）	
		新植	宿根	新植	宿根
0～10	对照（B_1）	1.06±0.10ab	1.00±0.07a	148.13±41.26a	127.69±30.31b

（续）

土层深度（厘米）	土壤改良措施	土壤容重（克/厘米³）		土壤紧实度（牛/厘米²）	
		新植	宿根	新植	宿根
0～10	松土精（B₂）	1.00±0.05ab	0.98±0.09a	124.94±32.48ab	113.45±45.04b
	生物菌肥（B₃）	1.00±0.1abc	1.00±0.06a	109.40±26.86b	132.6±36.80ab
	有机肥（B₄）	0.92±0.08c	0.95±0.08a	109.96±37.08b	117.86±36.70b
	生石灰（B₅）	0.96±0.07bc	1.00±0.07a	143.52±29.88a	167.64±50.30a
>10～20	对照（B₁）	1.23±0.13a	1.12±0.11a	268.80±73.23a	176.25±63.21b
	松土精（B₂）	1.19±0.09a	1.07±0.08a	261.47±54.62ab	170.79±39.58b
	生物菌肥（B₃）	1.19±0.11a	1.07±0.09a	207.39±38.46b	222.87±72.20ab
	有机肥（B₄）	1.06±0.14b	1.02±0.10a	207.01±53.73b	172.84±60.37b
	生石灰（B₅）	1.20±0.12a	1.05±0.11a	290.92±75.30a	260.81±68.30a
>20～30	对照（B₁）	1.37±0.10a	1.29±0.08ab	344.48±61.46b	301.88±30.72bc
	松土精（B₂）	1.34±0.13ab	1.24±0.11ab	331.18±65.45ab	298.68±33.66bc
	生物菌肥（B₃）	1.37±0.10a	1.31±0.12a	302.69±44.68b	338.14±56.94ab
	有机肥（B₄）	1.24±0.10b	1.17±0.16b	324.72±60.68b	257.20±35.27c
	生石灰（B₅）	1.37±0.11a	1.32±0.14a	392.03±59.28a	348.55±64.48a
>30～40	对照（B₁）	1.36±0.10ab	1.36±0.09ab	330.36±77.54ab	328.53±47.43a
	松土精（B₂）	1.30±0.17ab	1.34±0.11ab	304.68±61.70b	317.03±51.17a
	生物菌肥（B₃）	1.38±0.11a	1.35±0.07ab	310.43±66.98b	342.33±46.47a
	有机肥（B₄）	1.24±0.13b	1.29±0.09ab	323.96±64.28ab	327.11±17.38a
	生石灰（B₅）	1.33±0.1ab	1.38±0.07a	382.35±39.98a	356.09±76.84a
平均	对照（B₁）	1.25±0.17a	1.19±0.17a	272.94±100.74b	233.59±99.48c
	松土精（B₂）	1.21±0.18a	1.16±0.17a	255.57±98.67bc	224.99±103.00c
	生物菌肥（B₃）	1.23±0.19a	1.18±0.18a	232.48±95.32c	258.98±104.29b
	有机肥（B₄）	1.11±0.18b	1.11±0.17b	241.41±106.12c	218.76±93.23c
	生石灰（B₅）	1.22±0.19a	1.19±0.20a	302.2±114.55a	283.27±102a
F	土层深度（A）	256.15**	246.90**	189.36**	185.77**
	土壤改良措施（B）	21.93**	9.16**	12.02**	11.95**
	A×B	0.435	0.59	0.88	0.83

注：同列不同小写字母表示同一土层不同土壤改良措施间差异显著（$P<0.05$）。* 和 ** 分别为 0.05 水平差异显著和 0.01 水平差异极显著。

（二）土壤改良措施对贯入阻力和抗剪强度的影响

从表6-20可以看出，不同改良措施全耕层平均贯入阻力 B₅ 处理最大，新宿两季分别比对照提高 9.57% 和 29.49%，B₃ 处理新宿两季分别比对照降低 9.29% 和提高 16.25%；B₄ 处理新植季比对照降低 12.49%。分土层分析，0～10 厘米土层，B₃、B₄ 处理新植季贯入阻力显著低于对照，B₄ 处理宿根季贯入阻力显著低于 B₅ 处理；>10～20 厘

米和>20～30厘米土层，均表现为 B_5 处理新宿两季贯入阻力处理显著高于对照；>30～
40厘米土层，各处理贯入阻力与对照比无显著差异。不同改良措施全耕层平均抗剪强度
B_5 处理分别比对照提高 8.82% 和 20.83%，达显著水平，B_4 处理分别比对照降低
17.65% 和8.33%，其中新植季差异达显著水平。0～10厘米、>10～20厘米和>20～30
厘米土层，均表现为 B_5 处理新宿两季抗剪强度显著高于对照，B_4 处理新植季显著低于对
照；>30～40厘米土层，各处理抗剪强度与对照比无显著差异。贯入阻力代表土壤的机
械化适耕性，抗剪强度反映土体抵抗剪切破坏的极限强度。添加有机肥处理能显著降低贯
入阻力和抗剪强度，添加生物菌肥处理新植季表现为贯入阻力和抗剪强度降低，具有疏松
土壤的作用，宿根季却表现为贯入阻力和抗剪强度升高，土壤结构变劣。添加石灰处理贯
入阻力和抗剪强度显著升高，土壤结构变劣。

表6-20　不同土壤改良措施对土壤贯入阻力和抗剪强度的影响

土层深度（厘米）	土壤改良措施	贯入阻力（千帕）		抗剪强度（千克/厘米²）	
		新植	宿根	新植	宿根
0～10	对照（B_1）	13.53±4.74a	10.38±5.85ab	0.12±0.04b	0.07±0.02b
	松土精（B_2）	13.29±5.69a	9.38±4.55ab	0.11±0.03bc	0.07±0.03b
	生物菌肥（B_3）	8.90±3.48b	11.97±5.69ab	0.09±0.02bc	0.08±0.02b
	有机肥（B_4）	8.33±3.46b	7.02±5.09b	0.08±0.02c	0.06±0.02b
	生石灰（B_5）	15.13±5.83a	13.58±4.46a	0.15±0.04a	0.11±0.02a
>10～20	对照（B_1）	25.63±8.46ab	20.39±4.01b	0.26±0.09ab	0.17±0.05ab
	松土精（B_2）	23.13±6.11ab	19.32±7.13b	0.23±0.06abc	0.16±0.06b
	生物菌肥（B_3）	20.50±5.84b	24.53±10.3ab	0.21±0.08bc	0.21±0.11ab
	有机肥（B_4）	19.53±6.3b	20.13±6.5b	0.17±0.07c	0.15±0.06b
	生石灰（B_5）	28.25±8.45a	30.15±7.65a	0.29±0.08a	0.23±0.07a
>20～30	对照（B_1）	58.17±7.89ab	41.19±8.28bc	0.47±0.05ab	0.32±0.06bc
	松土精（B_2）	58.89±9.56ab	35.54±11.00c	0.46±0.06ab	0.31±0.06bc
	生物菌肥（B_3）	54.41±6.74b	48.51±9.71ab	0.44±0.06bc	0.35±0.06ab
	有机肥（B_4）	51.27±11.39b	35.47±9.34c	0.40±0.06c	0.27±0.05c
	生石灰（B_5）	65.95±8.42a	53.55±12.17a	0.50±0.06a	0.39±0.05a
>30～40	对照（B_1）	61.17±7.66a	50.10±8.45b	0.51±0.04a	0.41±0.05a
	松土精（B_2）	59.30±9.32a	51.28±8.9b	0.47±0.06a	0.38±0.06a
	生物菌肥（B_3）	59.95±6.02a	56.89±10.99ab	0.52±0.05a	0.43±0.06a
	有机肥（B_4）	59.54±8.78a	54.86±6.47ab	0.49±0.06a	0.39±0.05a
	生石灰（B_5）	64.32±5.88a	60.79±10.14a	0.56±0.05a	0.43±0.06a
平均	对照（B_1）	39.62±21.95b	30.52±17.55c	0.34±0.17b	0.24±0.14b
	松土精（B_2）	38.65±22.53bc	28.88±18.54c	0.32±0.17b	0.23±0.14b
	生物菌肥（B_3）	35.94±22.91cd	35.48±20.7b	0.31±0.19b	0.27±0.16a
	有机肥（B_4）	34.67±23.22d	29.37±19.51c	0.28±0.18c	0.22±0.13b
	生石灰（B_5）	43.41±23.84a	39.52±21.12a	0.37±0.18a	0.29±0.14a

（续）

土层深度（厘米）	土壤改良措施	贯入阻力（千帕）		抗剪强度（千克/厘米²）	
		新植	宿根	新植	宿根
F	土层深度（A）	880.72**	234.91**	587.98**	497.5**
	土壤改良措施（B）	13.63**	10.10**	14.67**	15.47**
	A×B	0.64	1.20	0.83	0.68

注：同列不同小写字母表示同一土层不同土壤改良措施间差异显著（$P<0.05$）。* 和 ** 分别表示 0.05 水平差异显著和 0.01 水平差异极显著。

（三）土壤改良措施对土壤孔隙度的影响

从表 6-21 可以看出，B_4 处理新宿两季全耕层平均总孔隙度、毛管孔隙度和通气孔隙度显著高于对照。0～10 厘米土层，B_4 处理新宿两季土壤总孔隙度、毛管孔隙度显著高于对照，B_5 处理新植季耕层通气孔隙度显著高于对照；>10～20 厘米土层，B_4 处理新植季土壤总孔隙度、毛管孔隙度显著高于对照；>20～30 厘米土层，B_4 处理新植季土壤总孔隙度、宿根季毛管孔隙度显著高于对照；>30～40 厘米土层，各处理土壤总孔隙度、毛管孔隙度、通气孔隙度与对照比无显著差异。可见添加有机肥处理，土壤总孔隙度及通气孔隙度显著增加，改善了土壤通气保水性能，对土壤深层水分蓄积与运输具有促进作用，而其他 3 种土壤改良措施对土壤总孔隙度及通气孔隙度的改善效果明显不如添加有机肥处理。

表 6-21 不同土壤改良措施对土壤孔隙度的影响

土层深度（厘米）	土壤改良措施	土壤总孔隙度（%）		毛管孔隙度（%）		通气孔隙度（%）	
		新植	宿根	新植	宿根	新植	宿根
0～10	对照（B_1）	60.10±3.67c	62.16±2.62a	36.90±4.01b	37.75±3.33ab	23.2±4.62b	24.41±3.89a
	松土精（B_2）	62.25±2.02bc	62.86±3.47a	37.19±3.55ab	36.34±3.71b	25.07±2.82ab	26.52±3.01a
	生物菌肥（B_3）	62.45±3.74abc	62.22±2.42a	36.94±3.56b	37.93±3.48ab	25.51±4.86ab	24.30±3.57a
	有机肥（B_4）	65.34±3.04a	64.33±3.02a	40.47±3.72a	40.34±3.28a	24.87±3.49ab	23.99±3.07a
	生石灰（B_5）	63.73±2.50ab	62.22±2.60a	36.05±2.93b	38.16±3.42ab	27.68±3.38a	24.06±5.15a
>10～20	对照（B_1）	53.71±4.92b	57.69±4.22a	38.08±3.06a	40.95±3.68a	15.63±6.47a	16.74±2.90a
	松土精（B_2）	55.17±3.33b	59.78±3.17ab	40.81±2.70ab	39.53±4.04a	14.37±3.42a	20.26±2.51a
	生物菌肥（B_3）	55.18±4.33b	59.56±3.49a	40.04±2.93ab	42.06±2.97a	15.14±4.54a	17.50±2.74a
	有机肥（B_4）	60.07±5.29a	61.4±3.87a	42.01±4.94a	42.86±4.03a	18.06±4.72a	18.55±4.55a
	生石灰（B_5）	54.72±4.62b	60.39±4.29a	38.79±2.68ab	41.02±3.01a	15.93±4.82a	19.37±4.12a
>20～30	对照（B_1）	48.12±3.90b	51.24±3.18ab	38.68±4.26a	39.8±2.60b	9.44±2.5ab	11.43±4.68a
	松土精（B_2）	49.58±5.01ab	53.34±4.26ab	39.45±3.99a	40.00±3.49b	10.14±3.78ab	13.34±2.83a
	生物菌肥（B_3）	48.36±3.92b	50.64±4.52b	40.25±2.45a	40.62±2.21b	8.11±2.42b	10.02±3.41a
	有机肥（B_4）	53.28±3.78a	55.76±6.07a	41.49±3.87a	43.50±3.04a	11.78±2.56a	12.27±4.70a
	生石灰（B_5）	48.45±4.32b	50.24±5.11b	38.91±3.31a	40.07±2.86b	9.54±3.69ab	10.17±4.21a

（续）

土层深度（厘米）	土壤改良措施	土壤孔隙度（%）		毛管孔隙度（%）		通气孔隙度（%）	
		新植	宿根	新植	宿根	新植	宿根
>30~40	对照（B₁）	48.85±3.74ab	48.72±3.21ab	39.22±3.01a	40.21±2.06a	9.63±2.63ab	8.50±2.59a
	松土精（B₂）	50.94±6.35ab	49.62±3.96ab	40.37±3.43a	40.74±3.20a	10.57±3.78ab	8.88±2.51a
	生物菌肥（B₃）	48.05±4.20b	48.92±2.73ab	40.29±2.11a	40.73±1.48a	7.76±2.98b	8.19±1.64a
	有机肥（B₄）	53.08±4.92a	51.46±3.37a	42.24±3.1a	42.03±2.09a	10.84±2.59a	9.43±2.26a
	生石灰（B₅）	49.69±3.70ab	48.06±2.60b	41.42±3.16a	40.04±1.72a	8.28±2.79ab	8.02±2.21a
平均	对照（B₁）	52.69±6.60b	54.95±6.28b	38.22±4.04b	39.68±3.05b	14.48±7.38b	15.27±7.13b
	松土精（B₂）	54.49±6.73ab	56.4±6.53b	39.46±3.38b	39.15±3.89b	15.03±7.09ab	17.25±7.27a
	生物菌肥（B₃）	53.51±7.21b	55.33±6.73b	39.38±3.26b	40.33±3.04b	14.13±8.20b	15.00±7.14b
	有机肥（B₄）	57.94±6.75a	58.24±6.59a	41.56±4.20a	42.18±3.53a	16.39±6.93a	16.06±6.96ab
	生石灰（B₅）	54.15±7.25ab	55.22±7.38b	38.79±3.78b	39.82±3.49b	15.36±8.83ab	15.41±8.00b
F	土层深度（A）	255.89**	246.85**	17.18**	26.38**	161.94**	362.57**
	土壤改良措施（B）	21.91**	9.17**	11.58**	13.84**	1.81	4.51*
	A×B	0.43	0.59	0.48	0.43	1.09	0.59

注：同列不同小写字母表示同一土层不同土壤改良措施间差异显著（$P<0.05$）。* 和 ** 分别表示 0.05 水平差异显著和 0.01 水平差异极显著。

（四）土壤改良措施对土壤三相容积率的影响

从表 6-22 可以看出，B₄ 处理新宿两季全耕层平均固相容积率、气相容积率显著低于对照，液相容积率显著高于对照。0~10 厘米土层，B₄ 处理新宿两季固相容积率最低，但仅新植季显著低于对照，新宿两季液相容积率高于对照；>10~20 厘米土层，B₄ 处理新植季固相容积率显著低于对照，新宿两季液相容积率显著高于对照；>30~40 厘米土层，新宿两季均表现为 B₄ 处理固相容积率显著低于对照。可见新植季添加有机肥处理，降低了土壤固相容积率，提高了土壤耕层的液相容积率，对土壤物理结构的改善具有积极作用，而宿根季上述指标改善效应不显著。

表 6-22　不同土壤改良措施对土壤三相容积率的影响

土层深度（厘米）	土壤改良措施	固相容积率（%）		液相容积率（%）		气相容积率（%）	
		新植	宿根	新植	宿根	新植	宿根
0~10	对照（B₁）	39.90±3.67a	37.84±2.62a	21.46±2.67a	18.24±3.38ab	38.64±2.71a	43.92±2.89a
	松土精（B₂）	37.75±2.02ab	37.14±3.47a	22.05±3.67a	19.84±2.61ab	40.21±2.08a	43.02±2.59a
	生物菌肥（B₃）	37.55±3.74abc	37.78±2.42a	21.19±2.83a	17.22±2.90b	41.25±2.08a	45.00±2.53a
	有机肥（B₄）	34.66±3.04c	35.67±3.02a	24.03±3.84a	21.01±2.43a	41.32±1.47a	43.32±2.68a
	生石灰（B₅）	36.27±2.50bc	37.78±2.60a	22.80±2.90a	17.44±3.30b	40.93±4.05a	44.78±4.45a

（续）

土层深度（厘米）	土壤改良措施	固相容积率（%）		液相容积率（%）		气相容积率（%）	
		新植	宿根	新植	宿根	新植	宿根
>10~20	对照（B₁）	46.29±4.92a	42.31±4.22a	23.29±2.45b	20.30±3.60b	30.42±5.70a	37.40±4.19a
	松土精（B₂）	44.83±3.33a	40.22±3.17a	23.77±3.76b	21.92±2.81ab	31.4±4.56a	37.86±1.26a
	生物菌肥（B₃）	44.82±4.33a	40.44±3.49a	22.69±3.12b	20.27±2.38b	32.49±5.16a	39.29±4.53a
	有机肥（B₄）	39.93±5.29b	38.60±3.87a	27.15±4.43a	23.24±2.21a	32.92±5.69a	38.16±3.60a
	生石灰（B₅）	45.28±4.62a	39.61±4.29a	24.00±2.89b	21.05±1.71ab	30.72±3.91a	39.34±4.79a
>20~30	对照（B₁）	51.88±3.9a	48.77±3.18ab	22.91±5.14a	22.61±2.58ab	25.21±2.16a	28.63±3.94a
	松土精（B₂）	50.42±5.01ab	46.66±4.26ab	23.42±5.19a	23.14±2.89ab	26.17±3.03a	30.21±3.43a
	生物菌肥（B₃）	51.64±3.92a	49.36±4.52a	23.04±3.13a	22.05±2.21b	25.32±3.43a	28.59±3.83a
	有机肥（B₄）	46.72±3.78b	44.24±6.07b	26.91±5.14a	24.74±2.51a	26.37±2.72a	31.02±4.60a
	生石灰（B₅）	51.55±4.32a	49.77±5.11a	23.46±4.46a	21.11±2.85b	24.99±3.69a	29.13±4.42a
>30~40	对照（B₁）	51.15±3.74ab	51.28±3.21ab	24.81±4.46a	23.12±2.91a	24.03±2.42a	25.60±3.05a
	松土精（B₂）	49.06±6.35ab	50.38±3.96ab	25.80±6.65a	23.94±4.00a	25.15±1.65a	25.69±3.35a
	生物菌肥（B₃）	51.95±4.20a	51.09±2.73ab	24.84±3.58a	22.07±2.78a	23.21±2.76a	26.85±2.34a
	有机肥（B₄）	46.92±4.92b	48.54±3.37b	28.31±5.84a	24.98±3.01a	24.76±2.46a	26.48±2.18a
	生石灰（B₅）	50.31±3.70ab	51.94±2.6a	26.11±4.72a	22.19±2.58a	23.58±3.25a	25.87±1.69a
平均	对照（B₁）	47.31±6.60a	45.05±6.28a	23.12±4.17b	21.06±3.65bc	29.57±6.89b	33.89±8.18a
	松土精（B₂）	45.51±6.73a	43.60±6.53a	23.76±5.01b	22.21±3.41b	30.73±6.91ab	34.19±7.32a
	生物菌肥（B₃）	46.49±7.21a	44.67±6.73a	22.94±3.35b	20.40±3.29c	30.57±8.06ab	34.93±8.38a
	有机肥（B₄）	42.06±6.75b	41.76±6.59b	26.60±5.11a	23.49±2.92a	31.34±7.37a	34.74±7.42a
	生石灰（B₅）	45.85±7.25a	44.78±7.38a	24.09±4.19b	20.45±3.41c	30.06±8.03ab	34.78±8.78a
F	土层深度（A）	255.88**	246.85**	70.82**	106.19**	501.98**	467.34**
	土壤改良措施（B）	21.91**	9.17**	54.61**	36.52**	3.32*	1.11
	A×B	0.43	0.59	0.10	0.26	0.43	0.60

注：同列不同小写字母表示同一土层不同土壤改良措施间差异显著（$P<0.05$）。*和**分别表示0.05水平差异显著和0.01水平差异极显著。

（五）土壤改良措施对土壤养分含量的影响

从表6-23可以看出，B₅处理新宿两季土壤pH分别比对照提高10.36%和49.86%，均达显著水平，B₄处理新植季土壤pH显著高于对照。新宿两季土壤有机质含量B₄处理分别比对照提高15.43%和26.72%，均达显著水平，B₂、B₃、B₅处理宿根季土壤有机质含量比对照略有提升，但未达显著水平。新宿两季土壤全氮含量B₄处理分别比对照提高15.84%和5.96%，均达显著水平，B₂、B₃、B₅处理新宿两季土壤全氮含量与对照持平。新宿两季土壤有效磷含量B₃处理分别比对照提高55.37%和11.70%，新植季达显著水平，B₅处理分别比对照提高66.28%和2.05%，新植季达显著水平，B₄处理新宿两季土壤有效磷含量比对照略低，但差异不显著。B₂、B₃、B₄、B₅处理新宿两季土壤速效钾含量与对照相比均无显著差异。增施有机肥处理土壤有机质含量、土壤全氮含量得到显著提升，有效磷含量有降低趋势；而增施生石灰处理土壤 pH 得到显著提升，改良酸性土壤作用显著，同时土壤有效磷含量得到显著提升。

表 6 - 23　不同土壤改良措施对土壤养分含量的影响

作物季	土壤改良措施	pH	有机质含量（克/千克）	全氮含量（克/千克）	有效磷含量（毫克/千克）	速效钾含量（毫克/千克）
新植	对照（B₁）	3.57±0.13c	24.11±4.12ab	1.01±0.13ab	97.84±10.67bc	194.70±76.77a
	松土精（B₂）	3.76±0.25abc	24.74±2.64ab	1.02±0.17ab	138.84±78.99abc	205.80±74.75a
	生物菌肥（B₃）	3.72±0.05bc	23.64±3.49b	1.01±0.17ab	152.01±57.51ab	229.38±79.64a
	有机肥（B₄）	3.78±0.13ab	27.83±2.91a	1.17±0.14a	83.31±20.77c	202.4±68.44a
	生石灰（B₅）	3.94±0.14a	22.60±4.14b	0.91±0.04b	162.69±125.10a	224.42±82.59a
宿根	对照（B₁）	3.63±0.03b	23.05±2.35b	1.51±0.23ab	188.62±55.87ab	181.23±37.84a
	松土精（B₂）	3.67±0.08b	25.80±3.81b	1.46±0.3ab	160.38±51.33ab	183.65±55.33a
	生物菌肥（B₃）	3.65±0.06b	24.47±4.80b	1.50±0.23ab	210.69±70.2a	202.57±42.20a
	有机肥（B₄）	3.68±0.08b	29.21±1.98a	1.60±0.17a	151.84±41.74b	205.88±59.27a
	生石灰（B₅）	5.44±1.04a	24.36±4.42b	1.42±0.20b	192.48±86.61ab	228.48±109.51a

注：同列不同小写字母表示同作物季不同土壤改良措施间差异显著（$P < 0.05$）。

（六）土壤改良措施处理对土壤微生物多样性的影响

Shannon 指数是微生物多样性指标，其值越大物种多样性越大；Chao1 指数和 ACE 指数是微生物物种丰富度指标，其值越大物种越丰富。由表 6 - 24 可见，通过对不同土壤改良措施处理后土壤样品细菌多样性进行分析，B₂、B₃、B₄ 和 B₅ 处理新宿两季的土壤细菌 Chao1 指数和 ACE 指数均高于对照，说明 4 种土壤改良措施处理均可显著提升土壤耕层细菌物种的物种丰富度，新植季 B₂、B₃、B₄ 和 B₅ 处理土壤细菌 Shannon 指标高于对照，宿根季仅 B₄ 处理土壤细菌 Shannon 指标高于对照。由真菌多样性分析可知，B₂、B₃、B₄ 和 B₅ 处理新植季和宿根季的土壤真菌 Shannon 指数、Chao1 指数和 ACE 指数均高于对照，说明 4 个土壤改良措施均能提升土壤耕层真菌的物种多样性和物种丰富度，其中添加有机肥处理对提升土壤耕层细菌和真菌的物种多样性和物种丰富度最为明显。

表 6 - 24　不同土壤改良措施对土壤微生物多样性的影响

作物季	土壤改良措施	细菌			真菌		
		Shannon	Chao1	ACE	Shannon	Chao1	ACE
新植	对照（B₁）	7.55	1 147.60	1 150.41	5.20	738.15	759.55
	松土精（B₂）	8.12	1 351.72	1 373.42	6.18	872.67	883.80
	生物菌肥（B₃）	8.26	1 312.21	1 347.08	6.87	747.16	763.55
	有机肥（B₄）	8.26	1 379.46	1 381.89	6.29	915.97	915.18
	生石灰（B₅）	8.07	1 264.90	1 293.00	6.54	836.45	860.54

（续）

作物季	土壤改良措施	细菌			真菌		
		Shannon	Chao1	ACE	Shannon	Chao1	ACE
宿根	对照（B₁）	7.05	889.40	893.31	5.03	543.11	556.02
	松土精（B₂）	7.02	1 020.05	1 028.39	7.20	825.94	823.88
	生物菌肥（B₃）	6.95	1 769.44	1 185.88	6.17	737.33	710.86
	有机肥（B₄）	7.37	1 016.00	1 005.66	7.15	768.67	779.98
	生石灰（B₅）	6.97	1 029.07	1 049.07	7.21	795.11	788.68

（七）土壤改良措施对土壤微生物群落结构的影响

从图 6-10 可以看出，不同土壤改良处理细菌和真菌门水平相对丰度和群落组成发生一定改变，且随时间推移，细菌群落稳定性低于真菌。土壤中优势的细菌群落包括变形菌门（Proteobacteria）、酸杆菌门（Acidobacteria）、放线菌门（Actinobacteria）、绿弯菌门（Chloroflexi），非优势细菌包括厚壁菌门（Firmicutes）、拟杆菌门（Bacteroidetes）、芽单胞菌门（Gemmatimonadetes）、硝化螺旋菌门（Nitrospirae）、蓝细菌门（Cyanobacteria）等（图 6-10，A；图 6-10，C），同时新植季和宿根季优势群落的相对丰度会发生调整。与对照相比，B₂、B₃、B₄、B₅ 处理在新植季中降低了土壤 Proteobacteria 和 Acidobacteria

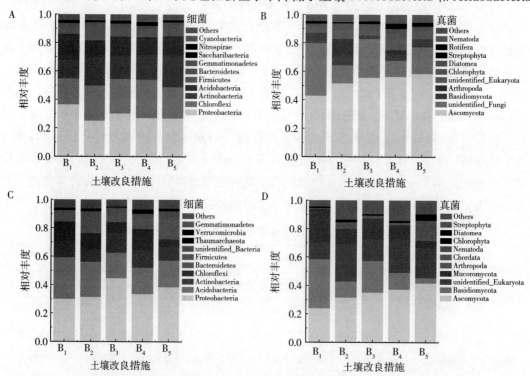

图 6-10 不同土壤改良处理对新植季（A 和 B）和宿根季（C 和 D）土壤细菌和真菌群落组成的影响

B₁. 对照　B₂. 松土精　B₃. 生物菌肥　B₄. 有机肥　B₅. 生石灰

的相对丰度，增加了 Actinobacteria、Chloroflexi、Firmicutes 的相对丰度，不同土壤改良处理措施可以调整微生物的相对丰度。值得注意的是，新植季各土壤改良处理措施的土壤中 Chloroflexi 是第二大优势门，然而宿根季第二大优势门是 Acidobacteria，同时与新植季相反的是宿根季添加 4 种土壤改良措施均提高了 Proteobacteria 的相对丰度，说明甘蔗种植不同时期土壤微生物的相对丰度是动态变化的过程。子囊菌门（Ascomycota）和担子菌门（Basidiomycota）是土壤中含量最丰富的两大真菌群落，其中 Ascomycota、Basidiomycota、节肢动物门（Arthropoda）、绿藻门（Chlorophyta）是新植季土壤真菌门水平优势群落，Ascomycota、Basidiomycota、毛霉菌门（Mucoromycota）、Arthropoda 是宿根季土壤真菌门水平优势群落（图 6 - 10，B；图 6 - 10，D）。与对照相比，B_2、B_3、B_4、B_5 处理在新植季和宿根季中均增加了 Ascomycota 的相对丰度，其相对丰度均表现为：$B_1 < B_2 < B_3 < B_4 < B_5$，在新植季和宿根季均降低了 Basidiomycota 的相对丰度，其相对丰度表现为：$B_5 < B_2 < B_4 < B_3 < B_1$。新植季和宿根季通过添加 4 种土壤改良措施均不同程度上改变了其他真菌群落组成。

（八）土壤改良措施对甘蔗产量的影响

从表 6 - 25 可以看出，B_3、B_4 和 B_5 处理新宿两季甘蔗茎蘖数均比对照有不同程度的提升，B_2 处理新宿两季甘蔗茎蘖数与对照持平。B_2、B_3、B_4 和 B_5 处理新宿两季甘蔗株高均显著高于对照，B_2、B_3、B_4 和 B_5 处理新宿两季甘蔗有效茎数均高于对照，其中 B_4 和 B_5 处理新植季甘蔗有效茎数显著高于对照，B_3 和 B_4 处理宿根季甘蔗有效茎数显著高于对照。B_2、B_3、B_4 和 B_5 处理新宿两季甘蔗单茎重均显著高于对照，其中 B_3 和 B_4 处理新宿两季甘蔗单茎重提升最为显著。B_2、B_3、B_4 和 B_5 处理新宿两季甘蔗产量均显著高于对照，其中新植季分别比对照增产 12.56%、18.44%、22.89% 和 15.97%，宿根季分别比对照增产 38.63%、76.23%、76.84% 和 36.94%。可见 4 种土壤改良措施均可不同程度地提高成熟期甘蔗有效茎数和单茎重，从而增加甘蔗产量；从添加效果来看，添加有机肥效果最好，其次为生物菌肥。从投入产出情况分析，按 450 元/吨甘蔗收购价计，新植季 B_4 处理比对照增加土壤改良成本投入 1 935 元/公顷，增加甘蔗产量 18 吨/公顷，扣除成本后增加收入 6 165 元/公顷，位居第一，B_3 处理比对照增加土壤改良成本投入 1 050 元/公顷，增加甘蔗产量 14.5 吨/公顷，扣除成本，增加收入 5 475 元/公顷，位居第二。宿根季 B_3 处理比对照增加投入 1 050 元/公顷，增加甘蔗产量 45.29 吨/公顷，增加收入 19 168.5 元/公顷，位居第一，B_4 处理比对照增加投入 1 935 元/公顷，增加甘蔗产量 45.29 吨/公顷，增加收入 18 445.5 元/公顷，位居第二。可见 B_3 和 B_4 处理，虽比 B_2、B_5 处理投入成本增加，但由于其改良效果明显，甘蔗增产幅度大，增加的纯收入也远高于 B_2（新植 3 771 元/公顷，宿根 9 571.5 元/公顷）和 B_5（新植 5 202 元/公顷，宿根 9 346.5 元/公顷）。

表 6 - 25　土壤改良措施对甘蔗产量性状的影响

作物季	土壤改良措施	茎蘖数（条/公顷）	株高（厘米）	茎径（厘米）	单茎重（千克）
新植	对照（B_1）	89 966±7 912b	230.67±11.53d	2.61±0.09a	1.24±0.09c

（续）

作物季	土壤改良措施	茎蘖数（条/公顷）	株高（厘米）	茎径（厘米）	单茎重（千克）
新植	松土精（B₂）	91 276±14 324ab	247.42±10.01b	2.67±0.14a	1.38±0.16ab
	生物菌肥（B₃）	93 539±9 303ab	257.25±8.13a	2.68±0.07a	1.45±0.10a
	有机肥（B₄）	102 710±8 543ab	252.00±8.21b	2.70±0.09a	1.43±0.10a
	生石灰（B₅）	104 100±12 170a	241.08±3.73c	2.63±0.09a	1.31±0.09b
宿根	对照（B₁）	65 415±5 403b	245.01±15.86c	2.75±0.08b	1.45±0.15c
	松土精（B₂）	64 345±7 518b	263.14±14.71b	2.83±0.04ab	1.66±0.10b
	生物菌肥（B₃）	74 765±4 236a	284.10±10.22a	2.90±0.04a	1.88±0.08a
	有机肥（B₄）	71 148±4 715ab	282.74±10.50a	2.93±0.07a	1.90±0.15a
	生石灰（B₅）	67 895±9 782ab	259.87±8.95b	2.88±0.11a	1.69±0.13b

作物季	土壤改良措施	有效茎数（条/公顷）	蔗茎产量（吨/公顷）	蔗糖分（%）
新植	对照（B₁）	63 664±5 254c	78.65±9.18c	12.72±0.65a
	松土精（B₂）	64 007±2 097bc	88.53±10.19b	13.14±0.86a
	生物菌肥（B₃）	64 263±4 328bc	93.15±6.65ab	13.45±0.79a
	有机肥（B₄）	67 170±4 888ab	96.65±11.78a	12.86±0.86a
	生石灰（B₅）	69 736±4 739a	91.21±6.78ab	13.32±0.80a
宿根	对照（B₁）	40 576±1 788c	58.94±7.05c	13.93±1.56a
	松土精（B₂）	49 341±838b	81.71±4.05b	14.31±0.97a
	生物菌肥（B₃）	55 327±3 716a	103.87±7.97a	14.64±0.77a
	有机肥（B₄）	54 771±2 538a	104.23±9.29a	14.45±0.92a
	生石灰（B₅）	47 802±2 126b	80.71±5.53b	14.81±0.86a

注：同列不同小写字母表示不同土壤改良措施间差异显著（$P<0.05$）。

（九）改良机械化作业蔗园的措施建议

地力维护和土壤改良包括化学方式如石灰调酸，物理方式如土壤结构调理剂，机械方式如采用改沟植为垄作来增厚耕层、蔗叶地表覆盖疏解机械压实，生物改良方式如农家肥、生物菌肥以及含有机质的加工副产品如发酵残液、滤泥还田。本研究以生石灰、松土精、生物菌肥和有机肥作为土壤改良剂，结果表明增施有机肥处理对改良酸性蔗地效果最为理想，利用增施有机肥改良酸性蔗地可以增加土壤有机质，结合耕作后的疏松土壤环境，促进微生物活动和有机养分分解为便于利用的形态，并通过长期的效应积累，改善土壤结构、功能的协调性和养分供给能力。

本研究中增施有机肥是对新宿2个生长季的土壤容重均有显著改善的唯一的改良措施，0～20厘米土层有机肥处理仅在新植季显著降低土壤容重，通过20～40厘米土层表现可以看到随着深度增加、种植年限的增加，有机质对容重的改善效应有下降趋势。添加有机肥处理在新植季显著降低了土壤紧实度、贯入阻力与抗剪强度，显著增加了新植季0～30厘米土层总孔隙度、0～20厘米土层毛管孔隙度，显著降低了新植季0～30厘米土层固相容积率，显著提高了 10～20 厘米土层液相容积率，但宿根季上述指标改善效应不显著。增施有机肥构建的土壤耕层土壤有机质提升最为明显，且随着施用时间的延长土壤有机质也逐年增加，提升土壤耕层全氮含量，施用有机肥对酸化土壤 pH 的提升不如石灰，但可提升土壤对酸的缓冲性，缓解土壤的酸化。有机肥处理的显著优势也反映出当前蔗区土壤有机质水平低下的突出障碍，应作为蔗区土壤改良重点。本研究值得注意的是，如何进一步提高有机质对宿根季土壤孔隙度和三相容积率，尤其是宿根季 20 厘米以下土层土壤液相容积率的持续改良效应，还需进一步开展技术改进。施用有机肥至宿根季表现出对提高土壤有机质含量的显著效果，总体看有机肥处理土壤有效磷含量有降低趋势。

前人研究认为施用生物菌肥改善了黄瓜连作土壤的理化性状，提高了土壤酶活性，增加了土壤细菌、放线菌数量，降低真菌数量。本研究中新植季添加生物菌肥处理改善了土壤 0～20 厘米耕层的土壤紧实度，降低了土壤耕层贯入阻力和抗剪强度，土壤总孔隙度也得到改善，宿根季则表现为 0～30 厘米土层土壤紧实度显著提高，贯入阻力和抗剪强度升高，土壤结构变劣。由于增施生物菌肥能显著提升土壤有效磷含量，增加土壤细菌的 Shannon 指数、Chao1 指数和 ACE 指数。因此，虽然添加生物菌肥处理宿根季土壤物理性质变劣，其甘蔗株高、单茎重、有效茎数均显著大于其他处理，依然保持良好的增产效应，具有良好的投入产出效果。

土壤酸化是我国蔗区的普遍现象，利用石灰作为改良剂对酸性土壤进行修复应用最多，在酸性土壤施用生石灰，可中和土壤酸性，促进作物生长，是改良酸化土壤、提高作物产量的有效手段。改良 pH 是一个长期的过程，强酸性土壤采用化学法效果较直接和明显。本研究发现连续添加生石灰可显著改善土壤 pH，同时可以提升土壤有效磷含量，提高成熟期甘蔗有效茎数和单茎重，从而增加甘蔗产量，但施用生石灰虽然容重和孔隙度没有明显变化，但土壤紧实度、贯入阻力和抗剪强度比对照显著增加，对土壤物理特性产生不利影响，连续施用石灰后对产量的提升作用也明显不如施用有机肥和生物菌肥处理。

松土精是一种高分子、高活性、无公害、无残留自然降解的生物聚合物，稳定性强，能有效地调理改善土壤团粒结构，消除土壤板结，增强土壤渗透能力，提高土壤保蓄养分能力。本研究中，以新植季为例，添加松土精处理全耕层土壤紧实度比对照降低 6.36%，容重比对照降低 3.20%，固相容积率比对照降低 3.80%，孔隙度比对照增加 3.81%，pH 比对照增加 5.32%，有机质含量比对照提高 2.61%，有效磷含量比对照提高 41.91%，产量比对照增产 9.88%，具有一定的改善土壤物理特性的作用。本研究中添加松土精对土壤物理特性的改善不如添加有机质明显，主要原因可能是：土壤深松导致单位面积松土精添加量相对较少；松土精添加量为每小区 600 克，与 5 千克复合肥混合使用，可能存在施用不均的情况；土壤深松和松土精均可改善土壤物理特性，松土精改善土壤物理特性效应可能被深松效应所掩盖。因此在甘蔗地上使用松土精可以适当增加松土精用量，同时可以用施用松土精来替代深松来达到改善土壤物理特性的目的。

Shannon 指数反映群落中物种的变化度，Shannon 指数高代表群落中物种丰富度高且分布均匀。王桂君研究认为有机肥的施加显著增加了土壤细菌群落多样性，土壤细菌群落的结构组成得到改善，土壤细菌群落的 Chao1 指数、Shannon 指数、Richness 指数显著高于对照，群落多样性指数与土壤理化指标显著相关，推测添加改良剂可通过改善土壤理化性质从而增加土壤细菌群落的多样性。本研究发现有机肥、生物菌肥、松土精和生石灰4 种土壤改良剂的施用均提高了土壤微生物的 Shannon 指数、Chao1 指数和 ACE 指数，其土壤耕层细菌和真菌的物种多样性和物种丰富度均得到了显著提升。

由真菌和细菌门水平群落组成结果分析可知，甘蔗根际土壤中细菌门水平的优势群落包括 Proteobacteria、Acidobacteria、Actinobacteria 和 Chloroflexi，真菌门水平的优势群落包括 Ascomycota 和 Basidiomycota，这与张聘对甘蔗根际土壤微生物的研究结果基本一致。本研究中，4 种不同土壤改良方案均改变了细菌和真菌门水平相对丰度和群落组成，新植季和宿根季群落变化中发现细菌群落稳定性低于真菌，与前人研究结果一致，同时也揭示甘蔗新植和宿植对土壤微生物群落组成有显著影响。Proteobacteria 是土壤中最丰富的门，不同的变形菌纲在土壤中的功能差异显著。有研究表明，Proteobacteria 可参与产生甲烷和一氧化二氮这两种温室气体。因此，新植季采取这 4 种土壤改良措施可降低温室气体增加量，但随着改良时间的推移，在宿根季继续采取土壤改良措施却有增加温室气体产生的可能。Acidobacteria 包括许多寡营养细菌，新植季和宿根季 4 种土壤改良剂均降低其相对丰度，说明 4 种土壤改良方案均可改善土壤养分状况。Actinobacteria 具有产生多种代谢物如抗生素及分解难降解物质转化为有机物的作用。Chloroflexi 是一种丝状光合细菌，可以摄取二氧化碳。本研究中，新植季 4 种土壤改良剂可提高 Actinobacteria 和 Chloroflexi 的相对丰度，说明添加这 4 种土壤改良剂可促进碳循环，增加碳储存，改善土壤环境；而宿根季再增施松土精和生石灰降低了 Actinobacteria 的相对丰度，说明长期施用松土精和生石灰可能降低土壤储碳能力。同时，新植季细菌第二大优势门为 Chloroflexi，而宿根季为 Acidobacteria，可能由于宿根季甘蔗分泌物对土壤微生物的影响或者宿根季当年环境因素导致。Ascomycota 是真菌含量最高的门，具有降解有机物质的作用，在有机质含量高的土壤中含量丰富。新植季和宿根季 Ascomycota 相对丰度均提高，说明添加 4 种土壤改良剂提高了土壤有机质含量，且生石灰和有机肥处理效果最为显著。Basidiomycota 是真菌中最高等的一种门，种类繁多，既有与植物共生的有益菌，也有致使植物病害的有害菌，4 种土壤改良措施均降低了其相对丰度，可作进一步研究，以便了解土壤改良措施的改良效果。总之，研究中，细菌和真菌相对丰度的变化均反映出 4 种土壤改良剂提高了土壤碳循环，改善了土壤养分。新植季增施生石灰和松土精对土壤微生物群落改善更显著，宿根季增施生物菌肥和生石灰对土壤微生物群落更有利。

甘蔗是一种多年生深根型作物，耕作深度达 40 厘米以上，配合深层土壤添加改良物料，构建蔗地合理耕层，可以提升甘蔗产量。本研究中，耕作措施统一采用深松 45 厘米，进行深层土壤的外施物料改良措施，取得良好效果。试验区土壤 pH 达到 3.57，为强酸性土壤，连续施用 2 年生石灰后土壤 pH 提升 1.87 个单位，达到 5.44，土壤酸性得到显著改善，土壤有效磷含量显著提升，但连续施用生石灰后紧实度、贯入阻力和抗剪强度显著增加，造成土壤板结，对土壤物理性质造成不利影响。而增施有机肥处理降低了土壤容重、紧实度、贯入阻力和抗剪强度，提高了土壤总孔隙度、通气孔隙度和毛孔孔隙度，降低了固相容积率，提高了液相容积率，提升了土壤有机质含量、全氮含量，对作物产量提升作用显著，但对土壤 pH 提升作用并不明显，有效磷含量甚至略低于对照。生物菌肥的土壤改良效果仅次于有机肥，在投入产出方面具有投入水平较低，产出较高的特点。新植蔗的分蘖能力和成茎能力受土壤酸化的影响可能甚于宿根蔗，在新植季进行降酸处理对促进产量更为有效、合理。酸化土壤通过新植季施用生石灰降酸，持续提高土壤有机质含量、微生物种群数量和活跃度是持续丰产的技术策略。石灰和有机肥联合使用可以弥补各自的劣势，有效解决单施石灰对土壤结构的不良影响，有机和无机协同改良酸性土壤，因此改良机械压实酸化蔗地不建议单独用松土精或生石灰进行土壤改良，在有深松机械的蔗区建议采用深松 45 厘米＋生石灰＋有机肥或生物菌肥的土壤改良模式，在没有深松机械的蔗区可以用松土精替代机械深松，采用松土精＋生石灰＋有机肥或生物菌肥的土壤改良模式，在酸性不强的蔗区建议采用深松 45 厘米＋有机肥或生物菌肥的土壤改良模式，也可取得良好的改土效果。有机质提升是一个长期的过程，要注意酸性红壤有效磷含量低的问题，可以考虑配施磷肥或蔗叶还田复合进行。

通过连续 2 个作物季对蔗地土壤物理性质、土壤养分、土壤微生物和甘蔗产量构成等指标进行研究。结果表明，增施有机肥处理土壤容重、土壤紧实度、土壤贯入阻力和抗剪强度显著低于对照，土壤总孔隙度、通气孔隙度和毛管孔隙度得到显著改善，土壤固相容积率显著低于对照，土壤液相容积率显著高于对照，土壤有机质含量、土壤全氮含量得到显著提升。增施生石灰处理土壤 pH 得到显著升高，改良土壤酸性效果显著，土壤有效磷含量得到显著提升。4 种土壤改良处理土壤细菌和真菌 Shannon 指数、Chao1 指数和 ACE 指数均高于对照，提升了土壤耕层细菌和真菌的物种多样性和物种丰富度，降低了土壤细菌中 Proteobacteria 和 Acidobacteria 的相对丰度、真菌中 Basidiomycota 的相对丰度，增加了细菌中 Actinobacteria 和 Chloroflexi 的相对丰度、真菌中 Ascomycota 的相对丰度，并改变了其他真菌群落组成。细菌中 Proteobacteria 为甘蔗根际土壤中含量最丰富的门，新植季 Chloroflexi 为第二大优势菌，宿根季 Acidobacteria 为第二大优势菌。4 种土壤改良措施均提高了土壤细菌和真菌群落对碳循环的促进能力，提高了土壤养分含量，同时表现出真菌比细菌群落更稳定。由真菌和细菌群落的综合影响反映出生石灰、生物菌肥和松土精对土壤微生物改良效果最佳。4 种土壤改良措施均可不同程度地提高甘蔗成熟期有效茎数和单茎重，从而增加甘蔗产量；从添加效果来看，添加有机肥效果最好，其次为生物菌肥。本研究为筛选适合甘蔗机械化作业后的土壤改良措施，改良和培肥机械压实后酸性土壤，提高甘蔗产量提供了科学依据。

二、蔗叶还田对蔗园耕层土壤结构特性的改善

（一）蔗叶还田对蔗作土壤结构、养分特征及甘蔗产量构成的影响

蔗叶还田是甘蔗生产可持续发展技术的一项重要内容，对甘蔗新植季、宿根季两种蔗叶还田生产模式和传统生产方式下的土壤结构、养分特性及甘蔗产量构成开展研究，进行

相应的田间管理机械化作业技术配套。研究结果显示，两种蔗叶还田模式的土壤紧实度、容重等结构特征参数，贯入阻力、抗剪强度等机械作业适耕性指标均显著优于未进行蔗叶还田的传统对照模式；蔗叶还田的土壤固相容积率显著下降，气相容积率显著提高；土壤总孔隙度，尤其是毛管孔隙数量优势显著，田间持水量和饱和含水量显著提高；有机质、有效磷含量显著增高；甘蔗株高、单茎重和蔗茎产量显著提升，宿根蔗有效茎数显著增多；但值得注意的是蔗叶还田的土壤 pH 有所下降，建议配套实施相应的理化和生物降酸措施。本着轻简化作业的原则，建议在耕整地环节、宿根破垄松蔸环节进行深耕作业，进一步疏松 20 厘米以下土层，增加通气孔隙度和气相容积率，并可望对 pH 平衡产生积极的效应。

1. 蔗叶还田对土壤物理性质的影响 从表 6-26 可以看出，蔗叶还田显著改善了耕层土壤紧实度和耕层土壤容重，连续多年蔗叶还田宿根蔗的地块土壤容重最小，其次为连续多年蔗叶还田新植蔗的地块，未进行蔗叶还田的地块土壤容重最大。连续多年蔗叶还田宿根蔗的地块耕层土壤紧实度最小，其次为连续多年蔗叶还田新植蔗的地块，未进行蔗叶还田的地块耕层土壤紧实度最大。蔗地耕层各区位土壤容重与紧实度均呈上低下高的趋势，0～10 厘米土层土壤容重和紧实度最小，各处理土面 20 厘米以下耕层紧实度无显著差异，可以反映出土面 21～40 厘米土层，甚至连同更深土层可能形成一个整体的结构。连续多年蔗叶还田宿根蔗的地块与连续多年蔗叶还田新植蔗的地块耕层土壤贯入阻力没有显著差异，但其耕层土壤贯入阻力显著低于未进行蔗叶还田的地块；连续多年蔗叶还田宿根蔗的地块与连续多年蔗叶还田新植蔗的地块土壤抗剪强度显著低于未进行蔗叶还田的地块。蔗地耕层各区位土壤贯入阻力与抗剪强度均呈上小下大的趋势，0～10 厘米土层贯入阻力和抗剪强度最小，31～40 厘米贯入阻力和抗剪强度最大。

表 6-26 蔗叶还田对耕层土壤物理性质的影响

处理	土层深度 （厘米）	贯入阻力 （千帕）	抗剪强度 （千克/厘米²）	紧实度 （牛/厘米²）	容重 （克/厘米³）
蔗叶还田新植		28.65±14.06b	2.20±1.31b	211.97±82.80b	0.94±0.13b
蔗叶还田宿根		25.65±12.96b	2.07±1.40b	151.02±47.32c	0.91±0.07b
蔗叶未还田		37.08±10.68a	3.12±1.07a	269.67±70.48a	1.02±0.09a
	0～10	16.00±13.83c	1.14±1.02c	155.66±47.86b	0.87±0.12c
	11～20	29.28±8.52b	1.94±0.56b	216.10±53.95b	0.93±0.06bc
	21～30	38.06±6.03a	3.43±1.08a	250.91±82.34a	1.00±0.09ab
	31～40	38.50±9.52a	3.36±0.91a	220.87±111.97a	1.02±0.10a

2. 蔗叶还田对耕层土壤含水量的影响 从表 6-27 可以看出，连续多年蔗叶还田宿根蔗的地块与连续多年蔗叶还田新植蔗的地块田间持水量和饱和含水量之间没有显著差异，但均显著高于不进行蔗叶还田的地块，而连续多年蔗叶还田宿根蔗的地块、连续多年蔗叶还田新植蔗的地块与不进行蔗叶还田的地块土壤含水率没有显著差异。土壤田间持水量、饱和含

水量从表层到深层呈减少趋势；土壤含水率则表现为从表层到深层呈增加趋势。

表6-27 蔗叶还田对耕层土壤含水量的影响

处理	土层深度 （厘米）	土壤含水率 （%）	田间持水量 （%）	饱和含水量 （%）
蔗叶还田新植		32.11±1.97a	51.50±6.06a	52.46±6.69a
蔗叶还田宿根		32.98±2.87a	50.57±4.85a	52.04±5.30a
蔗叶未还田		33.50±2.56a	39.85±2.26b	46.16±3.58b
	0~10	29.92±1.05c	50.46±8.52a	54.24±6.39a
	11~20	32.76±1.80b	47.74±6.15ab	51.10±4.80ab
	21~30	33.84±2.11ab	45.85±6.83b	48.32±5.42b
	31~40	34.94±1.65a	45.17±6.29b	47.22±5.34b

3. 蔗叶还田对耕层土壤孔隙度的影响 从表6-28可以看出，蔗叶还田显著提高了耕层土壤总孔隙度，未进行蔗叶还田的地块耕层土壤总孔隙度最低，而蔗叶还田新植蔗与宿根蔗地块耕层土壤总孔隙度没有显著差异，蔗叶还田对土壤深层水分蓄积与运输具有显著促进作用；蔗叶还田显著改善耕层土壤毛管孔隙度，但对土壤耕层的通气孔隙度没有明显显著改善；未进行蔗叶还田的地块耕层土壤毛管孔隙度最低，蔗叶还田新植蔗与宿根蔗地块耕层土壤毛管孔隙度没有显著差异。总体上蔗地耕层各区位土壤总孔隙度、通气孔隙度从表层至深层呈减少趋势，21~30厘米土层与31~40厘米土层通气孔隙度差异不显著，各土层间的毛管孔隙度差异不显著。

表6-28 蔗叶还田对耕层土壤孔隙度的影响

处理	土层深度 （厘米）	土壤总孔隙度 （%）	毛管孔隙度 （%）	通气孔隙度 （%）
蔗叶还田新植		64.63±4.93a	47.36±1.49a	17.28±5.80a
蔗叶还田宿根		65.81±2.54a	45.49±2.95a	20.33±4.01a
蔗叶未还田		61.45±3.57b	40.57±2.68b	20.89±5.89a
	0~10	67.05±4.55a	43.18±3.86a	23.87±5.12a
	11~20	65.06±2.11ab	44.02±4.50a	21.05±4.61ab
	21~30	62.24±3.55bc	45.14±3.50a	17.11±4.05bc
	31~40	61.51±3.91c	45.55±3.25a	15.96±4.33c

4. 蔗叶还田对耕层土壤三相容积率的影响 从表6-29中可以看出，蔗叶还田新植蔗与宿根蔗地块耕层土壤固相容积率没有显著差异，但显著低于未进行蔗叶还田的地块的固相容积率；蔗叶还田新植蔗与宿根蔗地块耕层土壤气相容积率没有显著差异，但显著高于未进行蔗叶还田地块的气相容积率；蔗叶还田与未进行蔗叶还田的地块液相容积率没有显著差异，可见蔗叶还田对土壤物理结构的改善具有积极作用。土壤三相比均表现为随土层深度增加气相容积率呈下降趋势，液相容积率和固相容积率呈上升趋势。

表 6-29　蔗叶还田对耕层土壤三相容积率的影响

处理	土层深度（厘米）	固相容积率（％）	液相容积率（％）	气相容积率（％）
蔗叶还田新植		35.37±4.93b	32.11±1.97a	32.53±6.17a
蔗叶还田宿根		34.19±2.54b	32.98±2.87a	32.83±4.00a
蔗叶未还田		38.55±3.57a	33.50±2.56a	27.94±4.67b
	0～10	32.95±4.55c	29.92±1.05c	37.13±4.36a
	11～20	34.94±2.11bc	32.76±1.80b	32.30±3.42b
	21～30	37.76±3.55ab	33.84±2.11ab	28.40±3.25c
	31～40	38.49±3.91a	34.94±1.65a	26.57±3.45c

5. 蔗叶还田对耕层土壤养分含量的影响　从表 6-30 可以看出，未进行蔗叶还田的地块 pH 显著高于连续多年蔗叶还田的地块，蔗叶还田的地块新植蔗地和宿根蔗地之间 pH 没有显著差异；未进行蔗叶还田的地块土壤有机质含量显著低于连续多年蔗叶还田的地块，蔗叶还田的地块新植蔗地和宿根蔗地之间土壤有机质含量没有显著差异；未进行蔗叶还田的地块土壤有效磷含量显著低于连续多年蔗叶还田的地块，蔗叶还田的地块新植蔗地和宿根蔗地之间土壤有效磷含量没有显著差异；未进行蔗叶还田的地块与蔗叶还田地块速效钾含量没有显著差异。

表 6-30　蔗叶还田对耕层土壤养分含量的影响

处理	pH	有机质（克/千克）	速效钾（毫克/千克）	有效磷（毫克/千克）
蔗叶还田新植	4.30±0.26b	21.34±1.67a	239.80±68.26a	24.14±5.81a
蔗叶还田宿根	4.29±0.09b	20.90±1.66a	196.83±45.11a	25.02±12.63a
蔗叶未还田	5.32±0.21a	15.00±1.35b	260.40±29.73a	4.12±4.10b

6. 蔗叶还田对甘蔗产量的影响　从表 6-31 可以看出，蔗叶还田对蔗茎产量的促进作用均显著优于未进行蔗叶还田的地块，蔗叶还田新植蔗与宿根蔗二者对蔗茎产量的影响差异不显著；蔗叶还田对甘蔗有效茎数、株高、单茎重均表现明显的促进作用，但蔗叶还田新植蔗与宿根蔗二者差异不显著。蔗叶还田对茎径的影响差异不显著。

表 6-31　蔗叶还田对甘蔗产量的影响

处理	株高（厘米）	茎径（厘米）	单茎重（千克）	有效茎数（条/公顷）	产量（吨/公顷）
蔗叶还田新植	261.47±2.48a	2.71±0.03a	1.51±0.04a	63108.67±1777.66ab	95.06±0.75a
蔗叶还田宿根	262.97±2.82a	2.72±0.06a	1.52±0.08a	66015.67±5924.77a	100.35±6.23a
蔗叶未还田	237.83±5.85b	2.70±0.03a	1.36±0.05b	57122.67±147.80 b	77.54±2.75b

（二）蔗叶还田的相关机械化装备配置方案

1. 切段式联合收获后的破垄施肥保护性耕作机械化装备配置方案

适用土壤条件：前期经标准化深松的蔗地。

种植方式：等行距或宽窄行种植均可，须对机具进行作业幅宽调整和肥药箱匹配。

田间作业机具装备配置：

①拖拉机：建议匹配动力在 120 马力以上的拖拉机。

②破垄施肥保护性耕作机具。

③物料田间吊装车：施肥施药复式作业建议选用不需混拌、不易潮结、便于施肥施药装置下料顺畅的肥料和杀虫剂类型。

④卫星导航控制系统：结合前期预设作业线路进行高效率、高质量作业，可在宿根蔗出苗现行前，择适宜气候、土壤条件提早进行作业。

2. 人工收获后的隔行蔗叶覆盖机械化装备配置方案

种植方式：等行距种植。

田间作业机具装备配置：

①拖拉机：根据搂草机重量进行动力匹配。

②搂草机。

③卫星导航控制系统：结合前期预设作业线路进行高效率、高质量作业。

三、滤泥和蔗渣灰还田对蔗园耕层土壤结构的改善

种植前先采用约翰迪尔 6J - 1654 轮式拖拉机悬挂旋耕犁进行土地平整，后利用推土机将甘蔗滤泥和蔗渣灰均匀撒布全田。种植时采用 40 厘米深翻犁进行深翻，25 厘米旋耕犁进行土地平整。每个处理 5 次重复，行长 100 米，行距 1.3 米，每个重复 2 亩。供试甘蔗品种为柳城 05 - 136，于 2018 年 3 月种植，于 2019 年 3 月收获。每个处理的田间施肥机管理均一致。

（一）不同物料还田对耕层土壤物理指标的影响

由表 6 - 32 可知，土壤容重、紧实度和贯入阻力在苗期和成熟期无显著差异，成熟期土壤抗剪强度显著低于苗期。滤泥还田处理的土壤容重显著低于蔗渣灰还田和空白对照处理，蔗渣灰还田处理的土壤容重虽低于空白对照处理，但未达到显著水平。滤泥和蔗渣灰还田处理的土壤紧实度、贯入阻力和抗剪强度 3 个物理指标均显著低于空白对照处理，其中以滤泥还田处理改善效果最佳。处理田块的土壤容重在不同深度土层间呈现上高下低的趋势，随土层深度增加而趋于紧实，且差异显著。

表 6 - 32　不同物料还田对耕层土壤物理指标的影响

处理	容重（克/厘米^3）	紧实度（千帕）	贯入阻力（千帕）	抗剪强度（牛/厘米^2）
苗期	1.00±0.19	177.57±127.17	202.75±172.19	0.20±0.16
成熟期	1.03±0.14	161.23±113.38	191.22±137.03	0.17±0.11
滤泥还田	0.93±0.17B	142.41±106.51B	144.42±92.19C	0.15±0.10C
蔗渣灰还田	1.04±0.14A	144.03±111.45B	178.89±119.39B	0.17±0.12B
空白对照	1.08±0.15A	221.76±127.02A	267.66±205.71A	0.24±0.16A

（续）

处理	容重（克/厘米³）	紧实度（千帕）	贯入阻力（千帕）	抗剪强度（牛/厘米²）
0～10 厘米	0.86±0.10d	52.69±23.61d	53.79±16.70d	0.06±0.02d
11～20 厘米	0.93±0.10c	106.89±54.90c	121.03±34.56c	0.12±0.03c
21～30 厘米	1.08±0.13b	207.4±101.20b	243.24±119.07b	0.23±0.10b
31～40 厘米	1.18±0.11a	310.63±72.52a	369.89±150.63a	0.35±0.10a
调查时期	3.72	2.970	0.97	17.27**
物料还田	40.59**	30.46**	39.36**	34.71**
土层深度	100.34**	144.08**	141.89**	223.56**

注：不同大写字母表示在 $P<0.05$ 水平不同物料还田处理间差异显著，不同小写字母表示在 $P<0.05$ 水平不同深度土层间差异显著，* 表示在 0.05 水平差异显著，** 表示在 0.01 水平差异极显著，下同。

（二）不同物料还田对甘蔗成熟期耕层土壤紧实度的影响

由图 6-11 可知，在甘蔗成熟期对 0～40 厘米土层紧实度进行分层测定，0～17.5 厘米土层，滤泥还田、蔗渣灰还田和空白对照处理间土壤紧实度无显著差异，在 17.5～40 厘米土层，滤泥还田和蔗渣灰还田处理土壤紧实度差异不大，但均低于空白对照处理。处理试验田 0～35 厘米土层土壤紧实度随深度增加而逐渐增大，在 35 厘米深度处达到最大值，35～40 厘米土层土壤紧实度趋于稳定。

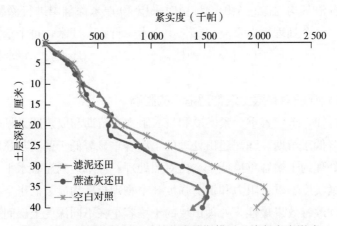

图 6-11 不同物料还田对甘蔗成熟期耕层土壤紧实度影响

（三）不同物料还田对耕层土壤含水量的影响

由表 6-33 可知，在甘蔗苗期和成熟期，除土壤含水率在 2 个时期间有显著差异外，田间持水量和饱和含水量都无显著差异。不同物料还田处理中，滤泥还田处理的土壤含水率显著高于蔗渣灰和空白对照处理，蔗渣灰和空白处理间无显著差异。田间持水量和饱和含水量在 3 个处理间均存在显著差异，以滤泥还田处理最高，蔗渣灰还田处理次之，空白对照处理最低。在不同深度土层间，土壤含水率在不同深度土层间差异不显著，田间持水量和饱和含水量均随深度增加而降低。

表 6-33 不同物料还田对耕层土壤水分常数的影响

处理	土壤含水率（%）	田间持水量（%）	饱和含水量（%）
苗期	32.07±4.43	48.71±10.96	51.09±11.53
成熟期	34.56±5.74	49.06±8.94	51.15±9.28
滤泥还田	36.55±6.08A	55.90±11.06A	58.28±11.86A
蔗渣灰还田	31.59±5.20B	46.89±7.91B	49.52±7.75B
空白对照	31.79±2.01B	43.86±6.09C	45.56±6.61C
0~10厘米	31.5±4.83b	54.42±8.30a	57.62±8.72a
11~20厘米	33.43±6.14ab	53.01±10.05a	55.78±9.83a
21~30厘米	34.6±4.69a	46.95±8.66b	48.47±8.71b
31~40厘米	33.72±4.99ab	41.15±6.84c	42.61±6.99c
调查时期	9.36**	0.09	0.002
物料还田	15.88**	38.11**	41.51**
土层深度	2.59	27.03**	35.14**

（四）不同物料还田对耕层土壤孔隙度的影响

由表6-34可知，甘蔗苗期和成熟期2个时期间土壤总孔隙度无显著差异，成熟期土层毛管孔隙度显著高于苗期，而成熟期土层非毛管孔隙度显著低于苗期。滤泥还田处理的土壤总孔隙度显著高于蔗渣灰还田和空白对照处理，蔗渣灰还田处理与空白对照间差异不显著。滤泥还田处理的毛管孔隙度和非毛管空隙度也显著高于其他两个处理。蔗渣灰还田处理的毛管空隙度显著高于空白对照处理，但二者的非毛管孔隙度无显著差异。总体来说，处理田块的不同深度土层土壤总孔隙度和非毛管孔隙度随土层深度加深而减小，毛管孔隙度在土层间变化不显著。

表 6-34 不同物料还田对耕层土壤孔隙度的影响

处理	总孔隙度（%）	毛管孔隙度（%）	非毛管孔隙度（%）
苗期	62.23±7.07	46.84±4.31	15.39±7.91
成熟期	61.18±5.30	49.09±3.61	12.09±5.27
滤泥还田	65.09±6.28A	49.87±3.98A	15.23±6.96A
蔗渣灰还田	60.61±5.29B	47.80±5.15B	12.8±7.20B
空白对照	59.42±5.76B	46.23±1.60C	13.19±6.44B
0~10厘米	67.43±3.72a	46.25±4.13b	21.18±5.61a
11~20厘米	64.75±3.80b	48.41±4.69a	16.34±4.58b
21~30厘米	59.32±4.72c	49.47±4.11a	9.85±3.97c
31~40厘米	55.31±4.21d	47.73±2.82ab	7.58±2.81d
调查时期	3.72	12.20**	22.58**
物料还田	40.59**	10.69**	4.69*
土层深度	100.34**	4.38**	79.59**

（五）不同物料还田对耕层土壤三相容积率的影响

由表6-35可知，甘蔗苗期和成熟期的土层固相容积率间无显著差异，甘蔗成熟期液相容积率高于苗期，而气相容积率则是甘蔗成熟期显著低于苗期。通过滤泥还田处理的三相容积率同蔗渣灰还田和空白对照处理相比，显著降低了固相容积率，提高了液相容积率，气相容积率无变化。蔗渣灰还田和空白对照两个处理间三相容积率无显著差异。试验田块的土壤三相容积率均表现为随土层深度增加气相容积率呈下降趋势，固相容积率呈上升趋势。

表6-35　不同物料还田对耕层土壤三相容积率的影响

处理	固相容积率（%）	液相容积率（%）	气相容积率（%）
苗期	37.77±7.07	32.07±4.43	30.16±7.21
成熟期	38.82±5.30	34.56±5.74	26.62±6.35
滤泥还田	34.91±6.28B	36.55±6.08A	28.54±7.13A
蔗渣灰还田	39.39±5.29A	31.59±5.20B	29.01±6.64A
空白对照	40.58±5.76A	31.79±2.01B	27.62±7.30A
0～10厘米	32.57±3.72d	31.50±4.83b	35.93±4.50a
11～20厘米	35.24±3.80c	33.43±6.14ab	31.33±4.72b
21～30厘米	40.68±4.72b	34.60±4.69a	24.72±4.43c
31～40厘米	44.69±4.21a	33.72±4.99ab	21.59±3.00d
调查时期	3.72	9.36*	28.42**
物料还田	40.59**	15.88**	1.52
土层深度	100.34**	2.59	94.99**

（六）不同物料还田对甘蔗成熟期耕层土壤水稳定团聚体的影响

由表6-36可知，通过湿筛法分析各处理对土壤水稳定性大团聚体构成的影响（$r>0.25$），3种处理的土壤水稳定性大团聚体所占比例均无较大差异，其中蔗渣灰还田处理的≥5毫米径粒团聚体占比低于滤泥还田和空白对照处理，滤泥还田和蔗渣灰还田的3～<5毫米和2～<3毫米两个径粒团聚体占比均高于空白对照处理。由平均重量直径可知，经滤泥还田处理的土壤大团聚体径粒要高于空白对照处理，但蔗渣灰还田处理后会降低土壤大团聚体径粒。

表6-36　不同物料还田对耕层土壤水稳定性团聚体的影响

处理	各粒级水稳定性团聚体质量百分数（%）							平均重量直径（毫米）
	≥5毫米	3～<5毫米	2～<3毫米	1～<2毫米	0.5～<1毫米	0.25～<0.5毫米	<0.25毫米	
滤泥还田	13.28±2.57	7.06±0.32	8.42±0.98	13.08±2.59	21.6±1.29	12.83±1.54	23.73±1.95	1.93
蔗渣灰还田	8.70±1.68	11.3±3.40	9.61±1.21	11.72±1.33	23.25±3.67	12.10±1.80	23.32±4.10	1.77
空白对照	12.92±3.69	5.59±2.22	5.98±1.16	13.43±3.87	24.30±2.25	13.95±1.42	23.83±3.85	1.81

（七）不同物料还田对甘蔗产量的影响

由表6-37可知，通过滤泥还田和蔗渣灰还田能显著增加甘蔗单茎重和有效茎数，从而提升产量。滤泥还田和蔗渣灰还田处理田间产量均显著高于空白对照处理，其中以滤泥还田处理增产效果最为显著，较空白对照处理增产15.72%，其次为蔗渣灰还田处理，较空白对照处理增产8.23%。

表6-37　不同物料还田对甘蔗产量的影响

处理	单茎重（千克）	有效茎数（条/公顷）	产量（吨/公顷）
滤泥还田	1.71±0.06a	70896±1596a	121.23±5.21a
蔗渣灰还田	1.66±0.01a	68304±3796a	113.38±5.85b
空白对照	1.60±0.03b	65474±1631b	104.76±2.84c

通过滤泥和蔗渣灰还田能显著减低土壤容重，降低紧实度、贯入阻力和抗剪强度，其中以滤泥还田对土壤改良效果最佳。因滤泥富含有机质，蔗渣灰富含生物炭，二者具有较强的吸水能力，所以物料还田后其饱和含水量及田间持水能力显著提升。由苗期到成熟期，土壤非毛管孔隙度下降和毛管孔隙度上升应该是土壤的沉降作用，滤泥能显著提高土壤总孔隙度和非毛管孔隙度。滤泥还田有助于土壤大团聚体的形成，但蔗渣灰短期内效果不明显，且有一定的抑制，可能通过较长的时间能有更大的改善。

（八）添加蔗渣灰和滤泥对耕层土壤细菌群落特征的影响

1. 添加蔗渣灰和滤泥对细菌 16S rDNA 拷贝数的影响　由图6-12可知，与对照（CK）相比，蔗田添加蔗渣灰（CA）和滤泥（FM）均可显著提高土壤细菌 16S rDNA 拷贝数（$P<0.05$），CK、CA 与 FM 拷贝数的平均值分别为 3.15×10^{10} 个、5.94×10^{10} 个和 9.16×10^{10} 个（以每克土壤计）。CA 处理 16S rDNA 拷贝数显著高于 CK（$P<0.05$）；FM 细菌总量显著高于 CA（$P<0.05$）。因此，添加蔗渣灰和滤泥均可显著提高细菌总量（$P<0.05$），其中添加滤泥细菌总量提高量显著高于蔗渣灰。

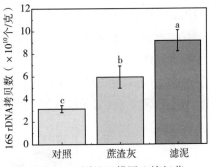

图6-12　不同处理耕层土壤细菌 16S rDNA 的拷贝数

2. 添加蔗渣灰和滤泥对细菌群落相对丰度的影响　变形菌门（Proteobacteria）和酸杆菌门（Acidobacteria）是整个土壤剖面中含量最丰富的门，相对丰度分别为32.32%~45.36%和12.14%~23.39%，它们相对丰度的加权平均值之和占56.63%。其次是放线菌门（Actinobacteria，9.36%~16.28%）、绿弯菌门（Chloroflexi，3.07%~7.83%）、厚壁菌门（Firmicutes，3.07%~7.83%）、拟杆菌门（Bacteroidetes，1.99%~6.33%）、芽单胞菌门（Gemmatimonadetes，1.10%~4.54%）、疣微菌门（Verrucomicrobia，0.68%~3.64%）、浮霉菌门（Planctomycetes，0.97%~4.93%）、candidatedivision WPS-2（0.35%~

3.2%）（图6-13）。CA和FM处理可显著改变细菌门水平群落相对丰度。与CK相比，CA处理可显著提高酸杆菌门和疣微菌门的相对丰度，然而放线菌门和绿弯菌门的相对丰度显著降低。与CK相比，FM处理可显著提高变形菌门和芽单胞菌门的相对丰度，显著降低酸杆菌门、放线菌门、绿弯菌门、拟杆菌门和candidatedivision WPS-2的相对丰度。

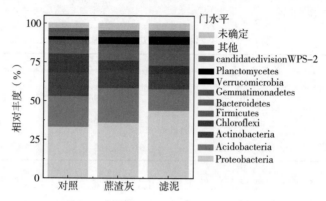

图6-13 不同处理耕层土壤门水平细菌群落的相对丰度

在细菌属水平上分析可知（图6-14），添加蔗渣灰（CA）和滤泥（FM）可显著改变属水平各群落的相对丰度。与CK相比，CA处理可显著提高 *Gp1* 的相对丰度，而FM显著降低其相对丰度。FM处理显著降低 *Gp3* 的相对丰度。CA处理显著降低纤线杆菌属（*Ktedonobacter*）的相对丰度，FM处理后，其相对丰度显著低于CA；然而芽单胞菌属（*Gemmatimonas*）的变化趋势与 *Ktedonobacter* 相反，CA处理显著增加 *Gemmatimonas* 的相对丰度，同时FM处理显著高于CA。CA处理 *Metallibacterium* 的相对丰度显著低于CK。CA处理可显著提高 *Gp2* 的相对丰度，而FM处理显著提高其相对丰度。FM处理显著降低 *Gaiella* 的相对丰度。CA处理WPS-2_genera_incertae_sedis的相对丰度显著低于CK，且FM的相对丰度显著低于CA。FM处理副球菌（*Rhizomicrobium*）的相对丰度显著高于CK和CA。

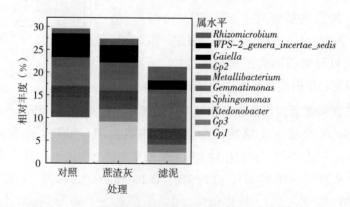

图6-14 不同处理耕层土壤属水平细菌群落的相对丰度

3. 添加蔗渣灰和滤泥对耕层土壤细菌群落多样性的影响 Shannon指数是评估样品中

微生物多样性指数之一。它与 Simpson 多样性指数都是反映 α 多样性的指数。Shannon 值越大，说明群落多样性越高；Simpson 值越大，说明群落多样性越低。与 CK 相比，CA 处理可显著提高群落多样性。FM 处理可增加物种多样性，但并未达到显著水平。

由表 6-38 可知，FM 处理的 Simpson 指数显著低于 CA 处理和 CK；CA 处理显著低于 CK。由此可知，CA 和 FM 处理均可显著提高群落多样性，其中 FM 处理作用效果显著优于 CA 处理。ACE 指数是用来估计群落 OTU 数目的指数，是生态学中估计物种总数的常用指数之一。与 CK 相比，CA 处理可显著提高土壤物种总数。Chao1 指数与 ACE 相同，均在生态学中常用于估计物种总数，其变化趋势与 ACE 相同。CA 处理显著提高了物种总数。Coverag 值由门水平细菌群落主坐标分析（PCOA 分析）可知（图 6-15），第一主坐标贡献率为 69.0%，第二主坐标贡献率为 20.0%，主坐标 1 和主坐标 2 贡献率为 89.0%。不同样本之间土壤菌群聚类各不相同。说明蔗渣灰、滤泥处理均可显著影响微生物的群落组成，且蔗渣灰处理对土壤微生物聚类影响不同。

表 6-38　不同处理对耕层土壤细菌群落多样性的影响

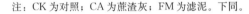

处理	Shannon 指数	Simpson 指数	ACE 指数	Chao1 指数	Coverage 值
CK	3 590.67±204.29b	0.01±0.00a	4 884.65±316.22b	4 672.51±310.03b	0.99
CA	4 931.67±372.84a	0.01±0.00b	6 660.39±324.70a	6 428.74±303.37a	0.98
FM	4 151.00±171.14ab	0.00±0.00c	5 565.83±151.27b	5 472.89±132.86b	0.98

注：CK 为对照；CA 为蔗渣灰；FM 为滤泥。下同。

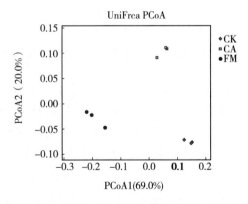

图 6-15　不同处理门水平细菌群落的主坐标分析

（九）添加蔗渣灰和滤泥对耕层土壤真菌群落特征的影响

1. 添加蔗渣灰和滤泥对真菌 18S rDNA 拷贝数的影响　由图 6-16 可知，与对照（CK）相比，蔗田添加滤泥（FM）可显著提高土壤细菌 18S rDNA 拷贝数（$P<0.05$）。CK、添加蔗渣灰（CA）与 FM 拷贝数的平均值分别为 $8.7×10^8$ 个、$1.03×10^8$ 个和 $1.34×10^8$ 个（以每克土壤计）。因此，与 CK 相比，CA 处理可提高土壤真菌 18S rDNA 的拷贝量，FM 处理可显著提高 18S rDNA 的拷贝量。由此可知，蔗渣灰还田可提高土壤真菌总量，滤泥处理可显著提高真菌总量。

2. 添加蔗渣灰和滤泥对真菌群落相对丰度的影响 添加蔗渣灰和滤泥对门水平真菌群落相对丰度的影响较细菌稳定。子囊菌门（Ascomycota）在土壤中的相对丰度最高，其相对丰度为 45.68%～61.66%，CA 和 FM 处理并未显著增加 Ascomycota 的相对丰度。FM 处理显著降低了被孢霉门（Mortierellomycota）的相对丰度，CA 处理显著提高了担子菌门（Basidiomycota）的相对丰度，CA 处理显著提高了 Mucoromycota 的相对丰度，FM 显著降低了

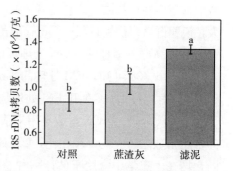

图 6-16　不同处理 18S rDNA 的拷贝数

其相对丰度。CA 处理和 FM 处理对门水平真菌群落相对丰度影响不同（图 6-17）。

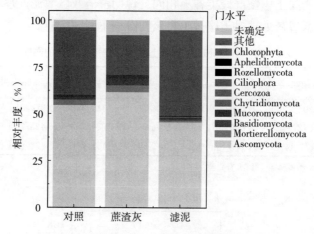

图 6-17　不同处理门水平真菌群落的相对丰度

　　添加滤泥和蔗渣灰可调整真菌属水平微生物群落结构，且蔗渣灰处理与滤泥处理对微生物群落影响差异显著。试验中 CA 和 FM 处理青霉属（*Penicillium*）的相对丰度显著降低，其中 FM 显著低于 CA 处理。与 CK 和 CA 相比，FM 处理显著提高畸枝霉属（*Malbranchea*）、*Pseudallescheria* 的相对丰度，然而被孢霉属（*Mortierella*）的相对丰度变化相反。与 CK 和 FM 相比，CA 处理可显著提高 *Talaromyces*、*Chaetosphaeria* 的相对丰度。与 CK 相比，CA 和 FM 处理显著降低了 *Cladophialophora* 的相对丰度（图 6-18）。

　　由 PCoA 分析可知，CA 和 FM 处理与 CK 真菌群落差异显著，蔗渣灰和滤泥处理改变了真菌微生物的群落结构，各样本间微生物群落差异显著。

　　3. 添加蔗渣灰和滤泥对真菌群落多样性的影响 与 CK 相比，CA 和 FM 处理的 Simpson 指数显著降低，而 Shannon 指数显著提高，因此蔗渣灰和滤泥处理显著提高了微生物多样性。FM 处理显著提高 ACE 指数和 Chao1 指数，说明滤泥处理在提高真菌微生物多样性的同时显著提高了群落中 OTU 数目，增加了物种总数（表 6-39）。由 Coverage 值可知，各样品覆盖率达 0.99 及以上水平，说明测序结果能够反映样本的真实情况（图 6-19）。

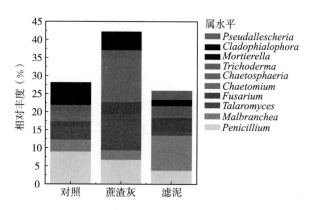

图 6-18　不同处理属水平真菌群落的相对丰度

表 6-39　不同处理时真菌群落的多样性

处理	Simpson 指数	Shannon 指数	ACE 指数	Chao1 指数	Coverage 值
CK	0.09±0.02a	3.93±0.12b	802.07±17.32b	774.90±20.58b	1.00±0.00a
CA	0.05±0.00b	4.36±0.07a	960.16±45.54ab	921.79±49.16ab	0.99±0.00a
FM	0.05±0.00b	4.34±0.02a	1093.72±70.59a	1060.47±74.12a	0.99±0.00a

注：CK 为对照；CA 为蔗渣灰；FM 为滤泥。下同。

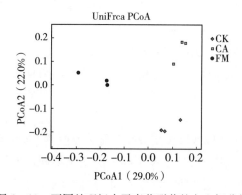

图 6-19　不同处理门水平真菌群落的主坐标分析

四、蔗叶还田深度对蔗园耕层土壤养分和微生物群落的影响

秸秆还田有利于维持和提高土壤肥力，并可增加土壤微生物的多样性和活跃度，因此受到广泛重视及应用，随之发展的提高秸秆还田利用效率的新兴技术，如生物表面活性剂等的应用也广受关注。我国蔗区土壤酸、瘦、黏、板障碍明显，蔗叶还田已被公认为土壤改良的有效途径。但针对蔗叶还田深度及生物表面活性剂的应用对土壤养分及微生物群落的影响研究鲜见报道。秸秆作为一种产量巨大的生物质资源，仅我国广西每年蔗叶干重产量就可达 870 万～1 450 万吨。据联合国环境规划署报道，全球每年可产生近 20 亿吨的秸秆，我国秸秆年总产量达 7 亿吨以上，并呈现出逐年增长的趋势。秸秆含有大量纤维素和

植物生长所需要的营养物质，其中纤维素是全球产量最丰富、廉价且可再生的一种生物质资源，但秸秆被焚烧和随意丢弃等行为，不仅浪费资源，还污染环境危害身体健康。研究数据表明，我国农村秸秆焚烧比例达 18.59%，排出大量有害气体污染生态环境。因此，作物秸秆作为一种富含纤维素的廉价可再生的生物质资源，如何才能得到充分利用是一项重要科研课题。

　　土壤微生物群是土壤生物地球化学循环的重要组成部分，它与农业生态系统的功能紧密相连。微生物的生物量和多样性对土壤条件的变化反应迅速，是确定农业管理方法对土壤环境影响的有价值指标。越来越多的研究表明，微生物可直接影响土壤质量和植物生产力。通过土壤理化和微生物特性的结合，可进一步理解土壤微生物群落功能。近几年微生物分子鉴定的成本降低，这意味着这种表征可广泛应用于农业生态系统，使用分子表征来描述土壤微生物群落已成为农业生态学研究中的重要方法。文献表明相对传统农业化学肥料施肥，蔗叶还田中 OTU、Shannon 指数和系统发育多样性的变化显著增加，同时在较细的分类学中，硝化螺旋菌属（*Nitrospira*）和降解类固醇杆菌属（*Steroidobacter*）明显较低，而 *Chthonomonas* 和鞘氨醇杆菌属（*Sphingobacterium*）显著升高（$P<0.05$），土壤微生物生物量氮和土壤抗病性增加。土壤真菌群落的结构是选择因素之间复杂相互作用的结果，可能有利于有益或有害的关系。土壤酸碱性影响土壤真菌群落的 α 多样性（群落内的丰富度和群落多样性），而不影响土壤真菌群落的 β 多样性（不同样本群落组成的变化），这是典型的西藏森林生态系统随高度变化的现象。然而，真菌多样性的主要驱动因素是 pH，营养元素还是其他因素仍未确定。

（一）蔗叶不同埋深区位对土壤养分特征的影响

　　由表 6-40 可知，土壤全碳（TC）和全氮（TN）随着深度增加含量降低，蔗叶还田效应与埋深区位有互作效应。蔗叶还田后 TC 以 10～30 厘米土层比空白对照有显著提高（$P<0.05$），0～10 厘米、>30～40 厘米土层蔗叶还田与空白对照差异不显著，反映出蔗叶深埋 10～20 厘米对提高处理区域土壤 TC 有显著效应。TN 则在蔗叶埋深 0～10 厘米与空白对照相比有显著提高效应。TC/TN 不同土层变化不同，但加权平均值 0～10 厘米高于 >10～40 厘米含量，蔗叶不同埋深对 C/N 无显著影响。可溶性碳（DOC）和可溶性氮（DON）随着土层加深，表现出逐渐降低的趋势。无论是蔗叶地表覆盖还是深埋还田，与空白对照相比，在 0～20 厘米土层，蔗叶还田均显著提高了土壤 DOC 和 DON，20 厘米以下土层与空白对照差异不显著，反映出 DOC 和 DON 指标对蔗叶还田的响应以 0～20 厘米土层为敏感，这为节能型蔗叶还田及响应指标的选择提供了参考。其中蔗叶未还田的 DON 含量在不同土层变化不显著，蔗叶还田后 DON 含量升高，且 0～10 厘米含量显著高于 >10～40 厘米。速效钾（AK）含量与蔗叶还田处理和土壤深度极显著相关（$P<0.01$），其中蔗叶覆盖处理可以显著提高 0～10 厘米 AK 含量，但 AK 主要分布在 0～30 厘米土层中，>30～40 厘米土层中含量极显著降低（$P<0.01$）。这种现象反映出蔗叶还田对 AK 的改善可能与充足的空气、光照条件及二者的互作有关。土壤有效磷（AP）含量与土层深度和蔗叶还田处理未见显著差异。蔗叶未还田时，土壤 pH 在 0～10、>30～

40 厘米土层显著低于＞10～30 厘米（P＜0.05）；蔗叶覆盖 0 厘米和蔗叶埋深 30 厘米显著提高了 0～10 厘米、＞30～40 厘米土层的 pH，且 pH 随土层深度增加而降低。

综上，蔗叶地表覆盖可显著改善邻近浅土层（0～10 厘米）土壤酸性、AK、DOC、DON，蔗叶还田埋深至 10 厘米对邻近土层（10～20 厘米）的 DOC、DON、TC、TN 有显著改善效应，蔗叶还田埋深至 20 厘米对邻近土层（20～30 厘米）的 TC 有显著改善效应，基于节能综合目标，利用碎叶还田机具进行蔗叶全土层混匀还田的作业深度达 10 厘米即可显著改善 0～20 厘米这一甘蔗水肥利用活跃土层的相关指标。

大田试验结果表明，与秸秆未还田（CK）相比，蔗叶不同埋深区位（L）处理对土壤养分有一定的提高作用；同时土壤养分随土层深度的增加有降低趋势。L 处理使土壤速效钾、全碳、全氮和可溶性碳氮含量提高，与劳秀荣、刘建国等人的研究结论一致。甘蔗在土壤 pH 6.1～7.7 的中性土壤中生长最佳，然而我国甘蔗种植区由于长期过量施肥导致土壤酸化问题加重。土壤酸化往往引起植物无法正常吸收养分，造成甘蔗减产。通过蔗叶还田一定程度上改善了土壤酸性问题。微生物适宜生长繁殖的最佳碳氮比为 25，蔗叶还田后提高了土壤碳氮比，增加微生物活性，然而由于还田量较低或者蔗叶降解速度缓慢，碳氮比仍未达到最佳范围。本次研究发现秸秆还田后有效磷的含量稍有降低，与宋朝玉、佘冬立等人的结果不同。一方面土壤养分变化受环境影响因素较大，另一方面前人研究表明，秸秆在腐解过程中由于微生物的作用，可以产生有机酸，有机酸可以增加土壤原有的有效磷的释放，其机制主要有络合作用、竞争吸附点和酸性溶解等。然而进一步研究表明，有机酸降低土壤对磷的吸附能力还与土壤类型有关，酸性土壤有机酸的作用中，Al - P 含量一般呈下降趋势，OP 含量提高，而 Ca - P 和 Fe - P 受有机酸的影响较复杂，酸性土壤中无机磷主要源于铁铝所结合的磷，导致有机酸对土壤磷的有效释放受土壤条件的影响较为重要，同时磷的活化还受到有机酸的类型和浓度的影响。本次试验土壤为酸性黄壤土，与宋朝玉、佘冬立等人的研究土壤类型不同，结果也出现变化，需要进一步深入研究。

微生物主要以碳为能源物质，氮素为营养物质，可溶性碳、氮是活性碳氮库的重要组成部分，其含量和比率对土壤养分具有重要意义。碳、氮主要以难溶的有机态存在，自然状态下缓慢释放。蔗叶还田在腐解过程中可以提高微生物活动进而加速养分循环。蔗叶还田后，微生物的主导作用可以促进碳氮的释放，增加有机碳和全氮含量，同时蔗叶还田增加了土壤透性，降低了土壤厌氧状态的存在时间与强度，降低了土壤可溶性碳的含量，同时蔗叶添加促进土壤氮有关酶活性，提高了可溶性氮含量。可溶性碳氮比降低可能是由于秸秆还田向土壤中输入大量碳源的同时秸秆中含有的可溶性氮也大量输入，氮的输入在短时间秸秆还田中迅速增加，而秸秆降解需要较长时间，不能及时提供碳源，因而导致可溶性碳氮比降低。

土壤养分随着土壤剖面增加而降低，与 CK 相比，L 处理后土壤养分提高并在 0～10 厘米处速效钾、可溶性碳氮显著提高，试验结果与前人的研究结果一致。同时矫丽娜认为秸秆还田后增加了土壤通气性和透水性，好氧性微生物释放土壤养分；表层土壤温度高有利于秸秆腐解，从而促进秸秆中养分释放。王景等通过室内模拟培养的方法表明了好气培

表 6-40 蔗叶还田深度对耕层土壤养分特征的影响

处理	深度（厘米）	可溶性碳含量（毫克/千克）	可溶性氮含量（毫克/千克）	全碳含量（克/千克）	全氮含量（克/千克）	C/N	可溶性碳/可溶性氮	pH	速效钾含量（毫克/千克）	有效磷含量（毫克/千克）
CK	0~10	41.88±1.88b	13.57±1.55bc	7.83±0.17ab	0.82±0.02ab	9.57±0.04abc	3.18±0.44abc	6.49±0.02c	93.51±4.36de	10.28±0.20a
CK	>10~20	33.82±0.83d	9.60±0.32c	6.59±0.23c	0.69±0.01c	9.57±0.20abc	3.53±0.08abc	6.57±0.01b	105.40±0.61abcd	9.98±1.13a
CK	>20~30	33.89±0.46d	11.42±0.76bc	5.58±0.23e	0.62±0.02de	9.04±0.09c	2.99±0.18abc	6.56±0.03b	98.84±9.16bcd	9.83±0.50a
CK	>30~40	33.43±0.89d	9.48±1.75c	5.51±0.15e	0.59±0.02e	9.35±0.17bc	3.80±0.74ab	6.50±0.02c	85.91±2.48e	9.53±1.34a
L	0~10	46.66±1.02a	23.88±6.14a	8.40±0.23a	0.86±0.02a	9.71±0.13ab	2.35±0.76bc	6.64±0.01a	105.97±2.04abc	9.38±0.16a
L	>10~20	38.09±0.46c	18.10±2.31ab	7.60±0.21b	0.76±0.02b	9.99±0.27a	2.19±0.35c	6.61±0.01ab	111.83±2.68a	9.15±0.56a
L	>20~30	34.18±1.74d	12.30±1.63bc	6.28±0.15cd	0.68±0.03cd	9.27±0.21bc	2.94±0.60abc	6.58±0.01b	110.63±0.98ab	9.36±0.29a
L	>30~40	34.23±1.09d	8.35±0.76c	5.91±0.10de	0.64±0.03cde	9.31±0.26bc	4.15±0.28a	6.57±0.02b	94.30±2.96cde	9.07±0.84a
处理（A）		4.80	2.74	27.97*	89.63**	3.86	1.56	5.41	46.90**	31.86
深度（B）		18.11*	2.16	76.78**	268.83**	8.65	2.21	0.62	31.50**	3.45
A×B		1.83	2.86	5.01*	1.02**	0.54	1.39	5.08	0.27**	0.05

注：每个处理均设 3 次重复。使用 DPS 7.5 统计软件进行 LSD 检验的单因素方差分析（ANOVA）（$P<0.05$）。同列不同字母代表处理间差异达到 0.05 显著水平。CK 是未进行蔗叶还田处理，L 代表蔗叶还田。下同。

养有利于作物秸秆的降解和营养物质的释放，这也解释了秸秆还田后表层土壤养分显著提高的现象。随着土层增加土壤养分降低，蔗叶还田减缓土壤养分的下降趋势。这是由于在 10～40 厘米土层土壤透气性差，微生物活动缓慢，贾伟等认为，20～40 厘米土层碳、氮较 0～20 厘米土层低，主要原因是表层土壤能够促进物质能量交换，有利于微生物的活动，进而得出适宜在 0～20 厘米进行秸秆还田。总之，蔗叶覆盖还田和蔗叶埋深 10 厘米显著提高了土壤养分，同时 0～20 厘米为甘蔗根部主要区位，养分含量提高为甘蔗对养分的需求提供了保障。

（二）蔗叶不同埋深区位对土壤酶活性的影响

土壤酶是土壤能量循环的参与者和动力，几乎所有的生物化学反应都是由酶驱动的，土壤酶活性是土壤肥力、质量和土壤健康的重要指标。由表 6-41 可知，与 CK 相比，L 处理不同土层酸性磷酸酶活性显著降低（$P<0.05$）。蔗叶不同埋深（L）提高了土壤脲酶活性，其中蔗叶还田显著提高了 0～20 厘米和 ＞30～40 厘米土层活性（$P<0.05$）。L（蔗叶不同埋深）对 β-葡萄糖苷酶和纤维素酶活性无显著性影响。β-葡萄糖苷酶随着土层深度增加酶活性降低，且 0～10 厘米土层 β-葡萄糖苷酶活性显著高于 ＞30～40 厘米。蔗叶未还田（CK）时纤维素酶活性在 0～40 厘米土层中无显著变化，然而蔗叶覆盖（0～10 厘米）显著高于蔗叶埋深 30 厘米（＞30～40 厘米）土层纤维素酶活性。总之，蔗叶还田随土壤深度增加酶活性有逐渐降低的趋势，蔗叶覆盖 0 厘米对土层 0～10 厘米的脲酶和 β-葡萄糖苷酶活性的影响较为显著。

表 6-41 蔗叶还田深度对耕层土壤酶活性的影响

处理	深度（厘米）	β-葡萄糖苷酶[微克/（克·小时）]	纤维素酶[毫克/（克·天）]	酸性磷酸酶[微克/（克·小时）]	脲酶[毫克/（克·天）]
CK	0～10	79.03±7.78ab	36.40±5.38ab	54.76±3.38a	0.75±0.02de
CK	＞10～20	65.15±4.02abc	34.33±2.91ab	52.01±1.86ab	0.80±0.03cd
CK	＞20～30	48.32±4.69bc	27.74±2.10b	50.95±3.35abc	0.83±0.03bc
CK	＞30～40	37.78±10.69c	28.25±3.76b	47.69±1.13bcd	0.73±0.01e
L	0～10	87.02±20.47a	38.01±0.91a	45.09±1.25cd	0.96±0.01a
L	＞10～20	65.20±5.37abc	35.24±1.29ab	43.30±0.49de	0.87±0.01b
L	＞20～30	48.87±3.94bc	28.14±1.05b	43.61±0.54de	0.85±0.02bc
L	＞30～40	44.97±15.64c	32.00±2.78ab	38.48±1.13e	0.87±0.01b
	处理（A）	3.49	5.12	300.41**	6.74
	深度（B）	77.14**	33.03**	32.03**	0.26
	A×B	0.19	0.12	0.25**	9.31

土壤酶活性与土壤功能有关，是反映土壤养分状况的重要生态功能指标。脲酶和酸性磷酸酶是土壤氮磷循环中的关键性酶，对于加速养分循环起到至关重要的作用，脲酶可以催化尿素水解成氨，是表征土壤氮素状况的重要指标。酸性磷酸酶使土壤磷转化，酶促分解为有机磷化合物，进而土壤脱磷后被植物吸收利用，可以提高土壤磷的有效性，常被用来表征磷素状况。纤维素酶和 β-葡萄糖苷酶是土壤碳循环中的关键酶和纤维素降解的限

速酶，是将碳源转化为植物可利用的可溶性碳源的重要酶。

与蔗叶未还田（CK）相比，蔗叶不同埋深（L）后脲酶显著提高，纤维素酶和 β-葡萄糖苷酶活性无显著变化，这也解释了土壤可溶性碳、氮增加，而可溶性碳氮比降低的原因。这些结果与前人的研究相同，主要原因是蔗叶还田为微生物提供了动力，同时刺激了微生物的活性，促使微生物代谢加快。与 CK 相比，酸性磷酸酶显著降低，从酶活性上也解释了蔗叶还田后有效磷降低，这可能是由于蔗叶还田后微生物大量繁殖生长，消耗了大量磷素，而蔗叶提供的有效磷较少，导致有效磷和酸性磷酸酶活性均较低，同时土壤酶活性受环境因素的影响较为显著。据研究，磷肥可以显著促进土壤磷酸酶的活性，因而蔗叶还田可以配施磷肥以促进土壤磷酸酶活性，增加土壤有效磷含量。

土壤酶活性随着土壤剖面增加而降低，这也解释了随着土壤剖面深度增加养分逐渐减少。这种现象与不同土壤剖面上土壤容重、团粒结构、通气透水性、水分、有机质含量等物理化学性质有关，这些理化性质的差异导致微生物活性在不同土层中存在着显著差异。本次试验表明蔗叶还田后在整个土层剖面上的养分含量增加，且在0～40厘米土层蔗叶还田均能提高酶活性，尤其在0～10厘米土层还田酶活性提高效果显著。甘蔗根系主要分布于0～40厘米，尤以0～20厘米的表层土最多，因此蔗叶还田可以在0～40厘米土层进行还田，0～20厘米还田效果较为显著。

（三）蔗叶不同埋深区位对细菌群落特征的影响

1. 蔗叶不同埋深区位对细菌 16S rDNA 拷贝数的影响 与蔗叶未还田（CK）相比，蔗叶不同埋深区位（L）在各个处理土层细菌 16S rDNA 拷贝数有所增加，但未见显著差异。不同深度时 CK 中 16S rDNA 拷贝数为 $6.05\times10^{10}\sim1.11\times10^{11}$ 个（以每克土壤计），L 处理 16S rDNA 拷贝数为 $6.50\times10^{10}\sim1.24\times10^{11}$ 个（以每克土壤计）。同时，总体上细菌数量在各土层间未见显著差异，但随着土层深度增加，有降低趋势（图6-20）。

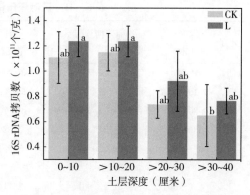

图6-20 蔗叶不同埋深区位 16S rDNA 拷贝数

2. 蔗叶不同埋深区位对细菌群落相对丰度的影响 变形菌门（Proteobacteria）和酸杆菌门（Acidobacteria）是整个土壤剖面中含量最丰富的门，相对丰度分别为29.28%～38.27%和25.91%～30.15%，它们相对丰度的加权平均值之和占61.98%。其次是疣微菌门（Verrucomicrobia，2.04%～4.94%）、放线菌门（Actinobacteria，2.44%～4.29%）、绿弯菌门（Chloroflexi，2.11%～3.65%）、芽单胞菌门（Gemmatimonadetes，1.92%～3.29%）、浮霉菌门（Planctomycetes，1.83%～4.03%）、硝化螺旋菌门（Nitrospirae，1.25%～3.19%）、拟杆菌门（Bacteroidetes，0.96%～2.88%）和 Latescibacteria（1.14%～1.84%）（图6-21）。Proteobacteria 尚未见与处理效应相关的变化趋势，但在表层土（0～20厘米）中相对丰度最

高，Acidobacteria 整体上随着土壤深度增加而增加，在＞20～30 厘米处含量最高。Verrucomicrobia 和 Actinobacteria 整体上随着深度的增加相对丰度下降，蔗叶未还田（CK）的＞30～40 厘米土层中 Verrucomicrobia 比 0～10 厘米土层显著降低（$P<0.05$），同时蔗叶埋深 30 厘米（＞30～40 厘米）的 Actinobacteria 比 L 处理 0～10 厘米土层的相对丰度显著降低（$P<0.05$）。Chloroflexi 随着土壤深度增加，相对丰度降低。

由图 6-21 可知，与蔗叶未还田（CK）相比，蔗叶不同埋深（L）处理后 Proteobacteria 在 20～30 厘米处略有降低，但相对丰度的加权平均值在整个土壤剖面上增加，在 0～10 厘米和＞30～40 厘米处相对丰度显著增加（$P<0.05$），同时 L 处理后 Actinobacteria 相对丰度也相应增加。然而，L 处理后 Acidobacteria 在整个土壤深度下相对丰度降低。与 CK 相比，L 处理后 Verrucomicrobia 在表层土上相对丰度的加权平均值升高，尤其在 0～10 厘米土层显著高于 CK（$P<0.05$）。Chloroflexi 的加权平均值相对 CK 增加。与 CK 相比，L 处理后 unclassfied 在不同土壤深度下相对丰度均显著降低，然而土壤细菌门水平优势种群的相对丰度增加，尤其 Verrucomicrobia 的相对丰度显著提高，这可能由于蔗叶还田诱导了土壤优势菌群相对丰度。

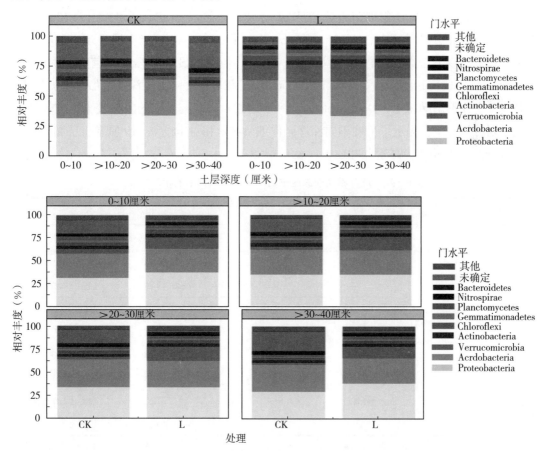

图 6-21　蔗叶不同埋深区位门水平下细菌群落的相对丰度

主坐标分析（PCoA）结果表明，土层 0～10 厘米的细菌群落区别于 10～40 厘米（图 6-22）。说明土层 0～10 厘米与＞10～40 厘米的群落特征存在差异性。这可能由于土壤表层土 0～10 厘米与深层土壤＞10～40 厘米的土壤理化特征不同导致。

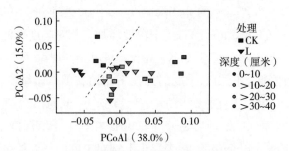

图 6-22　蔗叶不同埋深区位细菌群落的主坐标分析

变形菌门是土壤中最丰富的门，不同的变形菌纲在土壤中的功能差异显著。与 CK 相比，L 处理提高了土壤中变形菌纲的相对丰度（图 6-23）。总体上，α 变形菌纲（Alphaproteobacteria）和丙型变形菌纲（Gammaproteobacteria）的相对丰度提高随土层深度增加而呈减少趋势，蔗叶还田细菌相对丰度略高于空白对照，0～10 厘米土层比＞10～40 厘米土层这种差异更明显，其中 Alphaproteobacteria 在＞10～40 厘米土层呈现出蔗叶还田处理的相对丰度显著高于空白对照（$P < 0.05$），其他均不显著。β-变形菌纲（Betaproteobacteria）和 δ-变形菌纲（Deltaproteobacteria）相对丰度随土层深度增加呈增加趋势。与其他 3 个变形菌纲相比，Deltaproteobacteria 的相对丰度与 CK 的差异较少。在较细的分类学划分目水平上揭示了蔗叶不同深埋区位细菌群落相对丰度 0～10 厘米土层和＞10～40 厘米土层的影响效应高于蔗叶还田（表 6-42）。

表 6-42　蔗叶不同埋深区位目水平下细菌群落的相对丰度

细菌		土层深度（厘米）	相对丰度（%）	
纲	目		CK	L 处理
Anaerolineae	Anaerolineales	0～10	1.94±0.33aA	1.09±0.14bA
		＞10～40	1.87±0.12aA	1.70±0.06aA
Alphaproteobacteria	Rhodospirillales	0～10	3.99±0.74aA	4.16±0.15aA
		＞10～40	3.49±0.11aA	3.98±0.24aA
	Rhizobiales	0～10	3.02±0.23aA	2.92±0.04aA
		＞10～40	2.63±0.14aA	3.08±0.10aA
	Sphingomonadales	0～10	1.58±0.31aA	4.47±1.12aA
		＞10～40	0.94±0.14aA	1.36±0.08aA
Beta-proteobacteria	Burkholderiales	0～10	3.01±0.57aA	3.60±0.27aA
		＞10～40	2.77±0.10aA	3.05±0.05aA

（续）

细菌		土层深度 （厘米）	相对丰度（%）	
纲	目		CK	L 处理
	Rhodocyclales	0～10	1.91±0.13aA	1.58±0.12bA
		＞10～40	2.25±0.08aA	2.21±0.06aA
Deltaproteobacteria	Desulfuromonadales	0～10	1.43±0.18aA	0.89±0.15bA
		＞10～40	1.93±0.21aA	2.05±0.31aA
	Myxococcales	0～10	5.47±0.51aA	6.25±0.13aA
		＞10～40	5.03±0.21aA	5.54±0.22bA
Gemmatimonadetes	Gemmatimonadales	0～10	3.27±0.14aA	3.43±0.09aA
		＞10～40	2.52±0.21bA	2.82±0.11bA
Nitrospira	Nitrospirales	0～10	1.55±0.24bA	1.31±0.05bA
		＞10～40	2.55±0.15aA	2.04±0.11aA

注：不同字母表示处理之间的显著差异（$P<0.05$）。A 和 B 代表同一埋深蔗叶还田和蔗叶未还田之间的显著性比较；a 和 b 代表同一属 0～10 厘米土层和＞10～40 厘米土层之间的显著性比较。

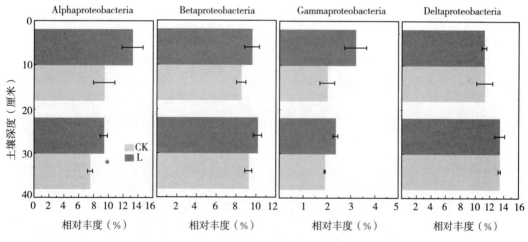

图 6-23　蔗叶不同埋深区位变形菌纲相对丰度的比较
*表示在 0.05 水平上显著

　　属水平细菌群落的研究是细菌群落功能预测的重要参考依据，蔗叶不同深埋区位对属水平细菌群落相对丰度的影响显著。蔗叶不同深埋区位（L）增加了 *Gp6*、*Gemmatimonas*、*Gp4*、*Kofleria* 和 *Sphingomonas* 的相对丰度，而 *Gp2*、*Nitrospira* 和 *Latescibacteria _ genera _ incertae _ sedis* 相对丰度降低（表 6-43）。蔗叶覆盖时，0～10 厘米土层中 *Geobacter* 和 *Latescibacteria _ genera _ incertae _ sedis* 相对丰度显著降低（$P<$ 0.05）。蔗叶深埋还田时，＞10～40 厘米土层中 *Gp6*、*Subdivision3 _ genera _ incertae _ sedis* 和 *Sphingomonas* 的相对丰度显著提高（$P<0.05$），而 *Gp2* 降低（$P<0.05$）。

表 6 - 43　蔗叶不同埋深区位属水平下细菌群落相对丰度

属	土壤深度（厘米）	相对丰度（%）	
		CK	L 处理
Gp1	0～10	5.51±0.39aA	6.11±0.53aA
	>10～40	7.06±0.52aA	6.63±0.74aA
Gp3	0～10	4.62±0.47aA	4.22±0.28aA
	>10～40	4.79±0.19aA	4.48±0.24aA
Gp2	0～10	3.12±0.29bA	3.18±0.11bA
	>10～40	5.22±0.35aA	3.77±0.14aB
Gp6	0～10	3.85±0.43aA	3.12±0.19aA
	>10～40	2.30±0.04bB	3.06±0.22aA
Subdivision3 _ genera _ incertae _ sedis	0～10	4.33±0.93aA	2.89±0.33aA
	>10～40	2.38±0.09aB	2.78±0.07aA
Gemmatimonas	0～10	3.10±0.11aA	3.29±0.09aA
	>10～40	2.43±0.20bA	2.72±0.10bA
Nitrospira	0～10	1.44±0.24bA	1.24±0.04bA
	>10～40	2.31±0.18aA	1.91±0.10aA
Geobacter	0～10	1.23±0.06aA	0.82±0.13bB
	>10～40	1.72±0.19aA	1.76±0.21aA
Latescibacteria _ genera _ incertae _ sedis	0～10	1.84±0.09aA	1.57±0.04aB
	>10～40	1.45±0.04bA	1.38±0.09aA
Gp4	0～10	2.11±0.33aA	1.71±0.08aA
	>10～40	1.03±0.09bA	1.48±0.15aA
Anaeromyxobacter	0～10	1.05±0.09bA	0.98±0.10bA
	>10～40	1.53±0.08aA	1.54±0.17aA
Kofleria	0～10	1.59±0.21aA	1.92±0.05aA
	>10～40	1.17±0.10aA	1.25±0.06bA
Gp7	0～10	1.17±0.06aA	1.20±0.11aA
	>10～40	1.33±0.09aA	1.36±0.08aA
Sphingomonas	0～10	1.26±0.24aA	3.39±0.95aA
	>10～40	0.73±0.10aB	1.05±0.05aA
Gp5	0～10	0.99±0.15aA	1.01±0.06aA
	>10～40	1.07±0.08aA	1.04±0.02aA
Gaiella	0～10	0.95±0.09aA	1.07±0.09aA
	>10～40	1.02±0.08aA	0.93±0.05aA

　　注：不同字母表示处理之间的显著差异（$P<0.05$）。A 和 B 代表同一埋深蔗叶还田和蔗叶未还田之间的显著性比较；a 和 b 代表同一属 0～10 厘米土层和>10～40 厘米土层之间的显著性比较。

3. 蔗叶不同埋深区位对细菌群落多样性的影响　ACE 指数是用来估计群落 OTU 数目的指数，是生态学中估计物种总数的常用指数之一。0～10 厘米土层 ACE 指数较低，说明物种总数相对较低，其中蔗叶未还田（CK）0～10 厘米土层的 OTU 数目显著低于＞10～20 厘米土层的 OTU 数目。CK 在＞10～40 厘米土层剖面中随深度增加，OTU 数目减少。蔗叶还田后增加了各土层 OTU 的数目，OTU 数目的变异性随深度增加而减少。Chao1 指数与 ACE 相同，均在生态学中常用于估计物种总数，其变化趋势与 ACE 相同（表 6-44）。Shannon 指数是评估样品中微生物多样性指数之一。它与 Simpson 多样性指数都是反映 α 多样性。Shannon 值越大，说明群落多样性越高；Simpson 值越大，说明群落多样性越低。Shannon 指数在 0～10 厘米处较低，微生物的多样性相对较低；在＞10～40 厘米土层中随深度增加，微生物多样性降低，其中 CK 中＞30～40 厘米土层微生物多样性显著低于＞20～30 厘米土层微生物多样性。蔗叶还田后增加了微生物的多样性，减缓了微生物多样性随深度增加而减少的变异性。Simpson 指数反映的微生物多样性变化趋势与 Shannon 指数相同。总之，与蔗叶未还田相比，蔗叶不同深埋处理中蔗叶覆盖可以显著提高浅土层 0～10 厘米群落 OTU 数目和深土层＞30～40 厘米的群落多样性。

6-44　蔗叶不同埋深区位细菌群落的丰富度和多样性

处理	深度（厘米）	ACE 指数	Chao1 指数	Shannon 指数	Simpson 指数
CK	0～10	13 189.12±4 448.97b	9 811.45±2 767.28b	7.63±0.16ab	0.001 4±0.000 2b
	＞10～20	19 704.06±1 281.35a	13 928.00±977.01a	7.80±0.09a	0.001 4±0.000 3b
	＞20～30	17 804.69±503.28ab	12 751.45±524.04ab	7.74±0.06a	0.001 3±0.000 1b
	＞30～40	15 306.16±1 030.05ab	11 033.43±794.40ab	7.42±0.13b	0.002 1±0.000 4a
L	0～10	19 143.06±339.26a	13 669.78±313.80a	7.82±0.06a	0.001 2±0.000 1b
	＞10～20	20 009.12±921.62a	14 192.49±527.97a	7.84±0.03a	0.001 2±0.000 0b
	＞20～30	19 425.90±437.20a	13 855.19±591.09a	7.82±0.02a	0.001 2±0.000 0b
	＞30～40	18 790.10±1 763.88a	13 567.90±921.13a	7.80±0.09a	0.001 2±0.000 1b

注：不同小写字母表示处理之间差异显著（$P<0.05$）。

4. 门水平细菌群落与环境因子的相关性分析　由表 6-45 分析可知，Proteobacteria 与 pH 呈极显著正相关（$P<0.01$）。Acidobacteria 与 DOC、TC、TN 和 TC/TN 呈显著负相关（$P<0.05$）。Verrucomicrobia 与 DOC、TC 和 TN 呈极显著正相关（$P<0.01$）。Actinobacteria 与 DOC 和 AK 呈显著正相关（$P<0.05$），同时和 TC、TN 呈极显著正相关（$P<0.01$）。Chloroflexi 与 AP 呈正相关，与其他营养指标呈负相关。Gemmatimonadetes 与 DOC、TC 和 TN 呈极显著正相关（$P<0.01$）。Planctomycetes 与 DOC 和 TN 呈显著正相关（$P<0.05$）。Nitrospirae 与 DOC 呈显著负相关（$P<0.05$），同时与 TC 和 TN 呈极显著负相关（$P<0.01$）。Bacteroidetes 与 pH 呈极显著正相关（$P<0.01$），同时与 DOC、TC 和 TN 呈显著正相关（$P<0.05$）。在大田试验研究中，使用 qPCR 测定法确定细菌丰度，如 16S rDNA 基因的拷贝数所示。不同深度的蔗叶还田（L）和蔗叶未还田（CK）之间没有显著差异。但是与 CK 相比，L 处理在不同土壤剖面上增加了细菌群落丰度。这是因为

蔗叶腐解增加了土壤全碳、全氮和可溶性碳氮等微生物生长所必需的能源和营养，因此导致微生物丰度增加。这与前人的研究结果一致，即微生物生物量随着土壤肥力的增加而增加，同时微生物群落的增加也进一步提高了蔗叶的降解和土壤养分的提高。

表 6-45　细菌群落与环境因子相关性

门	pH	DOC	DON	DOC/DON	AK	AP	TC	TN	TC/TN
Proteobacteria	0.70**	0.13	0.21	−0.07	0.21	−0.13	0.17	0.17	0.1
Acidobacteria	−0.26	−0.50*	−0.31	0.1	−0.33	−0.02	−0.49*	−0.45*	−0.41*
unclassified	−0.52**	−0.32	−0.16	0.03	−0.3	0.1	−0.37	−0.42*	−0.04
Verrucomicrobia	−0.21	0.55**	0.13	−0.06	0.29	0.17	0.58**	0.59**	0.26
Actinobacteria	0.38	0.48*	0.32	−0.13	0.43*	−0.02	0.54**	0.53**	0.33
Chloroflexi	−0.3	−0.11	−0.13	−0.09	−0.02	0.03	−0.1	−0.09	−0.11
Gemmatimonadetes	0.39	0.57**	0.27	0.02	0.22	0.02	0.53**	0.55**	0.19
Planctomycetes	−0.4	0.46*	−0.01	0.14	0.11	0.12	0.4	0.44*	0.08
Nitrospirae	−0.32	−0.68	−0.44*	0.31	−0.27	−0.04	−0.71**	−0.75**	−0.23
Bacteroidetes	0.66**	0.48*	0.35	−0.2	0.39	−0.09	0.49*	0.50*	0.17

注：*、** 分别表示在 0.05 水平差异显著和 0.01 水平差异极显著。

大田试验研究结果表明，土壤中最丰富的两个细菌门分别为变形菌门（Proteobacteria）和酸杆菌门（Acidobacteria），它们的相对丰度的加权平均值占到 61.98%。许多研究结果也表示 Proteobacteria 是土壤中最丰富的微生物门。Proteobacteria 在不同的土壤剖面相对丰度表现不稳定，且在表层土 0～20 厘米处含量最高，说明 Proteobacteria 对土壤深度不敏感。Proteobacteria 与 pH 呈正相关。Proteobacteria 通过促进营养获取和增加对疾病的保护来促进植物生长。其次，Proteobacteria 参与生产两种重要的温室气体，即甲烷和一氧化二氮。α-变形菌纲（Alphaproteobacteria）是一种用于研究细菌基因组如何进化以及基因组特征与环境适应性优秀的模型，同时 Alphaproteobacteria 包括光合自养属、植物内生菌属和致病菌属等，因此蔗叶还田对 10～40 厘米土层 Alphaproteobacteria 的影响需要从蛋白及功能基因上做更深层次的研究。β-变形菌纲（Betaproteobacteria）和 γ-变形菌纲（Gammaproteobacteria）可以抑制土传疾病，同时 Betaproteobacteria 被认为是富含营养素的土壤中繁殖的复合营养细菌，这也解释了蔗叶还田后 Betaproteobacteria 相对丰度增加的现象。这说明蔗叶还田可以提高植物摄取营养和抗病能力。Acidobacteria 的相对丰度随着土壤深度增加有增加趋势，疣微菌门（Verrucomicrobia）和放线菌门（Actinobacteria）整体上随着深度的增加相对丰度下降，酸杆菌门（Acidobacteria）、Verrucomicrobia 和 Actinobacteria 均表现出与土壤深度的相关性。与 CK 相比，蔗叶还田处理后 Proteobacteria 相对丰度增加，而 Acidobacteria 相对丰度降低。酸杆菌门（Acidobacteria）包括许多寡营养细菌，但 *Gp4* 和 *Gp6* 等酸性细菌在土壤碳含量较高的土壤中含量较高，而 *Gp1* 和 *Gp7* 则不然。同样在笔者的研究中，*Gp4* 和 *Gp6* 在土壤剖面中检测到 0～10 厘米的相对丰度高于＞10～40 厘米，且 *Gp1* 和 *Gp7* 在土壤剖面中检测到 0～10 厘米的相对丰度低于＞10～40厘米。由表 6-45 可知，Acidobacteria 与营养物质 DOC、TC、TN 和 TC/TN 呈显著负相关（$P<0.05$），这也说明了 Acidobacteria 可以适应环境生长。结果表明芽单胞菌门（Gemmatimonadetes）与 DOC、TC 和 TN 呈极显著正相关（$P<0.01$），这是由于芽单胞菌属（*Gemmatimonas*）能够根据各种条件代谢调节碳和氮，并且在有机质丰富的土壤中含量丰富。疣微菌门（Verrucomicrobia）是土壤中一种常见的门，通常难以培养，因此被认为是一种较不常见的细菌，大多数具有嗜温（Sangwan et al.，2004）、兼性或特异性厌氧（Chin et al.，2001）、糖分解（Janssen，1998）等功能。本试验表明 L 处理提高了 Verrucomicrobia 的相对丰度，且其与 DOC、TC 和 TN 呈正相关，因此笔者认为蔗叶还田处理可以提高土壤 Verrucomicrobia 的相对丰度，提高土壤 DOC、TC 和 TN 含量。*Latescibacteria _ genera _ incertae _ sedis* 属于 Verrucomicrobia 门，与土壤肥力呈负相关。本试验结果表明 0～10 厘米其相对丰度低于＞10～40 厘米，同时试验结果也表明土壤表层的养分含量高于＞10～40 厘米。在属水平下，蔗叶还田（L）改变了群落结构，提高了 *Gp6*、*Gemmatimonas*、*Gp4*、*Kofleria* 和 *Sphingomonas* 的相对丰度，而 *Gp2*、*Nitrospira* 和 *Latescibacteria _ genera _ incertae _ sedis* 相对丰度较低。同时在不同的土壤剖面上蔗叶还田对细菌群落影响不同。在底层土（＞10～40 厘米）中，蔗叶还田 *Gp6*、*Subdivision3 _ genera _ incertae _ sedis* 和 *Sphingomonas* 的相对丰度显著提高（$P<0.05$），而 *Gp2* 降低（$P<0.05$）。蔗叶还田（L）增加了拟杆菌门（Bacteroidetes）、β-变形菌门（Betaproteobacteria）和芽单胞菌门（Gemmatimonadetes）的相对丰度，试验结果与 Navarro - Noya 等人结果一致。试验结果表明与 CK 相比，L 处理 ACE 指数和 Shannon 指数增加，说明蔗叶还田后土壤群落多样性增加，群落 OTU 数目提高，微生物的多样性提高，并且 0～10 厘米土层的群落多样性指标高于＞10～40 厘米土层。

（四）蔗叶不同埋深区位对真菌群落特征的影响

1. 蔗叶不同埋深区位对真菌 18S rDNA 拷贝数的影响　通过真菌荧光定量 PCR（qPCR）可知，与 CK 相比，L 处理可以提高 18S rDNA 拷贝数，尤其显著增加了 0～10 厘米土层的真菌总量；随土层深度增加，18S rDNA 拷贝数降低（图 6-24）。其中，CK 的 18S rDNA 拷贝数为 6.48×10^6～5.80×10^7 个（以每克土壤计），不同蔗叶埋深区位（L）18S rDNA 拷贝数为 1.02×10^7～8.52×10^7 个（以每克土壤计）。

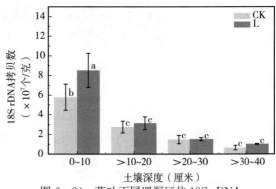

图 6-24　蔗叶不同埋深区位 18S rDNA 拷贝数

2. 蔗叶不同埋深区位对真菌群落相对丰度的影响　Ascomycota 是整个土壤剖面中含量最丰富的门，相对丰度为 21.29%～58.26%，其次是 Basidiomycota（0.85%～12.54%）、Glomeromycota（0.32%～5.57%）、Mortierellomycota（0.09%～5.46%）。蔗叶还田对土

壤中真菌群落组成结构特征的影响在0~30厘米与>30~40厘米处差异明显。0~30厘米土层蔗叶还田主要真菌门类相对丰度高于空白对照，至>30~40厘米土层表现出截然相反的特征，即蔗叶还田主要真菌门类相对丰度小于空白对照，20厘米以下土层，未进行蔗叶还田的 unclassified_plantae 在20~40厘米土层相对丰度急剧下降，而蔗叶还田处理则保持一定水平，该门类真菌可能对深土层蔗叶深埋的真菌群落结构稳定性有所贡献，值得下一步深入研究。随着深度增加，CK 处理 Ascomycota 的相对丰度升高；然而 L 处理后丰度先升高后降低，在0~10厘米处丰度较>10~40厘米低。Basidiomycota 随着深度增加，CK 处理的丰度升高，而 L 处理的丰度降低，其中 L 处理在0~10厘米处显著高于>10~40厘米的丰度（$P<0.05$）。Glomeromycota 随深度增加，CK 与 L 处理表现出丰度降低的一致性。Mortierellomycota 随深度增加，与 Ascomycota 表现出基本一致的趋势。

与对照（CK）相比，蔗叶还田（L）后 Ascomycota 和 Basidiomycota 在0~30厘米土层丰度升高，而在>30~40厘米土层丰度降低（图6-25）。Glomeromycota 和 unclassified_Plantae 在0~10厘米处 L 处理相对于 CK 处理丰度降低，然而在>10~40厘米处丰度增加。Mortierellomycota 的变化趋势与 Glomeromycota 相反。

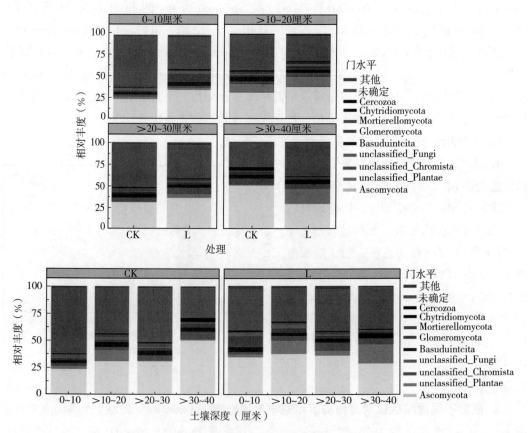

图6-25　蔗叶不同埋深区位门水平下真菌群落的相对丰度

在较细的分类学划分目水平下，表明了不同蔗叶埋深（L）的效果（表6-46）。L处理在0～10厘米土层降低了Sordariales的相对丰度，＞10～40厘米增加其相对丰度。CK中随着深度的增加，Sordariales相对丰度下降，L处理随深度增加，其相对丰度升高。Hypocreales和Capnodiales随着深度增加相对丰度有升高趋势。Pleosporales在整个剖面上变化趋势不显著，但整体上0～10厘米土层相对丰度高于＞10～40厘米土层。Agaricales的相对丰度在0～10厘米土层CK处理显著低于L处理（$P<0.05$）。

表6-46　蔗叶不同埋深区位目水平下真菌群落的相对丰度

目	土壤深度（厘米）	相对丰度（%）	
		CK	L处理
Sordariales	0～10	11.04±0.26aA	10.20±3.58aA
	＞10～40	7.76±0.70bB	11.39±0.92aA
Hypocreales	0～10	5.54±0.76aA	7.96±2.61aA
	＞10～40	8.83±1.05aA	6.42±0.52aA
Capnodiales	0～10	0.69±0.25bA	1.22±0.45bA
	＞10～40	5.54±1.07aA	2.71±0.28aA
Pleosporales	0～10	2.27±0.64aA	5.90±2.21aA
	＞10～40	3.77±1.01aA	2.68±0.10aA
Eurotiales	0～10	1.11±0.09aA	1.80±0.26aA
	＞10～40	2.48±0.52aA	1.68±0.05aA
Onygenales	0～10	0.54±0.17aA	0.56±0.14aA
	＞10～40	1.01±0.06aA	2.92±1.31aA
Mortierellales	0～10	0.87±0.23aA	0.95±0.11aA
	＞10～40	2.25±0.64aA	1.38±0.14aA
Agaricales	0～10	0.58±0.18aB	7.38±1.11aA
	＞10～40	0.62±0.13aA	1.06±0.17bA
Glomerales	0～10	2.26±1.06aA	0.99±0.22aA
	＞10～40	0.91±0.22aA	1.00±0.40aA
Saccharomycetales	0～10	0.15±0.06aA	0.20±0.02aA
	＞10～40	1.47±0.52aA	0.60±0.15aA
Branch06	0～10	0.41±0.20bA	0.46±0.08aA
	＞10～40	1.06±0.08aA	0.86±0.22aA

注：不同字母表示处理之间的显著差异（$P<0.05$）。A和B代表同一埋深蔗叶还田和蔗叶未还田之间的显著性比较；a和b代表同一属0～10厘米土层和＞10～40厘米土层之间的显著性比较。

在属水平下，土壤不同剖面和蔗叶不同埋深（L）对土壤真菌群落影响显著（图6-26）。钉孢属（*Passalora*）在蔗叶未还田（CK）中随着土壤深度增加其相对丰度逐渐增加，并在＞30～40厘米时显著高于其他土层（$P<0.05$）。蔗叶未还田（CK）中

*Passalor*相对丰度的加权平均值高于蔗叶还田（L）。蔗叶还田（L）后在0～20厘米的表土层*Passalora*增加，在＞20～40厘米土层*Passalora*相对丰度降低。蔗叶还田（L）提高了土壤＞20～40厘米腐质霉菌属（*Humicola*）的相对丰度，对表层0～20厘米影响少。被孢霉属（*Mortierella*）属于接合菌门，蔗叶还田（L）后*Mortierella*相对丰度的加权平均值低于未蔗叶还田（CK）。蔗叶还田（L）后镰刀菌属（*Fusarium*）相对丰度的加权平均值提高，同时蔗叶还田（L）提高了*Staphylotrichum*的相对丰度。蔗叶还田（L）显著增加了0～10厘米土层中斜盖伞属（*Clitopilus*）的相对丰度。

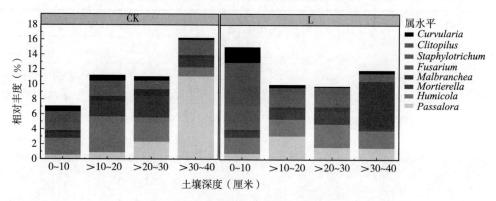

图6-26 蔗叶不同埋深区位属水平下真菌群落的相对丰度

3. 蔗叶不同埋深区位对真菌群落多样性的影响 真菌在整个土层中丰富度指数随土层剖面深度增加有减少趋势，其中＞30～40厘米的丰富度指数显著低于0～10厘米（$P<0.05$）。不同蔗叶埋深（L）处理后0～10厘米的丰富度指数增加，而＞10～40厘米丰富度指数降低。不同蔗叶埋深（L）处理使Shannon指数增大，同时改变了Shannon指数的变化趋势。不同蔗叶埋深（L）增加了＞10～30厘米土层Shannon指数，在0～10厘米处，L显著高于CK（$P<0.05$）。对照中Shannon指数随土壤剖面深度增加有增大趋势，而不同蔗叶埋深（L）后随土层深度增加而下降。不同蔗叶埋深（L）对不同土层真菌群落的ACE影响存在差异性。对照（CK）在不同土层下，随着土层加深ACE减小，且在0～10厘米和＞10～20厘米显著高于＞30～40厘米的群落中的OTU数目。在不同蔗叶埋深（L）中不同深度下ACE变化具有差异性。由Coverage值可以看出样本文库的覆盖率高于98%，样本未被检测出的概率低，测序结果可以代表样本的真实情况。总之，不同蔗叶埋深（L）对土壤丰富度和多样性影响不同，其中蔗叶覆盖显著提高Shannon指数，即显著增加0～10厘米土层微生物多样性。同时随着土层增加，土壤丰富度指数和ACE指数降低，0～10厘米土壤的群落丰富度和物种数目显著高于＞30～40厘米土层（表6-47）。

大田试验研究中，使用qPCR测定法确定真菌18S rDNA基因的拷贝数。蔗叶覆盖可提高0～10厘米土层范围内真菌群落丰度，但蔗叶还田对土壤＞10～40厘米真菌丰度的影响不显著。同时真菌随着土壤剖面深度的增加，真菌丰度减少，0～10厘米的真菌含量最高。因为真菌大多数好氧，因此表层土土壤更适于真菌生存。子囊菌门（Ascomycota）是整个土壤剖面中真菌含量最丰富的门，相对丰度为21.29%～58.26%，其次是担子菌

表6-47　蔗叶不同埋深区位真菌群落的丰富度和多样性

深度（厘米）	丰富度指数		Shannon 指数	
	CK	L 处理	CK	L 处理
0～10	1 519.33±87.82ab	1 671.33±22.70a	3.96±0.34c	5.11±0.15a
>10～20	1 612.33±68.60ab	1 332.33±102.49abc	4.68±0.23abc	5.02±0.12ab
>20～30	1 541.00±91.15ab	1 343.67±100.75abc	4.69±0.60abc	4.88±0.27abc
>30～40	1 041.33±140.88c	1 261.00±273.58bc	4.83±0.15abc	4.12±0.38bc

深度（厘米）	ACE 指数		Coverage 值	
	CK	L 处理	CK	L 处理
0～10	2 153.91±70.83ab	2 202.85±50.09a	0.99±0.00	0.98±0.00
>10～20	2 130.15±70.47ab	1 635.66±136.23bc	0.99±0.00	0.99±0.00
>20～30	1 932.04±167.98abc	2 008.35±184.09abc	0.99±0.00	0.98±0.01
>30～40	1 511.80±126.94c	1 548.86±386.96c	0.99±0.00	0.99±0.00

注：不同的字母表示处理之间的显著差异（$P<0.05$）；CK. 蔗叶未还田；L. 蔗叶还田。

门（Basidiomycota）。子囊菌被称为真核生物中最普遍和多样的门，可以促进有机基质（例如叶凋落物、木材和粪肥）的分解，并且已被发现是有机土壤中的主要真菌门。蔗叶还田后在0～30厘米处均增加了Ascomycota的相对丰度，说明蔗叶还田促进土壤有机质的形成，对于改良土壤具有重要作用。然而随着深度增加对照（CK）中Ascomycota的丰度增加，蔗叶还田（L）后Ascomycota丰度随深度降低，这可能由于蔗叶还田导致土壤养分升高刺激真菌生长，然而真菌更喜欢酸性环境（Rousk et al.，2011），pH的升高不利于真菌生长，这种综合作用导致>30～40厘米的L处理Ascomycota的相对丰度低于CK。担子菌门（Basidiomycota）是真菌中最高等的一种门，种类繁多，既有与植物共生的有益菌，也有致使植物病害的有害菌。Basidiomycota受蔗叶还田和还田深度的影响。

在属水平下，蔗叶还田和土壤深度对土壤真菌群落影响显著。钉孢属（Passalora）在CK中随着土壤深度增加，相对丰度逐渐增加，并在>30～40厘米时显著高于其他土层。CK中Passalor相对丰度的加权平均值高于L。钉孢属（Passalora）是一种植物病原菌，腐生、重寄生，对植物有害。本试验表明蔗叶还田可以降低钉孢属（Passalora）的相对丰度，对土壤健康和植物生长有利。腐质霉菌属（Humicola）是土壤中常见的腐生菌，在有机质丰富的土壤中含量丰富。蔗叶还田提高了腐质霉菌属（Humicola）在底层土>20～40厘米的相对丰度，对表层0～20厘米影响少。可能由于蔗叶还田增加了土壤的孔隙度和含水量进而提高了>20～40厘米土层Humicola的降解能力。被孢霉属（Mortierella）属于接合菌门（Zygomycetes），主要存在于土壤和动植物残体等有机质中，能够产生多烯不饱和酸。L处理后Mortierella相对丰度的加权平均值低于CK。镰刀菌属（Fusarium）、Ascobolus和Coprinopsis也可以降解纤维素，前人研究认为是多种作物的致病菌，然而镰刀菌物种中也含有很多有益菌，L处理后增加镰刀菌属相对丰度的加权平均值，因此蔗叶还田可能增加了致病菌镰刀菌属的相对丰度，应该进一步关注其功能特征。圆孢霉属（*Staphylotrichum*）可以降解纤维素，将大分子有机物转化成植物和微生物利用的小分子有机物。L 处理提高了 *Staphylotrichum* 的相对丰度，有助于蔗叶降解和有机质的积累。斜盖伞属（*Clitopilus*）是一种大型真菌，能够降解纤维素。蔗叶还田显著增加了 0～10 厘米土层中斜盖伞的相对丰度，说明蔗叶还田可以促进 *Clitopilus* 的生长，促进蔗叶的降解效率。

子囊菌门的毛壳属真菌及隐囊属真菌出现，其中毛壳属真菌作为一类能够分解纤维素真菌，能够分解纤维素酶及木聚糖酶，在自然生态系统碳循环及土壤改良中具有重要的作用。秸秆作为有机物料之一，大量还田后土壤有机质的含量增加，而有机质含量提升有助于土壤微生物活性及多样性的增加。曲霉菌（*Aspergillus*）在木质纤维素降解过程中起着重要的作用，它通常在类似原料的堆肥系统中被发现。青霉菌（*Penicillium*）、镰刀菌（*Fusarium*）、*Ascobolus* 和 *Coprinopsis* 也可以降解纤维素。烟曲霉（*Fumigatus*）在真菌群落中的纤维素降解中起着最重要的作用。蔗叶还田可以显著增加 0～10 厘米土层的 Shannon 指数，提高丰富度指数和 ACE 指数，说明蔗叶还田可以提高 0～10 厘米土层的群落丰富度和多样性数目，然而在＞10～40 厘米土层，蔗叶还田对真菌的影响不显著。因此蔗叶 0～10 厘米还田可以提高土壤群落的微生物多样性和丰富度。蔗叶还田对于 0～10 厘米土层真菌微生物多样性的提高更显著，同时 0～10 厘米土层微生物多样性和丰富度高于＞30～40 厘米。可能与随着土壤深度的增加，土壤的紧实度提高，占微生物比重较大的好氧型微生物降低有关。

大田试验研究表明蔗叶覆盖和埋深 10 厘米时均可显著提高土壤 DOC 和 DON 含量，其中蔗叶覆盖可以提高 0～10 厘米土层土壤 AK，并改善土壤酸性，蔗叶埋深 10 厘米可以显著增加土壤 TC 和 TN 含量。土壤酶活性研究发现，蔗叶还田提高了土壤 0～20 厘米土层及＞30～40 厘米土层脲酶活性，对土壤纤维素酶和 β-葡萄糖苷酶无显著影响。

蔗叶还田提高了各土层细菌总量，并且细菌总量随土层深度增加而减少，但各处理和土层均未见显著差异。通过细菌 ACE 指数和 Chao1 指数结果得出蔗叶还田可以显著增加 0～10 厘米土层细菌的物种总数，同时可以提高土壤＞30～40 厘米土层细菌多样性。由门水平细菌群落和环境因子的相关性分析可知，土壤养分指标 pH、DOC、TC 和 TN 对土壤主要群落相对丰度影响显著，综合蔗叶还田对土壤养分的影响，笔者认为土壤 pH、DOC、TC 和 TN 可作为蔗叶还田过程中土壤养分变化的指示指标。

蔗叶还田提高了各土层真菌数量，尤其蔗叶覆盖可以显著提高土壤 0～10 厘米土层的真菌总量；同时真菌数量随土层深度增加而降低。真菌属水平研究发现，蔗叶还田降低了植物病原菌钉孢属（*Passalora*）的相对丰度，同时增加了具有纤维素降解能力的腐质霉菌属（*Humicola*）、圆孢霉属（*Staphylotrichum*）和斜盖伞属（*Clitopilus*）的相对丰度，但同时提高了致病菌镰刀菌属（*Fusarium*）。蔗叶还田可以提高 0～30 厘米真菌门水平主要群落的相对丰度，而对＞30～40 厘米土层的影响相反。多样性指数显示蔗叶还田可以提高 0～10 厘米土层的真菌群落丰富度和多样性，然而对＞10～40 厘米土层无显著影响。

蔗叶还田处理可以提高 0～40 厘米土层中土壤养分含量、微生物物种总数和群落多样性，尤其蔗叶覆盖和埋深 10 厘米作用显著。因此对于适合土壤深耕及具备机械配套能力的地区可采取深耕还田措施以提高深层土壤微生物的多样性，其中蔗叶覆盖和深埋 10 厘米也可达到蔗叶还田目的，为节能环保型还田技术提供依据。

五、增施生物表面活性剂对蔗叶还田土壤养分和微生物群落的影响

蔗叶直接还田后由于纤维素降解速度慢，往往容易妨碍农事活动，同时减缓了养分循环速度。通过一定的方法提高土壤养分，同时又能节约劳动力是一项重要的科研课题。本研究通过蔗叶还田基础上增施不同浓度生物表面活性剂，探讨了生物表面活性剂对蔗叶还田土壤化学特性、酶活性和微生物群落的影响。为蔗叶还田方式和生物表面活性剂的应用提供了理论依据。

（一）生物表面活性剂对蔗叶还田土壤养分特征的影响

有效磷（AP）在甘蔗不同生育时期含量呈现：伸长期（EL）＞苗期（SE）＞分蘖期（TI），在苗期蔗叶还田（PL）和蔗叶还田基础上增施低中浓度的生物表面活性剂处理（PLS1 和 PLS2）高于其他处理，并显著高于蔗叶未还田（CK）（$P < 0.05$）；同时蔗叶还田基础上增施高浓度的生物表面活性剂（PLS3）的有效磷含量降低（图 6 - 27）。分蘖期土壤有效磷在甘蔗全生育期中最低，在各处理间无显著差异，这可能由于甘蔗进入旺盛生长期，对土壤养分需求量较大。伸长期（EL）时 PLS2 显著高于 PLS1 和 PL（$P < 0.05$）；同时 PLS2、PLS3 和 CK 未见显著差异。

在整个生长时期中，不同处理速效钾（AK）含量变化趋势基本一致。与 CK 相比，PL 和 PLS 在不同时期均提高了速效钾含量，且 PLS2 在不同时期均显著提高了速效钾（AK）含量（$P < 0.05$），PLS3 略有降低。在分蘖期（TI）时 PLS1 和 PLS2 的速效钾含量显著高于 CK 和 PL（$P < 0.05$）。总体上，蔗叶还田有助于提高土壤速效钾含量，PLS能够显著提高土壤速效钾含量。同时 PLS 处理间差异不显著。

蔗叶还田仅在分蘖期反映出改良土壤酸性的显著效应，苗期、伸长期与空白对照相比未见显著差异；PLS 处理明显改善土壤酸性，以 PLS1 效果最为显著（$P < 0.05$），以分蘖期表现最佳，苗期时 PLS1 显著优于 PLS2 和 PLS3，伸长期不同浓度处理间差异不显著。

土壤全碳（TC）、全氮（TN）均随甘蔗生长而增加。TC 反映出蔗叶还田的主效应，蔗叶还田处理无论是否增施生物表面活性剂处理均显著提高了土壤 TC（$P < 0.05$），生物表面活性剂浓度处理间差异不显著。

苗期时蔗叶还田处理无论是否增施生物表面活性剂处理均显著提高了土壤 TN，生物表面活性剂浓度处理间差异不显著。分蘖期时 CK、PLS1 和 PLS2 比其他处理显著提高了土壤 TN。伸长期时土壤 TN 最高，各处理间均无显著差异。TN 亦反映出蔗叶还田的主效应。

土壤可溶性碳（DOC）总体上随着甘蔗生长而呈减少趋势。苗期 PLS1 显著高于 PL与 CK，不同浓度生物表面活性剂处理间差异不显著。分蘖期反映出蔗叶还田的主效应，蔗叶还田是否增施活性剂及活性剂浓度处理间差异均不显著，但与空白对照相比均显著提

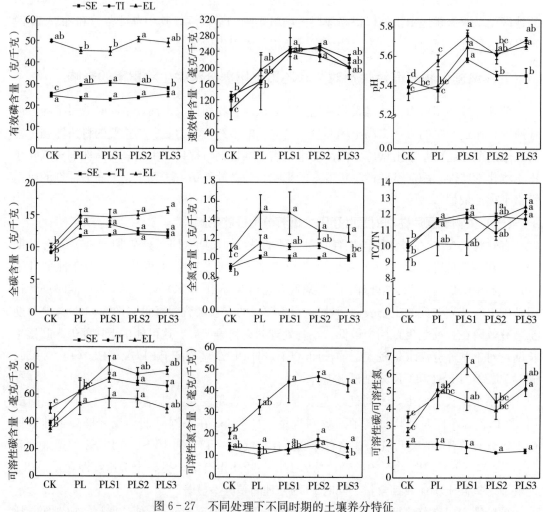

图 6-27　不同处理下不同时期的土壤养分特征

不同字母表示处理之间的显著差异（$P<0.05$）

高了 DOC。伸长期各处理效应特征与分蘖期相似。

分蘖期 DON 整体水平高于苗期及伸长期，该时期 PLS 处理的 DON 显著高于空白对照，不同浓度处理间差异不显著。苗期各处理间无显著差异。PLS1 和 PLS3 可溶性碳氮比（DOC/DON）在苗期（SE）和伸长期（EL）显著高于 CK。

盆栽试验结果表明，与无蔗叶还田（CK）相比，蔗叶还田（PL）后土壤养分在不同时期变化有差异。不同甘蔗生长时期土壤速效钾、全碳、全氮、碳氮比、可溶性碳均提高，再次说明甘蔗蔗叶还田能够提高土壤养分。在苗期（SE）土壤 pH 下降，有效磷含量增加，有研究认为蔗叶还田通过微生物降解产生有机酸，有机酸可以降低土壤磷吸附，提高磷的有效性。在分蘖期（TI）和伸长期（EL）时，土壤 pH 升高却降低了有效磷含量，与大田试验结果相同。与对照（CK）相比，SE 和 EL 时，可溶性氮（DON）含量下降，TI 时含量上升。蔗叶的 C/N 为 60～100，蔗叶还田提高了土壤 TC、TN 和 TC/TN，可溶性碳氮大量增加，同时也促进微生物的生长、繁殖，可溶性碳增加量大于微生物需求量导致 DOC 积累，而 DON 不能及时补充导致初期 DOC 含量高，而 DON 减少，随着降解时间延长，TI 时 DON 积累，到达 EL 时 DON 逐渐消耗。

生物表面活性剂具有无毒、耐酸耐盐性好，可以被生物降解等优点，在农业上经常被用于堆肥促进有机质的降解加快堆肥进程。本次试验发现与 PL 相比，不同浓度的生物表面活性剂对速效土壤养分影响不同。PLS 在甘蔗不同生育时期提高了土壤速效钾和 pH，并在伸长期（EL）时提高土壤有效磷的含量。PLS2 和 PLS3 对蔗叶还田处理的有效磷有显著提高效果，CK 中有效磷含量较 PL 高反映出蔗叶还田可能会消耗有效磷。

碳氮循环中增加了土壤中可溶性碳氮量，降低了土壤中全氮量。PLS1 和 PLS2 对土壤可溶性碳含量的提高更显著，因此生物表面活性剂用于提高土壤有效养分含量时，应控制在一定的浓度范围内。PLS2 下对土壤有效磷、速效钾、可溶性碳氮影响较为显著。高浓度生物表面活性剂在苗期抑制，伸长期抑制解除，可能与甘蔗生长活动对抑制的抗性或者生物表面活性剂随时间的延长而降解有关。因此高浓度生物表面活性剂对植物生长抑制作用的解除，其具体原因有待进一步研究分析。土壤全氮量随着甘蔗需求量增加而增加，有利于甘蔗生长。蔗叶还田可以提高土壤有效养分。PLS1 和 PLS2 可进一步提高土壤有效养分含量，这可能与生物表面活性的溶解和吸附作用有关。

（二）生物表面活性剂对蔗叶还田土壤酶活性的影响

酸性磷酸酶、纤维素酶和 β-葡萄糖苷酶活性在不同生育时期均有相近趋势，即苗期（SE）＞分蘖期（TI）＞生长期（EL）（图 6 - 28）。酸性磷酸酶在不同时期的变化趋势基

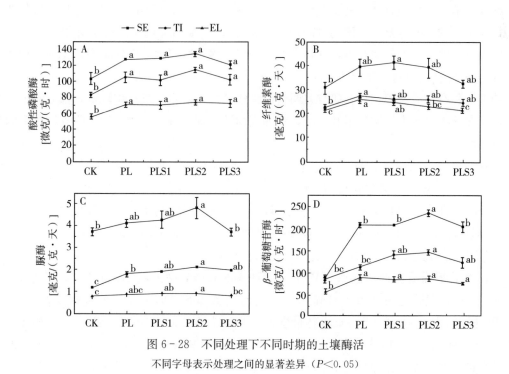

图 6 - 28 不同处理下不同时期的土壤酶活

不同字母表示处理之间的显著差异（$P<0.05$）

本相同，且 PL 和 PLS 均显著提高酸性磷酸酶。纤维素酶在 EL 表现出 PLS2 和 PLS3 降低纤维素酶活性。与 CK 相比，PL 在苗期（SE）显著提高脲酶活性，苗期（SE）时 PLS2 显著高于 CK 和 PL，分蘖期（TI）和伸长期（EL）时 PLS2 显著高于 CK，然而 PLS3 时，在分蘖期（TI）和伸长期（EL）均与 CK 无显著差异。苗期（SE）和伸长期（EL）时 PL 和 PLS 处理的 β-葡萄糖苷酶活性均显著高于 CK，苗期（SE）和分蘖期（TI）时 PLS2 显著高于 PL。

总之，盆栽试验表明与蔗叶未还田相比，蔗叶还田在不同时期可以提高土壤酸性磷酸酶、纤维素酶、β-葡萄糖苷酶和脲酶活性，PLS2 可以进一步提高土壤酸性磷酸酶、β-葡萄糖苷酶和脲酶活性，然而伸长期纤维素酶活性下降。

盆栽试验研究发现，蔗叶还田（PL）后不同时期均能可以提高土壤脲酶、纤维素酶和 β-葡萄糖苷酶的活性，这与大田试验结果一致。然而在盆栽试验中酸性磷酸酶活性也提高，与大田试验结果不同，由于酶活性受环境影响较显著，不同的试验环境导致酸性磷酸酶活性产生差异，也可能由于植物在生长过程中会产生一些有机酸对磷酸酶有激活作用，提高了酸性磷酸酶的活性。不同浓度的生物表面活性剂对不同类型的土壤有不同的影响，盆栽试验发现 PLS2 时，对酸性磷酸酶、脲酶和 β-葡萄糖苷酶均有一定程度的提高作用，然而纤维素酶活性在苗期（SE）时提高，分蘖期（TI）和伸长期（EL）时却降低。可能由于前期纤维素底物含量较高，生物表面活性剂与木质素的结合力强，阻碍了纤维素酶的无效结合，增强了纤维素的降解作用，进而为微生物提供更多能源物质，并且生物表面活性剂与微生物膜的结合促进释放出更多胞外酶，最终表现为纤维素酶活性增加。纤维素酶是一类酶的总称，其酶系组成主要包括三大类：外切酶、内切酶和 β-葡萄糖苷酶，纤维素的降解需要这三种酶协同作用，其中 β-葡萄糖苷酶主要降解纤维二糖，是降解的限速步骤。由于前期纤维素底物丰富，积累较多纤维二糖，抑制了内切酶和外切酶的活性，而促进 β-葡萄糖苷酶的活性。同时研究表明，生物表面活性剂在一定浓度时对 β-葡萄糖苷酶有激活作用。另有研究表明纤维素酶活性在酶水解过程中降低，部分原因是纤维素酶在纤维素上不可逆吸附和失活，添加表面活性剂是减少纤维素酶吸附到纤维素的有效方法。

总之，盆栽试验结果表明蔗叶还田（PL）可以在不同程度上提高土壤酸性磷酸酶、脲酶、纤维素酶和 β-葡萄糖苷酶活性，PLS2 可以进一步提高酸性磷酸酶、脲酶和 β-葡萄糖苷酶活性，但分蘖期（TI）和伸长期（EL）对纤维素酶有一定程度的抑制作用，PLS3 对土壤酶活性有一定抑制作用，并随时间的延长，抑制作用逐渐解除。

（三）生物表面活性剂对蔗叶还田土壤细菌群落特征的影响

1. 生物表面活性剂对蔗叶还田土壤细菌 16S rDNA 拷贝数的影响　与蔗叶未还田（CK）相比，蔗叶还田（PL）在整个生育期内细菌 16S rDNA 拷贝数未见显著性变化。与 PL 相比，PLS 细菌 16S rDNA 拷贝数无显著差异（图 6-29）。然而，与 CK 相比，苗期（SE）时 PLS1 和 PLS2 处理显著提高了细菌 16S rDNA 拷贝数，PLS3 处理 16S rDNA 拷贝数也略有增加。在伸长期（TI）和分蘖期（EL）时，各处理细菌 16S rDNA 拷贝数均未见显著差异，但表现出 CK 和 PLS 处理提高了细菌数量，并在 PLS2 处理时细菌数量达到最高，三个时期中，EL 细菌数量达到最高。

2. 生物表面活性剂对蔗叶还田土壤细菌群落相对丰度的影响　变形菌门（Proteobacteria）和酸杆菌门（Acidobacteria）是整个土壤剖面中含量丰富的门，相对丰度分别为 50.96％～71.59％ 和 1.01％～18.40％，它们相对丰度的加权平均值之和占 80.78％。与蔗叶未还田（CK）相比，蔗叶还田（PL）处理降低了 Proteobacteria 的相对丰度，而增加了 Acidobacteria、放线菌门（Actinobacteria）、芽单胞菌门

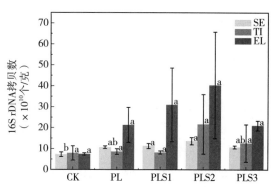

图 6 - 29　不同处理在不同时期的 16S rDNA
拷贝数

方差分析均为同一时期，不同处理之间的比较，不同字母表示差异显著（$P < 0.05$）

（Gemmatimonadetes）、绿弯菌门（Chloroflexi）、拟杆菌门（Bacteroidetes）、厚壁菌门（Firmicutes）、浮霉菌门（Planctomycetes）和疣微菌门（Verrucomicrobia）的相对丰度（图 6 - 30）。

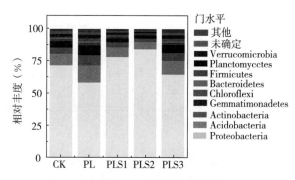

图 6 - 30　不同处理门水平下细菌群落的相对丰度

与 PL 相比，在 PLS 时，PLS1、PLS2 和 PLS3 均提高了 Proteobacteria 的相对丰度，其中 PLS2 时显著提高（$P < 0.05$）。然而，Acidobacteria、Actinobacteria 和 Gemmatimonadetes 的相对丰度均表现出 PLS3＞PLS1＞PLS2（图 6 - 30）。Chloroflexi、Bacteroidetes、Firmicutes、Planctomycetes 和 Verrucomicrobia 的相对丰度降低。

与 CK 相比，PLS 处理时 PLS1 和 PLS2 Proteobacteria 的相对丰度增加，表现出 PLS2＞PLS1＞CK＞PLS3；而 Acidobacteria、Actinobacteria、Gemmatimonadetes、Chloroflexi、Bacteroidetes、Planctomycetes 和 Verrucomicrobia 的相对丰度表现为 PLS3＞CK＞PLS1＞PLS2。

在较细的分类水平下，分析纲水平群落相对丰度的变化。与 CK 相比，PL 处理的 α-变形菌纲（Alphaproteobacteria）和 δ-变形菌纲（Deltaproteobacteria）相对丰度增加，其中 Alphaproteobacteria 相对丰度显著提高（$P < 0.05$），β-变形菌纲（Betaproteobacteria）

和 γ-变形菌纲（Gammaproteobacteria）相对丰度降低（图 6-31）。与 PL 相比，PLS1、PLS2 和 PLS3 Alphaproteobacteria、Betaproteobacteria 和 Deltaproteobacteria 相对丰度降低，然而 Gammaproteobacteria 相对丰度在 PLS2 浓度时显著增加。与 CK 相比，PLS1、PLS2 和 PLS3 的 Alphaproteobacteria 相对丰度随浓度先降低后增加。Betaproteobacteria 相对丰度降低，相对丰度表现为 CK＞PLS3＞PLS2＞PLS1。Gammaproteobacteria 相对丰度表现为 PLS2＞PLS1＞CK＞PLS3。在较细的分类水平下，分析目水平群落相对丰度的变化。在目水平下，相对丰度最高的是肠杆菌目（Enterobacteriales）和假单胞菌目（Pseudomonadales），加权平均值分别占相对丰度的 26.13% 和 21.06%（图 6-32）。与 CK 相比，PL 处理后 Enterobacteriales、Pseudomonadales 和伯克氏菌目（Burkholderiales）相对丰度降低。然而鞘脂单胞菌目（Sphingomonadales）、黏球菌目（Myxococcales）、放线菌目（Actinomycetales）和红螺菌目（Rhodospirillales）的相对丰度升高，其中 Sphingomonadales 显著增加（$P<0.05$）。

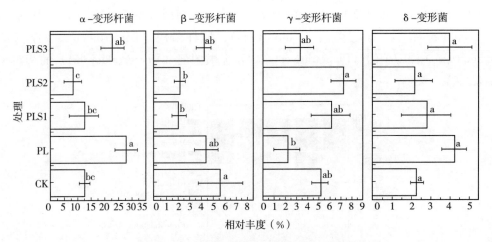

图 6-31　不同处理变形菌纲的相对丰度

不同字母表示处理之间的显著差异（$P<0.05$）

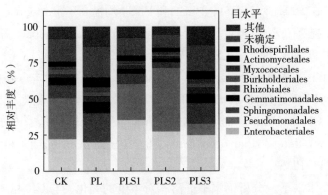

图 6-32　不同处理目水平下细菌群落的相对丰度

与 PL 相比，PLS 提高了 Enterobacterialesa 的相对丰度。其中 PLS2 时显著提高了 Pseudomonadales 相对丰度（$P<0.05$）。PLS1 与 PLS2 相对 PL 的 Sphingomonadales、Gemmatimonadales 相对丰度显著降低（$P<0.05$），Rhizobiales、Myxococcales、Actinomycetales、Rhodospirillales 相对丰度降低。PLS3 相对 PL 的 Sphingomonadales、Rhizobiales、Myxococcales、Actinomycetales 和 Rhodospirillales 相对丰度提高，其群落相对丰度表现为 PLS3>PLS1>PLS2。

与 CK 和 PL 相比，PLS1、PLS2 和 PLS3 的 Enterobacteriales 相对丰度增加，并表现为 PLS3>PLS2>PLS1>PL。而 Pseudomonadales 表现为 PLS2>CK>PLS1>PLS3>PL。

3. 生物表面活性剂对蔗叶还田土壤细菌群落多样性的影响　由表 6-48 可以看出与蔗叶未还田（CK）相比，蔗叶还田（PL）未显著影响丰富度指数。与 PL 相比，蔗叶还田基础上再增施生物表面活性剂（PLS）后丰富度指数提高，同时显著高于对照（CK）（$P<0.05$）。总体而言，不同处理的丰富度指数表现为 PLS2>PLS3>PLS1>PL>CK，PL 可以提高但并未显著影响土壤群落丰富度指数，然而 PLS 显著提高 CK 的丰富度指数。与 CK 相比，PL 未显著提高 Shannon 指数。PLS 可以不同程度提高土壤 Shannon 指数，表现为 PLS2>PLS1>PLS3>PL>CK，其中 PLS2 显著高于 PL 和 CK，PLS1 和 PLS3 显著高于 CK（$P<0.05$），但与 PL 并未产生显著差异。总之，蔗叶还田并未显著提高土壤 Shannon 指数，但 PLS 可以显著提高土壤 Shannon 指数，且 PLS2 可以显著提高 PL 和 CK 的 Shannon 指数。

表 6-48　不同处理的细菌群落丰富度和多样性

处理	丰富度指数	Shannon 指数	ACE 指数	Coverage 值
CK	2 789.00±37.99b	4.43±0.36c	6 624.98±138.94b	0.96±0.01a
PL	3 250.67±332.72ab	5.41±0.52bc	7 929.47±602.50ab	0.95±0.00a
PLS1	3 495.00±270.25a	5.99±0.34ab	8 041.07±173.54ab	0.96±0.01a
PLS2	3 852.33±108.78a	6.88±0.33a	8 393.39±588.12a	0.97±0.01a
PLS3	3 506.67±206.17a	5.85±0.18ab	7 147.75±576.96ab	0.96±0.00a

注：不同字母表示处理之间差异显著（$P<0.05$）。

与 CK 相比，PL 未显著提高 ACE 指数。与 CK 相比，PLS2 显著提高 ACE 指数（$P<0.05$），不同处理的 ACE 指数从大到小为 PLS2>PLS1>PL>PLS3>CK。总之，CK 未显著提高 ACE 指数，但是 PLS2 可以进一步提高 ACE 指数。

由 Coverage 值可以看出样本文库的覆盖率高于 95%，样本未被检测出的概率低，测序结果可以代表样本的真实情况。

4. 门水平细菌群落与环境因子相关性分析　变形菌门（Proteobacteria）与 pH、DOC、AK 和 AP 呈正相关，且与 DON 呈显著正相关（$P<0.05$）。Acidobacteria 与 pH、DOC、AK、AP 和 DON 呈负相关，与 DOC/DON、TC、TN、TC/TN 呈正相关，Acidobacteria 与 Actinobacteria、Chloroflexi 和 Verrucomicrobia 环境因子的相关性表现一

致（表 6-49）。Gemmatimonadete 与 pH、DOC、DON、AK、AP、TC/TN 和 DON 呈负相关，其中与 DON 和 AK 呈显著负相关（$P<0.05$）；与 DOC/DON、TC、TN 呈正相关。Bacteroidetes 与 pH、DOC、DON、AK、AP 和 TC/TN、DON 呈负相关，与 DOC/DON、TC、TN 呈正相关。Firmicutes 与 DON、AK 呈负相关，与 pH、DOC、DOC/DON、TC、TN 和 TC/TN 呈正相关，其中与 DOC/DON 呈显著正相关（$P<0.05$）。Planctomycetes 与 pH、DOC、DON、AK、AP 呈负相关，其中与 DON 呈显著负相关（$P<0.05$），与 DOC/DON、TC、TN 和 TC/TN 呈正相关。Verrucomicrobia 与 Plancto-mycetes 相关性一致。

表 6-49 不同处理的细菌群落与环境因子相关性

门	pH	DOC	DON	AK	AP	DOC/DON	TC	TN	TC/TN
Proteobacteria	0.16	0.33	0.51*	0.42	0.26	−0.19	−0.24	−0.25	−0.01
Acidobacteria	−0.17	−0.35	−0.49	−0.33	−0.21	0.16	0.21	0.22	0.03
Actinobacteria	−0.11	−0.22	−0.41	−0.31	−0.25	0.19	0.26	0.27	0.01
Gemmatimonadetes	−0.26	−0.37	−0.52*	−0.52*	−0.25	0.17	0.21	0.28	−0.1
unclassified	−0.19	−0.59*	−0.42	−0.58*	−0.08	−0.1	−0.06	0.04	−0.08
Chloroflexi	−0.05	−0.19	−0.32	−0.32	−0.22	0.13	0.22	0.18	0.07
Bacteroidetes	−0.21	−0.29	−0.4	−0.51	−0.37	0.1	0.04	0.15	−0.16
Firmicutes	0.13	0.17	−0.41	−0.23	−0.44	0.54*	0.44	0.16	0.33
Planctomycetes	−0.11	−0.28	−0.58*	−0.37	−0.24	0.3	0.32	0.3	0.03
Verrucomicrobia	−0.21	−0.47	−0.48	−0.43	−0.14	0.07	0.08	0.1	0.01

* 表示在 0.05 水平差异显著。

在盆栽试验研究中，使用 qPCR 测定法确定不同时期土壤中 16S rDNA 拷贝数。不同时期 PL 和 CK 之间细菌丰度略有增加，但无显著差异，结果与蔗叶不同埋深区位大田试验结果一致。然而在苗期（SE）时 PLS1 和 PLS2 可以提高细菌数量，并随着时间的延长细菌数量逐渐增加。不同浓度的生物表面活性对微生物数量影响不同，在 PLS2 时对细菌数量提高量最多。结合土壤养分和酶活性的提高，说明生物表面活性促进了纤维素降解能力的群落的活性和蔗叶的腐解过程，为微生物活动提供更多养分，促进了细菌的生长和繁殖。

盆栽试验研究结果表明，土壤中最丰富的两个微生物门分别为变形菌门（Proteobacteria）和酸杆菌门（Acidobacteria），其相对丰度的加权平均值占到 80.78%。许多研究结果也表示 Proteobacteria 是土壤中最丰富的微生物门，与大田试验结果一致。与 CK 相比，PL 处理 Proteobacteria 相对丰度降低，而 Acidobacteria 相对丰度增加。这可能因为盆栽试验中 Proteobacteria 相对丰度占整个微生物群落的比例过大，通过蔗叶还田调整了微生物的相对比例，同时蔗叶由于植物也会影响土壤微生物群落结构，Proteobacteria 与 pH、DOC、AK、AP 呈正相关，且与 DON 呈显著正相关（$P<0.05$），与大田试验结果基本

一致，同时各个群落与环境因子的相关性下降，说明添加生物表面活性剂后改变了群落与环境因子关系。α-变形菌纲（Alphaproteobacteria）显著增加（$P<0.05$），Alphaproteobacteria 具有代谢 C1 化合物的种类和植物共生细菌，可以促进植物吸收养分。

Betaproteobacteria 和 Gammaproteobacteria 含量降低，这种群落结构的变化说明植物可以影响土壤微生物的群落层次。肠杆菌目（Enterobacteriales）属于 Gammaproteobacteria，能够化能有机营养，能够氧化多种简单有机物。蔗叶还田后鞘脂单胞菌目（Sphingomonadales）丰度显著提高，Sphingomonadales 是丰富的新型微生物资源，可用于芳香化合物的生物降解，说明蔗叶还田可以促进芳香化合物的降解，减少环境污染。放线菌门（Actinobacteria）大部分为腐生菌，普遍存在于土壤中，可以腐解动物残体和作物秸秆。放线菌在分解作物秸秆的木质纤维素中起重要作用（Abdulla and El-Shatoury，2007），它们的生长受到秸秆还田的刺激（Tang et al.，2014）。蔗叶还田提高了 Actinobacteria 的相对丰度，也解释了蔗叶还田后 Actinobacteria 加速蔗叶腐解。

与 PL 相比，PLS 增加了 Proteobacteria 的相对丰度，其中 PLS2 时显著提高（$P<0.05$），说明不同浓度的生物表面活性剂对土壤微生物群落影响不同。PLS2 处理 Gammaproteobacteria 显著提高（$P<0.05$），说明 PLS 可以增加土传病害的抵抗力，同时 Alphaproteobacteria 在 PLS2 时显著降低。在目水平下，生物表面活性剂提高了 Enterobacterialesa 的相对丰度。肠杆菌目（Enterobacteriales）属于 Gammaproteobacteria，说明生物表面活性剂提高了有机物的降解过程。假单胞菌目（Pseudomonadales）可以抑制作物病害，增强作物免疫力。Acidobacteria 作为寡营养细菌丰度降低，说明生物表面活性剂的添加增加土壤养分，其丰度随着生物表面活性剂浓度的增大，Acidobacteria 先减少后增加，说明高浓度生物表面活性剂对土壤养分循环有抑制作用。Actinobacteria 相对丰度也随浓度增加，先减少后降低，说明一定浓度下生物表面活性剂的提高有助于蔗叶的降解。鞘脂单胞菌目（Sphingomonadales）相对丰度先减少后增加，说明生物表面活性剂添加后反而抑制降解芳香烃的能力。总之，PLS2 时可以促进降解蔗叶微生物的生长，进而促进秸秆降解，然而鞘脂单胞菌目（Sphingomonadales）的相对丰度降低，抑制了芳香烃的降解。作物秸秆可以为土壤微生物生长提供能量和营养。与对照相比，盆栽试验蔗叶还田后对土壤群落的丰富度指数、Shannon 指数、ACE 指数没有显著性影响。PLS 对土壤群落的 OTU数目、多样性和丰富度影响不同。其中在 PLS2 时 Shannon 指数显著高于蔗叶还田，显著提高了土壤群落的多样性，并显著提高了蔗叶未还田的丰富度指数。说明 PLS2 可以增加细菌群落丰富度和多样性。

（四）生物表面活性剂对蔗叶还田土壤真菌群落的影响

1. 生物表面活性剂对蔗叶还田土壤真菌群落 18S rDNA 拷贝数的影响 与蔗叶未还田（CK）相比，蔗叶还田（PL）和蔗叶还田基础上再增施不同浓度生物表面活性剂（PLS）在苗期（SE）和伸长期（EL）可以提高土壤真菌 18S rDNA 拷贝数，且在分蘖期（TI）时 PL 和 PLS 处理显著高于 CK（$P<0.05$）（图 6-33）。CK 随着时间的延长真菌 18SrDNA 拷贝数逐渐减少，PL 和 PLS 在整个生育期中表现为真菌数量在 TI 期升高，在 EL

下降，并在 TI 期真菌数量达到最高水平。综上所述蔗叶还田和蔗叶还田基础上再增施生物表面活性剂可以提高土壤真菌数量，且真菌数量先增加后降低，在甘蔗生长旺盛的分蘖期（TI）土壤真菌 18S rDNA 拷贝数最高。

2. 生物表面活性剂对蔗叶还田土壤真菌群落相对丰度的影响 子囊菌门（Ascomycota）是整个土壤中真菌含量最丰富的门，相对丰度的加权平均值达到 44.09%。与 CK 相比，PL 降低了 Ascomycota 和 Basidiomycota

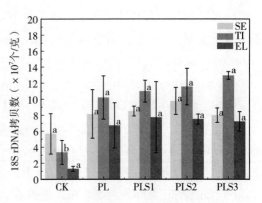

图 6-33　不同处理在不同时期的真菌 18S rDNA 拷贝数

相对丰度（图 6-34）。Glomeromycota、Chytridiomycota、Chlorophyta 和 Cercozoa 相对丰度增加。与 PL 相比，PLS1、PLS2 和 PLS3 均增加了 Ascomycota 相对丰度，Basidiomycota、Chytridiomycota、Chlorophyta 丰度降低，Glomeromycota 随浓度增加丰度降低。

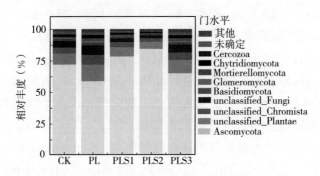

图 6-34　不同处理门水平下真菌群落相对丰度

由图 6-35 可知，在目分类水平下，粪壳菌目（Sordariales）是土壤中真菌含量最丰富的目，其加权平均值的相对丰度是 21.44%，其次是散囊菌目（Eurotiales，9.48%）、鸡油菌目（Cantharellales，3.48%）、毛孢壳目（Coniochaetales，2.33%）、格孢腔菌目（Pleosporal，2.68%）、肉座菌目（Hypocreales，2.60%）和管形目（Tubeufiales，

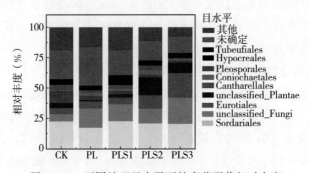

图 6-35　不同处理目水平下的真菌群落相对丰度

2.32%）。与 CK 相比，PL 的 Sordariales、Cantharellales、Pleosporales 和 Hypocreales 相对丰度降低，其中 Hypocreales 相对丰度显著降低（$P < 0.05$）。与 PL 相比，PLS1、PLS2 和 PLS3 的 Sordariales 相对丰度增加，并随浓度增加而增加。Eurotiales 和 Coniochaetales 随浓度增加，相对丰度提高，Cantharellales 相反。Pleosporales 和 Hypocreales 在 PLS2 处丰度最高。

在属水平中，与 CK 相比，PL 提高了篮状菌属（*Talaromyces*）和锥毛壳属（*Coniochaeta*）相对丰度，而降低了柄孢壳属（*Zopfiella*0）相对丰度（图 6 - 36）。与 PL 相比，PLS 后提高了篮状菌属（*Talaromyces*）相对丰度，且在一定的浓度范围内，浓度越高相对丰度越高。锥毛壳属（*Coniochaeta*）表现出低浓度提高其丰度，高浓度则降低，在 PLS2 浓度时相对丰度

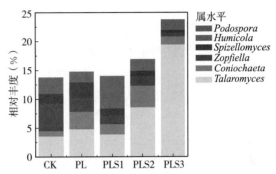

图 6 - 36　不同处理属水平下真菌群落相对丰度

最高。柄孢壳属（*Zopfiella*）随着生物表面活性剂的浓度增加相对丰度逐渐降低。

3. 生物表面活性剂对蔗叶还田土壤真菌群落多样性的影响　与 CK 相比，PL 对真菌的丰富度指数无显著影响。与 CK 相比，PLS 的丰富度指数显著增加，在 PLS2 浓度处丰富度指数最高。与 PL 相比，PLS 处理丰富度指数无显著影响（表 6 - 50）。

表 6 - 50　不同处理对群落丰富度和多样性的影响

处理	丰富度指数	Shannon 指数	ACE 指数	Coverage 值
CK	678.00±115.28a	4.29±0.11ab	1 132.26±43.73a	0.99±0.00
PL	752.00±102.69a	3.93±0.12b	1 261.00±84.09a	0.99±0.00
PLS1	766.33±53.90a	4.10±0.09ab	1 320.22±175.85a	0.99±0.00
PLS2	782.67±34.16a	4.64±0.08a	1 420.10±95.08a	0.99±0.00
PLS3	564.67±36.92a	3.22±0.35c	1 128.91±43.45a	0.99±0.00

注：不同字母表示处理之间的显著差异（$P < 0.05$）。

与 CK 相比，PL 真菌的 Shannon 指数无显著变化。与 CK 和 PL 相比，PLS 对 Shannon 指数影响差异显著。PLS1 时 Shannon 指数无显著影响；PLS2 时显著高于 PL 的 Shannon 指数（$P < 0.05$）；PLS3 显著低于其他处理（$P < 0.05$）。说明蔗叶还田对真菌群落多样性无显著影响，PLS2 可以提高微生物多样性，PLS3 减少了真菌群落多样性。

与 CK 相比，PL 未显著影响真菌的 ACE 指数。PLS 与 CK 和 PL 相比真菌的 ACE 指数未见显著差异，说明不同处理对真菌物种总数无显著差异。

由 Coverage 值可以看出样本文库的覆盖率达 99%，样本未被检测出的概率低，测序结果可以代表样本的真实情况。

在盆栽试验研究中，使用 qPCR 测定法定量 18S rDNA 基因的拷贝数，确定不同时期土壤中的真菌数量。研究表明蔗叶还田在不同甘蔗生长时期提高了真菌群落数量，其中在分蘖期（TI）时真菌数量显著高于 CK。PLS 与 PL 相比，添加生物表面活性剂对真菌丰度的影响不显著。

在盆栽试验中，子囊菌门（Ascomycota）是整个土壤中真菌含量最丰富的门，相对丰度的加权平均值达到 44.09%，其次是担子菌门（Basidiomycota），盆栽试验与大田试验结果一致，但群落相对丰度发生改变。可能盆栽试验中由于甘蔗根系分泌物对微生物具有选择作用，可使微生物的物种多样性和功能多样性发生改变。子囊菌门（Ascomycota）种类及功能繁多，有腐生、寄生和共生多种营生方式；既可引起植物病害，也可产生抗生素，一部分还可以促进有机质分解。担子菌门（Basidiomycota）是真菌中最高等的一种门，种类繁多，既有与植物共生的有益菌，也有致使植物病害的有害菌。盆栽试验中，PL 降低了 Ascomycota 和 Basidiomycota 相对丰度，同时在目水平时土壤中含量最丰富的粪壳菌目（Sordariales）也相对减少。粪壳菌目（Sordariales）大都腐生于有机质含量丰富的植物残体中，蔗叶还田后期相对丰度略有降低，可能与盆栽试验中植物分泌物影响有关。篮状菌属（Talaromyces）是一种植物内生真菌，据研究报道 Talaromyces 与某些马铃薯病菌具有拮抗活性，可增强作物抗病性，同时吴亚宁等研究称篮状菌属含有较高的木聚糖酶活性，可加速半纤维素中木聚糖降解。PL 提高了 Talaromyces 相对丰度，可能对甘蔗的抗病能力有增强作用。锥毛壳属（Coniochaeta）具有木质纤维素降解功能，PL 提高了 Coniochaeta 的相对丰度，增加了木质纤维降解能力，为土壤碳循环和有机物积累提供保障。蔗叶还田降低了 Zopfiella 的相对丰度。

在盆栽试验中与 PL 相比，PLS 处理后子囊菌门（Ascomycota）相对丰度升高，担子菌门（Basidiomycota）相对丰度降低，生物表面活性剂改变了土壤中群落相对丰度。PLS 处理后提高了土壤微生物目水平下粪壳菌目（Sordariales）的相对丰度。PLS 在一定浓度范围内随着浓度增加篮状菌属（Talaromyces）相对丰度增加，有助于提高作物抗病能力。锥毛壳属（Coniochaeta）在浓度 PLS2 时可以提高其相对丰度，浓度过高或过低均降低 Coniochaeta 相对丰度。生物表面活性剂添加可以抑制 Zopfiella 的活性，降低其相对丰度，且在一定浓度范围内浓度越高抑制作用越明显。所以，蔗叶还田增施生物表面活性剂可以增强土壤免疫能力，提高微生物降解活性，对于土壤碳循环有重要意义。

增施低、中浓度生物表面活性剂可以提高蔗叶还田土壤中 AP、AK、DOC 和 DON 的含量，同时总体上土壤养分和酶活性在分蘖期各处理差异相对显著，可作为生物表面活性剂作用效果的敏感时期。

PLS 可以提高蔗叶还田土壤细菌总量，PLS2 时细菌含量最高，但不同浓度生物表面活性剂间无显著影响；总体上伸长期细菌含量最高。PLS 处理可以调整土壤优势群落相对丰度，其中 PLS2 可以提高蔗叶还田土壤细菌群落 Shannon 指数及丰富度指数。

不同浓度生物表面活性剂对蔗叶还田土壤真菌总量无显著影响，但生物表面活性剂显著影响了属水平真菌群落相对丰度。其中 PLS 均降低了病原真菌柄孢壳属（Zopfiella）

相对丰度；PL2 和 PLS3 提高了土壤篮状菌属（*Talaromyces*）和纤维素锥毛壳属（*Coniochaeta*）相对丰度。

综合土壤养分及细菌和真菌群落变化可以得出：蔗叶还田基础上增施中浓度生物表面活性剂可进一步提高蔗叶还田土壤的养分含量，改善土壤微生物群落结构。

六、有机肥和蔗叶还田对土壤养分及真菌群落的影响

土壤养分与不同土壤采样区位以及土壤深度密切相关。秦芳等研究表明，甘蔗滤泥（有机肥）和无机肥混合施用显著提高了表层土壤肥力，碱解氮（AN）、有效磷（AP）、速效钾（AK）与有机质（OM）的含量分别提高了 21.84%、14.17%、42.48% 和 17.54%。周文灵等研究发现，在常规推荐施肥基础上配合增施有机土壤改良剂，显著提高了深层（0～40 厘米）土壤速效钾、有效磷和碱解氮的含量。对于有机肥料对根际土壤养分的影响以及施用有机肥后根际与非根际土壤的养分变化研究则相对较少。土壤酶活性被认为是土壤肥力的敏感指标，因为它们不仅催化重要的生化反应（例如，养分循环，异源生物和有机养分的降解），还能维持土壤肥力。土壤脲酶、酸性磷酸酶分别与土壤 N、P 循环相关；而纤维素酶和 β -葡萄糖苷酶在土壤碳循环中起着重要作用。关于有机肥对土壤酶活性影响的大量研究发现，施肥增加了表土中的碳和氮循环相关酶活性，杨尚东等则发现长期有机、无机肥配施，显著提高了 β -葡萄糖苷酶和磷酸酶（包括酸性磷酸酶、中性磷酸酶和碱性磷酸酶）的活性。这些研究主要集中在表层土壤上，从而得出有机肥料对作物和土壤肥力有直接影响，但对于根际土壤与作物和土壤肥力响应机制研究较少。尽管非根际土壤和根际土壤中微生物群落的空间变异性特征以及土壤酶活性有所报道，但是对于这些群落之间的相互作用以及土壤养分，在非根际土壤和根际土壤中的了解有限。

笔者于 2019 年 4～12 月在福建省福州市福建农林大学甘蔗试验场进行有机肥和蔗叶还田对土壤养分及真菌群落影响的试验研究。下种量为 83 505 芽/公顷，小区行长 5 米，4 行区，行距 1.2 米，小区组间隔离 1 米。各处理 3 次重复，随机排布。试验不同土壤改良处理分别为：CK（空白对照）、OM（有机肥 10 500 千克/公顷）、OS（有机肥 5 250 千克/公顷＋蔗叶还田 3 750 千克/公顷）、SS（蔗叶还田 7 500 千克/公顷），均匀撒施后用旋耕机（30 厘米）埋入土壤。各处理生产期管理按当地常规处理进行，全生产期施用氮、磷、钾肥（尿素 225 千克/公顷、过磷酸钙 750 千克/公顷、氯化钾 525 千克/公顷）。根据前期预试验结果，处于分蘖期的甘蔗根系分布于 0～20 厘米土层，所以对于 CK、OM、OS 和 SS 地块，在甘蔗分蘖期选择了不同的土壤采样区位（根际和非根际的 0～20 厘米土层），测定土壤养分、酶活性和真菌群落。分别于分蘖期和收获期测定甘蔗的农艺性状指标和产量指标。

（一）不同土壤改良处理对土壤养分的影响

在甘蔗生育早期（分蘖期）不同土壤改良处理对根际与非根际区位土壤养分的影响不同（表 6 - 51）。

表 6-51　不同土壤改良处理下根际与非根际土壤养分特征

项目	区位	处理				处理(A)	区位(B)	A×B
		CK	OM	OS	SS			
pH	非根际	5.21±0.10a	5.05±0.02b	5.00±0.11b	5.07±0.02b	25.17**	1 055.03**	6.46**
	根际	4.62±0.04c	4.44±0.02d	4.50±0.02d	4.34±0.02e			
EC	非根际	44.38±4.20d	38.83±1.00e	58.50±5.66b	51.70±2.28c	2.60	6.80*	64.06**
(毫西/厘米)	根际	53.58±1.09c	64.00±3.53a	43.88±2.63d	43.63±2d			
WC	非根际	0.20±0.01bc	0.21±0.01ab	0.20±0.01bc	0.20±0.01c	1.51	4.31*	11.29**
	根际	0.21±0.01a	0.20±0.01c	0.20±0.01bc	0.21±0.01a			
AP	非根际	52.23±9.37ab	43.59±2.08c	52.12±7.71abc	45.99±2.41bc	1.35	22.25**	1.41
(毫克/千克)	根际	58.51±1.74a	60.54±8.25a	58.84±6.14a	55.34±3.5a			
AK	非根际	164.75±1.26d	338.50±30.62a	228.50±1.74c	296.50±4.13b	139.70**	760.83**	54.24**
(毫克/千克)	根际	128.50±5.45e	168.00±2.45d	136.00±4.7e	155.75±1.26d			
TN	非根际	0.87±0.01de	0.94±0.01ab	0.91±0.04bc	0.81±0.04f	19.64**	8.59**	11.17**
(克/千克)	根际	0.86±0.05e	0.95±0.01a	0.90±0.01cd	0.92±0.02abc			
TC	非根际	9.17±0.1de	10.06±0.08c	9.68±0.14cd	9.69±0.22cd	24.59**	43.15**	9.49**
(克/千克)	根际	8.81±1.26e	12.50±0.83a	10.94±0.13b	11.42±0.2b			
C/N	非根际	10.62±0.12c	10.81±0.11c	10.67±0.42c	12.01±0.64b	13.36**	22.46**	7.68**
	根际	10.29±1.27c	13.22±0.87a	12.25±0.08b	12.49±0.33ab			
OM	非根际	19.63±2.16d	26.46±6.68d	18.49±3.1d	25.04±5.88d	10.41**	323.08**	6.40**
(克/千克)	根际	44.79±3.21c	69.58±4.54a	65.03±11.39a	55.24±2.55b			
DOC	非根际	38.04±6.03b	50.58±2.56a	48.76±1.04a	46.71±0.66a	30.65**	103.13**	0.42
(毫克/千克)	根际	28.53±2.85c	39.92±2.57b	37.89±0.3b	38.55±0.68b			
DON	非根际	198.58±19.95b	310.78±32.24a	297.39±61.7a	294.49±37.29a	9.68**	155.91**	5.26**
(毫克/千克)	根际	134.44±4.06d	180.42±14.97bc	138.57±10.26cd	121.58±11.21d			

注：根据 Tukey 检验，不同小写字母表示差异显著（$P<0.05$）。CK. 空白对照；OM. 有机肥；OS. 有机肥＋蔗叶还田；SS. 蔗叶还田。双因素方差分析结果显示 P 值和 F 值：* 表示 $P<0.05$ 的显著性差异，** 表示 $P<0.01$ 的极显著性差异。

pH：根际与非根际区位间、处理间及区位与处理的交互作用对土壤 pH 的影响均呈极显著差异（$P<0.01$、$P<0.01$、$P<0.01$）。总体上添加土壤改良物料的处理会造成短期内 pH 的显著下降（$P<0.05$），蔗叶还田（SS）处理的这种效应最为明显。而根际区的表现比非根际区更为显著，反映出根系对土壤改良呈现出显著的生物学响应效应。

WC：对土壤含水率的交互作用分析结果显示，根际与非根际区位间和区位与处理均呈现出显著或极显著差异（$P<0.05$、$P<0.01$），但在处理间交互作用不显著（$P>0.05$）。总体上添加土壤改良物料的处理对短期内土壤的含水率变化作用不显著，但在根际区，含有机肥改良的处理（OM、OS）土壤含水率显著低于空白对照和蔗叶还田处理（$P<0.05$）。这可能是因为有机肥（草炭土）改良形成的富含有机质且疏松的土壤环

境促进了根系生长与代谢，增大了根系对土壤的水分吸收需求，通过对该处理下根系生物学的后续研究可对此推测进行验证。

EC：根际与非根际区位对 EC 的影响呈现出显著差异（$P<0.05$），处理与区位的交互作用对土壤 EC 的影响则表现出极显著差异（$P<0.01$），但是对处理间的 EC 无显著影响（$P>0.05$）。此外，OM 处理根际区 EC 显著高于非根际区，有蔗叶还田的处理（SS、OS），非根际区 EC 显著高于根际区，这些结果对特定指标的取样区位提供了参考。

AP：根际与非根际区位间 AP 含量呈现出极显著差异（$P<0.01$）。在非根际土壤中，OM 处理的 AP 含量显著低于空白处理（$P<0.05$），在根际土壤中各处理间则无显著差异（$P>0.05$）。另外，OM 处理在根际与非根际区位的效应差异显著（$P<0.05$），为根际区位的定向改良提供了科学依据。

AK：根际与非根际区位间、处理间和区位与处理的交互作用均呈现极显著差异（$P<0.01$、$P<0.01$、$P<0.01$）。由表 6-51 可知，各处理根际区 AK 含量显著少于非根际区，是否与根系 AK 的大量吸收有关值得深入研究，且非根际区添加改良物料的处理均显著优于空白对照，以 OM 土壤改良处理效果最好。

TN、TC 和 C/N：如表 6-51 所示，不同土壤改良处理根际与非根际区位间、处理间和区位与处理的交互作用对土壤 TN、TC、C/N 的影响均表现出极显著差异（$P<0.01$）。根际区 SS 处理 TN 含量显著高于非根际区（$P<0.05$），反映出根系代谢可能对蔗叶腐解的进程具有重要而显著的作用。根际区 TC 改善效应显著大于非根际区，且根际区所有添加土壤改良物料的处理 TC 含量均显著高于空白对照，其中 OM 处理的 TC 改良效果最佳，反映出根系生长代谢对根际区位土壤的碳氮平衡具有重要而显著的协调功能。不同处理对根际及非根际区 C/N 的影响与土壤 TC 含量的响应规律类似。

OM：由表 6-51 可知，根际与非根际区位间和处理间对 OM 的影响均呈现出极显著差异（$P<0.01$、$P<0.01$），且处理与区位的交互作用对土壤有机质也表现出极显著差异（$P<0.01$）。非根际区不同土壤改良处理效应无显著差异（$P>0.05$），根际区则显著高于非根际区（$P<0.05$），对照亦如此，反映出有机质指标具有显著的根系生物学互作效应，根际区添加土壤改良物料的处理效应均优于对照，以含有机肥处理（OM、OS）的效果更佳。

DOC 和 DON：土壤 DOC、DON 含量在根际与非根际区位间和处理间均呈现出极显著差异（$P<0.01$、$P<0.01$）。添加改良物料的处理 DOC 改善效应均显著优于空白对照，非根际区处理效应显著大于根际区，尤其是含有机肥的处理（OM、OS）。土壤 DON 的改善效应与 DOC 类似，但在根际区位中，含蔗叶还田处理（OS、SS）短期的改善效果较差，甚至 SS 处理呈现降低趋势。反映出由于根系吸收代谢的影响，对 DOC、DON 指标的短期改良效应评价应以非根际区取样分析为宜，尤其是 DON 要特别予以注意。

（二）不同土壤改良处理对土壤酶活性的影响

土壤酶是土壤物质与能量循环的主要参与者，地球上绝大多数的生化反应都需要酶的驱动。土壤酶活性表示其催化和转化物质的能力，可以间接反映出土壤质量、土壤肥力和土壤健康。由表 6-52 可知，不同的土壤改良处理，短期内显著改变了两种不同区位（根际与非根际区）土壤酶的活性，总体上根际区处理效应显著高于非根际区。

表 6-52 不同土壤改良处理下根际与非根际土壤酶活性

处理	采样区位	纤维素酶 [毫克/(克·天)]	β-葡萄糖苷酶 [微克/(克·时)]	酸性磷酸酶 [微克/(克·时)]	脲酶 [毫克/(克·天)]
CK	非根际土	34.14±1.35d	79.13±8.76d	30.67±2.05c	1.32±0.41d
	根际土	40.39±1.3ab	87.60±15.13cd	65.78±3.69a	2.54±0.3bc
OM	非根际土	38.22±1.61bc	102.89±10.31c	27.15±2.47cd	2.81±0.15b
	根际土	42.41±1.00a	140.11±16.15a	57.72±2.59b	3.71±0.16a
OS	非根际土	35.72±2.01cd	81.88±4.85d	24.91±3.11d	2.56±0.2bc
	根际土	41.76±1.00a	121.41±6.62b	55.34±3.36b	3.46±0.23a
SS	非根际土	36.46±3.6cd	84.36±4.39d	24.69±2.17d	2.44±0.23c
	根际土	41.84±0.45a	134.22±15.12ab	54.45±2.58b	2.69±0.12bc
处理（A）		4.02*	16.54**	15.98**	49.13**
区位（B）		75.79**	73.94**	1010.15**	96.43**
A×B		0.54	5.10**	1.54	6.01**

注：根据 Tukey 检验，不同小写字母表示差异显著（$P<0.05$）。CK. 空白对照；OM. 有机肥；OS. 有机肥＋蔗叶还田；SS. 蔗叶还田。双因素方差分析结果显示 P 值和 F 值；* 表示 $P<0.05$ 的显著性差异，** 表示 $P<0.01$ 的极显著性差异。

纤维素酶：根际与非根际间呈现出极显著差异（$P<0.01$），且处理间也表现出显著差异（$P<0.05$）；处理与区位的交互作用对土壤纤维素酶活性的影响不显著（$P>0.05$）。与空白对照相比，OM 处理显著提高了非根际区土壤纤维素酶的活性（$P<0.05$），这为加快非根际区还田蔗叶的腐解进程提供了有益的参考，根区土壤中则无显著影响；所有土壤改良处理根际区土壤纤维素酶的活性均显著高于非根际区（$P<0.05$），反映出根系对土壤纤维素酶活性呈现出显著的生物学响应效应。

β-葡萄糖苷酶：根际与非根际间、处理间及处理与区位的交互作用对 β-葡萄糖苷酶活性的影响均呈极显著差异（$P<0.01$、$P<0.01$、$P<0.01$）。添加改良物料的处理根际区 β-葡萄糖苷酶活性均显著高于空白对照（$P<0.05$），并且在非根际区，与空白对照相比，OM 处理的 β-葡萄糖苷酶活性也显著提高（$P<0.05$）。

酸性磷酸酶：根际与非根际间和处理间均呈现出极显著差异（$P<0.01$、$P<0.01$），处理与区位的交互作用对土壤酸性磷酸酶活性的影响不显著（$P>0.05$）。根际区添加改良物料的处理，酸性磷酸酶活性均显著低于空白对照（$P<0.05$），且含有蔗叶还田的处理（OS、SS）在非根际土壤中，也出现了显著下降趋势（$P<0.05$）。说明改良物料的添

加不利于短期土壤酸性磷酸酶活性的提高。

脲酶：根际与非根际间和处理间及处理与区位的交互作用对脲酶活性的影响均呈极显著差异（$P<0.01$、$P<0.01$、$P<0.01$）。根际区含有机肥的处理（OM、OS）脲酶活性显著高于空白对照和蔗叶还田处理（$P<0.05$）；在非根际区，添加土壤改良物料的处理均显著高于空白对照（$P<0.05$），其中，含有机肥的处理（OM、OS）改善效应更佳。

（三）不同土壤改良处理对土壤真菌 18S rDNA 的影响

通过真菌的荧光定量 qPCR 可知，与 CK 相比，OM、OS、SS 土壤改良处理可以提高 18S rDNA 拷贝数，即增加了根际与非根际土壤的真菌总量，但无显著差异（$P>0.05$）。根际区土壤 18S rDNA 拷贝数大于非根际区（图 6-37），但无显著差异（$P>0.05$）。其中，根际及非根际空白对照的 18S rDNA 拷贝数为 $6.11\times10^6 \sim 8.99\times10^6$ 个（以每克土壤计），添加土壤改良物料处理（OM、OS、SS）18S rDNA 的拷贝数为 $9.42\times10^7 \sim 1.72\times10^7$ 个（以每克土壤计）。

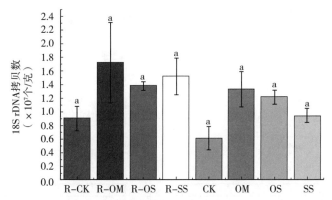

图 6-37 不同土壤改良处理根际与非根际土壤 18S rDNA 拷贝数

根据 Tukey 检验，不同字母表示有显著性差异（$P<0.05$）

CK. 空白对照非根际土壤 OM. 有机肥非根际土壤 OS. 有机肥＋蔗叶还田非根际土壤 SS. 蔗叶还田非根际土壤 R-CK. 空白对照根际土壤 R-OM. 有机肥根际土壤 R-OS. 有机肥＋蔗叶还田根际土壤 R-SS. 蔗叶还田根际土壤

（四）不同土壤改良处理对土壤真菌 α 多样性的影响

α 多样性表示特定土壤生态系统或生境内的多样性，用以指示生态系统内物种被隔离的程度。ACE 指数用于评估群落的 OTU 数目；Observed _ species 指数表示检测到的 OTU 种类；Chao1 指数体现物种丰富度；Shannon 指数表示综合体现物种的均匀度及丰富度。不同土壤改良处理下，甘蔗非根际土壤真菌的 Observed _ species、ACE、Chao1 和 Shannon 指数在短期内均显著高于根际土壤（图 6-38）（$P<0.05$），表明在甘蔗早期根系生长过程中土壤改良物料的添加可能对根际土壤的真菌群落具有作物适应性和稳定性的调控功能。在添加土壤改良物料的处理中，与空白对照相比，根际与非根际土壤的真菌多样性和丰富度均无显著差异（$P<0.05$），表明在本次试验中土壤改良物料的添加在短期内并未显著影响真菌丰富度和多样性（$P>0.05$），而非根际土壤显著区别于根际土壤真菌群落（$P<0.05$）（图 6-39），可以反映出评价短期土壤改良对真菌多样性的效应的合理取样区位，即非根际区效果更好。此外，双因素方差分析也进一步表明相对于土壤改良处理，土壤取样区位是影响真菌多样性和丰富度评判的重要因素（表 6-53）。

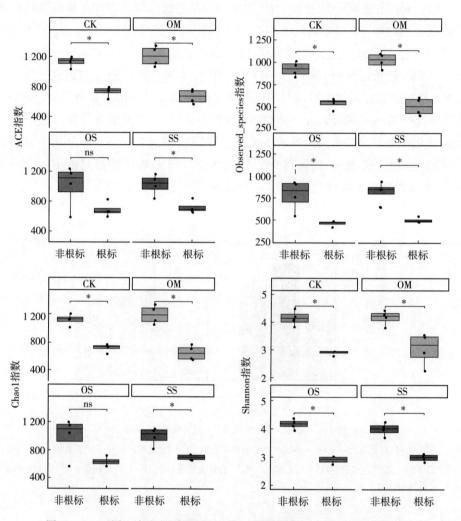

图 6-38　不同土壤改良处理根际土壤与非根际土壤的 α 多样性指数比较

CK. 空白对照　OM. 有机肥　OS. 有机肥＋蔗叶还田　SS. 蔗叶还田

（五）不同土壤改良处理对土壤真菌 β 多样性的影响

β 多样性是指反映不同生境间物种组成的多样性差异。非度量多维尺度（NMDS）分析表明，短期内不同土壤改良处理具有独特的真菌群落结构，根际与非根际土壤真菌群落结构也明显分离（$r=0.26$，$P<0.05$）。由图 6-40 可知，添加土壤改良物料的处理（OM、OS、SS）真菌群落结构与空白对照相比，真菌的 β 多样性无显著变化；根际土壤的真菌群落相比非根际土壤较为集中，可能的原因是根系代谢物对根际土壤真菌的活动具有较强的趋向性影响。

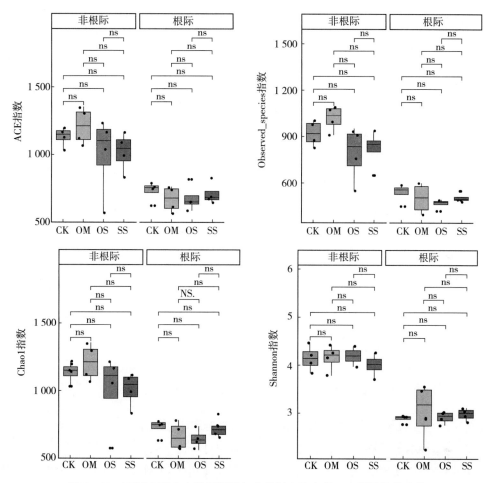

图 6-39　不同土壤改良处理根际与非根际土壤中的 α 多样性指数比较

CK. 空白对照　　OM. 有机肥　　OS. 有机肥＋蔗叶还田　　SS. 蔗叶还田

表 6-53　不同土壤改良处理根际与非根际土壤真菌和多样性指数的双因素方差分析

多样性		df	SS	MS	F	P
Observed_	处理（A）	3	87 457.00	29 152.34	3.10	*
species 指数	区位（B）	1	1 183 491.00	1 183 491.00	125.52	**
	A×B	3	49 948.38	16 649.46	1.77	ns
ACE 指数	处理（A）	3	58 471.01	19 490.34	0.95	ns
	区位（B）	1	1 243 242.00	1 243 242.00	60.23	**
	A×B	3	66 507.74	22 169.25	1.08	ns
Chao1 指数	处理（A）	3	72 649.75	24 216.59	1.33	ns
	区位（B）	1	1 295 954.00	1 295 954.00	71.01	**

（续）

多样性		df	SS	MS	F	P
	A×B	3	64 410.24	21 470.08	1.18	ns
Shannon 指数	处理（A）	3	0.06	0.02	0.22	ns
	区位（B）	1	10.91	10.91	137.16	**
	A×B	3	0.08	0.03	0.34	ns

注：双因素方差分析结果显示 P 值和 F 值：* 表示 $P<0.05$ 的显著性差异，** 表示 $P<0.01$ 的极显著性差异，ns 表示无显著影响（$P>0.05$）。

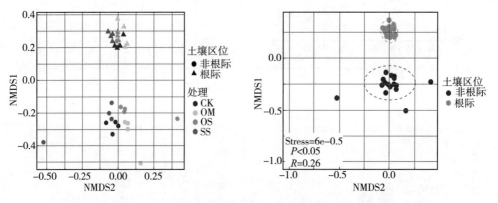

图 6-40 根际与非根际土壤真菌群落的非度量多维尺度（NMDS）分析

（六）不同土壤改良处理对土壤真菌门水平群落结构的影响

图 6-41 显示了不同处理下主要真菌门类的相对丰度，表明甘蔗根际和非根际土壤中的真菌类群主要以子囊菌门（Ascomycota）为主，相对丰度在 53.94%～56.25%，其次是被孢霉门（Mortierellomycota，11.48%～33.7%）、担子菌门（Basidiomycota，5.18%～16.57%）、未分类的真菌门（unclassified _ k _ Fungi，2.96%～8.64%）、壶菌门（Chytridiomycota，3.82%～4.75%）和罗兹菌门（Rozellomycota，0.33%～2.08%）。此外，Basidiomycota、Rozellomycota 和 unclassified _ k _ Fungi 在根际区的相对丰度显著低于非根际区土壤（$P<0.05$）；而 Mortierellomycota 在根际区中的相对丰度则显著高于非根际区土壤（图 6-42）（$P<0.05$）。不同土壤改良处理可以影响甘蔗根际与非根际土壤中真菌门水平的相对丰度（图 6-43）。在非根际土壤中，OM 处理的 Mortierellomycota 相对丰度显著高于其他处理（CK、OS、SS）（$P<0.05$），而 OS、SS 处理与空白对照相比则无显著差异（$P>0.05$）。蔗叶还田（SS）处理 Rozellomycota 的相对丰度显著低于空白对照和 OM 处理（$P<0.05$）。在甘蔗根际土壤中，与 CK 相比，OM 处理显著增加了 Ascomycota 的相对丰度（$P<0.05$）。双因素方差分析进一步证实，不同土壤改良处理和土壤区位会影响主要土壤真菌门类的多样性。其中，不同土壤改良处理根际与非根际土壤区位间 Basidiomycota、Mortierellomycota、Rozellomycota 以及 unclassified _ k _ Fungi 的多样性呈极显著差异（$P<0.01$）；处理与区位间的交互作用对 Ascomycota 和 Mortierellomycota 的多样性显示极显著差异（$P<0.01$）；不同土壤改良处理间，Ascomycota、Basidiomycota和 Rozellomycota 的多样性差异显著（$P<0.05$）（表 6-54）。

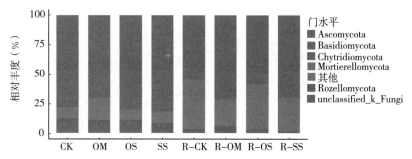

图 6-41　不同土壤改良处理下根际与非根际土壤中的优势真菌门的相对丰度

CK. 空白对照非根际土壤　OM. 有机肥非根际土壤　OS. 有机肥＋蔗叶还田非根际土壤　SS. 蔗叶还田非根际土壤　R-CK. 空白对照根际土壤　R-OM. 有机肥根际土壤　R-OS. 有机肥＋蔗叶还田根际土壤　R-SS. 蔗叶还田根际土壤

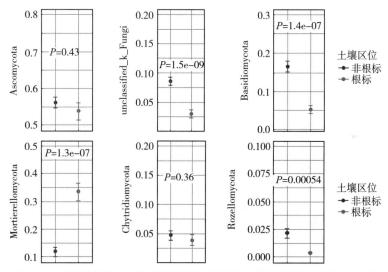

图 6-42　不同土壤改良处理下根际与非根际土壤中真菌门水平丰度差异

根据 Tukey 的测试，不同字母后的值表示有显著性差异（$P<0.05$）；图中数值显示 t 检验得出的 P 值，这些点表示根际与非根际土壤之间的差异

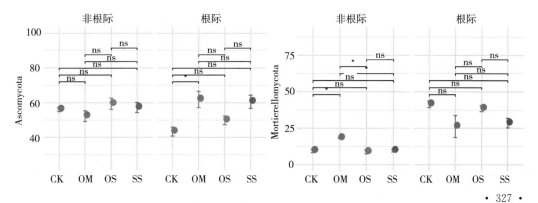

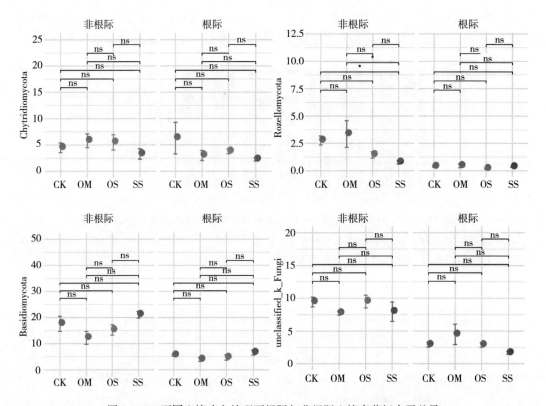

图 6-43 不同土壤改良处理下根际与非根际土壤真菌门水平差异

根据 Tukey 的测试，不同字母后的值有显著性差异（$P<0.05$，平均比例，$n=4$）；内部值显示了 Welch t 检验的 P 值，

图中点解释了非根际土壤和根际土壤中 CK 与 OM、CK 与 OS 和 CK 与 SS 之间的差异

CK. 空白对照 OM. 有机肥 OS. 有机肥＋蔗叶还田 SS. 蔗叶还田

表 6-54　不同土壤改良处理下根际与非根际土壤真菌和多样性指数的双因素方差分析

真菌门		df	SS	MS	F	P
Ascomycota	处理（A）	3	0.04	0.02	3.19	*
	区位（B）	1	0.01	0.01	1.07	ns
	A×B	3	0.07	0.03	5.59	**
Basidiomycota	处理（A）	3	0.02	0.01	4.15	*
	区位（B）	1	0.11	0.11	90.65	**
	A×B	3	0.01	0.01	1.2	ns
Mortierellomycota	处理（A）	3	0.02	0.01	1.41	ns
	区位（B）	1	0.40	0.40	95.07	**
	A×B	3	0.08	0.03	5.91	**
Rozellomycota	处理（A）	3	0.01	0.01	3.53	*
	区位（B）	1	0.01	0.01	26.91	**
	A×B	3	0.01	0.01	2.77	ns

（续）

真菌门		df	SS	MS	F	P
unclassified_k_Fungi	处理（A）	3	0.01	0.01	1.13	ns
	区位（B）	1	0.03	0.03	79.16	**
	A×B	3	0.01	0.01	1.62	ns
Chytridiomycota	处理（A）	3	0.01	0.01	1.23	ns
	区位（B）	1	0.01	0.01	0.88	ns
	A×B	3	0.01	0.01	0.98	ns

注：双因素方差分析结果显示 P 值和 F 值：* 表示 $P<0.05$ 的显著性差异，** 表示 $P<0.01$ 的显著性差异，ns 表示无显著影响（$P>0.05$）。

（七）土壤养分与真菌群落门水平的相关性分析

采用冗余分析（RDA）和斯皮尔曼（Spearman）相关性分析揭示影响真菌群落结构的相关环境因子。RDA 结果表明，土壤 pH、EC、WC、AP、AK、TC、TN、C/N、DOC 和 DON 能够解释真菌群落 72.388% 的影响因素（图 6-44）。

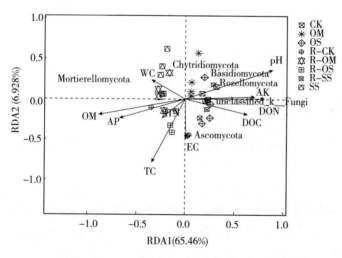

图 6-44　不同土壤改良处理根际与非根际土壤真菌与土壤养分冗余分析（RDA）
箭头的长度显示了测量变量的相对重要性，箭头和轴之间的角度反映它们之间的关联程度

被孢霉门（Mortierellomycota）与 AP 和 OM 呈显著正相关，而与 pH、AK、DOC 和 DON 呈显著负相关（图 6-45）。担子菌门（Basidiomycota）与 AP、OM、C/N、TC、TN 呈显著负相关，与 pH、AK、DOC、DON 呈显著正相关（图 6-45）。罗兹菌门（Rozellomycota）与 pH、AK 和 DON 呈显著正相关，与 OM、AP 和 C/N 呈显著负相关（图 6-45）。unclassified_k_Fungi 与 pH、AK、DOC 和 DON 呈显著正相关，而与 OM、TC 和 C/N 呈显著负相关（图 6-45）。此外，壶菌门（Chytridiomycota）与 TC 和 C/N 呈显著负相关，子囊菌门（Ascomycota）与 TC 呈显著正相关（图 6-45）。说明土壤中优势真菌门的相对丰度大部分与土壤养分具有显著的相关关系，其中土壤养分（pH、

TC、C/N、AP、OM、AK、DOC、DON）是影响真菌群落组成的主要因素，土壤养分（TN、WC、EC）是影响土壤真菌群落组成的次要因素（图6-45）。这为将来调控有益真菌群落和抑制致病性真菌提供了参考。

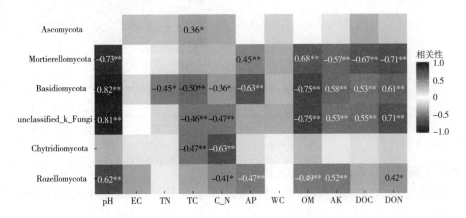

图6-45 不同土壤改良处理根际与非根际土壤真菌优势菌门与土壤养分之间的相关性

双因素方差分析结果显示 P 值和 F 值：*表示 $P<0.05$ 的显著性差异，**表示 $P<0.01$ 的显著性差异，ns 无显著影响（$P>0.05$）

（八）不同土壤改良处理对甘蔗真菌属水平群落结构的影响

在真菌较细分类的属水平下，不同土壤改良处理短期根际与非根际土壤中主要以被孢霉属（*Mortierella*）为主，相对丰度为12.40%～34.46%，其次是青霉菌属（*Penicillium*，2.12%～10.76%）、毛壳菌属（*Chaetomium*，6.10%～6.69%）、*Saitozyma*（3.34%～8.46%）、镰刀菌属（*Fusarium*，5.58%～5.59%）、曲霉属（*Aspergillus*，2.57%～4.12%）（图6-46）。其中，根际区土壤 *Mortierella* 和 *Penicillium* 显著高于非根际区（$P<0.05$），*Saitozyma* 则显著低于非根际区土壤的含量（图6-47）。不同土壤改良处理可以影响甘蔗根际与非根际区土壤中真菌属水平的相对丰度。在非根际土壤中，OM 土壤改良处理的 *Mortierella* 相对丰度显著高于其他处理（CK、OS、SS）（$P<0.05$）。在非根

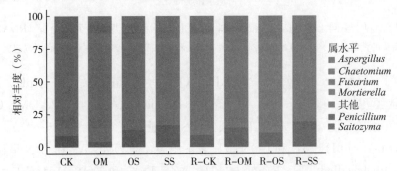

图6-46 不同土壤改良处理下根际与非根际土壤中的优势真菌属的相对丰度

"其他" 显示了除所列的6个以外所有属的相对丰度之和

CK. 空白对照非根际土壤　OM. 有机肥非根际土壤　OS. 有机肥＋蔗叶还田非根际土壤　SS. 蔗叶还田非根际土壤

R-CK. 空白对照根际土壤　R-OM. 有机肥根际土壤　R-OS. 有机肥＋蔗叶还田根际土壤　R-SS. 蔗叶还田根际土壤

际土壤中，OS 处理 *Penicillium* 含量显著高于空白对照和 OM 处理（$P < 0.05$）；在根际土壤中，SS、OM 处理与空白对照相比也有显著的提升（$P < 0.05$、$P < 0.05$），其中 SS 处理效果最佳。另外，根际土壤中 OM 处理的 *Aspergillus* 相对丰度显著高于空白对照和 SS 处理（$P < 0.05$）（图 6 - 48）。

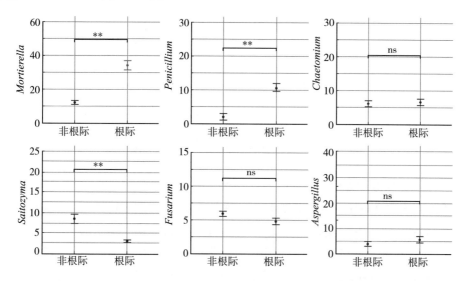

图 6 - 47　不同土壤改良处理下根际与非根际土壤中真菌属水平丰度差异

双因素方差分析结果显示 P 值和 F 值：＊表示 $P < 0.05$ 的显著性差异，＊＊表示 $P < 0.01$ 的显著性差异，ns 无显著影响（$P > 0.05$）

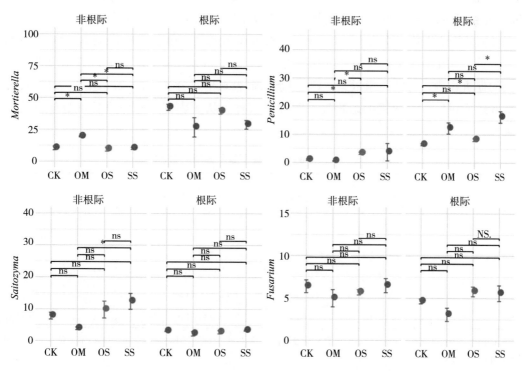

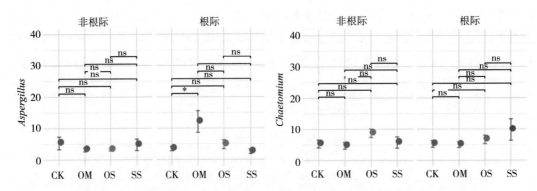

图 6-48 根际和非根际土壤中不同土壤改良处理下的优势真菌属水平差异

双因素方差分析结果显示 P 值和 F 值：ns 无显著影响（$P>0.05$），＊表示 $P<0.05$ 的显著性水平

CK. 空白对照 OM. 有机肥 OS. 有机肥＋蔗叶还田 SS. 蔗叶还田

（九）不同土壤改良处理下甘蔗的农艺性状

1. 不同土壤改良处理对甘蔗分蘖期农艺性状的影响 不同土壤改良方式中添加有机肥的处理（OM、OS）在分蘖期即表现出对促进甘蔗株高生长、地上部生物量干重积累的显著效应，与 CK 相比，OM、OS 处理分别显著提高甘蔗株高 23.46％、17.71％（$P<0.05$）；分别显著提高甘蔗地上部生物量干重 48.30％和 44.51％（$P<0.05$）。与 CK 处理相比，OM、OS 处理下蔗苗根冠比显著降低（$P<0.05$）。分蘖期根系干重、分蘖率和 NBI 均未表现处理间显著性差异，但土壤改良处理与空白对照相比仍呈现出明显的改善性趋势。与 CK 相比，OM、OS 和 SS 分别提高分蘖期地下部分（根系干重）生物量 19.79％、19.68％和 7.66％，分别提高甘蔗分蘖率 30.65％、33.67％和 49.08％；分别提高甘蔗氮平衡指数（NBI）14.05％、12.82％和 3.72％。由数据结果可知，OM 处理对根系干重、NBI 的改善效应最佳，其次为 OS 处理，可以反映出有机肥改良对甘蔗个体生长的促进作用；蔗叶还田处理（SS、OS）则表现出对分蘖率的改善趋势，可以反映出蔗叶还田可以改善土壤的疏松度、增加透气性，从而表现出对促进甘蔗群体分蘖的改善性效应（表 6-55）。

表 6-55 不同土壤改良处理下甘蔗分蘖期农艺性状

处理	株高（厘米）	地上部干重（克）	地下部干重（克）	根冠比	NBI	分蘖率（％）
CK	50.13±1.51c	28.80±2.45b	9.40±0.45a	0.33±0.01a	38.14±3.27a	47.70±9.45a
OM	61.89±0.89a	42.71±0.83a	11.26±0.44a	0.26±0.01b	43.50±1.52a	62.32±6.13a
OS	59.01±1.76ab	41.62±2.26a	11.25±0.53a	0.27±0.00b	43.03±3.07a	63.76±10.86a
SS	54.16±1.14bc	36.40±2.44ab	10.12±0.18a	0.28±0.01ab	39.56±1.76a	71.11±10.09a

注：根据 Tukey 检验，不同字母后的值表示有显著性差异（$P<0.05$）。CK. 空白对照 OM. 有机肥 OS. 有机肥＋蔗叶还田 SS. 蔗叶还田。

2. 不同土壤改良处理对甘蔗收获期农艺性状与产量的影响 至收获期，土壤改良处理，尤其含有机肥改良的处理（OM、OS）显现出对甘蔗个体生长性状（甘蔗株高、茎径）、群体生长性状（有效茎数、甘蔗产量）和品质性状（蔗糖分）的全面且显著的改良效应。蔗叶还田处理（SS）与对照相比茎径、甘蔗蔗糖分、甘蔗产量亦有显著改善。数据结果表明，OM 处理和 OS 处理株高显著高于空白对照（$P<0.05$），株高分别提高 15.99%、14.39%，SS 处理和空白对照间差异不显著（$P>0.05$）；OM 处理有效茎数显著提高22.71%（$P<0.05$），OS 处理和 SS 处理与空白对照间差异不显著（$P>0.05$）。与 CK 相比，OM、OS、SS 分别显著（$P<0.05$）提高甘蔗茎径 14.87%、11.70%、11.32%；分别显著（$P<0.05$）提高甘蔗蔗糖分 17.30%、12.10%、15.04%；分别显著（$P<0.05$）提高甘蔗理论产量 87.90%、66.20%、49.19%。由上述数据可知，不同的土壤改良处理，特别是 OM 处理对单株性状（增长增粗）、群体产量因素（有效茎数、蔗茎产量）、品质性状（甘蔗蔗糖分）都有显著促进效果（表 6-56）。

表 6-56 不同土壤改良处理下甘蔗蔗糖含量、农艺性状和产量

处理	株高（厘米）	有效茎数（条/公顷）	茎径（毫米）	甘蔗蔗糖分（%）	理论产量（吨/公顷）
CK	171.78±4.65b	49 134.38±2 174.40b	26.23±0.86b	16.36±0.32b	45.62±2.57c
OM	199.25±15.56a	60 291.75±2 155.57a	30.13±1.05a	19.19±0.41a	85.72±5.44a
OS	196.50±24.77a	57 656.25±2 783.59ab	29.30±1.41a	18.34±0.55a	75.82±3.76ab
SS	188.30±10.07ab	54 069.38±1 719.80ab	29.20±1.41a	18.82±0.31a	68.06±2.80b

注：根据 Tukey 检验，不同字母后的值表示有显著性差异（$P<0.05$）。CK. 空白对照；OM. 有机肥；OS. 有机肥+蔗叶还田；SS. 蔗叶还田。

在本试验研究中，与空白对照相比，所有添加土壤改良物料的处理在短期内（77 天）都显著降低了土壤 pH。许多研究报告表明有机改良剂，如粪肥和作物秸秆，短期内会降低土壤 pH，这与笔者团队以前的研究结果一致。据报道，在石灰性土壤中，施用粪肥和植物残渣后也会显著降低土壤 pH。这表明有机质材料和农作物秸秆对土壤 pH 的正向改良可能不适用于黏壤土和石灰性土壤；施用时间、气候条件、耕作方式、种植的作物种类也有可能对土壤改良效果产生重大影响。土壤 pH 的改良效应还需在生长后期乃至后续多年宿根季继续进行跟踪评价。整体上土壤改良处理对短期内土壤的含水率变化作用不显著，但在根际区，含有机肥的处理（OM、OS）土壤含水率显著低于空白对照和蔗叶还田处理（$P<0.05$）。这可能是因为有机肥（草炭土）改良形成的富含有机质且疏松的土壤环境促进了根系生长与代谢，增大了根系对土壤的水分吸收需求，通过对该处理下根系生物学的后续研究可对推测进行验证。因此，在利用同类有机肥改良土壤时，应注意作物长势及土壤的水分状况，适时适量进行浇水。土壤有机质作为土壤生态系统中的重要组成部分，它不仅能够保持土壤水分，还能为微生物和植物提供养分（微量营养素、N、P、S等），对维持土壤肥力以及提高作物产量具有重要作用。在本研究中，OM 处理有效地改善了土壤有机质，尤其是根际有机质的提高比其他改良处理更为显著，说明 OM 处理比

其他改良处理更有效地改善了土壤肥力。另外，在这两种区位土壤中（根际土壤和非根际0～20厘米土层土壤），由于TN、TC与甘蔗种植系统中的有机质含量密切相关，因此在OM处理下，TN和TC也显著增加。前人的短期和长期施肥试验结果表明，土壤DOC、DON和TN的显著增加通常可以通过引入有机改良剂来实现。此外，向土壤中添加各种有机物料可促进基本营养元素的积累，特别是N、P和K，以及土壤有机质的积累。相应地，与对照相比，添加改良物料的处理对AP、AK、TN、TC、OM、DOC和DON的影响也有所改善，但对根际和非根际土壤肥力的影响不同。结果表明，OM处理对提高甘蔗土壤肥力有显著效果，进一步改善了甘蔗的生理指标。

由于根系分泌物、微生物群活动和植物吸收，根际和非根际土壤之间的微环境明显不同。根际化感物质和甘蔗残渣的积累可能是导致甘蔗种植系统中土壤酸化的决定因素。此外，少耕法（如耕耙犁和圆盘犁），阳离子的浸出和碱的去除（如甘蔗根系对铵态氮的吸收）均可导致甘蔗根际土壤酸化。试验结果显示，甘蔗根际土壤的pH在所有处理中均显著低于非根际土壤，可能的原因是由于土壤改良处理刺激了硝化作用和酸化作用，并为土壤提供了更多的有机酸。非根际土壤中酸度的降低主要归因于碱性阳离子浓度的降低以及可溶性有机碳（DOC）中存在的有机阴离子的分解和从上层淋滤的硝酸盐的固定化。在所有土壤改良处理中，根际土壤的有机质含量均显著高于非根际土壤（$P < 0.05$），说明根际土壤的肥力高于非根际土壤。由此可知，根际土壤中有机质的积累量大于非根际土壤，这与Zabowski等报道的结果一致，他们认为根际土壤养分含量增加的主要原因是根系牵引有机质。根际土壤中土壤养分（如EC、TN、TC和AP）含量均高于非根际土壤，这可能是由于土壤有机质在根系周围积累较多所致。此外，植物根系直接在根际吸收更多的有效养分，这些特征可以解释为什么根际的有效养分水平，特别是AK含量低于非根际土壤。综上所述，甘蔗根际土壤在短期内降低了土壤pH，然而却有效地提高土壤肥力指标，尤其是有效磷、全碳、全氮和有机质含量，说明甘蔗根际土壤肥力高于非根际土壤肥力。

土壤酶活性被认为是土壤肥力的敏感指标，因为它们不仅催化重要的生化反应（例如，养分循环，异源生物和有机养分的降解），还能维持土壤肥力。不同的土壤改良处理短期内显著改变了两种区位土壤酶的活性，总体上甘蔗根际土壤中与碳、氮循环相关的酶（如β-葡萄糖苷酶、纤维素酶和脲酶）活性均高于非根际土壤，这表明，与非根际土壤相比，根际土壤碳、氮的转化和肥力的改善更明显。这些酶的活性由于添加改良物料而得到增强，与非根际土壤相比，根际土壤中的底物有效性和对土壤中土生微生物碳的需求增加，可能是根际土壤中碳循环酶活性较高的原因。另一方面，与CK相比，土壤改良物料添加处理（OM、OS和SS）根际土壤中含有较高的TC和TN，为根际土壤提供了更多的养分。这与Zabowski等在农业土壤中，有机肥（如农作物秸秆和动物粪便）提高了土壤中碳和氮循环酶活性的研究结果一致。另外，由于在甘蔗早期的生长过程中，根系较为纤细，细根的代谢旺盛。根系在代谢过程中会脱落一些根毛、表皮等产物，同时分泌大量的有机化合物为根际周围提供了更多的养分，使得根际土壤酶活性得到提高，养分转化效率加快。崔建国等研究表明，沙棘根际土壤与碳和氮循环相关的酶活性显著高于非根际土壤（$P<0.05$），根际土壤中的酶活性是非根际土壤的 1.73 倍。而根际区酸性磷酸酶的活性在所有土壤改良处理中均显著低于空白对照，且含有蔗叶还田的处理（OS、SS）在非根际土壤中，也出现了显著下降趋势。表明土壤改良物料的添加不利于短期土壤酸性磷酸酶的改善或改良物料在短期内分解效率不足以提供足够的磷元素。杨尚东等研究表明，长期有机与无机肥混施，能有效提高土壤碳、氮、磷相关循环酶的活性，这与笔者的短期土壤改良处理中提高碳、氮相关循环酶的结果一致，但是与磷相关循环酶活性降低的结果相反。可能的原因是，含有蔗叶还田的处理（OS、SS）增加了土壤孔隙度和含水率，导致微生物大量繁殖生长，消耗了大量磷元素，而蔗叶提供的养分较少，间接使得土壤酸性磷酸酶活性降低。同样，也有研究表明，在甘蔗秸秆改良处理下短期内土壤磷酸酶活性降低，这与笔者的试验结果一致。因此，建议在蔗叶还田改良的甘蔗种植系统上，早期（分蘖期）可适当追加磷肥，以保持土壤养分的均衡，提高土壤酸性磷酸酶的活性。

大田短期试验研究中，通过真菌的荧光定量 qPCR 可知，与 CK 相比，OM、OS、SS 土壤改良处理可以提高 18S rDNA 拷贝数，即增加了根际及非根际土壤的真菌总量，尤其是 OM 处理改良效果最佳。甘蔗根际与非根际土壤主要以子囊菌门（Ascomycota）为主，相对丰度在 53.94%～56.25%，其次是被孢霉门（Mortierellomycota，11.48%～33.7%）和担子菌门（Basidiomycota，5.18%～16.57%）。Ascomycota 被认为是真核生物中最普遍和最多样化的菌群，有助于有机底物（例如，枯枝落叶，木屑和粪便）的分解，并且也是有机改良土壤中的主要真菌群落。据报道，有机质能促进植物的生长发育，在非根际土壤中，Ascomycota 随着有机质含量的增加而提高。在甘蔗根际土壤中，与 CK 相比，OM 和 SS 处理显著增加了 Ascomycota 的相对丰度（$P<0.05$）；在非根际土壤中蔗叶还田处理（OS、SS）的 Ascomycota 也有所提高，与前人研究结果一致。但是 OM 处理的非根际土壤 Ascomycota 却出现下降趋势，可能的原因是，Ascomycota 真菌由于根系分泌物的牵引，使得非根际土壤中的 Ascomycota 往根际土壤靠拢，与根际土壤中 Ascomycota 相对丰度显著增加相印证。研究表明 Mortierellomycota 中含有一些具有溶磷作用的真菌种群，可以溶解土壤中难以利用的磷元素。在非根际土壤中，OM 处理的 AP 含量显著低于空白对照（$P<0.05$），同时与 CK 处理相比，OM 处理的 Mortierellomycota 的相对丰度显著增加（$P<0.05$），表明 Mortierellomycota 在较低磷含量的土壤中更为活跃，并且能为土壤环境分解带来更多的可利用磷元素。而 SS 处理显著降低了甘蔗根际土壤中 Mortierellomycota 的丰度（$P<0.05$），可能是因为蔗叶及其他作物残渣大部分堆积在土壤表层，其中含有大量难溶性磷元素，Mortierellomycota 富集在非根际土壤中，从而降低了根际土壤中 Mortierellomycota 的丰度。Basidiomycota 是最高等的一门真菌，目前已了解的大约有 25 000 种，既包含有益真菌（如可分解植物残体的腐生菌）；也含有部分有害菌群（如黑粉菌等能导致植株发生病害）。在本研究试验中，甘蔗非根际土壤中的 Basidiomycota 含量显著高于根际土壤；含有机肥的处理（OM、OS）与空白对照相比均表现出下降趋势，其中 CK>OM>OS，而 SS 处理则呈现出相反的趋势。这表明 Basidiomycota 在蔗叶还田处理中，有利于营腐生的真菌繁殖，而腐生菌群的增多反过来能加速蔗叶的分解。非根际土壤中的 Basidiomycota 含量显著高于根际土壤可能是因为秸秆或植物残体等大都堆积在土壤表层，使得 Basidiomycota 中的腐生菌在非根际土壤（0～20 厘米土层）富集。一些研究发现，Ascomycota 和 Basidiomycota 是土壤真菌的主要分解者，对于土壤养分的转化具有重要作用，更能降解木质纤维素和有机质。据报道，壶菌门（Chytridiomycota）作为土壤微生物群落里的优势真菌门，也能有效分解木质纤维素和部分难降解的有机物质。在非根际土壤中，与空白对照相比，含有机肥的处理 Chytridiomycota 门真菌的丰度表现出一定的改善性趋势。不同土壤改良处理根际与非根际土壤中 Rozellomycota 和 unclassified _ k _ Fungi 也产生了显著差异，但 Rozellomycota 目前仍属于隐真菌门，对此类真菌功能及作用尚不明确，未分类的门真菌中也可能存在一些有益或有害的菌群，值得进一步研究探讨。许多研究表明根际对微生物群落和微生物生物量有很大的影响。在本研究中发现真菌门，特别是 Mortierellomycota，在甘蔗根际显著富集，这在猕猴桃根际中也曾观察到。作物通过释放大量根系分泌物而改变土壤环境可能是令短期内 Ascomycota 和 Basidiomycota 繁殖缓慢的原因，导致根际土壤中 Ascomycota、Basidiomycota、Mortierellomycota 和 Rozellomycota 物种丰富度显著低于非根际土壤。另外，由于甘蔗秸秆或植物残体等大都堆积在土壤表层（非根际 0～20 厘米土层）也可能会引起土壤真菌的富集效应。

在较细的属水平下，不同土壤改良处理对于短期根际及非根际土壤中的真菌属亦有显著影响。在非根际土壤中，与 CK 相比，有机肥处理（OM）的被孢霉属（*Mortierella*）高度丰富。研究发现，*Mortierella* 是一种潜在的植物病原生物防治剂，以及昆虫和害虫的生物防治剂。*Mortierella* 也被称为可溶解磷酸盐的真菌，它们有助于丛枝菌根真菌（AMF）定殖，并减轻盐对植物生长的破坏作用，如减轻盐对土壤酶活性的破坏。*Mortierella* 在根际土壤中的丰度显著大于非根际，可能是得益于甘蔗根系对有益真菌的调控作用。田晴等在小麦根系中也发现植物根系可通过分泌物增加有益真菌群落或抑制病原真菌。青霉菌属（*Penicillium*）和毛壳菌属（*Chaetomium*）对于纤维素的分解具有重要作用。在非根际土壤中，OS 处理 *Penicillium* 真菌的相对丰度显著高于空白对照；在根际土壤中，与空白对照相比 OM、SS 处理也显著增加，表明改良物料的添加有利于提高 *Penicillium* 的丰度。对于短期内的 *Chaetomium* 真菌，各处理与区位间则无显著影响。张变英等发现曲霉属（*Aspergillus*）中的黑曲霉（*Aspergillus niger*）等有利于分解木质素和纤维素；而王治维等研究结果表明，部分 *Aspergillus* 会引起动植物发生病害，从而引起产量和品质下降。本试验中，在甘蔗根际土壤中，OM 改良处理显著提高了 *Aspergillus* 的丰度；在非根际土壤中，添加土壤改良物料处理 *Aspergillus* 却呈现出下降趋势，但并无显著影响。这可能是因为在甘蔗根系发育早期，根系代谢脱落的产物（根毛、表皮等）较多，木质素和纤维素较为丰富，从而引起 *Aspergillus* 的富集，由于不确定富集的 *Aspergillus* 真菌中是否带有致病性的真菌种群，所以在甘蔗发育早期应注意防治病害。镰刀菌属（*Fusarium*）含有致病及非致病性物种，致病性的真菌物种会导致植株的纤维管阻塞从而引起作物萎蔫。在本试验研究中，短期土壤改良处理中 *Fusarium* 无显著变化，根际与非根际土壤也无明显影响。这些结果表明，添加土壤改良物料处理可显著改善土壤肥力以及有益真菌（如 *Ascomycota*、*Mortierella*、*Penicillium* 等）从而改善甘蔗的生理参数。

在不同土壤改良处理下，甘蔗非根际土壤中真菌的丰富度和种类（如 observed species、ACE 和 Chao1 指数）短期内均显著高于根际土壤（$P<0.05$）。一方面，植物根系通过释放大量的根系分泌物会改变土壤环境，这可能是促使某些微生物繁殖缓慢的原因，从而导致根际土壤微生物丰富度低于非根际土壤。另一方面，根际土壤养分的有效增加或营养丰富的环境可能会抑制寡营养真菌群而导致物种丰富度降低。此外，在不同土壤改良处理下，短期内根际土壤的真菌多样性显著低于非根际土壤，这表明植物根际土壤的微生物群落，尤其是土壤真菌群落可能是非根际土壤真菌群落的一个子集（被包含关系），不同的土壤真菌群落在根系分泌物的调控下由非根际区往根际区靠拢。根际土壤的真菌多样性较低并不奇怪，因为真菌多样性会随着根系接近程度的增加而减少。在所有添加土壤改良物料的处理中，与空白对照相比，根际与非根际土壤真菌的丰富度和多样性均无显著差异（$P<0.05$），表明在本试验中添加改良物料处理在短期内并未显著影响真菌丰富度和多样性（$P>0.05$），而根际土壤真菌群落显著区别于非根际土壤（$P<0.05$），可以反映出评价短期土壤改良对真菌多样性的效应的合理取样区位，即非根际区效果更好。双因素方差分析也进一步表明相对于土壤改良处理，土壤区位是影响真菌丰富度和多样性的主要因素。

非度量多维尺度（NMDS）分析表明，不同土壤改良处理具有独特的真菌群落结构，根际与非根际土壤真菌群落结构也明显分离（$r=0.26$，$P<0.05$）。PCoA（R 的 principal co-ordinates analysis）分析揭示了土壤真菌群落在根际和非根际土壤中的显著差异（$P<0.05$）；不同改良物料添加处理真菌群落结构与空白对照相比，真菌的 β 多样性无显著变化，这可能是由于植物根系分泌物在根际周围的分布影响了根际土壤真菌的活动。同时，土壤理化性质在构建真菌群落方面也具有重要作用。结合 RDA 结果，笔者认为，在不同土壤改良处理下，根际与非根际土壤中真菌群落结构发生的显著变化，还可能与土壤理化性质差异相关。

RDA 结果显示，土壤养分能够解释短期甘蔗土壤中真菌群落门水平 72.388% 的影响因素。表明土壤养分的状况在很大程度上制约着土壤微生物的种类和数量，而微生物的群落变化又反过来影响土壤养分的改变，这一发现与先前的研究一致。结果表明，Ascomycota 与 TC 呈显著正相关。在本次大田试验研究中，根际区 TC 改善效应显著大于非根际区，且根际区所有添加改良物料的处理 TC 含量均显著高于空白对照，其中 OM 处理的 TC 改良效果最佳。说明改良物料的添加，特别是 OM 处理对于短期 TC 含量的提高具有显著作用，同时能够促进有益真菌门 Ascomycota 丰富度的提高。Basidiomycota 与 AP、OM、C/N、TC、TN 呈显著负相关，与 DOC、DON、pH 和 AK 呈显著正相关。这表明虽然 Basidiomycota 会随着 OM、C/N、TC、TN 中的浓度提高而下降，但由于土壤 OM、

TC、TN 在一定条件下可以转换成 DOC、DON，OM、C/N、TC、TN 的浓度越高意味着 DOC、DON 含量相应提高，反之随着土壤 DM、TC、TN 转换成较易利用的 DOC、DON，会降低不利于其生长的土壤养分，最终使得 Basidiomycota 真菌丰富度增加。由此得出，在甘蔗栽培早期，可适当通过追施钾肥和石灰促进 Basidiomycota 的繁殖。Mortierellomycota 与 AP 和 OM 呈显著正相关（$P < 0.05$），与 pH、AK、DOC 和 DON 呈显著负相关。这可能是因为 Mortierellomycota 和 Basidiomycota 均为优势菌门，两者间存在物种竞争关系，表现出一定的反效应调节。不同的改良处理土壤养分与真菌群落丰度之间存在着显著的相关性，表明土壤微生物（真菌）丰富度与组成对土壤环境的变化非常敏感。这可能为科学家提供一个机会来评估合理施肥对土壤微生物的有效性。

　　研究表明，土壤改良物料的添加对于提高土壤养分和微生物群落结构能产生重要影响，进而影响到作物的农艺性状。在甘蔗生育早期（分蘖期），土壤改良过程中添加有机肥的处理（OM、OS）即表现出对促进甘蔗株高生长、地上部生物量干重积累的显著效应。与 CK 处理相比，OM、OS 处理下蔗苗根冠比显著降低（$P < 0.05$）。分蘖期根系干重、分蘖率和 NBI 均未表现处理间显著性差异，但土壤改良处理与空白对照相比仍呈现出明显的改善性趋势。与 CK 相比，OM、OS 和 SS 分别提高分蘖期地下部分（根系干重）生物量 19.79%、19.68% 和 7.66%，分别提高甘蔗分蘖率 30.65%、33.67% 和 49.08%；分别提高甘蔗 NBI 14.05%、12.82% 和 3.72%。由数据结果可知，OM 处理对根系干重、NBI 的改善效应最佳，其次为 OS 处理，可以反映出有机肥改良对甘蔗个体生长的促进作用。另外添加有机肥的处理，其土壤养分更高，对于甘蔗早期根系的发育具有重要作用，而地下部根系生物量的增长有利于提高甘蔗叶片的光合作用转化效率，从而提高地上部生物量。蔗叶还田处理（SS、OS）表现出对分蘖率的改善趋势，可以反映蔗叶还田可以改善土壤的疏松度、增加透气性，从而表现出对促进甘蔗群体分蘖的改善性效应。这说明不同的改良物料添加处理对短期甘蔗不同组织促生效果不一，这与梁强等认为施用 BGA 土壤改良剂可以促进甘蔗短期的生长发育结论相同。由上述结果可知，在甘蔗分蘖期不同的改良物料添加对甘蔗农艺性状产生了显著或趋势性改善效果，而早期的性状参数对于甘蔗后期个体或群体性状具有重要作用，如分蘖率的提高对于后期有效茎的多少有着决定性意义，而甘蔗株高也是产量的构成因素之一。

　　在甘蔗收获期，土壤改良处理，尤其含有机肥改良的处理（OM、OS）显现出对甘蔗个体生长性状（株高、茎径）、群体生长性状（有效茎数、甘蔗产量）和品质性状（蔗糖分）的全面且显著的改良效应。蔗叶还田处理与对照相比，茎径、蔗糖分、甘蔗产量亦有显著改善。数据结果表明，OM 处理和 OS 处理株高显著高于空白对照，株高分别提高 15.99%、14.39%（$P < 0.05$），SS 处理和空白对照间差异不显著（$P > 0.05$）；OM 处理有效茎数显著高于空白对照，提高 22.71%（$P < 0.05$），OS 处理和 SS 处理与空白对照间差异不显著（$P > 0.05$）。与 CK 相比，OM、OS、SS 分别显著（$P < 0.05$）提高甘蔗茎径 14.87%、11.70% 和 11.32%；分别显著（$P < 0.05$）提高甘蔗蔗糖分 17.30%、12.10% 和 15.04%；分别显著（$P < 0.05$）提高甘蔗理论产量 87.90%、66.20% 和

49.19%。这说明，添加不同土壤改良物料处理，可以改善甘蔗的生理指标，从而提高甘蔗的理论产量。这些结果与前人的研究一致，即添加有机物料对改善甘蔗的生理参数和产量非常有效。

本研究阐述了不同土壤改良处理对短期内土壤真菌群落，与碳、氮、磷循环相关的土壤酶活性和土壤养分的影响（针对不同的土壤采样区位），以及对甘蔗农艺性状参数的总体影响。在根际与非根际区位，基于改良物料添加处理，特别是 OM 处理有效地提高了土壤酶活性（参与碳和氮循环的酶）和土壤养分状况（主要是碳、氮、磷）。不同土壤改良处理和土壤区位（根际与非根际）对真菌群落组成均有影响，其中，土壤区位可以显著影响真菌群落特征。研究结果表明，在添加土壤改良物料的处理（OM、OS 和 SS）下，甘蔗植株农艺性状参数和甘蔗产量显著提高。根据土壤微生物（真菌）群落和土壤养分相关性分析可以发现，甘蔗的农艺性状和甘蔗产量提高可能与土壤微生物群落和土壤养分的变化有关，如土壤肥力和酶活性的提高（碳和氮循环）。在所有改良处理中，基于有机肥的处理均有效地提高了土壤肥力、酶活性（与碳和氮循环有关）和潜在有益真菌群落（如被孢霉门和子囊菌门），从而改善了农艺性状，增加了甘蔗产量。微生物多样性分析与真菌群落功能相关研究有助于加深对土壤微生物群落复杂性及其与生物地球化学因子相互作用的理解。未来的研究需要进一步理清土壤特性、潜在有益微生物群和甘蔗生长之间的相互关系。本研究为发展可持续农业系统，提高微生物活性，促进不同有机物料添加与化肥配合施用对甘蔗生长和土壤特征的影响提供了理论依据，这对我国热带地区甘蔗生产具有重要意义。

七、蔗作土壤纤维素降解菌优势株系的筛选研究

我国农作物生产中过施偏施化肥现象严重。甘蔗作为单位面积生物产量最高的大田作物，生育期长，需肥量大。我国主产蔗区广西、云南、广东和海南植蔗条件多为丘陵红壤，受灾害性气候影响频繁，甘蔗耕层浅薄、易流失；地力瘠薄，酸化普遍；土壤团粒结构匮乏，易板结。持续改善和提升蔗作土壤生产力，是减少肥料投入，降低生产成本，实现产业绿色发展的重大关键技术之一。在原料蔗茎收获进厂压榨的同时，约有占甘蔗田间生物量 20% 的未成茎蔗株、蔗梢、蔗叶、叶鞘等弃置于田间，这些秸秆中含有大量的碳、氮、磷、钾及其他微量元素，纤维素含量很高，C/N 约为 60，具有巨大的养分转化利用潜力，但降解速度较慢。传统的甘蔗秸秆处理方法多为焚烧，不仅污染环境，也造成养分的浪费。近年来，作物秸秆还田及纤维素资源的高效利用受到国内外广泛重视，尤其是利用土壤微生物进行纤维素高效降解和转化的生物技术途径更成为业界研究的热点。

为了研究和拓宽蔗作土壤的纤维素降解菌资源，筛选出优势菌株，摸索其基础性产酶条件，以期为下一步高效降解纤维素的生物制品研发及应用奠定基础，本研究从多年蔗作土壤中，以纤维素为培养基唯一碳源，筛选纤维素降解优势菌株，并进行形态学、生理生化和分子鉴定，确认其种属身份；运用控制单一因子变量的方法，从培养温度、培养时间、初始 pH 和接种量四个方面研究建立上述纤维素降解菌的优化产酶条件。

纤维素是自然界最丰富的可再生资源。纤维素的化学结构是 D-吡喃葡萄糖环通过 β-1,4-糖苷键彼此连接而形成的直链多聚体,其分子式为:$(C_6H_{10}O_5)_n$,纤维素是地球上最丰富的生物多聚物。在结构上纤维素有纤维素分子链排列紧密、密度大的结晶区,纤维素分子链排列松散、密度小的无定形区。晶体区域的存在严重阻碍了化学试剂或生物酶与纤维素有效接触,此外,天然的纤维还含有半纤维素与木质素,由此,造成了天然纤维素难以降解的现状。纤维素的资源利用主要源于纤维素的分解。

(一)纤维素降解菌株的筛选

1. 纤维素降解细菌菌株的初筛 从初筛培养基上挑取的菌株,进行反复划线纯化,根据菌落生长速度、颜色、气味等形态特征,初步去除相同菌株,再进行刚果红染色鉴定(图 6-49)。由此共筛选出 34 株纤维素降解细菌。

上述 34 个菌株的分子鉴定结果表明:它们分属 13 个属(表 6-57),其中细菌有 12 个属;放线菌有一个属,为菌株 7 和 36。透明圈直径与菌落直径之比越大,说明菌株降解纤维素的能力越强。但由于纤维素水解酶的分泌受多种条件影响,水解圈的大小除了同酶浓度有关外,还与细胞壁厚度、菌丝生长情况和产物或分泌物抑制等因素有关。因此透明圈的大小仅是酶活性或降解纤维素能力的初步判断,还需通过酶活性的测定进行复筛。

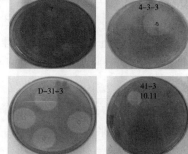

图 6-49 刚果红染色

表 6-57 34 株细菌菌种名称

编号	菌种名称	编号	菌种名称
1	腐生葡萄球菌 *Staphylococcus saprophyticus* subsp.	58	黄杆菌 *Flavobacterium* sp.
2	假单胞菌 *Pseudomonas* sp.	59	不动杆菌 *Acinetobacter* sp.
4	芽孢杆菌 *Bacillus* sp.	G-1-2	硝氨醇杆菌 *Sphingobacterium* sp.
7	链霉菌 *Streptomyces* sp.	G-1-3	假单胞菌 *Pseudomonas* sp.
8	贪铜杆菌 *Cupriavidus metallidurans*	G-2-3	假单胞菌 *Pseudomonas* sp.
9	不动杆菌 *Acinetobacter* sp.	G-3-2	假单胞菌 *Pseudomonas* sp.
17	恶臭假单胞菌 *Pseudomonas putida*	G-3-3	假单胞菌 *Pseudomonas* sp.
26	不动杆菌 *Acinetobacter* sp.	35C	芽孢杆菌 *Bacillus* sp.
29	假单胞菌 *Pseudomonas* sp.	D-31-3	金黄杆菌 *Chryseobacterium* sp.
30	假单胞菌 *Pseudomonas* sp.	41-3	芽孢杆菌 *Bacillus* sp.
31	肠杆菌 *Enterobacter* sp.	41-1-3	芽孢杆菌 *Bacillus* sp.
33	假单胞菌 *Pseudomonas* sp.	1-1	*Pelomonas* sp.
36	链霉菌 *Streptomyces* sp.	1-3	肠杆菌 *Enterobacter* sp.
53	假单胞菌 *Pseudomonas* sp.	1-4	不动杆菌 *Acinetobacter* sp.
56	不动杆菌 *Acinetobacter* sp.	1-6	假单胞菌 *Pseudomonas* sp.

（续）

编号	菌种名称	编号	菌种名称
1-8	不动杆菌 *Acinetobacter* sp.	1-11	*Cupriavidus laharis*
1-9	*Cupriavidus* sp.	1-12	黄杆菌 *Flavobacterium* sp.

2. 纤维素降解细菌菌株的复筛

（1）葡萄糖标准曲线的制作。以葡萄糖含量与对应的 OD 值分别为横坐标与纵坐标，绘制标准曲线，结果如图 6-50。

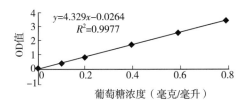

图 6-50 葡萄糖标准曲线

将 34 株菌接种到液体产酶培养基中，每隔 24 小时测各菌株的滤纸酶活性、微晶纤维素酶活性和 CMC 酶活性，所测数据采用 SPSS20.0 进行处理，并比较其差异显著性。其结果如下：

（2）滤纸酶活性表现。由图 6-51（A）可知，培养 1 天后，5 个菌株滤纸酶活性显著优于总体水平，其中菌株 G-1-3、G-2-3 和 G-3-2 酶活性水平最高（0.243～0.251 国际单位/克）；菌株 G-1-2 和 1-6 酶活性水平居次（0.203～0.211 国际单位/克）。培养 2 天后（图 6-51，B）菌株 G-3-3 酶活性跃居首位（0.240 国际单位/克），G-1-3 酶活性继续保持显著优势（0.226 国际单位/克），而菌株 G-2-3、G-3-2、G-1-2 和 1-6 的酶活性水平则显著下降，菌株 41-3、41-1-3 和 35C 酶活性则逐渐提高。培养 3 天后（图 6-51，C），34 个菌株滤纸酶活性差异分化程度加剧，菌株 G-3-3 酶活性继续提高，仍居首位（0.258 国际单位/克），菌株 G-2-3 酶活性居次（0.231 国际单位/克），均显著高于总体水平，菌株 41-3、41-1-3 和 35C 酶活性则继续提高，菌株 35C 与 41-1-3 进入酶活性高峰期。培养 4 天后（图 6-51，D），菌株 G-3-3 和 G-2-3 滤纸酶活性继续稳居显著领先地位（0.232～0.242 国际单位/克），菌株 41-3 酶活性仍继续呈提升趋势，菌株 41-1-3 和 35C 酶活性保持稳定。培养 5 天后（图 6-51，E），大部分菌株酶活性呈下降态势，菌株 G-3-3 酶活性仍保持显著优势，仍高达 0.226 国际单位/克，菌株 41-3 酶活性仍继续提高，菌株 41-1-3 和 35C 酶活性仍处持稳定高峰值。培养 6 天后（图 6-51，F），绝大部分菌株滤纸酶活性迅速下降，菌株 41-3 酶活性仍继续上升，菌株 41-1-3 和 35C 酶活性也继续维持在其高峰期，这 3 个菌株酶活性均显著高于其他菌株（0.128～0.146 国际单位/克）。培养 7 天后（图 6-51，G），菌株 41-3 酶活性仍继续上升，菌株 41-1-3 和 35C 酶活性有所下降，3 个菌株酶活性均显著高于其他菌株（0.126～0.134 国际单位/克）。

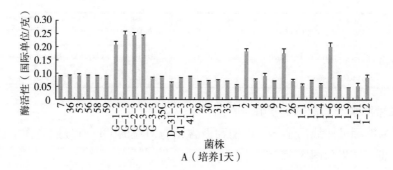

A（培养1天）

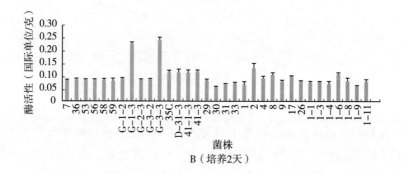

B（培养2天）

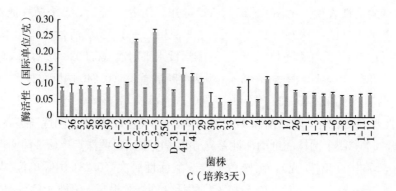

C（培养3天）

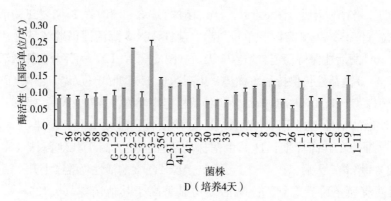

D（培养4天）

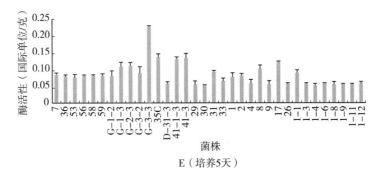

E（培养5天）

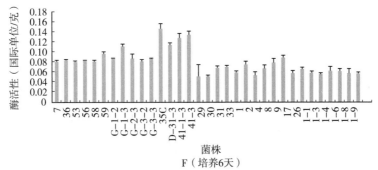

F（培养6天）

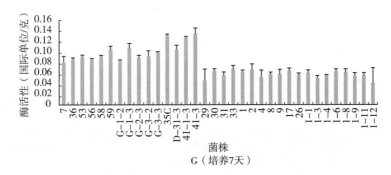

G（培养7天）

图 6-51　纤维素降解菌株的滤纸酶活性

（3）微晶纤维素酶活性表现。由图 6-52（A）可知，培养 1 天后，微晶纤维素酶活性的菌株间差异分化程度大于滤纸酶活性表现，菌株 G-2-3、G-3-2 和 G-3-3 酶活性水平最高（0.174～0.186 国际单位/克）；菌株 G-1-3、1-6、G-1-2、17 和 2 酶活性水平为 0.137～0.166 国际单位/克。第二天（图 6-52，B）微晶纤维素酶活性高的 3 株菌分别为 G-3-3（0.181 国际单位/克）、G-2-3（0.177 国际单位/克）和 30 号菌株（0.136 国际单位/克）。培养 2 天后菌株 G-3-3 和 G-2-3 酶活性继续显著高于其他菌株（0.177～0.181 国际单位/克）。培养 3 天后（图 6-52，C），菌株酶活性总体表现同第 2 天，菌株 G-3-3 和 G-2-3 酶活性表现仍优势显著。培养 4 天后（图 6-52，D），菌株 G-3-3 和 G-2-3 酶活性表现仍显著高于其他株系，均达各自最高值（0.251 国际单位/克、0.180 国际单位/克）。培养 5 天后（图 6-52，E），前期优势菌株 G-3-3 和

甘蔗农机农艺融合

G-2-3酶活性均开始急剧下降，G-3-3第4天的酶活性为0.251国际单位/克，到第5天性降至0.153国际单位/克；G-2-3第4天的酶活性为0.180国际单位/克，到第5天降至0.090国际单位/克。各菌株酶活性总体表现低下。培养6天后（图6-52，F），菌株41-3酶活性表现显著高于其他菌株（0.133国际单位/克），研究发现，随着培养时间的延长，该菌株酶活性表现始终保持增长趋势，尚未见酶活性下降特征。培养7天后（图6-52，G），菌株41-3酶活性表现仍显著高于总体水平（0.130国际单位/克），其酶活性持续增长的特征不同于绝大多数菌株培养5天后酶活性即快速下降的表现，值得关注。

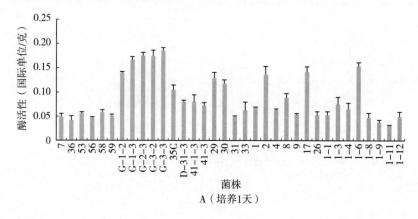

A（培养1天）

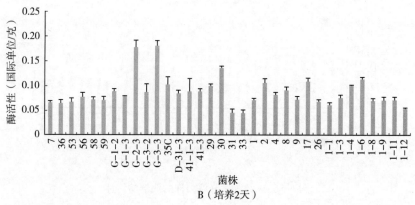

B（培养2天）

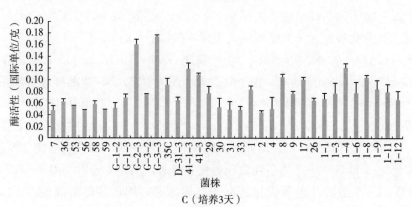

C（培养3天）

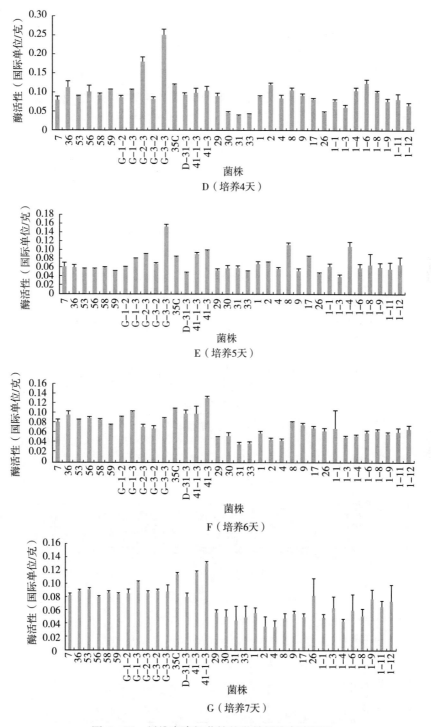

图 6-52　纤维素降解菌株的微晶纤维素酶活性

（4）CMC 酶活性表现。由图 6-53（A）可知，培养 1 天后，菌株 G-3-3、G-1-3 和 G-2-3 和 G-3-2 的 CMC 酶活性居于前列（0.311～0.370 国际单位/克），显著高

于其他菌株。培养 2 天后（图 6-53，B）菌株 CMC 酶活性表现趋势与微晶纤维素酶活性表现相似，菌株 G-3-3 和 G-2-3 酶活性继续显著高于其他菌株（0.292～0.329 国际单位/克），而菌株 35C、41-3、1 和 8 的酶活性开始提高，41-3 酶活性的提升速度最快。培养 3 天后（图 6-53，C），菌株酶活性总体表现同第 2 天，菌株 G-3-3 和 G-2-3 酶活性表现仍优势显著，菌株 35C、41-3、1 和 8 的酶活性继续上升，菌株 35C 和 1 达到酶活性高峰值。培养 4 天后（图 6-53，D），菌株酶活性总体表现同第 2～3 天，菌株 G-3-3 和 G-2-3 酶活性表现仍优势显著，菌株 41-3 和 8 的酶活性继续上升，达到酶活性高峰值，菌株 35C 酶活性仍维持在高峰期，而菌株 1 酶活性迅速下降。培养 5 天后（图 6-53，E），菌株 G-3-3 的 CMC 酶活性表现居于首位（0.319 国际单位/克），且与其他菌株存在显著差异。菌株 35C、41-3 继续维持酶活性高峰期，菌株 8 的酶活性迅速下降。培养 6 天后（图 6-53，F），绝大多数菌株 CMC 酶活性加速下降，菌株 41-3 酶

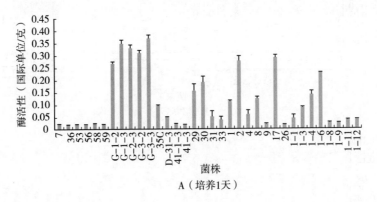

A（培养1天）

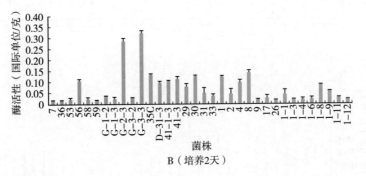

B（培养2天）

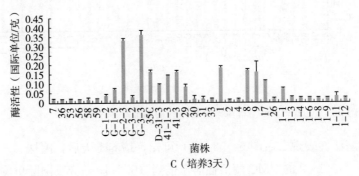

C（培养3天）

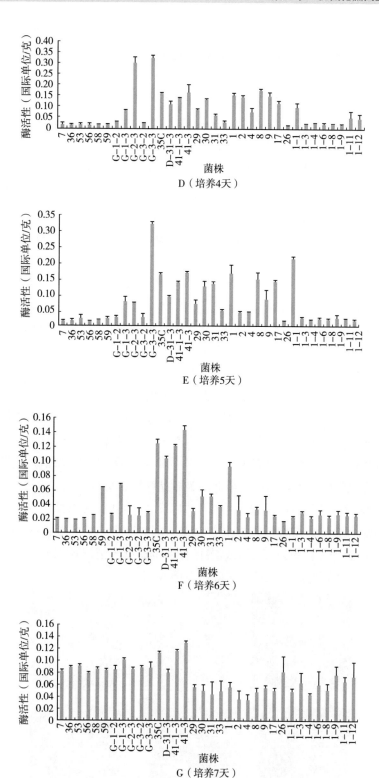

图 6-53 纤维素降解菌株 CMC 酶活性

活性尚未见显著下降，表现显著高于其他菌株（0.144 国际单位/克）。培养 7 天后（图 6-53，G），菌株酶活性总体表现同第 6 天，菌株 41-3 酶活性仍未见下降特征，表现显著高于其他菌株（0.157 国际单位/克）。

综合对比各菌株酶活性表现，并结合表 6-57 菌株分子鉴定结果可以得出：酶活较高的菌株有主要有假单胞菌属中的 G-3-3、G-2-3 与 G-1-3，均表现出培养（一周内）初期与中期酶活性高，到后期酶活性明显降低的特征；芽孢杆菌属中的 41-3、41-1-3 与 35C，表现出酶活性（一周内）前期低，中期及后期酶活性逐渐升高后能维持较高酶活性的特征。

为避免筛选出相同菌株，并得到酶活性相对高且稳定的菌株，统计各菌株酶活性较高出现的次数：G-3-3 在前 5 天（除去第一天滤纸酶活性较低）的滤纸酶活性、微晶纤维素酶活性和 CMC 酶活性均最高，酶活性达到最高的频次为 14 次，而 G-1-3 与 G-2-3 相对表现稍逊。故而以 3 种酶活性绝对高值及其出现频次选出 G-3-3。

41-3 在第 6 天滤纸酶活性位居第 2，微晶纤维素酶活性及 CMC 酶活性均最高，第 7 天 3 种不同酶活性均最高，前 5 天 41-3、41-1-3 与 35C 酶活性虽然大小不同，但整体相差不大，基于 41-3 的酶活性随时间推移变化特征（包括酶活性高峰期持续天数），将 41-3 作为优势菌选出。

综合以上分析，G-3-3 的滤纸酶、微晶纤维素酶、CMC 酶在前 5 天表现出了高的活性，在第 6 天酶活性开始急剧下降，后保持较低的酶活性，在 3 种酶里，酶活性值最高的为 CMC 酶，在前 5 天里 CMC 酶活性均高于其他两种酶活性，第 6 天与第 7 天则相反；41-3 的滤纸酶活性、微晶纤维素酶活性、CMC 酶活性整体呈上升趋势，第 1 天 CMC 酶活性比滤纸酶活性与微晶纤维素酶活性低，但第 2 天之后，CMC 酶活性均高于其他两种酶活性，酶性变化幅度更大，酶活性最低的为微晶纤维素酶。

3. 纤维素降解真菌菌株的筛选 将从孟加拉红培养基上挑取的菌株，反复进行划线纯化，根据菌落的形态结构特征，初步去除相同菌株，将纯化的菌株接种于滤纸培养基中，置于 28℃恒温培养箱中，15 天后，各菌株降解滤纸条情况如图 6-54。结果 M51 滤纸条完全崩解，由此筛选出一株纤维素降解真菌 M51。

图 6-54 滤纸条降解试验

（二）纤维素降解优势菌株的鉴定

1. 菌株 G‑3‑3 的鉴定

（1）群落形态及显微镜形态。菌株 G‑3‑3 在平板上单菌落扁平，菌落内部稍凹陷，在培养基表面生长，透明，菌落表面平滑，不易挑起，有气味，生长速度中等（30 小时左右能在培养基上长出单菌落）。在显微镜下，菌株 G‑3‑3 呈短棒状，杆菌，大小为（1～2）微米×（3～5）微米。放大倍数为 1 000 倍。

（2）生理生化鉴定。对菌株 G‑3‑3 进行生理生化鉴定，其结果如表 6‑58 所示。

表 6‑58　菌株 G‑3‑3 生理生化试验

试验项目	结果
革兰氏染色	－
过氧化氢试验	＋
淀粉水解试验	＋
乙酰甲基醇试验	＋
明胶液化试验	＋
柠檬酸盐利用试验	
耐盐性试验	＋
运动性试验	－
酪氨酸酶试验	－
精氨酸双水解酶试验	－
苯丙氨酸酶试验	－

注："＋"为阳性，"－"为阴性。

（3）分子鉴定。菌株 G‑3‑3 PCR 扩增产物测序后，在 GenBank 数据库中进行比对，找到其同源序列。结果表明，菌株 G‑3‑3 与登录号为 HM103328.1 的菌株的同源性高达 98%，以此比对结果为基础建立系统发育树（图 6‑55）。

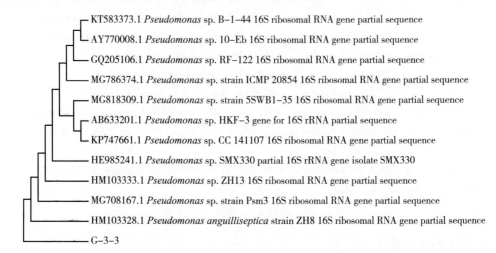

KT583373.1 *Pseudomonas* sp. B‑1‑44 16S ribosomal RNA gene partial sequence

AY770008.1 *Pseudomonas* sp. 10‑Eb 16S ribosomal RNA gene partial sequence

GQ205106.1 *Pseudomonas* sp. RF‑122 16S ribosomal RNA gene partial sequence

MG786374.1 *Pseudomonas* sp. strain ICMP 20854 16S ribosomal RNA gene partial sequence

MG818309.1 *Pseudomonas* sp. strain 5SWB1‑35 16S ribosomal RNA gene partial sequence

AB633201.1 *Pseudomonas* sp. HKF‑3 gene for 16S rRNA partial sequence

KP747661.1 *Pseudomonas* sp. CC 141107 16S ribosomal RNA gene partial sequence

HE985241.1 *Pseudomonas* sp. SMX330 partial 16S rRNA gene isolate SMX330

HM103333.1 *Pseudomonas* sp. ZH13 16S ribosomal RNA gene partial sequence

MG708167.1 *Pseudomonas* sp. strain Psm3 16S ribosomal RNA gene partial sequence

HM103328.1 *Pseudomonas anguilliseptica* strain ZH8 16S ribosomal RNA gene partial sequence

G‑3‑3

图 6‑55　菌株 G‑3‑3 的系统发育树

2. 菌株 41-3 的鉴定

（1）群落形态及显微镜形态。菌株 41-3 在平板上单菌落为半圆球形，菌落中心隆起，不透明，菌体表面湿润光滑，菌体黏稠，易挑起。在显微镜下，菌株 41-3 呈杆状，大小（3~4）微米×（5~10）微米，放大倍数为 1 000 倍。

（2）生理生化鉴定。对菌株 41-3 进行生理生化鉴定，其结果如表 6-59 所示。

表 6-59 菌株 41-3 生理生化试验

试验项目	结果
革兰氏染色	+
过氧化氢试验	−
淀粉水解试验	+
乙酰甲基醇试验	+
明胶液化试验	+
柠檬酸盐利用试验	+
耐盐性试验	+
运动性试验	−
酪氨酸酶试验	+
精氨酸双水解酶试验	+
苯丙氨酸酶试验	+

注："＋"为阳性，"－"为阴性。

（3）分子鉴定。菌株 41-3 PCR 扩增产物测序后，在 GenBank 数据库中进行比对，找到其同源序列。结果表明，菌株 41-3 与登录号为 KX817898.1 的菌株的同源性高达98%，以此比对结果为基础建立系统发育树（图 6-56）。

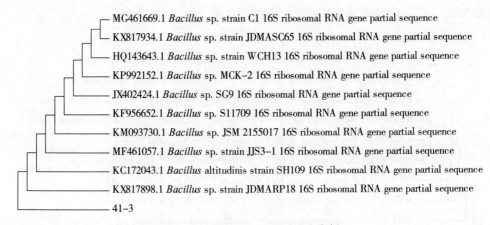

图 6-56 菌株 41-3 的系统发育树

3. 菌株 M51 的鉴定

（1）群落形态及显微镜形态。菌株 M51 在平板上单菌落为白色菌丝匍匐前进，菌落中间隆起。菌落在培养基上时间过长，菌落中间上面有白色孢子覆盖，背面呈黑色，四周菌丝为褐色，菌座伸入培养基，不易挑起。

小心地挑取新鲜菌丝于载玻片上，可以观察到在菌落周围有许多细密的白色菌丝，菌丝周围有许多散落的小孢子，另外有部分小孢子聚集在一起，呈囊状。

（2）分子鉴定。M51菌株PCR扩增产物测序后，在GenBank数据库中进行比对，找到其同源序列。结果表明菌株M51与登录号为KC894850.1的菌株 *Parascedosporium* 同源性高达99%，以此比对结果为基础建立系统发育树（图6-57）。

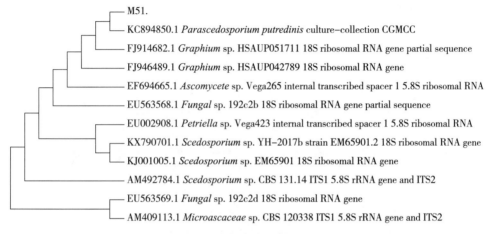

图6-57　菌株M51的系统发育树

（三）优势菌株羧甲基纤维素酶产酶条件优化的研究

为解决生产上纤维素酶用量大、成本高这一问题，提高纤维素酶的产量，进而将筛选到的产酶高、生长快的纤维素降解菌加以应用，以优化发酵的条件。在测定酶活性的过程中，往往只能测定其中某一种特定的成分，而实际的降解过程是多种组分共同催化分解的结果。本试验选择测定纤维素复合酶中的关键酶——CMC酶来进行纤维素产酶条件优化的研究。影响发酵条件的因素主要有培养时间、培养温度、培养液初始pH、摇床转速、接种量与装液量等。其中培养时间、培养温度与培养液初始pH是影响酶活性较大的三个因素。因此本试验从培养时间、培养温度与培养液初始pH三个方面进行产酶条件优化。

1. 培养时间　根据预试验结果，选择接种量2%，pH7，30℃的常规培养条件，研究所选优势菌株适宜的培养时间。每隔24小时测一次CMC酶活力。由图6-58得知，培养时间对CMC酶活性的影响较大。不同菌株CMC酶活性随着时间的改变，酶活性变化趋势大致相同，都有先增高再降低的趋势，接种后随着时间的推移，菌的浓度在培养基中不断增加，伴随着菌的生长，产酶量也在不断增加，当增加到一定程度，可能是由于菌受到了末端代谢产物的反馈遏制而出现下降的情况，代谢产物后期积累得越来越多，培养基内营养匮乏条件开始恶化，酶活性开始下降。但不同菌达到峰值的时间不同。菌株41-3培养1天后所测CMC酶活性即开始迅速提高，培养3～5天为酶活性高峰持续期，培养5天酶活性达最高值，为 0.163 国际单位/克，且与其他时间酶活性存在差异显著性；随后即开始下降，第 6 天酶活性降至 0.154 国际单位/克。菌株 G-3-3 培养 3 天后酶活性开始迅速提升，第 4 天达到峰值（0.298 国际单位/克），但高峰持续期短，1 天后酶活性即显著下降，第 5 天酶活性降至 0.229 国际单位/克。菌株 M51 培养 2 天后酶活性开始迅速提高，3～4 天为酶活性快速提升期，4～5 天为酶活性高峰持续期，培养 5 天后酶活性开始显著下降。第 5 天酶活性最高，最高值为 0.081 国际单位/克。由此确定，菌株 G-3-3 在第 4 天酶活性最高；菌株 41-3 在第 5 天酶活性最高；菌株 M51 在第 5 天酶活性最高。

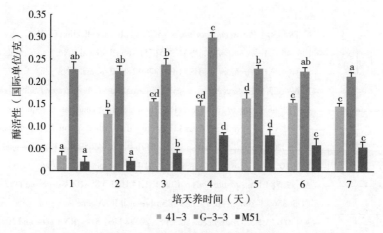

图 6-58　酶活性随时间的变化情况

2. 培养基初始 pH　将菌接种到液体产酶培养基中，培养基初始 pH 设为 4、5、6、7 和 8，在 30℃、200 转/分钟的条件下恒温振荡培养，分别在培养第 4 天和第 5 天测量各菌株的 CMC 酶活性（图 6-59）。

菌株 41-3 无论是第 4 天或第 5 天，均以 pH7 为最优条件，结果还显示出该菌喜中性、耐酸，培养第 5 天比第 4 天的耐酸能力有所增强，第 5 天可作为该菌耐酸功能转化研究的有益时期。菌株 G-3-3 嗜酸特征明显，以培养 4～5 天，pH6 为宜，第 4 天耐酸性能更宽泛（pH4～6），5 天则耐酸性能略有下降，以微酸条件（pH6）为宜。菌株 M51 喜中性，在 pH7 的条件下，培养 4～5 天均可，总体上培养第 5 天的酶活表现优于第 4 天。由此确定，菌株 G-3-3 在培养基初始 pH6 时，酶活性最高菌株；菌株 41-3 在培养基

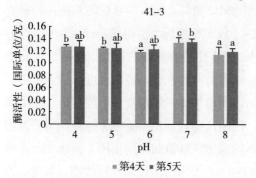

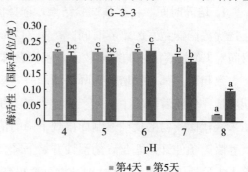

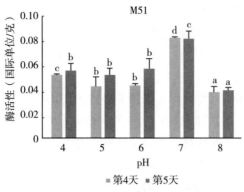

图 6-59 酶活性随 pH 的变化

初始 pH7 时，酶活性最高；菌株 M51 在培养基初始 pH7 时，酶活性最高。

3. 培养温度 将 3 株菌分别接种到 pH7 的液体产酶培养基中，分别在 15℃、20℃、25℃、30℃和 35℃的条件下 200 转/分钟恒温振荡培养测量各菌株的 CMC 酶活性（图 6-60）。

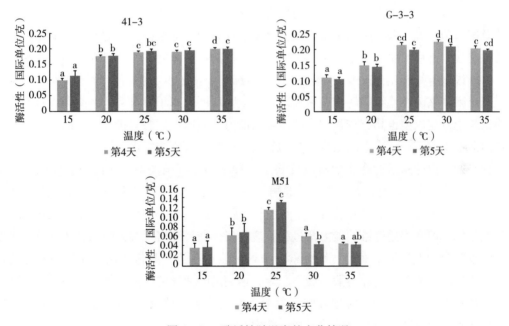

图 6-60 酶活性随温度的变化情况

由图 6-60 可知，CMC 酶活性受温度的影响较大，不同菌达到最高酶活性的温度不同：

菌株 41-3：呈嗜温特征，总体上以最高温处理 35℃为最优，最高酶活性为 0.204 国际单位/克，培养 5 天的高酶活性温度范围略宽（30~35℃），培养 4 天的高酶活性温度以 35℃最佳。

菌株 G-3-3：温度处理间呈显著差异，30℃培养 4~5 天酶活性最高，为 0.231 国际单位/克，总体上相同培养温度培养 4 天酶活性略高于 5 天，但无显著差异。

菌株 M51：温度处理间差异显著，对高酶活性温度要求严格，以培养 5 天 25℃为宜，在温度为 25℃时，CMC 酶活性达到最大值（0.133 国际单位/克）。

由此得出，菌株 G-3-3 最适产酶温度为 30℃；菌株 41-3 最适产酶温度为 35℃；菌株 M51 最适产酶温度为 25℃。

综合以上分析，培养时间为 5 天，培养基初始 pH6，培养温度 30℃时，菌株 G-3-3 的酶活性最高，为 0.221 国际单位/克；培养时间为 5 天，培养基初始 pH7，培养温度 35℃时，菌株 41-3 的酶活性最高，为 0.204 国际单位/克；培养时间为 5 天，培养基初始 pH7，培养温度 25℃时，菌株 M51 的酶活性最高，为 0.133 国际单位/克。

土壤中细菌数量多，一般真菌、细菌、放线菌在一定条件下均可产生纤维素酶，目前许多研究学者所分离筛选出的多种产纤维素酶的微生物以真菌居多，这主要是由于真菌纤维素降解能力一般高于细菌。而对纤维素降解细菌的研究相对较少，但产纤维素酶的细菌种类丰富，且细菌具有更强的耐酸碱性特性，适应环境能力强，耐热，易培养，生长周期短等。

在对筛选到的 3 株菌酶活性测定时发现：该试验筛选出的纤维素降解菌的种类有芽孢杆菌及假单胞菌属，假单胞菌主要表现在高酶活性方面，芽孢杆菌在宽 pH 范围内具有较强的稳定性，是目前研制微生态制剂中使用最广泛的益生菌之一。该研究与前人有相通之处，另外该试验筛选出的一株真菌 *Parascedosporium*，还没有报道作为纤维素降解真菌被筛选出来，该菌在滤纸降解试验中发现，滤纸降解能力高于青霉菌与毛壳菌，且在生理生化试验中发现该菌也具有较强的降解淀粉的能力。但由于试验安排等方面的原因，及其内切酶活性不够高，结果未能做进一步的研究，有待进一步的探索。

优势细菌菌株酶活性变化的特征反映了两种不同的细菌类型：在研究时间内，菌株 G-3-3 酶活性最高，前 5 天均表现高的酶活性；而菌株 41-3 在第 3~7 天均能保持相对高的酶活性，即前中期酶活性高型与中后期酶活性高型；菌株 M51 酶活性与细菌相比，酶活性较低，但降解滤纸条的能力却最强，说明仅仅通过测定纤维素酶活性来评价一个菌株的纤维分解能力是不全面的，纤维素的水解可能存在一些其他机制，还有待深入的研究。说明单一优势菌株仍存在酶活性不稳定、达到高酶活性的时期不统一、单一菌株降解能力差这一问题，下一步可考虑加强对复合菌系的研究，研究各菌株之间的协同产酶能力，以达到稳定持续的高酶活性及高降解能力。

在针对菌株产酶条件优化的研究中发现，条件优化结果与张智等人对芽孢杆菌条件优化试验结果存在部分差异，说明即使是同一属的菌株，菌株不同，产酶条件也会存在差异，另外本试验仅通过单一变量研究方法对单一菌株做了条件优化，因为时间原因仅做了培养时间、培养温度及培养基初始 pH 三个方面的优化试验，此外还有摇床转速、装液量、接种量及培养基营养条件等方面有待优化，另外，某一产酶培养条件优化后，是否对其他培养条件优化时产生了一定的影响，还有待研究，可考虑采用正交设计更科学地进行。后期将从大田模拟条件关键因子的效应分析等方面研究，将试验由实验室向田间实践方面转变，提高该试验的应用价值。

八、芽前除草剂在土壤中的动态分布及对甘蔗生长的影响

目前全世界杂草种类达 1 800 种以上，农田杂草群落生态复杂，滋生迅速，如未及时防除，杂草同作物竞争光照、水分、营养等资源条件，妨碍作物的正常生长，导致作物减产，形成草害。据 2002 年统计结果显示，我国农田发生草害面积达 503.5 万公顷，由此造成粮食减产达 175 亿千克。另据报道，我国玉米田受草害影响的面积约占播种面积的 90.1%，每年因草害造成玉米减产高达 1.2×10^9 千克；水稻田因草害影响每年损失稻谷达 5 000 万吨。甘蔗播种后 6 周未进行除草的，可造成甘蔗减产 16.1%，甘蔗苗期至收获期从未进行除草，甘蔗减产幅度高达 77.2%。

农业生产上的杂草防除技术可分为 5 种，分别为农业防治、生物防治、机械防治、物理防治和化学防治，其中化学防治技术因其经济、省时省力、高效便捷的特性应用最为广泛，成为最主要的杂草防除技术。据联合国粮食及农业组织的统计，农田施用除草剂防除草害，由此增加粮食产量 10% 以上。根据 Muhammad Ishfaq Khan 的报道，在小麦田施用除草剂唑酮草酯比未施用除草剂的麦田增产 64%，经施用除草剂二甲·辛酰溴对比未施用除草剂的麦田，增产 50%，增产比例可观。目前全球范围内普遍使用的除草剂主要类型有三嗪类、酰胺类、磺酰脲类和苯氧羧酸类，其中阿特拉津和乙草胺分别是三嗪类和酰胺类应用最广泛的两种除草剂，也是我国蔗田中应用最广泛的两种除草剂。

(一) 不同喷施浓度的芽前除草剂在不同紧实度土壤中的动态分布

1. 土壤中除草剂总量的差异分析

(1) 土壤中阿特拉津总量的差异分析。如表 6-60 所示，采用不同喷施浓度处理，喷后 15 天、30 天、45 天，在 10 厘米土层内的阿特拉津总含量存在浓度处理效应的显著差异，喷后各时期 10 厘米土层中的阿特拉津总含量亦存在不同土壤紧实度处理效应的显著差异，但喷施浓度与土壤紧实度的互作效应仅在喷后 15 天表现显著差异。

表 6-60　阿特拉津喷施浓度与土壤紧实度在各个时期的互作效应

源	因变量（残留量）	df	F	P
紧实度	15 天	2.000	5.391	0.010
	30 天	2.000	4.341	0.022
	45 天	2.000	3.864	0.032
浓度	15 天	4.000	12.948	0.000
	30 天	4.000	9.062	0.000
	45 天	4.000	3.852	0.012
紧实度×浓度	15 天	8.000	3.330	0.008
	30 天	8.000	1.151	0.360
	45 天	8.000	1.258	0.302

注：方差分析均在 0.05 水平下，在同一时期内分析处理间的差异显著性，下同。

如表 6-61 所示，土壤中阿特拉津总含量随喷施浓度的增加呈趋同关系，即处理浓度越高，土壤中阿特拉津总含量越高，并随着喷后时间延长而衰减。喷后 15 天的浓度处理效应差异大于 30 天及 45 天，喷后 15 天呈现出 3 组处理效应的显著差异，即高浓度处理 C4、适中浓度处理 C2 与 C3、低浓度处理 C1 与对照 CK，组内差异不显著；喷后 30 天仅 C4 与其他各处理相较呈显著差异；至喷后 45 天，除清水对照外，仅 C4 与 C1 有显著差异。故喷后 15 天可作为阿特拉津浓度梯度效应研究的适宜时期。

表 6-61　喷施浓度对各时期 10 厘米土层中的阿特拉津总含量的影响

浓度处理	15 天	30 天	45 天
C4	321.18±46.09a	82.09±16.53a	14.89±5.29a
C3	138.52±27.38b	25.47±9.21b	10.06±3.33ab
C2	123.5±13.02b	22.47±8.64b	8.44±3.07ab
C1	70.73±9.55bc	7.34±1.97b	1.10±0.45bc
CK	0.00±0.00c	0.00±0.00b	0.00±0.00c

如表 6-62 所示，不同土壤紧实度处理下的阿特拉津总含量仍呈现随时间衰减的规律，但喷后 15 天土壤紧实度适中处理 T2 中阿特拉津总含量最高，且与疏松处理 T3、紧实处理 T1 间均呈显著差异，但 T1、T3 间未见显著差异，显示该时期是研究阿特拉津在不同土壤紧实度下吸附、挥发或渗漏动态效应的适宜时期；喷后 30 天土壤紧实度适中处理 T2、紧实处理 T1 与疏松处理 T3 间均呈显著差异，但 T1、T2 间未见显著差异，疏松处理 T3 中的阿特拉津总含量最低；喷后 45 天仅土壤紧实度紧实处理 T1 与疏松处理 T3 间呈显著差异，其他处理间均未见显著差异，仍以疏松处理 T3 中的阿特拉津总含量最低。

表 6-62　土壤紧实度对各时期 10 厘米土层中的阿特拉津总含量的影响

紧实度处理	15 天	30 天	45 天
T3	90.24±11.73b	8.30±2.47b	1.78±0.49b
T2	199.35±31.20a	32.38±9.04a	7.46±2.17ab
T1	102.78±24.61b	41.88±12.26a	11.46±3.88a

（2）土壤中乙草胺总含量的差异分析。如表 6-63 所示，采用不同喷施浓度处理，喷后 15 天、30 天、45 天，在 10 厘米土层内的乙草胺总含量存在浓度处理效应的显著差异，不同土壤紧实度处理在喷后 30 天 10 厘米土层中的乙草胺总含量存在处理效应的显著差异，总体上，喷施浓度与土壤紧实度的互作效应对各时期 10 厘米土层中的乙草胺总含量的影响不显著。

表 6-63　乙草胺喷施浓度与土壤紧实度在各个时期的互作效应

源	因变量（残留量）	df	F	P
	15 天	2.000	0.810	0.454
紧实度	30 天	2.000	4.957	0.014
	45 天	2.000	3.297	0.051

（续）

源	因变量（残留量）	df	F	P
浓度	15 天	4.000	33.546	0.000
	30 天	4.000	69.137	0.000
	45 天	4.000	29.255	0.000
紧实度×浓度	15 天	8.000	1.638	0.156
	30 天	8.000	0.784	0.621
	45 天	8.000	1.380	0.245

如表 6-64 所示，土壤中乙草胺总含量随喷施浓度的增加亦呈趋同关系，即处理浓度越高，土壤中乙草胺总含量越高，也呈现随喷后时间延长而衰减的规律。仅喷后 15 天 C2 与 C3、喷后 45 天 C3 与 C4 浓度处理间未见显著差异，其他浓度处理间均存在显著差异。由于 C2、C3 同处适中浓度处理组，故喷后 15 天、30 天均可作为乙草胺浓度梯度效应研究的适宜时期。

表 6-64　喷施浓度对各时期 10 厘米土层中的乙草胺总含量的影响

浓度处理	15 天	30 天	45 天
C4	410.25±77.31a	250.91±34.09a	162.65±21.26a
C3	299.36±38.63b	192.57±21.29b	151.76±27.83a
C2	279.86±29.48b	155.12±16.37c	112.01±13.59b
C1	190.41±14.22c	73.75±18.53d	45.87±9.34c
CK	0.00±0.00d	0.00±0.00e	0.00±0.00d

如表 6-65 所示，不同土壤紧实度处理下的乙草胺总含量均呈现随时间衰减的规律，均以土壤紧实度紧实处理 T1 中的含量为最低，适中处理 T2 含量最高，但各时期 T2 与疏松处理 T3 均无显著差异。喷后 15 天，不同土壤紧实度处理间差异均不显著；喷后 30 天，紧实处理 T1 中的乙草胺总含量显著少于适中处理 T2 与疏松处理 T3；喷后 45 天，紧实处理 T1 中的乙草胺总含量显著少于适中处理 T2，与疏松处理 T3 间差异不显著。故喷后 30 天可作为乙草胺土壤紧实度效应研究的适宜时期。

表 6-65　土壤紧实度对各时期 10 厘米土层中的乙草胺总含量的影响

紧实度处理	15 天	30 天	45 天
T3	237.65±20.94a	143.38±10.57a	100.96±19.45ab
T2	253.54±37.28a	149.03±23.50a	108.48±13.81a
T1	216.73±28.66a	111.01±16.47b	73.94±21.59b

2. 不同土层中除草剂含量的差异分析

（1）不同土层中阿特拉津含量的差异分析。如表 6-66 所示，不同喷施浓度处理、喷后不同时长及二者的互作效应的各土层阿特拉津含量均有显著差异；0～2 厘米、>6～8

甘蔗农机农艺融合

厘米、>8～10 厘米土层中的阿特拉津含量存在土壤紧实度处理效应的显著差异；土壤紧实度与喷施浓度的互作效应在 0～2 厘米、>8～10 厘米土层有显著差异；土壤紧实度与喷后不同时长的互作效应在 0～2 厘米、>4～6 厘米、>6～8 厘米、>8～10 厘米土层均有显著差异；喷施浓度、土壤紧实度与喷后不同时长三者的互作效应在 0～2 厘米、>4～6 厘米、>6～8 厘米土层均有显著差异。

表 6 - 66　各时期各土层的喷施浓度处理、土壤紧实度处理及互作的处理效应

源	因变量（残留量）	df	F	P
时间×紧实度	0～2 厘米	4.000	4.258	0.003
	>2～4 厘米	4.000	2.128	0.084
	>4～6 厘米	4.000	2.508	0.048
	>6～8 厘米	4.000	3.280	0.015
	>8～10 厘米	4.000	2.760	0.032
时间×浓度	0～2 厘米	8.000	8.522	0.000
	>2～4 厘米	8.000	5.247	0.000
	>4～6 厘米	8.000	8.235	0.000
	>6～8 厘米	8.000	5.808	0.000
	>8～10 厘米	8.000	4.276	0.000
紧实度×浓度	0～2 厘米	8.000	3.786	0.001
	>2～4 厘米	8.000	0.300	0.964
	>4～6 厘米	8.000	1.107	0.366
	>6～8 厘米	8.000	1.407	0.205
	>8～10 厘米	8.000	3.179	0.003
时间×紧实度×浓度	0～2 厘米	16.000	3.135	0.000
	>2～4 厘米	16.000	1.267	0.236
	>4～6 厘米	16.000	3.223	0.000
	>6～8 厘米	16.000	2.379	0.005
	>8～10 厘米	16.000	1.020	0.444
时间	0～2 厘米	2.000	28.589	0.000
	>2～4 厘米	2.000	69.587	0.000
	>4～6 厘米	2.000	85.130	0.000
	>6～8 厘米	2.000	49.377	0.000
	>8～10 厘米	2.000	38.245	0.000
紧实度	0～2 厘米	2.000	6.363	0.003
	>2～4 厘米	2.000	0.798	0.453
	>4～6 厘米	2.000	1.989	0.143
	>6～8 厘米	2.000	3.881	0.024
	>8～10 厘米	2.000	8.652	0.000

（续）

源	因变量（残留量）	df	F	P
浓度	0～2厘米	4.000	15.420	0.000
	>2～4厘米	4.000	11.682	0.000
	>4～6厘米	4.000	18.555	0.000
	>6～8厘米	4.000	14.688	0.000
	>8～10厘米	4.000	17.217	0.000

注：方差分析均在0.05水平下，在同一土层内分析处理间的差异显著性（下文同）。

如表6-67所示，除0～4厘米土层阿特拉津含量在喷后30天和45天差异不显著外，其他土层阿特拉津含量的时间处理效应均有显著差异。

表6-67　不同时期对各个土层中的阿特拉津残留量的影响

时期	0～2厘米	>2～4厘米	>4～6厘米	>6～8厘米	>8～10厘米
15天	79.99±13.59a	18.74±7.94a	12.47±3.32a	10.66±3.19a	8.35±2.64a
30天	16.21±4.22b	2.41±1.20b	2.72±0.23b	3.06±1.22b	3.13±1.28b
45天	3.81±1.06b	1.11±0.42b	0.64±0.17c	0.80±0.15c	0.54±0.21c

如表6-68所示，在0～2厘米土层的阿特拉津含量除最高浓度处理C4外，其他浓度处理间均未见显著差异；在>2～4厘米土层的阿特拉津含量除清水对照CK、最高浓度处理C4与其他浓度处理差异显著外，其他浓度处理C1、C2和C3间未见显著差异；>4～6厘米土层阿特拉津含量的浓度处理效应差异有所增大，CK、C1、C2和C4浓度处理间均呈显著差异；>6～8厘米土层仅C2、C3浓度处理间未见显著差异，是浓度梯度处理效应差异研究较为理想的土层。

表6-68　喷施浓度对各个土层中的阿特拉津残留量的影响

浓度处理	0～2厘米	>2～4厘米	>4～6厘米	>6～8厘米	>8～10厘米
C4	98.03±16.16a	14.12±3.04a	9.47±2.10a	9.55±2.45a	8.22±2.88a
C3	26.80±7.55b	8.88±3.57b	7.76±3.85ab	5.90±3.08b	6.64±2.39a
C2	26.64±5.68b	7.96±1.26b	5.90±2.12b	5.84±2.63b	3.44±1.87b
C1	13.22±5.08b	5.75±2.41b	3.02±0.93c	2.73±1.49c	1.67±0.44bc
CK	0.00±0.00b	0.00±0.00c	0.00±0.00d	0.00±0.00d	0.00±0.00c

如表6-69所示，在0～2厘米土层阿特拉津含量土壤紧实度适中处理T2与紧实处理T1、疏松处理T3间均表现显著差异，T2的阿特拉津含量是T1、T3的1.86～3.42倍；>2～6厘米土层土壤紧实度处理对土壤中阿特拉津含量的影响差异不显著；>6～10厘米土层的阿特拉津含量疏松处理T3与适中处理T2、紧实处理T1间均呈显著差异，但T2、T1间未见显著差异，>6～8厘米土层T3的阿特拉津含量是T1、T2的49.26%～

56.52%，＞8～10厘米土层 T3 的阿特拉津含量是 T1、T2 的 32.22%～36.19%。

表 6-69 土壤紧实度对各个土层中的阿特拉津残留量的影响

紧实度处理	0～2厘米	＞2～4厘米	＞4～6厘米	＞6～8厘米	＞8～10厘米
T3	15.75±6.27b	6.31±2.56a	3.91±1.79a	2.99±0.62b	1.73±0.38b
T2	53.88±19.43a	8.60±3.95a	5.82±3.21a	6.07±1.85a	5.37±2.08a
T1	28.97±9.75b	7.08±2.87a	5.92±1.42a	5.29±3.03a	4.78±1.31a

（2）不同土层中乙草胺含量的差异分析。如表 6-70 所示，不同喷施浓度处理、喷后不同时长及二者的互作效应的各土层乙草胺含量均有显著差异；0～2厘米、＞2～4厘米土层中的乙草胺含量存在土壤紧实度处理效应的显著差异；土壤紧实度与喷施浓度的互作效应仅在 0～2厘米土层有显著差异；土壤紧实度与喷后不同时长的互作效应未见显著差异；喷施浓度、土壤紧实度与喷后不同时长三者的互作效应在 0～2厘米、＞6～8厘米土层有显著差异。

表 6-70 各时期各土层的喷施浓度处理、土壤紧实度处理及互作的处理效应

源	因变量（残留量）	df	F	P
时间×紧实度×浓度	0～2厘米	16.00	2.37	0.01
	＞2～4厘米	16.00	0.53	0.92
	＞4～6厘米	16.00	1.51	0.11
	＞6～8厘米	16.00	2.83	0.00
	＞8～10厘米	16.00	1.00	0.47
时间×紧实度	0～2厘米	4.00	0.24	0.91
	＞2～4厘米	4.00	0.53	0.71
	＞4～6厘米	4.00	0.85	0.50
	＞6～8厘米	4.00	0.31	0.87
	＞8～10厘米	4.00	1.26	0.29
紧实度×浓度	0～2厘米	8.00	1.98	0.06
	＞2～4厘米	8.00	1.62	0.13
	＞4～6厘米	8.00	0.85	0.56
	＞6～8厘米	8.00	1.40	0.21
	＞8～10厘米	8.00	0.55	0.82
时间×浓度	0～2厘米	8.00	3.22	0.00
	＞2～4厘米	8.00	4.41	0.00
	＞4～6厘米	8.00	5.95	0.00
	＞6～8厘米	8.00	4.84	0.00
	＞8～10厘米	8.00	4.53	0.00

（续）

源	因变量（残留量）	df	F	P
时间	0～2 厘米	2.00	20.40	0.00
	>2～4 厘米	2.00	33.56	0.00
	>4～6 厘米	2.00	55.80	0.00
	>6～8 厘米	2.00	34.92	0.00
	>8～10 厘米	2.00	23.95	0.00
紧实度	0～2 厘米	2.00	5.34	0.01
	>2～4 厘米	2.00	5.69	0.00
	>4～6 厘米	2.00	1.61	0.21
	>6～8 厘米	2.00	0.14	0.87
	>8～10 厘米	2.00	0.73	0.49
浓度	0～2 厘米	4.00	56.41	0.00
	>2～4 厘米	4.00	30.74	0.00
	>4～6 厘米	4.00	24.02	0.00
	>6～8 厘米	4.00	15.10	0.00
	>8～10 厘米	4.00	16.53	0.00

如表 6-71 所示，0～4 厘米土层乙草胺含量喷后 15 天与喷后 30 天、45 天处理间均有显著差异，但喷后 30 天与 45 天差异不显著，其他土层乙草胺含量的时间处理效应均有显著差异。

表 6-71　不同时期对各个土层中的乙草胺残留量的影响

时期	0～2 厘米	>2～4 厘米	>4～6 厘米	>6～8 厘米	>8～10 厘米
15 天	160.36±11.09a	38.06±11.46a	18.95±5.46a	10.22±3.57a	7.17±1.10a
30 天	98.77±20.46b	16.82±9.64b	6.75±3.55b	5.59±2.13b	5.88±1.29b
45 天	94.03±13.83b	15.26±4.95b	3.71±1.47c	0.91±0.18c	0.68±0.22c

如表 6-72 所示，在各土层中，0～2 厘米土层的喷施浓度处理效应差异最大，仅处理 C2 与 C3 间无显著差异，其他处理间均有显著差异，是进行乙草胺浓度梯度效应研究的适宜土层。

表 6-72　喷施浓度对各个土层中的乙草胺残留量的影响

浓度处理	0～2 厘米	>2～4 厘米	>4～6 厘米	>6～8 厘米	>8～10 厘米
C4	206.32±38.79a	37.61±9.68a	14.68±4.93a	8.75±3.84a	8.39±2.95a
C3	151.02±27.83b	33.01±6.21a	14.61±5.28a	8.48±4.01a	6.41±2.57ab
C2	150.43±13.56b	31.74±8.45a	14.54±2.73a	7.83±2.69a	4.19±1.18b
C1	80.80±12.47c	14.54±2.44b	5.18±1.84b	2.81±1.11b	2.23±0.94bc
CK	0.00±0.00d	0.00±0.00c	0.00±0.00c	0.00±0.00b	0.00±0.00c

如表6-73所示，在0～2厘米土层的乙草胺含量土壤紧实度紧实处理T1显著小于疏松处理T3与适中处理T2，T2、T3间未见显著差异；＞2～4厘米土层的乙草胺含量疏松处理T3显著高于适中处理T2、紧实处理T1，T1、T2间未见显著差异；4厘米以下各土层乙草胺含量的不同土壤紧实度处理效应均无显著差异。0～2厘米土层应是土壤紧实度对乙草胺含量效应研究的适宜土层。

表6-73　土壤紧实度对各个土层中的乙草胺残留量的影响

紧实度处理	0～2厘米	＞2～4厘米	＞4～6厘米	＞6～8厘米	＞8～10厘米
T3	125.33±21.12a	29.35±8.91a	11.32±4.03a	5.51±1.82a	3.64±1.78a
T2	131.65±31.83a	21.26±7.46b	8.65±1.47a	5.31±0.93a	4.66±2.04a
T1	96.16±14.88b	19.53±5.93b	9.43±2.16a	5.90±1.06a	4.43±1.37a

3. 除草剂在不同土层中的迁移分布动态分析

（1）阿特拉津在不同土层中的迁移分布动态分析。如图6-61所示，喷后15天，阿特拉津不同喷施浓度处理在不同土壤紧实度下的各土层分布动态均呈乘幂函数变化。在所有喷施浓度处理下，0～2厘米土层阿特拉津的初始吸附量均以土壤紧实度适中处理T2为最高；在低喷施浓度处理C1下，土壤紧实度疏松处理T3的0～2厘米土层阿特拉津的初始吸附量居次；随着喷施浓度的提高，土壤紧实度紧实处理T1的0～2厘米土层阿特拉津初始吸附量转而高于T3处理。

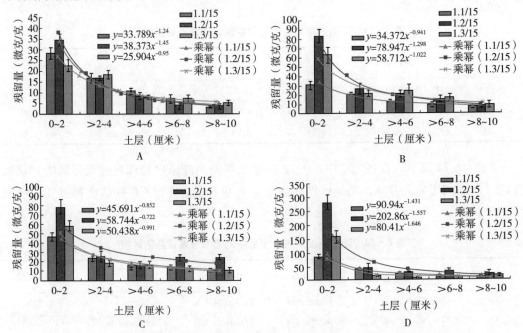

图6-61　不同喷施浓度下土壤紧实度对阿特拉津在不同土层中分布动态的影响
A、B、C和D分别表示浓度处理C1、C2、C3和C4
1.1/15为T1处理后15天　1.2/15为T2处理后15天　1.3/15为T3处理后15天

　　在所有浓度处理下，阿特拉津在全土层的迁移分布梯度效应均以土壤紧实度适中处理T2为最大。在低喷施浓度处理C1下，土层中阿特拉津的迁移分布动态显示，在0～4厘米土层，阿特拉津的下渗速度为紧实处理T1＞疏松处理T3＞适中处理T2，阿特拉津在全土层的分布梯度效应以土壤紧实度适中处理T2最大；随着喷施浓度升高，喷施浓度处理C2下，在0～6厘米土层，土壤中阿特拉津的下渗速度为疏松处理T3＞紧实处理T1＞适中处理T2，阿特拉津在全土层的分布梯度效应仍以土壤紧实度适中处理T2最大，T1居次；喷施浓度处理C3下，在0～10厘米土层内，各土壤紧实度处理的阿特拉津下渗速度和分布梯度效应相近，易于掌握适宜的喷施浓度，各土层中阿特拉津含量取决于0～2厘米土层对除草剂的初始吸附量，以土壤紧实度适中处理吸附量为最高；最高喷施浓度处理C4下，在0～10厘米土层内，土壤紧实度适中处理T2的阿特拉津各土层迁移分布梯度效应较T1、T3明显。

　　（2）乙草胺在不同土层中的迁移分布动态分析。如图6-62所示，喷后15天，乙草胺不同喷施浓度处理在不同土壤紧实度下的各土层分布动态均呈乘幂函数变化。随着喷施浓度的提高，处理效应差异性逐渐向土壤深层扩展，C1处理效应差异显于0～2厘米土层，C2处理扩大至0～4厘米土层，此后喷施浓度处理效应的差异在全土层（0～10厘米）均显现。在喷施浓度处理C1、C2和C3中，0～2厘米土层乙草胺的初始吸附量均以土壤紧实度疏松处理T3为最高，至最高浓度处理C4，则以土壤紧实度适中处理T2为最高，显示合理土壤结构状态的吸附性能，同时紧实处理T1与疏松处理T3间差异增大，该浓度可作为进一步研究的临界点。

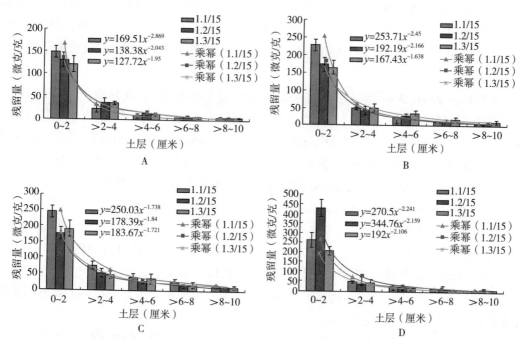

图6-62　在各个浓度条件下，土壤紧实度对乙草胺在不同土层中分布动态的影响

A、B、C和D分别表示浓度处理C1、C2、C3和C4

1.1/15为T1处理后15天　1.2/15为T2处理后15天　1.3/15为T3处理后15天

研究显示，土壤中阿特拉津总含量存在显著的喷施浓度和土壤紧实度处理效应，尤其喷后 15 天，二者及其互作效应均显著；主要杂草种子萌发的浅表土层（0～4 厘米）的阿特拉津含量除喷后 30 天和 45 天差异不显著外，其他土层阿特拉津含量的时间处理效应均有显著差异，故喷后 15 天，结合对全土层，尤其是＞6～8 厘米土层的分析可作为阿特拉津在土壤中的吸附、挥发或渗漏动态效应的研究适期和适宜的土层区位研究对象。适中的土壤紧实度对喷后 15 天阿特拉津的吸附性能有重要影响，能够在各土层形成有效的梯度分布，相对紧实的土壤适当增加喷施浓度有利于提高表土层（0～2 厘米）的初始吸附量。本研究显示农户的惯常施用浓度下，在 0～10 厘米土层内，各土壤紧实度处理的阿特拉津下渗速度和分布梯度效应相近，易于掌握所需的喷施浓度，也可能是喷施浓度的临界线。阿特拉津在过于疏松的土壤中下渗十分迅速。

研究结果还显示，乙草胺喷后 30 天和喷后 15 天可分别作为土壤乙草胺总含量与土壤分层分析的适宜时期；在各土层中，0～2 厘米土层的喷施浓度处理效应差异最大，故根据研究需要，喷后 15 天或 30 天，结合 0～2 厘米土层的分析可作为乙草胺在土壤中的吸附、降解动态效应的研究适期和适宜的土层区位研究对象。

芽前除草剂喷后 15 天，适宜气候条件下，甘蔗已开始生根，从植物在土壤中的空间分布分析，杂草种子多分布于 0～2 厘米土层，因气温和墒情不同，甘蔗苗床在覆土 5～10 厘米之下，作为植物根系吸收为主、持效期可达 2～3 个月的阿特拉津，防药害、防渗漏浪费和污染须综合考虑。研究结果显示出覆土后镇压的必要性，覆土镇压不仅减缓水分散失，更是避免阿特拉津迅速下渗造成药效浪费和深层土壤残留乃至地下水污染的重要措施。本研究中高浓度喷施处理 C4，直至喷后 30 天全土层仍有较高药残，药害风险较大。农户惯常施用剂量 C3 高于厂家推荐剂量 C2，虽仍属安全剂量，但可能已处临界，具有减量节本的空间。

乙草胺在土壤中的移动性较小，主要保持在 0～3 厘米土层，降解依赖土体微生物，故降解速度比较稳定，喷后 15 天未见土壤紧实度处理效应的显著差异，喷后 30 天较紧实的土壤中乙草胺含量显著少于紧实度适中与疏松处理，故乙草胺在土壤中的迁移、分布和降解动态受土壤物理性状的影响相对较为简单，建立动态模型也较为可靠，便于生产指导。

（二）芽前除草剂在蔗作土壤中的动态分布及对甘蔗苗期生长的影响

1. 土壤中除草剂总量的差异分析

（1）土壤中阿特拉津总量的差异分析。如图 6-63 所示，喷后 15 天、30 天，在 10 厘米蔗作土壤土层内的阿特拉津总含量仅最高喷施浓度处理与其他浓度处理间有显著差异，至 45 天，所有喷施浓度处理间均无显著差异。喷后 15～30 天，10 厘米土层中阿特拉津总含量迅速下降，至 45 天，无论喷施浓度高低，土壤中阿特拉津总含量均处于一个相近的低值范围。

（2）土壤中乙草胺总含量的差异分析。如图 6-64 所示，喷后各时期，土壤中乙草胺总含量随喷施浓度的增加所表现出的趋同关系比阿特拉津明显，至喷后 45 天，各喷施浓度处理间差异效应最显著，土壤中乙草胺总含量也呈现随喷后时间延长而衰减的规律。方

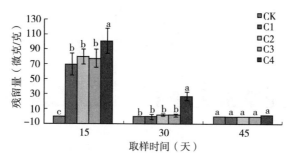

图 6-63　喷施浓度对各时期 10 厘米土层中的阿特拉津总含量的影响

差分析结果显示，采用不同喷施浓度处理，喷后 15 天、30 天、45 天，在 10 厘米土层内的乙草胺总含量存在浓度处理效应的显著差异。喷后 15 天，仅适中浓度处理组 C3 与 C2 处理间未见显著差异，其他浓度处理间均存在显著差异；喷后 30 天呈现出 2 组处理效应的显著差异，即处理组 C4、C3、C2 和 C1、CK，但组内差异不显著；喷后 45 天，仅低浓度处理 C1 与清水对照 CK 处理间差异不显著，其他处理间差异均显著。

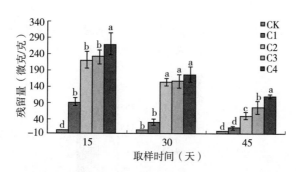

图 6-64　喷施浓度对各时期 10 厘米土层中的乙草胺总含量的影响

2. 不同土层中除草剂含量的差异分析

（1）不同土层中阿特拉津含量的差异分析。如图 6-65 所示，喷后 15 天，除清水喷施对照外，仅在 0～2 厘米土层的阿特拉津含量存在最高浓度处理 C4 同其他浓度处理间的显著差异，＞2～10 厘米各土层内均未见处理效应的显著差异。喷后 30 天，除最高浓度处理 C4 外，其他浓度处理在各土层的残留量均很低，6～10 厘米土层的阿特拉津含量所有浓度处理间差异均不显著。喷后 45 天，仅最高浓度处理 C4 在土壤表层（0～2 厘米）有极低残留。

（2）不同土层中乙草胺含量的差异分析。如图 6-66 所示，喷后 15 天、30 天，0～2 厘米土层的乙草胺含量分析显示，浓度处理 C4、C3、C2 间差异不显著，三者同低浓度处理 C1 间差异均显著，至喷后 45 天，最高浓度处理与其他浓度处理间均见显著差异，0～2 厘米土层处理效应差异性显著大于其他土层，各时期＞4～10 厘米各土层的乙草胺含量均处于相近的较低值范围。

3. 除草剂在不同土层中的迁移分布动态分析

（1）阿特拉津在不同土层中的迁移分布动态分析。如图 6-67 所示，喷后 15 天，阿

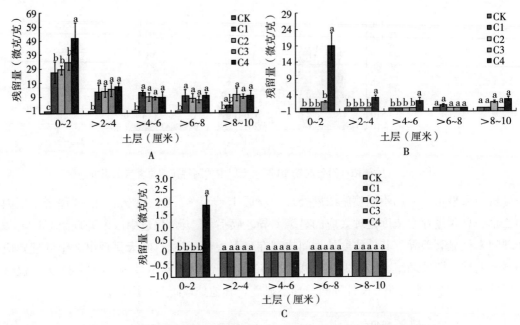

图 6-65　不同时期喷施浓度对各个土层中的阿特拉津残留量的影响

A、B、C 分别表示喷后 15 天、30 天、45 天

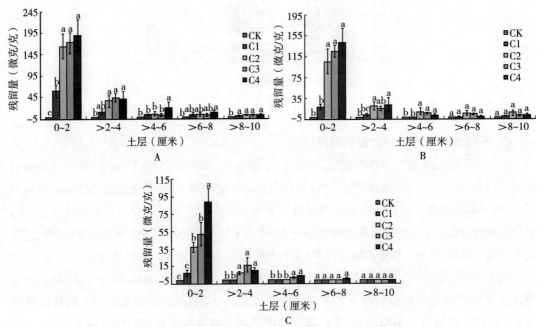

图 6-66　不同时期喷施浓度对各个土层中的乙草胺残留量的影响

A、B、C 分别表示喷后 15 天、30 天、45 天

特拉津在不同喷施浓度处理下的各土层分布动态均呈乘幂函数变化。在所有喷施浓度处理下，在 0～2 厘米土层阿特拉津的初始吸附量最高；在最高浓度处理 C4 下，阿特拉津在

全土层的迁移分布梯度效应最大，其他三组浓度处理在全土层的迁移分布梯度效应相近。

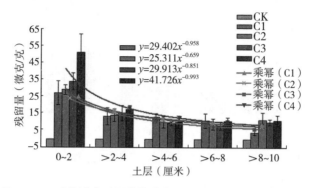

图 6-67　喷施浓度对阿特拉津在不同土层中分布动态的影响

（2）乙草胺在不同土层中的迁移分布动态分析。如图 6-68 所示，喷后 15 天，乙草胺在不同喷施浓度处理下的各土层分布动态均呈乘幂函数变化。在所有喷施浓度处理下，在 0～2 厘米土层乙草胺的初始吸附量最高；在 0～6 厘米土层，最高浓度处理 C4 下，乙草胺在全土层的迁移分布梯度效应最大，C3 和 C2 次之，C1 最小；在 6～10 厘米土层，在所有喷施浓度处理下，乙草胺在全土层的迁移分布梯度效应均相近。

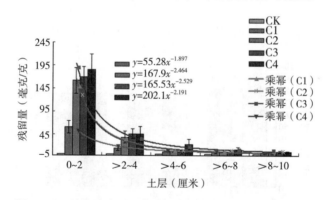

图 6-68　喷施浓度对乙草胺在不同土层中分布动态的影响

4. 除草剂对甘蔗地上部生物量的影响　图 6-69 是在不同时期内 4 种不同浓度处理对甘蔗地上部鲜重的影响。方差分析结果显示，在各个时期内，各浓度处理间差异均不显著，表明这 4 种浓度对甘蔗生长至 45 天的地上部生物量无影响。

5. 除草剂对甘蔗根系生长的影响　图 6-70 是在不同时期内 4 种不同浓度处理对甘蔗根系鲜重的影响。方差分析结果显示，仅喷后 15 天、30 天清水对照 CK 和其他浓度处理间差异显著，CK 的甘蔗根系鲜重约为其他浓度处理的 2 倍，其他浓度处理间差异均不显著；喷后 45 天，各浓度处理间差异均不显著。

6. 除草剂对蔗苗组织含水量的影响　如图 6-71、图 6-72 所示，在喷后 15 天、30 天、45 天，4 种不同浓度除草剂对蔗苗地上部含水量和根系含水量的影响较清水处理 CK 均不显著，地上部含水量 75.12%～83.20%，方差分析结果显示，在各个时期内，各处理

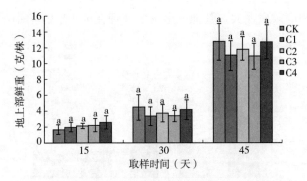

图 6-69　不同时期除草剂浓度对甘蔗地上部鲜重的影响

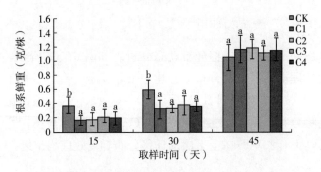

图 6-70　不同时期除草剂浓度对甘蔗根系鲜重的影响

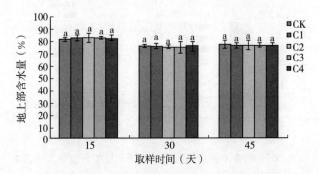

图 6-71　不同时期除草剂浓度对甘蔗地上部含水量的影响

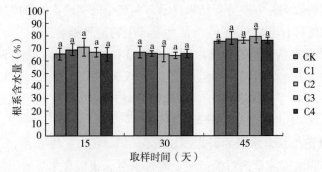

图 6-72　不同时期除草剂浓度对甘蔗根系含水量的影响

组间的差异均呈不显著；根系含水量 64.02%～79.55%，方差分析结果显示，在各个时期内，各处理间的差异均呈不显著。

7. 除草剂对甘蔗出苗的影响　如图 6-73 所示，喷后 30 天，4 种不同梯度浓度除草剂对甘蔗出苗数的影响较清水处理 CK 均不显著，各除草剂浓度处理间的差异均呈不显著。

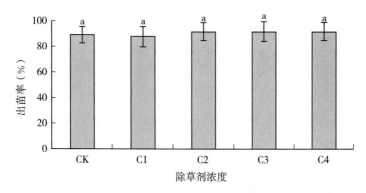

图 6-73　除草剂浓度对甘蔗出苗率的影响

8. 除草剂对杂草的抑制效应　如图 6-74 所示，在喷后 15 天、30 天、45 天，仅清水对照 CK 处理下的桶栽有长杂草，经其他喷施浓度处理的均未长出杂草。方差分析结果显示，在各个时期内，4 种不同浓度除草剂对杂草的抑制效应较清水处理 CK 均显著，而 4 种不同浓度除草剂对杂草的抑制效应差异均不显著。

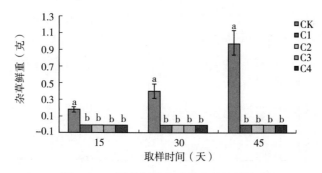

图 6-74　除草剂浓度对杂草的抑制效应

植蔗土壤中的阿特拉津含量分析显示，同裸地试验结果相似，喷后 15 天是土壤中阿特拉津总含量和分层测定分析的适宜时期。喷后 15～30 天，土壤中阿特拉津总含量的迅速下降主要集中于 0～6 厘米土层，该土层药效期短，不利于冬、早春植蔗田的杂草控制，其原因是迅速渗漏还是被迅速降解有待深入分析，土壤理化环境与生物环境的互作对该除草剂药效的影响值得进一步研究。

植蔗土壤中乙草胺总含量随喷施浓度的增加所表现出的趋同关系比阿特拉津明显，至喷后 45 天，各喷施浓度处理间差异效应越加显著，再次验证了裸地试验结果，即乙草胺的降解主要依赖土体微生物，降解速度较稳定，在土壤中的迁移、分布和降解动态受土壤物理性状的影响相对较为简单。两种除草剂在土壤中的迁移分布动态模型同裸地相似。

总体上，本研究中除草剂不同浓度处理对杂草的抑制效应是显著的，同时对甘蔗地上部生长未见明显不良影响，但无论哪种浓度处理，除草剂喷后 30 天内都对甘蔗根系生长有显著影响，可以推测主要为阿特拉津的下渗效应所致，然而此后似有抑制消除、恢复并刺激根系生长的现象，对除草剂胁迫的甘蔗根系生物学及理化响应特征及内在机制亦值得深入研究。

（三）不同浓度除草剂对苗期甘蔗生长的影响

1. 不同浓度除草剂对蔗苗根系生物量的影响　图 6-75、图 6-76 是 4 种不同浓度除草剂处理对甘蔗苗期根鲜重与干重的影响。4 种不同浓度除草剂处理较清水处理对照均出现显著抑制作用，且随着除草剂浓度的增加，对苗期根系生长的抑制作用增强。方差分析结果显示，根鲜重在清水处理与其他浓度胁迫处理间差异显著，在 C1、C2、C3 和 C4 各处理间差异均不显著。其中 C3 和 C4 对根系生长的抑制作用最强，其鲜重均比对照少 3.12 克/株，约减少 2.59%；C1 的抑制作用相对最弱，根系鲜重比对照少 2.77 克/株，约减少 13.44%，CK、C1、C2、C3 和 C4 的根鲜重平均值分别为 3.20 克/株、0.43 克/株、0.18 克/株、0.086 克/株和 0.083 克/株；根干重在清水处理与任一种浓度胁迫处理间差异显著，在 C1、C2、C3 和 C4 各处理间差异均呈不显著。其中 C3 和 C4 对根干重的影响最大，其干重均比对照少 0.64 克/株，减少 1.69%；C1 的影响相对最小，比对照少 0.58 克/株，减幅 10.15%，CK、C1、C2、C3 和 C4 的根干重平均值分别为 0.65 克/株、0.066 克/株、0.026 克/株、0.013 克/株和 0.011 克/株。

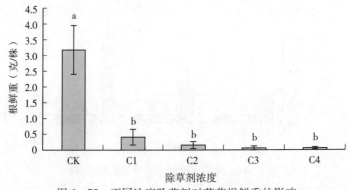

图 6-75　不同浓度除草剂对蔗苗根鲜重的影响

2. 除草剂浓度对蔗苗高度的影响　图 6-77 是 4 种不同浓度除草剂的胁迫处理对蔗苗株高的影响。4 种不同浓度除草剂的胁迫处理较清水处理对照均出现显著抑制作用，且随着胁迫浓度的增加，对蔗苗伸长的抑制作用更强。方差分析结果显示，蔗苗高度在清水处理与任一种浓度胁迫处理间差异显著，C1、C2、C3 和 C4 处理间无显著差异。C3 和 C4 对蔗苗伸长的抑制作用最强，其高度均比对照低 31.25 厘米，仅为对照蔗苗株高的 13.1%。C1 的抑制作用相对最弱，比对照株高低 23.38 厘米，仅为对照蔗苗株高的 34.98%。CK、C1、C2、C3 和 C4 处理的蔗苗株高平均值分别为 35.96 厘米、12.58 厘米、9.25 厘米、4.71 厘米和 4.71 厘米。

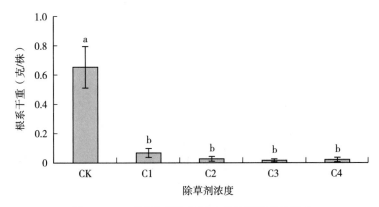

图 6-76　不同浓度除草剂对蔗苗根干重的影响

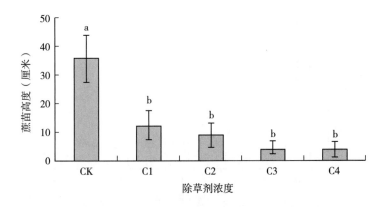

图 6-77　不同浓度除草剂对蔗苗高度的影响

3. 除草剂浓度对蔗苗地上部生物量的影响　图 6-78、图 6-79 是 4 种不同浓度除草剂的胁迫处理对蔗苗地上部鲜重与干重的影响。对照蔗苗的长势明显好于经过胁迫处理的蔗苗。4 种不同浓度除草剂的胁迫处理较清水处理对照均出现地上部生物量和干物质量的下降趋势，且随着胁迫浓度的增加逐渐降低。方差分析结果显示，蔗苗地上部鲜重和干重在清水处理与任一种浓度胁迫处理间差异显著，在 C1、C2、C3 和 C4 各处理间均无显著差异，其中影响最大的是 C3 和 C4，鲜重均比对照少 15.48 克/株，仅为对照的 12.79%；C3 和 C4 处理地上部干重均比对照少 2.2 克/株，仅为对照的 14.06%。C1 影响最小，地上部鲜重比对照少 11.14 克/株，为对照鲜重的 37.24%；干重比对照少 1.61 克/株，为对照干重的 37.11%；CK、C1、C2、C3 和 C4 的地上部鲜重平均值分别为 17.75 克/株、6.61 克/株、4.30 克/株、2.27 克/株和 2.27 克/株；CK、C1、C2、C3 和 C4 的地上部干重平均值分别为 2.56 克/株、0.95 克/株、0.63 克/株、0.36 克/株和 0.36 克/株。

4. 除草剂浓度对蔗苗组织含水量的影响　如图 6-80、图 6-81 所示，4 种不同浓度除草剂的胁迫处理对蔗苗地上部含水量和根系含水量的影响较清水处理（CK）均不显著，地上部含水量 82%～86%，方差分析结果显示，各处理组间的差异均呈不显著；根系含水量 48%～58%，方差分析结果显示，各处理间的差异均呈不显著。

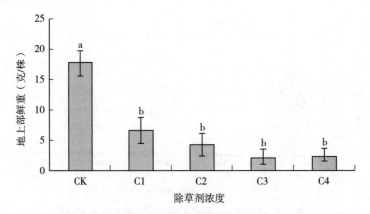

图 6-78　不同浓度除草剂对蔗苗地上部鲜重的影响

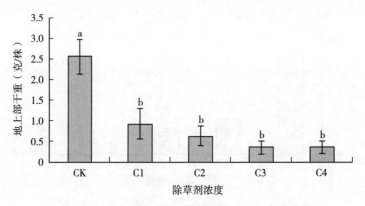

图 6-79　不同浓度除草剂对蔗苗地上部干重的影响

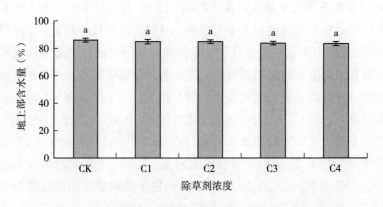

图 6-80　不同浓度除草剂对蔗苗地上部含水量的影响

5. 除草剂浓度对甘蔗出苗的影响　如图 6-82 所示，4 种不同浓度除草剂的胁迫处理对甘蔗出苗率的影响，4 种不同浓度除草剂的胁迫处理较清水处理对照均有显著抑制作用，出苗数减少 30%～40%。方差分析结果显示，甘蔗的出苗率在清水处理与任一种浓度胁迫处理间差异显著，在 C1、C2、C3 和 C4 各处理间均无显著差异。

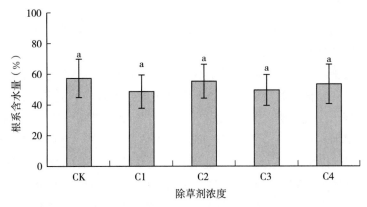

图 6-81　不同浓度除草剂对蔗苗根系含水量的影响

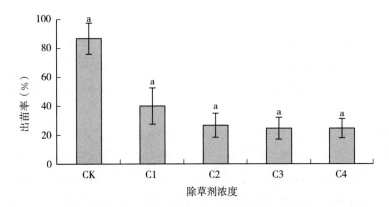

图 6-82　不同浓度除草剂对甘蔗出苗的影响

4 种不同浓度除草剂对甘蔗种茎进行直接浸泡胁迫后的甘蔗出苗情况显示，无论胁迫程度高低，蔗芽受到显著抑制影响，萌芽出苗数显著减少，即便是在出苗后，地上部和根系生长也均受显著抑制，这势必对最终产量产生显著不利影响。

研究结果显示出种茎直接接触除草剂对萌芽出苗的显著抑制，故合理掌握气候生态条件对甘蔗生根萌芽期的影响，根据土壤质地、紧实度和除草剂药层及其迁移动态，综合考虑甘蔗萌芽、生根土壤区位与时间以及除草剂药层、迁移和降解特征，确定合理的喷施浓度与覆土厚度，实现甘蔗生长与除草剂药效的时空协同效应是芽前封闭除草的关键。研究还表明甘蔗种芽对除草剂胁迫的耐受能力似有差异，针对不同生物学芽龄的种茎对除草剂胁迫的耐受性进行深入研究，对专业化苗圃种植和管理具有指导意义。种茎蔗肉组织及生根、萌芽各组织中的除草剂吸附、吸收、传导及对其生物活力的影响值得深入研究，这将对利用分子改良技术创制抗（耐）除草剂育种材料提供重要的参考依据。

本研究建立了同时检测土壤样品中阿特拉津和乙草胺的前处理方法，使用固相萃取法对样品进行分离和净化，结合前人所建立的阿特拉津、乙草胺的气相色谱分析方法，检测分析土壤样品。本方法在添加浓度为 0.01 毫克/千克、0.1 毫克/千克、1 毫克/千克时，阿特拉津、乙草胺回收率分别为 85.72%～93.40%、86.48%～91.70%，回收率均大于

80%，符合农药残留分析的要求，阿特拉津、乙草胺的最低检出量分别为 1.2 微克/千克和 0.3 微克/千克。利用本方法整个前处理过程更便捷、节省溶剂、省时、回收率稳定且较高，检测结果准确度和灵敏度高。

对 4 种不同喷施浓度的芽前除草剂在不同紧实度土壤中的动态分布的研究表明：土壤中阿特拉津总含量存在显著的喷施浓度和土壤紧实度处理效应，尤其喷后 15 天，二者及其互作效应均显著；浅表土层（0～4 厘米）的阿特拉津含量除喷后 30 天和 45 天差异不显著外，其他土层阿特拉津含量的时间处理效应均有显著差异。适中的土壤紧实度对喷后 15 天阿特拉津的吸附性能有重要影响，能够在各土层形成有效的梯度分布，相对紧实的土壤适当增加喷施浓度有利于提高表土层（0～2 厘米）的初始吸附量。本研究显示农户的惯常施用浓度下，在 0～10 厘米土层内，各土壤紧实度处理的阿特拉津下渗速度和分布梯度效应相近。阿特拉津在过于疏松的土壤中下渗十分迅速。

乙草胺喷后 15 天、30 天、45 天在土壤中的总含量和各个土层的残留量明显均高于阿特拉津土壤中的总含量和各个土层的残留量；在各土层中，0～2 厘米土层的喷施浓度处理效应差异最大。乙草胺在土壤中的移动性较小，主要保持在 0～3 厘米土层，喷后 15 天未见土壤紧实度处理效应的显著差异，喷后 30 天后较紧实的土壤中乙草胺含量显著少于紧实度适中与疏松处理。

对 4 种不同喷施浓度芽前除草剂在蔗作土壤中的动态分布及对甘蔗苗期生长的影响的研究表明：至 45 天，无论喷施浓度高低，土壤中阿特拉津总含量均处于一个相近的低值范围，同裸地试验结果相似，喷后 15 天是土壤中阿特拉津总含量和分层测定分析的适宜时期。喷后 15～30 天，土壤中阿特拉津总含量的迅速下降主要集中于 0～6 厘米土层，喷后 45 天，仅最高浓度处理 C4 在土壤表层（0～2 厘米）有极低残留。

植蔗土壤中乙草胺总含量随喷施浓度的增加所表现出的趋同关系比阿特拉津明显，至喷后 45 天，各喷施浓度处理间差异效应越加显著，两种除草剂在土壤中的迁移分布动态模型同裸地相似。喷后 45 天，仅在 8～10 厘米中无残留。

同时对 4 种不同喷施浓度芽前除草剂对杂草的抑制效应的研究表明：除草剂不同浓度处理对杂草的抑制效应是显著的，同时对甘蔗地上部生长未见明显不良影响，但在任一浓度处理下，除草剂喷后 30 天内都对甘蔗根系生长有显著的抑制影响。

4 种不同浓度除草剂对甘蔗种茎进行直接浸泡胁迫后的甘蔗出苗情况的研究表明：无论胁迫程度高低，蔗芽受到显著抑制影响，萌芽出苗数显著减少，即便是在出苗后，地上部和根系生长也均受显著抑制，这势必对最终产量产生显著不利影响。

主 要 参 考 文 献

陈如凯，许莉萍，林彦铨，等，2011. 现代甘蔗遗传育种学［M］. 北京：中国农业出版社.

邓海华，李奇伟，2001. 浅谈我国大陆甘蔗杂交育种的几个问题［J］. 甘蔗糖业（5）：1-4.

邓海华，李奇伟，2007.CP72-1210 在我国甘蔗育种中的利用［J］. 广东农业科学（11）：18-21.

邓海华，李奇伟，陈子云，2004. 甘蔗亲本创新与利用［J］. 甘蔗（3）：7-12.

邓海华，张琼，2006. 我国大陆近年育成甘蔗品种的亲本分析［J］. 广东农业科学（12）：7-10.

邓祖湖，陈如凯，陈凤森，等，2004. 国家甘蔗区试新品种（系）主要亲本分析评价［J］. 甘蔗，11（4）：12-17.

邓祖湖，徐良年，高三基，等，2008. 甘蔗引进新品种的稳定性分析及其利用价值评判［J］. 热带作物学报，29（5）：589-595.

高三基，陈如凯，邓祖湖，等，2006. 甘蔗杂交后代蔗汁品质性状的遗传分析［J］. 热带亚热带植物学报，14（1）：31-37.

龚得明，郭丽琼，董月容，1991. 引进甘蔗品种的研究 Ⅱ-4 个系列 34 个品（系）的主要性状表现及其利用［J］. 甘蔗糖业（1）：9-10.

郭莺，2008. 甘蔗花叶病毒分子鉴定及其遗传转化甘蔗研究［D］. 福州：福建农林大学.

黄振瑞，潘方胤，吴文龙，等，2006.SSR 标记在甘蔗遗传育种中的应用［J］. 甘蔗糖业，12（6）：1-4.

金石桥，许乃银，2012.GGE 双标图在中国农作物品种试验中应用的必要性探讨［J］. 种子，31（12）：89-92.

李翠英，2013. 德宏蔗区甘蔗品种现状分析［J］. 中国糖料（2）：52-53.

李奇伟，2000. 现代甘蔗改良技术［M］. 广州：华南理工大学出版社.

李杨瑞，2012. 现代甘蔗学［M］. 北京：中国农业出版社.

廖平伟，张华，罗俊，等，2010 我国甘蔗生产现状及竞争力分析［J］. 中国糖料（4）：44-45.

廖平伟，张华，罗俊，等，2011. 我国甘蔗机械化收获现状的研究［J］. 农机化研究，33（3）：26-29.

罗俊，邓祖湖，阙友雄，等，2012a. 国家甘蔗第七轮区域试验品种的丰产性及稳定性［J］. 应用与环境生物学报，18（5）：734-739.

罗俊，林兆里，阙友雄，等，2018. 不同耕整地方式对甘蔗耕层结构特性及产量的影响［J］. 中国生态农业学报，26（6）：824-836.

罗俊，林兆里，阙友雄，等，2019. 耕作深度对蔗地土壤物理性状及甘蔗产量的影响［J］. 应用生态学报，30（2）：405-412.

罗俊，阙友雄，许莉萍，等，2014. 中国甘蔗新品种试验［M］. 北京：中国农业出版社.

罗俊，王清丽，张华，等，2007. 不同甘蔗基因型光合特性的数值分类［J］. 应用与环境生物学报，13（4）：461-465.

罗俊，许莉萍，邱军，等，2015. 基于 HA-GGE 双标图的甘蔗试验环境评价及品种生态区划分［J］. 作物学报（2）：214-227.

罗俊，袁照年，张华，等，2009. 宿根甘蔗产量性状的稳定性分析 [J]. 应用与环境生物学报，15（4）：488-494.

罗俊，张华，陈由强，等，2006. 能源甘蔗不同叶位叶片形态、光合气体交换及其与产量关系 [J]. 应用与环境生物学报，12（6）：754-760.

罗俊，张华，邓祖湖，等，2005. 甘蔗不同叶位叶片形态与冠层特征的关系 [J]. 应用与环境生物学报，11（1）：28-31.

罗俊，张华，邓祖湖，等，2012b. 用 GGE 双标图分析甘蔗品种性状稳定性及试点代表性 [J]. 应用生态学报，23（5）：1319-1325.

罗俊，张华，邓祖湖，等，2013. 应用 GGE 双标图分析甘蔗品种（系）的产量和品质性状 [J]. 作物学报，39（1）：142-152.

罗俊，张华，郭伟，等，2012c. 不同行距与群体密度对甘蔗生长的影响 [J]. 热带作物学报，33（1）：50-54.

罗俊，张华，林彦铨，等，2004. 甘蔗苗期群体冠层结构与产量性状的关系 [J]. 热带作物学报，25（3）：24-28.

罗俊，张华，阙友雄，2012d. 甘蔗品种主要性状的基因型与环境及其互作效应分析 [J]. 热带亚热带植物学报，20（5）：445-454.

宁海龙，2012. 田间试验与统计方法 [M]. 北京：科学出版社.

阙友雄，许莉萍，林剑伟，等，2006. 甘蔗品种黑穗病抗性评价体系的建立 [J]. 植物遗传资源学报，7（1）：18-23.

宋弦弦，2009. 甘蔗及其近缘植物遗传多样性的 SRAP 和 TRAP 标记分析 [D]. 福州：福建农林大学.

唐启义，冯明光，2010. DPS 数据处理系统——实验设计、统计分析及数据挖掘 [M]. 北京：科学出版社.

汪洲涛，苏炜华，阙友雄，等，2016. 应用 AMMI 和 HA-GGE 双标图分析甘蔗品种产量稳定性和试点代表性 [J]. 中国生态农业学报，24（6）：790-800.

吴晓莲，林兆里，张华，2014. 不同土壤紧实度对甘蔗品种福农 39 号苗期生长的影响 [J]. 广东农业科学，41（19）：43-46.

徐良年，邓祖湖，陈如凯，等，2006. 甘蔗新品种产量品质性状的稳定性分析 [J]. 热带作物学报，27（2）：50-54.

许莉萍，陈如凯，1996. 甘蔗锈病抗性指标及甘蔗无性系的抗性评价 [J]. 福建农业大学学报，25（2）：128-131.

许莉萍，林彦铨，傅华英，2000. 甘蔗抗黑穗病性评价及品种的抗性鉴定 [J]. 福建农业大学学报，29（3）：292-295.

严威凯，2010. 双标图分析在农作物品种多点试验中的应用 [J]. 作物学报，36（11）：1-16.

杨仕华，廖琴，2005. 中国水稻品种试验与审定 [M]. 北京：中国农业科学技术出版社.

张华，林兆里，罗俊，等，2012a. 不同甘蔗品种的机械化收获损失研究 [J]. 热带作物学报，33（9）：1590-1592.

张华，林兆里，罗俊，等，2012b. 我国甘蔗生产全程机械化的农艺技术分析 [J]. 中国糖料（4）：73-75.

张华，罗俊，陈如凯，等，2009a. 甘蔗机收作业技术要点 [J]. 农机科技推广（1）：51.

张华，罗俊，陈伟绩，等，2009b. 适宜机械化作业宽行种植的甘蔗肥料效应 [J]. 中国糖料（4）：12-14.

张华，罗俊，廖平伟，等，2010. 我国甘蔗机械化成本分析及机收效益评价模型的建立［J］. 热带作物学报，31（10）：1669 - 1673.

张华，罗俊，杨颖颖，等，2011. 广西蔗区劳动力状况的分析［J］. 甘蔗糖业（4）：87 - 90.

张华，罗俊，袁照年，等，2008. 国家甘蔗区试品种的丰产性及稳定性分析［J］. 热带作物学报，29（6）：744 - 750.

张华，罗俊，袁照年，等，2013. 甘蔗机械化种植的农艺技术分析［J］. 中国农机化学报，34（1）：78 - 81.

张华，沈胜，罗俊，等，2009c. "大华模式" 的探索与实践［J］. 中国糖料（2）：45 - 46.

张华，沈胜，罗俊，等，2009d. 关于我国甘蔗机械化收获的思考［J］. 中国农机化（4）：15 - 16，33.

张华，苏金福，林德波，等，1998. 甘蔗伸长盛期的株型研究［J］. 甘蔗（4）：7 - 12.

张华，苏俊波，林兆里，等，2012c. 机械化模式下不同追肥量对甘蔗品种产量的影响［J］. 热带作物学报，33（8）：1354 - 1358.

Luo J，Pan Y B，Xu L P，et al.，2014. Cultivar evaluation and essential test locationsidentification for sugarcane breeding in China［J］. The Scientific World J.，vol. 2014，Article ID 302753，10 pages，2014. doi. org/10. 1155/2014/302753.

Luo J，Que Y X，Zhang H，et al.，2013. Seasonal variation of the canopy structure parameters and its correlation with yield - related traits in sugarcane［J］. The Scientific World J.，vol. 2013，Article ID 801486，11 pages，2013. doi. org/10. 1155/2013/801486.

Luo J，Xu L P，Zhang Y Y，et al.，2014. Photosynthetic and canopy characteristics of different varieties at the early elongation stage and their relationships with the cane yield in sugarcane［J］. The Scientific World J.，vol. 2014，Article ID 707095，2014. doi. org/10. 1155/2014/707095.

Pan Y B，2006. Highly polymorphic microsatellite DNA markers for sugarcane germplasm evaluation and variety identity testing［J］. Sugar Tech，8（4）：246 - 256.

Pan Y B，Cordeiro G M，Richard Jr E P，et al.，2003. Molecular genotyping of sugarcane clones with microsatellite DNA markers［J］. Maydica，48：319 - 329.

Que Y X，Lin J W，Song X X，et al.，2011a. Differential gene expression in sugarcane in response to challenge by fungal pathogen *Ustilago scitaminea* revealed by cDNA - AFLP［J］. J. Biomed. Biotechnol.，Volume，Article ID 160934，10 pages doi：10. 1155/2011/160934.

Que Y X，Liu J X，Xu L P，et al.，2011b. Molecular cloning and expression analysis of a zeta - class glutathione S - transferase gene in sugarcane［J］. Afr. J. Biotechnol.，10（39）：7567 - 7576.

Que Y X，Xu L P，Lin J W，et al.，2011c. Differential protein expression in sugarcane during sugarcane - *Sporisorium scitamineum* interaction revealed by 2 - DE and MALDI - TOF - TOF/MS［J］. Comp. Func. Genom.，Article ID 989016，10 pages doi：10. 1155/2011/989016.

Que Y X，Xu L P，Lin J W，et al.，2012a. cDNA - SRAP and its application in differential gene expression analysis：a case study in *Erianthus arundinaceum*［J］. J. Biomed. Biotechnol.，Article ID 390107，8 pages doi：10. 1155/2012/390107.

Que Y X，Xu L P，Lin J W，et al.，2012b. Molecular variation of *Sporisorium scitamineum* in Mainland China revealed by RAPD and SRAP markers［J］. Plant Dis.，96（10）：1519 - 1525.

Que Y X，Liu J X，Xu L P，et al.，2011d. Molecular cloning and characterization of a cytoplasmic cyclophilin gene in sugarcane [J]. Afr. J. Biotechnol. , 10 (42), 8213 - 8222.

Selvia，Nairnv，Balasundaram N，et al. , 2003. Evaluation of maize microsatellite markers for genetic diversity analysis and fingerprinting in sugarcane [J]. Genome，46 (3)：394 - 403.

Sheu Y S, 1995. Rating of drought resistance in sugarcane [C]. Proc. Int. Soc. Sugar Cane Technol. , 2：75 - 79.

Su Y C，Xu L P，Xue B T，et al. , 2013. Molecular cloning and characterization of two pathogenesis - related β - 1,3 - glucanase genes ScGluA1 and ScGluD1 from sugarcane infected by *Sporisorium scitamineum* [J]. Plant Cell Rep. , 32 (10)：1503 - 1519.

You Q，Xu L P，Zheng Y F，et al. , 2013. Genetic diversity analysis of sugarcane parents in Chinese breeding programmes using gSSR markers [J]. The Scientific World J. doi：10. 1155/2013/613062.

Zhang M Q，Zheng X F，Yu A L，et al. , 2004. Molecular marker application in sugarcane [M] // Li Y R，Solomon S. Sustainable Sugarcane and Sugar Production Technology. Beijing：China Agriculture Press：490 - 496.

图书在版编目（CIP）数据

甘蔗农机农艺融合 / 张华，罗俊著. —北京：中国农业出版社，2021.12

ISBN 978-7-109-28285-8

Ⅰ.①甘…　Ⅱ.①张…②罗…　Ⅲ.①甘蔗—机械化生产　Ⅳ.①S233.75

中国版本图书馆 CIP 数据核字（2021）第 097192 号

GANZHE NONGJI NONGYI RONGHE

中国农业出版社出版

地址：北京市朝阳区麦子店街 18 号楼

邮编：100125

责任编辑：郭　科　　文字编辑：马迎杰

版式设计：杜　然　　责任校对：刘丽香

印刷：中农印务有限公司

版次：2021 年 12 月第 1 版

印次：2021 年 12 月北京第 1 次印刷

发行：新华书店北京发行所

开本：787mm×1092mm　1/16

印张：24.25

字数：600 千字

定价：160.00 元